# CONTABILIDAD DE COSTES
# Y
# CONTABILIDAD DE GESTION

## EJERCICIOS Y SOLUCIONES

# CONTABILIDAD DE COSTES
# Y
# CONTABILIDAD DE GESTION

## EJERCICIOS Y SOLUCIONES


**Antonio Fernández Fernández**
Catedrático de Economía Financiera y Contabilidad
Universidad de Extremadura

**Gerardo Gutiérrez Díaz**
Profesor titular de Economía Financiera y Contabilidad
Universidad Nacional de Educación a Distancia (UNED)

**Javier Martín Garrido**
Profesor asociado de Economía Financiera y Contabilidad
Universidad Nacional de Educación a Distancia (UNED)

**Rafael Donoso Anes**
Profesor titular de Economía Financiera y Contabilidad
Universidad de Sevilla



**McGraw-Hill**

MADRID • BUENOS AIRES • CARACAS • GUATEMALA • LISBOA • MEXICO
NUEVA YORK • PANAMA • SAN JUAN • SANTAFE DE BOGOTA • SANTIAGO • SAO PAULO
AUCKLAND • HAMBURGO • LONDRES • MILAN • MONTREAL • NUEVA DELHI • PARIS
SAN FRANCISCO • SIDNEY • SINGAPUR • ST. LOUIS • TOKIO • TORONTO

**CONTABILIDAD DE COSTES Y CONTABILIDAD DE GESTION. EJERCICIOS Y SOLUCIONES**


Edificio Valrealty, 1.ª planta
Basauri, 17
28023 Aravaca (Madrid)

ISBN: 84-481-1842-1
Depósito legal: M. 35.221-1994

Editor: Mariano J. Norte
Cubierta: Félix Piñuela. Grafismo Electrónico
Compuesto en Puntographic, S. L.
Impreso en Impresos y Revistas, S. A.

IMPRESO EN ESPAÑA - PRINTED IN SPAIN

# Contenido


**Prólogo** de Angel Sáez Torrecilla ... ix

**Presentación** ... xi

**PARTE PRIMERA: FUNDAMENTOS DE LA CONTABILIDAD DE COSTES**

EL PROCESO CONTABLE BASICO Y SUS MODALIDADES

Caso 1. Objetivos de la Contabilidad de Costes ... 3
Caso 2. Método monista y método dualista abreviado ... 5
Caso 3. Cuadros extracontables de costes ... 17

**PARTE SEGUNDA: MODELO DE COSTES COMPLETOS**

VERSION EUROCONTINENTAL DEL MODELO DE COSTES COMPLETOS

Caso 4. Estructura contable. Proceso contable. Relación entre la Contabilidad General y la Contabilidad de Costes ... 31
Caso 5. Análisis del Cuadro Contable Básico. Etapas del movimiento interno de valores ... 35
Caso 6. Fabricación por pedidos. Método del coste completo ... 42
Caso 7. Elaboración del cuadro de reparto ... 50
Caso 8. Análisis de las cuentas de costes. Centros de actividad ... 56
Caso 9. Elaboración del cuadro de cuentas. Subproductos y mermas. Diferencias de incorporación ... 64
Caso 10. Los inventarios ... 73
Caso 11. Síntesis y recopilación ... 82
Caso 12. Elaboración de los distintos inventarios y cuadros extracontables y su interrelación con el Diario ... 99

VERSION ANGLOSAJONA DEL MODELO DE COSTES COMPLETOS

Caso 13. Preparación de los cuadros-síntesis. Proceso contable. Unico producto ... 113
Caso 14. Dos productos. Tres departamentos en cadena ... 120
Caso 15. Unidades perdidas ... 127

**PARTE TERCERA: EL MODELO ABC**

Caso 16. Técnica básica del método ABC. Procedimiento contable que puede seguirse con este modelo ... 139
Caso 17. Proceso de asignación más elemental por el método ABC. Aspectos generales de los modelos tradicionales ... 156
Caso 18. Problemática de la reclasificación de actividades ... 166
Caso 19. Diferenciación y determinación de actividades y generadores. Su reclasificación sin acudir a cálculos numéricos ... 177

## PARTE CUARTA: LA ASIGNACION EN LA CONTABILIDAD DE COSTES

Caso 20. Diferentes métodos de asignación de costes conjuntos ..... 183
Caso 21. La arbitrariedad inherente a los procesos de asignación de costes conjuntos ..... 188

## PARTE QUINTA: APENDICE: LA CONTABILIDAD DE COSTES EN LOS EXAMENES

Caso 22. ..... 195
Caso 23. ..... 199
Caso 24. ..... 206
Caso 25. ..... 215
Caso 26. ..... 222

## PARTE SEXTA: FUNDAMENTOS DE LA CONTABILIDAD DE GESTION

Caso 27. Distintas formas de presentación, identificación y cálculo de las posibles variables ..... 231
Caso 28. El cálculo de las variables entroncado con el trabajo contable normal ..... 235

## PARTE SEPTIMA: EL MODELO DE DIRECT COSTING Y LA ADOPCION DE DECISIONES

### EL DIRECT COSTING SIMPLIFICADO

Caso 29. Estructura contable y proceso contable del Direct Costing Simplificado. Punto muerto, margen de seguridad. Ratio B/V ..... 241
Caso 30. Proceso contable del Direct Costing Simplificado con todas sus fases. Presentación de los inventarios ..... 246
Caso 31. Dos productos y dos mercados. Cargas semivariables y plan de cuentas completo ..... 254
Caso 32. Cuadros de costes finales e ingresos por mercados y productos. Cuadros de márgenes brutos por productos y mercados ..... 265
Caso 33. Proceso continuo y unidades equivalentes en el Direct Costing ..... 275
Caso 34. Recopilación del Direct Costing Simplificado ..... 284

### EL DIRECT COSTING PERFECCIONADO

Caso 35. Estructura contable. Etapas del proceso contable. Punto muerto, margen de seguridad y ratio B/V. 299
Caso 36. Plan de cuentas completo. Proceso contable del Direct Costing Perfeccionado ..... 306
Caso 37. Elaboración del cuadro de «Resultados analíticos por márgenes» para calcular el punto muerto, margen de seguridad y ratio B/V para cada producto ..... 314

## PARTE OCTAVA: CONTROL PRESUPUESTARIO Y COSTES ESTANDAR

### CONTROL PRESUPUESTARIO

Caso 38. Elaboración de las Cuentas de resultados analíticos presupuestados y del Presupuesto de tesorería ..... 327
Caso 39. Interpretación y transmisión de la información en el sistema presupuestario ..... 330

## COSTES ESTANDAR

### *A*) Planteamiento convencional


Caso 40. Dos productos. Explicación minuciosa de las desviaciones. Métodos convencionales y sus diferencias ..... 341
Caso 41. Desviaciones en el centro de distribución ..... 348
Caso 42. Reconstrucción del coste real ..... 353
Caso 43. Elaboración de cuadros sintéticos. Producción en curso ..... 358
Caso 44. Ejercicio de recapitulación del cálculo extracontable de las desviaciones ..... 363
Caso 45. Normalización contable. Plan de cuentas que facilite un detallado y profundo análisis del proceso contable ..... 368


### *B*) La aplicación de los modelos estadísticos al control de las desviaciones de los costes estándar (Por José Antonio Donoso Anes)


Caso 46. Tablas de control con líneas de aviso. Tabla de control simple, líneas de aviso y toma de observaciones para el control ..... 393
Caso 47. Tablas de control con líneas subjetivas. Construcción de las líneas de control subjetivas ..... 397


## PARTE NOVENA: APENDICE: LA CONTABILIDAD DE GESTION EN LOS EXAMENES


Caso 48. ..... 401
Caso 49. ..... 407
Caso 50. ..... 411
Caso 51. ..... 420
Caso 52. ..... 426

# Prólogo

La Contabilidad de Costes y de Gestión ha experimentado un cambio importante en los últimos años; de esta manera se daba adecuada respuesta a las exigencias derivadas de la aparición de una serie de factores nuevos en el panorama empresarial que habían puesto en entredicho a los modelos tradicionales. A este respecto, es preciso:

— Primero, acusar recibo de la afluencia de nuevos modelos, entre los que es preciso situar al ABC (*Activity-Based Costing*; Determinación de costes basada en la actividad). Este modelo está implantándose ya en nuestro país en algunas empresas, especialmente en aquellas que emplean tecnología punta.

El modelo ABC se caracteriza no solamente por diseñar un mapa de actividades dentro de la empresa, que sirven de núcleo para la traslación de los costes a los productos. Se distingue por eso, por supuesto, pero además por la clasificación que hace de las actividades según sus niveles: actividades a nivel de empresa, actividades a nivel de líneas de productos, actividades a nivel de lotes y, por último, las actividades a nivel de productos.

— Segundo, destacar que el cambio experimentado en la Contabilidad de Costes y de Gestión ha conseguido un replanteamiento de técnicas ya conocidas, conectándolas a las nuevas orientaciones de la Contabilidad de Gestión.

Esto se ha producido especialmente en el control presupuestario, donde se han perfeccionado los métodos de previsión, a la vez que el tratamiento informático está permitiendo una mayor celeridad en el cálculo y en la respuesta a las desviaciones que se van detectando.

Desde una perspectiva metodológica, estimo conveniente llamar la atención sobre algunos puntos que afectan a la forma y al fondo de la obra.

En primer lugar, me parece que es fundamental explicitar una idea que he asumido desde hace mucho tiempo, y en la que me voy reafirmando cada vez más, y que sale al paso de uno de los defectos tradicionales de la enseñanza de la Contabilidad que se apoya exclusivamente en casos prácticos; como diría un castizo, «a golpe de supuesto». Estoy persuadido, porque pertenece a la evidencia de mi experiencia personal, que la formación teórica previa es totalmente imprescindible para dar solución a los casos prácticos que se van trabajando, y que han de estar subordinados a ella.

En este sentido, he de indicar inmediatamente que esta obra conecta con otra: *Contabilidad de Costes y de Gestión*, de la que soy coautor junto con Fernández Fernández y Gutiérrez Díaz.

Justamente en esta obra se encuentran las explicaciones que capacitan para enfrentarse con éxito a los diferentes supuestos. Para facilitar semejante relación de complementariedad, los índices de ambos libros guardan un necesario paralelismo.

Esto no es óbice para que se pueda adquirir esta plataforma de conocimientos previos a través de otros manuales. Sobre todo si tenemos presente que en esta obra se hacen planteamientos y se presentan soluciones que gozan de una aceptación generalizada.

En segundo lugar me parece muy acertada la selección de supuestos que se ha hecho. Compruebo que se han conservado supuestos clásicos que en su momento marcaron una nueva frontera en el ámbito del aprendizaje y de los exámenes de Contabilidad, y han añadido otros que constituyen ahora el terreno recién conquistado por la Contabilidad de Costes y de Gestión.

En tercer lugar, me parece conveniente resaltar algo que ambas obras tienen en común, y es no haber renunciado al lenguaje contable tradicional, que emplea anotaciones en el Diario y en el Mayor.

A estas alturas, todos somos conscientes de que los programas informáticos permiten, frente a los métodos de registro tradicionales, una mayor flexibilidad en la entrada de datos en el proceso de la Contabilidad de Costes y de Gestión. Sin embargo, muchos seguimos convencidos de que el aprendizaje a través del lenguaje contable ofrece más ventajas.

Es más, se han sistematizado los procesos contables seguidos por los diferentes modelos para que su solución pueda hacerse también, y muy fácilmente, mediante programas informáticos adecuados, que van desde la hoja de cálculo hasta otros programas más adecuados al tratamiento de los procesos de Contabilidad de Costes y de Gestión dentro de los esquemas modernos.

Y como última observación sobre forma y contenido, es justo subrayar que los autores han hecho un esfuerzo de disciplina para que no apareciera una yuxtaposición de supuestos diversos e incluso contradictorios, y sí una colección sistemática y gradual. Me consta que el profesor Gutiérrez Díaz asumió la tarea de coordinación, y la ha llevado a cabo con indudable acierto.

Y ya para terminar, no me queda sino desear éxito a los autores. Estoy seguro de que lo tendrán, ya que han conseguido contribuir a que no se pierda, y, además se actualice, una línea de aprendizaje de la Contabilidad de Costes y de Gestión que se ha revelado como muy eficaz.

ANGEL SÁEZ TORRECILLA

# Presentación

Como indica ya el mismo título, este libro de ejercicios se plantea, como **continuación** de la obra de teoría *Contabilidad de Costes y Contabilidad de Gestión*, publicada en dos volúmenes por esta editorial. Recoge una colección completa, sistemática y puesta al día de casos prácticos, siguiendo la misma división y el mismo orden en los apartados conceptuales que aparecen en el libro de teoría, con el que pasa a integrarse como su **complemento** natural, para formar una obra coherentemente cerrada.

Se ha buscado este **planteamiento**, convencidos de que la aplicación directa de los apartados teóricos a un número importante de distintos casos prácticos ayudará al alumno a enriquecer lo que allí se expuso más sintéticamente, y a llegar a conseguir un criterio personal, para mejor situar los diversos problemas y sus posibles soluciones, independientemente de cualquier realidad empresarial, que siempre será «otra y distinta».

El hecho de que **los autores** se hayan dedicado al estudio y docencia de la materia desde hace muchos años y en distintos foros, tanto universitarios como de otra índole, ha permitido ir acumulando un extenso material didáctico que se ha ido dando a conocer a través de los distintos cursos y, sobre todo, a través de las diversas publicaciones de la UNED. Esto les ha permitido espigar y actualizar, para esta ocasión, un buen número de casos suficientemente rodados con la necesaria calidad y consistencia y, a su vez, completarlos con la elaboración de los casos correspondientes a los nuevos planteamientos y técnicas, principalmente acerca del **método ABC**.

Los casos presentados proceden, con los ajustes lógicos, en buena parte de la realidad empresarial, pero también de exámenes de universidad o de prestigiosas oposiciones, con la idea de alcanzar una determinada altura que puede servir, **tanto a universitarios, como a opositores y profesionales de la empresa.**

Como **metodología** para el estudio de los casos, se utiliza, por una parte, la misma ordenación de las informaciones de los enunciados y, por otra, la misma ordenación de las etapas del proceso contable seguido en la solución de cada caso. Con ello se pretende hacer hincapié en que hay un modelo contable base que, de manera universal, tipifica y modeliza el movimiento interno de valores que se da en toda empresa, y que se convierte en el marco general de referencia para poder situar cualquier problema, constituyendo así un instrumento pedagógico irrenunciable.

Con esta metodología **nos situamos en la vertiente de aprendizaje del alumno**, que es nuestro primer objetivo.

Aunque, a primera vista, pudiera parecer más laboriosa esta manera de hacer trabajar al alumno, las ventajas pedagógicas son evidentes y muy importante. El alumno, desde el principio, tiene una **visión global del proceso contable base** y, por tanto, estará en disposición de saber en qué momento de dicho proceso se encuentra y qué variables deben intervenir, sea cual sea el problema que se analice y el método que se aplique para su solución, lo cual le permitiría avanzar más rápidamente y con mayor seguridad en la comprensión de la materia.

**Esta metodología** se hace, quizá, más necesaria **en el ámbito de la Contabilidad de Gestión** (presupuestación, etc.) donde la temporalidad del proceso y de los elementos que intervienen en cada momento en las distintas magnitudes adquieren toda su importancia para poder situar el trabajo contable, que será el fundamento de la toma de decisiones.

No cabe duda que el trabajar con la **elaboración extracontable de los cuadros** que recojan sintéticamente la información de la empresa para la toma de decisiones tiene una enorme importancia, y más con las posibilidades que hoy ofrece la informática. Pero sus ventajas se sitúan más en el campo del trabajo concreto, ya en la empresa, que en el ámbito del aprendizaje, y en tal caso, habría que decidir previamente qué tipo de cuadros serían los apropiados, en función también de otras consideraciones ajenas (cultura empresarial, estilo de organización, estilo de dirección, etc.).

Por lo que respecta al **contenido**, después de presentar la visión global de un modelo contable base del movimiento interno de valores de la empresa, como marco de obligada referencia, se avanza en los problemas concretos y más específicos que suelen caracterizar los métodos de costes convencionales (coste completo, coste variable, coste histórico, coste estándar).

Dentro del mismo modelo base, se trabajan también los casos sobre el método ABC, el análisis coste-volumen-beneficio, el Direct-Costing Perfeccionado, el control presupuestario y demás técnicas modernas de gestión.

Este libro de ejercicios, al igual que el texto de teoría publicado en dos volúmenes, pretende cubrir el **programa de un curso de dos semestres**. El primero, dedicado a la Contabilidad de Costes (Partes Primera a Quinta), y el segundo semestre dedicado a la Contabilidad de Gestión (Partes Sexta a Novena).

El contenido de cada semestre se cierra con un apartado especial, a modo de apéndice, que recoge **algunos casos de exámenes** que, por su estructura y planteamiento, pueden servir de orientación a profesores y alumnos.

Gerardo Gutiérrez Díaz

# Presentación

PARTE PRIMERA

# Fundamentos de la Contabilidad de Costes

## El proceso contable básico y sus modalidades

CASO 1. **Objetivos de la Contabilidad de Costes**

CASO 2. **Método monista y método dualista abreviado**

CASO 3. **Cuadros extracontables de costes**

## CASO 1

Se pretende hacer ver al alumno que los **objetivos de la Contabilidad de Costes** son diferentes de los objetivos de la Contabilidad General, y que la Contabilidad de Costes permite la determinación y análisis de los resultados a nivel, en este caso, de centros de actividad.

Una sociedad anónima explota un hotel restaurante que comprende un inmueble comprado en 24.000.000 y las inmovilizaciones siguientes:

| | | |
|---|---|---|
| — Mobiliario y enseres ..... | Hotel .............. | 6.250.000 |
| | Restaurante ... | 6.750.000 |
| | Bar ................. | 2.000.000 |
| — Instalaciones .................. | Hotel .............. | 15.000.000 |
| | Restaurante ... | 4.000.000 |
| | Bar ................. | 1.000.000 |

Al final del ejercicio económico, la Cuenta de Explotación se presenta como sigue:

EXPLOTACION

| | | | |
|---|---|---|---|
| Compras ................. | 25.240.000 | Stocks ...................... | 3.882.820 |
| Gastos de personal. | 8.412.600 | Ventas ...................... | 38.960.000 |
| Tributos ................... | 3.836.000 | Ingresos hotel ......... | 6.252.000 |
| Gastos diversos ...... | 5.874.600 | Perdidas y ganancias ......... | 488.380 |
| Dotación a amortizaciones ... | 6.220.000 | | |
| | 49.583.200 | | 49.583.200 |

La sociedad quiere conocer los resultados de cada una de sus actividades, hotel, restaurante y bar, para lo que el contable reúne las siguientes informaciones:

1.° Las ventas se desglosan como sigue:

— Ventas restaurante: 20.960.000 pesetas.

— Ventas bar: 18.000.000 de pesetas.

2.° El libro de compras recoge lo siguiente:

— Compras de productos alimenticios: 7.976.100 pesetas.

— Compras de vinos: 8.129.400 pesetas.

— Compras diversas (licores, aperitivos): 9.134.500 pesetas.

3.° El recuento de los distintos gastos da las cifras siguientes:

| Cargas por naturaleza | Hotel | Restaurante | Bar |
|---|---|---|---|
| Gastos de personal .. | 2.470.800 | 5.293.200 | 648.600 |
| Tributos ..................... | 84.000 | 1.912.000 | 1.840.000 |
| Gastos diversos ........ | 1.794.800 | 2.770.600 | 1.309.200 |

4.° Los consumos han sido los siguientes:

| | Hotel | Restaurante | Bar |
|---|---|---|---|
| Productos alimenticios ........... | — | 7.582.500 | 185.600 |
| Vinos ........................... | 40.000 | 2.241.780 | 2.964.800 |
| Diversos ..................... | 150.960 | 992.100 | 7.199.440 |

5.° Las amortizaciones se hacen linealmente, según los siguientes porcentajes:

— Inmueble: 3 por 100

— Mobiliario: 10 por 100

— Instalaciones: 20 por 100.

Hay que tener presente que la amortización del inmueble se reparte a cada actividad en función de la superficie ocupada, a saber:

— Restaurante: 2/8

— Hotel: 5/8

— Bar: 1/8.

SE PIDE:

Presentar un cuadro de cargas por centros de actividad (hotel, restaurante y bar) y un cuadro de resultados de estas actividades.

## SOLUCION CASO 1

### CUADRO DE CARGAS POR ACTIVIDAD

a) *Cargas indirectas por centros*

| Cargas por naturaleza | Totales | Hotel | Restaurante | Bar |
|---|---|---|---|---|
| Gastos de personal | 8.412.600 | 2.470.800 | 5.293.200 | 648.600 |
| Tributos | 3.836.000 | 84.000 | 1.912.000 | 1.840.000 |
| Gastos diversos | 5.874.600 | 1.794.800 | 2.770.600 | 1.309.200 |
| Amortización: | 6.220.000 | 4.075.000 | 1.655.000 | 490.000 |
| • Inmueble | 720.000 | 450.000 | 180.000 | 90.000 |
| • Mobiliario | 1.500.000 | 625.000 | 675.000 | 200.000 |
| • Instalaciones | 4.000.000 | 3.000.000 | 800.000 | 200.000 |
| TOTALES | 24.343.200 | 8.424.600 | 11.630.800 | 4.287.800 |

b) *Cargas directas por centros*

| | Hotel | Restaurante | Bar |
|---|---|---|---|
| Productos alimenticios .......... | — | 7.582.500 | 185.600 |
| Vinos .......................... | 40.000 | 2.241.780 | 2.964.800 |
| Diversos .................... | 150.960 | 992.100 | 7.199.440 |
| TOTALES 21.357.180 ............. | 190.960 | 10.816.380 | 10.349.840 |

c) *Resultados analíticos por centros*

| | Hotel | Restaurante | Bar |
|---|---|---|---|
| Ingresos ...................... | 6.252.000 | 20.960.000 | 18.000.000 |
| Costes totales .......... | 8.615.560 | 22.447.180 | 14.637.640 |
| Resultados ................. | –2.363.560 | –1.487.180 | +3.362.360 |

d) *Resultado global de Contabilidad de Costes* = –488.380

**CASO 2**

Se desarrolla el Modelo contable básico a través del **método monista** y del **método dualista abreviado**, exponiendo el proceso contable (etapas y asientos en el Diario) en cada uno de los métodos.

## I. ORGANIZACION TECNICO-ECONOMICA

La empresa industrial MESISA se dedica a la fabricación y venta de mesas y sillas de madera.

Respecto a su organización económica, MESISA se encuentra dividida en una serie de centros que se responsabilizan de los costes indirectos. Estos centros de actividad son los siguientes:

— Centro de reparaciones.
— Centro de compras.
— Centro de cortado.
— Centro de terminado.
— Centro de administración.
— Centro de financiación.
— Centro de distribución.

El Centro de cortado se encarga de preparar las tablas y tablones de madera de distintos grosores, y en el Centro de terminado se acaban de fabricar las mesas y sillas. El Centro de reparación trabaja solamente para la reparación de las máquinas instaladas en los Centros de cortado y terminado.

## II. INFORMACION CONTABLE

La contabilidad de MESISA pretende ajustarse, en su parte financiera, al Plan General de Contabilidad español. El balance de saldos inicial es el siguiente:

| NUMERO DE CUENTA | | CUENTAS | SALDOS | |
|---|---|---|---|---|
| | | | Deudor | Acreedor |
| | 100 | Capital social | | 125.000.000 |
| | 112 | Reserva legal | | 25.000.000 |
| | 117 | Reserva voluntaria | | 15.000.000 |
| 221 | | Construcciones | 30.000.000 | |
| 223 | | Maquinaria | 170.000.000 | |
| 226 | | Mobiliario | 10.000.000 | |
| | 282 | Amortización acumulada del inmovilizado material | | 46.000.000 |
| 310 | | Existencias de madera | 45.000.000 | |
| 325 | | Existencias de materias auxiliares | 2.500.000 | |
| 340 | | Existencias productos semiterminados | 5.000.000 | |
| 350 | | Existencias de mesas | 12.500.000 | |
| 351 | | Existencias de sillas | 11.000.000 | |
| | 400 | Proveedores | | 36.000.000 |
| | 410 | Acreedores varios | | 22.100.000 |
| 430 | | Clientes | 31.500.000 | |
| 480 | | Gastos anticipados | 8.355.000 | |
| | 485 | Ingresos anticipados | | 8.200.000 |
| 542 | | Créditos a corto plazo | 36.000.000 | |
| 570 | | Caja, pesetas | 500.000 | |
| 572 | | Bancos e instituciones de crédito c/c | 3.500.000 | |
| 601 | | Compras de madera | 125.000.000 | |
| 602 | | Compras de materias auxiliares | 20.000.000 | |
| 624 | | Transportes y fletes | 7.500.000 | |
| 629 | | Otros servicios exteriores | 15.500.000 | |
| 63 | | Tributos | 5.845.000 | |
| 64 | | Gastos de personal | 47.100.000 | |
| 65 | | Otros gastos de gestión | 2.000.000 | |
| 66 | | Gastos financieros | 6.000.000 | |
| 68 | | Dotaciones para amortizaciones | 22.500.000 | |
| | 7010 | Ventas de mesas | | 200.000.000 |
| | 7011 | Ventas de sillas | | 140.000.000 |
| | | TOTALES | 617.300.000 | 617.300.000 |

## III. INVENTARIO EXTRACONTABLE

Realizado un inventario extracontable de algunos de los elementos inventariables, se ha llegado a los siguientes valores de las existencias finales:

— Mesas: 17.500.000
— Sillas: 8.000.000
— Madera: 55.000.000

Para llegar a estas valoraciones se han seguido unos cálculos extracontables de costes.

Las existencias finales de los otros elementos inventariables, para los cuales no se ha realizado un inventario extracontable, se determinan de acuerdo con el valor deducido de la Contabilidad de Costes.

## IV. INFORMACION COMPLEMENTARIA

### a) Distribución de los costes indirectos entre los centros

En MESISA todos los elementos integrantes del coste son indirectos a excepción de la materia prima. El estudio realizado para distribuir los elementos indirectos del coste entre los centros ha llevado al establecimiento del cuadro de claves de reparto que se facilita en el Anexo.

### b) Cesión de costes entre centros

Algunos centros aplican su actividad a los demás centros. Mediante el estudio realizado al respecto se han calculado unos porcentajes que permiten trasvasar los costes indirectos de los centros que prestan su actividad a los centros que la reciben.

Los porcentajes calculados para realizar la cesión de costes entre los centros se reflejan en el cuadro siguiente:

| Reciben / Ceden | Compras % | Cortado % | Terminado % | Administración % | Financiación % | Distribución % | Total % |
|---|---|---|---|---|---|---|---|
| Reparación | — | 50 | 50 | — | — | — | 100 |
| Administración | 35 | 10 | 15 | — | 10 | 30 | 100 |
| Financiación | 10 | 20 | 30 | — | — | 40 | 100 |

### c) Imputación de los costes indirectos de los centros

La imputación se realiza basándose en unos estudios especiales. Estos estudios se han centrado, igual que para la cesión de costes entre centros, en la medición de la actividad de los centros en términos de unidades de obra.

De acuerdo con estos estudios, la imputación de los costes indirectos de los diferentes centros se efectuará así:

— Del Centro de compras: en función de los valores de las compras que aparecen en el balance de saldos.
— De los Centros de producción: según las proporciones que indican el cuadro siguiente, que traduce a porcentajes las unidades de obra:

| Destino / Origen | Productos en curso en el Centro de cortado % | Productos semiterminados % | Mesas % | Sillas % | Total % |
|---|---|---|---|---|---|
| Costes indirectos del Centro de cortado | — | 10 | 50 | 40 | 100 |
| Costes indirectos del Centro de terminado | — | — | 60 | 40 | 100 |

— Del Centro de distribución: según el importe de las respectivas ventas.

#### d) Afectación de los costes directos

La materia prima consumida, 132.625.000 pesetas, se afecta a las distintas categorías de productos de la siguiente forma:

— A productos en curso: 1 por 100.
— A productos semiterminados: 4 por 100.
— A mesas terminadas: 55 por 100.
— A sillas terminadas: 40 por 100.

#### e) Tratamiento de las existencias iniciales de productos en curso y de productos semiterminados

Se conoce que no hay existencias iniciales de productos en curso.

Las existencias iniciales de productos semiterminados se reincorporan al coste de la producción de mesas y al coste de la producción de sillas de acuerdo con estos porcentajes:

— Al coste de producción de mesas: 43 por 100.
— Al coste de producción de sillas: 57 por 100.

#### f) Determinación de los costes finales

Además de la información suministrada anteriormente sobre la imputación de los costes indirectos del Centro de distribución, se sabe que los productos vendidos estaban inventariados con los siguientes importes:

— 115.043.750 las mesas, y
— 91.100.000 las sillas

SE PIDE:

1. Terminación del cuadro de reparto.
2. Anotaciones en el Diario, hasta cerrar la contabilidad, por el método monista.
3. Anotaciones en el Diario, hasta cerrar las contabilidades, por el método dualista (abreviado):

   *a*) En la Contabilidad General.
   *b*) En la Contabilidad de Costes.

### ANEXO. Cuadro de claves de reparto

| Centros / Elementos indirectos | Clave de reparto | CENTROS | | | | | | | TOTAL |
|---|---|---|---|---|---|---|---|---|---|
| | | Reparación | Compras | Cortado | Terminado | Administración | Financiación | Distribución | |
| 624. Transportes y fletes | Tm/km | — | 216 | — | — | — | — | 324 | 540 |
| 629. Otros servicios exteriores | Porcentaje estimado | 15 | 15 | 20 | 30 | 10 | — | 10 | 100 |
| 63. Tributos | Valores controlados | 250 | 1.215 | 558 | 878 | 1.000 | 250 | 1.694 | 5.845 * |
| 64. Gastos de personal | h/h ponderadas | 2.000 | 25.000 | 75.000 | 100.000 | 50.000 | — | 48.000 | 300.000 |
| 65. Otros gastos de gestión | Porcentaje estimado | 5 | 20 | 20 | 15 | 30 | — | 10 | 100 |
| 66. Gastos financieros | Valores controlados | — | — | — | — | — | 6.000 | — | 6.000 * |
| 68. Dotación amortización | Porcentaje estimado | 5 | 15 | 20 | 30 | 20 | — | 10 | 100 |
| Materias auxiliares | Valores controlados | 4.000 | — | 6.000 | 10.000 | — | — | — | 20.000 * |

* En estas filas las cantidades están expresadas en miles de pesetas.

## SOLUCION CASO 2

### 1. TERMINACION DEL CUADRO DE REPARTO (en miles de pesetas)

| | CENTROS | | | | | | | TOTAL |
|---|---|---|---|---|---|---|---|---|
| | Reparación | Compras | Cortado | Terminado | Administración | Financiación | Distribución | |
| 624. Transportes y fletes | 0 | 3.000 | 0 | 0 | 0 | 0 | 4.500 | 7.500 |
| 629. Otros servicios exteriores | 2.325 | 2.325 | 3.100 | 4.650 | 1.550 | 0 | 1.550 | 15.500 |
| 63. Tributos | 250 | 1.215 | 558 | 878 | 1.000 | 250 | 1.694 | 5.845 |
| 64. Gastos de personal | 314 | 3.925 | 11.775 | 15.700 | 7.850 | 0 | 7.536 | 47.100 |
| 65. Otros gastos de gestión | 100 | 400 | 400 | 300 | 600 | 0 | 200 | 2.000 |
| 66. Gastos financieros | 0 | 0 | 0 | 0 | 0 | 6.000 | 0 | 6.000 |
| 68. Dotación amortización | 1.125 | 3.375 | 4.500 | 6.750 | 4.500 | 0 | 2.250 | 22.500 |
| **Total gastos y dotaciones** | **4.114** | **14.240** | **20.333** | **28.278** | **15.500** | **6.250** | **17.730** | **106.445** |
| I. P. Materias auxiliares | 4.000 | 0 | 6.000 | 10.000 | 0 | 0 | 0 | 20.000 |
| **Costes indirectos primarios** | **8.114** | **14.240** | **26.333** | **38.278** | **15.500** | **6.250** | **17.730** | **126.445** |
| **Cesión costes entre centros** | | | | | | | | |
| Del Centro de reparación | –8.114 | 0 | 4.057 | 4.057 | 0 | 0 | 0 | 0 |
| Del Centro de administración | 0 | 5.425 | 1.550 | 2.325 | –15.500 | 1.550 | 4.650 | 0 |
| Del Centro de financiación | 0 | 780 | 1.560 | 2.340 | 0 | –7.800 | 3.120 | 0 |
| **Total costes indirectos** | **0** | **20.445** | **33.500** | **47.000** | **0** | **0** | **25.500** | **126.445** |

### 2. METODO MONISTA. PROCESO CONTABLE EN LA CONTABILIDAD DE COSTES

#### 1. Apertura de las cuentas de inventario contable permanente

| | | |
|---|---|---|
| Inventario permanente de mesas | 12.500.000 | |
| Inventario permanente de sillas | 11.000.000 | |
| Inventario permanente de productos semiterminados | 5.000.000 | |
| Inventario permanente de madera | 45.000.000 | |
| Inventario permanente de materias auxiliares | 2.500.000 | |
| a Existencias de mesas | | 12.500.000 |
| a Existencias de sillas | | 11.000.000 |
| a Existencias de productos semiterminados | | 5.000.000 |
| a Existencias de madera | | 45.000.000 |
| a Existencias de materias auxiliares | | 2.500.000 |
| (Por las cifras que aparecen en el balance de saldos) | | |

#### 2. Traslado de las cargas indirectas a las cuentas de costes indirectos de los centros

| | | |
|---|---|---|
| C. I. Centro reparación | 8.114.000 | |
| C. I. Centro compras | 14.240.000 | |
| C. I. Centro cortado | 26.333.000 | |
| C. I. Centro terminado | 38.278.000 | |
| C. I. Centro administración | 15.500.000 | |
| C. I. Centro financiación | 6.250.000 | |
| C. I. Centro distribución | 17.730.000 | |
| a Transportes y fletes | | 7.500.000 |
| a Otros servicios exteriores | | 15.500.000 |
| a Tributos | | 5.845.000 |
| a Gastos de personal | | 47.100.000 |
| a Otros gastos de gestión | | 2.000.000 |
| a Gastos financieros | | 6.000.000 |
| a Dotaciones para amortizaciones | | 22.500.000 |
| a Inventario permanente materias auxiliares | | 20.000.000 |
| (Según la parte superior del cuadro de reparto) | | |

### 3. Cesión de costes indirectos entre centros

| | | |
|---|---|---|
| C. I. Centro compras | 6.205.000 | |
| C. I. Centro cortado | 7.167.000 | |
| C. I. Centro terminado | 8.722.000 | |
| C. I. Centro financiación | 1.550.000 | |
| C. I. Centro distribución | 7.770.000 | |
| a C. I. Centro reparación | | 8.114.000 |
| a C. I. Centro administración | | 15.500.000 |
| a C. I. Centro financiación | | 7.800.000 |
| (Según la parte inferior del cuadro de reparto) | | |

### 4. Determinación del coste de compras

*4.1. Por los precios de factura*

| | | |
|---|---|---|
| Coste de compras de madera | 125.000.000 | |
| Coste de compras de materias auxiliares | 20.000.000 | |
| a Compras de madera | | 125.000.000 |
| a Compras de materias auxiliares | | 20.000.000 |
| (Según datos del balance inicial) | | |

*4.2. Por los costes indirectos del Centro de compras*

Según el enunciado, los costes indirectos del Centro de compras se imputan en función de los valores de las compras que aparecen en el balance de saldos. Es decir:

| Destino | Base de imputación | Imputación |
|---|---|---|
| Coste de compras de madera .. | 125.000.000 | 17.625.000 |
| Coste de compras de materias auxiliares .................................. | 20.000.000 | 2.820.000 |
| | | 20.445.000 |

Por tanto, el asiento sería:

| | | |
|---|---|---|
| Coste de compras de madera | 17.625.000 | |
| Coste de compras de materias auxiliares | 2.820.000 | |
| a C. I. Centro compras | | 20.445.000 |
| (Según el cuadro de imputación anterior) | | |

### 5. Entrada de las compras en el almacén

| | | |
|---|---|---|
| Inventario permanente de madera | 142.625.000 | |
| Inventario permanente de materias auxiliares | 22.820.000 | |
| a Coste de compras de madera | | 142.625.000 |
| a Coste de compras de materias auxiliares | | 22.820.000 |
| (Por traspaso del saldo de las cuentas de coste de compras) | | |

### 6. Determinación del coste de producción

*6.1. Imputación de los costes indirectos de los centros*

De acuerdo con los criterios expuestos en el enunciado, los costes indirectos de los Centros de producción se imputan a los costes de producción según el siguiente cuadro de imputación:

**Cuadro de imputación**

| Origen \ Destino | Productos en curso en el Centro de cortado | Productos semiterminados | Mesas | Sillas | Total |
|---|---|---|---|---|---|
| Costes indirectos del Centro de cortado ...................................... | 10%<br>— | 50%<br>3.350.000 | 40%<br>16.750.000 | 13.400.000 | 33.500.000 |
| Costes indirectos del Centro de terminado ................................. | — | 60%<br>— | 40%<br>28.200.000 | 18.800.000 | 47.000.000 |
| TOTALES ........................................ | — | 3.350.000 | 44.950.000 | 32.200.000 | 80.500.000 |

El asiento a realizar sería:

| | | |
|---|---|---|
| Coste de producción de mesas<br>Coste de producción de sillas<br>Coste de productos semiterminados<br>a C. I. Centro cortado<br>a C. I. Centro terminado<br>(Según el cuadro de imputación) | 44.950.000<br>32.200.000<br>3.350.000 | <br><br><br>33.500.000<br>47.000.000 |

*6.2. Afectación de los costes directos*

De acuerdo con los criterios expuestos en el enunciado, la madera se afecta a los diferentes tipos de productos de la siguiente forma:

**Cuadro de afectación**

| Origen \ Destino | Productos en curso en el Centro de cortado | Productos semiterminados | Mesas | Sillas | Total |
|---|---|---|---|---|---|
| Madera consumida | 1%<br>1.326.250 | 4%<br>5.305.000 | 55%<br>72.943.750 | 40%<br>53.050.000 | 132.625.000 |

El asiento correspondiente es:

| | | |
|---|---|---|
| Coste de producción de mesas<br>Coste de producción de sillas<br>Coste de productos semiterminados<br>Coste de productos en curso<br>a Inventario permanente de madera<br>(Según el anterior cuadro de afectación) | 72.943.750<br>53.050.000<br>5.305.000<br>1.326.250 | <br><br><br><br>132.625.000 |

*6.3. Reincorporación al proceso de los productos en curso y semiterminados*

De acuerdo con los criterios expuestos en el enunciado, las existencias iniciales de productos en curso y de productos semiterminados se reincorporan al proceso según el siguiente cuadro:

**Cuadro de reincorporación de productos en curso y semiterminados**

| Valores reincorporados (existencias iniciales) | Coste producción mesas | Coste producción sillas | Total |
|---|---|---|---|
| Productos en curso ......... | — | — | — |
| Productos semiterminados. | 43%<br>2.150.000 | 57%<br>2.850.000 | 5.000.000 |
| TOTALES ......................... | 2.150.000 | 2.850.000 | 5.000.000 |

El asiento sería:

| | | |
|---|---|---|
| Coste de producción de mesas<br>Coste de producción de sillas<br>a I. P. de productos semiterminados<br>(Según el anterior cuadro de reincorporación) | 2.150.000<br>2.850.000 | <br><br>5.000.000 |

## 7. Entrada en almacén de las distintas clases de productos

*7.1. Entrada en stock de los productos terminados*

| | | |
|---|---|---|
| Inventario permanente de mesas<br>Inventario permanente de sillas<br>a Coste de producción de mesas<br>a Coste de producción de sillas<br>(Por el saldo de las respectivas cuentas de coste de producción) | 120.043.750<br>88.100.000 | <br><br>120.043.750<br>88.100.000 |

*7.2. Entrada en stock de los productos en curso y semiterminados*

| | | |
|---|---|---|
| Inventario permanente de productos semiterminados<br>Inventario permanente de productos en curso<br>a Coste de productos semiterminados<br>a Coste de productos en curso<br>(Por el saldo de las correspondientes cuentas de coste de producción) | 8.655.000<br>1.326.250 | <br><br>8.655.000<br>1.326.250 |

## 8. Determinación del coste final

Según el enunciado, los costes indirectos del Centro de distribución se imputan a cada producto vendido, mesas y sillas, según el importe de las respectivas ventas. Lo mostramos con el siguiente cuadro:

| Destino | Base de imputación | Imputación |
|---|---|---|
| Coste final de mesas | 200.000.000 | 15.000.000 |
| Coste final de sillas | 140.000.000 | 10.500.000 |
| | | 25.500.000 |

Por tanto, el asiento sería:

| | | |
|---|---|---|
| Coste final de mesas (115.043.750 + 15.000.000) | 130.043.750 | |
| Coste final de sillas (91.100.000 + 10.500.000) | 101.600.000 | |
| a Inventario permanente de mesas | | 115.043.750 |
| a Inventario permanente de sillas | | 91.100.000 |
| a C. I. Centro distribución | | 25.500.000 |
| (Según información del enunciado y del cuadro de imputación anterior | | |

## 9. Determinación de los resultados analíticos

### 9.1. *Cálculo del resultado analítico de las mesas*

| | | |
|---|---|---|
| Ventas de mesas | 200.000.000 | |
| a Coste final de mesas | | 130.043.750 |
| a Resultado analítico de mesas | | 69.956.250 |
| (Por el traslado del saldo de las cuentas de coste final y de ventas a la cuenta de resultado de las mesas) | | |

### 9.2. *Cálculo del resultado analítico de las sillas*

| | | |
|---|---|---|
| Ventas de sillas | 140.000.000 | |
| a Coste final de sillas | | 101.600.000 |
| a Resultado analítico de sillas | | 38.400.000 |
| (Por el traslado del saldo de las cuentas de coste final y de ventas a la cuenta de resultado de las sillas) | | |

### 9.3. *Cálculo del resultado de la explotación*

| | | |
|---|---|---|
| Resultado analítico de mesas | 69.956.250 | |
| Resultado analítico de sillas | 38.400.000 | |
| a Pérdidas y ganancias | | 108.356.250 |
| (Por los saldos de las cuentas de resultados analíticos) | | |

## 10. Recomposición de las cuentas de existencias

| | | |
|---|---|---|
| Existencias de mesas | 17.500.000 | |
| Existencias de sillas | 8.000.000 | |
| Existencias de productos semiterminados | 8.655.000 | |
| Existencias de productos en curso | 1.326.250 | |
| Existencias de madera | 55.000.000 | |
| Existencias de materias auxiliares | 5.320.000 | |
| a I. P. de mesas | | 17.500.000 |
| a I. P. de sillas | | 8.000.000 |
| a I. P. de productos semiterminados | | 8.655.000 |
| a I. P. de productos en curso | | 1.326.250 |
| a I. P. de madera | | 55.000.000 |
| a I. P. de materias auxiliares | | 5.320.000 |
| (Por las cifras de las existencias finales) | | |

**Balance de situación**

| CUENTAS | SALDOS | |
|---|---|---|
| | Deudor | Acreedor |
| Capital social | | 125.000.000 |
| Reserva legal | | 25.000.000 |
| Reserva voluntaria | | 15.000.000 |
| Construcciones | 30.000.000 | |
| Maquinaria | 170.000.000 | |
| Mobiliario | 10.000.000 | |
| Amortización acumulada inmovilizado material | | 46.000.000 |
| Existencia de mesas | 17.500.000 | |
| Existencias de sillas | 8.000.000 | |
| Existencias de productos semiterminados | 8.655.000 | |
| Existencias de productos en curso | 1.326.250 | |
| Existencias de madera | 55.000.000 | |
| Existencia de materias auxiliares | 5.320.000 | |
| Proveedores | | 36.000.000 |
| Acreedores varios | | 22.100.000 |
| Clientes | 31.500.000 | |
| Gastos anticipados | 8.355.000 | |
| Ingresos anticipados | | 8.200.000 |
| Créditos a corto plazo | 36.000.000 | |
| Caja | 500.000 | |
| Bancos e instituciones de crédito c/c. | 3.500.000 | |
| Pérdidas y ganancias | | 108.356.250 |
| TOTALES | 385.656.250 | 385.656.250 |

## 3. METODO DUALISTA

### a) Proceso contable en la Contabilidad General

*1. Regularización: adecuación del saldo de las cuentas a los inventarios*

| | | |
|---|---|---|
| Variación de existencias de mesas | 12.500.000 | |
| a Existencias de mesas | | 12.500.000 |
| (Por las existencias iniciales de mesas) | | |
| ——— x ——— | | |
| Existencias de mesas | 17.500.000 | |
| a Variación de existencias de mesas | | 17.500.000 |
| (Por las existencias finales de mesas) | | |
| ——— x ——— | | |
| Variación de existencias de sillas | 11.000.000 | |
| a Existencias de sillas | | 11.000.000 |
| (Por las existencias iniciales de sillas) | | |
| ——— x ——— | | |
| Existencias de sillas | 8.000.000 | |
| a Variación de existencias de sillas | | 8.000.000 |
| (Por las existencias finales de sillas) | | |
| ——— x ——— | | |
| Variación de existencias de productos semiterminados | 5.000.000 | |
| a Existencias de productos semiterminados | | 5.000.000 |
| (Por las existencias iniciales de productos semiterminados) | | |
| ——— x ——— | | |
| Existencias de productos semiterminados | 8.655.000 | |
| a Variación de existencias de productos semiterminados | | 8.655.000 |
| (Por las existencias finales de productos semiterminados) | | |
| ——— x ——— | | |
| Existencias de productos en curso | 1.326.250 | |
| a Variación de existencias de productos en curso | | 1.326.250 |
| (Por las existencias finales de productos en curso) | | |
| ——— x ——— | | |
| Variación de existencias de madera | 45.000.000 | |
| a Existencias de madera | | 45.000.000 |
| (Por las existencias iniciales de madera) | | |
| ——— x ——— | | |
| Existencias de madera | 55.000.000 | |
| a Variación de existencias de madera | | 55.000.000 |
| (Por las existencias finales de madera) | | |
| ——— x ——— | | |
| Variación de existencias de materias auxiliares | 2.500.000 | |
| a Existencias de materias auxiliares | | 2.500.000 |
| (Por las existencias iniciales de materias auxiliares) | | |
| ——— x ——— | | |
| Existencias de materias auxiliares | 5.320.000 | |
| a Variación de existencias de materias auxiliares | | 5.320.000 |
| (Por las existencias finales de materias auxiliares) | | |

*2. Regularización: determinación de los resultados*

| | | |
|---|---|---|
| Pérdidas y ganancias | 254.445.000 | |
| a Compras de madera | | 125.000.000 |
| a Compras de materias auxiliares | | 20.000.000 |
| a Variación de existencias de sillas | | 3.000.000 |
| a Transportes y fletes | | 7.500.000 |
| a Otros servicios exteriores | | 15.500.000 |
| a Tributos | | 5.845.000 |
| a Gastos de personal | | 47.100.000 |
| a Otros gastos de gestión | | 2.000.000 |
| a Gastos financieros | | 6.000.000 |
| a Dotaciones para amortizaciones | | 22.500.000 |
| (Por el traslado a Pérdidas y ganancias del saldo de las cuentas que corresponda) | | |
| x | | |
| Variación de existencias de mesas | 5.000.000 | |
| Variación de existencias de productos semiterminados | 3.655.000 | |
| Variación de existencias de productos en curso | 1.326.250 | |
| Variación de existencias de madera | 10.000.000 | |
| Variación de existencias de materias auxiliares | 2.820.000 | |
| Ventas de mesas | 200.000.000 | |
| Ventas de sillas | 140.000.000 | |
| a Pérdidas y ganancias | | 362.801.250 |
| (Por el traslado a Pérdidas y ganancias del saldo de las cuentas que corresponda) | | |

Podemos observar que el saldo de Pérdidas y ganancias es de 108.356.250 pesetas, que lógicamente coincide con el resultado calculado anteriormente por el método monista.

### Balance de situación

El balance de situación sería el mismo que el balance que se ha obtenido por el método monista.

### b) Proceso contable en la Contabilidad de Costes

*1. Apertura y recepción de las existencias iniciales*

| | | |
|---|---|---|
| Inventario permanente de mesas | 12.500.000 | |
| Inventario permanente de sillas | 11.000.000 | |
| Inventario permanente de productos semiterminados | 5.000.000 | |
| Inventario permanente de madera | 45.000.000 | |
| Inventario permanente de materias auxiliares | 2.500.000 | |
| a Stock inicial reflejo | | 76.000.000 |
| (Por las cifras que aparecen en el balance inicial) | | |

*2. Recibo de las cargas con sus modalidades, pasando por los centros*

2.1. Respecto a las compras

| | | |
|---|---|---|
| Coste de compras de madera | 125.000.000 | |
| Coste de compras de materias auxiliares | 20.000.000 | |
| a Compras reflejas | | 145.000.000 |
| (Según datos del balance inicial) | | |

2.2. Respecto a las restantes cargas incorporables indirectas

*a)* Recepción de los gastos y dotaciones por naturaleza directamente en los centros a la vez que se complementan sus costes indirectos

| | | |
|---|---|---|
| Centro reparación | 8.114.000 | |
| Centro compras | 14.240.000 | |
| Centro cortado | 26.333.000 | |
| Centro terminado | 38.278.000 | |
| Centro administración | 15.500.000 | |
| Centro financiación | 6.250.000 | |
| Centro distribución | 17.730.000 | |
| a Gastos y dotaciones reflejos | | 106.445.000 |
| a Inventario permanente de materias auxiliares | | 20.000.000 |
| (Según la parte superior del cuadro de reparto) | | |

*b*) Cesión de costes indirectos entre centros

| | | |
|---|---|---|
| Centro compras | 6.205.000 | |
| Centro cortado | 7.167.000 | |
| Centro terminado | 8.722.000 | |
| Centro financiación | 1.550.000 | |
| Centro distribución | 7.770.000 | |
| a Centro reparación | | 8.114.000 |
| a Centro administración | | 15.500.000 |
| a Centro financiación | | 7.800.000 |
| (Según la parte inferior del cuadro de reparto) | | |

*3. Determinación del coste de compras*

| | | |
|---|---|---|
| Coste de compras de madera | 17.625.000 | |
| Coste de compras de materias auxiliares | 2.820.000 | |
| a Centro compras | | 20.445.000 |
| (Según las bases de imputación del enunciado) | | |

*4. Entrada de las compras en el almacén*

| | | |
|---|---|---|
| Inventario permanente de madera | 142.625.000 | |
| Inventario permanente de materias auxiliares | 22.820.000 | |
| a Coste de compras de madera | | 142.625.000 |
| a Coste de compras de materias auxiliares | | 22.820.000 |
| (Por traspaso del saldo de las cuentas de coste de compras) | | |

*5. Determinación del coste de producción*

5.1. Imputación de los costes indirectos de los centros

| | | |
|---|---|---|
| Coste de producción de mesas | 44.950.000 | |
| Coste de producción de sillas | 32.200.000 | |
| Coste de productos semiterminados | 3.350.000 | |
| a Centro cortado | | 33.500.000 |
| a Centro terminado | | 47.000.000 |
| (Según el cuadro de imputación ya explicado) | | |

5.2. Afectación de los costes directos

| | | |
|---|---|---|
| Coste de producción de mesas | 72.943.750 | |
| Coste de producción de sillas | 53.050.000 | |
| Coste de productos semiterminados | 5.305.000 | |
| Coste de productos en curso | 1.326.250 | |
| a Inventario permanente de madera | | 132.625.000 |
| (Según el cuadro de afectación ya explicado) | | |

5.3. Reincorporación al proceso de los productos en curso y semiterminados

| | | |
|---|---|---|
| Coste de producción de mesas | 2.150.000 | |
| Coste de producción de sillas | 2.850.000 | |
| a I. P. de productos semiterminados | | 5.000.000 |
| (Según el cuadro de reincorporación ya explicado) | | |

*6. Entrada en almacén de las distintas clases de productos*

6.1. Entrada en stock de los productos terminados

| | | |
|---|---|---|
| Inventario permanente de mesas | 120.043.750 | |
| Inventario permanente de sillas | 88.100.000 | |
| a Coste de producción de mesas | | 120.043.750 |
| a Coste de producción de sillas | | 88.100.000 |
| (Por el saldo de las respectivas cuentas de coste de producción) | | |

6.2. Entrada en stock de los productos en curso y semiterminados

| | | |
|---|---|---|
| Inventario permanente de productos semiterminados | 8.655.000 | |
| Inventario permanente de productos en curso | 1.326.250 | |
| a Coste de productos semiterminados | | 8.655.000 |
| a Coste de productos en curso | | 1.326.250 |
| (Por el saldo de las correspondientes cuentas de coste de producción) | | |

*7. Determinación del coste de distribución*

Este coste, como sabemos, normalmente juega y aparece en el momento de la determinación del coste final.

*8. Determinación del coste final*

| | | |
|---|---|---|
| Coste final de mesas<br>(115.043.750 + 15.000.000) | 130.043.750 | |
| Coste final de sillas<br>(91.100.000 + 10.500.000) | 101.600.000 | |
| a Inventario permanente de mesas | | 115.043.750 |
| a Inventario permanente de sillas | | 91.100.000 |
| a Centro distribución | | 25.500.000 |
| (Según información del enunciado y del cuadro de imputación ya explicado) | | |

*9. Determinación de los resultados analíticos*

9.1. Determinación de los distintos resultados analíticos y su agregación en un resultado único

*a*) Registro de los costes

| | | |
|---|---|---|
| Resultado analítico de mesas | 130.043.750 | |
| Resultado analítico de sillas | 101.600.000 | |
| a Coste final de mesas | | 130.043.750 |
| a Coste final de sillas | | 101.600.000 |
| (Por el traslado del saldo de las cuentas de coste final a las cuentas de resultados) | | |

*b*) Registro de las ventas

| | | |
|---|---|---|
| Ingresos de explotación reflejos de mesas | 200.000.000 | |
| Ingresos de explotación reflejos de sillas | 140.000.000 | |
| a Resultado analítico de mesas | | 200.000.000 |
| a Resultado analítico de sillas | | 140.000.000 |
| (Según las cifras de ventas del balance inicial) | | |

*c*) Agregación en un resultado único de todos los resultados analíticos de explotación

| | | |
|---|---|---|
| Resultado analítico de mesas | 69.956.250 | |
| Resultado analítico de sillas | 38.400.000 | |
| a Resultados de explotación con criterios de Contabilidad de Costes | | 108.356.250 |
| (Por los saldos de las cuentas de resultados analíticos) | | |

9.2. Agregación de todas las cuentas de diferencias de incorporación.

No procede realizar, ya que en este supuesto no existen diferencias de incorporación.

9.3. Entrada de todos los resultados ajenos a la explotación normal y corriente.

No procede realizar al no existir resultados ajenos.

9.4. Presentación de una única cuenta de resultados analíticos:

| | | |
|---|---|---|
| Resultados de explotación con criterios de Contabilidad de Costes | 108.356.250 | |
| a RESULTADOS DE LA CONTABILIDAD DE COSTES | | 108.356.250 |
| (Por los saldos de las cuentas de resultados) | | |

*10. Balance analítico de explotación y cierre de la Contabilidad de Costes*

10.1. Balance analítico de explotación

| **CUENTAS** | **SALDOS** | |
|---|---|---|
| | **Deudor** | **Acreedor** |
| Stock inicial reflejo | | 76.000.000 |
| Compras reflejas | | 145.000.000 |
| Gastos y dotaciones reflejos | | 106.445.000 |
| Ingresos de explotación reflejos de mesas | 200.000.000 | |
| Ingresos de explotación reflejos de sillas | 140.000.000 | |
| Inventario permanente de mesas | 17.500.000 | |
| Inventario permanente de sillas | 8.000.000 | |
| Inventario permanente de productos semiterminados | 8.655.000 | |
| Inventario permanente de productos en curso | 1.326.250 | |
| Inventario permanente de madera | 55.000.000 | |
| Inventario permanente de materias auxiliares | 5.320.000 | |
| RESULTADOS DE LA CONTABILIDAD DE COSTES | | 108.356.250 |
| TOTAL | 435.801.250 | 435.801.250 |

10.2. Cierre de la Contabilidad de Costes

| | | |
|---|---|---|
| Stock inicial reflejo | 76.000.000 | |
| Compras reflejas | 145.000.000 | |
| Gastos y dotaciones reflejos | 106.445.000 | |
| RESULTADOS DE LA CONTABILIDAD DE COSTES | 108.356.250 | |
| a Ingresos explotación reflejos de mesas | | 200.000.000 |
| a Ingresos explotación reflejos de sillas | | 140.000.000 |
| a Stock final reflejo | | 95.801.250 |

| | | |
|---|---|---|
| Stock final reflejo | 95.801.250 | |
| a I. P. de mesas | | 17.500.000 |
| a I. P. de sillas | | 8.000.000 |
| a I. P. de productos semiterminados | | 8.655.000 |
| a I. P. de productos en curso | | 1.326.250 |
| a I. P. de madera | | 55.000.000 |
| a I. P. de materias auxiliares | | 5.320.000 |

El cierre de la Contabilidad de Costes también podría haberse realizado en un único asiento, en lugar de los dos asientos anteriores.

## CASO 3

Se analiza el Modelo contable básico a través del método dualista abreviado y se introducen y analizan los **cuadros extracontables de costes**.

## I. LA EMPRESA

ARENASA es una empresa familiar que tradicionalmente se dedicaba a la fabricación y venta de arena para plazas de toros. Posteriormente, al entrar en crisis la fiesta nacional, también empezó a fabricar y vender arena para pistas de tenis. En la actualidad, la primera de ellas recibe la denominación de arena TOR y la segunda de arena TEN.

Para la obtención de estos productos, ARENASA adquiere, en Avila, tres tipos especiales de arena: la primera es una arena muy blanca que procede del término municipal de Adanero, la segunda es una arena rojiza que únicamente existe en el municipio de El Oso, y la tercera es una arenilla que se recoge en los márgenes del río Adaja.

## II. ORGANIZACION TECNICO-ECONOMICA

El organigrama técnico señala que la actividad de ARENASA está estructurada en seis centros de actividad: Centro de dirección general, Centro de mantenimiento, Centro de compras, Centro de triturado, Centro de mezclado, Centro de tratado y Centro de distribución.

De estos centros el Centro de dirección general y el Centro de mantenimiento son auxiliares.

El proceso técnico nos indica que en el Centro de triturado se muelen y trituran la arena blanca y la arena rojiza, pasando inmediatamente al Centro de mezclado; en este centro se mezclan:

— 0,60 kg de arena blanca y 0,40 kg de arena rojiza para obtener 1 kg del producto arena TOR; y
— 0,20 kg de arena blanca, 0,50 kg de arena rojiza y 0,30 kg de arenilla para obtener 1 kg de arena TEN.

Estos productos pasan después al Centro de tratado, en la que son tratados mediante la aplicación sucesiva de aire caliente y aire frío para obtener los productos terminados que se almacenan en silos de arena, desde los que salen hacia el mercado.

## III. DATOS COMUNES DE LA CONTABILIDAD GENERAL Y DE LA CONTABILIDAD DE COSTES

a) *Existencias iniciales*

| | |
|---|---|
| — Arena blanca (5.000 kg) | 2.172.000 pta. |
| — Arena rojiza (25.000 kg) | 8.719.250 pta. |
| — Arenilla (6.000 kg) | 786.600 pta. |
| — Materiales diversos | 350.000 pta. |
| — Arena TOR (4.000 kg) | 1.958.800 pta. |
| — Arena TEN (2.000 kg) | 753.500 pta. |

b) *Compras del período*

| | |
|---|---|
| — Arena blanca (120.000 kg) | 57.600.000 pta. |
| — Arena rojiza (107.500 kg) | 39.775.000 pta. |
| — Arenilla (62.000 kg) | 11.780.000 pta. |

c) *Gastos por naturaleza*

| | |
|---|---|
| — Gastos de personal | 6.191.900 pta. |
| — Tributos | 2.750.000 pta. |
| — Servicios exteriores | 1.045.500 pta. |
| — Gastos financieros | 678.330 pta. |
| — Otros gastos de gestión | 3.960.000 pta. |
| — Dotación a la amortización | 2.550.000 pta. |
| — Dotación a provisiones | 220.000 pta. |

d) *Ventas del período*

| | |
|---|---|
| Arena TOR (98.500 kg) | 78.800.000 pta. |
| — Arena TEN (180.400 kg) | 216.480.000 pta. |

## IV. INFORMACION COMPLEMENTARIA

a) *Distribución de los costes indirectos entre los centros.* La localización de los costes indirectos por centros de actividad se realiza de acuerdo con el cuadro de claves de reparto que se facilita en el Anexo. En ARENASA todos los elementos integrantes del coste son indirectos a excepción de la materia prima.

En el total de cargas indirectas, recogido en el cuadro de claves de reparto, se han incorporado materiales diversos por 250.000 pesetas. También se recogen 2.760.000 pesetas de sueldo del empresario, que a efectos de la Contabilidad de Costes se considera como un elemento supletorio incorporable.

Se sabe, además, que las provisiones dotadas por la Contabilidad General se consideran cargas no incorporables por la Contabilidad de Costes; por consiguiente, no están recogidas en el cuadro de claves de reparto.

b) *Cesión de costes entre centros.* Las claves de reparto, que permiten trasvasar los costes indirectos de los centros que prestan su actividad a los centros que la reciben, se recogen en la parte inferior del cuadro de claves de reparto (anexo).

c) *Fabricación del período.* Se han fabricado 100.000 kg de arena TOR y 180.000 kg de arena TEN.

d) Los *consumos de materia prima* necesarios para fabricar los kilogramos indicados en el apartado anterior, han sido los siguientes:

| Materia prima \ Producto | Arena TOR | Arena TEN |
|---|---|---|
| Arena blanca | 60.000 kg | 36.000 kg |
| Arena rojiza | 40.000 kg | 90.000 kg |
| Arenilla | — | 54.000 kg |

e) *Centro de compras.* Repercute su coste sobre las materias primas compradas, en función del valor de las compras de cada una de ellas.

f) *Centro de triturado.* Cede sus costes atendiendo a los kilogramos de arena, blanca y rojiza, consumidos por cada producto.

g) *Centro de mezclado.* Reparte sus costes a partes iguales entre los dos productos.

h) *Centro de tratado.* Imputa sus costes atendiendo a los kilogramos de productos fabricados.

i) *Centro de distribución.* Cede sus costes de acuerdo con el importe de las ventas de cada producto.

j) El *criterio de valoración de almacenes*, que sigue ARENASA, es el método del coste medio ponderado.

k) *Existencias finales.* De acuerdo con el inventario extracontable realizado al final del período, las existencias finales eran las siguientes:

| | | |
|---|---|---|
| — Arena blanca | 29.000 | kg |
| — Arena rojiza | 2.500 | kg |
| — Arenilla | 14.000 | kg |
| — Materiales diversos | 100.000 | pta. |
| — Arena TOR | 5.500 | kg |
| — Arena TEN | 1.600 | kg |

SE PIDE:

1. Contabilizar en el Diario de Contabilidad de Costes el movimiento interno de valores por el método dualista abreviado.
2. Calcular extracontablemente las diferentes magnitudes del movimiento interno de valores, según el método dualista abreviado, de acuerdo con los siguientes cuadros:
   1. Cuadro de localización de costes indirectos.
   2. Cuadro del reparto de costes indirectos entre centros de actividad.
   3. Cuadro de costes indirectos totales por centros.
   4. Cuadro de las diferencias de incorporación.
   5. Cuadro de la formación del coste total de las compras.
   6. Cuadro del coste de producción.
   7. Cuadros de los movimientos de inventario.
   8. Cuadro de la formación del coste de distribución.
   9. Cuadro de costes finales y de determinación de resultados.

## ANEXO. Cuadro de claves de reparto

| Elementos indirectos \ Centros | Clave de reparto* | CENTROS: Dirección general | Mantenimiento | Compras | Triturado | Mezclado | Tratado | Distribución | TOTAL |
|---|---|---|---|---|---|---|---|---|---|
| Servicios exteriores | N.° servicios prestados | 250 | 30 | 90 | 260 | 250 | 270 | 80 | 1.230 |
| Tributos | Valores controlados | 2.500.000 | — | — | — | — | — | 250.000 | 2.750.000 |
| Gastos de personal | h/h ponderadas | 370 | 970 | 1.030 | 224 | 475 | 2.000 | 560 | 5.629 |
| Otros gastos de gestión | Porcentaje estimado | 35 | — | 15 | 10 | 10 | 10 | 20 | 100 |
| Gastos financieros | Valores controlados | 100.000 | 9.350 | 103.675 | — | 46.900 | 212.800 | 205.605 | 678.330 |
| Dotación amortización | Porcentaje estimado | 2 | 5 | 10 | 20 | 25 | 30 | 8 | 100 |
| Materiales diversos | Valores controlados | — | — | — | 55.000 | 110.000 | 85.000 | — | 250.000 |
| Elementos supletorios | Valores controlados | 2.760.000 | — | — | — | — | — | — | 2.760.000 |
| **De centros \ A centros** | **REPARTO DE COSTES ENTRE CENTROS** | | | | | | | | |
| Dirección general | Porcentaje estimado | — | 10 | 15 | 20 | 20 | 20 | 15 | 100 |
| Mantenimiento | h/m trabajadas | — | — | — | 810 | 810 | 1.080 | — | 2.700 |

* En las filas cuya clave de reparto es Valores controlados las cantidades están expresadas en pesetas.

## SOLUCION CASO 3

### 1. CONTABILIZAR EN EL DIARIO DE CONTABILIDAD DE COSTES EL MOVIMIENTO INTERNO DE VALORES POR EL METODO DUALISTA ABREVIADO

**1. Organigrama del proceso técnico**

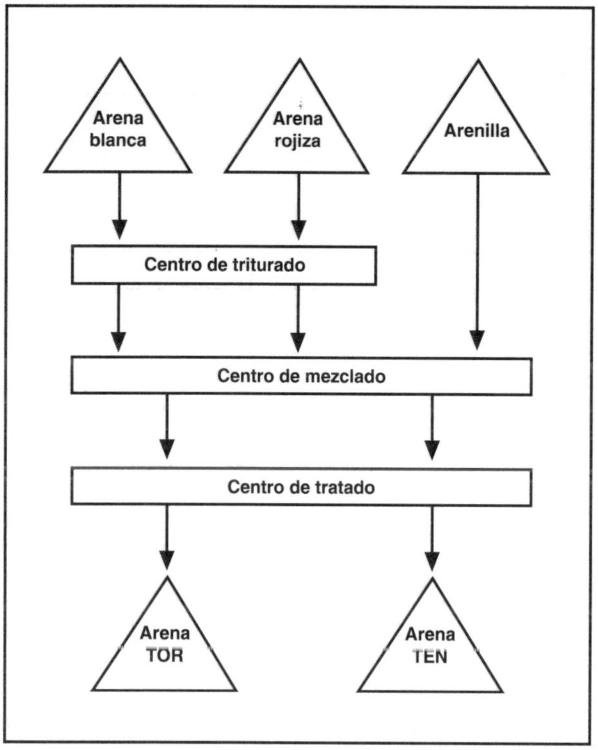


**2. Proceso contable según el método dualista abreviado**

*1. Apertura y recepción de las existencias iniciales*

| | | |
|---|---|---|
| I. P. de arena blanca | 2.172.000 | |
| I. P. de arena rojiza | 8.719.250 | |
| I. P. de arenilla | 786.600 | |
| I. P. de materiales diversos | 350.000 | |
| I. P. de arena TOR | 1.958.800 | |
| I. P. de arena TEN | 753.500 | |
| a Stock inicial reflejo | | 14.740.150 |
| (Por las existencias iniciales) | | |

*2. Recibo de las cargas con sus modalidades, pasando por los centros*

2.1. Respecto a las compras

| | | |
|---|---|---|
| Coste de compras de arena blanca | 57.600.000 | |
| Coste de compras de arena rojiza | 39.775.000 | |
| Coste de compras de arenilla | 11.780.000 | |
| a Compras reflejas | | 109.155.000 |
| (Por el importe de las compras) | | |

2.2. Respecto a las restantes cargas incorporables indirectas

*a*) Recepción de los gastos y dotaciones por naturaleza directamente en los centros a la vez que se complementan sus costes indirectos.

| | | |
|---|---|---|
| Centro de dirección general | 7.416.500 | |
| Centro de mantenimiento | 1.229.350 | |
| Centro de compras | 2.162.175 | |
| Centro de triturado | 1.428.400 | |
| Centro de mezclado | 1.925.400 | |
| Centro de tratado | 3.888.300 | |
| Centro de distribución | 2.135.605 | |
| Cargas no incorporables | 220.000 | |
| a Gastos y dotaciones reflejos | | 17.395.730 |
| a I. P. de materiales diversos | | 250.000 |
| a Elementos supletorios incorporados | | 2.760.000 |
| (Según la parte superior del cuadro de reparto) | | |

*b*) Cesión de costes indirectos entre centros.

| | | |
|---|---|---|
| Centro de mantenimiento | 741.650 | |
| Centro de compras | 1.112.475 | |
| Centro de triturado | 2.074.600 | |
| Centro de mezclado | 2.074.600 | |
| Centro de tratado | 2.271.700 | |
| Centro de distribución | 1.112.475 | |
| a Centro de dirección general | | 7.416.500 |
| a Centro de mantenimiento | | 1.971.000 |
| (Según la parte inferior del cuadro de reparto que se recoge en la página siguiente) | | |

*3. Determinación del coste de compras*

| | | |
|---|---|---|
| Coste de compras de arena blanca | 1.728.000 | |
| Coste de compras de arena rojiza | 1.193.250 | |
| Coste de compras de arenilla | 353.400 | |
| a Centro compras | | 3.274.650 |
| (Según el cuadro de imputación de los costes del Centro de compras de la página siguiente) | | |

## Cuadro de reparto

| Centros / Elementos indirectos | CENTROS | | | | | | | Cargas no incorporables | TOTAL |
|---|---|---|---|---|---|---|---|---|---|
| | Dirección general | Mantenimiento | Compras | Triturado | Mezclado | Tratado | Distribución | | |
| Servicios exteriores | 212.500 | 25.500 | 76.500 | 221.000 | 212.500 | 229.500 | 68.000 | 0 | 1.045.500 |
| Tributos | 2.500.000 | 0 | 0 | 0 | 0 | 0 | 250.000 | 0 | 2.750.000 |
| Gastos de personal | 407.000 | 1.067.000 | 1.133.000 | 246.400 | 522.500 | 2.200.000 | 616.000 | 0 | 6.191.900 |
| Otros gastos de gestión | 1.386.000 | 0 | 594.000 | 396.000 | 396.000 | 396.000 | 792.000 | 0 | 3.960.000 |
| Gastos financieros | 100.000 | 9.350 | 103.675 | 0 | 46.900 | 212.800 | 205.605 | 0 | 678.330 |
| Dotación amortización | 51.000 | 127.500 | 255.000 | 510.000 | 637.500 | 765.000 | 204.000 | 0 | 2.550.000 |
| Dotación de provisiones | 0 | 0 | 0 | 0 | 0 | 0 | 0 | 220.000 | 220.000 |
| Total gastos y dotaciones | 4.656.500 | 1.229.350 | 2.162.175 | 1.373.400 | 1.815.400 | 3.803.300 | 2.135.605 | 220.000 | 17.395.730 |
| I. P. Materiales diversos | 0 | 0 | 0 | 55.000 | 110.000 | 85.000 | 0 | 0 | 250.000 |
| Elementos supletorios incorporados | 2.760.000 | 0 | 0 | 0 | 0 | 0 | 0 | 0 | 2.760.000 |
| Costes indirectos primarios | 7.416.500 | 1.229.350 | 2.162.175 | 1.428.400 | 1.925.400 | 3.888.300 | 2.135.605 | 220.000 | 20.405.730 |
| CESION COSTES ENTRE CENTROS | | | | | | | | | |
| Del Centro dirección general | (7.416.500) | 741.650 | 1.112.475 | 1.483.300 | 1.483.300 | 1.483.300 | 1.112.475 | 0 | 0 |
| Del Centro mantenimiento | 0 | (1.971.000) | 0 | 591.300 | 591.300 | 788.400 | 0 | 0 | 0 |
| Total costes indirectos | 0 | 0 | 3.274.650 | 3.503.000 | 4.000.000 | 6.160.000 | 3.248.080 | 220.000 | 20.405.730 |

## Cuadro de imputación de costes del Centro de compras

| Destino | Base de imputación | Imputación |
|---|---|---|
| Coste de compras de arena blanca. | 57.600.000 | 1.728.000 |
| Coste de compras de arena rojiza. | 39.775.000 | 1.193.250 |
| Coste de compras de arenilla .......... | 11.780.000 | 353.400 |
| | | 3.274.650 |

*4. Entrada de las compras en el almacén*

| | | |
|---|---|---|
| I. P. de arena blanca | 59.328.000 | |
| I. P. de arena rojiza | 40.968.250 | |
| I. P. de arenilla | 12.133.400 | |
| a Coste de compras de arena blanca | | 59.328.000 |
| a Coste de compras de arena rojiza | | 40.968.250 |
| a Coste de compras de arenilla | | 12.133.400 |
| (Por traspaso del saldo de las cuentas de coste de compras) | | |

*5. Determinación del coste de producción*

| | | |
|---|---|---|
| Coste de producción de arena TOR | 50.270.000 | |
| Coste de producción de arena TEN | 69.635.000 | |
| a I. P. de arena blanca | | 47.232.000 |
| a I. P. de arena rojiza | | 48.750.000 |
| a I. P. de arenilla | | 10.260.000 |
| a Centro de triturado | | 3.503.000 |
| a Centro de mezclado | | 4.000.000 |
| a Centro de tratado | | 6.160.000 |
| (De acuerdo con el cuadro de determinación del coste de producción de la página 25) | | |

*6. Entrada en almacén de las distintas clases de productos*

| | | |
|---|---|---|
| I. P. de arena TOR | 50.270.000 | |
| I. P. de arena TEN | 69.635.000 | |
| a Coste de producción de arena TOR | | 50.270.000 |
| a Coste de producción de arena TEN | | 69.635.000 |
| (Por el saldo de las respectivas cuentas de coste de producción) | | |

*7. Determinación del coste de distribución*

Este coste, como sabemos, normalmente juega y aparece en el momento de la determinación del coste final.

*8. Determinación del coste final*

| | | |
|---|---|---|
| Coste final de arena TOR | 50.333.500 | |
| Coste final de arena TEN | 72.150.980 | |
| a I. P. de arena TOR | | 49.466.700 |
| a I. P. de arena TEN | | 69.769.700 |
| a Centro de distribución | | 3.248.080 |
| (De acuerdo con las cuentas de inventario permanente (página 23) y del cuadro de imputación de costes del Centro de distribución) | | |

**Cuadro de imputación de costes del Centro de distribución**

| Destino | Base de imputación | Imputación |
|---|---|---|
| Coste final arena TOR | 78.800.000 | 866.800 |
| Coste final arena TEN | 216.480.000 | 2.381.280 |
| | | 3.248.080 |

*9. Determinación de los resultados analíticos*

— *Primer conjunto*

*a*) Registro de los costes

| | | |
|---|---|---|
| Resultado analítico de arena TOR | 50.333.500 | |
| Resultado analítico de arena TEN | 72.150.980 | |
| a Coste final de arena TOR | | 50.333.500 |
| a Coste final de arena TEN | | 72.150.980 |
| (Por el traslado del saldo de las cuentas de coste final a las cuentas de resultados) | | |

*b*) Registro de los ingresos

| | | |
|---|---|---|
| Ingresos de explotación reflejos de arena TOR | 78.800.000 | |
| Ingresos de explotación reflejos de arena TEN | 216.480.000 | |
| a Resultado analítico de arena TOR | | 78.800.000 |
| a Resultado analítico de arena TEN | | 216.480.000 |
| (Según las cifras de ventas) | | |

*c*) Agregación de los resultados analíticos por productos

| | | |
|---|---|---|
| Resultado analítico de arena TOR | 28.466.500 | |
| Resultado analítico de arena TEN | 144.329.020 | |
| a Resultados de explotación con criterios de Contabilidad de Costes | | 172.795.520 |
| (Por los saldos de las cuentas de resultados analíticos) | | |

— *Segundo conjunto*

Agregación de todas las cuentas de diferencias de incorporación:

| | | |
|---|---|---|
| Elementos supletorios incorporados | 2.760.000 | |
| a Cargas no incorporables | | 220.000 |
| a Saldo cuentas diferencias incorporación | | 2.540.000 |
| (Por los saldos de las cuentas de diferencias de incorporación) | | |

— *Tercer conjunto*

Entrada de todos los resultados ajenos a la explotación normal y corriente:

No procede realizar, ya que en este supuesto no existen resultados ajenos.

— *Presentación de una única cuenta de resultados analíticos*

| | | |
|---|---|---|
| Resultado explotación con criterios de Contabilidad de Costes | 172.795.520 | |
| Saldo cuentas diferencias de incorporación | 2.540.000 | |
| a RESULTADOS DE LA CONTABILIDAD DE COSTES | | 175.335.520 |
| (Por los saldos de las cuentas de resultados) | | |

*10. Balance analítico de explotación y cierre de la Contabilidad de Costes*

10.1. Balance analítico de explotación

| CUENTAS | SALDOS | |
|---|---|---|
| | Deudor | Acreedor |
| Stock inicial reflejo | | 14.740.150 |
| Compras reflejas | | 109.155.000 |
| Gastos y dotaciones reflejos | | 17.395.730 |
| Ingresos de explotación reflejos de arena TOR | 78.800.000 | |
| Ingresos de explotación reflejos de arena TEN | 216.480.000 | |
| I. P. de arena blanca | 14.268.000 | |
| I. P. de arena rojiza | 937.500 | |
| I. P. de arenilla | 2.660.000 | |
| I. P. de materiales diversos | 100.000 | |
| I. P. de arena TOR | 2.762.100 | |
| I. P. de arena TEN | 618.800 | |
| RESULTADOS DE LA CONTABILIDAD DE COSTES | | 175.335.520 |
| TOTALES | 316.626.400 | 316.626.400 |

10.2. Cierre de la Contabilidad de Costes

| | | |
|---|---|---|
| Stock inicial reflejo | 14.740.150 | |
| Compras reflejas | 109.155.000 | |
| Gastos y dotaciones reflejos | 17.395.730 | |
| RESULTADOS DE LA CONTABILIDAD DE COSTES | 175.335.520 | |
| a Ingresos explotación reflejos de arena TOR | | 78.800.000 |
| a Ingresos explotación reflejos de arena TEN | | 216.480.000 |
| a I. P. de arena blanca | | 14.268.000 |
| a I. P. de arena rojiza | | 937.500 |
| a I. P. de arenilla | | 2.660.000 |
| a I. P. de materiales diversos | | 100.000 |
| a I. P. de arena TOR | | 2.762.100 |
| a I. P. de arena TEN | | 618.800 |

**CUENTAS DE INVENTARIO PERMANENTE**

| I. P. ARENA BLANCA | | C.M.P. | |
|---|---|---|---|
| Exist. inic.: 5.000 kg × 434,40 pta./kg = | 2.172.000 | Consumos: 96.000 kg × 492,00 pta./kg = | 47.232.000 |
| Compras: 120.000 kg × 494,40 pta./kg = | 59.328.000 | Exist. final: 29.000 kg × 492,00 pta./kg = | 14.268.000 |
| 125.000 | 61.500.000 | 125.000 | 61.500.000 |
| Coste medio ponderado = 61.500.000 pta. : 125.000 kg = 492,00 pta./kg | | | |

| I. P. ARENA ROJIZA | | C.M.P. | |
|---|---|---|---|
| Exist. inic.: 25.000 kg × 348,77 pta./kg = | 8.719.250 | Consumos: 130.000 kg × 375,00 pta./kg = | 48.750.000 |
| Compras: 107.500 kg × 381,10 pta./kg = | 40.968.250 | Exist. final: 2.500 kg × 375,00 pta./kg = | 937.500 |
| 132.500 | 49.687.500 | 132.500 | 49.687.500 |
| Coste medio ponderado = 49.687.500 pta. : 132.500 kg = 375,00 pta./kg | | | |

| I. P. ARENILLA | | C.M.P. | |
|---|---|---|---|
| Exist. inic.: 6.000 kg × 131,10 pta./kg = | 786.600 | Consumos: 54.000 kg × 190,00 pta./kg = | 10.260.000 |
| Compras: 62.000 kg × 195,70 pta./kg = | 12.133.400 | Exist. final: 14.000 kg × 190,00 pta./kg = | 2.660.000 |
| 68.000 | 12.920.000 | 68.000 | 12.920.000 |
| Coste medio ponderado = 12.920.000 pta. : 68.000 kg = 190,00 pta./kg | | | |

| I. P. MATERIALES DIVERSOS | | C.M.P. | |
|---|---|---|---|
| Exist. inic.: | 350.000 | Consumos: | 250.000 |
| Compras: | 0 | Exist. final: | 100.000 |
| | 350.000 | | 350.000 |

| I. P. ARENA TOR | | C.M.P. | |
|---|---|---|---|
| Exist. inic.: 4.000 kg × 489,70 pta./kg = | 1.958.800 | Ventas: 98.500 kg × 502,20 pta./kg = | 49.466.700 |
| Fabricac.: 100.000 kg × 502,70 pta./kg = | 50.270.000 | Exist. final: 5.500 kg × 502,20 pta./kg = | 2.762.100 |
| 104.000 | 52.228.800 | 104.000 | 52.228.800 |
| Coste medio ponderado = 52.228.800 pta. : 104.000 kg = 502,20 pta./kg | | | |

| I. P. ARENA TEN | | C.M.P. | |
|---|---|---|---|
| Exist. inic.: 2.000 kg × 376,75 pta./kg = | 753.500 | Ventas: 180.400 kg × 386,75 pta./kg = | 69.769.700 |
| Fabricac.: 180.000 kg × 386,86 pta./kg = | 69.635.000 | Exist. final: 1.600 kg × 386,75 pta./kg = | 618.800 |
| 182.000 | 70.388.500 | 182.000 | 70.388.500 |
| Coste medio ponderado = 70.388.500 pta. : 182.000 kg = 386,75 pta./kg | | | |

## 2. CALCULAR EXTRACONTABLEMENTE LAS DIFERENTES MAGNITUDES DEL MOVIMIENTO INTERNO DE VALORES SEGUN EL METODO DUALISTA ABREVIADO

### 1. Cuadro de localización de costes indirectos

| Centros / Elementos indirectos | CENTROS | | | | | | | Cargas no incorporables | TOTAL |
|---|---|---|---|---|---|---|---|---|---|
| | Dirección general | Mantenimiento | Compras | Triturado | Mezclado | Tratado | Distribución | | |
| Servicios exteriores | 212.500 | 25.500 | 76.500 | 221.000 | 212.500 | 229.500 | 68.000 | 0 | 1.045.500 |
| Tributos | 2.500.000 | 0 | 0 | 0 | 0 | 0 | 250.000 | 0 | 2.750.000 |
| Gastos de personal | 407.000 | 1.067.000 | 1.133.000 | 246.400 | 522.500 | 2.200.000 | 616.000 | 0 | 6.191.900 |
| Otros gastos de gestión | 1.386.000 | 0 | 594.000 | 396.000 | 396.000 | 396.000 | 792.000 | 0 | 3.960.000 |
| Gastos financieros | 100.000 | 9.350 | 103.675 | 0 | 46.900 | 212.800 | 205.605 | 0 | 678.330 |
| Dotación amortización | 51.000 | 127.500 | 255.000 | 510.000 | 637.500 | 765.000 | 204.000 | 0 | 2.550.000 |
| Dotación de provisiones | 0 | 0 | 0 | 0 | 0 | 0 | 0 | 220.000 | 220.000 |
| Total gastos y dotaciones | 4.656.500 | 1.229.350 | 2.162.175 | 1.373.400 | 1.815.400 | 3.803.300 | 2.135.605 | 220.000 | 17.395.730 |
| I. P. Materiales diversos | 0 | 0 | 0 | 55.000 | 110.000 | 85.000 | 0 | 0 | 250.000 |
| Elementos supletorios incorporados | 2.760.000 | 0 | 0 | 0 | 0 | 0 | 0 | 0 | 2.760.000 |
| Total reparto primario | 7.416.500 | 1.229.350 | 2.162.175 | 1.428.400 | 1.925.400 | 3.888.300 | 2.135.605 | 220.000 | 20.405.730 |

### 2. Cuadro del reparto de costes indirectos entre centros de actividad

| Centros / Elementos indirectos | CENTROS | | | | | | | TOTAL |
|---|---|---|---|---|---|---|---|---|
| | Dirección general | Mantenimiento | Compras | Triturado | Mezclado | Tratado | Distribución | |
| Del Centro dirección general | 0 | 741.650 | 1.112.475 | 1.483.300 | 1.483.300 | 1.483.300 | 1.112.475 | 7.416.500 |
| Del Centro mantenimiento | 0 | 0 | 0 | 591.300 | 591.300 | 788.400 | 0 | 1.971.000 |
| Total reparto secundario | 0 | 741.650 | 1.112.475 | 2.074.600 | 2.074.600 | 2.271.700 | 1.112.475 | 9.387.500 |

## 3. Cuadro de costes indirectos totales por centros de actividad

| Centros / Elementos indirectos | CENTROS | | | | | | | Cargas no incorporables | TOTAL |
|---|---|---|---|---|---|---|---|---|---|
| | Dirección general | Mantenimiento | Compras | Triturado | Mezclado | Tratado | Distribución | | |
| Reparto primario | 7.416.500 | 1.229.350 | 2.162.175 | 1.428.400 | 1.925.400 | 3.888.300 | 2.135.605 | 220.000 | 20.405.730 |
| Reparto secundario | (7.416.500) | (1.229.350) | 1.112.475 | 2.074.600 | 2.074.600 | 2.271.700 | 1.112.475 | 0 | 0 |
| Costes totales indirectos | 0 | 0 | 3.274.650 | 3.503.000 | 4.000.000 | 6.160.000 | 3.248.080 | 220.000 | 20.405.730 |

## 4. Cuadro de las diferencias de incorporación

| Conceptos | Diferencias que suponen costes | Diferencias que no suponen costes | Total |
|---|---|---|---|
| Cargas no incorporables | — | 220.000 | 220.000 |
| Elementos supletorios incorporados | 2.760.000 | — | 2.760.000 |
| Total | 2.760.000 | 220.000 | 2.540.000 |

## 5. Cuadro de la formación del coste total de las compras

### *5.1. Cuadro de imputación de los costes indirectos del Centro de compras*

| Destino | Base de imputación | Imputación |
|---|---|---|
| Coste de compras de arena blanca | 57.600.000 | 1.728.000 |
| Coste de compras de arena rojiza | 39.755.000 | 1.193.250 |
| Coste de compras de arenilla | 11.780.000 | 353.400 |
| | | 3.274.650 |

### *5.2. Cuadro del coste de las compras*

| CONCEPTOS | COMPRAS PRECIO FACTURA | | | CENTRO DE COMPRAS | COSTE TOTAL DE COMPRAS | | |
|---|---|---|---|---|---|---|---|
| | Cantidad | Precio | Importe | | Cantidad | Precio | Coste |
| Arena blanca | 120.000 | 480,00 | 57.600.000 | 1.728.000 | 120.000 | 494,40 | 59.328.000 |
| Arena rojiza | 107.500 | 370,00 | 39.775.000 | 1.193.250 | 107.500 | 381,10 | 40.968.250 |
| Arenilla | 62.000 | 190,00 | 11.780.000 | 353.400 | 62.000 | 195,70 | 12.133.400 |

## 6. Cuadro del coste de producción

| Conceptos \ Productos | Coste producción Arena TOR | Coste producción Arena TEN | Totales |
|---|---|---|---|
| I. P. Arena blanca | 60.000 kg × 492 pta./kg = 29.520.000 | 36.000 kg × 492 pta./kg = 17.712.000 | 96.000 kg × 492 pta./kg = 47.232.000 |
| I. P. Arena rojiza | 40.000 kg × 375 pta./kg = 15.000.000 | 90.000 kg × 375 pta./kg = 33.750.000 | 130.000 kg × 375 pta./kg = 48.750.000 |
| I. P. Arenilla | — | 54.000 kg × 190 pta./kg = 10.260.000 | 54.000 kg × 190 pta./kg = 10.260.000 |
| Centro de triturado | 100.000 kg × 15,50 pta./kg = 1.550.000 | 126.000 kg × 15,50 pta./kg = 1.953.000 | 226.000 kg × 15,50 pta./kg = 3.503.000 |
| Centro de mezclado | 50% de 4.000.000 2.000.000 | 50% de 4.000.000 2.000.000 | 4.000.000 |
| Centro de tratado | 100.000 kg × 22,00 pta./kg = 2.200.000 | 180.000 kg × 22,00 pta./kg = 3.960.000 | 280.000 kg × 22,00 pta./kg = 6.160.000 |
| COSTE TOTAL PRODUCCION | 50.270.000 | 69.635.000 | 119.905.000 |
| CANTIDAD PRODUCIDA | 100.000 kg | 180.000 kg | |
| COSTE UNITARIO PRODUCCION | 502,70 pta./kg | 386,86 pta./kg | |

## 7. Cuadros de los movimientos de inventario

| I. P. ARENA BLANCA | | | | | | C.M.P. | |
|---|---|---|---|---|---|---|---|
| Exist. inic.: | 5.000 kg × 434,40 pta./kg = | | 2.172.000 | Consumos: | 96.000 kg × 492,00 pta./kg = | | 47.232.000 |
| Compras: | 120.000 kg × 494,40 pta./kg = | | 59.328.000 | Exist. final: | 29.000 kg × 492,00 pta./kg = | | 14.268.000 |
| | 125.000 | | 61.500.000 | | 125.000 | | 61.500.000 |
| Coste medio ponderado = 61.500.000 pta. : 125.000 kg = 492,00 pta./kg | | | | | | | |

| I. P. ARENA ROJIZA | | | | | | C.M.P. | |
|---|---|---|---|---|---|---|---|
| Exist. inic.: | 25.000 kg × 348,77 pta./kg = | | 8.719.250 | Consumos: | 130.000 kg × 375,00 pta./kg = | | 48.750.000 |
| Compras: | 107.500 kg × 381,10 pta./kg = | | 40.968.250 | Exist. final: | 2.500 kg × 375,00 pta./kg = | | 937.500 |
| | 132.500 | | 49.687.500 | | 132.500 | | 49.687.500 |
| Coste medio ponderado = 49.687.500 pta. : 132.500 kg = 375,00 pta./kg | | | | | | | |

| I. P. ARENILLA | | | | | C.M.P. |
|---|---|---|---|---|---|
| Exist. inic.: | 6.000 kg × 131,10 pta./kg = | 786.600 | Consumos: | 54.000 kg × 190,00 pta./kg = | 10.260.000 |
| Compras: | 62.000 kg × 195,70 pta./kg = | 12.133.400 | Exist. final: | 14.000 kg × 190,00 pta./kg = | 2.660.000 |
| | 68.000 | 12.920.000 | | 68.000 | 12.920.000 |
| Coste medio ponderado = 12.920.000 pta. : 68.000 kg = 190,00 pta./kg | | | | | |

| I. P. MATERIALES DIVERSOS | | | C.M.P. |
|---|---|---|---|
| Exist. inic.: | 350.000 | Consumos: | 250.000 |
| Compras: | 0 | Exist. final: | 100.000 |
| | 350.000 | | 350.000 |

| I. P. ARENA TOR | | | | | C.M.P. |
|---|---|---|---|---|---|
| Exist. inic.: | 4.000 kg × 489,70 pta./kg = | 1.958.800 | Ventas: | 98.500 kg × 502,20 pta./kg = | 49.466.700 |
| Fabricac.: | 100.000 kg × 502,70 pta./kg = | 50.270.000 | Exist. final: | 5.500 kg × 502,20 pta./kg = | 2.762.100 |
| | 104.000 | 52.228.800 | | 104.000 | 52.228.800 |
| Coste medio ponderado = 52.228.800 pta. : 104.000 kg = 502,20 pta./kg | | | | | |

| I. P. ARENA TEN | | | | | C.M.P. |
|---|---|---|---|---|---|
| Exist. inic.: | 2.000 kg × 376,75 pta./kg = | 753.500 | Ventas: | 180.400 kg × 386,75 pta./kg = | 69.769.700 |
| Fabricac.: | 180.000 kg × 386,86 pta./kg = | 69.635.000 | Exist. final: | 1.600 kg × 386,75 pta./kg = | 618.800 |
| | 182.000 | 70.388.500 | | 182.000 | 70.388.500 |
| Coste medio ponderado = 70.388.500 pta. : 182.000 kg = 386,75 pta./kg | | | | | |

**8. Cuadro de la formación del coste de distribución**

| Destino | Base de imputación | Imputación |
|---|---|---|
| Coste de distribución de arena TOR | 78.800.000 | 866.800 |
| Coste de distribución de arena TEN | 216.480.000 | 2.381.280 |
| | | 3.248.080 |

## 9. Cuadro de costes finales y de determinación de resultados

| COSTES FINALES Y RESULTADOS | ARENA TOR | | | ARENA TEN | | |
|---|---|---|---|---|---|---|
| | **Cantidad (unidades)** | **Coste unitario** | **Coste total** | **Cantidad (unidades)** | **Coste unitario** | **Coste total** |
| Coste de producción (productos vendidos) | 98.500 | 502,20 | 49.466.700 | 180.400 | 386,75 | 69.769.700 |
| + Coste Centro distribución | | | 866.800 | | | 2.381.280 |
| = Coste final (–) | 98.500 | 511,00 | 50.333.500 | 180.400 | 399,95 | 72.150.980 |
| | **Cantidad (unidades)** | **Precio venta** | **Ingreso total** | **Cantidad (unidades)** | **Precio venta** | **Ingreso total** |
| Ingresos (+) | 98.500 | 800,00 | 78.800.000 | 180.400 | 1.200,00 | 216.480.000 |
| = Resultados analíticos | | | 28.466.500 | | | 144.329.020 |
| = Resultados de explotación con criterios de Contabilidad de Costes | + 172.795.520 | | | | | |
| + – Diferencias incorporación | + 2.540.000 | | | | | |
| = Resultado de explotación | +175.335.520 | | | | | |
| + – Resultados extraordinarios | 0 | | | | | |
| = Resultado Contabilidad de Costes | + 175.335.520 | | | | | |

PARTE SEGUNDA

# Modelo de costes completos

## Versión eurocontinental del modelo de costes completos

CASO 4. **Estructura contable. Proceso contable. Relación entre la Contabilidad General y la Contabilidad de Costes**

CASO 5. **Análisis del Cuadro Contable Básico. Etapas del movimiento interno de valores**

CASO 6. **Fabricación por pedidos. Método del coste completo**

CASO 7. **Elaboración del cuadro de reparto**

CASO 8. **Análisis de las cuentas de costes. Centros de actividad**

CASO 9. **Elaboración del cuadro de cuentas. Subproductos y mermas. Diferencias de incorporación**

CASO 10. **Los inventarios**

CASO 11. **Síntesis y recopilación**

CASO 12. **Elaboración de los distintos inventarios y cuadros extracontables y su interrelación con el Diario**

**CASO 4**

Se plantea un proceso técnico muy sencillo, con un solo producto, para centrar la atención en la **estructura contable** (grupos de cuentas), en el **proceso contable** (etapas del movimiento interno de valores) y en la **relación entre la Contabilidad General y la Contabilidad de Costes**.

La empresa EDUSA se dedica a la fabricación y venta de un solo producto a partir de las materias primas A y B. Las existencias iniciales al comienzo del período fueron las siguientes:

— Materia prima A ................................ 3.340.800 pta.
— Materia prima B ................................ 983.040 pta.

Las compras han sido 5.920.000 pesetas de materia prima A y 1.484.800 pesetas de B.

Durante el período considerado, las cargas reclasificadas por funciones han sido:

— Cargas de compras de materias primas: 800.000 pesetas (de las cuales 640.000 pesetas fueron para A y el resto para B).
— Cargas de producción: 8.669.400 pesetas.
— Cargas de distribución: 5.299.200 pesetas.
— Cargas de administración: 2.054.400 pesetas (a integrar en el coste de producción).

Los consumos para la fabricación del período han sido los siguientes:

— Materia prima A ................................ 7.713.920 pta.
— Materia prima B ................................ 1.955.200 pta.

Todos los productos fabricados han entrado en el almacén de productos terminados. De este almacén de productos terminados han salido productos para la venta por un valor de 18.304.000 pesetas y los ingresos por ventas de estos productos han supuesto 21.840.000 pesetas.

SE PIDE:

1. Proceso contable en la Contabilidad de Costes para determinar:
   — El coste de compra de materias primas.
   — El coste de producción.
   — El coste final.
   — El resultado en Contabilidad de Costes.
2. Calcular el resultado de la empresa en la Contabilidad General.

## SOLUCION CASO 4

### 1. PROCESO CONTABLE EN LA CONTABILIDAD DE COSTES

| DEBE | FASES | CUENTA | HABER |
|---|---|---|---|
| | 1 | **Recibo de las existencias iniciales** | |
| 3.340.800 | | I. C. Permanente de materia prima A | |
| 983.040 | | I. C. Permanente de materia prima B | |
| | | a Stock inicial reflejo | 4.323.840 |
| | | ———— x ———— | |
| | 2 | **Recibo de las cargas** | |
| | | a) *Compras* | |
| 5.920.000 | | Coste de compra de materia prima A | |
| 1.484.800 | | Coste de compra de materia prima B | |
| | | a Compras reflejas | 7.404.800 |
| | | ———— ———— | |

| DEBE | FASES | CUENTA | HABER |
|---|---|---|---|
| | | b) *Recibo del resto de cargas* | |
| 800.000 | | Coste del centro de compras | |
| 8.669.400 | | Coste del centro de producción | |
| 5.299.200 | | Coste del centro de distribución | |
| 2.054.400 | | Coste del centro de administración | |
| | | a Gastos y dotaciones reflejos | 16.823.00 |
| | | ——— x ——— | |
| | 3 | **Determinación del coste de compras** | |
| 640.000 | | Coste de compra de materia prima A | |
| 160.000 | | Coste de compra de materia prima B | |
| | | a Coste del centro de compras | 800.000 |
| | | ——— x ——— | |
| | 4 | **Entrada de las compras en almacén** | |
| 6.560.000 | | I. C. Permanente de materia prima A | |
| 1.644.800 | | I. C. Permanente de materia prima B | |
| | | a Coste de compra de materia prima A | 6.560.000 |
| | | a Coste de compra de materia prima B | 1.644.800 |
| | | ——— x ——— | |
| | 5 | **Determinación del coste de producción** | |
| 20.392.920 | | Coste de producción del artículo | |
| | | a I. C. Permanente de materia prima A | 7.713.920 |
| | | a I. C. Permanente de materia prima B | 1.955.200 |
| | | a Coste del centro de producción | 8.669.400 |
| | | a Coste del centro de administración | 2.054.400 |
| | | ——— x ——— | |
| | 6 | **Entrada en almacén de los productos terminados** | |
| 20.392.920 | | I. C. Permanente del artículo | |
| | | a Coste de producción del artículo | 20.392.920 |
| | | ——— x ——— | |
| | 7 | **Determinación del coste de distribución** | |
| 5.299.200 | | Coste de distribución del artículo | |
| | | a Coste del centro de distribución | 5.299.200 |
| | | ——— x ——— | |

| DEBE | FASES | CUENTA | HABER |
|---|---|---|---|
| | 8 | **Determinación del coste final** | |
| 23.603.200 | | Coste final del artículo | |
| | | a I. C. Permanente del artículo | 18.304.000 |
| | | a Coste de distribución del artículo | 5.299.200 |
| | | ———— x ———— | |
| | 9 | **Determinación de resultados** | |
| 23.603.200 | | Resultados analíticos del artículo | |
| | | a Coste final del artículo | 23.603.200 |
| | | ———— ———— | |
| 21.840.000 | | Ingresos de explotación reflejos | |
| | | a Resultados analíticos del artículo | 21.840.000 |
| | | ———— x ———— | |
| | 10 | **Cierre del Diario de Contabilidad de Costes** | |
| 4.323.840 | | Stock inicial reflejo | |
| 16.823.000 | | Gastos y dotaciones reflejos | |
| 7.404.800 | | Compras reflejas | |
| | | a I. C. Permanente de materia prima A | 2.186.880 |
| | | a I. C. Permanente de materia prima B | 672.640 |
| | | a I. C. Permanente del artículo | 2.088.920 |
| | | a Ingresos de explotación reflejos | 21.840.000 |
| | | a RESULTADOS DE LA CONTABILIDAD DE COSTES | 1.763.200 |
| | | ———— x ———— | |

## 2. CONTABILIDAD GENERAL. MOVIMIENTOS DE LA CUENTA DE EXPLOTACION

| DEBE | CUENTA | HABER |
|---|---|---|
| | **Regularización** | |
| | *Etapa de adecuación de saldos* | |
| | *a*) Materias primas | |
| 3.340.800 | Variación existencias materia prima A | |
| 983.040 | Variación existencias materia prima B | |
| | a Existencias materia prima A | 3.340.800 |
| | a Existencias materia prima B | 983.040 |
| | (Por la anulación de las existencias iniciales) | |
| | ——— x ——— | |
| 2.186.880 | Existencias materia prima A* | |
| 672.640 | Existencias materia prima B* | |
| | a Variación de existencias materia prima A | 2.186.880 |
| | a Variación de existencias materia prima B | 672.640 |
| | (Para recoger el saldo de las existencias finales) | |
| | ——— x ——— | |
| | *b*) Productos terminados | |
| 2.088.920 | Existencias artículo* | |
| | a Variación existencias artículo | 2.088.920 |
| | ——— x ——— | |
| | *Etapa de determinación de resultados* | |
| 25.692.120 | Explotación | |
| | a Compras | 7.404.800 |
| | a Cargas de compras | 800.000 |
| | a Cargas de producción | 8.669.400 |
| | a Cargas de distribución | 5.299.200 |
| | a Cargas de administración | 2.054.400 |
| | a Variación de existencias de materia prima A | 1.153.920 |
| | a Variación de existencias de materia prima B | 310.400 |
| | ——— x ——— | |
| 21.840.000 | Ventas | |
| 2.088.920 | Variación de existencias artículo | |
| 1.763.200 | PERDIDAS Y GANANCIAS | |
| | a Explotación | 25.692.120 |

* Datos obtenidos de la Contabilidad de Costes.

**CASO 5**

Se desarrolla el **análisis del Cuadro Contable Básico** y las **etapas del movimiento interno de valores** a través del método de costes completos.

La sociedad CARTCUSA se dedica a la fabricación de carteras de cuero.

## I. INFORMACION CONTABLE

El balance inicial de saldos de la sociedad era como sigue:

| NUMERO DE CUENTA | | CUENTAS | SALDOS | |
|---|---|---|---|---|
| | | | Deudor | Acreedor |
| | 100 | Capital social | | 600.000 |
| | 112 | Reserva legal | | 100.000 |
| 221 | | Construcciones | 120.000 | |
| 223 | | Maquinaria | 680.000 | |
| 226 | | Mobiliario | 40.000 | |
| | 282 | Amortización acumulada del inmovilizado material | | 200.000 |
| 310 | | Existencias de cuero | 110.000 | |
| 325 | | Existencias de materias auxiliares | 10.000 | |
| 350 | | Existencias de carteras L | 50.000 | |
| 351 | | Existencias de carteras S | 40.000 | |
| | 400 | Proveedores | | 150.000 |
| 430 | | Clientes | 220.000 | |
| 570 | | Caja, pesetas | 5.000 | |
| 572 | | Bancos c/c vista, pesetas | 15.000 | |
| 601 | | Compras de cuero | 300.000 | |
| 602 | | Compras de materias auxiliares | 80.000 | |
| 62 | | Tributos | 20.000 | |
| 64 | | Gastos de personal | 180.000 | |
| 65 | | Otros gastos de gestión | 35.000 | |
| 66 | | Gastos financieros | 30.000 | |
| 68 | | Dotaciones para amortizaciones | 90.000 | |
| | 7010 | Ventas de carteras L | | 630.000 |
| | 7011 | Ventas de carteras S | | 405.000 |
| | | TOTALES | 2.085.000 | 2.085.000 |

## II. ORGANIZACION CONTABLE

El Plan de Cuentas de la Sociedad contiene las siguientes cuentas:

90. CUENTAS REFLEJAS

    903. Stock inicial reflejo.
    905. Compras reflejas.
    906. Gastos y dotaciones reflejos.
    907. Productos de explotación reflejos.

92. CUENTAS DE LOS CENTROS DE ACTIVIDAD

    920. Centro de compras.
    921. Centro de mantenimiento.
    922. Centro de fabricación I.
    923. Centro de fabricación II.

924. Centro de administración.
925. Centro de financiación.
926. Centro de distribución.

93. CUENTAS DE COSTES DE PRODUCCION Y COSTES FINALES

930. Coste de compras de materias primas.
932. Coste de producción de carteras L.
933. Coste de producción de carteras S.
934. Coste final de carteras L.
935. Coste final de carteras S.

94. CUENTAS DE INVENTARIO PERMANENTE (I. P.)

940. I. P. de materias primas.
941. I. P. de materias auxiliares.
942. I. P. de carteras L.
943. I. P. de carteras S.

97. CUENTAS DE DIFERENCIAS DE INCORPORACION

971. Cargas no incorporables.
972. Elementos supletorios incorporados.

98. RESULTADOS DE LA CONTABILIDAD DE COSTES

980. Resultados de explotación con criterios de Contabilidad de Costes.
  9801. Resultados de explotación de carteras L.
  9802. Resultados de explotación de carteras S.
987. Saldo de las cuentas de diferencias de incorporación.

(Si necesita más cuentas, añádalas justificándolas adecuadamente.)

## III. INVENTARIO EXTRACONTABLE

— Las existencias iniciales, a 1 de enero, eran las que aparecen en el balance.
— Las existencias finales, a 31 de diciembre, eran:

| | |
|---|---|
| Existencias de carteras L | 100.000 |
| Existencias de carteras S | 80.000 |
| Existencias de cuero | 120.000 |
| Existencias de materias auxiliares | 90.000 |

## IV. ORGANIZACION TECNICO-ECONOMICA

A) *La empresa obtiene dos productos:* unas carteras de lujo, que denomina L, y unas carteras normales, que denomina S.

B) *La unidad económica se encuentra* dividida en los siguientes centros de actividad: Compras, Mantenimiento, Fabricación I, Fabricación II, Administración, Financiación y Distribución.

## V. INFORMACION COMPLEMENTARIA

A) *Los costes indirectos primarios se originan* conforme aparecen en la parte superior del cuadro de reparto. En dicho cuadro puede apreciarse que parte de los gastos de personal, 10.000, se consideran no incorporables y, además, que existen unas cargas supletorias, por intereses calculados sobre el capital propio de 95.000 pesetas.

B) *Todos los costes indirectos del centro de compras* se imputan a las materias primas.

C) *La cesión de costes indirectos entre los centros de actividad* se realiza conforme a los porcentajes que se expresan en la parte inferior del cuadro de reparto.

D) *Imputación de los costes indirectos de los centros de producción.* Los cálculos de acuerdo con las unidades de obra se resumen en los siguientes porcentajes:

| Origen \ Destino | Carteras L | Carteras S |
|---|---|---|
| Del centro de fabricación I | 70 | 30 |
| Del centro de fabricación II | 60 | 40 |

E) *Las materias primas se han afectado* en un 70 por 100 a las carteras L, y en un 30 por 100 a las carteras S.

F) *Los costes indirectos del centro de distribución* se imputan así:

— 2/3 al coste final de las carteras L., y
— 1/3 al coste final de las carteras S.

SE PIDE:

1. Completar el cuadro de reparto.
2. Proceso contable en la Contabilidad de Costes.

NOTA: Cuando no se especifique si se ha de seguir el método dualista o el método monista, supondremos desde ahora que se ha de utilizar el dualista.

## ANEXO. Cuadro de reparto de costes indirectos

| Elementos indirectos \ Centros de actividad | Compras | Mantenimiento | Fabricación I | Fabricación II | Administración | Financiación | Distribución | TOTAL | |
|---|---|---|---|---|---|---|---|---|---|
| Servicios exteriores | 30.000 | — | — | — | — | — | 30.000 | 60.000 | REPARTO |
| Tributos | 5.000 | — | 5.000 | 5.000 | — | — | 5.000 | 20.000 | |
| Gastos de personal | 10.000 | 10.000 | 40.000 | 60.000 | 20.000 | — | 30.000 | 170.000 | |
| Otros gastos de gestión | 10.000 | — | — | — | 5.000 | — | 20.000 | 35.000 | |
| Gastos financieros | — | — | — | — | — | 30.000 | — | 30.000 | |
| Dotación amortización | 2.000 | 2.000 | 30.000 | 50.000 | 2.000 | 2.000 | 2.000 | 90.000 | |
| Cargas supletorias | — | — | — | — | — | 95.000 | — | 95.000 | |
| **Costes indirectos primarios (total)** | **57.000** | **12.000** | **75.000** | **115.000** | **27.000** | **127.000** | **87.000** | **500.000** | |
| Centro de mantenimiento | — | — | 50% | 50% | — | — | — | 100% | SUBREPARTO |
| Centro de administración | 20% | — | 20% | 20% | — | 10% | 30% | 100% | |
| Centro de financiación | 10% | 10% | 35% | 35% | 10% | — | — | 100% | |

## SOLUCION CASO 5

### 1. CUADRO DE REPARTO

| Elementos indirectos \ Centros de actividad | TOTAL | Mantenimiento | Administración | Financiación | Compras | Fabricación I | Fabricación II | Distribución |
|---|---|---|---|---|---|---|---|---|
| Servicios exteriores | 60.000 | — | — | — | 30.000 | — | — | 30.000 |
| Tributos | 20.000 | — | — | — | 5.000 | 5.000 | 5.000 | 5.000 |
| Gastos de personal | 170.000 | 10.000 | 20.000 | — | 10.000 | 40.000 | 60.000 | 30.000 |
| Otros gastos de gestión | 35.000 | — | 5.000 | — | 10.000 | — | — | 20.000 |
| Gastos financieros | 30.000 | — | — | 30.000 | — | — | — | — |
| Dotación amortización | 90.000 | 2.000 | 2.000 | 2.000 | 2.000 | 30.000 | 50.000 | 2.000 |
| Cargas supletorias | 95.000 | — | — | 95.000 | — | — | — | — |
| **Costes indirectos primarios (total)** | **500.000** | **12.000** | **27.000** | **127.000** | **57.000** | **75.000** | **115.000** | **87.000** |
| Centro de mantenimiento | — | (25.101) | — | — | — | 12.550,50 | 12.550,50 | — |
| Centro de administración | — | — | (40.101) | 4.010 | 8.020 | 8.020 | 8.020 | 12.031 |
| Centro de financiación | — | 13.101 | 13.101 | (131.010) | 13.101 | 45.853,50 | 45.853,50 | — |
| **Costes indirectos** | **500.000** | **—** | **—** | **—** | **78.121** | **141.424** | **181.424** | **99.031** |

Sean: X Total cargas Centro de mantenimiento.
Y Total cargas Centro de administración.
Z Total cargas Centro de financiación.

El esquema de las interrelaciones es:

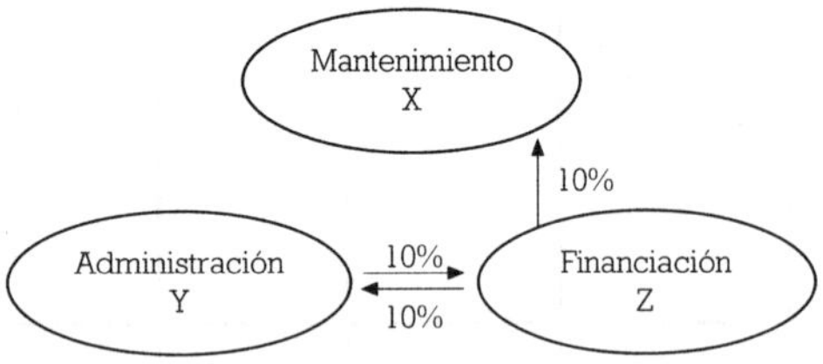


Y, por tanto, el sistema de ecuaciones sería:

$$\left.\begin{array}{ll} (1) & X = 12.000 + 0{,}10\,Z \\ (2) & Y = 27.000 + 0{,}10\,Z \\ (3) & Z = 127.000 + 0{,}10\,Y \end{array}\right\}$$

Sustituyendo (3) en (2):

$Y = 27.000 + 0{,}10\,(127.000 + 0{,}10Y)$
$Y = 27.000 + 12.700 + 0{,}01\,Y$
$Y - 0{,}01\,Y = 39.700;\ 0{,}99\,Y = 39.700;\ Y = 40.101$

$Z = 127.000 + 0{,}10\,Y \qquad Z = 131.010$
$X = 12.000 + 0{,}10\,Z \qquad X = 25.101$

## 2. PROCESO CONTABLE EN LA CONTABILIDAD DE COSTES

### 1) Apertura de la Contabilidad de Costes y recepción de las existencias iniciales (directamente en las cuentas de inventario permanente)

La recepción se hará con cargo a las cuentas de I. P. y con abono a la cuenta de «stock inicial reflejo».

(1)

| | | |
|---|---|---|
| 50.000 | I. P. de carteras L | |
| 40.000 | I. P. de carteras S | |
| 110.000 | I. P. de materias primas | |
| 10.000 | I. P. de materias auxiliares | |
| | a Stock inicial reflejo | 210.000 |

* Cantidades s/balance de saldos del enunciado

### 2) Recepción de los gastos y dotaciones por naturaleza directamente en las cuentas de los centros de actividad a la vez que se completan sus costes indirectos

La recepción se hará directamente en las cuentas de los centros, que reciben, a la vez, las cargas indirectas inventariables.

(2)

| | | |
|---|---|---|
| 12.000 | Centro de mantenimiento | |
| 27.000 | Centro de administración | |
| 127.000 | Centro de financiación | |
| 57.000 | Centro de compras | |
| 75.000 | Centro de fabricación I | |
| 115.000 | Centro de fabricación II | |
| 87.000 | Centro de distribución | |
| 10.000 | Cargas no incorporables | |
| | a Gastos y dotaciones reflejos | 415.000 |
| | a Elementos supletorios incorporados | 95.000 |

* Cantidades s/cuadro de reparto y datos del supuesto

### 3) Cesión de costes indirectos entre centros de actividad (subreparto)

(3)

| | | |
|---|---|---|
| 13.101 | Centro de mantenimiento | |
| 13.101 | Centro de administración | |
| 4.010 | Centro de financiación | |
| 21.121 | Centro de compras | |
| 66.424 | Centro de fabricación I | |
| 66.424 | Centro de fabricación II | |
| 12.031 | Centro de distribución | |
| | a Centro de mantenimiento | 25.101 |
| | a Centro de administración | 40.101 |
| | a Centro de financiación | 131.010 |

* Cantidades s/cuadro de subreparto (parte inferior del cuadro de reparto).

### 4) Recepción de las compras y determinación del coste completo de compras

a) *Incorporación de los valores que figuran en el precio de factura*, que no es otra cosa que la entrada de las compras como figuran en la Contabilidad General, se hará directamente en las cuentas de «Coste de compras» (si van a recibir cargas indirectas del centro de compras) o en las cuentas de «Inventario permanente» (si no van a recibir costes indirectos del centro de compras) y se abonará a la cuenta de «compras reflejas».

(4)

300.000 Coste compras de materias primas
80.000 I. P. de materias auxiliares
a Compras reflejas 380.000

* Cantidades s/datos de las compras que figuran en el balance de saldos.

b) *Incorporación de los costes que figuran en el centro de compras.* Aquí sólo cargaremos a los costes de compras, los costes indirectos procedentes del centro de compras, ya que los costes directos fueron cargados en el momento 4-*a*) anterior.

(5)

78.121 Coste compras de materias primas
a Centro de compras 78.121

* Cantidades s/datos del supuesto y del cuadro de reparto

**5) Entrada de las compras en almacén**

(6)

378.121 I. P. de materias primas
a Centro de compras de materias primas 378.121

* Por cancelación de los saldos de las cuentas de costes de compras mediante traspaso a las de inventario permanente. La entrada en almacén de las compras de materiales auxiliares ya fue contabilizada en el momento 4-a) anterior, por carecer de costes indirectos.

**6) Determinación del coste de producción**

a) *Imputación de los costes indirectos de los centros de fabricación*

(7)

207.851 Coste de producción de carteras L
114.997 Coste de producción de carteras S
a Centro de fabricación I 141.424
a Centro de fabricación II 181.424

* Cantidades s/cuadro de imputación siguiente.

**Cuadro de imputación**

| Destino / Origen | Carteras L | Carteras S | Total |
|---|---|---|---|
| Del centro de fabricación I | 70%<br>98.997 | 30%<br>42.427 | 100%<br>141.424 |
| Del centro de fabricación II | 60%<br>108.854 | 40%<br>72.570 | 100%<br>181.424 |
| TOTALES | 207.851 | 114.997 | 322.848 |

b) *Afectación de los costes directos*

(8)

257.685 Coste de producción de carteras L
110.436 Coste de producción de carteras S
a I. P. de materias primas 368.121

* Las materias primas consumidas han sido:

I. P. Materias primas

| | |
|---|---|
| Existencia inicial: 110.000 | Consumidas: 368.121 |
| Entrada almacén: 378.121 | Existencia final: 120.000 |

* Las materias primas se han afectado:

— Carteras L 70% 257.685
— Carteras S 30% 110.436
— Total consumido 368.121

**7) Entrada en almacén de los productos terminados**

(9)

465.536 I. P. carteras L
225.433 I. P. carteras S
a Coste de producción de carteras L 465.536
a Coste de producción de carteras S 225.433

* Por cancelación de los saldos de las cuentas de coste de producción mediante traspaso a las de inventario permanente.

**8) Determinación del coste final**

(10)

| | | |
|---|---|---|
| 481.557 | Coste final de carteras L | |
| 218.443 | Coste final de carteras S | |
| | a I. P. carteras L | 415.536 |
| | a I. P. carteras S | 185.433 |
| | a Centro de distribución | 99.031 |

I. P. carteras L

| | | |
|---|---|---|
| Existencia inicial: | 50.000 | Y = Valor carteras L vendidas: |
| Entrada almacén: | 465.536 | 100.000 Exist. final |

$Y = E_i + \text{Entrada} - E_f = 415.536$

I. P. carteras S

| | | |
|---|---|---|
| Existencia inicial: | 40.000 | Z = Valor carteras S vendidas: |
| Entrada almacén: | 225.433 | 80.000 Exist. final |

$Z = E_i + \text{Entrada} - E_f = 185.433$

* Los costes indirectos del centro de distribución se imputan:

— Carteras L: $\frac{2}{3} \times 99.031 = 66.021$

— Carteras S: $\frac{1}{3} \times 99.031 = 33.010$

Total: 99.031

* Por tanto:
Coste final cartera L: 415.536 + 66.021 = 481.557
Coste final cartera S: 185.433 + 33.010 = 218.443

**9) Recepción de los ingresos y determinación de los Resultados analíticos**

*a) Recepción de los ingresos:* se hará directamente a Resultados analíticos con cargo a «Productos de explotación reflejos»

(11)

| | | |
|---|---|---|
| 1.035.000 | Productos de explotación reflejos | |
| | a Resultado de explotación carteras L | 630.000 |
| | a Resultado de explotación carteras S | 405.000 |

* Cantidades s/cifras de ventas que figuran en el balance inicial.

b) *Traslado de los costes finales a las cuentas de Resultados analíticos de explotación por productos*

(12)

| | | |
|---|---|---|
| 481.557 | Resultado explotación carteras L | |
| 218.443 | Resultado explotación carteras S | |
| | a Coste final de carteras L | 481.557 |
| | a Coste final de carteras S | 218.443 |

* Por cancelación de las cuentas de «coste final», mediante traspaso a las de «Resultados analíticos».

c) *Agregación de los Resultados analíticos en un resultado único*

(13)

| | | |
|---|---|---|
| 148.443 | Resultados explotación carteras L | |
| 186.557 | Resultados explotación carteras S | |
| | a Resultado explotación con criterios de Contabilidad de Costes | 335.000 |

* Por cancelación de las cuentas de «Resultados analíticos de cada producto», mediante traspaso a la de «Resultado de explotación con criterios de Contabilidad de Costes».

d) *Reagrupación de las diferencias de incorporación*

(14)

| | | |
|---|---|---|
| 95.000 | Elementos supletorios incorporados | |
| | a Cargas no incorporables | 10.000 |
| | a Saldo cuentas diferencias de incorporación | 85.000 |

* Por cancelación de las cuentas de diferencias de incorporación mediante traspaso a la de «Saldo de las cuentas de diferencias de incorporación».

e) *Reagrupación de los dos conjuntos de resultados*

(15)

| | | |
|---|---|---|
| 335.000 | Resultados explotación con criterios de Contabilidad de Costes | |
| 85.000 | Saldo cuentas diferencias de incorporación | |
| | a RESULTADO ANALITICO | 420.000 |

**10) Cierre de la Contabilidad de Costes**

El *balance de la Contabilidad de Costes* antes del cierre sería:

| CUENTAS | SALDOS | |
|---|---|---|
| | Deudor | Acreedor |
| I. P. carteras L | 100.000 | |
| I. P. carteras S | 80.000 | |
| I. P. materias primas | 120.000 | |
| I. P. materias auxiliares | 90.000 | |
| Stock inicial reflejo | | 210.000 |
| Gastos y dotaciones reflejos | | 415.000 |
| Compras reflejas | | 380.000 |
| Productos de explotación reflejos | 1.035.000 | |
| RESULTADO ANALITICO | | 420.000 |
| TOTALES | 1.425.000 | 1.425.000 |

Por tanto, el *asiento de cierre* es:

(16)

| | | | |
|---|---|---|---|
| 210.000 | Stock inicial reflejo | | |
| 415.000 | Gastos y dotaciones reflejos | | |
| 380.000 | Compras reflejas | | |
| 420.000 | RESULTADO ANALITICO | a I. P. carteras L | 100.000 |
| | | a I. P. carteras S | 80.000 |
| | | a I. P. materias primas | 120.000 |
| | | a I. P. materias auxiliares | 90.000 |
| | | a Productos de explotación reflejos | 1.035.000 |

**CASO 6**

Se contempla un proceso de **fabricación por pedidos**, en el que se adapta el proceso contable del **método del coste completo**.

## I. ORGANIZACION TECNICO-ECONOMICA

La empresa PEDISA trabaja de tal manera que sólo efectúa la transformación de sus productos suministrando los propios clientes la materia prima Y, además, los productos terminados son automáticamente entregados y facturados.

Respecto a su organización económica, la empresa se ha dividido, siguiendo el organigrama técnico, en los siguientes centros de actividad: tres auxiliares —Administración, Mantenimiento y Almacén—, tres principales de producción —Talleres A, B y C— y uno de Distribución.

## II. ORGANIZACION CONTABLE

PEDISA tiene establecido un modelo contable que en su parte analítica está orientado a calcular el coste final por pedido, respondiendo al cuadro contable básico del dualismo.

El plan de cuentas analítico que, ya dentro de ese cuadro contable básico, sigue la empresa, en concreto, es el siguiente:

90. CUENTAS REFLEJAS

- 903. Stock inicial reflejo.
- 905. Compras reflejas.
- 906. Gastos y dotaciones reflejos.
- 907. Productos de explotación reflejos.
- 908. Resultados reflejos ajenos a la explotación.

92. CUENTAS DE LOS CENTROS DE ACTIVIDAD

- 920. Centro auxiliar de administración.
- 921. Centro auxiliar de mantenimiento.
- 922. Centro auxiliar de almacén.
- 924. Taller A.
- 925. Taller B.
- 926. Taller C.
- 927. Centro de distribución.

93. CUENTAS DE COSTES DE PRODUCCION Y COSTES FINALES

- 9301. Coste de producción pedido número 1.
- 9302. Coste de producción pedido número 2.
- 9303. Coste de producción pedido número 3.
- 9304. Coste de producción pedido número 4.
- 9305. Coste de producción pedido número 5.
- 9371. Coste final pedido número 1.
- 9372. Coste final pedido número 2.
- 9373. Coste final pedido número 3.
- 9374. Coste final pedido número 4.

94. CUENTAS DE INVENTARIO PERMANENTE

- 944. I. Permanente de producción en curso.
- 9455. I. Permanente de materias auxiliares.

97. CUENTAS DE DIFERENCIAS DE INCORPORACION

- 972. Elementos supletorios incorporados.
- 975. Gastos residuales de centros de actividad

98. RESULTADOS DE LA CONTABILIDAD DE COSTES

- 980. Resultados de explotación con criterios de Contabilidad de Costes.
  - 9801. Resultados de explotación pedido número 1.
  - 9802. Resultados de explotación pedido número 2.
  - 9803. Resultados de explotación pedido número 3.
  - 9804. Resultados de explotación pedido número 4.
- 987. Saldo de las cuentas de diferencias de incorporación.
- 988. Saldo sobre Pérdidas y Ganancias.

## III. DATOS COMUNES DE LA CONTABILIDAD GENERAL Y DE LA CONTABILIDAD DE COSTES

Los datos que constituyen la situación de partida de la Contabilidad de Costes son los siguientes:

a) *Existencias iniciales*

— Producción en curso: 10.000 pesetas, que corresponden al pedido número 1.
— Materias auxiliares en almacén: 2.000 pesetas.

b) *Compras*

— 2.200 pesetas de materias auxiliares.

c) *Gastos por naturaleza*

| | | |
|---|---|---|
| — Servicios exteriores | 28.281 | pta. |
| — Transportes | 9.350 | pta. |
| — Tributos | 6.420 | pta. |
| — Gastos de personal | 45.960 | pta. |
| — Otros gastos de gestión | 17.820 | pta. |
| — Gastos financieros | 800 | pta. |
| — Dotaciones a amortización | 13.200 | pta. |

Se incorporan a los centros de actividad un montante de cargos financieros igual al interés calculado sobre la tasa mensual del 6 por 100 del total de 220.000 pesetas, que constituye los capitales propios de la empresa.

d) *Ventas*

Pedido número 1 .................................... 43.600 pta.
Pedido número 2 .................................... 72.100 pta.
Pedido número 3 .................................... 55.300 pta.
Pedido número 4 .................................... 47.000 pta.

e) Existen *beneficios ajenos a la explotación* por importe de: 3.000 pesetas.

## IV. DATOS DE FABRICACION

a) *Fabricación del período*

En el período que se pretende analizar:

— Se ha terminado el pedido número 1.
— Comenzado y terminado los pedidos números 2, 3 y 4.
— Comenzado y no terminado el pedido número 5.

b) *Cuadro de reparto*

b.1) *Reparto primario*

Después del estudio correspondiente, las cargas por naturaleza han sido repartidas entre los centros de actividad de la siguiente forma:

— Los materiales auxiliares, 2.560 al centro de mantenimiento, 160 al Taller A, 320 al Taller B y 160 al centro de distribución.
— Los gastos de personal, 9.192 al centro de administración, 4.596 al de mantenimiento, 2.298 al de almacén, 9.192 al Taller A, 6.894 al Taller B, 6.894 al Taller C y 6.894 a distribución.
— Los gastos financieros, 480 al centro de administración y 320 al de distribución.
— Los tributos, 2.568 al centro de administración y 3.852 al de distribución.
— Los servicios exteriores, 2.700 al centro de administración, 2.904 al de mantenimiento, 7.186 al Taller A, 5.854 al Taller B, 5.604 al Taller C y 4.033 al de distribución.
— Los transportes, 7.178 al centro de almacén y 2.172 al de distribución.
— Los otros gastos de gestión, 8.910 al centro de administración, 1.782 al Taller A, 1.782 al Taller B, 1.782 al Taller C y 3.564 al de distribución.
— Las amortizaciones, 1.320 al centro de administración, 660 al de mantenimiento, 660 al de almacén, 3.960 al Taller A, 2.640 al Taller B, 2.640 al Taller C y 1.320 al de distribución.
— Los elementos supletorios —cargos financieros—, 10 por 100 al centro de administración, 10 por 100 al de mantenimiento, 10 por 100 al de almacén, 20 por 100 al Taller A, 20 por 100 al Taller B, 20 por 100 al Taller C y 10 por 100 al centro de distribución.

b.2) *Reparto secundario*

El traspaso de las cargas de los centros auxiliares a los centros principales se ha acordado ejecutarlo sobre la base numérica del cuadro siguiente:

| | **Centro administración** | **Centro mantenimiento** | **Centro almacén** | **Taller A** | **Taller B** | **Taller C** | **Centro distribución** |
|---|---|---|---|---|---|---|---|
| Administración (%) ............. | — | 10 | 5 | 20 | 20 | 20 | 25 |
| Mantenimiento (horas)........ | — | — | 16,5 | 33,0 | 17,5 | 22,0 | 11,0 |
| Almacén (%) ........................ | — | 10 | — | 35 | 35 | 20 | — |

c) *Las unidades de obra*

Las unidades de obra elegidas para medir la actividad de los centros principales son:

— La hora hombre —H. H.— para los talleres A y C.
— La hora máquina —H. M.— para el taller B.
— La peseta vendida para el centro de distribución.

Y el número de unidades de obra correspondiente a tales centros han sido:

— Taller A: 4.000 H. H.
— Taller B: 3.000 H. M.
— Taller C: 2.400 H. H
— Distribución: 218.000 pesetas de venta.

d) *El cuadro de imputación*

Durante el período, los centros principales han concurrido a los pedidos de la siguiente manera:

— De las 4.000 unidades de obra del Taller A, 1.450 han sido para el pedido número 2; 1.200 para el número 3; 750 para el número 4, y 600 para el pedido número 5.
— De las 3.000 unidades de obra del Taller B, 1.000 han sido para el pedido número 2; 200 para el número 3; 900 para el número 4, y 900 para el número 5.
— De las 2.400 unidades de obra del Taller C, 480 han sido para el pedido número 1; 700 para el número 2; 820 para el número 3, y 400 para el número 4.

SE PIDE:

1. Elaborar el cuadro de reparto de las cargas por naturaleza entre los distintos centros de actividad, teniendo presente, para el reparto secundario por imputación indirecta, el llamado método algebraico.
2. Elaborar el cuadro de imputación de las cargas recogidas en los centros a los costes de los correspondientes pedidos.
3. Con la información extracontable obtenida y ordenada por los cuadros anteriores, realizar la totalidad de los asientos de la Contabilidad de Costes que reflejen el movimiento interno de valores.

## SOLUCION CASO 6

### 1. CUADRO DE REPARTO

| CARGAS POR NATURALEZA | TOTAL | Centros auxiliares | | | Centros principales | | | Centro Distribución |
|---|---|---|---|---|---|---|---|---|
| | | Administración | Mantenimiento | Almacén | Taller A | Taller B | Taller C | |
| Servicios exteriores | 28.281 | 2.700 | 2.904 | — | 7.186 | 5.854 | 5.604 | 4.033 |
| Transportes | 9.350 | — | — | 7.178 | — | — | — | 2.172 |
| Tributos | 6.420 | 2.568 | — | — | — | — | — | 3.852 |
| Gastos de personal | 45.960 | 9.192 | 4.596 | 2.298 | 9.192 | 6.894 | 6.894 | 6.894 |
| Otros gastos de gestión | 17.820 | 8.910 | — | — | 1.782 | 1.782 | 1.782 | 3.564 |
| Gastos financieros | 800 | 480 | — | — | — | — | — | 320 |
| Amortizaciones | 13.200 | 1.320 | 660 | 660 | 3.960 | 2.640 | 2.640 | 1.320 |
| Materias auxiliares | 3.200 | — | 2.560 | — | 160 | 320 | — | 160 |
| Cargas supletorias | 13.200 | 1.320 | 1.320 | 1.320 | 2.640 | 2.640 | 2.640 | 1.320 |
| **Totales reparto primario** | **138.231** | **26.490** | **12.040** | **11.456** | **24.920** | **20.130** | **19.560** | **23.635** |
| Administración | — | -26.490 | 2.649 | 1.324 | 5.298 | 5.298 | 5.298 | 6.623 |
| Mantenimiento | — | — | −16.236 | 2.679 | 5.358 | 2.841 | 3.572 | 1.786 |
| Almacén | — | — | 1.546 | −15.460 | 5.411 | 5.411 | 3.092 | — |
| **Totales reparto secundario** | **138.231** | **0** | **−1** | **−1** | **40.987** | **33.680** | **31.522** | **32.044** |
| Unidades de obra | — | — | — | — | H. H. | H. M. | H. H. | Pesetas venta |
| Número de unidades de obra | — | — | — | — | 4.000 | 3.000 | 2.400 | 218.000 |
| Coste unitario de la unidad de obra | — | — | — | — | 10,25 | 11,23 | 13,13 | 0,147 |

*Reparto secundario:*

Sean: X Total costes indirectos del centro de mantenimiento.
Y Total costes indirectos del centro de almacén.

$$\left.\begin{array}{l} X = 14.689 + 0{,}10\,Y \\ Y = 12.780 + 0{,}165\,X \end{array}\right\} \quad \begin{array}{l} X = 16.234{,}93 \\ Y = 15.459{,}26 \end{array}$$

## 2. CUADRO DE IMPUTACION

| Número de pedidos | En curso al principio | Taller A | Taller B | Taller C | Coste de producción | Distribución | Coste final | En curso al final |
|---|---|---|---|---|---|---|---|---|
| Número 1 | 10.000 | — | — | 6.302,4 | 16.302,4 | 6.409,2 | 22.711,6 | — |
| Número 2 | — | 14,862,5 | 11.230 | 9.191,0 | 35.283,5 | 10.598,7 | 45.882,2 | — |
| Número 3 | — | 12.300,0 | 2.246 | 10.766,6 | 25.312,6 | 8.129,1 | 33.441,7 | — |
| Número 4 | — | 7.687,5 | 10.107 | 5.252,0 | 23.046,5 | 6.909,0 | 29.955,5 | — |
| Número 5 | — | 6.150,0 | 10.107 | — | 16.257,0 | — | — | 16.257 |
| **Totales** | **10.000** | **41.000,0** | **33.690** | **31.512,0** | **116.202** | **32.046,0** | **131.991,0** | **16.257** |

## 3. ASIENTOS EN LA CONTABILIDAD DE COSTES

| | | | | |
|---|---|---|---|---|
| | | **1. Recibo de los stocks existentes** | | |
| 944 | | I. P. de producción en curso | 10.000,0 | |
| 9455 | | I. P. de materias auxiliares | 2.000,0 | |
| | 903 | a Stock inicial reflejo | | 12.000,0 |
| | | x | | |
| | | **2. Recibo de las cargas con sus modalidades, pasando por los centros de actividad** | | |
| | | a) *Respecto a las compras* | | |
| 9455 | | I. P. de materias auxiliares | 2.200,0 | |
| | 905 | a Compras reflejas | | 2.200,0 |
| | | b) *Respecto a las restantes cargas incorporables indirectas* | | |
| | | (Reparto primario) | | |
| 920 | | Centro auxiliar de administración | 26.490,0 | |
| 921 | | Centro auxiliar de mantenimiento | 12.040,0 | |
| 922 | | Centro auxiliar de almacén | 11.456,0 | |
| 924 | | Taller A | 24.920,0 | |
| 925 | | Taller B | 20.130,0 | |
| 926 | | Taller C | 19.560,0 | |
| 927 | | Centro de distribución | 23.635,0 | |
| | 9455 | a I. P. de materias auxiliares | | 3.200,0 |
| | 906 | a Gastos y dotaciones reflejos | | 121.831,0 |
| | 972 | a Elementos supletorios incorporados | | 13.200,0 |

| | | | | |
|---|---|---|---|---|
| | | (Reparto secundario) | | |
| 921 | | Centro auxiliar de mantenimiento | 4.195,0 | |
| 922 | | Centro auxiliar de almacén | 4,003,0 | |
| 924 | | Taller A | 16.067,0 | |
| 925 | | Taller B | 13.550,0 | |
| 926 | | Taller C | 11.962,0 | |
| 927 | | Centro de distribución | 8.409,0 | |
| | 920 | a Centro auxiliar de administración | | 26.490,0 |
| | 921 | a Centro auxiliar de mantenimiento | | 16.235,0 |
| | 922 | a Centro auxiliar de almacén | | 15.459,0 |
| | 975 | a Gastos residuales de centros de actividad | | 2,0 |

Tanto el reparto primario como el reparto secundario podían haberse hecho en un solo asiento contable, contabilizando la parte superior y la inferior del cuadro de reparto de una sola vez.

x

### 3. Determinación del coste de compras

No procede asiento

x

### 4. Entrada de las compras en almacén

No procede asiento

x

### 5. Determinación del coste de producción

| | | | | |
|---|---|---|---|---|
| 9301 | | Coste de producción pedido número 1 | 16.302,4 | |
| 9302 | | Coste de producción pedido número 2 | 35.283,5 | |
| 9303 | | Coste de producción pedido número 3 | 25.312,6 | |
| 9304 | | Coste de producción pedido número 4 | 23.046,5 | |
| 9305 | | Coste de producción pedido número 5 (en curso) | 16.257,0 | |
| | 944 | a I. P. de productos en curso | | 10.000,0 |
| | 924 | a Taller A | | 40.987,0 |
| | 925 | a Taller B | | 33.680,0 |
| | 926 | a Taller C | | 31.522,0 |
| | 975 | a Gastos residuales de centros de actividad | | 13,0 |

x

**6. Entrada en almacén**

a) *Entrada en almacén de productos terminados*

No procede asiento

—————— ——————

b) *Entrada en almacén de productos en curso*

| | | | | |
|---|---|---|---|---|
| 944 | | I. P. de productos en curso | 16.257,0 | |
| | 9305 | a Coste de producción pedido número 5 | | 16.257,0 |

—————— x ——————

**7. Determinación del coste de distribución**

Normalmente, no procede asiento

—————— x ——————

**8. Determinación del coste final**

| | | | | |
|---|---|---|---|---|
| 9371 | | Coste final pedido número 1 | 22.711,6 | |
| 9372 | | Coste final pedido número 2 | 45.882,2 | |
| 9373 | | Coste final pedido número 3 | 33.441,7 | |
| 9374 | | Coste final pedido número 4 | 29.955,5 | |
| | 9301 | a Coste de producción pedido número 1 | | 16.302,4 |
| | 9302 | a Coste de producción pedido número 2 | | 35.283,5 |
| | 9303 | a Coste de producción pedido número 3 | | 25.312,6 |
| | 9304 | a Coste de producción pedido número 4 | | 23.046,5 |
| | 927 | a Centro de distribución | | 32.044,0 |
| | 975 | a Gastos residuales de centros de actividad | | 2,0 |

—————— x ——————

**9. Determinación de los resultados analíticos**

**Primer conjunto**

a) *Registro de los costes*

| | | | | |
|---|---|---|---|---|
| 9801 | | Resultado de explotación del pedido número 1 | 22.711,6 | |
| 9802 | | Resultado de explotación del pedido número 2 | 45.882,2 | |
| 9803 | | Resultado de explotación del pedido número 3 | 33.441,7 | |
| 9804 | | Resultado de explotación del pedido número 4 | 29.955,5 | |
| | 9371 | a Coste final del pedido número 1 | | 22.711,6 |
| | 9372 | a Coste final del pedido número 2 | | 45.882,2 |
| | 9373 | a Coste final del pedido número 3 | | 33.441,7 |
| | 9374 | a Coste final del pedido número 4 | | 29.955,5 |

—————— ——————

b) *Registro de las ventas*

| | | | | |
|---|---|---|---|---|
| 907 | | Productos de explotación reflejos | 218.000,0 | |
| | 9801 | a Resultado de explotación del pedido número 1 | | 43.600,0 |
| | 9802 | a Resultado de explotación del pedido número 2 | | 72.100,0 |
| | 9803 | a Resultado de explotación del pedido número 3 | | 55.300,0 |
| | 9804 | a Resultado de explotación del pedido número 4 | | 47.000,0 |

El resultado con criterios analíticos, es, pues:

| | |
|---|---|
| Pedido número 1 | 20.888,4 |
| Pedido número 2 | 26.217,8 |
| Pedido número 3 | 21.858,3 |
| Pedido número 4 | 17.044,5 |

c) *Reagrupación de los resultados analíticos*

| | | | | |
|---|---|---|---|---|
| 9801 | | Resultado de explotación del pedido número 1 | 20.888,4 | |
| 9802 | | Resultado de explotación del pedido número 2 | 26.217,8 | |
| 9803 | | Resultado de explotación del pedido número 3 | 21.858,3 | |
| 9804 | | Resultado de explotación del pedido número 4 | 17.044,5 | |
| | 980 | a Resultado de explotación con criterios de Contabilidad de Costes | | 86.009,0 |

**Segundo conjunto**

*Reagrupación de las cuentas de diferencias de incorporación*

| | | | | |
|---|---|---|---|---|
| 972 | | Elementos supletorios incorporados | 13.200,0 | |
| 975 | | Gastos residuales de centros de actividad | 17,0 | |
| | 987 | a Saldo de las cuentas de diferencias de incorporación. | | 13.217,0 |

**Tercer conjunto**

a) *Registro de los resultados ajenos y extraordinarios*

| | | | | |
|---|---|---|---|---|
| 908 | | Resultados reflejos ajenos a la explotación | 3.000,0 | |
| | 988 | a Saldo sobre Pérdidas y Ganancias | | 3.000,0 |

b) *Reagrupación de los tres conjuntos de resultados*

| | | | | |
|---|---|---|---|---|
| 980 | | Resultados de explotación con criterios de Contabilidad de Costes | 86.009,0 | |
| 987 | | Saldo de las cuentas de diferencias de incorporación | 13.217,0 | |
| 988 | | Saldo sobre Pérdidas y Ganancias | 3.000,0 | |
| | 98 | a RESULTADOS DE CONTABILIDAD DE COSTES | | 102.226,0 |

x

**Balance de la Contabilidad de Costes**

| Título de las cuentas abiertas en este momento | | | SALDOS | |
|---|---|---|---|---|
| | | | Debe | Haber |
| | 903 | Stock inicial reflejo | | 12.000 |
| | 905 | Compras reflejas | | 2.200 |
| | 906 | Gastos y dotaciones reflejos | | 121.831 |
| 907 | | Productos de explotación reflejos | 218.000 | |
| 908 | | Resultados reflejos ajenos a la explotación | 3.000 | |
| 944 | | I. P. de productos en curso | 16.257 | |
| 9455 | | I. P. de materias auxiliares | 1.000 | |
| | 98 | RESULTADOS DE CONTABILIDAD DE COSTES | | 102.226 |
| | | TOTALES | 238.257 | 238.257 |

| | | | | |
|---|---|---|---|---|
| | | **10. Cierre de la Contabilidad de Costes** | | |
| 903 | | Stock inicial reflejo | 12.000,0 | |
| 905 | | Compras reflejas | 2.200,0 | |
| 906 | | Gastos y dotaciones reflejos | 121.831,0 | |
| 98 | | RESULTADOS DE CONTABILIDAD DE COSTES | 102.226,0 | |
| | 907 | a Productos de explotación reflejos | | 218.000,0 |
| | 908 | a Resultados reflejos ajenos a la explotación | | 3.000,0 |
| | 944 | a I. P. de productos en curso | | 16.257,0 |
| | 9455 | a I. P. de materias auxiliares | | 1.000,0 |

## CASO 7

Se analiza la **elaboración del cuadro de reparto** (repartos primario y secundario).

## I. ORGANIZACION TECNICO-ECONOMICA

La empresa CUAREPSA tiene por objeto la fabricación y venta de los productos P1 y P2.

Respecto a su organización económica, la empresa se ha dividido en los siguientes centros de actividad: dos Centros auxiliares —auxiliar A y auxiliar B—, un Centro de compras, dos Centros de producción —Taller 1 y Taller 2— y un Centro de distribución.

## II. DATOS COMUNES A LA CONTABILIDAD GENERAL Y A LA CONTABILIDAD DE COSTES

Los datos que constituyen la situación de partida de la contabilidad de costes son los siguientes:

| a) *Existencias iniciales* | Pesetas |
|---|---|
| — Materias primas: 875 kg a 1.000 pta./kg .. | 875.000 |
| — Materiales para consumo y reposición .... | 250.000 |

b) *Compras*

| | |
|---|---|
| — Materias primas: 7.500 kg a 1.000 pta./kg. | 7.500.000 |
| — Materiales para consumo y reposición .... | 1.000.000 |

| c) *Gastos por naturaleza* | Pesetas |
|---|---|
| — Servicios exteriores .................................... | 625.000 |
| — Tributos ........................................................ | 375.000 |
| — Gastos de personal ..................................... | 3.000.000 |
| — Otros gastos de gestión ............................. | 250.000 |
| — Gastos financieros ..................................... | 875.000 |
| — Dotación a amortizaciones ......................... | 2.250.000 |

d) *Ventas*

| | |
|---|---|
| — 10.000 unidades de P1 a 1.000 pta./un. .... | 10.000.000 |
| — 5.000 unidades de P2 a 1.500 pta./un. ...... | 7.500.000 |

## III. DATOS DE FABRICACION

a) *Fabricación del período*

— 11.000 unidades de P1.
— 6.500 unidades de P2.

b) *Existencias finales*

— 2.250 kg de materias primas (el criterio seguido para valorar las existencias ha sido el LIFO).

c) *Cuadro de reparto*

c.1) Después del estudio correspondiente, los costes indirectos han sido repartidos entre los centros de actividad de la siguiente forma:

| Centros de actividad / Costes indirectos | TOTAL | Centro de compras | Centro auxiliar A | Centro auxiliar B | Taller 1 | Taller 2 | Centro de distribución |
|---|---|---|---|---|---|---|---|
| Servicios exteriores ............. | 625.000 | — | — | — | 125.000 | 500.000 | — |
| Tributos ................................. | 375.000 | 37.500 | 37.500 | 37.500 | 112.500 | 112.500 | 37.500 |
| Gastos de personal .............. | 3.000.000 | 150.000 | 300.000 | 300.000 | 1.050.000 | 1.050.000 | 150.000 |
| Otros gastos de gestión ....... | 250.000 | 125.000 | — | 125.000 | — | — | — |
| Gastos financieros ................ | 875.000 | 100.000 | 187.500 | 87.500 | 250.000 | 250.000 | — |
| Dotación a amortizaciones ... | 2.250.000 | 225.000 | 225.000 | 450.000 | 450.000 | 675.000 | 225.000 |
| Materiales para consumo y reposición .......................... | 1.250.000 | — | 250.000 | — | 500.000 | 500.000 | — |
| **Total reparto primario ..** | **8.625.000** | **637.500** | **1.000.000** | **1.000.000** | **2.487.500** | **3.087.500** | **412.500** |

c.2) El subreparto se lleva a cabo de acuerdo con los siguientes porcentajes:

| | Compras | Auxiliar A | Auxiliar B | Taller 1 | Taller 2 | Distribución |
|---|---|---|---|---|---|---|
| Centro auxiliar B ........................................ | 30 % | 20 % | — | 10 % | 10 % | 30 % |
| Centro auxiliar A ........................................ | — | — | 20 % | 40 % | 40 % | — |

d) Las unidades de obra de los centros de actividad que sirven para la imputación de sus respectivos costes, son las siguientes:

— Centro de compras: kilogramo de materia prima comprada (las materias auxiliares, por tanto, no absorben ningún coste).
— Taller 1 y Taller 2: hora/máquina.
— Centro de distribución: volumen de ventas de cada producto.

e) La imputación de la materia prima y de las unidades de obra se realizó así:

| | P1 | P2 |
|---|---|---|
| Materia prima .............. | 30 % | 70 % |
| Taller 1 .......................... | 70.000 h/m | 70.000 h/m |
| Taller 2 .......................... | 120.000 h/m | 80.000 h/m |

SE PIDE:

1. Completar el cuadro de reparto, teniendo presente, para el reparto secundario, el método algebraico (planteamiento de las ecuaciones y solución de las mismas).
2. Realizar la totalidad de los asientos de la Contabilidad de Costes que pongan de manifiesto:

— Reparto primario y reparto secundario.
— Coste compra materia prima (coste unitario, extracontable).
— Coste producción P1 (coste unitario, extracontable).
— Coste producción P2 (coste unitario, extracontable).
— Coste final P1.
— Coste final P2.
— Resultado de explotación P1.
— Resultado de explotación P2.
— Resultado de explotación con criterios de Contabilidad de Costes.
— Resultado de Contabilidad de Costes.

**ANEXO**

El Plan Contable Analítico que tiene la empresa, que es necesario seguir para la solución del ejercicio, es el siguiente:

90. CUENTAS REFLEJAS

903. Stock inicial reflejo.
905. Compras reflejas.
906. Gastos y dotaciones reflejos.
9070. Productos explotación reflejos P1.
9071. Productos explotación reflejos P2.

92. CUENTAS DE LOS CENTROS DE ACTIVIDAD

920. Centro de compras.
922. Centro auxiliar A.
923. Centro auxiliar B.
924. Taller 1.
925. Taller 2.
926. Centro de distribución.

93. CUENTAS DE COSTES DE PRODUCCION Y COSTES FINALES

933. Coste compra materia prima.
934. Coste producción P1.
935. Coste producción P2.
9370. Coste final P1.
9371. Coste final P2.

94. CUENTAS DE INVENTARIO PERMANENTE

9410. Inventario permanente de P1.
9411. Inventario permanente de P2.
945. Inventario permanente de materias primas.
947. Inventario permanente de materiales para consumo y reposición.

97. CUENTAS DE DIFERENCIAS DE INCORPORACION

(A abrir según proceda.)

98. RESULTADOS DE LA CONTABILIDAD DE COSTES

980. Resultados explotación con criterios de Contabilidad de Costes
  9800. Resultado de explotación P1.
  9801. Resultado de explotación P2.
987. Saldo de las cuentas de diferencias de incorporación.

## SOLUCION CASO 7

### 1. CUADRO DE REPARTO

Planteamiento de las ecuaciones:

$$\left.\begin{aligned} A &= 1.000.000 + 0{,}2\,B \\ B &= 1.000.000 + 0{,}2\,A \end{aligned}\right\}$$

Solución:

$$\begin{aligned} 5A &= 5.000.000 + B \\ -0{,}2A &= 1.000.000 - B \\ \hline 4{,}8A &= 6.000.000 \end{aligned} \qquad A = \frac{6.000.000}{4{,}8} = 1.250.000$$

$$B = 1.000.000 + 0{,}2 \times 1.250.000 = 1.000.000 + 250.000 = 1.250.000$$

| | **Totales** | **Centro de compras** | **Centro auxiliar A** | **Centro auxiliar B** | **Taller 1** | **Taller 2** | **Centro de distribución** |
|---|---|---|---|---|---|---|---|
| Total reparto primario ...... | 8.625.000 | 637.500 | 1.000.000 | 1.000.000 | 2.487.500 | 3.087.500 | 412.500 |
| Centro auxiliar B .............. | — | 375.000 | 250.000 | −1.250.000 | 125.000 | 125.000 | 375.000 |
| Centro auxiliar A .............. | — | — | −1.250.000 | 250.000 | 500.000 | 500.000 | — |
| **Total reparto ............** | **8.625.000** | **1.012.500** | **0** | **0** | **3.112.500** | **3.712.500** | **787.500** |
| Unidad de obra | — | Materia prima comprada (kg) | — | — | h/m | h/m | Pesetas ventas |
| Número unidades de obra. | — | 7.500 kg. | — | — | 140.000 | 200.000 | 17.500.000 |
| Coste unitario .................. | — | 135 pta./kg | — | — | 22,2321 pta./h.m. | 18,5625 pta./h.m. | 0,045 pta./u.o. |

### 2. ASIENTOS DEL PROCESO CONTABLE

| | | | | |
|---|---|---|---|---|
| | | **1. Recibo de los stocks existentes** | | |
| 945 | | I. P. de materias primas ............ | 875.000 | |
| 947 | | I. P. de materiales para consumo y reposición ............ | 250.000 | |
| | 903 | a Stock inicial reflejo ............ | | 1.125.000 |
| | | ——— x ——— | | |
| | | **2. Recibo de las cargas con sus modalidades, pasando por los centros de actividad** | | |
| | | a) *Respecto de las compras* | | |
| 933 | | Coste de compras de materia prima ............ | 7.500.000 | |
| 947 | | I. P. de materiales para consumo y reposición ............ | 1.000.000 | |
| | 905 | a Compras reflejas ............ | | 8.500.000 |
| | | ——— ——— | | |

b) *Respecto a las restantes cargas incorporables indirectas*

| | | | | |
|---|---|---|---|---|
| 920 | | Centro de compras | 637.500 | |
| 922 | | Centro auxiliar A | 1.000.000 | |
| 923 | | Centro auxiliar B | 1.000.000 | |
| 924 | | Taller 1 | 2.487.500 | |
| 925 | | Taller 2 | 3.087.500 | |
| 926 | | Centro de distribución | 412.500 | |
| | 906 | a Gastos y dotaciones reflejos | | 7.375.000 |
| | 947 | a I. P. materiales para consumo y reposición | | 1.250.000 |

——————— ———————

| | | | | |
|---|---|---|---|---|
| 920 | | Centro de compras | 375.000 | |
| 924 | | Taller 1 | 625.000 | |
| 925 | | Taller 2 | 625.000 | |
| 926 | | Centro de distribución | 375.000 | |
| 922 | | Centro auxiliar A | 250.000 | |
| 923 | | Centro auxiliar B | 250.000 | |
| | 922 | a Centro auxiliar A | | 1.250.000 |
| | 923 | a Centro auxiliar B | | 1.250.000 |

——————— x ———————

**3. Determinación del coste de compra**

| | | | | |
|---|---|---|---|---|
| 933 | | Coste de compra de materia prima | 1.012.500 | |
| | 920 | a Centro de compras | | 1.012.500 |

——————— x ———————

**4. Entrada de las compras en almacén**

| | | | | |
|---|---|---|---|---|
| 945 | | I. P. de materia prima | 8.512.500 | |
| | 933 | a Coste de compra de materia prima | | 8.512.500 |

——————— x ———————

$$\text{Coste unitario compra} = \frac{8.512.500}{7.500} = 1.135 \text{ pta./kg}$$

**5. Determinación del coste de producción**

a) *Respecto al producto $P_1$*

| | | | | |
|---|---|---|---|---|
| 934 | | Coste de producción $P_1$ | 5.869.312,5 | |
| | 945 | a I. P. de materia prima | | 2.085.562,5 |
| | 924 | a Taller 1 | | 1.556.250 |
| | 925 | a Taller 2 | | 2.227.500 |

——————— ———————

b) *Respecto al producto $P_2$*

| | | | | |
|---|---|---|---|---|
| 935 | | Coste de producción $P_2$ | 7.907.562,5 | |
| | 945 | a I. P. de materia prima | | 4.866.312,5 |
| | 924 | a Taller 1 | | 1.556.250 |
| | 925 | a Taller 2 | | 1.485.000 |

——————— ———————

| I. P. MATERIA PRIMA | | | LIFO | | |
|---|---|---|---|---|---|
| Exist. inic.: | 875 kg × 1.000 pta./kg = | 875.000 | Consumos: | 6.125 kg × 1.135 pta./kg = | 6.951.875 |
| Compras: | 7.500 kg × 1.135 pta./kg = | 8.512.500 | Exist. final: | 1.375 kg × 1.135 pta./kg + + 875 kg × 1.000 pta./kg = | 2.435.625 |
| | 8.375 | 9.387.500 | | 8.375 | 9.387.500 |

$$\text{Coste unitario producción } P_1 = \frac{5.869.312{,}5}{11.000} = 533{,}57386 \text{ pta./unid.}$$

$$\text{Coste unitario producción } P_2 = \frac{7.907.562{,}5}{6.500} = 1.216{,}548 \text{ pta./unid.}$$

——————— x ———————

**6. Entrada en almacén de productos terminados**

| | | | | |
|---|---|---|---|---|
| 9410 | | I. P. de $P_1$ | 5.869.312,5 | |
| 9411 | | I. P. de $P_2$ | 7.907.562,5 | |
| | 934 | a Coste de producción $P_1$ | | 5.869.312,5 |
| | 935 | a Coste de producción $P_2$ | | 7.907.562,5 |

——————— x ———————

**7. Determinación del coste final**

| | | | | |
|---|---|---|---|---|
| 9370 | | Coste final de $P_1$ | 5.785.738,6 | |
| 9371 | | Coste final de $P_2$ | 6.420.240 | |
| | 9410 | a I. P. de $P_1$ | | 5.335.738,6 |
| | 9411 | a I. P. de $P_2$ | | 6.082.740 |
| | 926 | a Centro de distribución | | 787.500 |

——————— x ———————

**Cuadro de determinación del coste final**

| Concepto | Coste final $P_1$ | Coste final $P_2$ | TOTAL |
|---|---|---|---|
| I. P. de $P_1$ | 533,57386 pta./kg × × 10.000 kg = = 5.335.738,6 | — | 5.335.738,6 |
| I. P. de $P_2$ | — | 1.216,548 pta./kg × × 5.000 kg = = 6.082.740 | 6.082.740 |
| Centro de distribución | 0,045 pta./u.o. × × 10.000.000 u.o. = = 450.000 | 0,045 pta./u.o. × × 7.500.000 u.o. = = 337.500 | 787.500 |
| **TOTALES** | **5.785.738,6** | **6.420.240** | **12.205.978,6** |

| | | | | |
|---|---|---|---|---|
| | | **8. Determinación de los resultados analíticos** | | |
| | | a) *Registro de los costes finales* | | |
| 9800 | | Resultado de explotación $P_1$ | 5.785.738,6 | |
| 9801 | | Resultado de explotación $P_2$ | 6.420.240 | |
| | 9370 | a Coste final de $P_1$ | | 5.785.738,6 |
| | 9371 | a Coste final de $P_2$ | | 6.420.240 |
| | | b) *Registro de los ingresos* | | |
| 9070 | | Productos de explotación reflejos $P_1$ | 10.000.000 | |
| 9071 | | Productos de explotación reflejos $P_2$ | 7.500.000 | |
| | 9800 | a Resultados de explotación $P_1$ | | 10.000.000 |
| | 9801 | a Resultados de explotación $P_2$ | | 7.500.000 |
| | | c) *Agregación de los resultados de explotación en un resultado único* | | |
| 9800 | | Resultados de explotación $P_1$ | 4.214.261,4 | |
| 9801 | | Resultados de explotación $P_2$ | 1.079.760 | |
| | 980 | a Resultados de explotación con criterios de Contabilidad de Costes | | 5.294.021,4 |
| | | d) *Determinación del Resultado de la Contabilidad de Costes* | | |
| 980 | | Resultados de explotación con criterios de Contabilidad de Costes | 5.294.021,4 | |
| | 98 | a RESULTADOS DE CONTABILIDAD DE COSTES | | 5.294.021,4 |
| | | x | | |
| | | **9. Cierre de la Contabilidad de Costes** | | |
| 903 | | Stock inicial reflejo | 1.125.000 | |
| 905 | | Compras reflejas | 8.500.000 | |
| 906 | | Gastos y dotaciones reflejos | 7.375.000 | |
| 98 | | RESULTADOS DE CONTABILIDAD DE COSTES | 5.294.021,4 | |
| | 9410 | a I. P. de $P_1$ | | 533.573,9 |
| | 9411 | a I. P. de $P_2$ | | 1.824.822,5 |
| | 945 | a I. P. de materia prima | | 2.435.625 |
| | 9070 | a Productos de explotación reflejos $P_1$ | | 10.000.000 |
| | 9071 | a Productos de explotación reflejos $P_2$ | | 7.500.000 |

**CASO 8**

Se centra en el **análisis de las cuentas de costes**. Completamos el cuadro de reparto, calculamos el coste de la unidad de obra de los **centros de actividad** principales y realizamos los asientos: empresa industrial con dos productos semiterminados, un producto terminado y dos talleres de producción.

La empresa industrial PYP, S. A., presenta la siguiente información respecto al mes de marzo del año objeto de análisis:

## I. ORGANIZACION TECNICA

La empresa fabrica dos tipos de piezas diferentes, P1 y P2, en dos talleres de producción, Taller 1 y Taller 2, respectivamente. Estos dos tipos de piezas se ensamblan en el Taller de montaje para obtener el producto terminado, que es el único que se ofrece al mercado. El producto terminado se compone de una pieza P1, obtenida a partir de la materia prima A, y de una pieza P2, fabricada a partir de la materia prima B.

## II. ORGANIZACION ECONOMICA

De acuerdo con este proceso de fabricación, la empresa, para un mejor análisis y control de su gestión, aparece dividida en los siguientes centros de actividad:

— Centro de fuerza motriz.
— Centro de transportes.
— Centro de administración.
— Centro de compras.
— Taller 1.
— Taller 2.
— Taller de montaje.
— Centro de distribución.

## III. ORGANIZACION CONTABLE

Esta empresa, de acuerdo con su organización económica y con el equilibrio entre sus medios y sus necesidades, ha elaborado el siguiente Plan de Cuentas Analítico:

90. CUENTAS REFLEJAS

903. Stock inicial reflejo.
905. Compras reflejas.
906. Gastos y dotaciones reflejos.
907. Productos de explotación reflejos.

92. CUENTAS DE LOS CENTROS DE ACTIVIDAD

923. Centro de compras.
924. Taller 1.
925. Taller 2.
926. Taller de montaje.
927. Centro de distribución.

93. CUENTAS DE COSTES DE PRODUCCION Y COSTES FINALES

931. Coste de producción de productos terminados.
9320. Coste de producción pieza 1.
9321. Coste de producción pieza 2.
9350. Coste de compra de materia prima A.
9351. Coste de compra de materia prima B.
937. Coste final de productos terminados.

94. CUENTAS DE INVENTARIO PERMANENTE

941. I. P. de productos terminados.
9420. I. P. de pieza 1.
9421. I. P. de pieza 2.
9450. I. P. de materia prima A.
9451. I. P. de materia prima B.

97. CUENTAS DE DIFERENCIAS DE INCORPORACION

971. Cargas no incorporables.
972. Elementos supletorios incorporados.

98. RESULTADOS DE LA CONTABILIDAD DE COSTES

980. Resultado de explotación con criterios de Contabilidad de Costes.
987. Saldo de las cuentas de diferencias de incorporación.

## IV. DATOS COMUNES A LA CONTABILIDAD GENERAL Y A LA CONTABILIDAD DE COSTES

Los datos del mes de marzo han sido los siguientes:

a) *Existencias al día 1 de marzo*

| | | | |
|---|---|---|---|
| — 5 tm. de M. P. A. | a 400 | pta./tm | 2.000 pta. |
| — 1 tm. de M. P. B. | a 600 | pta./tm | 600 pta. |
| — 200 piezas $P_2$ | a 7,185 | pta./pieza | 1.437 pta. |
| — 500 unidades de productos terminados | a 8 | pta./unid. | 4.000 pta. |

b) *Compras del mes*

— 5 tm. de M. P. A. a 380 pta./tm 1.900 pta.
— 4 tm. de M. P. B. a 642 pta./tm 2.568 pta.

c) *Gastos del mes*

— Servicios exteriores 4.000 pta.
— Transportes 1.500 pta.
— Tributos 1.000 pta.
— Gastos del personal 15.000 pta.
— Gastos diversos de gestión 3.400 pta.
— Gastos financieros 600 pta.
— Dotación para amortizaciones 2.000 pta.

d) *Ventas del mes*

— 1.200 unidades de productos terminados a 41,43 pta./u. 49.719 pta.

## V. INFORMACION RELATIVA AL CUADRO DE REPARTO E IMPUTACION

a) *Reparto primario*

El reparto primario de las cargas por naturaleza entre los centros de actividad aparece recogido en el Anexo.

Es preciso advertir respecto a este reparto primario que la dotación para amortizaciones de la Contabilidad General incluye un importe de 460 pesetas que se refiere a una provisión por depreciación de inversiones financieras. Además, por razones del sector en que se mueve la empresa, se deben incorporar, como elemento del coste, los intereses del capital propio por un importe de 840 pesetas. El reparto primario de estos dos conceptos entre los centros de actividad debe hacerse a prorrateo entre todos ellos, excepto el de Fuerza motriz, que no recibe ninguno de estos dos conceptos.

b) *Reparto secundario*

El reparto secundario se hará según los porcentajes siguientes:

| | Fuerza motriz | Transportes | Administración | Compras | Taller 1 | Taller 2 | Taller montaje | Distribución |
|---|---|---|---|---|---|---|---|---|
| Fuerza motriz (%) | — | — | — | — | 40 | 40 | 20 | — |
| Transportes (%) | — | — | — | 40 | — | — | — | 60 |
| Administración (%) | — | — | — | 5 | 30 | 30 | 30 | 5 |

c) *Imputación*

El importe total del centro de compras se imputa de la siguiente manera:

— 75 por 100 (2.097 pta.) a los costes de compra de materia prima A y materia prima B a prorrateo de las cantidades (1.165 pta. y 932 pta. respectivamente) compradas.
— 25 por 100 al coste final de los productos vendidos.

## VI. DATOS DE FABRICACION

a) *Fabricación del período*

— El Taller 1 ha producido 1.000 piezas P1.
— El Taller 2 ha producido 800 piezas P2.
— El Taller de montaje ha obtenido 1.000 unidades de productos terminados.

b) *Las existencias al 31 de marzo son*

— Materia prima A: 4 tm.
— Materia prima B: 2 tm.
— Productos terminados: 300 unidades.
— No hay existencias finales de productos en curso, ni de piezas 1 y piezas 2.

c) El criterio de valoración seguido es el del coste medio ponderado.

SE PIDE:

1. Esquema del proceso productivo.
2. Completar el cuadro de reparto y calcular el coste de la unidad de obra de los centros principales de producción.
3. Hacer los asientos correspondientes en Contabilidad de Costes para determinar:

   — El coste de compra de materias primas:
   — El coste de producción de las piezas P1, P2 y el de los productos terminados.
   — El coste final de los productos terminados.
   — El resultado analítico del mes de marzo.

**ANEXO. Cuadro de reparto**

| Centros de actividad / Cargas por naturaleza | Totales | Fuerza motriz | Transportes | Administración | Compras | Taller 1 | Taller 2 | Taller montaje | Distribución |
|---|---|---|---|---|---|---|---|---|---|
| Servicios exteriores | 4.000 | 1.400 | 60 | 260 | 200 | 600 | 600 | 550 | 330 |
| Transportes | 1.500 | — | 1.500 | — | — | — | — | — | — |
| Tributos | 1.000 | — | 120 | 240 | — | — | — | — | 640 |
| Gastos de personal | 15.000 | — | 600 | 1.200 | 700 | 3.400 | 4.000 | 3.700 | 1.400 |
| Gastos diversos de gestión | 3.400 | — | 250 | 1.700 | 200 | 400 | 200 | 450 | 200 |
| Gastos financieros | 600 | — | — | 420 | — | — | — | — | 180 |
| **Total reparto primario** | | | | | | | | | |
| Centro de fuerza motriz | | | | | | | | | |
| Centro de transportes | | | | | | | | | |
| Centro de administración | | | | | | | | | |
| **Total costes indirectos** | | | | | | | | | |
| Unidad de obra | | | | | | Pieza | Pieza | Produc. termin. | |
| Número de unidades de obra | | | | | | | | | |
| Coste de la unidad de obra | | | | | | | | | |

## SOLUCION CASO 8

### 1. ESQUEMA DEL PROCESO PRODUCTIVO

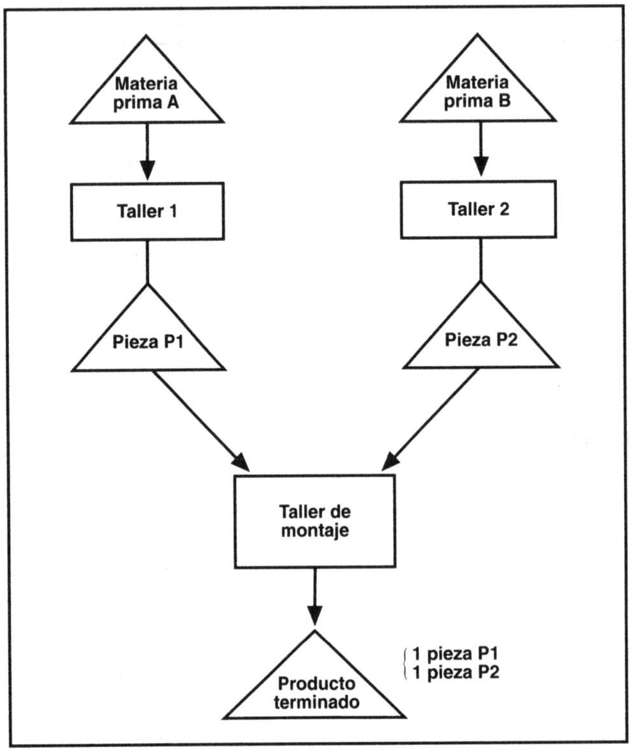

## 2. COMPLETAR EL CUADRO DE REPARTO

| Centros de actividad / Cargas por naturaleza | Totales | Fuerza motriz | Trans- portes | Adminis- tración | Compras | Taller 1 | Taller 2 | Taller montaje | Distri- bución |
|---|---|---|---|---|---|---|---|---|---|
| Servicios exteriores | 4.000 | 1.400 | 60 | 260 | 200 | 600 | 600 | 550 | 330 |
| Transportes | 1.500 | — | 1.500 | — | — | — | — | — | — |
| Tributos | 1.000 | — | 120 | 240 | — | — | — | — | 640 |
| Gastos de personal | 15.000 | — | 600 | 1.200 | 700 | 3.400 | 4.000 | 3.700 | 1.400 |
| Gastos diversos de gestión | 3.400 | — | 250 | 1.700 | 200 | 400 | 200 | 450 | 200 |
| Gastos financieros | 600 | — | — | 420 | — | — | — | — | 180 |
| Dotación amortización | 1.540 | — | 220 | 220 | 220 | 220 | 220 | 220 | 220 |
| Elementos supletorios | 840 | — | 120 | 120 | 120 | 120 | 120 | 120 | 120 |
| **Total reparto primario** | **27.880** | **1.400** | **2.870** | **4.160** | **1.440** | **4.740** | **5.140** | **5.040** | **3.090** |
| Centro de fuerza motriz | — | −1.400 | — | — | — | 560 | 560 | 280 | — |
| Centro de transportes | — | — | −2.870 | — | 1.148 | — | — | — | 1.722 |
| Centro de administración | — | — | — | −4.160 | 208 | 1.248 | 1.248 | 1.248 | 208 |
| **Total costes indirectos** | **27.880** | **0** | **0** | **0** | **2.796** | **6.548** | **6.948** | **6.568** | **5.020** |
| Unidad de obra | — | — | — | — | — | Pieza | Pieza | Produc. termin. | — |
| Número de unidades de obra | — | — | — | — | — | 1.000 | 800 | 1.000 | — |
| Coste de la unidad de obra | — | — | — | — | — | 6,548 | 8,685 | 6,568 | — |

## 3. ASIENTOS CORRESPONDIENTES A LA CONTABILIDAD DE COSTES

| | | | | |
|---|---|---|---|---|
| | | **1. Recepción de la existencias iniciales** | | |
| 9450 | | I. P. de materia prima A | 2.000 | |
| 9451 | | I. P. de materia prima B | 600 | |
| 9421 | | I. P. de pieza 2 | 1.437 | |
| 941 | | I. P. de productos terminados | 4.000 | |
| | 903 | a Stock inicial reflejo | | 8.037 |
| | | ——— x ——— | | |
| | | **2. Recepción de las cargas con sus modalidades, pasando por los centros de actividad** | | |
| | | 2.1. *Respecto de las compras* | | |
| 9350 | | Coste de compra de materia prima A | 1.900 | |
| 9351 | | Coste de compra de materia prima B | 2.568 | |
| | 905 | a Compras reflejas | | 4.468 |
| | | ——— ——— | | |
| | | 2.2. *Respecto de las demás cargas incorporables indirectas* | | |
| 923 | | Centro de compras | 2.796 | |
| 924 | | Taller 1 | 6.548 | |
| 925 | | Taller 2 | 6.948 | |
| 926 | | Taller de montaje | 6.568 | |
| 927 | | Centro de distribución | 5.020 | |
| 971 | | Cargas no incorporables | 460 | |
| | 906 | a Gastos y dotaciones reflejos | | 27.500 |
| | 972 | a Elementos supletorios incorporados | | 840 |
| | | — Si optamos por registrar el cuadro de reparto en un solo asiento. | | |
| | | ——— x ——— | | |

| | | | | |
|---|---|---|---|---|
| | | **3. Determinación del coste de compras** | | |
| 9350 | | Coste de compra de materia prima A | 1.165 | |
| 9351 | | Coste de compra de materia prima B | 932 | |
| | 923 | a Centro de compras | | 2.097 |
| | | * Se imputa: 75 por 100 s/2.796 = 2.097; a prorrateo de las cantidades compradas:<br>—a M.P.A. (5 tm): 1.165<br>—a M.P.B. (4 tm): 932. | | |
| | | x | | |
| | | **4. Entrada de las compras en almacén** | | |
| 9450 | | I. P. de materia prima A | 3.065 | |
| 9451 | | I. P. de materia prima B | 3.500 | |
| | 9350 | a Coste de compra de materia prima A | | 3.065 |
| | 9351 | a Coste de compra de materia prima B | | 3.500 |
| | | — Se compraron:<br>5 tm de materia prima A.<br>1 tm de materia prima B. | | |
| | | x | | |
| | | **5. Determinación del coste de producción** | | |
| | | a) *Determinación del coste de los productos semiterminados* | | |
| 9320 | | Coste de producción pieza 1 | 9.587 | |
| 9321 | | Coste de producción pieza 2 | 9.408 | |
| | 9450 | a I. P. de materia prima A | | 3.039 |
| | 9451 | a I. P. de materia prima B | | 2.460 |
| | 924 | a Taller 1 | | 6.548 |
| | 925 | a Taller 2 | | 6.948 |
| | | x | | |

| I. P. MATERIA PRIMA A | | | C.M.P. | | |
|---|---|---|---|---|---|
| Exist. inic.: | 5 tm × 400,00 pta./tm = | 2.000 | Consumos: | 6 tm × 506,50 pta./tm = | 3.039 |
| Compras: | 5 tm × 613,00 pta./tm = | 3.065 | Exist. final: | 4 tm × 506,50 pta./tm = | 2.026 |
| | 10 | 5.065 | | 10 | 5.065 |
| Coste medio ponderado = 5.065 pta. : 10 tm = 506,50 pta./tm | | | | | |

| I. P. MATERIA PRIMA B | | | C.M.P. | | |
|---|---|---|---|---|---|
| Exist. inic.: | 1 tm × 600,00 pta./tm = | 600 | Consumos: | 3 tm × 820,00 pta./tm = | 2.460 |
| Compras: | 4 tm × 875,00 pta./tm = | 3.500 | Exist. final: | 2 tm × 820,00 pta./tm = | 1.640 |
| | 5 | 4.100 | | 5 | 4.100 |
| Coste medio ponderado = 4.100 pta. : 5 tm = 820 pta./tm | | | | | |

| | | | | |
|---|---|---|---|---|
| | | b) *Entrada en almacén de los productos semiterminados* | | |
| 9420 | | I. P. de pieza 1 | 9.587 | |
| 9421 | | I. P. de pieza 2 | 9.408 | |
| | 9320 | a Coste de producción pieza 1 | | 9.587 |
| | 9321 | a Coste de producción pieza 2 | | 9.408 |
| | | ——— x ——— | | |
| | | c) *Determinación del coste de producción de los productos terminados* | | |
| 931 | | Coste de producción de productos terminados | 27.000 | |
| | 9420 | a I. P. de pieza 1 | | 9.587 |
| | 9421 | a I. P. de pieza 2 | | 10.845 |
| | 926 | a Taller de montaje | | 6.568 |
| | | ——— x ——— | | |

| I. P. PIEZAS P1 | | | | C.M.P. |
|---|---|---|---|---|
| Exist. inic.: 0 unid × 0,000 pta./unid = | 0 | | Consumos: 1.000 unid × 9,587 pta./unid = | 9.587 |
| Fabricac.: 1.000 unid × 9,587 pta./unid = | 9.587 | | Exist. final: 0 unid × 9,587 pta./unid = | 0 |
| 1.000 | 9.587 | | 1.000 | 9.587 |
| Coste medio ponderado = 9.587 pta. : 1.000 unid = 9,587 pta./unid | | | | |

| I. P. PIEZAS P2 | | | | C.M.P. |
|---|---|---|---|---|
| Exist. inic.: 200 unid × 7,185 pta./unid = | 1.437 | | Consumos: 1.000 unid × 10,845 pta./unid = | 10.845 |
| Fabricac.: 800 unid × 11,760 pta./unid = | 9.408 | | Exist. final: 0 unid × 10,845 pta./unid = | 0 |
| 1.000 | 10.845 | | 1.000 | 10.845 |
| Coste medio ponderado = 10.845 pta. : 1.000 unid = 10,845 pta./unid | | | | |

| | | | | |
|---|---|---|---|---|
| | | **6. Entrada en almacén de los productos terminados** | | |
| 941 | | I. P. de productos terminados | 27.000 | |
| | 931 | a Coste de producción de productos terminados | | 27.000 |
| | | ——— x ——— | | |
| | | **7. Determinación del coste final** | | |
| 937 | | Coste final de productos terminados | 30.519 | |
| | 941 | a I. P. de productos terminados | | 24.800 |
| | 923 | a Centro de compras (según información del enunciado: 25% s/2.796) | | 699 |
| | 927 | a Centro de distribución | | 5.020 |
| | | ——— x ——— | | |

| I. P. PRODUCTO TERMINADO | | | | | C.M.P. |
|---|---|---|---|---|---|
| Exist. inic.: | 500 unid × 8,00 pta./unid = | 4.000 | Ventas: | 1.200 unid × 20,667 pta./unid = | 24.800 |
| Fabricac.: | 1.000 unid × 27,00 pta./unid = | 27.000 | Exist. final: | 300 unid × 20,667 pta./unid = | 6.200 |
| | 1.500 | 31.000 | | 1.500 | 31.000 |
| Coste medio ponderado = 31.000 pta.: 1.500 unid = 20,667 pta./unid | | | | | |

| | | | | |
|---|---|---|---|---|
| | | **8. Determinación de los resultados analíticos** | | |
| 980 | | Resultado de explotación con criterios de Contabilidad de Costes | 30.519 | |
| | 937 | a Coste final | | 30.519 |
| | | (Registro de los costes finales.) | | |
| 907 | | Productos de explotación reflejos | 49.719 | |
| | 980 | a Resultado de explotación con criterios de Contabilidad de Costes | | 49.719 |
| | | (Registro de los ingresos) | | |
| 972 | | Elementos supletorios incorporados | 840 | |
| | 987 | a Saldo de las cuentas de diferencias de incorporación. | | 380 |
| | 971 | a Cargas no incorporables | | 460 |
| | | (Agregación de las cuentas de diferencias de incorporación) | | |
| 980 | | Resultado de explotación con criterios de Contabilidad de Costes | 19.200 | |
| 987 | | Saldo de las cuentas de diferencias de incorporación | 380 | |
| | 98 | a RESULTADOS DE LA CONTABILIDAD DE COSTES | | 19.580 |
| | | (Presentación de una única cuenta de resultados) | | |
| | | x | | |

**9. Balance de saldos de la Contabilidad de Costes**

| NUMERO DE CUENTA | | CUENTAS | SALDOS | |
|---|---|---|---|---|
| | | | Deudor | Acreedor |
| | 903 | Stock inicial reflejo | | 8.037 |
| | 905 | Compras reflejas | | 4.468 |
| | 906 | Gastos y dotaciones reflejos | | 27.500 |
| 907 | | Productos de explotación reflejos | 49.719 | |
| 941 | | I. P. de productos terminados | 6.200 | |
| 9450 | | I. P. de materia prima A | 2.026 | |
| 9451 | | I. P. de materia prima B | 1.640 | |
| | 98 | RESULTADOS DE LA CONTABILIDAD DE COSTES | | 19.580 |
| | | TOTALES | 59.585 | 59.585 |

| | | | | |
|---|---|---|---|---|
| | | **10. Cierre de la Contabilidad de Costes** | | |
| 903 | | Stock inicial reflejo | 8.037 | |
| 905 | | Compras reflejas | 4.468 | |
| 906 | | Gastos y dotaciones reflejos | 27.500 | |
| 98 | | RESULTADOS DE LA CONTABILIDAD DE COSTES | 19.580 | |
| | 907 | a Productos de explotación reflejos | | 49.719 |
| | 941 | a I. P. de productos terminados | | 6.200 |
| | 9450 | a I. P. de materia prima A | | 2.026 |
| | 9451 | a I. P. de materia prima B | | 1.640 |

## CASO 9

Se pone el énfasis en la **elaboración del cuadro de cuentas** de la Contabilidad de Costes dentro de un proceso con productos, **subproductos y mermas**, así como en el análisis de las **diferencias de incorporación**.

### I. ORGANIZACION TECNICA

La empresa industrial BEAMAR, S. A., se dedica a la fabricación y venta de tres productos en el mercado nacional.

Las materias primas A y B son tratadas en el Taller I, donde se obtiene el producto X; una parte de este producto se vende y el resto se somete a un proceso de transformación en el Taller 3. Asimismo, en el Taller 2, a partir de la materia prima C se obtiene el producto Y, que también pasa al Taller 3.

En el proceso de transformación en el Taller 3, a partir de los productos X e Y, se obtienen el producto Z, que se destina a la venta, y un subproducto que se vende íntegramente al final de cada ejercicio.

### II. ORGANIZACION ECONOMICO-CONTABLE

Respecto a su organización económica la empresa, para un mejor análisis y control de su gestión, aparece dividida en los siguientes centros de actividad: Mantenimiento, Transportes, Administración, Compras, Taller 1, Taller 2, Taller 3 y Distribución. De estos centros, los tres primeros son auxiliares y los tres talleres son los centros de producción.

Por otra parte, el Plan de Cuentas de la Contabilidad de Costes que tiene establecido BEAMAR, S. A. se corresponde con el cuadro contable básico del modelo de costes completos.

### III. DATOS COMUNES DE LA CONTABILIDAD GENERAL Y DE LA CONTABILIDAD DE COSTES

Los datos que constituyen la situación de partida de la Contabilidad de Costes son los siguientes

a) *Existencias iniciales:*

- — Materia prima A (2.000 kg) .......... 800.000 pta.
- — Materia prima C (1.200 kg) .......... 1.080.000 pta.
- — Materias auxiliares .......................... 630.000 pta.
- — Producto X (750 unidades) .......... 750.000 pta.
- — Producto Y (100 unidades) .......... 220.000 pta.
- — Producto Z (500 unidades) .......... 2.250.000 pta.

b) *Compras del período*

- — Materia prima A (4.000 kg) .......... 1.640.000 pta.
- — Materia prima B (5.000 kg) .......... 1.100.000 pta.
- — Materia prima C (6.500 kg) .......... 6.500.000 pta.
- — Materias auxiliares .......................... 1.300.000 pta.

c) *Gastos por naturaleza del período*

- — Servicios exteriores .......................... 1.474.100 pta.
- — Transportes .......................... 1.200.000 pta.
- — Tributos .......................... 750.000 pta.
- — Gastos de personal .......................... 11.887.050 pta.
- — Otros gastos de gestión .......................... 2.490.000 pta.
- — Gastos financieros .......................... 442.500 pta.
- — Dotación a amortización .......................... 1.000.000 pta.
- — Dotación a provisiones .......................... 255.000 pta.

d) *Ventas del período*

- — Producto X (3.800 unidades) .... 7.600.000 pta.
- — Producto Z (3.100 unidades) .... 25.110.000 pta.
- — Subproducto .......................... 500.000 pta.

e) *Ingresos por naturaleza del período*

La empresa ha obtenido, fuera de factura, un descuento por pronto pago de 200.000 pesetas.. También ha obtenido por ingresos financieros 100.000 pesetas.

f) *Resultados extraordinarios negativos*

Como consecuencia de un incendio en las oficinas, BEAMAR, S. A. ha tenido unas pérdidas de 400.000 pesetas.

### IV. DATOS DE FABRICACION

Los datos de fabricación y complementarios han sido:

a) *El libro de fabricación registra los siguientes consumos del período*

- — Taller 1: ha consumido 5.000 kg de materia prima A y 4.500 kg de materia prima B, con los cuales ha producido el producto X, registrándose una merma del 15% (1 unidad de X = 1 kg).
- — Taller 2: ha consumido 7.700 kg de materia prima C, con los cuales ha producido el producto Y, registrándose una merma del 35% (1 unidad de Y = 1 kg).
- — Taller 3: cada unidad producida de Z lleva incorporada la misma cantidad del producto X y del producto Y. Se sigue el criterio de no asignar al subproducto ningún coste de producción común, pero sí los posteriores.

b) *Valoración de los almacenes*

Todos los almacenes de materias primas funcionan siguiendo el criterio de valoración LIFO y los almacenes de productos, según criterio del coste medio ponderado.

c) *Reparto de los gastos*

c.1.) *Reparto primario:*

El reparto primario de las cargas se efectúa en base a una serie de cálculos, resultantes de la aplicación de diferentes claves de reparto empleadas por el departamento de Costes, y cuyo resultado se ofrece como anexo al enunciado. Debe advertirse que, en la Contabilidad de Costes del período, habrá de tenerse en cuenta:

— La dotación a las provisiones, el descuento por pronto pago y los ingresos financieros corresponden a conceptos computados por la Contabilidad General, pero irrelevantes a efectos del proceso de costes, y se consideran, por tanto, como no incorporables.
— Por otra parte, se incorpora a los centros de actividad un montante de 480.000 pesetas correspondientes a interés de los capitales propios de la empresa.
— Al final del ejercicio, según la Contabilidad de Costes, la dotación a la amortización asciende a 1.027.500 pesetas.
— Se considera que, en el ejercicio objeto de estudio, el Taller 3 ha tenido una subactividad de 130.000 pesetas.

c.2) *Reparto secundario:*

La cesión de costes entre los centros de actividad se ofrece también en el anexo al enunciado.

d) *Las unidades de obra* de los centros de actividad, que sirven para la imputación de sus respectivos costes, son las siguientes:

— Centro de compras: kilogramos de materias primas compradas (en el cálculo despréciense los decimales).
— Taller 1 y 2: estos centros fabrican un único producto, por lo que no plantean problema de imputación.
— Taller 3: al suponer que los subproductos tienen un coste de fabricación nulo, su imputación tampoco plantea ningún problema.
— Centro de distribución: el 60 por 100 de los costes de este centro son atribuibles al producto Z, el 30 por 100 al producto X y el resto al subproducto.

e) *Existencias finales*

| | | |
|---|---|---|
| — Materias auxiliares | 300.000 | pta. |
| — Producto X | 1.025 | unid. |
| — Producto Y | 1.105 | unid. |
| — Producto Z | 400 | unid. |

SE PIDE:

1. Diagrama del proceso técnico.
2. Elaborar el cuadro de cuentas que debe seguir la empresa para calcular y analizar las diferentes magnitudes del movimiento interno de valores.
3. Realizar la totalidad de los asientos de la Contabilidad de Costes siguiendo el anterior cuadro de cuentas.

**ANEXO. Cuadro de reparto de las cargas indirectas**

| Centros de actividad / Elementos de coste | TOTAL | Mantenimiento | Transportes | Administración | Compras | Taller 1 | Taller 2 | Taller 3 | Distribución |
|---|---|---|---|---|---|---|---|---|---|
| Servicios exteriores | 1.474.100 | 105.000 | 135.000 | 120.000 | 135.000 | 346.000 | 303.100 | 255.000 | 75.000 |
| Transportes | 1.200.000 | — | 1.200.000 | — | — | — | — | — | — |
| Tributos | 750.000 | — | 90.000 | 180.000 | — | — | — | — | 480.000 |
| Gastos de personal | 11.887.050 | 225.000 | 300.000 | 975.000 | 600.000 | 2.683.650 | 3.053.400 | 2.850.000 | 1.200.000 |
| Otros gastos de gestión | 2.490.000 | 105.000 | 135.000 | 1.275.000 | 120.000 | 300.000 | 150.000 | 315.000 | 90.000 |
| Gastos financieros | 442.500 | — | — | 300.000 | — | — | — | — | 142.500 |
| Dotación a amortización | 1.027.500 | 60.000 | 45.000 | 30.000 | 45.000 | 225.000 | 375.000 | 225.000 | 22.500 |
| Materias auxiliares | 1.530.000 | 525.000 | 150.000 | 150.000 | 75.000 | 150.000 | 150.000 | 180.000 | 150.000 |
| Cargas incorporables | 480.000 | 30.000 | 45.000 | 60.000 | 30.000 | 75.000 | 75.000 | 150.000 | 15.000 |
| COSTES PRIMARIOS | 21.281.150 | 1.050.000 | 2.100.000 | 3.090.000 | 1.005.000 | 3.779.650 | 4.106.500 | 3.975.000 | 2.175.000 |
| Centro de mantenimiento | — | −1.050.000 | — | — | — | 420.000 | 420.000 | 210.000 | — |
| Centro de transportes | — | — | −2.100.000 | 210.000 | 180.000 | — | — | — | 1.710.000 |
| Centro de administración | — | — | — | −3.296.950 | 165.000 | 988.350 | 993.600 | 990.000 | 160.000 |
| TOTALES COSTES INDIRECTOS | 21.281.150 | — | — | 3.050 | 1.350.000 | 5.188.000 | 5.520.100 | 5.175.000 | 4.045.000 |

## SOLUCION CASO 9

### 1. DIAGRAMA DEL PROCESO TECNICO

El reconstruir el diagrama del proceso técnico seguido por la empresa, es siempre aconsejable, porque lo que vamos a hacer es seguir, a través del Plan Contable Analítico, dicho proceso técnico.

El diagrama del proceso técnico de BEAMAR, S. A. podría ser el siguiente:

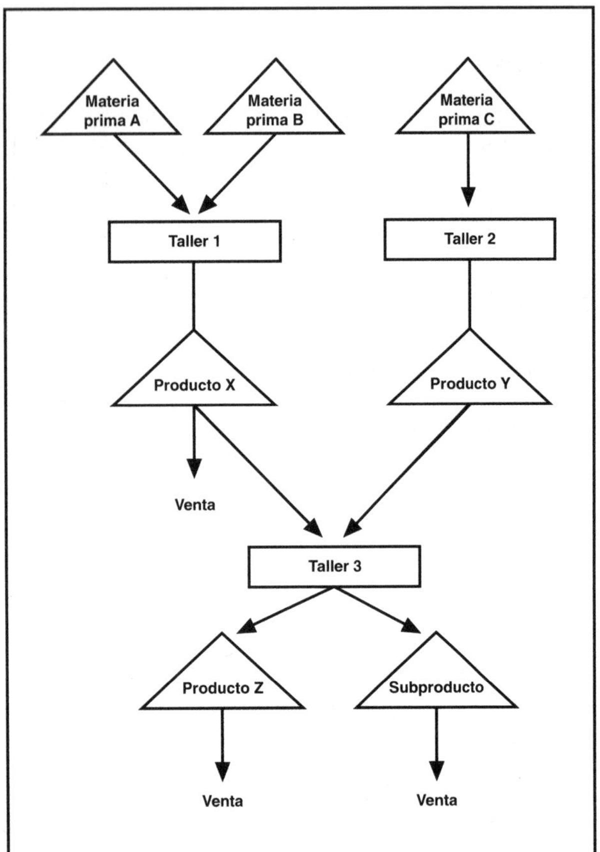


Una vez reconstruido el proceso técnico podemos observar que:

*a)* El Taller 1, para producir el producto X, consume materias primas A y B, e incurre en unas cargas indirectas a X, recogidas en la correspondiente cuenta del centro de actividad «Taller 1».

*b)* El Taller 2, para producir el producto Y, consume materia prima C, e incurre en unas cargas indirectas a Y, recogidas en la correspondiente cuenta del centro de actividad «Taller 2».

*c)* El Taller 3, para producir el producto Z y el subproducto, consume productos X e Y, e incurre en unas cargas indirectas a Z y al subproducto, recogidas en la correspondiente cuenta del centro «Taller 3». En cuanto al tratamiento contable del subproducto, según se puede deducir de la información facilitada en el enunciado, se sigue el criterio de no asignar al subproducto ningún coste de producción común, pero sí los costes posteriores a la separación; es decir, los costes de distribución.

### 2. CUADRO DE CUENTAS DE LA CONTABILIDAD DE COSTES

De acuerdo con el proceso técnico que debería establecerse para calcular y analizar las magnitudes del movimiento interno de valores, podría ser el siguiente:

90. CUENTAS REFLEJAS

- 903. Stock inicial reflejo.
- 905. Compras reflejas.
- 906. Gastos y dotaciones reflejos.
- 907. Productos explotación reflejos.
- 908. Resultados reflejos ajenos a la explotación.

92. CUENTAS DE LOS CENTROS DE ACTIVIDAD

- 920. Centro de mantenimiento.
- 921. Centro de transportes.
- 922. Centro de administración.
- 923. Centro de compras.
- 924. Taller 1.
- 925. Taller 2.
- 926. Taller 3.
- 927. Centro de distribución.

93. CUENTAS DE COSTES DE PRODUCCION Y COSTES FINALES

- 9330. Coste de compras de materia prima A.
- 9331. Coste de compras de materia prima B.
- 9332. Coste de compras de materia prima C.
- 9351. Coste de producción X.
- 9352. Coste de producción Y.
- 9353. Coste de producción Z.
- 9371. Coste final X.
- 9373. Coste final Z.
- 9374. Coste final subproducto.

94. CUENTAS DE INVENTARIO PERMANENTE

- 9410. I. P. de producto X.
- 9411. I. P. de producto Y.
- 9412. I. P. de producto Z.

9450. I. P. de materia prima A.
9451. I. P. de materia prima B.
9452. I. P. de materia prima C.
946. I. P. materias auxiliares.

97. CUENTAS DE DIFERENCIAS DE INCORPORACION

971. Cargas no incorporables.
972. Elementos supletorios incorporados.
973. Diferencias sobre materiales, amortizaciones y provisiones.
974. Diferencias de inventario.
975. Gastos y costes residuales de centros de actividad.
976. Diferencias por nivel de actividad.
977. Productos de explotación no incorporados.
978. Productos de explotación supletorios.

98. RESULTADOS DE LA CONTABILIDAD DE COSTES

980. Resultados explotación con criterios de Contabilidad de Costes.
  9800. Resultados de explotación producto X.
  9801. Resultado de explotación producto Z.
  9802. Resultado de explotación subproducto.
987. Saldo de las cuentas de Diferencias de incorporación.
988. Saldo sobre Pérdidas y Ganancias.

## 3. DESARROLLO OPERATIVO DEL PROCESO CONTABLE BASICO

### 1. Recibo de los stocks existentes

| | | |
|---|---|---|
| 800.000 | I. P. materia prima A (9450) | |
| 1.080.000 | I. P. materia prima C (9451) | |
| 630.000 | I. P. materias auxiliares (946) | |
| 750.000 | I. P. producto X (9410) | |
| 220.000 | I. P. producto Y (9411) | |
| 2.250.000 | I. P. producto Z (9412) | |
| | a (903) Stock inicial reflejo | 5.730.000 |

——— x ———

### 2. Recibo de las cargas con sus modalidades, pasando por los centros de actividad

a) *Respecto a las compras*

| | | |
|---|---|---|
| 1.640.000 | Coste comp. mat. prima A (9330) | |
| 1.100.000 | Coste comp. mat. prima B (9331) | |
| 6.500.000 | Coste comp. mat. prima C (9332) | |
| 1.300.000 | I. P. materias auxiliares (946) | |
| | a (905) Compras reflejas | 10.540.000 |

b) *Respecto a las restantes cargas incorporables indirectas*

| | | |
|---|---|---|
| 1.050.000 | Centro de mantenimiento (920) | |
| 2.100.000 | Centro de transportes (921) | |
| 3.090.000 | Centro de administración (922) | |
| 1.005.000 | Centro de compras (923) | |
| 3.779.650 | Taller 1 (924) | |
| 4.106.500 | Taller 2 (925) | |
| 3.975.000 | Taller 3 (926) | |
| 2.175.000 | Centro de distribución (927) | |
| 255.000 | Cargas no incorporables (1) (971) | |
| 100.000 | Diferencias de inventario (2) (974) | |
| | a (906) Gastos y dotaciones reflejos (3) | 19.498.650 |
| | a (972) Elementos supletorios incorporados (4) | 480.000 |
| | a (946) I. P. materias auxiliares (2) | 1.630.000 |
| | a (973) Diferencias s/materiales, amortizaciones y provisiones (5) | 27.500 |

(1) Según el enunciado la dotación de provisiones (255.000 pesetas) es irrelevante a efectos del proceso de los costes y, por tanto, se considera como carga no incorporable.
(2) Esta diferencia de inventario surge como consecuencia de la diferencia que se produce entre la cifra deducida de la ficha de inventario permanente de materias auxiliares y la cifra del inventario físico (valor de las existencias finales según el inventario extracontable). Tenemos:

| | | | |
|---|---|---|---|
| Exist. iniciales: | 6300.000 | | |
| Compras: | 1.300.000 | | |
| Total entradas: | 1.930.000 | | 1.530.000 con cargo a los centros de actividad |
| Consumido s/cuadro de reparto: | −1.530.000 | | |
| | 400.000 | →1.630.000 | |
| Diferencia de inventario: | −100.000 | | |
| Existencias finales: | 300.000 | | 100.000 Diferencia de inventario |

(3) El importe, 19.498.650 pesetas, abonado a gastos y dotaciones reflejos, obviamente debe coincidir con la suma de las cargas por naturaleza del período según la Contabilidad General.
(4) Surge al introducir en la Contabilidad de Costes como elemento del coste el interés de los capitales propios de la empresa, que no son computables en la Contabilidad General.
(5) Surge como consecuencia de la diferencia en las amortizaciones, ya que, según la Contabilidad General, la dotación a las amortizaciones del período ascienden a

1.000.000 de pesetas, y según la Contabilidad de Costes asciende a 1.027.500. La diferencia, 27.500 pesetas, debe ser puesta de manifiesto dentro de esta cuenta de diferencias sobre materiales, amortizaciones y provisiones.

c) *Cesión de costes entre centros (reparto secundario)*

| | | |
|---|---|---|
| 210.000 | Centro de administración (922) | |
| 345.000 | Centro de compras (923) | |
| 1.408.350 | Taller 1 (924) | |
| 1.413.600 | Taller 2 (925) | |
| 1.200.000 | Taller 3 (926) | |
| 1.870.000 | Centro de distribución (927) | |
| 3.050 | Gastos y costes residuales de centros de actividad (1) (975) | |
| | a (920) Centro mantenimiento | 1.050.000 |
| | a (921) Centro transportes | 2.100.000 |
| | a (922) Centro administración | 3.300.000 |

(1) Surge al haber una parte de las cargas indirectas del centro de administración, 3.050 pesetas, que no ha sido cedida al resto de los centros de actividad.

d) *Registro de la sub-actividad detectada en el Taller 3*

| | | |
|---|---|---|
| 130.000 | Diferencias por nivel de actividad (976) | |
| | a (926) Taller 3 | 130.000 |

x

### 3. Determinación del coste de compra

| | | |
|---|---|---|
| 348.000 | Coste compra materia prima A (9330) | |
| 435.000 | Coste compra materia prima B (9331) | |
| 565.500 | Coste compra materia prima C (9332) | |
| 1.500 | Gastos y costes residuales de centros de actividad (975) | |
| | a (923) Centro de compras | 1.350.000 |

x

Imputación de las cargas indirectas del centro de compras:

Cargas centro compras: 1.350.000
Unidad de obra: kg materia prima comprado

Número de unidades de obras: 15.500

Coste unitario unidad obra: $\frac{1.350.000}{15.500}$ = 87 pta./kg

(despreciando decimales s/enunciado)

Imputación:

| | | |
|---|---|---|
| — Materia prima A: | 4.000 kg × 87 pta./kg | = 348.000 |
| — Materia prima B: | 5.000 kg × 87 pta./kg | = 435.000 |
| — Materia prima C: | 6.500 kg × 87 pta./kg | = 565.5000 |
| | Total | = 1.348.500 |
| — Gastos residuales: | | 1.500 |
| | Total | = 1.350.000 |

### 4. Entrada de las compras en almacén

| | | |
|---|---|---|
| 1.988.000 | I. P. materia prima A (9450) | |
| 1.535.000 | I. P. materia prima B (9451) | |
| 7.065.500 | I. P. materia prima C (9452) | |
| | a (9330) Coste compra materia prima A | 1.988.000 |
| | a (9331) Coste compra materia prima B | 1.535.000 |
| | a (9332) Coste compra materia prima C | 7.065.500 |

x

### 5. Determinación del coste de producción

a) *Determinación del coste de productos X*

| | | |
|---|---|---|
| 8.957.500 | Coste producción X (9351) | |
| | a (9450) I. P. materia prima A | 2.388.000 |
| | a (9451) I. P. materia prima B | 1.381.500 |
| | a (924) Taller 1 | 5.188.000 |

Los productos X (1 unidad de X = 1 kg) fabricados han sido:

| | | |
|---|---|---|
| — Kg de materias primas consumidas en Taller 1 | : | 9.500 kg |
| — Merma registrada en Taller 1: 15% s/9.500 | : | −1.425 kg |
| — Kg de producto X fabricados | : | 8.075 kg |
| — Productos X fabricados | : | 8.075 unid. |

— Coste unitario de fabricación X: $\frac{8.957.000}{8.075}$ = 1.109,2879 pta./u.

| FICHA I. P. MATERIA PRIMA A | | | | | | | | (LIFO) |
|---|---|---|---|---|---|---|---|---|
| | | | | Consumido: | | | | |
| Exist. iniciales: | 2.000 kg a | 400 pta./kg = | 800.000 | en Taller 1: | 4.000 kg a | 497 pta./kg + | | |
| | | | | | + 1.000 kg a | 400 pta./kg = | 2.388.000 | |
| Compras: | 4.000 kg a | 497 pta./kg = | 1.988.000 | Exist. finales: | 1.000 kg a | 400 pta./kg = | 400.00 | |
| | 6.000 | | 2.788.000 | | 6.000 | | 2.788.000 | |

| FICHA I. P. MATERIA PRIMA B | | | | | | | | (LIFO) |
|---|---|---|---|---|---|---|---|---|
| | | | | Consumido: | | | | |
| Exist. iniciales: | 0 | | 0 | en Taller 1: | 4.500 kg a | 307 pta./kg = | 1.381.500 | |
| Compras: | 5.000 kg a | 307 pta./kg = | 1.535.000 | Exist. finales: | 500 kg a | 307 pta./kg = | 153.500 | |
| | 5.000 | | 1.535.000 | | 5.000 | | 1.535.000 | |

| FICHA I. P. MATERIA PRIMA C | | | | | | | | (LIFO) |
|---|---|---|---|---|---|---|---|---|
| | | | | Consumido: | | | | |
| Exist. iniciales: | 1.200 kg a | 900 pta./kg = | 1.080.000 | en Taller 2: | 6.500 kg a | 1.087 pta./kg + | | |
| | | | | | + 1.200 kg a | 900 pta./kg = | 8.145.500 | |
| Compras: | 6.500 kg a | 1.087 pta./kg = | 7.065.500 | Exist. finales: | 0 | | 0 | |
| | 7.700 | | 8.145.500 | | 7.700 | | 8.145.500 | |

b) *Determinación del coste de los productos Y*

| | | |
|---|---|---|
| 13.665.600 | Coste producción Y (9352) | |
| | a (9452) I. P. materia prima C | 8.145.500 |
| | a (925) Taller 2 | 5.520.100 |

——————— ———————

Los productos Y (1 unidad de Y = 1 kg) fabricados han sido:

— Kg de materias primas consumidas en Taller 2 : 7.700 kg
— Merma registrada en Taller 2: 35% s/7.700 : –2.695 kg
— Kg de producto Y fabricados : 5.005 kg
— Productos Y fabricados : 5.005 unid.
— Coste unitario de fabricación de Y: $\frac{13.665.600}{5.005}$ = 2.730,3896 pta./u.

c) *Entrada en almacén de los productos X e Y*

| | | |
|---|---|---|
| 8.957.500 | I. P. productos X (9410) | |
| 13.665.600 | I. P. productos Y (9411) | |
| | a (9351) Coste producción X | 8.957.500 |
| | a (9352) Coste producción Y | 13.665.600 |

——————— ———————

d) *Determinación del coste de los productos Z*

| | | |
|---|---|---|
| 20.325.000 | Coste producción Z (9353) | |
| | a (9410) I. P. productos X | 4.400.000 |
| | a (9411) I. P. productos Y | 10.880.000 |
| | a (926) Taller 3 | 5.045.000 |

——————— x ———————

| FICHA I. P. PRODUCTOS X | | | (Coste medio ponderado) | | |
|---|---|---|---|---|---|
| Existencias iniciales: | 750 unid. a 1.000 pta./unid. = | 750.000 | Consumidos: | 4.000 * unid. a 1.100 pta./unid. = | 4.400.000 |
| Fabricados: | 8.075 unid. a 1.109,2879 pta./unid. = | 8.957.500 | Vendidos: | 3.800 unid. a 1.100 pta./unid. = | 4.180.000 |
| | | | Existencias finales: | 1.025 unid. a 1.100 pta./unid. = | 1.127.500 |
| | 8.825 | 9.707.500 | | 8.825 | 9.707.500 |

Coste medio ponderado: $\frac{9.707.500 \text{ pta.}}{8.825 \text{ unid.}}$ = 1.100 pta. /unidad

* Unidades consumidas (Taller 3) = $E_i$ + Fabric. – Unidades vendidas – $E_F$ = 750 + 8.075 – 3.800 – 1.025 = 4.000 unidades

| FICHA I. P. PRODUCTOS Y | | | (Coste medio ponderado) | | |
|---|---|---|---|---|---|
| Existencias iniciales: | 100 unid. a 2.200 pta./unid. = | 220.000 | Consumidos: (Taller 3) | 4.000 * unid. a 2.720 pta./unid. = | 10.880.000 |
| Fabricados: | 5.005 unid. a 2.730,3896 pta./unid. = | 13.665.600 | Existencias finales: | 1.105 unid. a 2.720 pta./unid. = | 3.005.600 |
| | 5.105 | 13.885.600 | | 5.105 | 13.885.600 |

Coste medio ponderado: $\frac{13.885.600 \text{ pta.}}{5.105 \text{ unid.}}$ = 2.720 pta. /unidad

* Unidades consumidas (Taller 3) = $E_i$ + Fabric. – $E_F$ = 100 + 5.005 – 1.105 = 4.000 unidades

### 6. Entrada en almacén de los productos terminados

20.325.000 I. P. productos Z (9412)
a (9353) Coste producción Z 20.325.000

x

### 7. Determinación del coste de distribución

Este coste, normalmente, juega y aparece en el momento de la determinación del coste final.

### 8. Determinación del coste final

5.393.500 Coste final X (9371)
22.422.000 Coste final Z (9373)
404.500 Coste final subproducto (9374)
a (9410) I. P. producto X 4.180.000
a (9412) I. P. producto Z 19.995.000
a (927) Centro de distribución 4.045.000

(véase Cuadro de imputación de la página siguiente)

x

### 9. Determinación de los resultados analíticos

**Primer conjunto**

a) *Registro de los costes*

5.393.500 Rtdos. explot. pto. X (9800)
22.422.000 Rtdos. explot. pto. Z (9801)
404.500 Rtdos. explot. subpto. (9802)
a (9371) Coste final pto. X 5.393.500
a (9373) Coste final pto. Z 22.422.000
a (9374) Coste final subpto. 404.500

b) *Registro de las ventas*

33.510.000 Ptos. explot. reflejos (907)
a (9800) Rtdos. explot. pto. X 7.600.000
a (9801) Rtdos. explot. pto. Z 25.110.000
a (9802) Rtdos. explot. subpto. 500.000
a (977) Ptos. de explotación no incorporados (1) 300.000

(1) Surge como consecuencia de que la empresa ha obtenido, fuera de factura, un descuento por pronto pago de 200.000 pesetas y unos ingresos financieros de 100.000 pesetas. Ambos conceptos son irrelevantes a efectos del proceso de los costes, y se consideran como no incorporables.

c) *Agregación en un resultado único de todos los resultados analíticos de explotación*

| | | |
|---|---|---|
| 2.206.500 | Rtdos. explotación pto. X (9800) | |
| 2.688.000 | Rtdos. explotación pto. Z (9801) | |
| 95.500 | Rtods. explotación subproducto (9802) | |
| | a (980) Rtdo. explot. con criterios de Contabilidad de Costes | 4.990.000 |

x

**Segundo conjunto:**

a) *Agregación de todas las cuentas de diferencias de incorporación*

| | | |
|---|---|---|
| 480.000 | Elementos supletorios incorp. (972) | |
| 27.500 | Diferencia s/materiales, amortización y provisiones (973) | |
| 300.000 | Ptos. explotación no incorporados (977) | |
| | a (971) Cargas no incorporables | 255.000 |
| | a (974) Diferencias de inventario | 100.000 |
| | a (975) Gtos. y costes residuales de centros de actividad | 4.550 |
| | a (976) Diferencias por nivel de actividad | 130.000 |
| | a (987) Saldo de las ctas de Difer. de incorporación | 317.950 |

**Cuadro de imputación**

| | Coste final X | Coste final Z | Coste final subproducto | Totales |
|---|---|---|---|---|
| I. P. producto X .................. | 4.180.000 | — | — | 4.180.000 |
| I. P. producto Z .................. | — | 19.995.000 | — | 19.995.000 |
| Centro de distribución ....... | 1.213.500 | 2.427.000 | 404.500 | 4.045.000 |
| Totales ................................ | 5.393.500 | 22.422.000 | 404.500 | 28.220.000 |

| FICHA I. P. PRODUCTOS X | (Coste medio ponderado) |
|---|---|
| Exist. iniciales: 500 unid. a 4.500 pta./unid. = 2.250.000 | Vendidos: 3.100 unid. a 6.450 pta./unid. = 19.995.000 |
| Fabricados: *3.000 unid. a 6.775 pta./unid. = 20.325.000 | Exist. finales: 400 unid. a 6.450 pta./unid = 2.580.000 |
| 3.500 — 22.575.000 | 3.500 — 22.575.000 |

$$\text{Coste medio ponderado: } \frac{22.575.000 \text{ pta.}}{3.500 \text{ unid.}} = 6.450 \text{ pta. /unidad}$$

* Unidades fabricadas producto Z = Ventas + $E_F - E_I$ = 3.100 + 400 – 500 = 3.000 unidades.

b) *Entrada de todos los resultados ajenos a la explotación normal y corriente*

| | | |
|---|---|---|
| 400.000 | Saldo sobre Pérdidas y Ganancias (988) | |
| | a (908) Resultados reflejos ajenos a la explotación (1) | 400.000 |

(1) Es la pérdida registrada como consecuencia del incendio en las oficinas.

**Tercer conjunto**

a) *Presentación de una única cuenta de resultados analíticos*

| | | |
|---|---|---|
| 4.990.000 | Resultados de explotación con criterios de Contabilidad de Costes (980) | |
| 317.950 | Saldo de las cuentas de diferencias de incorporación (987) | |
| | a (988) Saldo sobre Pérdidas y Ganancias | 400.000 |
| | **a (98) Resultados de la Contabilidad de Costes** | 4.907.950 |

## 10. Balance analítico y cierre de la Contabilidad de Costes

| CUENTAS ABIERTAS EN ESTE MOMENTO | SALDOS | |
|---|---|---|
| | Debe | Haber |
| Stock inicial reflejo | | 5.730.000 |
| Compras reflejas | | 10.540.000 |
| Gastos y dotaciones reflejos | | 19.498.650 |
| Productos explotación reflejos | 33.510.000 | |
| Resultados reflejos ajenos a la explotación | | 400.000 |
| I. P. materias auxiliares | 300.000 | |
| I. P. materia prima A | 400.000 | |
| I. P. materia prima B | 153.500 | |
| I. P. materia prima C | — | |
| I. P. productos X | 1.127.500 | |
| I. P. productos Y | 3.005.600 | |
| I. P. productos Z | 2.580.000 | |
| **Resultados de la Contabilidad de Costes** | | 4.907.950 |
| TOTALES | 41.076.600 | 41.076.600 |

**Asiento de cierre**

| | | |
|---|---|---|
| 5.730.000 | Stock inicial reflejo (903) | |
| 10.540.000 | Compras reflejas (905) | |
| 19.498.650 | Gastos y dotaciones reflejos (906) | |
| 400.000 | Resultados reflejos ajenos a explotación (908) | |
| 4.907.950 | RESULTADOS DE LA CONTABILIDAD DE COSTES (98) | |
| | a (907) Productos de explotación reflejos | 33.510.000 |
| | a (946) Inventario permanente de materias auxiliares | 300.000 |
| | a (9450) Inventario permanente de materia prima A | 400.000 |
| | a (9451) Inventario permanente de materia prima B | 153.500 |
| | a (9410) Inventario permanente de productos X | 1.127.500 |
| | a (9411) Inventario permanente de productos Y | 3.005.600 |
| | a (9412) Inventario permanente de productos Z | 2.580.000 |

x

**CASO 10**

Se centra la atención en la problemática de **los inventarios**.

## I. ORGANIZACION TECNICO-ECONOMICA

La empresa ENCEGASA tiene por objeto la fabricación y venta de dos tipos de encendedores de gas. De ella se tiene la siguiente información:

Los dos tipos de encendedores que fabrica son el $J_1$ y el $J_2$. Ambos tienen un depósito idéntico de gas, pero están hechos con elementos de material muy distinto. Estos elementos —conjunto incorporable $J_1$ y conjunto incorporable $J_2$— son adquiridos a otras empresas, limitándose ENCEGASA a ensamblarlos y a llenar los pequeños depósitos.

*La empresa se halla dividida en los siguientes centros de actividad:* Mantenimiento y preparación, Administración, Almacenamiento, Ensamblaje, Llenado y acabado, Compras y Distribución. Todo el equipo de mantenimiento y reparación se guarda en los locales del centro de mantenimiento.

## II. DATOS COMUNES DE LA CONTABILIDAD GENERAL Y A LA CONTABILIDAD DE COSTES

a) *Las existencias y los movimientos de materiales* de productos terminados se muestran en el Cuadro 1, que se da como Anexo. Conviene advertir, además, que:

- Se sigue el método LIFO para la valoración de existencias.
- Todos los pequeños depósitos se llenan con 10 g de gas.
- Los productos terminados quedan valorados al coste.

b) *Los gastos y dotaciones del período* incorporados al coste en la Contabilidad de Costes aparecen en el Cuadro 2. Interesa añadir, sin embargo, que:

- En la Contabilidad General se han incluido entre los Tributos 680.000 pesetas correspondientes a un impuesto que no se considera carga incorporable por la Contabilidad de Costes.
- En cambio, esta Contabilidad ha calculado una remuneración del capital propio, que asciende a 550.000 pesetas.

c) *Los ingresos* han sido los siguientes:

- De encendedores $J_1$ .................... 40.000.000 pta.
- De encendedores $J_2$ .................... 35.000.000 pta.

d) *En una actividad ajena a la explotación* se han tenido unos ingresos de 2.000.000 de pesetas con unos costes de 1.220.000 pesetas.

## III. DATOS DE FABRICACION

*a)* El movimiento de materiales y productos terminados aparece recogido en el Cuadro 1.

*b)* Los datos para la distribución de cargas indirectas y subreparto de costes indirectos entre los centros de actividad figuran en el Cuadro 2. *Las unidades de obra* elegidas para el centro de mantenimiento y reparación han sido unas operaciones combinadas de hombres y equipos y ascendieron a 3.840. Para el centro de almacenamiento se han tomado como unidad de obra la ocupación diaria de una superficie fijada, y se cuantificaron en 2.750. Respecto al centro de administración, se han traducido las unidades de obra a porcentajes. El destino de las unidades de obra se muestra, asimismo, en el Cuadro 2.

*c)* En este mismo Cuadro 2 se especifican las unidades de obra tomadas para los centros principales.

## IV. ORGANIZACION CONTABLE

El Plan de Cuentas de Contabilidad de Costes que sigue la empresa es el siguiente

90. CUENTAS REFLEJAS

    903. Stock inicial reflejo.
    905. Compras reflejas.
    906. Gastos y dotaciones reflejos.
    907. Productos explotación reflejos.
    908. Resultados reflejos ajenos a la explotación.

92. CUENTAS DE LOS CENTROS DE ACTIVIDAD

    920. Centro de mantenimiento y reparación.
    921. Centro de almacenamiento.
    922. Centro de administración.
    923. Centro de embalaje.

924. Centro de llenado.
925. Centro de compras.
926. Centro de distribución.

93. CUENTAS DE COSTES DE PRODUCCION Y COSTES FINALES

93350. Coste de compras de conjuntos incorporables $J_1$.
93351. Coste de compras de conjuntos incorporables $J_2$.
93352. Coste de compras de gas líquido.
9336. Coste de compras de materias auxiliares.
9351. Coste de producción de encendedores $J_1$.
9352. Coste de producción de encendedores $J_2$.
9371. Coste final de encendedores $J_1$.
9372. Coste final de encendedores $J_2$.

94. CUENTAS DE INVENTARIO PERMANENTE

9411. I. P. de encendedores $J_1$.
9412. I. P. de encendedores $J_2$.
9450. I. P. de conjuntos incorporables $J_1$.
9451. I. P. de conjuntos incorporables $J_2$.
9452. I. P. de gas líquido.
946. I. P. de materias auxiliares.

97. CUENTAS DE DIFERENCIAS DE INCORPORACION

971. Cargas no incorporables.
972. Elementos supletorios incorporados.
974. Diferencias de inventario.

98. RESULTADOS DE LA CONTABILIDAD DE COSTES

980. Resultados de explotación con criterios de Contabilidad de Costes.
9800. Resultados analíticos de encendedores $J_1$.
9801. Resultados analíticos de encendedores $J_2$.
987. Saldo de las diferencias de incorporación.
988. Saldo sobre Pérdidas y ganancias.

SE PIDE:

1. Cuadros de movimiento de materiales y de productos terminados.
2. Completar el cuadro de reparto de cargas indirectas y elaborar el cuadro de imputación a los productos.
3. Realizar los asientos de Contabilidad de Costes.

**ANEXO**

**Cuadro 1. Movimiento de materiales y productos terminados**

| | **Existencias iniciales** | **Entradas** | **Salidas** | | **Existencias finales** |
|---|---|---|---|---|---|
| | | | **Empleadas** | **Diferencias de inventario (2)** | |
| Conjuntos incorporables $J_1$ | 80.000 uds. × 100 pta. | 420.000 uds. × 120 pta. (1) | 300.000 uds. | 10.000 uds. | 190.000 uds. |
| Conjuntos incorporables $J_2$ | 290.000 uds. × 100 pta. | 610.000 uds. × 12 pta. (1) | 70.000 uds. | 35.000 uds. | 165.000 uds. |
| Gas líquido (10 g) | 500 kg × 18 pta. | 10.000 kg × 20 pta. (1) | 10.000 kg | — | 500 kg |
| Materias auxiliares | 45.000 pta. | 600.000 pta. (1) | 500.000 pta. | — | — |
| Encendedores $J_1$ | 10.000 uds. × 110 pta. | 300.000 uds. | 290.000 uds. | — | 20.000 uds. |
| Encendedores $J_2$ | 40.000 uds. × 10 pta. | 700.000 uds. | 710.000 uds. | — | 30.000 uds. |

(1) Estos son los datos de las compras, excluido el coste indirecto del centro de compras.
(2) A efectos de la aplicación del método LIFO, se considera que primero salen los materiales empleados.

**Cuadro 2. Información básica para la distribución y subreparto**

| Centros de actividad / Elementos de coste | TOTAL | Mantenimiento y reparación | Almacenamiento | Administración | Ensamblaje | Llenado | Compras | Distribución |
|---|---|---|---|---|---|---|---|---|
| Servicios exteriores | 2.250.000 | — | — | — | — | — | — | — |
| Reparaciones | 1.560.000 | — | — | — | — | — | — | — |
| Tributos | 540.000 | — | — | — | — | — | — | — |
| Gastos de personal | 2.800.000 | — | — | — | — | — | — | — |
| Otros gastos de gestión | 3.400.000 | — | — | — | — | — | — | — |
| Gastos financieros | 700.000 | — | — | — | — | — | — | — |
| Dotación a amortización | 2.200.000 | — | — | — | — | — | — | — |
| Materias auxiliares | 500.000 | — | — | — | — | — | — | — |
| Elementos supletorios incorporados | 550.000 | — | — | — | — | — | — | — |
| Costes primarios | 14.500.000 | 1.150.000 | 1.915.000 | 1.000.000 | 3.500.000 | 2.000.000 | 435.000 | 4.500.000 |
| Centro de administración | 100% | 5% | 6% | — | 35% | 20% | 19% | 15% |
| Centro de mantenimiento y reparación | 3.840 | — | 1.000 | — | 1.000 | 950 | 90 | 800 |
| Centro de almacenamiento | 2.750 | 800 | — | — | 750 | 750 | 200 | 250 |
| Unidades de obra | — | — | — | — | Encendedores ensamblados | Encendedores llenados | Valor de las compras en miles de pta. | Valor de las ventas en miles de pta. |

## SOLUCION CASO 10

### 1. CUADRO COMPLETO DE MOVIMIENTO DE MATERIALES Y DE PRODUCTOS TERMINADOS (LIFO)

| | Existencias iniciales | Entradas | Salidas: Empleadas | Salidas: Diferencias inventarios | Existencias finales |
|---|---|---|---|---|---|
| Conjuntos incorporables $J_1$ | 80.000 un. × 100 pta. = <br> = 8.000.000 | 420.000 un. × 120 pta. = 50.400.000 <br> + C. I. compras = 732.057 <br> 420.000 × 121,74299 = 51.132.057 | 300.000 un. × 121,74299 pta. = <br> = 36.522.897 | 10.000 un. × 121,74299 pta. = <br> = 1.217.430 | 80.000 un. × 100 pta. = <br> = 8.000.000 + 110.000 un. × <br> × 121,74299 pta. = <br> = 13.391.730 <br> 21.391.730 |
| Conjuntos incorporables $J_2$ | 290.000 un. × 10 pta. = <br> = 2.900.000 | 610.000 un. × 12 pta. = 7.320.000 <br> + C. I. compras = 106.323 <br> 610.000 × 12,1743 = 7.426.323 | 610.000 un. × 12,1743 pta. = <br> = 7.426.323 <br> + 90.000 un. × 10 pta. = <br> = 900.000 <br> 700.000 8.326.323 | 35.000 un. × 10 pta. = 350.000 | 165.000 un. × 10 pta. = <br> = 1.650.000 |
| Gas líquido | 500 kg × 18 pta. = 9.000 | 10.000 kg × 20 pta. = 200.000 <br> + C. I. compras = 2.905 <br> 10.000 × 20,2905 = 202.905 | 10.000 kg × 20,2905 pta. = <br> = 202.905 | — | 500 kg × 18 pta. = 9.000 |
| Materias auxiliares | 45.000 pta. | 600.000 <br> + C. I. compras = 8.715 <br> 608.715 | 500.000 pta. | — | 153.715 |
| Encendedores $J_1$ | 10.000 un. × 110 pta. = <br> = 1.100.000 | 300.000 un. × 130,320896 pta. = <br> = 39.096.269 | 290.000 un. × 130,320896 pta. = <br> = 37.793.060 | — | 10.000 un. × 110 pta. = <br> = 1.100.000 + 10.000 un. <br> × 130,320896 pta. = <br> = 1.303.209 <br> 2.403.209 |
| Encendedores $J_2$ | 40.000 un. × 10 pta. = <br> = 400.000 | 700.000 un. × 20,472651 pta. = <br> = 14.330.856 | 700.000 un. × 20,472651 pta. = <br> = 14.330.856 <br> + 10.000 un. × 10 pta. = <br> = 100.000 <br> 14.430.856 | — | 30.000 un. × 10 pta. = <br> = 300.000 |

## 2.A. CUADRO DE DISTRIBUCION. REPARTO SECUNDARIO

| Centros de actividad / Elementos de coste | TOTAL | Mantenimiento y reparación | Almacenamiento | Administración | Ensamblaje | Llenado | Compras | Distribución |
|---|---|---|---|---|---|---|---|---|
| Costes primarios | 14.500.000 | 1.150.000 | 1.915.000 | 1.000.000 | 3.500.000 | 2.000.000 | 435.000 | 4.500.000 |
| Centro de administración | 100% | 5%<br>50.000 | 6%<br>60.000 | —<br>(–1.000.000) | 35%<br>350.000 | 20%<br>200.000 | 19%<br>190.000 | 15%<br>150.000 |
| Centro de mantenimiento y reparación | 3.840 | —<br>(–1.920.000) | 1.000<br>500.000 | —<br>— | 1.000<br>500.000 | 950<br>450.000 | 90<br>45.000 | 800<br>400.000 |
| Centro de almacenamiento | 2.750 | 800<br>720.000 | —<br>(–2.475.000) | —<br>— | 750<br>675.000 | 750<br>675.000 | 200<br>180.000 | 250<br>225.000 |
| TOTAL | 14.500.000 | 0 | 0 | 0 | 5.025,000 | 3.350.000 | 850.000 | 5.275.000 |

$C_M$ = Coste unidad de obra del centro de mantenimiento
$C_A$ = Coste unidad de obra del centro de almacenamiento

$$\left.\begin{array}{l} 3.840 \times C_M = (1.150.000 + 50.000) + 800 \times C_A \\ 2.750 \times C_A = (1.915.000 + 60.000) + 1.000 \times C_M \end{array}\right\} \quad \begin{array}{l} C_M = 500 \\ C_A = 900 \end{array}$$

## 2.B. CUADRO DE IMPUTACION A LOS PRODUCTOS

| | TOTAL | ENCENDEDOR $J_1$ | ENCENDEDOR $J_2$ |
|---|---|---|---|
| Conjuntos incorporables $J_1$ (s/cuadro movimiento materiales) | 300.000 unid.<br>36.522.897 | 300.000 unid.<br>36.522.897 | —<br>— |
| Conjuntos incorporables $J_2$ (s/cuadro movimiento materiales) | 700.000 unid.<br>8.326.323 | —<br>— | 700.000 unid.<br>8.326.323 |
| Gas líquido (10 gr.por encendedor) | 10.000 kg × 20,2905 pta./kg =<br>= 202.905 | 3.000 kg × 20,2905 pta./kg =<br>=60.872 | 7.000 kg × 20,2905 pta./kg =<br>= 142.033 |
| Centro de ensamblaje (unidad obra: unidades ensambladas) | 1.000.000 unid. × 5,025 pta./unid. =<br>= 5.025.000 | 300.000 unid. × 5,025 pta./unid. =<br>= 1.507.500 | 700.000 unid. × 5,025 pta./unid. =<br>= 3.517.500 |
| Centro de llenado (unidad obra: unidades llenadas) | 1.000.000 unid. × 3,350 pta./unid. =<br>= 3.350.000 | 300.000 unid. × 3,350 pta./unid. =<br>= 1.005.000 | 700.000 unid. × 3,350 pta./unid. =<br>= 2.345.000 |
| COSTE PRODUCCION TOTAL | 53.427.125 | 39.096.269 | 14.330.856 |
| Unidades producidas<br>Coste de producción unitario | —<br>— | 300.000<br>130,320897 | 700.000<br>20,472651 |

| | | | |
|---|---|---|---|
| Coste de producción de los productos vendidos (s/cuadro movimiento productos) | 52.223.916 | 290.000 un. × 130,320897 pta./un.=<br>= 37.793.060 | 700.000 un. × 20,472651 pta./un. =<br>+ 10.000 un. × 10,00 pta./un. =<br>= 14.430.856 |
| Centro de distribución (unidad obra: ventas miles de pesetas) | 75.000 u.o. × 70,333 pta./u.o. =<br>= 5.275.000 | 40.000 u.o. × 70,333 pta./u.o. =<br>= 2.813.333 | 35.000 u.o. × 70,333 pta./u.o. =<br>= 2.461.667 |
| COSTE FINAL | 57.498.916 | 40.606.393 | 16.892.523 |
| INGRESOS POR VENTAS | 75.000.000 | 40.000.000 | 35.000.000 |
| RESULTADOS CON CRITERIOS DE CONTABILIDAD DE COSTES | 17.501.084 | (606.393) | 18.107.477 |

## 3. ASIENTOS DE LA CONTABILIDAD DE COSTES

| | | | | |
|---|---|---|---|---|
| | | **1. Recibo de los stocks existentes** | | |
| 9411 | | I. P. de encendedores $J_1$ | 1.100.000 | |
| 9412 | | I. P. de encendedores $J_2$ | 400.000 | |
| 9450 | | I. P. de conjuntos incorporables $J_1$ | 8.000.000 | |
| 9451 | | I. P. de conjuntos incorporables $J_2$ | 2.900.000 | |
| 9452 | | I. P. de gas líquido | 9.000 | |
| 946 | | I. P. de materias auxiliares | 45.000 | |
| | 903 | a Stock inicial reflejo | | 12.454.000 |
| | | x | | |
| | | **2. Recibo de las cargas con sus modalidades, pasando por los centros de actividad** | | |
| | | 2.1. Respecto a las compras | | |
| 93350 | | Coste de compras de conjuntos incorporables $J_1$ | 50.400.000 | |
| 93351 | | Coste de compras de conjuntos incorporables $J_2$ | 7.320.000 | |
| 93352 | | Coste de compras de gas líquido | 200.000 | |
| 9336 | | Coste de compras de materias auxiliares | 600.000 | |
| | 905 | a Compras reflejas | | 58.520.000 |
| | | 2.2. Respecto a las restantes cargas incorporables | | |
| | | a) *Reparto primario* | | |
| 920 | | Centro de mantenimiento y reparación | 1.150.000 | |
| 921 | | Centro de almacenamiento | 1.915.000 | |
| 922 | | Centro de administración | 1.000.000 | |
| 923 | | Centro de ensamblaje | 3.500.000 | |
| 924 | | Centro de llenado | 2.000.000 | |
| 925 | | Centro de compras | 435.000 | |
| 926 | | Centro de distribución | 4.500.000 | |
| 971 | | Cargas no incorporables | 680.000 | |
| | 972 | a Elementos supletorios incorporados | | 550.000 |
| | 946 | a I. P. materias auxiliares | | 500.000 |
| | 906 | a Gastos y dotaciones reflejos | | 14.130.000 |
| | | b) *Subreparto* | | |
| 920 | | Centro de mantenimiento y reparación | 770.000 | |
| 921 | | Centro de almacenamiento | 560.000 | |
| 923 | | Centro de ensamblaje | 1.525.000 | |
| 924 | | Centro de llenado | 1.350.000 | |
| 925 | | Centro de compras | 415.000 | |
| 926 | | Centro de distribución | 775.000 | |
| | 920 | a Centro de mantenimiento y reparación | | 1.920.000 |
| | 921 | a Centro de almacenamiento | | 2.475.000 |
| | 922 | a Centro de administración | | 1.000.000 |
| | | x | | |

**3. Determinación del coste de compras**

| | | | | |
|---|---|---|---|---|
| 93350 | | Coste de compras de conjuntos incorporables $J_1$ | 732.057 | |
| 93351 | | Coste de compras de conjuntos incorporables $J_2$ | 106.323 | |
| 93352 | | Coste de compras de gas líquido | 2.905 | |
| 9336 | | Coste de compras de materias auxiliares | 8.715 | |
| | 925 | a Centro de compras | | 850.000 |

- La unidad de obra es el valor de las compras en miles de pesetas.

Cada 1.000 pesetas soporta así una incidencia de costes indirectos de compras que asciende a:

$$\frac{850.000}{58.520} = 14,524948$$

- Hemos redondeado.

x

**4. Entrada de las compras en almacén**

| | | | | |
|---|---|---|---|---|
| 9450 | | I. P. de conjuntos incorporables $J_1$ | 51.132.057 | |
| 9451 | | I. P. de conjuntos incorporables $J_2$ | 7.426.323 | |
| 9452 | | I. P. de gas líquido | 202.905 | |
| 946 | | I. P. de materias auxiliares | 608.715 | |
| | 93350 | a Coste de compras de conjuntos incorporables $J_1$ | | 51.132.057 |
| | 93351 | a Coste de compras de conjuntos incorporables $J_2$ | | 7.426.323 |
| | 93352 | a Coste de compras de gas líquido | | 202.905 |
| | 9336 | a Coste de compras de materias auxiliares | | 608.715 |

x

**5. Determinación del coste de producción**

| | | | | |
|---|---|---|---|---|
| 9351 | | Coste de producción de encendedores $J_1$ | 39.096.269 | |
| 9352 | | Coste de producción de encendedores $J_2$ | 14.330.856 | |
| | 9450 | a I. P. de conjuntos incorporables $J_1$ | | 36.522.897 |
| | 9451 | a I. P. de conjuntos incorporables $J_2$ | | 8.326.323 |
| | 9452 | a I. P. de gas líquido | | 202.905 |
| | 923 | a Centro de ensamblaje | | 5.025.000 |
| | 924 | a Centro de llenado | | 3.350.000 |

x

**6. Entrada en almacén de los productos terminados**

| | | | | |
|---|---|---|---|---|
| 9411 | | I. P. de encendedores $J_1$ | 39.096.269 | |
| 9412 | | I. P. de encendedores $J_2$ | 14.330.856 | |
| | 9351 | a Coste de producción de encendedores $J_1$ | | 39.096.269 |
| | 9352 | a Coste de producción de encendedores $J_2$ | | 14.330.856 |

x

**7. Determinación del coste final**

| | | | | |
|---|---|---|---|---|
| 9371 | | Coste final de encendedores $J_1$ | 40.606.393 | |
| 9372 | | Coste final de encendedores $J_2$ | 16.892.523 | |
| | 9411 | a I. P. de encendedores $J_1$ | | 37.793.060 |
| | 9412 | a I. P. de encendedores $J_2$ | | 14.430.856 |
| | 926 | a Centro de distribución | | 5.275.000 |

x

## 8. Determinación de los resultados

### 8.1. *Resultados analíticos con criterios de Contabilidad de Costes*

#### 8.1.1. Cálculo del resultado analítico de cada producto

| | | | | |
|---|---|---|---|---|
| 9801 | | Resultados analíticos de encendedores $J_1$ | 40.606.393 | |
| 9802 | | Resultados analíticos de encendedores $J_2$ | 16.892.523 | |
| | 9371 | a Coste final de encendedores $J_1$ | | 40.606.393 |
| | 9372 | a Coste final de encendedores $J_2$ | | 16.892.523 |

| | | | | |
|---|---|---|---|---|
| 907 | | Productos de explotación reflejos | 75.000.000 | |
| | 9801 | a Resultados analíticos de encendedores $J_1$ | | 40.000.000 |
| | 9802 | a Resultados analíticos de encendedores $J_2$ | | 35.000.000 |

#### 8.1.2. Agregación de los resultados analíticos

| | | | | |
|---|---|---|---|---|
| 9802 | | Resultados analíticos de encendedores $J_2$ | 18.107.477 | |
| | 9801 | a Resultados analíticos de encendedores $J_1$ | | 606.393 |
| | 980 | a Resultados de explotación con criterios de Contabilidad de Costes | | 17.501.084 |

### 8.2. *Agregación de las cuentas de diferencias de incorporación*

— *Para registrar las diferencias de inventarios*

| | | | | |
|---|---|---|---|---|
| 974 | | Diferencias de inventario | 1.567.430 | |
| | 9450 | a I. P. de conjuntos incorporables $J_1$ | | 1.217.430 |
| | 9451 | a I. P. de conjuntos incorporables $J_2$ | | 350.000 |

— *Por la agregación*

| | | | | |
|---|---|---|---|---|
| 987 | | Saldo de las diferencias de incorporación | 1.697.430 | |
| 972 | | Elementos supletorios incorporados | 550.000 | |
| | 971 | a Cargas no incorporables | | 680.000 |
| | | a Diferencias de inventario | | 1.567.430 |

### 8.3. *Entrada de los resultados ajenos a la explotación*

— *Por los ingresos*

| | | | | |
|---|---|---|---|---|
| 908 | | Resultados reflejos ajenos a la explotación | 2.000.000 | |
| | 988 | a Saldo sobre Pérdidas y Ganancias | | 2.000.000 |

| | | | | |
|---|---|---|---|---|
| | | *— Por los costes* | | |
| 988 | | Saldo sobre Pérdidas y Ganancias | 1.220.000 | |
| | 908 | a Resultados reflejos ajenos a la explotación | | 1.220.000 |
| | | ———— ———— | | |
| | | 8.4. *Presentación de una única cuenta de resultados* | | |
| | | Lo podemos hacer diferenciando dos pasos: | | |
| | | 8.4.1. Saldar con «Resultados analíticos» las cuentas de resultados de explotación con criterios de Contabilidad de Costes y «Saldo de las Cuentas de diferencias de incorporación». Así, hecho esto, el saldo de la cuenta de «Resultados analíticos» ha de coincidir con el saldo de Explotación de la Contabilidad General. | | |
| | | ———— ———— | | |
| 908 | | Resultados de explotación con criterios de Contabilidad de Costes | 17.501.084 | |
| | 987 | a Saldo de diferencias de incorporación | | 1.697.430 |
| | 98 | a Resultados analíticos | | 15.803.654 |
| | | ———— ———— | | |
| | | 8.4.2. Saldar con «Resultados analíticos» la cuenta de «Saldo sobre Pérdidas y Ganancias». Después de esto, el saldo de «Resultados analíticos» ha de coincidir con el de «Pérdidas y Ganancias» de la Contabilidad General. | | |
| | | ———— ———— | | |
| 988 | | Saldo sobre Pérdidas y Ganancias | 780.000 | |
| | 98 | a Resultados analíticos | | 780.000 |
| | | ———— x ———— | | |
| | | **9. Asiento de cierre de la Contabilidad de Costes** | | |
| 903 | | Stock inicial reflejo | 12.454.000 | |
| 905 | | Compras reflejas | 58.520.000 | |
| 906 | | Gastos y dotaciones reflejos | 14.130.000 | |
| 98 | | RESULTADOS DE LA CONTABILIDAD DE COSTES | 16.583.654 | |
| | 907 | a Productos de explotación reflejos | | 75.000.000 |
| | 908 | a Resultados reflejos ajenos a la explotación | | 780.000 |
| | 9411 | a I. P. de encendedores $J_1$ | | 2.403.209 |
| | 9412 | a I. P. de encendedores $J_2$ | | 300.000 |
| | 9450 | a I. P. de conjuntos incorporables $J_1$ | | 21.391.730 |
| | 9451 | a I. P. de conjuntos incorporables $J_2$ | | 1.650.000 |
| | 9452 | a I. P. de gas líquido | | 9.000 |
| | 946 | a I. P. de materias auxiliares | | 153.715 |

**Balance de saldos de la Contabilidad de Costes**

| NUMERO DE CUENTA | | CUENTAS | SALDOS Deudor | SALDOS Acreedor |
|---|---|---|---|---|
| | 903 | Stock inicial reflejo | | 12.454.000 |
| | 905 | Compras reflejas | | 58.520.000 |
| | 906 | Gastos y dotaciones reflejos | | 14.130.000 |
| 907 | | Productos explotación reflejos | 75.000.000 | |
| 908 | | Resultados reflejos ajenos a la explotación | 780.000 | |
| 9411 | | I. P. de encendedores $J_1$ | 2.403.209 | |
| 9412 | | I. P. de encendedores $J_2$ | 300.000 | |
| 9450 | | I. P. de conjuntos incorporables $J_1$ | 21.391.730 | |
| 9451 | | I. P. de conjuntos incorporables $J_2$ | 1.650.000 | |
| 9452 | | I. P. de gas líquido | 9.000 | |
| 946 | | I. P. de materias auxiliares | 153.715 | |
| | 98 | RESULTADOS DE LA CONTABILIDAD DE COSTES | | 16.583.654 |
| | | TOTALES | 101.687.654 | 101.687.654 |

## CASO 11

Se realiza una **síntesis y recopilación**, a través de un complejo proceso técnico de fabricación.

AZUCARSA es una empresa que tiene por objeto social la manipulación, estuchado y comercialización de azúcar molido y refinado, así como la elaboración y comercialización de papel litografiado de estuchado de azúcar, y además todas aquellas actividades relacionadas con las antes mencionadas.

### I. ORGANIZACION TECNICO-ECONOMICA

1. El diagrama del proceso se ajusta al esquema que figura en el Anexo I, en el que, para mayor claridad de la representación, no aparecen ni el Centro de Transporte ni el de Administración.

2. La descentralización de AZUCARSA se ha realizado teniendo en cuenta las siguientes consideraciones acerca de cada uno de los centros de actividad:

*Centro de Compras:* Adquiere en donde convenga —mercado interior o exterior— las dos materias primas que utiliza AZUCARSA:

— Azúcar molido y refinado a granel.
— Bobinas de papel especial.

*Centro de almacenamiento:* Tiene una gran importancia en esta empresa. El azúcar molido y refinado es adquirido, por lo general, en los mercados de futuros con el fin de tener una garantía de suministro y unos precios más favorables. Ello implica que AZUCARSA recibe el azúcar comprado dentro de los dos meses siguientes a las campañas de recolección, con lo que se ve obligada a conservarlo durante cierto tiempo. Para este menester AZUCARSA tiene arrendados unos almacenes de características técnicas adecuadas, de donde se traslada el azúcar a las instalaciones propias a medida que el proceso fabril lo requiere. Para el ejercicio x, que vamos a estudiar, el coste de este centro se imputa exclusivamente al azúcar comprado durante el período, puesto que las existencias iniciales de este Centro de actividad se pasaron a primeros de enero a las instalaciones propias.

*Centro de manipulación del papel:* Recibe las bobinas de papel especial y se fabrican unas bobinas de papel litografiado tras realizar tareas de cortado, estampado, taladraje y rebobinado del papel litografiado. En este Centro se realiza también el diseño de anagramas. Este Centro de actividad venía presentando problemas de utilización de la capacidad motivados por su participación discontinua en el proceso. A efectos de corregirlos se decidió fabricar bobinas de papel litografiado para ser vendidas como tales en el mercado.

*Centro de preparación de terrones:* Mediante la tecnología apropiadas, el azúcar molido se transforma, antes de ser estuchado, en terrones de cinco gramos cada uno.

*Centro de estuchado I:* Obtiene sobres de azúcar de 10 g empleando bobinas fabricadas y azúcar.

*Centro de estuchado II:* Produce cortadillos de dos terrones de azúcar de 5 g cada uno utilizando bobinas fabricadas y terrones.

*Centro de estuchado III:* Estaba concebida para conseguir bolsas de un kilogramo partiendo también de las bobinas fabricadas y azúcar. Sin embargo, ante las expectativas económicas del sector y del mercado específico que se había previsto, la empresa ha considerado conveniente retrasar el lanzamiento de este producto.

*Centro de transportes:* Trabaja de hecho para los Centros de compra y de distribución.

*Centro de administración:* Tiene encomendadas las actividades propias de esta función.

*Centro de distribución:* También tiene encomendadas las actividades propias de esta función.

### II. PLAN DE CUENTAS

El plan de Contabilidad de Costes de AZUCARSA obedece a un modelo de costes completos históricos.

El Cuadro de Cuentas es el siguiente:

90. CUENTAS REFLEJAS
   - 903. Stock inicial reflejo.
   - 904. Compras reflejas.
   - 906. Gastos y dotaciones reflejos.
   - 907. Productos de explotación reflejos.
   - 908. Resultados reflejos ajenos a la explotación.

92. CUENTAS DE LOS CENTROS DE ACTIVIDAD

920. Centro de compras.
921. Centro de almacenamiento.
922. Centro de manipulación de papel.
923. Centro de preparación de terrones.
924. Centro de estuchado I.
925. Centro de estuchado II.
926. Centro de estuchado III.
927. Centro de transportes.
928. Centro de administración.
929. Centro de distribución.

93. CUENTAS DE COSTES DE PRODUCCION Y COSTES FINALES

933. Coste de compras.
 9330. Coste de compras de azúcar.
 9331. Coste de compras de bobinas de papel especial.
935. Coste de producción.
 9350. Coste de producción de sobres de azúcar.
 9351. Coste de producción de cortadillos.
 9352. Coste de producción de bobinas de papel litografiado.
 9353. Coste de producción de bolsas.
936. Coste de distribución.
 9360. Coste de distribución de sobres azúcar.
 9361. Coste de distribución de cortadillos.
 9362. Coste de distribución de bobinas de papel litografiado.
 9363. Coste de distribución de bolsas.
937. Coste final.
 9370. Coste final de sobres de azúcar.
 9371. Coste final de cortadillos.
 9372. Coste final de bobinas de papel litografiado.
 9373. Coste final de bolsas.

94. CUENTAS DE INVENTARIO PERMANENTE

941. I. P. de productos terminados y semiterminado.
 9410. I. P. de sobres de azúcar.
 9411. I. P. de cortadillos.
 9412. I. P. de bobinas de papel litografiado.
 9413. I. P. de bolsas.
945. I. P. de materias primas.
 9450. I. P. de azúcar.
 9451. I. P. de bobinas de papel especial.
946. I. P. de materias auxiliares.
947. I. P. de materiales para consumo y reposición.

97. CUENTAS DE DIFERENCIAS DE INCORPORACION

971. Cargas no incorporadas.
972. Elementos supletorios incorporados.
973. Diferencias sobre materiales, amortización y provisiones.
974. Diferencias de inventario.
975. Gastos y costes residuales de Centros de actividad.
976. Diferencias por nivel de actividad.
977. Productos de explotación no incorporados.
978. Productos de explotación supletorios.

98. RESULTADOS DE LA CONTABILIDAD DE COSTES

980. Resultado de explotación con criterios de Contabilidad de Costes.
 9800. Resultado de explotación de sobres de azúcar.
 9801. Resultado de explotación de cortadillos.
 9802. Resultado de explotación de bobinas de papel litografiado.
 9803. Resultado de explotación de bolsas.
987. Saldo de las cuentas de diferencias de incorporación.
988. Saldo sobre pérdidas y ganancias.

* Si necesitase en el desarrollo del ejercicio alguna cuenta nueva, es necesario advertir su creación e indicar sus características. No conviene desdoblar la cuenta 9412, ya que se ha de calcular un único coste medio para todas las bobinas, ya sea por encargo, ya sean para los propios Centros de actividad.

AZUCARSA aplica los principios, criterios y procedimientos de valoración del Plan General de Contabilidad Español. Dentro de la libertad para la fijación de procedimientos de valoración de existencias, la empresa ha optado por aplicar el procedimiento LIFO respecto de los movimientos totales del año a los almacenes de materias primas y el procedimiento del *coste medio ponderado* para los almacenes de productos semiterminados y terminados.

## III. DATOS COMUNES DE LA CONTABILIDAD GENERAL Y DE LA CONTABILIDAD DE COSTES

La cuenta de Pérdidas y Ganancias que ofrece la Contabilidad General, referida al ejercicio x, es la siguiente:

| DEBE | | HABER | |
|---|---|---|---|
| Existencias, saldos iniciales | 19.045.500 | Existencias, saldos finales | |
| Compras | 24.350.000 | Ventas | 195.000.000 |
| Servicios exteriores | 60.000.000 | Otros ingresos de gestión | 2.000.000 |
| Transportes | 4.500.000 | Ingresos financieros | 5.500.000 |
| Tributos | 2.500.000 | Subvenciones a la explotación | 15.000.000 |
| Gastos de personal | 75.000.000 | | |
| Otros gastos de gestión | 10.000.000 | | |
| Gastos financieros | 3.000.000 | | |
| Amortizaciones | 30.000.000 | | |
| Provisiones | 3.000.000 | | |
| Saldo acreedor | | | |
| Total | | Total | |

Es necesario hacer constar que:

*a*) La empresa no ha tenido «Resultados Extraordinarios», por lo que el saldo anterior, beneficio de las actividades ordinarias, coincide con el saldo de la cuenta de Pérdidas y Ganancias.

*b*) La cuenta de Pérdidas y Ganancias está incompleta, a falta de valorar las existencias finales.

*c*) El detalle de la cuenta de Pérdidas y Ganancias:

*c.1. Existencias al 1 de enero del ejercicio x:*

— Productos terminados:
 * Sobres de azúcar: 3.000.000 de sobres a 0,9616 pta./sobre ............. 2.885.000
 * Cortadillos: 5.000.000 de cortadillos a 1,04 pta./cortadillo .............. 5.200.000
 * Bobinas de papel litografiado hechas por encargo, listas para ser entregadas a los clientes: 100 bobinas a 17.270 pta./bobina ....................................... 1.727.000

— Productos semiterminados:
 * Bobinas de papel litografiado a la espera de pasar a los siguientes centros: 350 bobinas a 17.270 pta./bobina ....................................... 6.044.500

— Productos en curso de fabricación: ninguno

— Materias primas y auxiliares:
 * Azúcar a granel: 100.000 kg a 30 pta./kg ............................ 3.000.000
 * Bobinas de papel especial: 20 bobinas a 5.500 pta./bobina ............. 110.000
 * Materias auxiliares ............. 25.000

— Materiales para consumo y reposición:
 * Materiales diversos ............ 54.000

*c.2. Compras del ejercicio x:*

— Compras de materias primas:
 * Azúcar a granel: 2.000.000 kg a 10 pta./kg ............................ 20.000.000
 * Bobinas de papel especial: 600 bobinas a 6.500 pta./bobina ............. 3.900.000

— Compras de materias auxiliares 100.000

— Compras de materiales para consumo y reposición:
 * Materiales diversos ............ 350.000

*c.3. Gastos del ejercicio x:*

No es necesario facilitar ningún detalle respecto de la información contenida en la Cuenta de Pérdidas y Ganancias.

*c.4. Ventas del ejercicio x:*

— Sobres de azúcar: 45.000.000 de sobres a 1,50 pta./sobre ..................... 67.500.000

— Cortadillos: 65.000.000 de cortadillos a 1,75 pta./cortadillo ............... 113.759.000

— Bobinas de papel litografiado: 550 bobinas a 25.000 pta./bobina ...... 13.750.000

*c.5. Otros ingresos de gestión:*

— De propiedad industrial cedida en explotación ...................................... 2.000.000

*c.6. Ingresos financieros:*

— De inversiones financieras temporales ........ 500.000
— Descuentos sobre compras por pronto pago ........ 5.000.000

*c.7. Subvenciones a la explotación:*

— Subvenciones oficiales ........ 15.000.000

## IV. INFORMACION RELATIVA AL CUADRO DE REPARTO E IMPUTACION PARA LA APLICACION DEL MODELO DE COSTES COMPLETOS

a) *Reparto primario*

El reparto primario de las cargas por naturaleza entre los Centros de actividad se efectúa basándose en una serie de cálculos, resultantes de la aplicación de diferentes claves de reparto empleadas por el Departamento de Costes tras ser discutidas con los diferentes responsables de los Centros, y cuyo resultado se ofrece en el Anexo II. No obstante, es preciso advertir respecto a este reparto primario que:

*a.1.* La dotación a las provisiones, los otros ingresos de gestión y los ingresos financieros corresponden a conceptos computados por la Contabilidad General, pero irrelevantes a efectos del proceso de costes, y se consideran, por tanto, como no incorporables.

*a.2.* Las subvenciones vienen a reforzar los ingresos por las ventas de los productos y se fijan en función de éstas. En las cláusulas que regulan la concesión de la subvención a AZUCARSA se especifica que tienen su justificación en las limitaciones que oficialmente pudieran aplicarse al precio de los productos terminados que contengan azúcar.

*a.3.* Por otra parte, se incorpora a los Centros de actividad un montante de 3.793.000 pesetas, correspondientes al coste de los capitales propios de acuerdo con los cálculos realizados por una empresa especializada.

*a.4.* Al final del ejercicio, según criterios seguidos por la Contabilidad de Costes, la dotación a la amortización asciende a 40.000.000 de pesetas. Para llegar a esta cantidad se ha estudiado detenidamente la repercusión de la obsolescencia.

b) *Reparto secundario*

La cesión de costes entre Centros de actividad se ofrece, también, en el Anexo II. Debe aclararse que la cantidad 100 que aparece en la columna del Centro de transportes corresponde a gastos residuales de dicho centro.

c) *Imputación*

Las unidades de obra de los Centros de actividad, que sirven para la imputación de sus respectivos costes, son las siguientes:

— Compras: Kilogramos de materias primas compradas (cada bobina de papel especial pesa 50 kg).
— Almacenamiento: Kilogramos de azúcar comprados.
— Manipulación de papel: bobinas de papel litografiado.
— Preparación de terrones: terrones de azúcar fabricados.
— Estuchado I, II y III: unidades de producto fabricadas.
— Distribución: volumen de ventas de cada producto.

## V. DATOS DE FABRICACION

a) *Fabricación del período*

La Contabilidad Auxiliar de Fabricación registra los siguientes consumos del período:

a.1. Centro de manipulación de papel:

Ha consumido 590 bobinas de papel especial, obteniéndose 1.770 bobinas de papel litografiado, de las cuales 570 bobinas han sido fabricadas por encargo de otras empresas.

a.2. Centro de preparación de terrones:

Este Centro ha consumido 760.000 kilogramos de azúcar molido y refinado a granel, con los cuales ha fabricado 150 millones de terrones de azúcar, que pasan inmediatamente al Centro de estuchado II.

a.3. Centro de estuchado I:

Ha consumido 540.000 kg a azúcar molido y refinado a granel, con los cuales ha fabricado 53,5 millones de sobres de azúcar. Asimismo, se han consumido 500 bobinas de papel litografiado para el estuchado de los sobres de azúcar.

a.4. Centro de estuchado II:

Se han fabricado 75 millones de cortadillos. Asimismo, se han consumido 700 bobinas de papel litografiado.

Hay que añadir que no ha existido anomalía alguna en el funcionamiento de los equipos de manipulación de papel, los cuales han actuado de acuerdo con las especificaciones técnicas previstas.

b) *Existencias finales*

El inventario extracontable realizado al 31 de diciembre del año x arroja las siguientes existencias:

- Productos terminados:
  - Sobres de azúcar: 11.500.000 sobres.
  - Cortadillos: 15.000.000 de cortadillos.
  - Bobinas de papel litografiado hechas por encargo, listas para ser entregadas a los clientes: 120 bobinas.
- Productos semiterminados:
  - Bobinas de papel litografiado a la espera de pasar a los siguientes Centros de actividad: 350 bobinas.
- Productos en curso de fabricación: ninguno.
- Materias primas y auxiliares:
  - Azúcar a granel: 800.000 kg.
  - Bobinas de papel especial: 30 bobinas.
  - Materias auxiliares: 5.000 pesetas.
- Materiales para consumo y reposición: 20.000 pesetas.

SE PIDE:

1. Proceso contable de acuerdo con el Plan de cuentas de la Contabilidad de Costes de AZUCARSA.
2. Terminar la Cuenta de Pérdidas Y Ganancias.

**ANEXO I. Diagrama del proceso productivo**

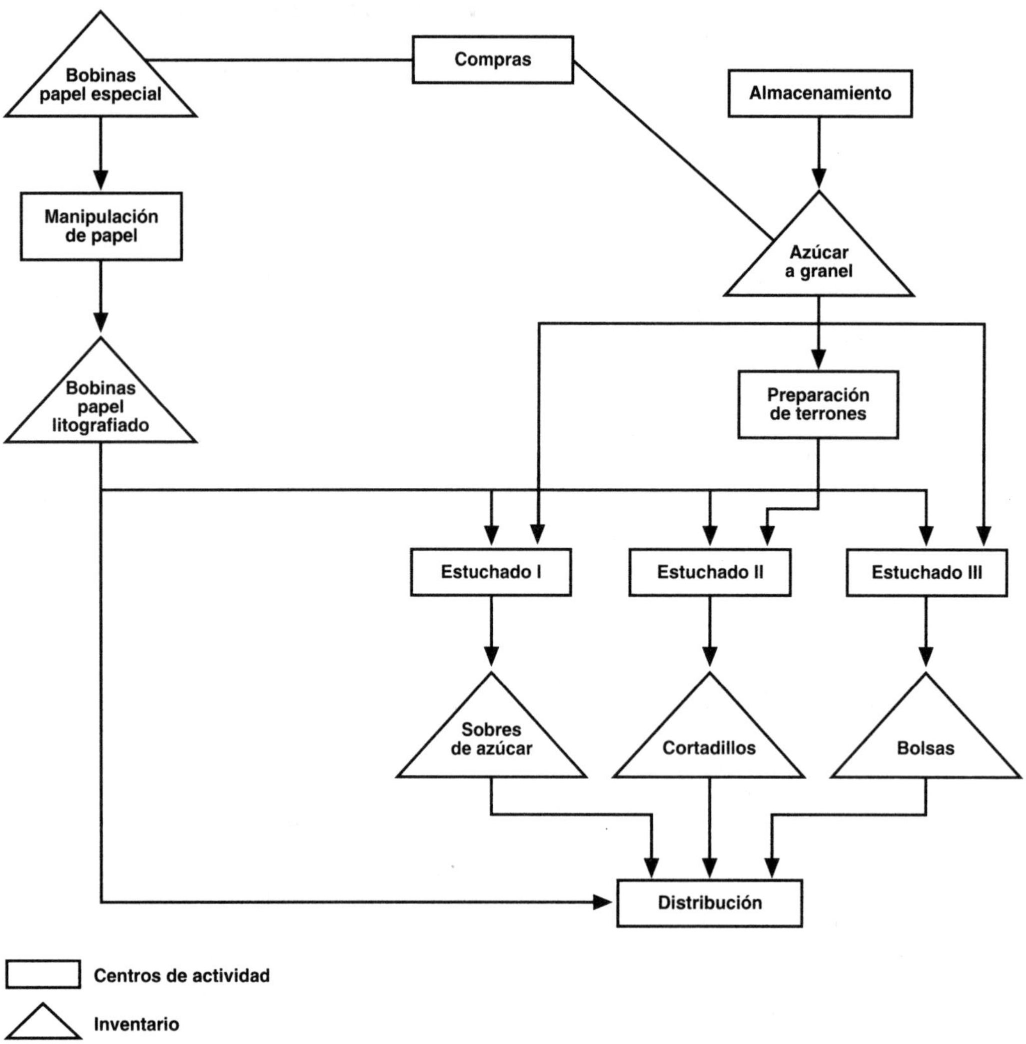

**ANEXO II. Cuadro de reparto primario y secundario de cargas indirectas** (en miles de pesetas)

| Centros de actividad / Elementos indirectos | Totales | Transporte | Administración | Compras | Almacenamiento | Manipulado | Preparación de terrones | Estuchado I | Estuchado II | Estuchado III | Distribución |
|---|---|---|---|---|---|---|---|---|---|---|---|
| Servicios exteriores | 60.000 | 2.000 | 500 | 500 | 50.000 | 1.700 | 1.700 | 1.600 | 1.500 | — | 500 |
| Transportes | 4.500 | 4.500 | — | — | — | — | — | — | — | — | — |
| Tributos | 2.500 | — | 500 | 1.000 | — | — | — | — | — | — | 1.000 |
| Gastos de personal | 75.000 | 3.000 | 5.000 | 7.000 | — | 15.000 | 10.000 | 15.000 | 15.000 | — | 5.000 |
| Otros gastos de gestión | 10.000 | 500 | 1.500 | 4.000 | — | — | — | — | — | — | 4.000 |
| Gastos financieros | 3.000 | — | 1.500 | — | — | 400 | 300 | 400 | 400 | — | — |
| Amortizaciones | 40.000 | 1.500 | 500 | 1.000 | — | 10.000 | 5.500 | 7.000 | 4.000 | 10.000 | 500 |
| Materias auxiliares | 120 | — | — | — | — | 50 | 50 | 10 | 10 | — | — |
| Materiales consumo y reposición | 380 | — | — | — | — | 150 | 50 | 90 | 90 | — | — |
| Elementos supletorios | 3.793 | — | 2.793 | 500 | — | — | — | — | — | — | 500 |
| **Costes primarios** | **199.293** | **11.500** | **12.293** | **14.000** | **50.000** | **27.3000** | **17.600** | **24.100** | **21.000** | **10.000** | **11.500** |
| Centro de transporte | | (11.400) | — | 6.900 | — | — | — | — | — | — | 4.500 |
| Centro de administración | | — | (12.293) | 1.430 | 2.000 | 1.728 | 1.725 | 2.820 | 1.040 | — | 1.550 |
| **Costes indirectos totales** | **199.293** | **100** | **—** | **22.330** | **52.000** | **29.028** | **19.325** | **26.920** | **22.040** | **10.000** | **17.550** |

## SOLUCION CASO 11

### 1. PROCESO CONTABLE DE ACUERDO CON EL PLAN DE LA CONTABILIDAD DE COSTES DE «AZUCARSA»

| | | | | |
|---|---|---|---|---|
| | | **1. Recibo de los stocks existentes** | | |
| 9410 | | I. P. sobres de azúcar | 2.885.000 | |
| 9411 | | I. P. cortadillos | 5.200.000 | |
| 9412 | | I. P. bobinas papel litografiado | 7.771.500 | |
| | | — con propensión al mercado: 1.727.000 | | |
| | | — con propensión a ser costes: 6.044.500 | | |
| 9450 | | I. P. azúcar | 3.000.000 | |
| 9451 | | I. P. bobinas papel especial | 110.000 | |
| 946 | | I. P. materias auxiliares | 25.000 | |
| 947 | | I. P. materiales para consumo y reposición | 54.000 | |
| | 903 | a Stock inicial reflejo | | 19.045.500 |
| | | — Por los valores de las existencias iniciales, facilitados en el enunciado. | | |
| | | ——— x ——— | | |

**2. Recibo de las cargas con sus modalidades, pasando por los centros de actividad**

a) *Respecto a las compras*

| | | | | |
|---|---|---|---|---|
| 9330 | | Coste compras de azúcar | 20.000.000 | |
| 9331 | | Coste compras de bobinas de papel especial | 3.900.000 | |
| 946 | | I. P. materiales auxiliares | 100.000 | |
| 947 | | I. P. materiales para consumo y reposición | 350.000 | |
| | 904 | a Compras reflejas | | 24.350.000 |

— Por la compras del ejercicio, según datos del enunciado. En el caso de materiales auxiliares y de materiales de consumo y reposición se les da directamente entrada en el almacén respectivo, porque el precio de compra se identifica con el coste de compra, es decir, se trata de compras que no implican otros gastos que aumenten sus costes.

b) *Respecto a las restantes cargas incorporables*

| | | | | |
|---|---|---|---|---|
| 920 | | Centro de compras | 14.000.000 | |
| 921 | | Centro de almacenamiento | 50.000.000 | |
| 922 | | Centro de manipulación de papel | 27.300.000 | |
| 923 | | Centro de preparación de terrones | 17.600.000 | |
| 924 | | Centro de estuchado I | 24.100.000 | |
| 925 | | Centro de estuchado II | 21.000.000 | |
| 926 | | Centro de estuchado III | 10.000.000 | |
| 927 | | Centro de transportes | 11.500.000 | |
| 928 | | Centro de administración | 12.293.000 | |
| 929 | | Centro de distribución | 11.500.000 | |
| | 906 | a Gastos y dotaciones reflejos (6) | | 185.000.000 |
| | 946 | a I. P. materiales auxiliares (3) | | 120.000 |
| | 947 | a I. P. materiales para consumo y reposición (2) | | 380.000 |
| | 972 | a Elementos supletorios incorporados (4) | | 3.793.000 |
| | 973 | a Diferencias s/materiales, amortizaciones y provisiones (5) | | 10.000.000 |

— Por las cantidades recogidas en el cuadro de reparto, facilitado en el Anexo II del enunciado. No obstante, hay que tener en cuenta además, como asiento complementario del anterior,

| | | | | |
|---|---|---|---|---|
| 971 | | Cargas no incorporables (1) | 3.000.000 | |
| 974 | | Diferencias de inventario (2) | 4.000 | |
| | 906 | a Gastos y dotaciones reflejos (6) | | 3.000.000 |
| | 946 | a I. P. materiales para consumo y reposición (2) | | 4.000 |

1. *Cargas no incorporables* (cargo de 3.000.000 de pesetas): Según el enunciado la dotación a las provisiones, es irrelevante a efectos del proceso de los costes y, por consiguiente, se considera como carga no incorporable.

2. *Diferencias de inventario* (cargo de 4.000 pesetas) e *I. P. Materiales para consumo y reposición* (abono de 380.000 y 4.000 pesetas): Esta diferencia de inventario surge como consecuencia de la diferencia que se produce entre la cifra deducida de la ficha de Inventario permanente de materiales para consumo y reposición y la cifra del inventario físico (valor de las Existencias finales según el inventario extracontable). Así tenemos:

| **I. P. MATERIALES PARA CONSUMO Y REPOSICION** | | | | |
|---|---|---|---|---|
| Exist. inic.: | 54.000 | Consumos: | | 380.000 |
| Compras: | 350.000 | Exist. final. s/ inventario físico: | | 20.000 |
| | | Exist. final. s/I. P.: | 24.000 | |
| | | Exist. final. s/inventario físico: | 20.000 | |
| | | Diferencia de inventario: | | 4.000 |
| | 404.000 | | | 404.000 |

Luego el abono a efectuar en la cuenta «I. P. materiales para consumo y reposición» es de 384.000 pesetas, de las cuales 380.000 pesetas son con cargo a los Centros de actividad (consumos) y 4.000 pesetas con cargo a Diferencias de inventario (por la diferencia).

3. *I. P. materias auxiliares* (abono de 120.000 pesetas):

| **I. P. MATERIAS AUXILIARES** | | | | |
|---|---|---|---|---|
| Exist. inic.: | 25.000 | Consumos: | | 120.000 |
| Compras: | 100.000 | Exist. final. s/ inventario físico: | | 5.000 |
| | | Exist. final. s/I. P.: | 5.000 | |
| | | Exist. final. s/inventario físico: | 5.000 | |
| | | Diferencia de inventario: | | 0 |
| | 125.000 | | | 125.000 |

4. *Elementos supletorios incorporados* (abono de 3.793.000 pesetas): Surge al introducir en la Contabilidad de Costes como elementos del coste el interés de los capitales propios de la empresa, que no son computables en la Contabilidad General.
5. Diferencia *s/Materiales, amortizaciones y provisiones* (abono de 10.000.000 de pesetas): Surge como consecuencia de la diferencia en las amortizaciones, ya que, según la Contabilidad General la Dotación a las amortizaciones del período ascienden a 30.000.000 de pesetas, y según la Contabilidad de Costes ascienden a 40.000.000 de pesetas. La diferencia, 10.000.000 de pesetas, debe ser puesta de manifiesto en esta cuenta.

6. Gastos y dotaciones reflejos (abono de 185.000.000 de pesetas): Este importe, obviamente, debe coincidir con la suma de las cargas por naturaleza del período según la Contabilidad General.

———— ————

c) *Cesión de costes entre centros*

| | | | | |
|---|---|---|---|---|
| 920 | | Centro de compras | 8.330.000 | |
| 921 | | Centro de almacenamiento | 2.000.000 | |
| 922 | | Centro de manipulación de papel | 1.728.000 | |
| 923 | | Centro de preparación de terrones | 1.725.000 | |
| 924 | | Centro de estuchado I | 2.820.000 | |
| 925 | | Centro de estuchado II | 1.040.000 | |
| 929 | | Centro de distribución | 6.050.000 | |
| 975 | | Gastos y costes residuales de centros de actividad | 100.000 | |
| | 927 | a Centro de transportes | | 11.500.000 |
| | 928 | a Centro de administración | | 12.293.000 |

— Por la cesión de los costes indirectos de los centros auxiliares a los principales (reparto secundario).

*Las 100.000 pesetas de «Gastos y costes residuales de centros de actividad»* surge al haber una parte de las cargas indirectas del centro de transportes que no ha sido cedida al resto de los centros de actividad.

———— ————

d) *Registro de la subactividad*

| | | | | |
|---|---|---|---|---|
| 976 | | Diferencias por nivel de actividad | 10.000.000 | |
| | 926 | a Centro de estuchado III | | 10.000.000 |

— Como consecuencia de la subactividad producida por no haberse puesto en funcionamiento el proceso productivo del centro de estuchado III

———— x ————

## 3. Determinación del coste de compra

| | | | | |
|---|---|---|---|---|
| 9330 | | Coste compras de azúcar | 22.000.000 | |
| 9331 | | Coste compras de bobinas de papel especial | 330.000 | |
| | 920 | a Centro de compras | | 22.330.000 |

— Por las cargas indirectas que implican un mayor coste de compra.

*Imputación de las cargas del centro de compras*

Cargas centro de compras: 22.300.000 pesetas.

Unidad de obra del centro de compras: kg de materias primas compradas.

Número de unidades:

| | |
|---|---|
| — Azúcar | 2.000.000 |
| — Bobinas: 600 bob. × 50 kg/bob | 30.000 |
| Número de unidades de obra | 2.030.000 |

$$\text{Coste unidad de obra} = \frac{22.330.000 \text{ pta.}}{2.030.000 \text{ u.o.}} = 11 \text{ pta./u.o.}$$

Imputación

Imputado al coste compras azúcar = 2.000.000 u.o. × 11 pta./u.o. = 22.000.000

Imputado al coste compras bobinas = 30.000 u.o. × 11 pta./u.o. = 330.000

Total imputado ........................................ 22.330.000

——————— x ———————

**4. Entrada de las compras en almacén**

4.1. *Valor de las compras*

| | | | | |
|---|---|---|---|---|
| 9450 | | I. P. azúcar | 42.000.000 | |
| 9451 | | I. P. bobinas de papel especial | 4.230.000 | |
| | 9330 | a Coste compras de azúcar | | 42.000.000 |
| | 9331 | a Coste compras de bobinas de papel especial | | 4.230.000 |

——————— ———————

4.2. *Coste del centro de almacenamiento*

Las cargas del centro de almacenamiento se imputan a las entradas en almacén de azúcar.

| | | | | |
|---|---|---|---|---|
| 9450 | | I. P. azúcar | 52.000.000 | |
| | 921 | a Centro de almacenamiento | | 52.000.000 |

* Coste compra kg de azúcar $= \dfrac{94.000.000 \text{ pta.}}{2.000.000 \text{ kg}} = 47$ pta./kg

* Coste compra de la bobina de papel $= \dfrac{4.230.000 \text{ pta.}}{600 \text{ bob}} = 7.050$ pta./bob

——————— x ———————

**5. Determinación del coste de producción**

5.1. *Coste de producción de bobinas de papel litografiado*

| | | | | |
|---|---|---|---|---|
| 9352 | | Coste de producción de bobinas de papel litografiado | 33.187.500 | |
| | 9451 | a I. P. bobinas de papel especial | | 4.159.500 |
| | 922 | a Centro de manipulación de papel | | 29.028.000 |

——————— ———————

| **I. P. BOBINAS DE PAPEL ESPECIAL** | | | | | **(LIFO)** |
|---|---|---|---|---|---|
| Exist. inic.: | 20 bob × 5.500 pta./bob = | 110.000 | Consumos: | 590 bob × 7.050 pta./bob = | 4.159.500 |
| Compras: | 600 bob × 7.050 pta./bob = | 4.230.000 | Exist. final: | 10 bob × 7.050 pta./bob + + 20 bob × 5.500 pta. bob = | 180.500 |
| | 620 | 4.340.000 | | 620 | 4.340.000 |

| | | | | |
|---|---|---|---|---|
| | | 5.2. *Entrada en almacén de las bobinas de papel litografiado* | | |
| 9412 | | I. P. bobinas de papel litografiado ........................................ | 33.187.500 | |
| | | — con propensión al mercado: 10.687.500 | | |
| | | — con propensión a ser costes: 22.500.000 | | |
| | 9352 | a Coste de producción de bobinas de papel litogr. ...... | | 33.187.500 |
| | | * Coste producción bobina de papel litografiado $\frac{33.187.500 \text{ pta.}}{1.770 \text{ bob}} = 18.750 \text{ pta./bobina}$ | | |
| | | De las 1.770 bobinas, 570 bobinas son con propensión al mercado (570 bob. × 18.750 pta./bob. = 10.687.500 pta.) y 1.200 bobinas con propensión a ser costes (1.200 bob. × 18.750 pta./bob. = 22.500.000 pta.). | | |
| | | ———————— ———————— | | |
| | | 5.3. Coste de producción de sobres y cortadillos | | |
| 9350 | | Coste producción sobres de azúcar ..................................... | 61.525.000 | |
| 9351 | | Coste producción cortadillos.................................................. | 90.000.000 | |
| | 9412 | a I. P. bobinas papel litografiado ..................................... | | 22.140.000 |
| | 9450 | a I. P. azúcar ........................................................................ | | 61.100.000 |
| | 923 | a Centro de preparación de terrones ............................. | | 19.325.000 |
| | 924 | a Centro de estuchado I .................................................... | | 26.920.000 |
| | 925 | a Centro de estuchado II .................................................... | | 22.040.000 |
| | | ———————— x ———————— | | |

| I. P. BOBINAS DE PAPEL LITOGRAFIADO | | C.M.P. | |
|---|---|---|---|
| Exist. inic.: 450 bob × 17.270 pta./bob | = 7.771.500 | Consumos: 1.200 bob × 18.450 pta./bob | =22.140.000 |
| Fabricac.: 1.770 bob × 18.750 pta./bob | =33.187.500 | Ventas: 550 bob × 18.450 pta./bob | =10.147.500 |
| | | Exist. final: 470 bob × 18.450 pta. bob | = 8.671.500 |
| 2.220 | 40.959.000 | 2.220 | 40.959.000 |

$$\text{Coste medio ponderado} = \frac{40.959.000}{2.220} = 18.450 \text{ pta./bobina}$$

| I. P. AZUCAR | | (LIFO) | |
|---|---|---|---|
| Exist. inic.: 100.000 kg × 30 pta./kg = | 3.000.000 | Consumos: 1.300.00 kg × 47 pta./kg = | 61.100.000 |
| Compras: 2.000.000 kg × 47 pta./kg = | 94.000.000 | Exist. final: 700.000 kg × 47 pta./kg + | |
| | | + 100.000 kg × 30 pta./kg = | 35.900.000 |
| 2.100.000 | 97.000.000 | 2.100.000 | 97.000.000 |

**Cuadro de determinación del coste de producción de sobres y cortadillos**

| Concepto | Totales | Coste producción sobres | Coste producción cortadillos |
|---|---|---|---|
| I. P. bobinas papel litografiado empleadas en el proceso | 1.200 bobinas × 18.450 pta./bob. = = 22.140.000 | 500 bobinas × 18.450 pta./bob. = = 9.225.000 | 700 bobinas × 18.450 pta./bob. = = 12.915.000 |
| I. P. azúcar | 1.300.000 kg × 47 pta./kg = = 61.100.000 | 540.000 kg × 47 pta./kg = = 25.380.000 | 760.000 kg × 47 pta./kg = = 35.720.000 |
| Centro de preparación de terrones | 19.325.000 | — | 19.325.000 |
| Centro de estuchado I | 26.920.000 | 26.920.000 | — |
| Centro de estuchado II | 22.040.000 | — | 22.040.000 |
| Totales | 151.525.000 | 61.525.000 | 90.000.000 |
| Unidades fabricadas | | 53.500.000 sob. | 75.000.000 cort. |
| Coste unitario | | 1,15 pta./sobre | 1,20 pta./cortad. |

| | | | | |
|---|---|---|---|---|
| | | **6. Entrada en almacén de los productos terminados** | | |
| 9410 | | I. P. sobres de azúcar | 61.525.000 | |
| 9411 | | I. P. cortadillos | 90.000.000 | |
| | 9350 | a Coste producción sobres de azúcar | | 61.525.000 |
| | 9351 | a Coste producción cortadillos | | 90.000.000 |
| | | — Por los valores de los costes de producción. | | |
| | | ———— x ———— | | |
| | | **7. Determinación del coste de distribución** | | |
| 9360 | | Coste distribución sobres de azúcar | 6.075.000 | |
| 9361 | | Coste distribución cortadillos | 10.237.500 | |
| 9362 | | Coste distribución bobinas papel litografiado | 1.237.500 | |
| | 929 | a Centro de distribución | | 17.550.000 |

*Imputación de las cargas del centro de distribución*

*Cargas centro distribución* = 17.550.000 pesetas.

Unidad de obra centro distribución: volumen de ventas.

Número unidades de obra . 195.000.000 pesetas.

$$\text{Coste unidad de obra} \ldots \frac{17.550.000 \text{ pta.}}{195.000.000 \text{ u.o.}} = 0{,}09 \text{ pta./u.o.}$$

Imputación

| | | | |
|---|---|---|---|
| Sobres de azúcar ........ | 67.500.000 × 0,09 = | | 6.075.000 |
| Cortadillos .................... | 113.750.000 × 0,09 = | | 10.237.500 |
| bobinas ...................... | 13.750.000 × 0,09 = | | 1.237.500 |
| | 195.000.000 | | 17.550.000 |

$$\text{Coste distribución sobres de azúcar} = \frac{6.075.000 \text{ pta.}}{45.000.000 \text{ sob.}} = 0,135 \text{ pta./sob.}$$

$$\text{Coste distribución cortadillos} = \frac{10.237.500 \text{ pta.}}{65.000.000 \text{ cort.}} = 0,1575 \text{ pta./cort.}$$

$$\text{Coste distribución papel litografiado} = \frac{1.237.500 \text{ pta.}}{550 \text{ bobinas}} = 2.250 \text{ pta./bob.}$$

x

**8. Determinación del coste final**

| | | | | |
|---|---|---|---|---|
| 9370 | | Coste final sobres de azúcar ........ | 57.375.000 | |
| 9371 | | Coste final de cortadillos ........ | 87.587.500 | |
| 9372 | | Coste final de bobinas papel litografiado ........ | 11.385.000 | |
| | 9410 | a I. P. sobres de azúcar ........ | | 51.300.000 |
| | 9411 | a I. P. cortadillos ........ | | 77.350.000 |
| | 9412 | a I. P. bobinas papel litografiado ........ | | 10.147.500 |
| | 9360 | a Coste distribución sobres de azúcar ........ | | 6.075.000 |
| | 9361 | a Coste distribución cortadillos ........ | | 10.237.500 |
| | 9362 | a Coste distribución bobinas papel litografiado ........ | | 1.237.500 |

**I. P. SOBRES DE AZUCAR** **C.M.P.**

| | | | | | |
|---|---|---|---|---|---|
| Exist. inic.: | 3.000.000 sob. × 0,9616 pta./sob. = | 2.885.000 | Ventas: | 45.000.000 sob. × 1,14 pta./sob. = | 51.300.000 |
| Fabricac.: | 53.500.000 sob. × 1,15 pta./bob. = | 61.525.000 | Exist. final: | 11.500.000 sob. × 1,14 pta./sob. = | 13.110.000 |
| | 56.500.000 | 64.410.000 | | 56.500.000 | 64.410.000 |

$$\text{Coste medio ponderado} = \frac{64.410.000}{56.500.000} = 1,14 \text{ pta./sobre}$$

**I. P. CORTADILLOS** **C.M.P.**

| | | | | | |
|---|---|---|---|---|---|
| Exist. inic.: | 5.000.000 cort. × 1,04 pta./cort. = | 5.200.000 | Ventas: | 65.000.000 cort. × 1,19 pta./cort. = | 77.350.000 |
| Fabricac.: | 75.000.000 cort. × 1,20 pta./cort. = | 90.000.000 | Exist. final: | 15.000.000 cort. × 1,19 pta./cort. = | 17.850.000 |
| | 80.000.000 | 95.200.000 | | 80.000.000 | 95.200.000 |

$$\text{Coste medio ponderado} = \frac{95.200.000}{80.000.000} = 1,19 \text{ pta./cortadillo}$$

*Costes finales unitarios*

$$\text{Coste final unitario sobres de azúcar} = \frac{57.375.000 \text{ pta.}}{45.000.000 \text{ sob.}} = 1{,}275 \text{ pta./sob.}$$

$$\text{Coste final unitario cortadillos} = \frac{87.587.500 \text{ pta.}}{65.000.000 \text{ cort.}} = 1{,}3475 \text{ pta./cort.}$$

$$\text{Coste final unitario bob. de pap. litog.} = \frac{11.385.000 \text{ pta.}}{550 \text{ bobinas}} = 20.700 \text{ pta./bob.}$$

——————— x ———————

## 9. Determinación de los resultados analíticos

### Primer conjunto

a) *Registro de los costes*

| | | | | |
|---|---|---|---|---|
| 9800 | | Resultado de explotación de sobres de azúcar | 57.375.000 | |
| 9801 | | Resultado de explotación de cortadillos | 87.587.500 | |
| 9802 | | Resultado de explotación de bobinas papel litografiado | 11.385.000 | |
| | 9370 | a Coste final de sobres de azúcar | | 57.375.000 |
| | 9371 | a Coste final de cortadillos | | 87.587.500 |
| | 9372 | a Coste final de bobinas papel litografiado | | 11.385.000 |
| | | — Por el registro de los costes finales. | | |

b) *Registro de las ventas*

| | | | | |
|---|---|---|---|---|
| 907 | | Productos de explotación reflejos | 217.500.000 | |
| | 9800 | a Resultado explotación de sobres de azúcar | | 73.086.000 |
| | 9801 | a Resultado explotación cortadillos | | 123.164.000 |
| | 9802 | a Resultado explotación bobinas papel litografiado | | 13.750.000 |
| | 977 | a Productos explotación no incorporados | | 7.500.000 |

— Por el registro de los ingresos por ventas y del registro de la diferencia de incorporación en la vertiente de los ingresos: «Productos de explotación no incorporados», la cual surge como consecuencia de que la empresa ha obtenido otros ingresos de gestión (2.000.000 de pesetas), unos ingresos financieros (5.500.000 pesetas), conceptos que son irrelevantes a efectos del proceso de costes, y se consideran como no incorporables.

Los ingresos procedentes de las subvenciones se consideran, en este caso, como ingresos de ventas de sobres de azúcar y de cortadillos según el enunciado, donde el enjuiciamiento de las subvenciones viene dado. Conviene, no obstante, llamar la atención sobre las dificultades que, cada vez más, presenta el análisis económico de los ingresos, desde las propias subvenciones hasta los ingresos por venta de inmovilizado.

La adscripción de los ingresos por subvenciones a los productos que la motivan se hace en este caso en función de las ventas expresadas en dinero. Si la subvención fuera de naturaleza diferente habría que buscar otro criterio de asignación de los 15.000.000 de pesetas de su importe.

| | Sobres azúcar | Cortadillos | Total |
|---|---|---|---|
| Ventas | 67.500.000 | 113.750.000 | 181.250.000 |
| Coeficiente subvención/ventas | | | 0,082758 |
| Adscripción de las subvenciones | 5.586.000 | 9.414.000 | 15.000.000 |
| Ventas más subvenciones | 73.086.000 | 123.164.000 | 196.250.000 |

| | | | | |
|---|---|---|---|---|
| | | c) *Agregación en un resultado* único de todos los resultados analíticos de explotación | | |
| 9800 | | Resultado de explotación de sobres de azúcar | 15.711.000 | |
| 9801 | | Resultado de explotación de cortadillos | 35.576.500 | |
| 9802 | | Resultado de explotación de bobinas papel litografiado | 2.365.000 | |
| | 980 | a Resultado de explotación con criterios de Contabilidad de Costes | | 53.652.500 |
| | | **Segundo conjunto** | | |
| | | a) *Agregación de todas las cuentas de diferencias de incorporación* | | |
| 972 | | Elementos supletorios incorporados | 3.793.000 | |
| 973 | | Diferencias s/materiales, amortizaciones, provistas | 10.000.000 | |
| 977 | | Productos de explotación no incorporados | 7.500.000 | |
| | 971 | a Cargas no incorporables | | 3.000.000 |
| | 974 | a Diferencias de inventario | | 4.000 |
| | 975 | a Gastos y costes residuales de centros de actividad | | 100.000 |
| | 976 | a Diferencias por nivel de actividad | | 10.000.000 |
| | 987 | a Saldo de las cuentas de diferencias de incorporación. | | 8.189.000 |
| | | **Tercer conjunto** | | |
| | | a) *Entrada de todos los resultados ajenos a la explotación normal y corriente* | | |
| | | En este caso no procede, ya que no existen resultados extraordinarios. | | |
| | | b) *Agregación de los tres conjuntos de resultados en una única cuenta de resultados analíticos:* | | |
| 980 | | Resultado de explotación con criterios de Contabilidad de Costes | 53.652.500 | |
| 987 | | Saldo de las cuentas de diferencias de incorporación | 8.189.000 | |
| | 98 | a RESULTADOS DE LA CONTABILIDAD DE COSTES | | 61.841.500 |
| | | Lógicamente, la cuenta «Resultado de la contabilidad de Costes» presenta un saldo igual a la cuenta de Pérdidas y ganancias de la Contabilidad General. | | |

x

**Balance analítico y cierre de la Contabilidad de Costes**

| | | Balance analítico (Cuentas abiertas en este momento) | | |
|---|---|---|---|---|
| | 903 | Stock inicial reflejo | | 19.045.500 |
| | 904 | Compras reflejas | | 24.350.000 |
| | 906 | Gastos y dotaciones reflejos | | 188.000.000 |
| 907 | | Productos de explotación reflejos | 217.500.000 | |
| 9410 | | I. P. sobres de azúcar | 13.110.000 | |
| 9411 | | I. P. cortadillos | 17.850.000 | |
| 9412 | | I. P. bobinas papel litografiado | 8.671.500 | |
| | | — con propensión al mercado: 2.214.000 | | |
| | | — con propensión a ser costes: 6.457.500 | | |
| 9450 | | I. P. azúcar | 35.900.000 | |
| 9451 | | I. P. bobinas papel especial | 180.500 | |
| 946 | | I. P. materiales auxiliares | 5.000 | |
| 947 | | I. P. materiales consumo y reposición | 20.000 | |
| | 98 | RESULTADO DE LA CONTABILIDAD DE COSTES | | 61.841.500 |
| | | TOTALES | 293.237.000 | 293.237.000 |

| | | Cierre de la Contabilidad de Costes | | |
|---|---|---|---|---|
| 903 | | Stock inicial reflejo | 19.045.500 | |
| 904 | | Compras reflejas | 24.350.000 | |
| 906 | | Gastos y dotaciones reflejos | 188.000.000 | |
| 98 | | RESULTADOS DE LA CONTABILIDAD DE COSTES | 61.841.500 | |
| | 907 | a Productos de explotación reflejos | | 217.500.000 |
| | 9410 | a I. P. sobres de azúcar | | 13.110.000 |
| | 9411 | a I. P. cortadillos | | 17.850.000 |
| | 9412 | a I. P. bobinas papel litografiado | | 8.671.500 |
| | 9450 | a I. P. azúcar | | 35.900.000 |
| | 9451 | a I. P. bobinas papel especial | | 180.500 |
| | 946 | a I. P. materiales auxiliares | | 5.000 |
| | 947 | a I. P. materiales consumo y reposición | | 20.000 |

## 2. CUENTA DE PERDIDAS Y GANANCIAS DE «AZUCARSA»

### 2.1. Resumen existencias finales

— Productos terminados:

* sobres:
  11.500.000 sobres a 1,14 pta./sobre .. 13.110.000
* cortadillos:
  15.000.000 cortadillos a 1,19 pta./cort. 17.850.000
* bobinas papel litografiado:
  120 bobinas a 18.450 pta./bobina ....... 2.214.000

— Productos semiterminados:

* bobinas papel litografiado:
  350 bobina a 18.450 pta./bobina ........ 6.457.500

— Materias primas y auxiliares:

* azúcar a granel ...................................... 35.900.000

  800.000 kg:

  700.000 kg a 47 pta. = 32.900.000
  100.000 kg a 30 pta. = 3.000.000

* bobinas de papel especial .................. 180.500

  30 bobinas:

  10 bob a 7.050 pta./bob = 70.500
  20 bob a 5.500 pta./bob = 110.000

* Materias auxiliares ............................... 5.000

— Materiales para consumo y reposición.. 20.000

Total valor existencias finales... 75.737.000

**Cuenta de pérdidas y ganancias del ejercicios x**

| DEBE | | HABER | |
|---|---|---|---|
| Existencias, saldos iniciales | 19.045.500 | Existencias, saldos finales | 75.737.000 |
| Compras | 24.350.000 | Ventas | 195.000.000 |
| Servicios exteriores | 60.000.000 | Otros ingresos de gestión | 2.000.000 |
| Transportes | 4.500.000 | Ingresos financieros | 5.500.000 |
| Tributos | 2.500.000 | Subvenciones a la explotación | 15.000.000 |
| Gastos de personal | 75.000.000 | | |
| Otros gastos de gestión | 10.000.000 | | |
| Gastos financieros | 3.000.000 | | |
| Amortizaciones | 30.000.000 | | |
| Provisiones | 3.000.000 | | |
| Saldo acreedor | 61.841.500 | | |
| Total | 293.237.000 | Total | 293.237.000 |

## Alternativas razonables

1. En la fase 2.b de la solución propuesta, que hace referencia a las cargas incorporables distintas de las compras, conviene recoger exactamente el contenido de la parte superior del cuadro de distribución. Ello nos lleva a presentar dos asientos para esta fase. Uno que traduce el cuadro de distribución exactamente, y otro que hemos denominado complementario.

El asiento complementario da pie a algunas consideraciones:

La primera es que el cuadro de distribución podría haberse extendido hasta incluir la información que recoge este asiento. Esto es tanto como decir que, entonces, el asiento complementario dejaría de existir al insertarse de hecho en el asiento que traduce el cuadro de distribución.

La segunda consideración se centra en las «Diferencias de Inventario» que aparecen en este caso. Su reflejo contable puede hacerse aquí, con las variantes ya expuestas, o bien puede aplazarse hasta la fase 8.

2. Se podría proponer la creación de una cuenta:

934. Coste de almacenamiento de azúcar

a la que se cargarían los costes del centro de almacenamiento. Esta cuenta evidenciaría que, aparte de los costes de compras, existen unos costes de almacenamiento. El hecho de que en este supuesto se haya previsto que los costes de almacenamiento hayan de ser soportados en el ejercicio x que hemos estudiado, solamente por el azúcar comprado puede obedecer al análisis económico del movimiento de existencias de este año. Sin embargo, no puede dar pie a que se confundan los costes de compra con los costes de almacenamiento.

**CASO 12**

Se trata de un proceso complejo que pone el énfasis en la **elaboración de los distintos inventarios y cuadros extracontables** que se generan **y su interrelación con el Diario**.

VERJAESTISA es una empresa dedicada a la fabricación de verjas de estilo, utilizando como materia prima una aleación especial. Para cada verja se emplea una tonelada de materias primas.

## 1. ORAGANIZACION CONTABLE

VERJAESTISA ha organizado su Contabilidad de Costes siguiendo el método dualista, mediante un plan contable del que se reproduce a continuación el cuadro contable:

90. CUENTAS REFLEJAS

- 903. Stock inicial reflejo.
- 905. Compras reflejas.
- 906. Gastos y dotaciones reflejos.
- 907. Productos de explotación reflejos.
- 908. Resultados reflejos ajenos a la explotación.

92. CUENTAS DE LOS CENTROS DE ACTIVIDAD

- 920. Centro de compras.
- 921. Centro de edificios.
- 922. Centro taller I.
- 923. Centro taller II.
- 924. Centro de administración.
- 925. Centro de financiación.
- 926. Centro ventas.

93. CUENTAS DE COSTES DE PRODUCCION Y COSTES FINALES

- 930. Coste compras de materias primas.
- 934. Coste compras de materias auxiliares.
- 9360. Coste de verjas de estilo árabe.
- 9361. Coste de verjas de estilo castellano.
- 9370. Coste final de verjas de estilo árabe.
- 9371. Coste final de verjas de estilo castellano.

94. CUENTAS DE INVENTARIO PERMANENTE

- 9410. I. P. de verjas de estilo árabe.
- 9411. I. P. de verjas de estilo castellano.
- 9420. Productos en curso de verjas estilo árabe.
- 9421. Productos en curso de verjas estilo castellano.
- 9450. I. P. materias auxiliares.
- 946. I. P. de materias primas.

97. CUENTAS DE DIFERENCIAS DE INCORPORACION

- 972. Elementos supletorios incorporados.
- 973. Diferencias sobre materiales, amortizaciones y provisiones.
- 974. Diferencias de inventarios.
- 975. Gastos y costes residuales de centros de actividad.
- 977. Productos de explotación no incorporados.

98. RESULTADOS DE LA CONTABILIDAD DE COSTES

Deberán abrirse las cuentas que se estimen conveniente, de acuerdo con la consecución de una máxima información

Si se necesita alguna cuenta más, deberá abrirse durante el registro contable.

## 2. INFORMACION DEDUCIDA DE LOS REGISTROS AUXILIARES, DEL PRIMER TRIMESTRE DEL AÑO X

### 2.1. Gastos y dotaciones

Los gastos y dotaciones incorporados durante el período contable figuran en el anexo que recoge el cuadro de reparto que se facilita en otra página. Las cargas supletorias se deben a la diferencia de criterios seguidos para las amortizaciones.

En ese mismo cuadro aparece resumido ya el reparto de dichos gastos y dotaciones, a falta de conocer el valor de las materias auxiliares consumidas, que se incorporan íntegramente al taller II. La información correspondiente a las materias auxiliares se ofrece a continuación.

### 2.2. Existencias con propensión a ser costes

2.2.1. *Materias primas*

- — Existencias iniciales: 4.000 tm a 100.000 pta./tm.
- — Entradas: Día 23-2-x: 3.000 tm a 120.000 pta./tm, a falta de incluir los costes de compras.
- — Salidas a fabricación: Día 2-1-x: 1.000 tm; Día 2-2-x: 900 tm; Día 1-3-x: 1.100 tm.

Las salidas se valoran por el método LIFO.

- — Existencias finales: 3.990 tm (según inventario).

Los costes indirectos del centro de compras se imputan a las materias primas a razón de 2.000 pesetas por cada tonelada que entre en el almacén.

2.2.2. *Materias auxilares*

— Existencias iniciales: 300.000 kg a 160 pta./kg.
— Entradas: Día 20-2-x: 200.000 kg a 150 pta./kg, a falta de incluir los costes de compras.
— Salidas a fabricación: Día 2-1-x: 100.000 kg. Día 2-2-x: 90.000 kg. Día 1-3-x: 110.000 kg.

Las salidas se valoran al precio medio ponderado del trimestre.

— Existencias finales: 200.000 kg.

Los costes indirectos del centro de compras que no hayan sido absorbidos por las materias primas se cargan a las materias auxiliares al final de cada trimestre.

## 2.3. Existencias con propensión al mercado

| | **Existencias iniciales** | **Existencias finales** |
|---|---|---|
| *Verjas de estilo árabe* | | |
| Productos en curso | 10 unid. a 150.000 pta. | 20 unid. a 160.000 pta. |
| Productos terminados | 200 unid. a 200.000 pta. | 300 unid. |
| *Verjas de estilo castellano* | | |
| Productos en curso | 10 unid. a 110.000 pta. | 5 unid. a 150.000 pta. |
| Productos terminados | 100 unid. a 190.000 pta. | 250 unid. |

Como se sabe, por cada unidad de productos terminados se consume 1 tonelada de materias primas. Los productos en curso ya tenían incorporada toda la materia prima. Se ha empleado el mismo número de toneladas de materias primas en cada tipo de verja.

La valoración de las salidas de productos terminados se realiza por el método FIFO.

## 2.4. Del control de las unidades de obra se deducen los siguientes *datos para la imputación de los costes de los centros de fabricación*

| | Verjas estilo árabe | Verjas estilo castellano |
|---|---|---|
| Taller I | 40.000 horas/hombre | 30.000 horas/hombre |
| Taller II | 250.000 horas/máquina | 400.000 horas/máquina |

## 2.5. El coste del centro de ventas se imputa en proporción a las unidades vendidas

## 2.6. Los ingresos de VERJAESTISA durante el primer trimestre del año x han sido

| | Pesetas |
|---|---|
| — Ventas de verjas estilo castellano | 310.000.000 |
| — Ventas de verjas estilo árabe | 290.000.000 |
| — Ingresos financieros | 2.500.000 |
| — Alquileres de oficinas* | 1.000.000 |

* Incluidos en Contabilidad General dentro del Grupo 7, corresponde a *una parte* del edificio administrativo que ocupa una extensión de 1.000 metros cuadrados. El alquiler incluye todos los servicios de que se ha hecho cargo el centro de edificios.

SE PIDE:

1. Presentar las fichas de inventario permanente de materias primas y materias auxiliares.
2. Completar el cuadro de reparto en su columna de total y en todas sus filas a partir de la correspondiente a costes primarios.
3. Proceso contable.

**ANEXO. Cuadro de reparto** **(en miles de pesetas)**

| Centros de actividad / Dotaciones para provisiones | Compras | Edificios | Taller I | Taller II | Adminis-tración | Finan-ciación | Ventas | Total |
|---|---|---|---|---|---|---|---|---|
| Servicios exteriores | | | | | | | | 7.000 |
| Tributos | | | | | | | | 3.000 |
| Gastos de personal | | | | | | | | 50.000 |
| Otros gastos de gestión | | | | | | | | 21.000 |
| Gastos financieros | | | | | | | | 63.000 |
| Dotaciones a amortización | | | | | | | | 42.000 |
| Dotaciones para provisiones | | | | | | | | 15.000 |
| Cargas supletorias | | | | | | | | 17.000 |
| Materias auxiliares | | | | | | | | ** |
| **Costes primarios** | **6.500** | **10.000** | **50.000** | ** | **20.000** | **75.000** | **39.000** | |
| Edificios*<br>— Unidad de obra:<br>metros cuadrados ocupados | 5.000 | — | 10.000 | 10.000 | 5.000 | — | 5.000 | |
| Administración:<br>— Unidad de obra:<br>número de administrativos | 15 | — | 10 | 10 | — | — | 15 | |
| Financiación: fondos adscritos, en millones de pesetas (2) | 60 | 400 | 500 | 600 | 100 | — | 70 | |
| **Total costes indirectos** | | | | | | | | |

* Véase la información correspondiente a los ingresos.

** A determinar.

## SOLUCION CASO 21

### 1. PLANTEAMIENTO

Uno de los problemas que surgen en este supuesto es el orden a seguir en la solución. En este sentido, a medida que se va escribiendo el Diario, se han de elaborar estos complementos:

1. *Cuadro de reparto en una primera aproximación* que tiene sin completar la columna correspondiente al taller II, al que corresponden las cargas de materias auxiliares. Para conocer estas cargas se necesita saber el coste del centro de compras, cuyo importe viene determinado en esta primera aproximación al cuadro de reparto.

2. *Inventario permanente de materias primas,* donde lucirá la parte del coste del centro de compras que es imputado a las materias primas.

3. *Inventario permanente de materias auxiliares,* que se puede presentar en dos fases. En una primera antes de saber el coste del centro de compras que es imputable a las materias auxiliares. Y, conocido éste, cabe reconstruir la ficha de inventario permanente de materias auxiliares en su integridad.

4. *Cuadro de reparto completo,* al que se puede llegar ya una vez conocidos los costes de materias auxiliares.

5. *Determinación del coste de los productos,* en un cuadro confeccionado al efecto.

6. *Información sobre los productos obtenidos,* que puede elaborarse para facilitar las anotaciones en el Diario.

7. *Cálculo del coste final,* también realizable en un cuadro extracontable para justificar las anotaciones del Diario.

## 2. DIARIO

Para empezar:

1. Que las cuentas de resultados utilizadas son:

98. RESULTADOS DE CONTABILIDAD DE COSTES

980. Resultados de explotación con criterios de Contabilidad de Costes.

9800. Resultados de explotación de verjas estilo árabe.

9801. Resultados de explotación de verjas estilo castellano.

981. Resultados de alquiler de edificios con criterios de Contabilidad de Costes.

987. Saldo de cuentas de diferencias de incorporación.

988. Saldo sobre Pérdidas y Ganancias.

2. Hemos supuesto, que tanto los ingresos financieros y los resultados de alquiler de edificios han de quedar fuera de los resultados típicos de la Explotación.

| | | | | |
|---|---|---|---|---|
| | | **1. Recibo de los stocks existentes** | | |
| 9410 | | I. P. de verjas estilo árabe | 40.000.000 | |
| 9411 | | I. P. de verjas estilo castellano | 19.000.000 | |
| 9420 | | Productos en curso de verjas estilo árabe | 1.500.000 | |
| 9421 | | Productos en curso de verjas estilo castellano | 1.100.000 | |
| 9450 | | I. P. de materias primas | 400.000.000 | |
| 946 | | I. P. de materias auxiliares | 48.000.000 | |
| | 903 | a Stock inicial reflejo | | 509.600.000 |
| | | ——— x ——— | | |
| | | **2. Recibo de las cargas con sus modalidades, pasando por los centros de actividad** | | |
| | | a) *Respecto a las compras* | | |
| 933 | | Coste de compras de materias primas | 360.000.000 | |
| 934 | | Coste de compras de materias auxiliares | 30.000.000 | |
| | 905 | a Compras reflejas | | 390.000.000 |
| | | ——— ——— | | |
| | | b) *Respecto a las restantes cargas incorporables indirectas* | | |
| 920 | | Centro de compras | 21.276.500 | |
| 921 | | Centro de edificios | 750.000 | |
| 922 | | Centro de taller I | 84.792.000 | |
| 923 | | Centro de taller II | 112.592.000 | |
| 926 | | Centro de ventas | 54.210.000 | |
| 975 | | Gastos residuales de centros de actividad | 344.500 | |
| | | — de edificios: 340.000 | | |
| | | — de financiación: 4.500 | | |
| | 906 | a Gastos y dotaciones reflejos | | 201.000.000 |
| | 973 | a Diferencias sobre materiales, amortizaciones y provisiones | | 17.000.000 |
| | 946 | a I. P. de materias auxiliares | | 55.965.000 |
| | | — Según el Cuadro V del Anexo 4, y haciendo un único asiento. | | |
| | | ——— x ——— | | |

| | | | | |
|---|---|---|---|---|
| | | **3. Determinación del coste de compras** | | |
| 933 | | Coste de compras de materias primas | 6.000.000 | |
| | | — 3.000 unidades a 2.000 pta./unidad | | |
| 934 | | Coste de compras de materias auxiliares | 15.276.500 | |
| | | — el resto | | |
| | 920 | a Centro de compras | | 21.276.500 |
| | | x | | |
| | | **4. Entrada de las compras en almacén** | | |
| 9450 | | I. P. materias primas | 366.000.000 | |
| 946 | | I. P. materias auxiliares | 45.276.500 | |
| | 933 | a Coste de compras de materias primas | | 366.000.000 |
| | 934 | a Coste de compras de materias auxiliares | | 45.276.500 |
| | | x | | |
| | | **5. Determinación del coste de producción** | | |
| 9360 | | Costes verjas estilo árabe | 255.354.900 | |
| 9361 | | Costes verjas estilo castellano | 268.823.300 | |
| 975 | | Gastos y costes residuales de centros de actividad | 5.800 | |
| 974 | | Diferencias de inventario | 1.220.000 | |
| | 922 | a Centro de taller I | | 84.792.000 |
| | 923 | a Centro de taller II | | 112.592.000 |
| | 9450 | a I. P. materias primas | | 325.420.000 |
| | 9420 | a Productos en curso verjas estilo árabe | | 1.500.000 |
| | 9421 | a Productos en curso verjas estilo castellano | | 1.100.000 |
| | | — Según el cuadro de determinación del coste de producción (Cuadro VI del Anexo 5). | | |
| | | x | | |
| | | **6. Entrada en almacén de los productos terminados** | | |
| 9410 | | I. P. verjas estilo árabe | 252.154.900 | |
| 9420 | | Productos en curso de verjas estilo árabe | 3.200.000 | |
| | 9360 | a Coste verjas estilo árabe | | 255.354.900 |
| | | — Teniendo presente que en el enunciado se da el valor de las existencias finales de productos en curso (Cuadro VII del Anexo 5). | | |
| 9411 | | I. P. verjas estilo castellano | 268.073.300 | |
| 9421 | | Productos en curso de verjas estilo castellano | 750.000 | |
| | 9361 | a Coste verjas estilo castellano | | 268.823.300 |
| | | — También aquí se sabe el valor de la producción en curso al final (Cuadro VII del Anexo 5). | | |
| | | x | | |
| | | **7. Determinación del coste final** | | |
| 9370 | | Coste final verjas estilo árabe | 268.836.044 | |
| 9371 | | Coste final verjas estilo castellano | 269.302.239 | |
| 975 | | Gastos y costes residuales de centros de actividad | 12 | |
| | 9410 | a I. P. verjas estilo árabe | | 241.385.449 |
| | 9411 | a I. P. verjas estilo castellano | | 242.542.846 |
| | 926 | a Centro de ventas | | 54.210.000 |
| | | — Según el Cuadro VIII del Anexo 7.. | | |
| | | x | | |

| | | | | |
|---|---|---|---|---|
| | | **8. Determinación de los resultados analíticos** | | |
| 907 | | Productos de explotación reflejos | 290.000.000 | |
| | 9370 | a Coste final verjas estilo árabe | | 268.836.044 |
| | 9800 | a Resultados explotación verjas estilo árabe | | 21.163.956 |
| 907 | | Productos de explotación reflejos | 310.000.000 | |
| | 9371 | a Coste final verjas estilo castellano | | 269.302.239 |
| | 9801 | a Resultados explotación verjas estilo castellano | | 40.697.761 |
| 9800 | | Resultados de explotación verjas estilo árabe | 21.163.956 | |
| 9801 | | Resultados de explotación verjas estilo castellano | 40.697.761 | |
| | 980 | a Resultados explotación con criterios de Contabilidad de Costes | | 61.861.717 |
| 981 | | Resultados de alquiler de edificios con criterios de Contabilidad de Costes | 750.000 | |
| | 921 | a Centro de edificios | | 750.000 |
| 908 | | Resultados reflejos ajenos a la explotación | 3.500.000 | |
| | 981 | a Resultados de alquiler de edificios con criterios de Contabilidad de Costes | | 1.000.000 |
| | 977 | a Productos de explotación no incorporados | | 2.500.000 |
| | | — Estos últimos por ingresos financieros. | | |
| 977 | | Productos de explotación no incorporados | 2.500.000 | |
| 973 | | Diferencias sobre materiales, amortizaciones y provisiones | | 17.000.000 |
| | 975 | a Gastos y costes residuales de centros de actividad | | 350.312 |
| | 974 | a Diferencias de inventario | | 1.220.000 |
| | 987 | a Saldo de cuentas de diferencias de incorporación | | 17.929.688 |
| 981 | | Resultados de alquiler de edificios con criterios de Contabilidad de Costes | 250.000 | |
| 980 | | Resultados de explotación con criterios de Contabilidad de costes | 61.861.717 | |
| 987 | | Saldo de diferencias de incorporación | 17.929.688 | |
| | 98 | a RESULTADOS DE CONTABILIDAD DE COSTES | | 80.041.405 |
| | | x | | |
| | | **9. Asiento de cierre de la Contabilidad de Costes** | | |
| 903 | | Stock inicial reflejo | 509.600.000 | |
| 905 | | Compras reflejas | 390.000.000 | |
| 906 | | Gastos y dotaciones reflejos | 201.000.000 | |
| 98 | | RESULTADOS DE CONTABILIDAD DE COSTES | 80.041.405 | |
| | 907 | a Productos de explotación reflejos | | 600.000.000 |
| | 908 | a Resultados reflejos ajenos a la explotación | | 3.500.000 |
| | 9450 | a I. P. materias primas | | 440.580.000 |
| | 946 | a I. P. materias auxiliares | | 37.311.500 |
| | 9420 | a Productos en curso verjas estilo árabes | | 3.200.000 |
| | 9421 | a Productos en curso verjas estilo castellano | | 750.000 |
| | 9410 | a I. P. verjas estilo árabe | | 50.769.451 |
| | 9411 | a I. P. verjas estilo castellano | | 44.530.454 |
| | | — Asiento de cierre s/balance analítico que sigue. | | |

| Balance analítico | | | | | |
|---|---|---|---|---|---|
| 907 | Productos de expl. reflejas | 600.000.000 | 903 | Stock inicial reflejo | 509.600.000 |
| 908 | Resultados refl. ajenos a la Expl. | 3.500.000 | 905 | Compras reflejas | 390.000.000 |
| 9450 | I. P. de materias primas | 440.580.000 | 906 | Gastos y dotaciones reflejas | 201.000.000 |
| 946 | I. P. de materias auxiliares | 37.311.500 | 98 | RESULTADOS DE CONTABILIDAD DE COSTES | 80.041.405 |
| 9420 | Productos en curso verjas estilo árabe | 3.200.000 | | | |
| 9421 | Productos en curso verjas estilo castellano | 750.000 | | | |
| 9410 | I. P. verjas estilo árabe | 50.769.451 | | | |
| 9411 | I. P. verjas estilo castellano | 44.503.454 | | | |
| | TOTAL | 1.180.641.405 | | TOTAL | 1.180.641.405 |

### 3. ANEXOS

1. Cuadro de reparto: una primera aproximación.
2. Inventario permanente de materias primas.
3. Inventario permanente de materias auxiliares.
4. Cuadro de reparto completo.
5. Determinación del coste de producción de los productos.
6. Información sobre los productos obtenidos.
7. Cálculo del coste final.

### ANEXO 1. CUADRO DE REPARTO: UNA PRIMERA APROXIMACION

**Cuadro 1. Cuadro (incompleto) de reparto** **(en miles de pesetas)**

| Conceptos / Centros de actividad | Compras | Edificios | Taller I | Taller II | Administración | Financiación | Ventas | Total |
|---|---|---|---|---|---|---|---|---|
| Servicios exteriores | | | | | | | | 7.000 |
| Tributos | | | | | | | | 3.000 |
| Gastos de personal | | | | | | | | 50.000 |
| Otros gastos de gestión | | | | | | | | 21.000 |
| Gastos financieros | | | | | | | | 63.000 |
| Dotaciones a amortización | | | | | | | | 42.000 |
| Dotaciones para provisiones | | | | | | | | 15.000 |
| Cargas supletorias | | | | | | | | 17.000 |
| Materias auxiliares | | | | (2) | | | | (2) |
| **Costes primarios** | **6.500** | **10.000** | **50.000** | | **20.000** | **75.000** | **39.000** | |
| Centro de financiación | 60 | 400 | 500 | 600 | 100 | — | 70 | 1.730 |
| Coste unidad de obra: $\frac{75.000}{1.730} = 43,35$ | 2.601 | 17.340 | 21.675 | 26.010 | 4.335 | (74.995,5) | 3.034,5 | 0 |
| Centro de edificios | 5.000 | — | 10.000 | 10.000 | 5.000 | — | 5.000 | 35.000 |
| Coste unidad de obra: $\frac{27.340}{36.000} = 0,75$ | 3.750 | (26.250) | 7.500 | 7.500 | 3.750 | | 3.750 | 0 |
| Centro de administración | 15 | — | 10 | 10 | — | — | 15 | 50 |
| Coste unidad de obra: $\frac{28.085}{50} = 561,70$ | 8.425,5 | — | 5.617 | 5.617 | (28.085) | — | 8.425,5 | 0 |
| **Totales** | **21.276,5** | **1.090** | **84.792** | | **0** | **4,5** | **54.210** | |

[1] De esta cantidad, 1090, corresponden a los edificios alquilados (1.000 m²): 750.

Observaciones al «Cuadro de reparto: una primera aproximación»:

1. Es preciso empezar por establecer la relación que existe entre los centros de actividad auxiliares y especiales. Es ésta:

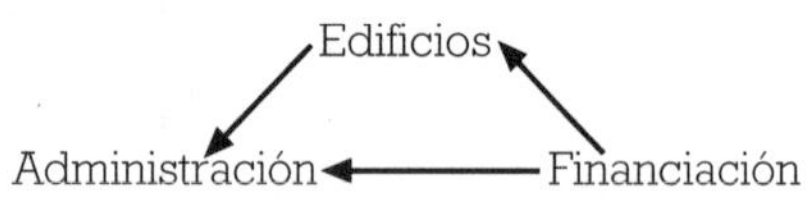


De aquí se desprende que es preciso comenzar la distribución de los costes del centro de financiación, después los del centro de edificios y, por último, los de administración.

2. Conviene calcular la extensión total de los edificios que posee la empresa. Para ello hay que tener presente que, según información que se da a propósito del cuadro de reparto, la parte de edificios ocupada por los diferentes centros de actividad es:

| | |
|---|---|
| Compras | 5.000 $m^2$ |
| Taller I | 10.000 $m^2$ |
| Taller II | 10.000 $m^2$ |
| Administración | 5.000 $m^2$ |
| Ventas | 5.000 $m^2$ |
| Total | 35.000 $m^2$ |

A esta extensión habría que añadir los 1.000 $m^2$ de las oficinas alquiladas, de acuerdo con la información que se da a propósito de los ingresos. *Es decir, el total de metros cuadrados poseídos por la empresa es 36.000.*

Esto significaría que:

$$\text{Coste por m}^2 = \frac{\text{Coste del centro de edificios}}{\text{Total de m}^2 \text{ poseídos}} =$$

$$= \frac{10.000 + 17.340}{36.000} = 0{,}75$$

3. Quizá sea adecuado resaltar que en los centros auxiliares han aparecido unas diferencias por costes residuales de centros de actividad por no ser exacto el coste de la unidad de obra.

4. Hemos destacado en el cuadro de reparto las cantidades que se calculan al final encerrándolas en un rectángulo; antes de conocerlas es preciso saber el importe de las materias auxiliares, que se escribirían en los rectángulos (2). Por ello seguimos adelante y después se terminará este cuadro de reparto.

## ANEXO 2. INVENTARIO PERMANENTE DE MATERIAS PRIMAS

*Observaciones a la ficha de inventario permanente de materias primas.*

1. En este caso se imputan los costes del centro de compras de acuerdo con unas estimulaciones.

2. El inventario realizado al final del trimestre pone de manifiesto que se han producido unas pérdidas de 10 tm. También estas desviaciones deberían ser analizadas oportunamente. En cualquier caso, el saldo final habrá de coincidir con las existencias.

3. Según la información facilitada por el enunciado, las salidas se valoran por el método LIFO.

4. Del cuadro se deduce que las toneladas de materias primas consumidas en el proceso son 3.000, empleándose según el enunciado, 1.500 tm en cada tipo de verja.

**Cuadro II. Inventario de materias primas**

| ENTRADAS | | | | SALIDAS | | | | SALDO | | | |
|---|---|---|---|---|---|---|---|---|---|---|---|
| Fecha | Cantidad | Precios | Importe | Fecha | Cantidad | Precios | Importe | Fecha | Cantidad | Precios | Importe |
| 1-1 | 4.000 | 100.000 | 400.000.000 | | | | | 1-1 | 4.000 | 100.000 | 400.000.000 |
| | | | | 2-1 | 1.000 | 100.000 | 100.000.000 | 2-1 | 3.000 | 100.000 | 300.000.000 |
| | | | | 2-2 | 900 | 100.000 | 90.000.000 | 2-2 | 2.100 | 100.000 | 210.000.000 |
| 23-2 | 3.000 | 122.000[1] | 366.000.000 | | | | | 23-2 | 2.100<br>3.000<br>5.100 | 100.000<br>122.000 | 210.000.000<br>366.000.000<br>576.000.000 |
| | | | | 1-3 | 1.100 | 122.000 | 134.200.000 | 1-3 | 2.100<br>1.900<br>4.000 | 100.000<br>122.000 | 210.000.000<br>231.800.000<br>441.800.000 |
| | | | | 31-3 | 10[2] | 122.000 | 1.220.000 | 31-3 | 2.100<br>1.890<br>3.990 | 100.000<br>122.000 | 210.000.000<br>230.580.000<br>440.580.000 |

[1] Ya computado el coste del centro de compras. Según el enunciado a razón de 2.000 pesetas por cada tonelada que entra en almacén, es decir, 2.000 pesetas × 3.000 tm = 6.000.000.

2 Estas 10 tm son las que faltan de acuerdo con el inventario extracontable.

## ANEXO 3. INVENTARIO PERMANENTE DE MATERIAS AUXILIARES

*Observación a la ficha de inventario permanente de materiales auxiliares*

1. Cuando se adopta el método del precio medio ponderado para valorar las salidas se ha de soportar el inconveniente que representa el no conocer los precios de salida hasta el final del período en base al cual se calcula dicho coste medio. Se conoce, eso sí, el movimiento en término de unidades físicas.

2. También se produce un retraso en el conocimiento de las magnitudes que interesan por el hecho de que se tengan en cuenta costes reales del centro de compras. De ahí que convenga empezar la solución del ejercicio con la elaboración del cuadro de reparto en lo que se refiere a la columna de compras. Como el coste del centro de compras asciende a 21.276.500 pesetas y la parte que se imputa a las compras de materias primas es de 6.000.000 de pesetas, el coste que se imputa a las materias auxiliares es de 15.276.500 pesetas

3. Por lo dicho en las dos observaciones anteriores se deduce que para las materias auxiliares solamente se dispondrá hasta el último día del trimestre, de una ficha parcial, que es la que mostramos en el Cuadro III.

4. Al llegar al final del período ya podemos preparar la ficha completa de inventario contable permanente. Para ello basta recordar que el método a seguir es el coste medio del trimestre; éste es el siguiente:

$$\text{coste medio ponderado} = \frac{93.276.500}{500.000} = 186{,}55$$

5. La síntesis del movimiento y situación de materias auxiliares es la siguiente

| | Cantidad | Valor | Precio medio |
|---|---|---|---|
| Existencia inicial ........ | 300.000 | 48.000.000 | |
| Compras .................... | 200.000 | 45.276.500 | |
| Total ...................... | 500.000 | 93.276.500 | 186,55 |
| Salidas fabricación .... | 300.000 | 55.965.000 | |
| Existencias finales ..... | 200.000 | 37.311.500 | 186,55 |

## ANEXO 4. CUADRO DE REPARTO COMPLETO

*Terminación del cuadro de reparto*

Con todos los datos disponibles en este momento, ya es posible completar el cuadro de reparto. Para ello basta añadir al Cuadro I —cuadro (incompleto) de reparto— el importe de las materias auxiliares que se han consumido en el período y que se han absorbido íntegramente en el taller II.

Este importe asciende a 55.965.000 pesetas, como puede comprobarse en el Cuadro IV (total importe salidas).

El total de costes primarios del taller II se desprende inmediatamente de la estructura del cuadro de reparto.

El total de cargas incorporadas asciende a 273.965.000 pesetas, el total de costes primarios ha de ser del mismo importe. O sea (en miles de pta.): 273.965 – (6.500 + + 10.000 + 50.000 + 20.000 +75.000 + 39.000) = 73.465, que serán los costes primarios del taller II.

**Cuadro III. Ficha parcial del inventario permanente de materias auxiliares**

| ENTRADAS | | | | SALIDAS | | | | SALDO | | | |
|---|---|---|---|---|---|---|---|---|---|---|---|
| **Fecha** | **Cantidad** | **Precios** | **Importe** | **Fecha** | **Cantidad** | **Precios** | **Importe** | **Fecha** | **Cantidad** | **Precios** | **Importe** |
| 1-1 | 300.000 | 160 | 48.000.000 | | | | | 1-1 | 300.000 | 160 | 48.000.000 |
| | | | | 2-1 | 100.000 | | | 2-1 | 200.000 | | |
| | | | | 2-2 | 90.000 | | | 2-2 | 110.000 | | |
| 20-2 | 200.000 | 150[1] | 30.000.000[1] | | | | | 20-2 | 310.000 | | |
| | | | | 1-3 | 110.100 | | | 1-3 | 200.000 | | |
| 31-3 | | | 15.000.000[2] | | | | | | | | |
| | 500.000 | | 92.276.500 | | | | | | | | |

[1] A falta de computar el coste del centro de compras.
[2] Coste del centro de compras.

**Cuadro IV. Ficha (completa) de inventario permanente de materias auxiliares**

| ENTRADAS | | | | SALIDAS | | | | SALDO | | | |
|---|---|---|---|---|---|---|---|---|---|---|---|
| **Fecha** | **Cantidad** | **Precios** | **Importe** | **Fecha** | **Cantidad** | **Precios** | **Importe** | **Fecha** | **Cantidad** | **Precios** | **Importe** |
| 1-1 | 300.000 | 160 | 48.000.000 | | | | | 1-1 | 300.000 | 160 | 48.000.000 |
| | | | | 2-1 | 100.000 | 186,55 | 18.655.000 | 2-1 | 200.000 | | 29.345.000 |
| | | | | 2-2 | 90.000 | 186,55 | 16.789.500 | 2-2 | 110.000 | | 12.555.500 |
| 20-2 | 200.000 | | 45.276.500[1] | | | | | 20-2 | 110.000<br>200.000<br>310.100 | | 12.555.500<br>45.276.500<br>57.832.000 |
| | | | | 1-3 | 110.000 | 186,55 | 20.520.500 | 1-3 | 200.000 | 186,44 | 37.311.500 |

[1] Después de imputar los costes del centro de compras.

**Cuadro V. Cuadro (completo) de reparto**

| Conceptos / Centros de actividad | Compras | Edificios | Taller I | Taller II | Administración | Financiación | Ventas | Total |
|---|---|---|---|---|---|---|---|---|
| Servicios exteriores | | | | | | | | 7.000 |
| Tributos | | | | | | | | 3.000 |
| Gastos de personal | | | | | | | | 50.000 |
| Otros gastos de gestión | | | | | | | | 21.000 |
| Gastos financieros | | | | | | | | 63.000 |
| Dotaciones a amortización | | | | | | | | 42.000 |
| Dotaciones para provisiones | | | | | | | | 15.000 |
| Cargas supletorias | | | | | | | | 17.000 |
| Materias auxiliares | | | | 55.965 | | | | 55.965 |
| **Costes primarios** | **6.500** | **10.000** | **50.000** | **73.465** | **20.000** | **75.000** | **39.000** | **273.965** |
| Centro de financiación | 2.601 | 17.340 | 21.675 | 26.010 | 4.335 | (–74.995,5) | 3.034,5 | 0 |
| Centro de edificios | 3.750 | (–26.250) | 7.500 | 7.500 | 3.750 | — | 3.750 | 0 |
| Centro de administración | 8.425,5 | — | 5.617 | 5.617 | (–28.085) | — | 8.425,5 | 0 |
| **Totales** | **21.276,5** | **1.090**[1] | **84.792** | | **0** | **4,5** | **54.210** | |

[1] De esta cantidad, 1090, corresponden a los edificios alquilados: 750.

## ANEXO 5. DETERMINACION DEL COSTE DE PRODUCCION DE LOS PRODUCTOS

**Cuadro VI. Determinación del coste de los productos**

| | Coste verjas estilo árabe | Coste verjas estilo castellano | Diferencias de inventario y otras diferencias de incorporación | Total |
|---|---|---|---|---|
| Taller I:<br>coste h/h 1.211,31 | 40.000<br>48.452.400 | 30.000<br>36.339.300 | 300 | 70.000<br>84.792.000 |
| Taller II:<br>coste h/m 173,21 | 250.000<br>43.302.500 | 400.000<br>69.284.000 | 5.500 | 650.000<br>112.592.000 |
| Materias primas[1] | 1.500<br>162.100.000 | 1.500<br>162.100.000 | 10<br>1.220.000 | 3.010<br>325.420.000 |
| Productos en curso al principio del período | 1.500.000 | 1.100.000 | | 2.600.000 |
| **Totales** | **2.555.354.900** | **268.823.300** | **1.225.800** | **525.404.000** |

[1] Sobre la base de igual consumo de materias primas en cada uno de los tipos de verjas, según el enunciado.
El total de consumo de materias primas ha sido 324.200.000, y las diferencias de inventario ascienden a 1.220.000 (Cuadro II).

### Cálculo del coste de los productos terminados

Cuando conocemos el coste incorporado a cada producto, deduciendo el coste de la producción en curso que da el enunciado, obtendremos el valor de la producción terminada. En este caso:

**Cuadro VII**

| | Verjas estilo árabe | Verjas estilo castellano |
|---|---|---|
| Coste incorporado | 255.354.900 | 268.823.300 |
| Valor de la producción en curso al final | 3.200.000 | 750.000 |
| Valor de los productos terminados | 252.154.900 | 268.073.300 |
| Número de unidades terminadas[1] | 1.490 | 1.505 |
| Coste unitario del período | 169.231,47 | 178.121,79 |

[1] Según la información que nos facilita el enunciado, apartado 2.3, tendremos, pues:

$$\text{Tm consumidas} + E_i - E_f = \text{Unidades terminadas}$$

1500 + 10 − 20 = 1.490: estilo árabe
1.500 + 10 − 5 = 1.505: estilo castellano

## ANEXO 6. INFORMACION SOBRE LOS PRODUCTOS OBTENIDOS

Es útil, aunque no imprescindible, ordenar de alguna manera la información que se facilita de la producción. Con este propósito, podemos escribir lo siguiente.

Verjas estilo árabe: productos en curso

| | |
|---|---|
| Existencias iniciales:<br>10 unid. a 150.000 pta. = 1.500.000 | Existencias finales:<br>20 unid. a 160.000 pta. = 3.200.000 |

Verjas estilo árabe: productos terminados

| | |
|---|---|
| Existencias iniciales:<br>200 unid. a 200.000 pta. = 40.500.000<br>Terminadas en el período[1]<br>1.490 unidades | Existencias finales:<br>300 unidades a ...<br>Produc. vendida (por diferencia)<br>1.390 unidades |

Verjas estilo castellano: productos en curso

| | |
|---|---|
| Existencias iniciales:<br>10 unid. a 110.000 pta. = 1.100.000 | Existencias finales:<br>5 unid. a 150.000 pta. = 750.000 |

Verjas estilo castellano: productos en terminados

| | |
|---|---|
| Existencias iniciales:<br>100 unid. a 190.000 pta. = 19.000.000<br>Terminadas en el período[1]<br>1.505 unidades | Existencias finales:<br>250 unidades a ...<br>Produc. vendida (por diferencia)<br>1.355 unidades |

[1] Tantas como toneladas de materias primas se han consumido, es decir, 1.500, sobre la base de que la empresa ha empleado por mitad las 3.000 tm. consumidas.

Para la valoración de las salidas de productos terminados, de acuerdo con el enunciado, se aplicará el método FIFO.

## ANEXO 7. CALCULO DEL COSTE FINAL

**Cuadro VIII. Cálculo del coste final.**

| | Verjas estilo árabe | Verjas estilo castellano | Diferencias de incorporación |
|---|---|---|---|
| Salidas de almacén para la venta | 200 ud. × 200.000 = 240.000.000<br>1.190 ud. × 169.231,47 = 201.385.449<br>1.390 ud. 241.385.449 | `100 ud. × 190.000 = 19.000.000<br>1.255 ud. × 178.121,79 = 223.542.846<br>1.355 ud. 242.542.846 | |
| Coste de distribución.<br>* Coste por unidad vendida:<br>$\frac{54.210.000}{2745} = 19.748{,}63$ | 1.390 ud. × 19.748,63 = + 27.450.595 | 1395 ud. × 19.748,63 = 26.759.393 | 12 |
| Coste final | 268.836.044 | 269.302.239 | 12 |

# Versión anglosajona del modelo de costes completos

CASO 13. **Preparación de los cuadros-síntesis. Proceso contable. Unico producto**

CASO 14. **Dos productos. Tres departamentos en cadena**

CASO 15. **Unidades perdidas**

**CASO 13**

Se analiza la **preparación de los cuadros-síntesis** del valor de la producción obtenida y el **proceso contable** del modelo anglosajón. El proceso productivo es a través de tres centros de actividad que trabajan en cadena con el fin de obtener un **único producto**.

## I. ORGANIZACION TECNICO-ECONOMICA

La empresa JAMARTSA tiene como actividad principal la obtención y venta del producto X y la realiza a través de un proceso productivo que descansa en tres centros de actividad que trabajan en cadena: los departamentos A, B y C.

La empresa presenta la siguiente información referida al mes de mayo del año x.

## II. DATOS COMUNES A LA CONTABILIDAD GENERAL Y A LA CONTABILIDAD DE COSTES

a) *Existencias iniciales*

— Materia prima A ........ 3.900.000 pta.
— Materia prima C ........ 547.500 pta.

b) *Compras de materia prima*

— Materia prima A ........ 9.720.000 pta.
— Materia prima B ........ 10.800.000 pta.
— Materia prima C ........ 3.732.000 pta.

c) *Gastos por naturaleza*

— Servicios exteriores ........ 12.000.000 pta.
— Tributos ........ 2.760.000 pta.
— Gastos de personal ........ 26.940.000 pta.
— Otros gastos de gestión ........ 3.300.000 pta.
— Gastos financieros ........ 2.400.000 pta.
— Dotación a amortización ........ 18.000.000 pta.

d) *Ventas del período*

— Producto X (5.400 unidades) ..... 99.900.000 pta.

e) *Otros ingresos del período*

— Otros ingresos de gestión ........ 400.800 pta.
— Ingresos financieros ........ 186.150 pta.

## III. DATOS DE FABRICACION

a) *Costes del período incorporables* al coste del producto

| Cargas por naturaleza \ Departamentos | Departamento producción A | Departamento producción B | Departamento producción C | Total |
|---|---|---|---|---|
| Materias primas ........ | 12.240.000 | 8.928.000 | 4.279.500 | 25.447.500 |
| Mano de obra directa ........ | 5.328.750 | 4.684.800 | 5.273.100 | 15.286.650 |
| Gastos generales de fabricación: | | | | |
| Servicios exteriores ........ | 2.370.300 | 1.320.000 | 869.700 | 4.560.000 |
| Mano de obra indirecta ........ | 600.000 | 600.000 | 600.000 | 1.800.000 |
| Otros gastos gestión ........ | 120.000 | 42.000 | 96.000 | 258.000 |
| Amortización ........ | 697.200 | 2.376.000 | 5.635.200 | 8.708.400 |
| TOTALES ........ | 3.787.500 | 4.338.000 | 7.200.900 | 15.326.400 |

b) *Costes del período no incorporables* al coste del producto

| Cargas por naturaleza / Gastos generales | De administración | De financiación | De distribución | Total |
|---|---|---|---|---|
| Servicios exteriores | 1.320.000 | 600.000 | 5.520.000 | 7.440.000 |
| Tributos | 1.860.000 | — | 900.000 | 2.760.000 |
| Gastos de personal | 4.273.350 | — | 5.580.000 | 9.853.350 |
| Otros gastos gestión | 1.800.000 | 300.000 | 942.000 | 3.042.000 |
| Gastos financieros | — | 2.400.000 | — | 2.400.000 |
| Dotación amortización | 2.991.600 | — | 6.300.000 | 9.291.600 |
| TOTAL | 12.244.950 | 3.300.000 | 19.242.000 | 34.786.950 |

c) *Costes del período*

En el departamento de producción A se han empleado 6.120 unidades, de las que al final estaban en curso 120, a las que se había incorporado la totalidad de materia prima A, el 75 por 100 de la mano de obra directa y el 50 por 100 de los gastos generales de fabricación.

En el departamento de producción B se han trabajado las 6.000 unidades terminadas en el departamento anterior; de ellas quedaban al final en curso de fabricación 240 unidades, con el 80 por 100 de la materia prima B incorporada y con un 40 por 100 de la mano de obra directa y un 10 por 100 de los gastos generales de fabricación.

En el departamento de producción C se han tratado las 5.760 unidades terminadas en el departamento B, quedando al final en curso 180 de ellas, a las que se había incorporado: el 70 por 100 de la materia prima C y el 50 por 100 de la mano de obra directa y de los gastos generales de fabricación.

SE PIDE:

1. Preparar los cuadros necesario para calcular analíticamente el valor de la producción obtenida en cada departamento de producción.
2. Diario del proceso de Contabilidad de Costes por el método monista y siguiendo el modelo anglosajón.
3. Elaborar la cuenta de Pérdidas y Ganancias del período, valorando las existencias de acuerdo con los costes calculados.

## SOLUCION CASO 13

### 1. PREPARACION DE LOS CUADROS NECESARIOS PARA CALCULAR ANALITICAMENTE EL VALOR DE LA PRODUCCION

**Cuadro-síntesis del departamento de producción A**

| Conceptos diversos / Elementos de coste | | Materia prima A | | Mano de obra directa | | Gastos generales de fabricación | | Total |
|---|---|---|---|---|---|---|---|---|
| *Costes del departamento* | | | | | | | | |
| * Costes del período | | 12.240.000 | | 5.328.750 | | 3.787.500 | | 21.356.250 |
| *Unidades físicas* | | | | | | | | |
| * Terminadas | 6.000 | 100 | 6.000 | 100 | 6.000 | 100 | 6.000 | |
| * En curso al final | 120 | 100 | 120 | 75 | 90 | 50 | 60 | |
| Trabajadas | 6.120 | | | | | | | |
| *Unidades equivalentes* | | | 6.120 | | 6.090 | | 6.060 | |
| *Coste medio unitario* | | | 2.000 | | 875 | | 625 | 3.500 |
| *Valor de la producción* | | | | | | | | |
| * Terminada | | (6.000 × 2.000) = 12.000.000 | | (6.000 × 875) =5.250.000 | | (6.000 × 625) = 3.750.000 | | 21.000.000 |
| * En curso al final | | (120 × 2.000) = 240.000 | | (90 × 875) = 78.750 | | (60 × 625) = 37.500 | | 356.250 |
| **Total** | | | 12.240.000 | | 5.328.750 | | 3.787.500 | 21.356.250 |

## Cuadro-síntesis del departamento de producción B

| Conceptos diversos \ Elementos de coste | | Materia prima B | | Mano de obra directa | | Gastos generales de fabricación | | Total | Productos semiterminados del departamento A | | Total |
|---|---|---|---|---|---|---|---|---|---|---|---|
| *Costes del departamento* | | | | | | | | | | | |
| * Costes del período | | 8.928.000 | | 4.684.800 | | 4.338.000 | | 17.950.800 | 21.000.000 | | 38.950.800 |
| *Unidades físicas* | | | | | | | | | | | |
| * Terminadas | 5.760 | 100 | 5.760 | 100 | 5.760 | 100 | 5.760 | | 100 | 5.760 | |
| * En curso al final | 240 | 80 | 192 | 40 | 96 | 10 | 24 | | 100 | 240 | |
| Trabajadas | 6.000 | | | | | | | | | | |
| *Unidades equivalentes* | | | 5.952 | | 5.856 | | 5.784 | | | 6.000 | |
| *Coste medio unitario* | | | 1.500 | | 800 | | 750 | 3.050 | | 3.500 | 6.550 |
| *Valor de la producción* | | | | | | | | | | | |
| * Terminada | | (5.760 × 1.500) = = 8.640.000 | | (5.760 × 800) = = 4.608.000 | | (5.760 × 750) = = 4.320.000 | | 17.568.000 | (5.760 × 3.500) = = 20.160.000 | | 37.728.000 |
| * En curso al final | | (192 × 1.500) = = 288.000 | | (96 × 800) = = 76.800 | | (24 × 750) = = 18.000 | | 382.800 | (240 × 3.500) = = 840.000 | | 1.222.800 |
| Total | | 8.928.000 | | 4.684.800 | | 4.338.000 | | 17.950.800 | 21.000.000 | | 38.950.800 |

## Cuadro-síntesis del departamento de producción C

| Conceptos diversos \ Elementos de coste | | Materia prima C | | Mano de obra directa | | Gastos generales de fabricación | | Total | Productos semiterminados del departamento B | | Total |
|---|---|---|---|---|---|---|---|---|---|---|---|
| *Costes del departamento* | | | | | | | | | | | |
| * Costes del período | | 4.279.500 | | 5.273.100 | | 7.200.900 | | 16.753.500 | 37.728.000 | | 54.481.500 |
| *Unidades físicas* | | | | | | | | | | | |
| * Terminadas | 5.580 | 100 | 5.580 | 100 | 5.580 | 100 | 5.580 | | 100 | 5.580 | |
| * En curso al final | 180 | 70 | 126 | 50 | 90 | 50 | 90 | | 100 | 180 | |
| Trabajadas | 5.760 | | | | | | | | | | |
| *Unidades equivalentes* | | | 5.706 | | 5.670 | | 5.670 | | | 5.760 | |
| *Coste medio unitario* | | | 750 | | 930 | | 1.270 | 2.950 | | 6.550 | 9.500 |
| *Valor de la producción* | | | | | | | | | | | |
| * Terminada | | (5.580 × 750) = = 4.185.000 | | (5.580 × 930) = = 5.189.400 | | (5.580 × 1.270) = = 7.086.600 | | 16.461.000 | (5.580 × 6.550) = = 36.549.000 | | 53.010.000 |
| * En curso al final | | (126 × 750) = = 94.500 | | (90 × 930) = = 83.700 | | (90 × 1.270) = = 114.300 | | 292.500 | (180 × 6.550) = = 1.179.000 | | 1.471.500 |
| Total | | 4.279.500 | | 5.273.100 | | 7.200.900 | | 16.753.500 | 37.728.000 | | 54.481.500 |

**Clasificación de las cargas por naturaleza**

| | Mano de obra directa | Mano de obra indirecta | Servicio de fábrica | Amortización industrial | Costes generales de administración | Costes generales de financiación | Costes generales de distribución | Total |
|---|---|---|---|---|---|---|---|---|
| Servicios exteriores | — | — | 4.560.000 | — | 1.320.000 | 600.000 | 5.520.000 | 12.000.000 |
| Tributos | — | — | — | — | 1.860.000 | — | 900.000 | 2.760.000 |
| Gastos de personal | 15.286.650 | 1.800.000 | — | — | 4.273.350 | — | 5.580.000 | 26.940.000 |
| Otros gastos de gestión | — | — | 258.000 | — | 1.800.000 | 300.000 | 942.000 | 3.300.000 |
| Gastos financieros | — | — | — | — | — | 2.400.000 | — | 2.400.000 |
| Dotación amoritzación | — | — | — | 8.708.400 | 2.991.600 | — | 6.300.000 | 18.000.000 |
| Total | 15.286.650 | 1.800.000 | 4.818.000 | 8.708.400 | 12.244.950 | 3.300.000 | 19.242.000 | 65.400.000 |

## 2. ANOTACIONES EN EL DIARIO DE CONTABILIDAD DE COSTES

| | Debe | Haber |
|---|---|---|
| **1** | | |
| Inventario permanente de materia prima A | 3.900.000 | |
| Inventario permanente de materia prima C | 547.500 | |
| a Existencias de materia prima A | | 3.900.000 |
| a Existencias de materia prima C | | 547.500 |
| * De acuerdo con el funcionamiento de las cuentas de I. P. (por las existencias iniciales). | | |
| **2** | | |
| I. P. de materia prima A | 9.720.000 | |
| I. P. de materia prima B | 10.800.000 | |
| I. P. de materia prima C | 3.732.000 | |
| a Compras de materia prima A | | 9.720.00 |
| a Compras de materia prima B | | 10.800.000 |
| a Compras de materia prima C | | 3.732.000 |
| * Por las compras del período. | | |
| **3** | | |
| Mano de obra directa | 15.286.650 | |
| Mano de obra indirecta | 1.800.000 | |
| Servicio de fábrica | 4.818.000 | |
| Amortización industrial | 8.708.400 | |
| Costes generales de administración | 12.244.950 | |
| Costes generales de financiación | 3.300.000 | |
| Costes generales de distribución | 19.242.000 | |
| a Servicios exteriores | | 12.000.000 |
| a Tributos | | 2.760.000 |
| a Gastos de personal | | 26.940.000 |

| | | |
|---|---|---|
| a Otros gastos de gestión | | 3.300.000 |
| a Gastos financieros | | 2.400.000 |
| a Dotación amortización | | 18.000.000 |
| * De acuerdo con el cuadro de clasificación de las cargas por naturaleza. | | |
| **4** | | |
| Servicio de fábrica | 1.800.000 | |
| a Mano de obra indirecta | | 1.800.000 |
| * Por el traspaso de la mano de obra indirecta. | | |
| **5** | | |
| Gastos generales de fabricación | 15.326.400 | |
| a Servicio de fábrica | | 6.618.000 |
| a Amortización industrial | | 8.708.400 |
| * Por el traspaso de la amortización industrial y del servicio de fábrica. | | |
| **6** | | |
| Coste del departamento A | 12.240.000 | |
| Coste del departamento B | 8.928.000 | |
| Coste del departamento C | 4.279.500 | |
| a I. P. materia prima A | | 12.240.000 |
| a I. P. materia prima B | | 8.928.000 |
| a I. P. materia prima C | | 4.279.500 |
| * Por la incorporación a los departamentos de la materia prima. | | |
| **7** | | |
| Coste del departamento A | 5.328.750 | |
| 5.328.750 | | |
| Coste del departamento B | 4.684.800 | |
| Coste del departamento C | 5.273.100 | |
| a Mano de obra directa | | 15.286.650 |
| * Por la incorporación a los departamentos de la mano de obra directa. | | |
| **8** | | |
| Coste del departamento A | 3.787.500 | |
| Coste del departamento B | 4.338.000 | |
| Coste del departamento C | 7.200.900 | |
| a Gastos generales de fabricación | | 15.326.400 |
| * Por la incorporación a los departamentos de los gastos generales de fabricación. | | |
| **9** | | |
| I. P. de productos semiterminados del departamento A | 21.000.000 | |
| I. P. de productos en curso del departamento A | 356.250 | |
| a Coste del departamento A | | 21.356.250 |
| * Por la salida contable de los costes del departamento A | | |

| | | |
|---|---|---|
| **10** | | |
| Coste del departamento B | 21.000.000 | |
| a I. P. de productos semiterminados del departamento A | | 21.000.000 |
| * Por la entrada de los costes de productos del departamento A en el departamento B. | | |
| **11** | | |
| I. P. de productos semiterminados del departamento B | 37.728.000 | |
| I. P. de productos en curso del departamento B | 1.222.800 | |
| a Coste del departamento B | | 38.950.800 |
| * Por la salida contable del coste de la producción del departamento B. | | |
| **12** | | |
| Coste del departamento C | 37.728.000 | |
| a I. P. de productos semiterminados del departamento B | | 37.728.000 |
| * Por la entrada de los costes de productos del departamento B en el departamento C. | | |
| **13** | | |
| I. P. de productos terminados | 53.010.000 | |
| I. P. de productos en curso del departamento C | 1.471.500 | |
| a Coste del departamento C | | 54.481.500 |
| * Por la salida de los costes del departamento C | | |
| **14** | | |
| Coste industrial de las ventas | 51.300.000 | |
| a I. P. de productos terminados | | 51.300.000 |
| * Por los costes de fabricación de los productos vendidos: 5.400 unid. × 9.500 pta./unidad | | |
| **15** | | |
| Ventas de productos terminados | 99.900.000 | |
| a Beneficio bruto en ventas | | 99.900.000 |
| * Por las ventas del período. | | |
| **16** | | |
| Beneficio bruto en ventas | 51.300.000 | |
| a Coste industrial de las ventas | | 51.300.000 |
| * Por los costes de fabricación de los productos vendidos. | | |
| **17** | | |
| Beneficio bruto en ventas | 48.600.000 | |
| Otros ingresos de gestión | 400.800 | |
| Ingresos financieros | 186.150 | |
| a Beneficio neto del período | | 49.186.950 |
| * Por los elementos positivos del beneficio neto del período. | | |

| | | |
|---|---|---|
| **18** | | |
| Beneficio neto del período | 34.786.950 | |
| a Costes generales de administración | | 12.244.950 |
| a Costes generales de financiación | | 3.300.000 |
| a Costes generales de distribución | | 19.242.000 |
| * Por los elementos negativos del beneficio neto del período. | | |

## 3. CUENTA DE PERDIDAS Y GANANCIAS

| DEBE | | HABER | |
|---|---|---|---|
| Existencias materia prima A | 3.900.000 | Existencias materia prima A | 1.380.000 |
| Existencias materia prima C | 547.500 | Existencias materia prima B | 1.872.000 |
| Compras materia prima A | 9.720.000 | Existencias productos curso dpto. A | 356.250 |
| Compras materia prima B | 10.800.000 | Existencias productos curso dpto. B | 1.222.800 |
| Compras materia prima C | 3.732.000 | Existencias productos curso dpto C | 1.471.500 |
| Servicios exteriores | 12.000.000 | Existencias productos terminados | 1.710.000 |
| Tributos | 2.760.000 | Ventas productos terminados | 99.900.000 |
| Gastos de personal | 26.940.000 | Otros ingresos de gestión | 400.800 |
| Otros gastos de gestión | 3.300.000 | Ingresos financieros | 186.150 |
| Gastos financieros | 2.400.000 | | |
| Dotación a amortización | 18.000.000 | | |
| Saldo acreedor | 14.400.000 | | |
| TOTAL | 108.499.500 | TOTAL | 108.499.500 |

## CASO 14

Se centra en una empresa que obtiene **dos productos** a través de **tres departamentos** que trabajan **en cadena**.

### I. ORGANIZACION TECNICO-ECONOMICA

La empresa industrial GEGURSA se dedica a la fabricación y comercialización de los productos X e Y, y tiene estructurada su actividad en tres centros de actividad que actúan en cadena:

— Departamento de preparación, en el que se incorpora la materia prima A.
— Departamento de elaboración, en el que se emplea la materia prima B.
— Departamento de acabado.

### II. COSTES DEL PERIODO INCORPORABLES AL COSTE DEL PRODUCTO

a) *Consumos de materia prima:* se han consumido 49.800 kg de materia prima A por valor de 4.980.000 pesetas, y 9.440 kg de materia prima B por valor de 1.888.000 pesetas.
b) *Mano de obra directa:* se ha empleado mano de obra por los siguientes importes: 14.760.000 pesetas. en el Departamento de preparación, 6.043.200 pesetas en el Departamento de elaboración y 389.400 pesetas en el Departamento de acabado.
c) *Gastos generales de fabricación:* los gastos aplicados a cada departamento han sido: 2.918.790 pesetas en el Departamento de preparación, 3.663.690 pesetas en el Departamento de elaboración y 3.874.200 pesetas en el Departamento de acabado.

### III. COSTES DEL PERIODO NO INCORPORABLES AL COSTE DEL PRODUCTO

Los costes del período que no se incorporan al coste de los productos han sido los siguientes:

— En el Departamento de administración 1.342.500 pesetas.
— En el Departamento de financiación 575.000 pesetas.
— En el Departamento de distribución 2.220.000 pesetas.

### IV. INGRESOS DEL PERIODO

a) *Ventas del periodo:* todas las unidades terminadas en el período se vendieron. Las ventas del producto X ascendieron a 30.250.000 pesetas, y las del producto Y a 15.110.000 pesetas.
b) *Otros ingresos del período:* se conoce que se han obtenido 780.000 pesetas en concepto de ingresos de propiedad industrial cedida en explotación y 340.000 pesetas de comisiones facturadas por servicios de mediación.

### V. PRODUCTOS OBTENIDOS DURANTE EL PERIODO

a) En el *Departamento de preparación* se han empezado y terminado 560 unidades del producto X y 400 unidades del producto Y, quedando, al final del período, 48 unidades del producto X en curso de fabricación a las que se había incorporado el 75 por 100 de la materia prima A, el 50 por 100 de la mano de obra directa y el 25 por 100 de los gastos generales de fabricación.
b) En el *Departamento de elaboración* se han trabajado las unidades terminadas en el Departamento de preparación; de ellas estaban pendientes de acabarse al final 80 unidades del producto Y, a las que se habían incorporado el 80 por 100 de la materia prima B, el 20 por 100 de la mano de obra directa, y el 40 por 100 de los gastos generales de fabricación.
c) En el *Departamento de acabado* se han terminado totalmente 560 unidades del producto X y 320 unidades del producto Y.

### VI. HORAS TRABAJADAS EN CADA DEPARTAMENTO

a) En el *Departamento de preparación* durante el período se han trabajado 7.380 horas/hombre de mano de obra directa.
b) En el *Departamento de elaboración* se han trabajado 3.777 horas/hombre de mano de obra directa.
c) En el *Departamento de acabado* se habían trabajado 177 horas/hombre de mano de obra directa y 3.522 horas/máquina.

### VII. ASIGNACION DE LOS COSTES A LOS PRODUCTOS

a) Los gastos generales de fabricación de los departamentos de preparación y elaboración se asignan a los productos de acuerdo con la mano de obra directa que se haya empleado en cada uno de ellos, y los gastos generales del Departamento de acabado en función de las horas/máquina.

b) Cada unidad de producto incorpora la misma cantidad de materias primas.

c) La producción del producto X ha empleado el doble de horas/hombre de mano de obra directa y el doble de horas/máquina que la producción del producto Y.

SE PIDE:

1. Preparar los cuadros necesarios para calcular analíticamente el valor de la producción obtenida en cada uno de los departamentos.
2. De acuerdo con la información facilitada, realizar las anotaciones contables que procedan en el Diario de la Contabilidad de Costes.

## SOLUCION CASO 14

**1.** **Cuadro I. Unidades equivalentes**

| | | Materia prima | | Mano de obra directa | | Gastos generales de fabricación | |
|---|---|---|---|---|---|---|---|
| *Departamento de preparación:* | | | | | | | |
| Unidades físicas producto X: | | | | | | | |
| * Terminadas: | 560 | 100 | 560 | 100 | 560 | 100 | 560 |
| * En curso al final: | 48 | 75 | 36 | 50 | 24 | 25 | 12 |
| Trabajadas: | 608 | | | | | | |
| Unidades equivalentes producto X | | | 596 | | 584 | | 572 |
| Unidades físicas producto Y: | | | | | | | |
| * Terminadas: | 400 | 100 | 400 | 100 | 400 | 100 | 400 |
| * En curso al final: | 0 | 0 | 0 | 0 | 0 | 0 | 0 |
| Trabajadas: | 400 | | | | | | |
| Unidades equivalentes producto Y | | | 400 | | 400 | | 400 |
| *Departamento de elaboración:* | | | | | | | |
| Unidades físicas producto X: | | | | | | | |
| * Terminadas: | 560 | 100 | 560 | 100 | 560 | 100 | 560 |
| * En curso al final: | 0 | 0 | 0 | 0 | 0 | 0 | 0 |
| Trabajadas: | 560 | | | | | | |
| Unidades equivalentes producto X | | | 560 | | 560 | | 560 |
| Unidades físicas producto Y: | | | | | | | |
| * Terminadas: | 320 | 100 | 320 | 100 | 320 | 100 | 320 |
| * En curso al final: | 80 | 80 | 64 | 20 | 16 | 40 | 32 |
| Trabajadas: | 400 | | | | | | |
| Unidades equivalentes producto Y | | | 384 | | 336 | | 352 |

*(continúa)*

**Cuadro I. Unidades equivalentes** *(continuación)*.

| | | Materia prima | | Mano de obra directa | | Gastos generales de fabricación | |
|---|---|---|---|---|---|---|---|
| *Departamento de acabado:* | | | | | | | |
| Unidades físicas producto X: | | | | | | | |
| * Terminadas: | 560 | 0 | 0 | 100 | 560 | 100 | 560 |
| * En curso al final: | 0 | 0 | 0 | 0 | 0 | 0 | 0 |
| Trabajadas: | 560 | | | | | | |
| Unidades equivalentes producto X | | | 0 | | 560 | | 560 |
| Unidades físicas producto Y: | | | | | | | |
| * Terminadas: | 320 | 0 | 0 | 100 | 320 | 100 | 320 |
| * En curso al final: | 0 | 0 | 0 | 0 | 0 | 0 | 0 |
| Trabajadas: | 320 | | | | | | |
| Unidades equivalentes producto Y | | | 0 | | 320 | | 320 |

**Cuadro II. Localización de los costes y cálculo del coste unitario de las bases de reparto**

| Departamentos \ Elementos del coste | Materia prima | Mano de obra directa | Gastos generales de fabricación | Total |
|---|---|---|---|---|
| *Dpto. de preparación:* | | | | |
| Costes del período | 4.980.000 | 14.760.000 | 2.918.790 | 22.658.790 |
| Base de reparto | Unid. consumidas | Horas hombre | Horas hombre | |
| Cantidad consumida | 49.800 | 7.380 | 7.380 | |
| Coste unitario | 100,00 | 2.000,00 | 395,50 | |
| *Dpto. de elaboración:* | | | | |
| Costes del período | 1.888.000 | 6.043.200 | 3.663.690 | 11.594.890 |
| Base de reparto | Unid. consumidas | Horas hombre | Horas hombre | |
| Cantidad consumida | 9.440 | 3.777 | 3.777 | |
| Coste unitario | 200,00 | 1.600,00 | 970,00 | |
| *Dpto. de acabado:* | | | | |
| Costes del período | — | 389.400 | 3.874.200 | 4.263.600 |
| Base de reparto | — | Horas hombre | Horas hombre | |
| Cantidad consumida | — | 177 | 3.522 | |
| Coste unitario | — | 2.200,00 | 1.100.000 | |
| Total | 6.868.000 | 21.192.600 | 10.456.680 | 38.517.280 |

**Cuadro III. Consumos de los componentes del coste en cada departamento**

| | MATERIA PRIMA[1] | | | MANO DE OBRA DIRECTA[2] | | | GASTOS GEN. FABRICACION[2] | | |
|---|---|---|---|---|---|---|---|---|---|
| | **Unidades equival.** | **Cantidad unitaria** | **Cantidad total** | **Unidades equival.** | **Cantidad unitaria** | **Cantidad total** | **Unidades equival.** | **Cantidad unitaria** | **Cantidad total** |
| *Dpto. de preparación:* | | | | | | | | | |
| Unid. terminadas producto X. | 560 | 50 | 28.000 | 560 | 8,43 | 4.718 | 560 | 8,60 | 4.817 |
| Unid. en curso producto X ... | 36 | 50 | 1.800 | 24 | 8,43 | 202 | 12 | 8,60 | 103 |
| Unid. terminadas producto Y. | 400 | 50 | 20.000 | 400 | 6,15 | 2.460 | 400 | 6,15 | 2.460 |
| Unid. en curso producto Y ... | 0 | 50 | 0 | 0 | 6,15 | 0 | 0 | 6,15 | 0 |
| Total | 996 | | 49.800 kg | 984 | | 7.380 h/h | 972 | | 7.380 h/h |
| *Dpto. de elaboración:* | | | | | | | | | |
| Unid. terminadas producto X. | 560 | 10 | 5.600 | 560 | 4,50 | 2.518 | 560 | 4,50 | 2.518 |
| Unid. en curso producto X ... | 0 | 10 | 0 | 0 | 4,50 | 0 | 0 | 4,50 | 0 |
| Unid. terminadas producto Y. | 320 | 10 | 3.200 | 320 | 3,75 | 1.199 | 320 | 3,58 | 1.145 |
| Unid. en curso producto Y ... | 64 | 10 | 640 | 16 | 3,75 | 60 | 32 | 3,58 | 114 |
| Total | 944 | | 9.440 kg | 896 | | 3.777 h/h | 912 | | 3.777 h/h |
| *Dpto. de acabado:* | | | | | | | | | |
| Unid. terminadas producto X. | — | — | — | 560 | 0,21 | 118 | 560 | 4,19 | 2.348 |
| Unid. en curso producto X ... | — | — | — | 0 | 0,21 | 0 | 0 | 4,19 | 0 |
| Unid. terminadas producto Y. | — | — | — | 320 | 0,18 | 59 | 320 | 3,67 | 1.174 |
| Unid. en curso producto Y ... | — | — | — | 0 | 0,18 | 0 | 0 | 3,67 | 0 |
| Total | — | — | — | 880 | | 177 h/h | 880 | | 3.522 h/h |

[1] De acuerdo con el enunciado, cada unidad de producto incorpora la misma cantidad de materia prima.

[2] En la producción del producto X se emplea, según el enunciado, el doble de h/h y de h/m que en la producción del producto Y.

**Cuadro IV. Coste de producción de cada uno de los departamentos y asignación a los productos**

| | PRODUCTO X | | | PRODUCTO Y | | | PRODUCCION EN CURSO | | | TOTAL |
|---|---|---|---|---|---|---|---|---|---|---|
| | **Cantidad** | **Coste unitario** | **Coste total** | **Cantidad** | **Coste unitario** | **Coste total** | **Cantidad** | **Coste unitario** | **Coste total** | |
| *Dpto. de preparación:* | | | | | | | PRODUCTO X | | | |
| Materia prima A | 28.000 | 100,00 | 2.800.000 | 20.000 | 100,00 | 2.000.000 | 1.800 | 100,00 | 180.000 | 4.980.000 |
| Mano de obra directa | 4.718 | 2.000,00 | 9.436.000 | 2.460 | 2.000,00 | 4.920.000 | 202 | 2.000,00 | 404.000 | 14.760.000 |
| Gastos grals. de fabricación | 4817 | 395,50 | 1.905.124 | 2.460 | 395,50 | 972.930 | 103 | 395,50 | 40.736 | 2.918.790 |
| Total Dpto. preparación | 560 | 25.252,01 | 14.141.124 | 400 | 19.732,33 | 7.892.930 | — | — | 624.736 | 22.658.790 |
| *Dpto. de elaboración:* | | | | | | | PRODUCTO Y | | | |
| Dpto. de preparación | 560 | 25.252,01 | 14.141.124 | 320 | 19.732,33 | 6.314.344 | 80 | 19.732,33 | 1.578.586 | 22.034.054 |
| Materia prima B | 5.600 | 200,00 | 1.120.000 | 3.200 | 200,00 | 640.000 | 640 | 200,00 | 128.000 | 1.888.000 |
| Mano de obra directa | 2.518 | 1.600,00 | 4.028.800 | 1.199 | 1.600,00 | 1.918.400 | 60 | 1.600,00 | 96.000 | 6.043.200 |
| Gastos grals. de fabricación | 2.518 | 970,00 | 2.442.460 | 1.145 | 970,00 | 1.110.650 | 114 | 970,00 | 110.580 | 3.663.690 |
| Total Dpto. elaboración | 560 | 38.807,83 | 21.732.384 | 320 | 31.198,11 | 9.983.394 | — | — | 1.913.166 | 33.628.944 |
| *Dpto. de acabado:* | | | | | | | | | | |
| Dpto. de elaboración | 560 | 38.807,83 | 21.732.384 | 320 | 31.198,11 | 9.983.394 | — | — | — | 31.715.778 |
| Mano de obra directa | 118 | 2.200,00 | 259.600 | 59 | 2.200,00 | 129.800 | — | — | — | 389.400 |
| Gastos grals. de fabricación | 2.348 | 1.100,00 | 2.582.800 | 1.174 | 1.100,00 | 1.291.400 | — | — | — | 3.874.200 |
| Total Dpto. acabado | 560 | 43.883,54 | 24.574.784 | 320 | 35.639,36 | 11.404.594 | — | — | — | 35.979.378 |

## 2. ANOTACIONES EN EL DIARIO DE LA CONTABILIDAD DE COSTES

| | | |
|---|---|---|
| **1** ———————— | | |
| Coste del Departamento de preparación | 4.980.000 | |
| Coste del Departamento de elaboración | 1.888.000 | |
| a I. P. materia prima A | | 4.980.000 |
| a I. P. materia prima B | | 1.888.000 |
| * Por la incorporación a los departamentos de la materia prima | | |
| **2** ———————— | | |
| Coste del Departamento de preparación | 14.760.000 | |
| Coste del Departamento de elaboración | 6.043.200 | |
| Coste del Departamento de acabado | 389.400 | |
| a Mano de obra directa | | 21.192.600 |
| * Por la incorporación a los departamentos de la mano de obra directa. | | |
| **3** ———————— | | |
| Coste del Departamento de preparación | 2.918.790 | |
| Coste del Departamento de elaboración | 3.663.690 | |
| Coste del Departamento de acabado | 3.874.200 | |
| a Gastos generales de fabricación | | 10.456.680 |
| * Por la incorporación a los departamentos de los gastos generales de fabricación. | | |
| **4** ———————— | | |
| I. P. producto semiterminado X | 14.141.124 | |
| I. P. producto semiterminado Y | 7.892.930 | |
| I. P. producto en curso X en el Departamento de preparación | 624.736 | |
| a Coste del Departamento de preparación | | 22.658.790 |
| * Por la salida contable de los costes del Departamento de preparación. | | |
| **5** ———————— | | |
| Coste del Departamento de elaboración | 22.034.054 | |
| a I. P. producto semiterminado X | | 14.141.124 |
| a I. P. producto semiterminado X | | 7.892.930 |
| * Por la entrada de los costes de productos semiterminados X e Y en Departamento de elaboración. | | |

| | | |
|---|---|---|
| **6** | | |
| I. P. producto semiterminado X | 21.732.384 | |
| I. P. producto semiterminado Y | 9.983.394 | |
| I. P. producto en curso Y en el Departamento de elaboración | 1.913.166 | |
| a Coste del Departamento de elaboración | | 33.628.944 |
| * Por la salida contable de los costes del Departamento de elaboración. | | |
| **7** | | |
| Coste del Departamento de acabado | 31.715.778 | |
| a Producto semiterminado X | | 21.732.384 |
| a Producto semiterminado X | | 9.983.394 |
| * Por la entrada de los costes de productos semiterminados X e Y en el Departamento de acabado. | | |
| **8** | | |
| I. P. producto terminado X | 24.574.784 | |
| I. P. producto terminado Y | 11.404.594 | |
| a Coste del Departamento de acabado | | 35.979.378 |
| * Por la salida contable de los costes del Departamento de acabado. | | |
| **9** | | |
| Coste industrial de las ventas del producto X | 24.574.784 | |
| Coste industrial de las ventas del producto Y | 11.404.594 | |
| a I. P. producto terminado X | | 24.574.784 |
| a I. P. producto terminado Y | | 11.404.594 |
| * Por los costes de fabricación de los productos vendidos (se ha vendido toda la producción). | | |
| **10** | | |
| Ventas de productos terminados | 45.360.000 | |
| a Beneficio bruto en ventas del producto X | | 30.250.000 |
| a Beneficio bruto en ventas del producto Y | | 15.110.000 |
| * Por las ventas del período. | | |
| **11** | | |
| Beneficio bruto en ventas del producto X | 24.574.784 | |
| Beneficio bruto en ventas del producto Y | 11.404.594 | |
| a Coste industrial de las ventas del producto X | | 24.574.784 |
| a Coste industrial de las ventas del producto Y | | 11.404.594 |
| * Por los costes de fabricación de los productos vendidos. | | |
| **12** | | |
| Beneficio bruto en ventas del producto X | 5.675.216 | |
| Beneficio bruto en ventas del producto Y | 3.705.406 | |
| a Beneficio bruto en ventas | | 9.380.622 |
| * Por la agrupación del beneficio bruto de los distintos productos. | | |

| | | |
|---|---|---|
| **13** | | |
| Beneficio bruto en ventas | 9.380.622 | |
| Ingresos propiedad industrial cedida en explotación | 780.000 | |
| Ingresos por comisiones | 340.000 | |
| a Beneficio neto del período | | 10.500.622 |
| * Por los elementos positivos del beneficio neto del período. | | |
| **14** | | |
| Beneficio neto del período | 4.137.500 | |
| a Costes generales de administración | | 1.342.500 |
| a Costes generales de financiación | | 575.000 |
| a Costes generales del distribución | | 2.220.000 |
| * Por los elementos negativos del beneficio neto del período. | | |

**CASO 15**

Se concentra la atención en un proceso productivo de un único producto que conlleva la generación de **unidades perdidas**.

## I. ORGANIZACION TECNICO-ECONOMICA

Una empresa industrial se dedica a la elaboración y comercialización de un único producto. Este se obtiene a través de un proceso complejo que se divide en tres etapas sucesivas, encomendadas cada una de ellas a un departamento de fabricación.

Existen además en la planta industrial, dos centros auxiliares o de servicios: el Taller de reparaciones y la Central de energía eléctrica. En cada período, y a efectos de control, se determinan los costes de estos centros de actividad, trasladándose a los departamentos de fabricación en función de los servicios prestados a cada uno de ellos.

Se dispone de la siguiente información referida al período objeto de análisis.

## II. INFORMACION PROCEDENTE DE LA DIRECCION TECNICA

a) El *movimiento de unidades físicas* en los tres departamentos de producción queda resumido en el siguiente cuadro:

| | Dpto. I | Dpto. II | Dpto. III |
|---|---|---|---|
| Unidades puestas en fabricación | 60.000 | 45.000 | 25.000 |
| Unidades terminadas | 45.000 | 28.000 | 20.000 |
| Unidades perdidas en el proceso | 5.000 | 2.000 | 1.000 |
| Unidades en curso al final | 10.000 | 15.000 | 4.000 |

En relación con las unidades perdidas, como consecuencia de la naturaleza del proceso técnico, la empresa no dispone de especificaciones técnicas que definan los márgenes de admisibilidad. No obstante, se conoce que las unidades perdidas se ocasionan al iniciarse el proceso productivo en cada uno de los departamentos.

Por lo que respecta a las unidades en curso al final del período se estima que su grado de adelanto medio, por elementos de coste, era:

| | Dpto. I | Dpto. II | Dpto. III |
|---|---|---|---|
| Materia prima | 1 | — | — |
| Mano de obra directa | 1/2 | 7/15 | 1/2 |
| Gastos generales de fabricación | 1/2 | 7/15 | 1/2 |

b) Los dos *centros auxiliares* prestaron durante el período los siguientes servicios:

| | Dpto. I | Dpto. II | Dpto. III |
|---|---|---|---|
| Taller reparaciones | 50 horas | 120 horas | 20 horas |
| Central energía | 10.000 kw/h | 50.000 kw/h | 20.000 kw/h |

## III. INFORMACION PROCEDENTE DEL DEPARTAMENTO CONTABLE

a) *Función de aprovisionamiento*

Se compraron 10.000 kg de materias primas a 20 pesetas/kg, abonándose además unos gastos de transporte de 15.000 pesetas

Había en existencias, al inicio del período, 2.000 kg de materias primas adquiridas a 18 pta./kg.

Los valores de la salida recibidos del almacén totalizan un consumo, realizado en su totalidad por el Departamento I, de 8.000 kg.

Se sigue el método FIFO para valorar dicho consumo.

b) *Gastos de personal*

La nómina del período ascendió a 1.500.000 pesetas. Los transportes del personal a la planta industrial supusieron un importe de 50.000 pesetas, y la subvención del economato fue de 80.000 pesetas.

De acuerdo con la información procedente de las fichas de control, de los vales de trabajo y de la nómina, se ha elaborado el siguiente reparto de los gastos de personal:

| | Taller reparac. | Centro energía | Dpto. I | Dpto. II | Dpto. III |
|---|---|---|---|---|---|
| M.O.D. | — | — | 300.000 | 70.000 | 220.000 |
| M.O.I. | 110.000 | 50.000 | 200.000 | 30.000 | 70.000 |
| Total | 110.000 | 50.000 | 500.000 | 100.000 | 290.000 |

Del resto de los gastos de personal, 350.000 pesetas corresponden al Departamento de ventas, y 230.000 pesetas al Departamento de administración.

c) *Otros ingresos y costes registrados*

Se dispone también de la siguiente información relativa al período:

- — Compras de combustibles: 20.000 pesetas.
- — No existen existencias iniciales y finales de combustibles.
- — Servicios exteriores: 385.000 pesetas.
- — Tributos: 10.000 pesetas.
- — Gastos financieros: 80.000 pesetas.

— Dotación a la amortización: 125.000 pesetas, se corresponde íntegramente con la depreciación del equipo y de las instalaciones productivas.
— Ventas productos terminados (15.000 unid.): 1.200.000 pesetas.
— Otros ingresos: 20.000 pesetas.

El reparto de los costes entre los distintos centros de actividad se efectúa basándose en ciertas claves de reparto, previamente establecidas por el Departamento de administración. El resultado de aplicar las mismas a los anteriores costes es el siguiente:

| | |
|---|---|
| — Taller de reparaciones | 80.000 |
| — Central de energía | 70.000 |
| — Departamento I | 85.000 |
| — Departamento II | 55.000 |
| — Departamento III | 34.000 |
| — Departamento de venta | 162.000 |
| — Departamento de administración | 54.000 |
| — Departamento financiero: | 80.000 |
| — Total | 620.000 |

SE PIDE:

1. Preparar los cuadros-síntesis de los costes de los distintos departamentos, necesarios para calcular analíticamente el valor de la producción obtenida en cada uno de ellos, atendiendo a las siguientes indicaciones:

   — Para el Departamento I no es necesario determinar el coste de las unidades perdidas en su conjunto, ni, por consiguiente, el coste adicional por unidades perdidas.
   — Para el Departamento II se determinará el coste adicional unitario por unidades perdidas.
   — Para el Departamento III también se calculará el coste adicional unitario por unidades perdidas.

2. Anotaciones contables que correspondan al modelo anglosajón, método monista, y referidas a la Contabilidad de Costes.

## SOLUCION CASO 15

### 1. PREPARACION DE LOS CUADROS NECESARIOS PARA CALCULAR ANALITICAMENTE EL VALOR DE LA PRODUCCION

**Cuadro I. Cálculo de los gastos generales de fabricación de los departamentos**

| | Taller reparaciones | Central energía | Departamento I | Departamento II | Departamento III |
|---|---|---|---|---|---|
| MOI | 110.000 | 50.000 | 200.000 | 30.000 | 70.000 |
| Otros costes | 80.000 | 70.000 | 85.000 | 55.000 | 34.000 |
| Costes primarios | 190.000 | 120.000 | 285.000 | 85.000 | 104.000 |
| Taller de reparaciones | –190.000 | 0 | 50.000 | 120.000 | 20.000 |
| Central de energía | 0 | –120.000 | 15.000 | 75.000 | 30.000 |
| Total costes | 0 | 0 | 350.000 | 280.000 | 154.000 |

**CALCULO DEL CONSUMO DE MATERIAS PRIMAS (FIFO)**

| | | |
|---|---|---|
| Existencia inicial: | 2.000 kg × 18,00 pta./kg = | 36.000 pta. |
| Compras: | 10.000 kg × 20,00 pta./kg + | 15.000 pta. = |
| | = 10.000 kg × 21,50 pta./kg = | 215.000 pta. |
| Consumos (8.000 kg): | 2.000 kg × 18,00 pta./kg + | |
| | + 6.000 kg × 21,50 pta./kg = | 165.000 pta. |
| Existencia final: | 4.000 kg × 21,50 pta./kg = | 86.000 pta. |

**Cuadro II. Cuadro-síntesis del Departamento I**

| Elementos del coste / Conceptos diversos | | Materia prima | | Mano de obra directa | | Gastos generales de fabricación | | Total |
|---|---|---|---|---|---|---|---|---|
| Costes del departamento: | | | | | | | | |
| * Costes del período | | | 165.000 | | 300.000 | | 350.000 | 815.000 |
| Unidades físicas: | | | | | | | | |
| * Terminadas: | 45.000 | 100 | 45.000 | 100 | 45.000 | 100 | 45.000 | |
| * Perdidas | 5.000 | | | | | | | |
| * En curso al final: | 10.000 | 100 | 10.000 | 50 | 5.000 | 50 | 5.000 | |
| Trabajadas: | 60.000 | | | | | | | |
| Unidades equivalentes | | | 55.000 | | 50.000 | | 50.000 | |
| Coste medio unitario | | | 3,00 | | 6,00 | | 7,00 | 16,00 |
| Valor de la producción: | | | | | | | | |
| * Terminada: | | (45.000 × 3,00) | = 135.000 | (45.000 × 6,00) | = 270.000 | (45.000 × 7,00) | = 315.000 | 720.000 |
| * En curso al final: | | (10.000 × 3,00) | = 30.000 | (5.000 × 6,00) | = 30.000 | (5.000 × 7,00) | = 35.000 | 95.000 |
| Total | | | 165.000 | | 300.000 | | 350.000 | 815.000 |

## Cuadro III. Cuadro-síntesis del Departamento II

| Conceptos diversos / Elementos del coste | | Materia prima | Mano de obra directa | Gastos generales de fabricación | Total | Productos semielaborados Departamento preparación | Total |
|---|---|---|---|---|---|---|---|
| Costes del departamento: | | | | | | | |
| * Costes del período: | | 0 | 70.000 | 280.000 | 350.000 | 720.000 | 1.070.000 |
| Unidades físicas: | | | | | | | |
| * Terminadas: | 28.000 | 0 0 | 100 28.000 | 100 28.000 | | 100 28.000 | |
| * Perdidas | 2.000 | | 0 0 | 0 0 | | 100 2.000 | |
| * En curso al final: | 15.000 | 0 0 | 46,7 7.000 | 46,7 7.000 | | 100 15.000 | |
| Trabajadas: | 45.000 | | | | | | |
| Unidades equivalentes | | 0 | 35.000 | 35.000 | | 45.000 | |
| Coste medio unitario | | 0,00 | 2,00 | 8,00 | 10,00 | 16,00 | 26,00 |
| Determinación del coste adicional por unidades perdidas | | | | | | | |
| 1. Coste global de unidades perdidas | | 0 | 0 | 0 | 0,00 | (2.000 × 16,00) = 32.000 | |
| 2. Unidades a soportarlo | | | | | | 43.000 | |
| 3. Coste (unitario) adicional por unidades perdidas | | | | | | 0,744 | |
| Coste unitario incrementado | | 0,00 | 2,00 | 8,00 | 10,00 | 16,744 | 26,744 |
| Valor de la producción: | | | | | | | |
| * Terminada: | | = 0 | (28.000 × 2,00) = 56.000 | (28.000 × 8,00) = 224.000 | 280.000 | (28.000 × 16,744) = 468.837 | 748.837 |
| * En curso al final: | | = 0 | (7.000 × 2,00) = 14.000 | (7.000 × 8,00) = 56.000 | 70.000 | (15.000 × 16,744) = 251.163 | 321.163 |
| Total | | 0 | 70.000 | 280.000 | 350.000 | 720.000 | 1.070.000 |
| *Destino de la producción terminada* | | | | | | | |
| Unidades enviadas al Departamento III | | = 0 | (25.000 × 2,00) = 50.000 | (25.000 × 8,00) = 200.000 | 250.000 | (25.000 × 16,744) = 418.605 | 668.605 |
| Unidades en existencias finales | | = 0 | (3.000 × 2,00) = 6.000 | (3.000 × 8,00) = 24.000 | 30.000 | (3.000 × 16,744) = 50.232 | 80.232 |
| Total | | 0 | 56.000 | 224.000 | 280.000 | 468.837 | 748.837 |

**Cuadro IV. Cuadro-síntesis del Departamento III**

| Conceptos diversos \ Elementos del coste | Materia prima | Mano de obra directa | Gastos generales de fabricación | Total | Productos semielaborados Departamento preparación | Total |
|---|---|---|---|---|---|---|
| Costes del departamento: | | | | | | |
| * Costes del período: | 0 | 220.000 | 154.000 | 374.000 | 668.605 | 1.042.605 |
| Unidades físicas: | | | | | | |
| * Terminadas: 20.000 | 0 0 | 100 20.000 | 100 20.000 | | 100 20.000 | |
| * Perdidas 1.000 | | 0 0 | 0 0 | | 100 1.000 | |
| * En curso al final: 4.000 | 0 0 | 50 2.000 | 50 2.000 | | 100 4.000 | |
| Trabajadas: 25.000 | | | | | | |
| Unidades equivalentes | 0 | 22.000 | 22.000 | | 25.000 | |
| Coste medio unitario | 0,00 | 10,00 | 7,00 | 17,00 | 26,744 | 43,744 |
| Determinación del coste adicional por unidades perdidas<br>1. Coste global de unidades perdidas | 0 | 0 | 0 | 0,00 | (1.000 × 26,744)<br>= 26.744 | |
| 2. Unidades a soportarlo | | | | | 24.000 | |
| 3. Coste (unitario) adicional por unidades perdidas | | | | | 1,114 | |
| Coste unitario incrementado | 0,00 | 10,00 | 7,00 | 17,00 | 27,859 | 44,859 |
| Valor de la producción: | | | | | | |
| * Terminada: | = 0 | (20.000 × 10,00)<br>= 200.000 | (20.000 × 7,00)<br>= 140.000 | 340.000 | (20.000 × 27,859)<br>= 557.171 | 897.171 |
| * En curso al final: | = 0 | (2.000 × 10,00)<br>= 20.000 | (2.000 × 7,00)<br>= 14.000 | 34.000 | (4.000 × 27,859)<br>= 111.434 | 145.434 |
| Total | 0 | 220.000 | 154.000 | 374.000 | 668.605 | 1.042.605 |

## 2. ANOTACIONES EN EL DIARIO DE LA CONTABILIDAD DE COSTES

| | | |
|---|---|---|
| **1** | | |
| I. P. materia prima | 36.000 | |
| a Existencias materia prima | | 36.000 |
| * De acuerdo con el funcionamiento de las cuentas de I. P., por las existencias iniciales. | | |
| **2** | | |
| I. P. materia prima | 215.000 | |
| a Compras materia prima | | 200.000 |
| a Transportes | | 15.000 |
| * Por las compras del período. | | |

**3**

| | | |
|---|---|---|
| Mano de obra directa | 590.000 | |
| Mano de obra indirecta | 460.000 | |
| Costes generales de administración | 230.000 | |
| Costes generales de distribución | 350.000 | |
| a Gastos de personal | | 1.630.000 |

* Por los gastos de personal del período.

**4**

| | | |
|---|---|---|
| Servicio de fábrica | 199.000 | |
| Amortización industrial | 125.000 | |
| Costes generales de administración | 54.000 | |
| Costes generales de financiación | 80.000 | |
| Costes generales de distribución | 162.000 | |
| a Servicios exteriores | | 385.000 |
| a Tributos | | 10.000 |
| a Gastos financieros | | 80.000 |
| a Dotación para amortización | | 125.000 |
| a Compras de combustibles | | 20.000 |

* Por los gastos del período.

**5**

| | | |
|---|---|---|
| Servicio de fábrica | 460.000 | |
| a Mano de obra indirecta | | 460.000 |

* Por el traspaso de la mano de obra indirecta.

**6**

| | | |
|---|---|---|
| Gastos generales de fabricación | 474.000 | |
| Departamento taller reparaciones | 190.000 | |
| Departamento central energía | 120.000 | |
| a Servicio de fábrica | | 659.000 |
| a Amortización industrial | | 125.000 |

* Por el traspaso de la amortización industrial y del servicio de fábrica.

**7**

| | | |
|---|---|---|
| Gastos generales de fabricación | 310.000 | |
| a Departamento taller reparaciones | | 190.000 |
| a Departamento central energía | | 120.000 |

* Por el traspaso de los costes de los centros de actividad auxiliares a los centros de fabricación.

**8**

| | | |
|---|---|---|
| Coste del Departamento I | 165.000 | |
| a I. P. materia prima | | 165.000 |

* Por la incorporación a los departamentos de la materia prima.

| | | |
|---|---|---|
| **9** | | |
| Coste del Departamento I | 300.000 | |
| Coste del Departamento II | 70.000 | |
| Coste del Departamento III | 220.000 | |
| a Mano de obra directa | | 590.000 |
| * Por la incorporación a los departamentos de la mano de obra directa. | | |
| **10** | | |
| Coste del Departamento I | 350.000 | |
| Coste del Departamento II | 280.000 | |
| Coste del Departamento III | 154.000 | |
| a Gastos generales de fabricación | | 784.000 |
| * Por la incorporación a los departamentos de los gastos generales de fabricación. | | |
| **11** | | |
| I. P. producto semiterminado, Departamento I | 720.000 | |
| I. P. producto en curso Departamento I | 95.000 | |
| a Coste del Departamento I | | 815.000 |
| * Por la salida contable de los costes del Departamento I. | | |
| **12** | | |
| Costes del Departamento II | 720.000 | |
| a I. P. producto semiterminado, Departamento I | | 720.000 |
| * Por la entrada de los costes de productos semiterminados en el Departamento II. | | |
| **13** | | |
| I. P. producto semiterminado, Departamento II | 748.837 | |
| I. P. producto en curso en Departamento II | 321.163 | |
| a Coste del Departamento II | | 1.070.000 |
| * Por la salida contable de los costes del Departamento II. | | |
| **14** | | |
| Coste del Departamento III | 668.605 | |
| a I. P. producto semiterminado, Departamento II | | 668.605 |
| * Por la entrada de los costes de productos semiterminados en el Departamento III. | | |
| **15** | | |
| I. P. producto terminado | 897.171 | |
| I. P. producto en curso en Departamento III | 145.434 | |
| a Coste del Departamento III | | 1.042.605 |
| * Por la salida contable de los costes del Departamento III. | | |

**16**

| | Debe | Haber |
|---|---|---|
| Coste industrial de las ventas | 672.878 | |
| a I. P. producto terminado | | 672.878 |

* Por el coste de fabricación del producto vendido (15.000 unid. × 44,85855 pta./unidad).

**17**

| | Debe | Haber |
|---|---|---|
| Ventas de productos terminados | 1.200.000 | |
| a Beneficio bruto en ventas | | 1.200.000 |

* Por las ventas del período.

**18**

| | Debe | Haber |
|---|---|---|
| Beneficio bruto en ventas | 672.878 | |
| a Coste industrial de las ventas | | 672.878 |

* Por el coste de fabricación del producto vendido.

**19**

| | Debe | Haber |
|---|---|---|
| Beneficio bruto en ventas | 527.122 | |
| Otros ingresos | 20.000 | |
| a Beneficio neto del período | | 547.122 |

* Por los elementos positivos del beneficio neto del período.

**20**

| | Debe | Haber |
|---|---|---|
| Beneficio neto del período | 876.000 | |
| a Costes generales de administración | | 284.000 |
| a Costes generales de financiación | | 80.000 |
| a Costes generales de distribución | | 512.000 |

* Por los elementos negativos del beneficio neto del período.

**21**

| | Debe | Haber |
|---|---|---|
| Existencias materia prima | 86.000 | |
| a I. P. materia prima | | 86.000 |

* Por las existencias finales de materia prima.

**22**

| | Debe | Haber |
|---|---|---|
| Existencias de productos en curso en Departamento I | 95.000 | |
| Existencias de productos en curso en Departamento II | 321.163 | |
| Existencias de productos en curso en Departamento III | 145.434 | |
| a I. P. productos en curso en Departamento I | | 95.000 |
| a I. P. productos en curso en Departamento II | | 321.163 |
| a I. P. productos en curso en Departamento III | | 145.434 |

* Por las existencias finales de productos en curso.

| | | |
|---|---|---|
| **23** ——— | | |
| Existencias de productos semiterminados, Departamento II ............ | 80.232 | |
| a I. P. productos semiterminados, Departamento II ............ | | 80.232 |
| * Por las existencias finales de productos semiterminados. | | |
| **24** ——— | | |
| Existencias de productos terminados ............ | 224.293 | |
| a I. P. productos terminados ............ | | 224.293 |
| * Por las existencias finales de productos terminados. | | |
| **25** ——— | | |
| PERDIDAS Y GANANCIAS ............ | 328.878 | |
| a Beneficio neto del período ............ | | 328.878 |
| * Por la pérdida acaecida en el período. | | |

## PARTE TERCERA

# El modelo ABC


CASO 16. **Técnica básica del método ABC. Procedimiento contable que puede seguirse con este modelo**

CASO 17. **Proceso de asignación más elemental por el método ABC. Aspectos generales de los modelos tradicionales**

CASO 18. **Problemática de la reclasificación de actividades**

CASO 19. **Diferenciar y determinar actividades y generadores. Su reclasificación sin acudir a cálculos numéricos**

**CASO 16**

Se pretende introducir al alumno de una manera sencilla en el manejo de la **técnica básica del método ABC**. Asimismo se expone el **procedimiento contable que puede seguirse con este modelo**.

FAMESA (Fábrica de mesas, sociedad anónima), que tiene como objeto social la fabricación de dos modelos de mesas: mesas modelo X y mesas modelo Y, presenta al treinta y uno de diciembre de x la siguiente información.

## ORGANIZACION TECNICO-ECONOMICA

### a) Descentralización de la empresa en centros de responsabilidad

FAMESA se encuentra dividida en los siguientes centros de responsabilidad:

— Centro de compras.
— Centro de conservación.
— Centro de producción I.
— Centro de producción II.
— Centro de administración.
— Centro de financiación.
— Centro de distribución.

El centro de producción I se encarga de cortar y preparar la madera en tablas, listones, etc., y el centro de producción II, de su montaje en los tipos de mesas conocidos como modelo X y modelo Y.

Los costes localizados en cada uno de estos centros son los que aparecen en el Cuadro 1.

### b) Los productos y los centros de producción

La madera, única materia prima que utiliza la empresa, se incorpora en el centro de producción I y el proceso productivo que se realiza en ella se empieza y se acaba en el día, por lo que no hay producción en curso.

Lo que sí existe normalmente es un cúmulo de madera pasada ya por el centro de producción I que está esperando pasar al centro de producción II y que se integra en el concepto de producto terminado.

En este último centro sí existen, por lo general, productos en curso pendientes de ser terminados.

**Cuadro 1. Cuadro de localización** **(en miles de pesetas)**

| Conceptos \ Centros | Compras | Conservación | Producción I | Producción II | Administración | Financiación | Distribución | TOTAL |
|---|---|---|---|---|---|---|---|---|
| 61 Gastos de personal | 9.600 | 2.400 | 12.000 | 30.000 | 13.200 | 600 | 10.200 | 78.000 |
| 62 Gastos financieros | — | — | — | — | — | 15.000 | — | 15.000 |
| 63 Tributos | 2.000 | 1.000 | 3.200 | 2.000 | 2.000 | 800 | 2.000 | 13.000 |
| 64 Servicios exteriores | 5.600 | 2.800 | 4.200 | 8.400 | 2.800 | 1.400 | 2.800 | 28.000 |
| 65 Transportes y fletes | 10.400 | 1.300 | 1.300 | 1.300 | 1.300 | — | 10.400 | 26.000 |
| 66 Otros servicios | 1.500 | 500 | 1.000 | 1.000 | 1.000 | 500 | 4.500 | 10.000 |
| 68 Dotaciones de ejercicio para amortización | 5.000 | 2.500 | 15.100 | 17.400 | 5.000 | — | 5.000 | 50.000 |
| Total cargas | 34.100 | 10.500 | 36.800 | 60.100 | 25.300 | 18.300 | 34.900 | 220.000 |
| Materias auxiliares | — | — | 15.000 | 15.000 | — | — | — | 30.000 |
| Repuestos | 900 | 500 | 1.500 | 1.800 | 600 | — | 1.100 | 6.400 |
| Costes indirectos primarios | 35.000 | 11.000 | 53.300 | 76.900 | 25.900 | 18.300 | 36.000 | 256.400 |

Una ilustración de lo que acabamos de decir sería la que aparece en la figura siguiente.

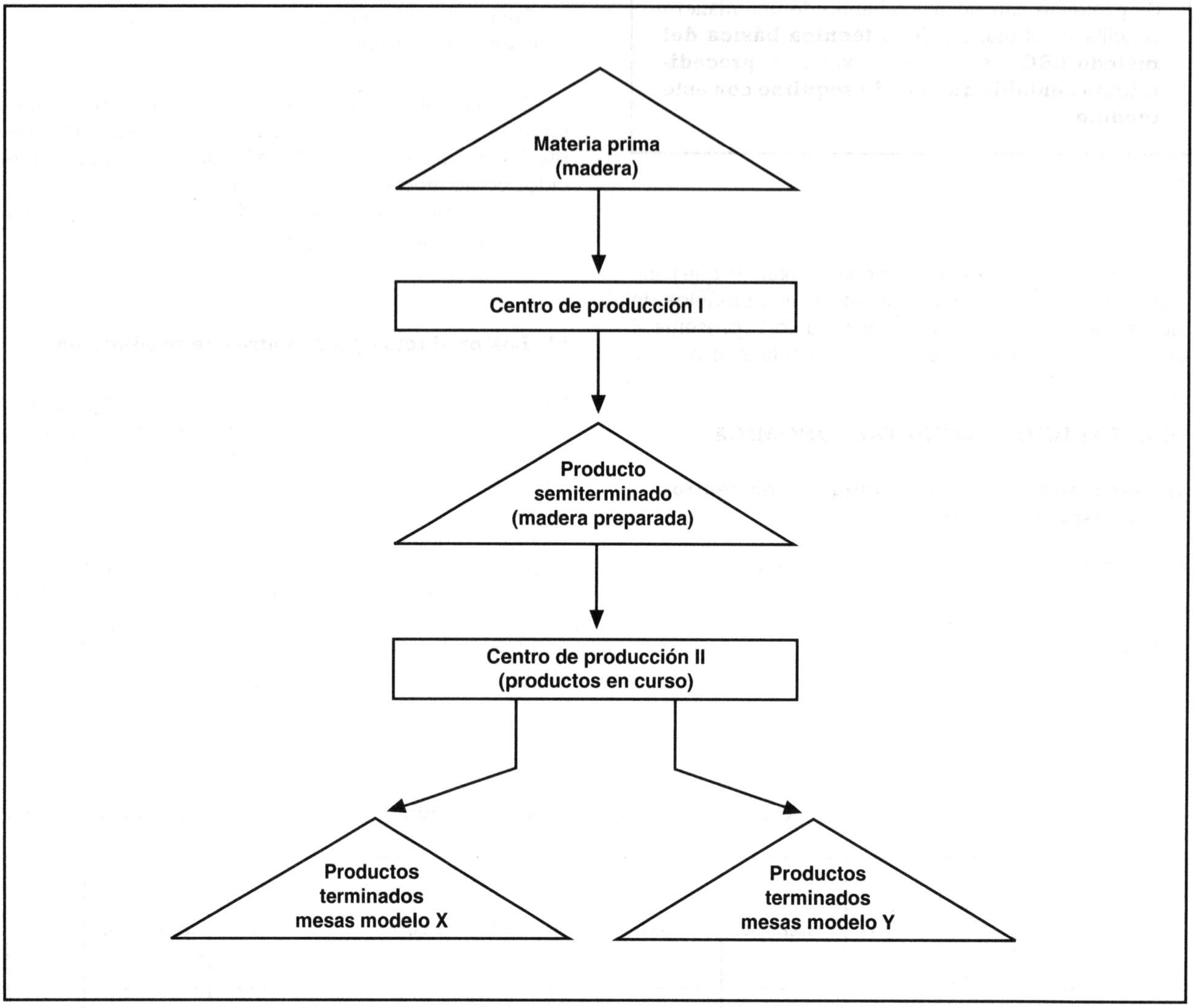


**c) Información complementaria**

c.1. *Actividades desarrolladas en los centros directamente implicados en el proceso productivo*

FAMESA tiene implantado, desde hace un año, un sistema de costes basado en las actividades (ABC), a efectos de calcular de la manera más precisa posible el coste de los dos modelos de mesas que fabrica.

A tal fin, y como una de las primeras medidas que adoptaron fue la de detectar las distintas actividades que se vienen realizando en los diferentes centros, si bien, y dado que sólo utilizan este nuevo sistema para asignar costes, procedieron a determinar únicamente aquellas actividades no consideradas como de nivel de empresa; son las que aparecen en el Cuadro 2.

c.2. *Reparto de los costes de los centros entre las actividades*

Los costes localizados en los diferentes centros que aparecen en el Cuadro 1 se reparten entre las distintas actividades tal como aparecen en el Cuadro 3.

**Cuadro 2. Actividades desarrolladas por los diferentes centros**

| | CENTROS DE ACTIVIDAD | | | |
|---|---|---|---|---|
| | **Compras** | **Producción I** | **Producción II** | **Distribución** |
| **ACTIVIDADES** | Emisión de órdenes de compras<br>Inspección y control de calidad de los lotes recibidos<br>Mantenimiento de los materiales en almacén | Corte de madera<br>Pulimentado de la madera<br>Puesta a punto de la maquinaria<br>Transporte interno de materiales<br>Inspección y control de calidad de los lotes en proceso | Barnizado de la madera<br>Montaje de las mesas<br>Puesta a punto de la maquinaria<br>Transporte interno de materiales<br>Inspección y control de calidad de los lotes en proceso y terminados<br>Cambios de ingeniería | Emisión de órdenes de ventas<br>Embalaje de lotes<br>Facturación y envío de los pedidos |

**Cuadro 3. Elementos de coste de cada una de las actividades**

| Actividades / Cargas de actividades por centro | Emisión de órdenes de compras 1.1 | Inspección y control de calidad de lotes 1.2 | Manteni- miento de materiales en almacén 1.3 | 1.4 | 1.5 | 1.6 | 1.7 | 1.8 | Total de actividades del centro 1 |
|---|---|---|---|---|---|---|---|---|---|
| **1. Centro de compras** | | | | | | | | | |
| Gastos de personal. .... | 960 | 3.840 | 4.800 | | | | | | 9.600 |
| Tributos .......... | 200 | 800 | 1.000 | | | | | | 2.000 |
| Servicios exteriores .... | 560 | 2.240 | 2.800 | | | | | | 5.600 |
| Transportes .......... | 540 | 2.660 | 7.200 | | | | | | 10.400 |
| Otros servicios .......... | 150 | 600 | 750 | | | | | | 1.500 |
| Dotaciones a amortización .......... | 500 | 1.500 | 3.000 | | | | | | 5.000 |
| Materias auxiliares ...... | — | — | — | | | | | | — |
| Repuestos .......... | 90 | 300 | 450 | | | | | | 900 |
| Coste de las actividades. | 3.000 | 12.000 | 20.000 | | | | | | 35.000 |

| Actividades / Cargas de actividades por centro | Corte de madera 2.1 | Pulimentado de madera 2.2 | Puesta a punto de maquinaria 2.3 | Transporte interno de materiales 2.4 | Inspección y control de calidad 2.5 | 2.6 | 2.7 | 2.8 | Total de actividades del centro 2 |
|---|---|---|---|---|---|---|---|---|---|
| **2. Centro de produc. I** | | | | | | | | | |
| Gastos de personal. .... | 1.500 | 2.600 | 5.100 | 1.800 | 1.000 | | | | 12.000 |
| Tributos .......... | 960 | 1.030 | 410 | 470 | 330 | | | | 3.200 |
| Servicios exteriores .... | 1.460 | 860 | 1.175 | 255 | 450 | | | | 4.200 |
| Transportes .......... | 330 | 260 | 710 | — | — | | | | 1.300 |
| Otros servicios .......... | 300 | 200 | 250 | 150 | 100 | | | | 1.000 |
| Dotaciones a amortización .......... | 6.500 | 4.000 | 1.980 | 1.350 | 1.270 | | | | 15.100 |
| Materias auxiliares ...... | 6.500 | 5.750 | — | 1.250 | 1.500 | | | | 15.000 |
| Repuestos .......... | 450 | 300 | 375 | 225 | 150 | | | | 1.500 |
| Coste de las actividades. | 18.000 | 15.000 | 10.000 | 5.500 | 4.800 | | | | 53.300 |

*(Continúa)*

**Cuadro 3.** (*continuación*)

| Actividades / Cargas de actividades por centro | Puesta a punto de maquinaria 3.1 | Transporte interno de materiales 3.2 | Inspección y control 3.3 | Barnizado de madera 3.4 | Montaje de mesas 3.5 | Cambios de ingeniería 3.6 | 3.7 | 3.8 | Total de actividades del centro 3 |
|---|---|---|---|---|---|---|---|---|---|
| **3. Centro de produc. II** | | | | | | | | | |
| Gastos de personal | 8.000 | 2.500 | 1.500 | 7.500 | 9.500 | 1.000 | | | 30.000 |
| Tributos | 400 | 300 | 100 | 500 | 700 | — | | | 2.000 |
| Servicios exteriores | 1.680 | 1.260 | 420 | 2.100 | 2.440 | 500 | | | 8.400 |
| Transportes | — | 1.000 | — | — | 300 | — | | | 1.300 |
| Otros servicios | 200 | 150 | 50 | 250 | 350 | — | | | 1.000 |
| Dotaciones a amortización | 4.270 | 4.490 | 2.680 | 1.600 | 4.360 | — | | | 17.400 |
| Materias auxiliares | — | — | — | 8.000 | 7.000 | — | | | 15.000 |
| Repuestos | 450 | 200 | 250 | 50 | 350 | 500 | | | 1.800 |
| Coste de las actividades | 15.000 | 9.900 | 5.000 | 20.000 | 25.000 | 2.000 | | | 76.900 |

| Actividades / Cargas de actividades por centro | Emisión órdenes de venta 4.1 | Embalaje de madera 4.2 | Facturación a punto de maquinaria 4.3 | 4.4 | 4.5 | 4.6 | 4.7 | 4.8 | Total de actividades del centro 4 |
|---|---|---|---|---|---|---|---|---|---|
| **4. Centro de distribuc.** | | | | | | | | | |
| Gastos de personal | 2.800 | 4.400 | 3.000 | | | | | | 10.200 |
| Tributos | 300 | 500 | 1.200 | | | | | | 2.000 |
| Servicios exteriores | 300 | 1.200 | 1.300 | | | | | | 2.800 |
| Transportes | — | 400 | 10.000 | | | | | | 10.400 |
| Otros servicios | 2.000 | 1.000 | 1.500 | | | | | | 4.500 |
| Dotaciones a amortización | 600 | 1.400 | 3.000 | | | | | | 5.000 |
| Materias auxiliares | — | — | — | | | | | | — |
| Repuestos | — | 1.100 | — | | | | | | 1.100 |
| Coste de las actividades | 6.000 | 10.000 | 20.000 | | | | | | 36.000 |

c.3. *Generadores de costes*

Los generadores de costes establecidos para cada una de las actividades identificadas en los distintos centros, así como el número de ellos son los reflejados en el Cuadro 4.

c.4. *Consumo de generadores de costes*

Las primeras materias, los productos en proceso (en curso y semiterminados) y los productos terminados han utilizado las distintas actividades en la medida que refleja el Cuadro 5, en el que se expresa tal uso o disfrute en función de los generadores consumidos por cada uno de ellos.

c.5. *Compras y ventas del ejercicio*

*a*) Las compras realizadas por la empresa para el período han sido:

| | | |
|---|---|---|
| Madera | 270.000.000 | pta. |
| Materias auxiliares | 25.000.000 | pta. |
| Repuestos | 4.000.000 | pta. |

*b*) Se han vendido mesas del modelo X por un importe de 306.358.000 pesetas, y del modelo Y por un importe de 202.372.000 pesetas.

c.6. *Afectación de los costes directos*

El valor de la madera consumida, 300.000.000 de pesetas, se afecta al modelo de mesa X en un 55 por 100, un

**Cuadro 4. Generadores de costes por actividades**

| Actividades / Generador de costes | Descripción del generador de costes | Número de generadores de costes |
|---|---|---|
| Emisión de órdenes de compras | Número de órdenes emitidas | 30 |
| Inspección y control de calidad de lotes recibidos | Tiempo/lote | 150 |
| Mantenimiento de materiales en almacén | Kg comprados | 1.950.000 |
| Corte de madera | Horas/máquina | 720 |
| Pulimentado de madera | Horas/hombre | 300 |
| Puestas a punto de maquinaria en centro de producción I | Número de puestas a punto | 200 |
| Transporte de materiales en centro de producción I | Número de transportes efectuados | 100 |
| Inspección y control de calidad de lotes en centro de producción I | Tiempo/lote | 60 |
| Barnizado de madera | Horas/hombre | 400 |
| Montaje de mesas | Horas/máquina | 2.000 |
| Puestas a punto en centro de producción II | Número de puestas a punto | 300 |
| Transporte de materiales en centro de producción II | Número de transportes efectuados | 180 |
| Inspección y control de calidad de lotes en centro de producción II | Tiempo/lote | 62,5 |
| Cambios de ingeniería | Tiempo/cambio | 100 |
| Emisión de órdenes de ventas | Número de órdenes emitidas | 60 |
| Embalaje de lotes | Lotes embalados | 80 |
| Facturación y envío de pedidos | Número de envíos | 40 |

**Cuadro 5. Consumo de generadores por productos según el modelo ABC**

| Actividades | Primeras materias | Materias auxiliares | Materiales consumo y reposición | Productos en curso | Productos semi-terminados | Mesas X | Mesas Y | Total |
|---|---|---|---|---|---|---|---|---|
| Emisión de órdenes de compras y ventas | 20 | 7 | 3 | — | — | 35 | 25 | 90 |
| Inspección y control de calidad de lotes | 100 | 30 | 20 | 12 | 20,5 | 50 | 40 | 272,5 |
| Mantenimiento almacén material | 1.350.000 | 350.000 | 250.000 | — | — | — | — | 1.950.000 |
| Corte | — | — | — | 10 | 70 | 350 | 290 | 720 |
| Montaje | — | — | — | 25 | 237 | 1.204 | 504 | 2.000 |
| Pulimentado y barnizado de madera | — | — | — | 50 | 80 | 300 | 270 | 700 |
| Puestas a punto de maquinaria | — | — | — | 55 | 45 | 210 | 190 | 500 |
| Transporte interno de materiales | — | — | — | 40 | 50 | 100 | 90 | 280 |
| Cambios de ingeniería | — | — | — | 10 | — | 30 | 60 | 100 |
| Embalaje de lotes | — | — | — | — | — | 50 | 30 | 80 |
| Facturación y envíos de pedidos | — | — | — | — | — | 25 | 15 | 40 |

40 por 100 al modelo de mesa Y, un 3 por 100 a los productos semiterminados y un 2 por 100 a los productos en curso en el centro de producción II.

c.7. *Tratamiento de las existencias iniciales de productos en curso y de productos semiterminados*

Se reincorporan al coste de producción el modelo X y al coste de producción del modelo Y, en porcentaje, con arreglo al siguiente cuadro:

| | COSTE PRODUCCION MODELO X | COSTE PRODUCCION MODELO Y |
|---|---|---|
| Productos en curso | 60 | 40 |
| Productos semiterminados | 58 | 42 |

c.8. *Determinación de los costes finales*

Además de la información suministrada sobre la imputación de los costes indirectos del centro de distribución, se sabe que los productos vendidos estaban inventariados así:

— 229.008.000 las mesas modelo X.
— 201.022.000 las mesas modelo Y.

c.9. *Criterios de valoración*

Los consumos de materiales y las salidas de almacén de los productos terminados se valorarán siguiendo el procedimiento FIFO. En el Cuadro 6 se encuentra información al respecto.

**Cuadro 6. Información adicional**

| | |
|---|---|
| **EXISTENCIAS INICIALES** | |
| Primeras materias madera | 425.000 m³ |
| Productos terminados mesas X | 22.000 uds |
| Productos terminados mesas Y | 10.000 uds |
| **COMPRAS DEL EJERCICIO** | |
| Primeras materias madera | 1.350.000 m³ |
| Materias auxiliares | 350.000 kg |
| Repuestos | 250.000 kg |
| **PRODUCCIÓN** | |
| Mesas X | 175.799 uds |
| Mesas Y | 106.711 uds |
| **EXISTENCIAS FINALES** | |
| Primera materia madera | 441.122 m³ |
| **Productos en curso: los fabricados en el ejercicio** | |
| Mesas X | 21.041 uds |
| Mesas Y | 2.293 uds |
| **CONSUMOS DE PRIMERA MATERIA** | |
| Mesas X | 733.700 m³ |
| Mesas Y | 533.478 m³ |
| Productos en curso | 26.680 m³ |
| Productos semiterminados | 40.020 m³ |
| **VENTAS** | |
| Mesas X | 176.758 uds |
| Mesas Y | 114.478 uds |

c.10. *El balance de situación de FAMESA, al 31 de diciembre de 19X3 es el que presentamos a continuación (Cuadro 7)*

**Cuadro 7. Balance de situación a 31 de diciembre de 19X3**

| N.º CUENTA | CUENTA | DEBE | HABER |
|---|---|---|---|
| 100 | Capital social | | 400.000.000 |
| 112 | Reserva legal | | 80.000.000 |
| 117 | Reservas voluntarias | | 20.000.000 |
| 220 | Terrenos y bienes naturales | 20.000.000 | |
| 221 | Construcciones | 50.000.000 | |
| 223 | Maquinaria | 300.000.000 | |
| 226 | Mobiliario | 50.000.000 | |
| 2821 | Amortización acumulada de construcciones | | 3.000.000 |
| 2823 | Amortización acumulada de maquinaria | | 24.500.000 |
| 2826 | Amortización acumulada de mobiliario | | 10.500.000 |
| 350 | Existencias de mesas modelo X | 22.000.000 | |
| 351 | Existencias de mesas modelo Y | 18.000.000 | |
| 340 | Existencias de productos semiterminados | 5.000.000 | |
| 330 | Existencias de productos en curso | 3.000.000 | |
| 310 | Existencias de madera | 85.000.000 | |
| 322 | Existencias de repuestos | 14.000.000 | |
| 325 | Existencias de materias auxiliares | 6.000.000 | |
| 400 | Proveedores | | 65.000.000 |
| 430 | Clientes | 50.000.000 | |
| 480 | Gastos anticipados | 31.100.000 | |
| 485 | Ingresos anticipados | | 67.000.000 |
| 570 | Caja (pta.) | 900.000 | |
| 572 | Bancos c/c | 15.000.000 | |
| | TOTALES | 670.000.000 | 670.000.000 |

SE PIDE:

Calcular el coste de los distintos productos terminados y en curso de fabricación siguiendo los planteamientos del sistema ABC.

## SOLUCION CASO 16

### INTRODUCCION

La metodología que seguiremos para solucionar éste y los demás ejercicios sobre el sistema de asignación basado en el modelo ABC, se corresponderá básicamente con el desarrollo expuesto en el Volumen I del libro de teoría, si bien realizaremos pequeñas modificaciones «ad hoc» a efectos de hacer más fácil su resolución y que en nada van a desvirtuar lo allí expuesto.

En este primer ejercicio se trata de llevar a cabo, de una manera elemental, las distintas fases o etapas que ya conocemos; no obstante, en primer lugar creemos que en aras de un adecuado desarrollo práctico, el orden secuencial en la exposición de las distintas fases debe atender al siguiente esquema:

1.ª ETAPA: Localización de los costes indirectos en los centros.
2.ª ETAPA: Identificación de las actividades en cada uno de los centros.
3.ª ETAPA: Reparto del coste de los centros entre las distintas actividades en ellos identificadas.
4.ª ETAPA: Determinación del generador para cada actividad.
5.ª ETAPA: Cálculo del coste unitario de cada generador.
6.ª ETAPA: Reclasificación de las actividades.
7.ª ETAPA: Asignación del coste de las actividades a los productos.
8.ª ETAPA: Asignación de los costes directos a los productos.
9.ª ETAPA: Formación del coste final de los productos vendidos.

Como aspectos fundamentales sobre los que nos interesa que el alumno centre en estos momentos su atención hemos de destacar los siguientes:

*a*) Aún cuando en el enunciado aparecen ya como datos conocidos tanto las actividades como los generadores, hemos de recordar que, en la realidad práctica, la determinación de unas y otros suponen el momento clave en la implantación de un sistema ABC o ABM.
*b*) En este ejercicio hemos huido conscientemente de plantear la problemática, harto frecuente en la realidad, de la coexistencia de generadores idénticos con distintos costes unitarios, aspecto éste, como veremos en ejercicios posteriores, que plantea problemas para su correcta resolución.
*c*) Se trata, en definitiva, de un ejercicio con un planteamiento y desarrollo elementales y sencillos que nos ayudará, principalmente, a empezar a entender los aspectos más básicos y fundamentales de este nuevo modelo de asignación.
*d*) Con el fin de dar una visión de globalidad hemos incluido en su resolución aspectos ya tratados en el resto de los modelos tradicionales, como puede ser el relativo a la valoración de las salidas de inventarios o la formación del coste de los productos en proceso.
*e*) Finalmente, en éste y en el próximo ejercicio pasaremos, en último lugar, a desarrollar toda la problemática contable que afecta a estos sistemas de asignación.

## RESOLUCION

### 1.ª ETAPA: Localización de los costes indirectos en los centros

Tal como aparece en el Cuadro 1 del enunciado, el reparto de los costes indirectos por centros es el que expresamos a continuación.

**Cuadro 1. Cuadro de localización** **(en miles de pesetas)**

| Conceptos \ Centros | Compras | Conservación | Producción I | Producción II | Administración | Financiación | Distribución | TOTAL |
|---|---|---|---|---|---|---|---|---|
| 61 Gastos de personal | 9.600 | 2.400 | 12.000 | 30.000 | 13.200 | 600 | 10.200 | 78.000 |
| 62 Gastos financieros | — | — | — | — | — | 15.000 | — | 15.000 |
| 63 Tributos | 2.000 | 1.000 | 3.200 | 2.000 | 2.000 | 800 | 2.000 | 13.000 |
| 64 Servicios exteriores | 5.600 | 2.800 | 4.200 | 8.400 | 2.800 | 1.400 | 2.800 | 28.000 |
| 65 Transportes y fletes | 10.400 | 1.300 | 1.300 | 1.300 | 1.300 | — | 10.400 | 26.000 |
| 66 Otros servicios | 1.500 | 500 | 1.000 | 1.000 | 1.000 | 500 | 4.500 | 10.000 |
| 68 Dotaciones de ejercicio para amortización | 5.000 | 2.600 | 15.100 | 17.400 | 5.000 | | 5.000 | 50.000 |
| Total cargas | 34.100 | 10.500 | 36.800 | 60.100 | 25.300 | 18.300 | 34.900 | 220.000 |
| Materias auxiliares | — | — | 15.000 | 15.000 | — | — | — | 30.000 |
| Repuestos | 900 | 500 | 1.500 | 1.800 | 600 | — | 1.100 | 6.400 |
| Costes indirectos primarios | 35.000 | 11.000 | 53.300 | 76.900 | 25.900 | 18.300 | 36.000 | 256.400 |

Se recordará que dentro de un sistema de costes basado en las actividades no procede efectuar reparto secundario alguno, dado que el objetivo fundamental del modelo se centra en observar la manera en la que cada actividad, con independencia del centro en el que se ejecute, actúa sobre cada producto.

### 2.ª ETAPA: Identificación de las actividades en cada uno de los centros

Atendiendo al Cuadro 2 del enunciado, las actividades detectadas en cada uno de los centros son las que relacionamos a continuación.

**Cuadro 2. Actividades desarrolladas por los diferentes centros**

| | CENTROS DE ACTIVIDAD | | | |
|---|---|---|---|---|
| | **Compras** | **Producción I** | **Producción II** | **Distribución** |
| ACTIVIDADES | Emisión de órdenes de compras<br>Inspección y control de calidad de los lotes recibidos<br>Mantenimiento de los materiales en almacén | Corte de madera<br>Pulimentado de la madera<br>Puestas a punto de la maquinaria<br>Transporte interno de materiales<br>Inspección y control de calidad de los lotes en proceso | Barnizado de la madera<br>Montaje de las mesas<br>Puestas a punto de la maquinaria<br>Transporte interno de materiales<br>Inspección y control de calidad de los lotes en proceso y terminados<br>Cambios de ingeniería | Emisión de órdenes de ventas<br>Embalaje de lotes<br>Facturación y envío de los pedidos |

Se habrá observado, que como ya se hacía alusión en el enunciado, hemos prescindido de determinar las actividades correspondientes a los centros de conservación, administración y financiación al considerar, en este caso, que las actividades que en ellos se realizan tienen la catalogación de actividades «a nivel de empresa», y dado que cualquier proceso de asignación encaminado a repercutirlas sobre los productos resultaría ser arbitrario, es recomendable su no asignación, tal como se indica en el capítulo correspondiente del Volumen I del libro de teoría.

### 3.ª ETAPA: Asignación de los costes de los centros a las actividades

Según el Cuadro 3 del enunciado, los costes asociados con cada actividad en cada uno de los centros son los siguientes:

**Cuadro 3. Síntesis del reparto de costes entre actividades**

| Actividades | Compras | Producción I | Producción II | Distribución |
|---|---|---|---|---|
| Emisión de órdenes de compras | 3.000 | — | — | — |
| Inspección y control de calidad de lotes recibidos | 12.000 | — | — | — |
| Mantenimiento de materiales en almacén | 20.000 | — | — | — |
| Corte de madera | — | 18.000 | — | — |
| Pulimentado de madera | — | 15.000 | — | — |
| Puestas a punto de maquinaria | — | 10.000 | 15.000 | — |
| Transporte interno de materiales | — | 5.500 | 9.900 | — |
| Inspección y control de calidad de productos en proceso y terminados | — | 4.800 | 5.000 | — |
| Barnizado de madera | — | — | 20.000 | — |
| Montaje de mesas | — | — | 25.000 | — |
| Cambios de ingeniería | — | — | 2.000 | — |
| Emisión de órdenes de ventas | — | — | — | 6.000 |
| Embalaje de lotes | — | — | — | 10.000 |
| Facturación y envío de pedidos | — | — | — | 20.000 |
| COSTE TOTAL | 35.000 | 53.300 | 76.900 | 36.000 |

Como puede observarse, este cuadro no supone nada más que un resumen de lo contenido en el cuadro ya citado del enunciado.

### 4.ª y 5.ª ETAPAS: Determinación de los generadores y de sus respectivos costes unitarios

Con los datos que aparecen en el Cuadro 4 del enunciado y en el Cuadro 3 de la solución puede procederse de manera inmediata a la determinación de los costes unitarios de cada generador dentro del contexto concreto de cada actividad, tal como aparece en el siguiente cuadro.

**Cuadro 4. Coste unitario de generadores**

| Actividades | Número de generadores de costes | Coste total actividad (miles de pesetas) | Coste unitario generador (pesetas) |
|---|---|---|---|
| Emisión de órdenes de compra | 30 órdenes | 3.000 | 100.000 |
| Inspección y control de calidad de lotes recibidos | 150 tiempo/lote | 12.000 | 80.000 |
| Mantenimiento de materiales | 1.950.000 kg comprados | 20.000 | 10,256 |
| Corte de madera | 720 horas/máquina | 18.000 | 25.000 |
| Pulimentado de madera | 300 horas/hombre | 15.000 | 50.000 |
| Puestas a punto de la maquinaria en producción I | 200 puestas a punto | 10.000 | 50.000 |
| Transporte de materiales en producción I | 100 número de transportes | 5.500 | 55.000 |
| Inspección y control de calidad en producción I | 60 tiempo/lote | 4.800 | 80.000 |
| Barnizado de madera | 400 horas/hombre | 20.000 | 50.000 |
| Montajes de mesa | 2.000 horas/máquina | 25.000 | 12.500 |
| Puestas a punto de la maquinaria en producción II | 300 puestas a punto | 15.000 | 50.000 |
| Transporte de materiales en producción II | 180 número de transportes | 9.900 | 55.000 |
| Inspección y control de calidad en producción II | 62,5 tiempo/lote | 5.000 | 80.000 |
| Cambios de ingeniería | 100 tiempo/cambio | 2.000 | 20.000 |
| Emisión de órdenes de ventas | 60 órdenes | 6.000 | 100.000 |
| Embalaje de lotes | 80 lotes embalados | 10.000 | 125.000 |
| Facturación y envío de pedidos | 40 envíos | 20.000 | 500.000 |

Para su confección hemos procedido a dividir el coste de cada actividad entre el número de generadores por ella causado. Así, por ejemplo, para determinar el coste unitario de cada generador de la actividad «Ordenes de compras», que como se observa en el Cuadro 4 del enunciado es igual a 30 «número de órdenes emitidas», tendremos:

3.000.000 (coste actividad «órdenes de compras»: 30 (número de generadores) = 100.000 u.m.

### 6.ª ETAPA: Reclasificación de las actividades

En este primer ejercicio sobre el sistema de asignación basado en el modelo ABC, hemos considerado, llegado el momento de reclasificar las actividades, el caso más sencillo; es decir, aquél en el que los generadores son idénticos y se ejecutan al mismo coste, con independencia del centro en el que la actividad tiene lugar.

Como excepción de la regla anterior, ha de considerarse la relativa a las actividades de «Corte de madera» y «Montaje de mesas», ya que aún teniendo ambas el mismo generador (horas\máquina), sus respectivas naturalezas o misiones en la empresa son muy distintas, no teniendo nada más en común, por lo que hemos decidido no reclasificarlas. En cambio, sí hemos realizado tal reclasificación con las actividades relativas a «Pulimentado de madera» y «Barnizado de madera», y esto por los siguientes motivos: tienen el mismo generador, el coste de sus respectivos generadores también es idéntico y la naturaleza de las tareas que en ellas se integran son similares.

No obstante, queremos dejar sentado el hecho de que los comentarios realizados en los dos párrafos anteriores están cargados de cierta dosis de subjetividad, por lo que hemos de terminar manifestando que el criterio para reclasificar este tipo de actividades debe estar supeditado a la racionalidad, a la relevancia informativa y a las circunstancias de cada tipo de empresa en particular.

Las actividades reclasificadas según lo expuesto con anterioridad quedan recogidas en el Cuadro 5.

**Cuadro 5. Reclasificación de actividades**

| Actividades reclasificadas | Generador de costes | Número de generadores de costes | Coste total |
|---|---|---|---|
| Emisión de órdenes de compras y ventas | Número de órdenes emitidas | 90 | 9.000 |
| Inspección y control de calidad | Tiempo/lote | 272,5 | 21.800 |
| Mantenimiento de materiales en almacén | Kg almacenados | 1.950.000 | 20.000 |
| Corte de madera | Hora/máquina | 720 | 18.000 |
| Pulimentado y barnizado de madera | Hora/hombre | 700 | 35.000 |
| Montaje de mesas | Hora/máquina | 2.000 | 25.000 |
| Puestas a punto de la maquinaria | Número de puestas a punto efectuadas | 500 | 25.000 |
| Transporte interno de materias | Número de transportes efectuados | 280 | 15.400 |
| Cambios de ingeniería | Tiempo/cambios | 100 | 2.000 |
| Embalaje de lotes | Lotes embalados | 80 | 10.000 |
| Facturación y envío de pedidos | Número de envíos | 40 | 20.000 |

## 7.ª ETAPA: Asignación de los costes indirectos a los productos

Según se observa en el Cuadro 5 del enunciado, tanto la primera materia, materias auxiliares y materiales de consumo y reposición, así como los productos en curso, semiterminados y terminados, han consumido generadores de costes de diferentes actividades, luego sobre todos ellos hemos de repercutir los costes indirectos.

Los primeros (materiales para consumo y reposición, materias auxiliares y primeras materias), han necesitado las actividades propias del centro de compras para su adquisición, por lo que el correcto valor de esas adquisiciones se formará añadiendo al precio de factura el coste de los generadores consumidos para cada uno de aquellos conceptos, tal como reflejamos en el Cuadro 6.

**Cuadro 6. Formación del coste de compras**

| ACTIVIDAD | COSTE COMPRAS DE MADERA | | | COSTE COMPRAS DE MATERIAS AUXILIARES | | | COSTE COMPRAS DE REPUESTOS | | |
|---|---|---|---|---|---|---|---|---|---|
| | Cantidad (generador) | Coste unitario (pesetas) | Coste total (miles de pesetas) | Cantidad (generador) | Coste unitario (pesetas) | Coste total (miles de pesetas) | Cantidad (generador) | Coste unitario (pesetas) | Coste total (miles de pesetas) |
| Coste de adquisición | 1.350.000 | 200 | 270.000 | 350.000 | 71.428 | 25.000 | 250.000 | 16 | 4.000 |
| Emisión de órdenes de compras | 20 | 100.000 | 2.000 | 7 | 100.000 | 700 | 3 | 100.000 | 300 |
| Inspección y control de calidad | 100 | 80.000 | 8.000 | 30 | 80.000 | 2.400 | 20 | 80 | 1.600 |
| Mantenimiento materiales en almacén | 1.350.000 | 10,256 | 13.846 | 350.000 | 10,256 | 3.590 | 250.000 | 10,256 | 2.564 |
| Costes indirectos de compras | — | — | 23.846 | — | — | 6.690 | — | — | 4.464 |
| Coste total | — | — | 293.846 | — | — | 31.690 | — | — | 8.464 |
| Coste unitario | — | 217,66 | — | — | 90,54 | — | — | 33,856 | — |

Por otra parte, los costes indirectos a asignar a los distintos productos (terminados, semiterminados y en curso), son los que aparecen en el Cuadro 7.

Para confeccionar estos dos últimos cuadros hemos procedido a actuar en base a lo señalado en el Cuadro 5 del enunciado (generadores consumidos) y al Cuadro 5 de esta solución (costes unitarios de los generadores).

**Cuadro 7. Asignación de costes indirectos a los productos**

| ACTIVIDADES | PRODUCTOS EN CURSO | | | PRODUCTOS SEMITERMINADOS | | | MESAS X | | | MESAS Y | | |
|---|---|---|---|---|---|---|---|---|---|---|---|---|
| | Cantidad | Coste unitario | Coste total (miles de pta.) | Cantidad | Coste unitario | Coste total (miles de pta.) | Cantidad | Coste unitario | Coste total (miles de pta.) | Cantidad | Coste unitario | Coste total (miles de pta.) |
| Corte de madera | 10 | 25.000 | 250 | 70 | 25.000 | 1.750 | 350 | 25.000 | 8.750 | 290 | 25.000 | 7.250 |
| Pulimentado y barnizado de madera | 50 | 50.000 | 2.500 | 80 | 50.00 | 4.000 | 300 | 50.000 | 15.000 | 270 | 50.000 | 13.500 |
| Montaje de mesas | 25 | 12.500 | 313 | 237 | 12.500 | 2.963 | 1.204 | 12.500 | 15.050 | 534 | 12.500 | 6.675 |
| Puesta a punto de maquinaria | 55 | 50.000 | 2.750 | 45 | 50.000 | 2.250 | 210 | 50.000 | 10.500 | 190 | 50.000 | 9.500 |
| Transporte interno de materiales | 40 | 55.000 | 2.200 | 50 | 55.000 | 2.750 | 100 | 55.000 | 5.500 | 90 | 55.000 | 4.950 |
| Inspección y control de calidad | 12 | 80.000 | 960 | 20,5 | 80.000 | 1.640 | 50 | 80.000 | 4.000 | 40 | 80.000 | 3.200 |
| Cambios de ingeniería | 10 | 20.000 | 200 | — | — | — | 30 | 20.000 | 600 | 60 | 20.000 | 1.200 |
| Costes totales indirectos | — | — | 9.173 | — | — | 15.353 | — | — | 59.400 | — | — | 46.275 |

De esta forma, los costes indirectos asignados a cada receptor han sido calculados sin más que multiplicar el número de generadores consumidos por cada uno de ellos por el coste unitario de cada generador.

## 8.ª ETAPA: Asignación de los costes directos a los productos

Sabemos por la exposición teórica sobre los procesos de asignación según el modelo ABC, que generalmente sólo deben asignarse de manera directa los materiales consumidos.

Es por eso por lo que en esta etapa sólo suele asignarse a los productos el coste de la primera materia, productos en curso y, si tuviesen el carácter de directo, las materias auxiliares y demás elementos para consumo y reposición (en el ejemplo que nos ocupa tal carácter sólo lo poseen las primeras materias y los productos en curso y semiterminados).

Dado que con respecto a las primeras materias hemos procedidos a calcular ya su correcto valor de compras (véase Cuadro 6 de la solución), procederá ahora su repercusión directa sobre los productos. Pero antes de efectuar tal operación, hemos de valorar correctamente los consumos, por cuanto el ejercicio especifica que se ha de seguir el procedimiento FIFO.

Efectuada la valoración de las primeras materias consumidas según el procedimiento FIFO, sin más que acudir al enunciado, observaremos de manera inmediata la cantidad de primera materia (madera) y de productos en curso y semiterminados, existentes a comienzo del ejercicio, que consumen los dos modelos de mesas que la empresa fabrica así como los productos en curso y terminados existentes al final del ejercicio. Los cálculos aparecen en el Cuadro 8. En él hemos procedido a agregar además, a fin de determinar de manera inmediata el coste de producción, el consumo de costes indirectos ya calculado para cada uno de ellos según el Cuadro 7 de la solución.

## 9.ª ETAPA: Determinación del coste final

Como conocemos ya suficientemente, existen ciertas actividades, localizadas en este caso en el centro de distribución, de las que sólo se han beneficiado los productos vendidos, debiendo, pues, repercutir sus costes solamente sobre ellos.

El coste final se formará, según la apreciación anterior, con los costes de producción de los productos vendidos más los costes de las actividades de distribución.

Como paso previo a su determinación, y dado que las salidas de almacén se valoran siguiendo el procedimiento FIFO, hemos de determinar, empleando este criterio, el correcto valor de los productos terminados vendidos. Los cálculos son los reflejados en el Cuadro 9.

Para terminar el proceso, el coste final se calculará como se refleja en el Cuadro 10. En él se observa que nos hemos limitado a sumar al coste de producción de los productos vendidos, los costes de los generadores consumidos por cada uno de los modelos de mesa correspondientes a las actividades de distribución. Como se recordará, los consumos de estas actividades se calculan sin más que multiplicar los generadores consumidos (Cuadro 5 del enunciado) por los costes unitarios de cada generador (Cuadro 5 de la solución).

**Cuadro 8. Coste de producción**

| | Productos en curso (miles de pesetas) | Productos semiterminados (miles de pesetas) | Mesas X (miles de pesetas) | Mesas Y (miles de pesetas) |
|---|---|---|---|---|
| Primeras materias consumidas (FIFO) | 5.657 | 8.485 | 155.569 | 113.141 |
| Costes indirectos | 9.173 | 15.353 | 59.400 | 46.275 |
| Productos en curso: existencias iniciales. | — | — | 1.800 | 1.200 |
| Productos semiterminados: existencias iniciales | — | — | 2.900 | 2.100 |
| Unidades producidas | — | — | 175.799 | 106.771 |
| Coste de producción | 14.830 | 23.838 | 219.669 | 162.716 |
| Coste unitario | — | — | 1249,54 | 1.523,97 |

**Cuadro 9. Coste de producción de unidades vendidas (FIFO)**

| | MESAS X | | | MESAS Y | | |
|---|---|---|---|---|---|---|
| | Cantidad | Precio | Coste total (miles de pesetas) | Cantidad | Precio | Coste total (miles de pesetas) |
| Existencias iniciales | 22.000 | 1.000 | 22.000 | 10.000 | 1.800 | 18.000 |
| Producción del período | 175.799 | 1.249,54 | 219.668 | 106.771 | 1.523,97 | 162.716 |
| Existencias más producción | 197.799 | — | 241.668 | 116.771 | — | 180.716 |
| Coste de las ventas (FIFO) | 22.000 | 1.000 | 22.000 | 10.000 | 1.800 | 18.000 |
| | 154.758 | 1.249,54 | 193.376 | 104.478 | 1.523,97 | 159.221 |
| | 176.758 | | 215.376 | 114.478 | | 177.221 |
| Existencias finales | 21.041 | — | 26.292 | 2.293 | — | 3.495 |

**Cuadro 10. Coste final**

| | MESAS X | | | MESAS Y | | |
|---|---|---|---|---|---|---|
| | Cantidades | Coste unitario | Coste total (miles de pesetas) | Cantidades | Coste unitario | Coste total (miles de pesetas) |
| ACTIVIDADES | | | | | | |
| Embalaje de lotes | 50 | 125.000 | 6.250 | 30 | 125.000 | 3.750 |
| Facturación de envíos | 25 | 500.000 | 12.500 | 15 | 500.000 | 7.500 |
| Ordenes de venta | 35 | 100.000 | 3.500 | 25 | 100.000 | 2.500 |
| Actividades de distribución | — | — | 22.250 | — | — | 13.750 |
| Coste de producción | — | — | 215.376 | — | — | 177.221 |
| Coste final | 176.758 | 1.347,42 | 237.626 | 114.478 | 1.659,58 | 190.971 |

**PROCESO CONTABLE**

Para desarrollar el proceso contable vamos a valernos de todos los cálculos ya efectuados con anterioridad, por lo que al final de cada asiento remitiremos al lector a las fuentes en las que se encuentran las cantidades consignadas en cada uno de ellos.

El proceso contable que describimos a continuación puede descomponerse en las siguientes etapas:

| | | |
|---|---|---|
| **1. Apertura de la Contabilidad de Costes con la recepción de las cargas por naturaleza, las compras y las existencias iniciales** | | |
| Costes de personal | 78.000.000 | |
| Costes financieros | 15.000.000 | |
| Tributos | 13.000.000 | |
| Servicios exteriores | 28.000.000 | |
| Transportes | 26.000.000 | |
| Otros servicios | 10.000.000 | |
| Dotaciones para amortización | 50.000.000 | |
| a Gastos y dotaciones reflejos | | 220.000.000 |
| * Por las dotaciones y los gastos iniciales, de acuerdo con el enunciado. | | |
| ———— ———— | | |
| Coste de compras de materias auxiliares | 25.000.000 | |
| Coste de compras de materiales para repuestos | 4.000.000 | |
| Coste de compras de madera | 270.000.000 | |
| a Compras reflejas | | 299.000.000 |
| * Por las compras, de acuerdo con el enunciado. | | |
| ———— ———— | | |
| Inventario permanente de mesas modelo X | 22.000.000 | |
| Inventario permanente de mesas modelo Y | 18.000.000 | |
| Inventario permanente de productos semiterminados | 5.000.000 | |
| Inventario permanente de productos en curso | 3.000.000 | |
| Inventario permanente de madera | 85.000.000 | |
| Inventario permanente de materias auxiliares | 6.000.000 | |
| Inventario permanente de materiales para repuestos | 14.000.000 | |
| a Stock inicial reflejo | | 153.000.000 |
| * Por las existencias iniciales, de acuerdo con el enunciado. | | |
| ———— x ———— | | |

**2. Localización de los costes en los centros de actividad**

| | | |
|---|---|---|
| Costes del centro de compras | 35.000.000 | |
| Costes del centro de conservación | 11.000.000 | |
| Costes del centro de producción I | 53.200.000 | |
| Costes del centro de producción II | 77.000.000 | |
| Costes del centro de administración | 25.900.000 | |
| Costes del centro de financiación | 18.300.000 | |
| Costes del centro de distribución | 36.000.000 | |
| a Costes de personal | | 78.000.000 |
| a Costes financieros | | 15.000.000 |
| a Costes de tributos | | 13.000.000 |
| a Costes de servicios exteriores | | 28.000.000 |
| a Costes de transportes | | 26.000.000 |
| a Costes de otros servicios | | 10.000.000 |
| a Costes de dotaciones para amortización | | 50.000.000 |
| a Inventario permanente de materias auxiliares | | 30.000.000 |
| a Inventario permanente de materiales para repuestos | | 6.400.000 |

* De acuerdo con el Cuadro 1 de localización de costes.

——————— x ———————

**3. Cesión de los costes de los centros a las actividades**

| | | |
|---|---|---|
| Emisión de órdenes de compras | 3.0000.000 | |
| Inspección y control de calidad de materiales recibidos | 12.000.000 | |
| Mantenimiento de los materiales en almacén | 20.000.000 | |
| Corte de madera | 18.000.000 | |
| Pulimentado de madera | 15.000.000 | |
| Puesta a punto de la maquinaria en centro de producción I | 10.000.000 | |
| Transporte interno de materiales en centro de producción I | 5.400.000 | |
| Inspección y control de calidad en centro de producción I | 4.800.00 | |
| Barnizado de madera | 20.000.000 | |
| Montaje de mesas | 25.000.000 | |
| Puesta a punto de maquinaria en centro de producción II | 15.000.000 | |
| Transporte interno de materiales en centro de producción II | 10.000.000 | |
| Inspección y control de calidad en centro de producción II | 5.000.000 | |
| Cambios de ingeniería en centro de producción II | 2.000.000 | |
| Emisión de órdenes de venta | 6.000.000 | |
| Embalaje de lotes | 10.000.000 | |
| Facturación y envíos de pedidos | 20.000.000 | |
| a Costes del centro de compras | | 35.000.000 |
| a Costes del centro de producción I | | 53.200.000 |
| a Costes del centro de producción II | | 77.000.000 |
| a Costes del centro de distribución | | 36.000.000 |

* De acuerdo con el Cuadro 3 de síntesis del reparto de costes entre actividades.

——————— x ———————

**4. Reclasificación de las actividades**

| | | |
|---|---|---|
| Emisión de órdenes de compra y venta | 9.000.000 | |
| a Emisión de órdenes de compra | | 3.000.000 |
| a Emisión de órdenes de venta | | 6.000.000 |

* Este asiento, y todos los de esta fase que vienen a continuación, se ajustan al Cuadro 5 de reclasificación de actividades.

| | | |
|---|---|---|
| Inspección y control de calidad | 21.800.000 | |
| a Inspección y control de calidad de materiales recibidos | | 12.000.000 |
| a Inspección y control de calidad en producción I | | 4.800.000 |
| a Inspección y control de calidad en producción II | | 5.000.000 |

| | | |
|---|---|---|
| Pulimentado y barnizado de madera | 35.000.000 | |
| a Pulimentado de madera | | 15.000.000 |
| a Barnizado de madera | | 20.000.000 |

| | | |
|---|---|---|
| Puestas a punto de maquinaria | 25.000.000 | |
| a Puestas a punto de maquinaria en producción I | | 10.000.000 |
| a Puestas a punto de maquinaria en producción II | | 15.000.000 |

| | | |
|---|---|---|
| Transporte interno de materiales | 15.400.000 | |
| a Transporte interno de materiales en producción I | | 5.400.000 |
| a Transporte interno de materiales en producción II | | 10.000.000 |

x

**5. Formación del coste de las compras**

| | | |
|---|---|---|
| Coste de compras de madera | 23.846.000 | |
| Coste de compras de materias auxiliares | 6.690.000 | |
| Coste de compras de repuestos | 4.464.000 | |
| a Emisión de órdenes de compras y ventas | | 3.000.000 |
| a Inspección y control de calidad | | 12.000.000 |
| a Mantenimiento de materiales en almacén | | 20.000.000 |

* De conformidad con el Cuadro 6 de formación del coste de compras.

x

**6. Entrada de las compras en almacén**

| | | |
|---|---|---|
| Inventario permanente de madera | 293.846.000 | |
| Inventario permanente de materias auxiliares | 31.690.000 | |
| Inventario permanente de materiales de repuestos | 8.464.000 | |
| a Coste de compras de materias auxiliares | | 31.690.000 |
| a Coste de compras de materiales para repuestos | | 8.464.000 |
| a Coste de compras de madera | | 293.846.000 |

* También conforme a los datos del Cuadro 6 de formación de coste de compras.

x

**7. Formación del coste de producción**

| | | |
|---|---|---|
| Coste de producción de productos en curso | 9.173.000 | |
| Coste de producción de productos semiterminados | 15.353.000 | |
| Coste de producción de producto terminado mesas X | 59.400.000 | |
| Coste de producción de producto terminado mesas Y | 46.275.000 | |
| a Corte de madera | | 18.000.000 |
| a Montaje de mesas | | 25.000.000 |
| a Pulimentado y barnizado | | 35.000.000 |
| a Puestas a punto de maquinaria | | 25.000.000 |
| a Transporte interno de materiales | | 15.400.000 |
| a Inspección y control de calidad | | 9.800.000 |
| a Cambios de ingeniería en centro de producción II | | 2.000.000 |

* De conformidad con el Cuadro 7 de asignación de costes indirectos a los productos.

——————— ———————

| | | |
|---|---|---|
| Coste de producción de productos en curso | 5.657.000 | |
| Coste de producción de productos semiterminados | 8.485.000 | |
| Coste de producción de producto terminado mesas X | 160.269.000 | |
| Coste de producción de producto terminado mesas Y | 116.441.000 | |
| a I. P. de madera | | 282.852.000 |
| a I. P. de productos en curso | | 3.000.000 |
| a I. P. de productos semiterminados | | 5.000.000 |

* De conformidad con el Cuadro 8 de coste de producción.

——————— x ———————

**8. Entrada en almacén de los distintos tipos de productos**

| | | |
|---|---|---|
| Inventario permanente de productos en curso | 14.830.000 | |
| Inventario permanente de productos semiterminados | 23.838.000 | |
| Inventario permanente mesas X | 219.664.000 | |
| Inventario permanente mesas Y | 162.716.000 | |
| a Coste de producción en curso | | 14.830.000 |
| a Coste de producción de productos semiterminados | | 23.838.000 |
| a Coste de producción mesas X | | 219.669.000 |
| a Coste de producción mesas Y | | 162.716.000 |

* Los datos pueden verse igualmente en el Cuadro 8 de formación del coste de producción.

——————— x ———————

**9. Formación del coste final**

| | | |
|---|---|---|
| Coste final mesas X | 237.626.000 | |
| Coste final mesas Y | 190.971.000 | |
| a Inventario permanente mesas X | | 215.376.000 |
| a Inventario permanente mesas Y | | 177.221.000 |
| a Ordenes de venta | | 6.000.000 |
| a Embalaje de lotes | | 10.000.000 |
| a Facturación y envío de pedidos | | 20.000.000 |

* Con los datos que aparecen en los Cuadros 9 y 10 de la solución.

——————— x ———————

| | | |
|---|---|---|
| **10. Recepción de los ingresos y determinación de los resultados analíticos** | | |
| *a*) Resultado con criterios de Contabilidad de Coste para las mesas X | | |
| Ingresos reflejos mesas X | 306.358.000 | |
| a Coste final mesas X | | 237.626.000 |
| a Resultado con criterios de Contabilidad de Costes de mesas X | | 68.732.000 |
| * De acuerdo con el enunciado y con los asientos anteriores. | | |
| *b*) Resultado con criterios de Contabilidad de Costes para las mesas Y | | |
| Ingresos reflejos mesas Y | 202.372.000 | |
| a Coste final mesas Y | | 190.971.000 |
| a Resultado con criterios de Contabilidad de Costes de mesas Y | | 11.402.000 |
| * De acuerdo con el enunciado y con los asientos anteriores. | | |
| *c*) Resultado final con criterios de Contabilidad de Costes | | |
| Resultado con criterios de Contabilidad de Costes mesas X | 68.732.000 | |
| Resultado con criterios de Contabilidad de Costes mesas Y | 11.402.000 | |
| a Coste del centro de conservación | | 11.000.000 |
| a Coste del centro de administración | | 25.900.000 |
| a Coste del centro de financiación | | 18.300.000 |
| a Resultado con criterios de Contabilidad de Costes | | 24.934.000 |
| * De acuerdo con el enunciado y con los asientos anteriores. | | |
| x | | |

## CASO 17

Se insiste en el **proceso de asignación más elemental** exigido **por el método ABC**, si bien se combina este desarrollo con **aspectos generales** ya vistos en la exposición **de los modelos tradicionales**.

### ENUNCIADO

PACHECOSA es una empresa creada para la fabricación de imágenes policromadas con la finalidad de suministrárselas a las iglesias. Ha iniciado su actividad el día 1 de septiembre de 1993, mes al que se refiere la siguiente información

#### a) Proceso productivo

La empresa realiza su actividad en cuatro centros que actúan en cadena: centro de moldeado, en el que se incorpora la materia prima A; centro de policromado, en el que se incorpora como materia prima la pintura; centro de cocido, y centro de distribución.

PACHECOSA ha empezado a fabricar dos modelos de imágenes que denomina modelo X y modelo Y.

#### b) Costes del período incorporables al coste del producto

— Se ha comprado y consumido materia prima A por valor de 1.245.000 pesetas correspondiente a 12.450 kg y pintura por valor de 472.000 pesetas correspondiente a 2.360 kg. Cada unidad de producto incorpora la misma cantidad de materia prima.

— Se ha empleado mano de obra directa por los siguientes importes en cada uno de los centros: 3.690.000 pesetas en el centro de moldeado, 1.416.000 pesetas en el centro de policromado, 88.000 pesetas en el centro de cocido y 400.000 pesetas en el centro de distribución.

— Los gastos generales de fabricación aplicables a cada centro han sido: 729.000 pesetas en el centro de policromado, 880.000 pesetas en el centro de cocido y 500.000 pesetas en el centro de distribución.

#### c) Productos obtenidos durante el período

— En el centro de moldeado se han empezado y terminado 140 imágenes modelo X y 100 imágenes modelo Y; al final del período quedan en curso 12 imágenes del modelo X, las cuales tienen incorporado el 75 por 100 de la materia prima.

— En el centro de policromado se han trabajado las imágenes terminadas en el centro de moldeado; de ellas estaban pendientes de acabarse al final 20 imágenes del modelo Y que tienen incorporado el 80 por 100 de la materia prima.

— En el centro de cocido se habían terminado totalmente 140 imágenes del modelo X y 80 imágenes del modelo Y.

#### d) Actividades realizadas en los centros

El cuadro siguiente recoge las diferentes actividades que se han identificado en la empresa, dentro de cada centro, para la obtención de las imágenes modelo X y de las imágenes modelo Y (véase Cuadro 1).

#### e) Identificación de los costes con las actividades realizadas en cada centro

Se conoce que en este período las actividades realizadas en cada centro han consumido los costes que se recogen en el Cuadro 2.

#### f) Definición, identificación y cuantificación de los generadores de costes

El Cuadro 3 recoge los generadores de costes que la empresa ha elegido entre las posibles alternativas que se le presentaban, así mismo recoge el número de cada uno de ellos.

#### g) Consumo de generadores de costes por los productos

La empresa ha identificado el consumo de actividades a través de los generadores de costes que aparecen en el Cuadro 4.

#### h) Trabajos a realizar

Con la información suministrada se pide el cálculo del coste de las imágenes modelo X, de las imágenes modelo Y, así como el coste de compras y el coste de los productos en curso del modelo X y del modelo Y.

**Cuadro 1. Actividades realizadas en los centros de PACHECOSA**

| | CENTROS | | | |
|---|---|---|---|---|
| | Moldeado | Policromado | Cocido | Distribución |
| ACTIVIDADES | Ordenes de compra<br>Moldeado<br>Transporte de materiales<br>Puestas a punto de la maquinaria | Ordenes de compra<br>Inspección y control de calidad<br>Transporte de materiales | Cocido<br>Inspección y control de calidad<br>Transporte de materiales | Publicidad<br>Ordenes de venta |

**Cuadro 2. Costes de las actividades realizadas en cada centro**

| Actividades \ Centros | Moldeado | Policromado | Cocido | Distribución |
|---|---|---|---|---|
| Ordenes de compra primera materia A. | 50.000 | — | — | — |
| Moldeado | 3.450.000 | — | — | — |
| Transporte interno materiales en moldeado | 150.000 | — | — | — |
| Puestas a punto en moldeado | 769.000 | — | — | — |
| Ordenes de compra de pintura | — | 60.000 | — | — |
| Policromado | — | 1.968.000 | — | — |
| Inspección y control policromado | — | 200.000 | — | — |
| Transporte interno materiales en policromado | — | 100.000 | — | — |
| Cocido | — | — | 388.000 | — |
| Inspección y control en cocido | — | — | 380.000 | — |
| Transporte materiales en cocido | — | — | 200.000 | — |
| Publicidad | — | — | — | 500.000 |
| Ordenes de venta | — | — | — | 400.000 |
| COSTES TOTALES | 4.419.000 | 2.328.000 | 968.000 | 900.000 |

**Cuadro 3. Identificación de los generadores de costes**

| Actividades | Definición del generador | Número de generadores |
|---|---|---|
| Ordenes de compra en moldeado | Número de órdenes de compras | 25 |
| Moldeado | Horas/hombre | 1.556 |
| Transporte interno de materiales en moldeado | Metros recorridos | 13.333 |
| Puestas a punto de maquinaria en moldeado | Número de puestas a punto | 50 |
| Ordenes de compra en policromado | Número de órdenes de compra | 30 |
| Policromado | Horas/hombre | 888 |
| Inspección y control en policromado | Número de inspecciones | 20 |
| Transporte interno en policromado | Metros recorridos | 8.888 |
| Cocido | Horas/máquina | 880 |
| Inspección y control en cocido | Número de inspecciones | 38 |
| Transporte interno de materiales en cocido | Metros recorridos | 17.779 |
| Publicidad | Número de campañas | 5 |
| Ordenes de venta | Número de órdenes de venta | 40 |

**Cuadro 4. Consumo de generadores de costes por los productos**

| Actividades | Primera materia A | Pintura | Producto X | Producto Y | Producto en curso X | Producto en curso Y |
|---|---|---|---|---|---|---|
| Ordenes de compra | 25 | 30 | — | — | — | — |
| Moldeado policromado | — | — | 1.588,23 | 799,68 | 41,1 | 14,99 |
| Transporte interno de materiales | — | — | 18.000 | 18.000 | 1.000 | 3.000 |
| Puestas a punto de maquinaria | — | — | 25 | 15 | 10 | — |
| Inspección y control | — | — | 28 | 20 | 2 | 8 |
| Cocido | — | — | 586,67 | 293,33 | — | — |
| Publicidad | — | — | 3 | 2 | — | — |
| Ordenes de venta | — | — | 25 | 15 | — | — |

## SOLUCION CASO 17

### 1.ª ETAPA: Localización de los costes indirectos en los centros

El reparto de los costes indirectos por centros, aparece en el Cuadro 1

**Cuadro 1**

| Centros \ Elementos del coste | Mano de obra | Gastos generales | Total |
|---|---|---|---|
| Centros de moldeado | 3.690.000 | 729.000 | 4.419.000 |
| Centros de policromado | 1.416.000 | 912.000 | 2.328.000 |
| Centros de cocido | 88.000 | 880.000 | 968.000 |
| Centros de distribución | 400.000 | 500.000 | 900.000 |
| TOTALES | 5.594.000 | 3.021.000 | 8.615.000 |

Se recordará que en el sistema de costes basado en las actividades, los costes de la mano de obra directa se localizan en los centros donde se consumen, dado que el objetivo fundamental del modelo se centra en observar la manera en la que cada actividad, con independencia del centro en que se ejecute, actúa sobre el producto.

### 2.ª ETAPA: Identificación de las actividades en cada uno de los centros

En el enunciado se relacionan las actividades identificadas en cada uno de los centros y que pasamos a transcribir en el Cuadro 2.

### 3.ª ETAPA: Asignación de los costes de los centros a las actividades

En el enunciado se pueden observar los costes asociados con cada actividad identificada en cada uno de los centros (véase Cuadro 3)

### 4.ª y 5.ª ETAPAS: Determinación de los generadores y de sus respectivos costes unitarios

Con la información que aparece en el cuadro anterior, referente a los costes de las diferentes actividades y la

**Cuadro 2. Actividades realizadas en los centros de PACHECOSA**

| | CENTROS | | | |
|---|---|---|---|---|
| | **Moldeado** | **Policromado** | **Cocido** | **Distribución** |
| **ACTIVIDADES** | Ordenes de compra<br>Moldeado<br>Transporte de materiales<br>Puestas a punto de la maquinaria | Ordenes de compra<br>Inspección y control de calidad<br>Transporte de materiales | Cocido<br>Inspección y control de calidad<br>Transporte de materiales | Publicidad<br>Ordenes de venta |

**Cuadro 3. Asignación de los costes de los centros a las actividades**

| Actividades \ Centros | Moldeado | Policromado | Cocido | Distribución |
|---|---|---|---|---|
| Ordenes de compra primera materia A | 50.000 | — | — | — |
| Moldeado | 3.450.000 | — | — | — |
| Transporte interno de materiales en moldeado | 150.000 | — | — | — |
| Puestas a punto en moldeado | 769.000 | — | — | — |
| Ordenes de compra de pintura | — | 60.000 | — | — |
| Policromado | — | 1.968.000 | — | — |
| Inspección y control policromado | — | 100.000 | — | — |
| Transporte interno materiales en policromado | — | 100.000 | — | — |
| Cocido | — | — | 388.000 | — |
| Inspección y control en cocido | — | — | 380.000 | — |
| Transporte materiales en cocido | — | — | 200.000 | — |
| Publicidad | — | — | — | 500.000 |
| Ordenes de venta | — | — | — | 400.000 |
| COSTES TOTALES | 4.419.000 | 2.328.000 | 968.000 | 900.000 |

información del enunciado sobre la determinación y el número de generadores de las actividades, puede confeccionarse el Cuadro 4.

Para su confección hemos procedido a dividir el coste total de cada actividad por el número de generadores por ella ocasionado.

## 6.ª ETAPA: Reclasificación de las actividades

La reclasificación de las actividades, como se conoce, consiste en aunar las actividades que realizan la misma función, y con generadores comunes con independencia del centro en que la actividad tiene lugar (véase Cuadro 5).

**Cuadro 4**

| Actividades | Definición del generador | Número de generadores | Coste total generador | Coste unitario generador |
|---|---|---|---|---|
| Ordenes de compra en moldeado | Número de órdenes de compras | 25 | 50.000 | 2.000 |
| Moldeado | Horas/hombre | 1.556 | 3.450.000 | 2.217,22 |
| Transporte interno de materiales en moldeado | Metros recorridos | 13.333 | 150.000 | 11,25 |
| Puestas a punto de maquinaria en moldeado | Número de puestas a punto | 50 | 769.000 | 15.380 |
| Ordenes de compra en policromado | Número de órdenes de compra | 30 | 60.000 | 2.000 |
| Policromado | Horas/hombre | 888 | 1.968.000 | 2.216,22 |
| Inspección y control en policromado | Número de inspecciones | 20 | 200.000 | 10.000 |
| Transporte interno en policromado | Metros recorridos | 8.888 | 100.000 | 11,25 |
| Cocido | Horas/máquina | 880 | 388.000 | 440,91 |
| Inspección y control en cocido | Número de inspecciones | 38 | 380.000 | 10.000 |
| Transporte interno de materiales en cocido | Metros recorridos | 17.779 | 200.000 | 11,25 |
| Publicidad | Número de campañas | 5 | 500.000 | 100.000 |
| Ordenes de venta | Número de órdenes de venta | 40 | 400.000 | 10.000 |

**Cuadro 5**

| Actividades reclasificadas | Generadores de coste | Coste total (en miles de pta.) | Coste unitario |
|---|---|---|---|
| Ordenes de compra | Número de órdenes de compras | 110 | 2.000 |
| Moldeado y policromado | Horas/hombre | 5.418 | 2.216,22 |
| Transporte interno de materiales | Metros recorridos | 450 | 11,25 |
| Puestas a punto de maquinaria | Número de puestas a punto | 769 | 15.380 |
| Inspección y control de calidad | Número de inspecciones | 580 | 10.000 |
| Cocido | Horas/máquina | 388 | 440,91 |
| Publicidad | Número de campañas | 500 | 100.000 |
| Ordenes de venta | Número de órdenes de venta | 400 | 10.000 |

En el Cuadro 5 puede observarse que hemos procedido a reclasificar actividades como: «Ordenes de compras», con independencia que se realicen en el centro de moldeado o de policromado, o «Transporte interno», con independencia que éste se produzca en el centro de moldeado, policromado o cocido.

Al mismo tiempo hemos procedido al cálculo del coste unitario de los generadores de costes de las actividades reclasificadas. El coste unitario se obtiene dividiendo el coste total (suma de los costes totales de las actividades reclasificadas) por el número de generadores de costes (suma de los generadores de costes de las actividades reclasificadas).

## 7.ª ETAPA: Asignación de los costes indirectos a los productos

Previo al cálculo del coste de los productos fabricados en esta empresa, es necesario calcular el verdadero coste de la materia prima comprada, en este caso, primera materia A y pintura, ya que ambas han consumido

**Cuadro 6**

| | PRIMERA MATERIA A | | | PINTURA | | |
|---|---|---|---|---|---|---|
| | Cantidad | Coste unitario | Coste total | Cantidad | Coste unitario | Coste total |
| Coste de adquisición (factura) | 12.450 kg | 100 | 1.245.000 | 2.360 l | 200 | 472.000 |
| Ordenes de compra | 25 | 2.000 | 50.000 | 30 | 2.000 | 60.000 |
| Coste total | — | — | 1.295.000 | — | — | 532.000 |
| Coste unitario | 12.450 kg | 104 | — | 2.360 l | 225,42 | — |

**Cuadro 7**

| ACTIVIDADES | PRODUCTO X | | | PRODUCTO Y | | | PRODUCTO CURSO X | | | PRODUCTO CURSO Y | | |
|---|---|---|---|---|---|---|---|---|---|---|---|---|
| | Generadores | Coste unitario | Coste total | Generadores | Coste unitario | Coste total | Generadores | Coste unitario | Coste total | Generadores | Coste unitario | Coste total |
| Moldeado y policromado | 1.588,23 | 2.216,85 | 3.520.882 | 799,68 | 2.216,86 | 1.772.777 | 41,1 | 2.216,85 | 91.111 | 14,99 | 2.216,86 | 33.230 |
| Transporte interno de materiales | 18.000 | 11,25 | 202.500 | 18.000 | 11,25 | 202.500 | 1.000 | 11,25 | 11.250 | 3.000 | 11,25 | 33.750 |
| Inspección y control | 28 | 10.000 | 280.000 | 20 | 10.000 | 200.000 | 2 | 10.000 | 20.000 | 8 | 10.000 | 80.000 |
| Puesta a punto de maquinaria | 25 | 15.300 | 304.500 | 15 | 15.380 | 330.700 | 10 | 15.380 | 153.800 | — | — | — |
| Cocido | 586,67 | 440,91 | 258.668 | 293,33 | 440,91 | 129.332 | — | — | — | — | — | — |
| COSTES INDIRECTOS | — | — | 4.040.550 | | | 3.636.300 | | — | 276.161 | — | — | 146.980 |

actividades antes de comenzar el proceso de fabricación.

Para la formación del verdadero coste de compra (véase Cuadro 6), hay que tener en cuenta el precio en factura de dichas compras más los costes indirectos ocasionados por la adquisición.

Los costes indirectos se asignan a la materia prima (materia prima A y pintura) y a los diferentes productos (producto X, producto Y, producto en curso X, producto en curso Y), en función del consumo de generadores provocado por cada uno de ellos (según aparece en el Cuadro 4 del enunciado) multiplicado por sus respectivos costes unitarios:

### 8.ª ETAPA: Asignación de los costes directos a los productos

El modelo ABC establece que, generalmente, sólo deben asignarse de manera directa los materiales consumidos; en este caso la primera materia A, y la pintura a los productos fabricados. En este caso hay que tener en cuenta que los productos en curso X (12 imágenes) tienen incorporado el 75 por 100 de la materia prima, esto equivale a considerar que se ha incorporado la totalidad de la materia prima a 9 imágenes; igualmente el producto en curso Y (20 imágenes) tiene incorporado el 80 por 100 de la materia prima, por lo que se puede

**Cuadro 8**

| | PRODUCTO X | | | PRODUCTO Y | | | PRODUCTO CURSO X | | | PRODUCTO CURSO Y | | |
|---|---|---|---|---|---|---|---|---|---|---|---|---|
| | Q | Coste unitario | Coste total | Q | Coste unitario | Coste total | Q | Coste unitario | Coste total | Q | Coste unitario | Coste total |
| Primera materia A | 7.000 | 104 | 728.000 | 5.000 | 104 | 520.000 | 450 | 104 | 47.000 | — | — | — |
| Pintura | 1.400 | 225,42 | 315.593 | 800 | 225,42 | 180.340 | — | — | — | 160 | 225,42 | 36.067 |
| Coste actividades | — | — | 4.646.550 | — | — | 2.535.309 | — | — | 276.161 | — | — | 146.980 |
| TOTAL COSTE DE FABRICACION | 140 | 40.646 | 5.690.143 | 80 | 4.446 | 3.235.649 | — | — | 323.161 | — | — | 183.047 |

**Cuadro 9**

| | PRODUCTO X | | | PRODUCTO Y | | |
|---|---|---|---|---|---|---|
| | Cantidades | Coste unitario | Coste total | Cantidades | Coste unitario | Coste total |
| Coste de fabricación | 140 | 40.644 | 5.690.160 | 80 | 40.446 | 3.235.680 |
| Publicidad | 3 | 100.000 | 300.000 | 2 | 100.000 | 200.000 |
| Ordenes de venta | 25 | 10.000 | 250.000 | 15 | 10.000 | 150.000 |
| Coste final de unidades vendidas | 140 | 44.572 | 6.240.160 | 80 | 44.820 | 3.585.649 |

considerar que se ha incorporado el 100 por 100 de la materia prima a 16 imágenes.

Respecto al cálculo de unidades equivalentes remitimos al alumno al Capítulo 9 del primer volumen de teoría.

De esta manera en el Cuadro 8 dispondremos del coste total de fabricación, tanto del producto terminado X, producto terminado Y, como de los productos en curso X y los productos en curso Y, como consecuencia de la adición de los costes directos (materia prima) y de los costes indirectos (costes de las actividades).

### 9.ª ETAPA: Determinación del coste final

Los costes de las actividades localizadas en el centro de distribución, como es conocido, deben ser asignadas sólo a los productos vendidos.

Como puede apreciarse en el Cuadro 9, el coste final está formado por el coste de fabricación de las unidades vendidas sumándole el coste del número de generadores (según el Cuadro 4 del enunciado y el Cuadro 4 de la solución) que han consumido cada producto en el proceso de comercialización.

## PROCESO CONTABLE

| | | |
|---|---|---|
| **1. Apertura de la Contabilidad de Costes con la recepción de las cargas por naturaleza, las compras y las existencias iniciales** | | |
| Costes de mano de obra directa | 5.594.000 | |
| Costes Generales | 3.021.000 | |
| a Gastos y dotaciones reflejos | | 8.615.000 |
| * Por la mano de obra directa y los gastos generales según se indica en el enunciado. | | |

| | | |
|---|---|---|
| Costes de compras de materia prima A | 1.245.000 | |
| Costes de compras de pintura | 472.000 | |
| a Compras reflejas | | 1.717.000 |

* Por las compras, de acuerdo con el enunciado.

x

**2. Localización de los costes en los centros de actividad**

| | | |
|---|---|---|
| Centro de moldeado | 4.419.000 | |
| Centro de policromado | 2.328.000 | |
| Centro de cocido | 968.000 | |
| Centro de distribución | 900.000 | |
| a Mano de obra directa | | 5.594.000 |
| a Costes generales | | 3.021.000 |

* De acuerdo con el Cuadro 1 de la solución.

x

**3. Cesión de costes de los centros a las actividades**

| | | |
|---|---|---|
| Ordenes de compras en moldeado | 50.000 | |
| Moldeado | 3.450.000 | |
| Transporte interno en moldeado | 150.000 | |
| Puesta a punto de maquinaria en moldeado | 769.000 | |
| Ordenes de compra en policromado | 60.000 | |
| Policromado | 1.968.000 | |
| Inspección y control en policromado | 200.000 | |
| Transporte interno en policromado | 100.000 | |
| Cocido | 388.000 | |
| Inspección y control en cocido | 380.000 | |
| Transporte interno en cocido | 200.000 | |
| Publicidad | 500.000 | |
| Ordenes de ventas | 400.000 | |
| a Centro de moldeado | | 4.419.000 |
| a Centro de policromado | | 2.328.000 |
| a Centro de cocido | | 968.000 |
| a Centro de distribución | | 900.000 |

* Según Cuadro 4 de la solución.

x

**4. Reclasificación de las actividades**

| | | |
|---|---|---|
| Ordenes de compra | 110.000 | |
| a Ordenes de compra en moldeado | | 50.000 |
| a Ordenes de compra en policromado | | 60.000 |

| | | |
|---|---|---|
| Moldeado y policromado | 5.418.000 | |
| a Moldeado | | 3.450.000 |
| a Policromado | | 1.968.000 |

| | | |
|---|---|---|
| Transporte interno de materiales | 450.000 | |
| a Transporte interno en moldeado | | 150.000 |
| a Transporte interno en policromado | | 100.000 |
| a Transporte interno en cocido | | 200.000 |

| | | |
|---|---|---|
| Inspección y control de calidad | 580.000 | |
| a Inspección y control en policromado | | 200.000 |
| a Inspección y control en cocido | | 380.000 |

* Todos los asientos del Apartado 4 están confeccionados de acuerdo con el Cuadro 5 de la solución.

x

## 5. Formación del coste de compras

| | | |
|---|---|---|
| Coste de compra primera materia A | 50.000 | |
| Coste de compra pintura | 60.000 | |
| a Ordenes de compras | | 110.000 |

* Según el Cuadro 6 de la solución.

x

## 6. Entradas de compras en almacén

| | | |
|---|---|---|
| Inventario permanente primera materia A | 1.295.000 | |
| Inventario permanente pintura | 532.000 | |
| a Coste compra primera materia A | | 1.295.000 |
| a Coste compra pintura | | 532.000 |

* Según el Cuadro 6 de la solución.

x

## 7. Formación del coste de producción

| | | |
|---|---|---|
| Coste de producción producto en curso X | 276.161 | |
| Coste de producción producto en curso Y | 146.980 | |
| Coste de producción producto terminado X | 4.646.550 | |
| Coste de producción producto terminado Y | 2.535.309 | |
| a Moldeado y policromado | | 5.418.000 |
| a Transporte interno de materiales | | 450.000 |
| a Puesta a punto de maquinaria | | 769.000 |
| a Inspección y control | | 580.000 |
| a Cocido | | 388.000 |

* Según el Cuadro 7 de reparto de costes indirectos mediante generadores.

| | | |
|---|---|---|
| Coste de producción producto en curso X | 47.000 | |
| Coste de producción producto en curso Y | 36.067 | |
| Coste de producción producto terminado X | 1.043.593 | |
| Coste de producción producto terminado Y | 700.340 | |
| a Primera materia A | | 1.295.000 |
| a Pintura | | 532.000 |
| * Según los datos del Cuadro 8 de la solución. | | |
| x | | |

**8. Entrada en almacén de los distintos tipos de productos**

| | | |
|---|---|---|
| Inventario permanente producto en curso X | 323.164 | |
| Inventario permanente producto en curso Y | 183.048 | |
| Inventario permanente producto terminado X | 5.690.193 | |
| Inventario permanente producto terminado Y | 3.235.674 | |
| a Coste de producción producto en curso X | | 323.164 |
| a Coste de producción producto en curso Y | | 183.048 |
| a Coste de producción producto terminado X | | 5.690.193 |
| a Coste de producción producto terminado Y | | 3.235.674 |
| * Según los datos del Cuadro 8 de la solución. | | |
| x | | |

**9. Formación del coste final**

| | | |
|---|---|---|
| Coste final productos terminados X | 6.240.143 | |
| Coste final productos terminados Y | 3.585.649 | |
| a Inventario permanente producto terminado X | | 5.690.193 |
| a Inventario permanente producto terminado Y | | 3.235.674 |
| a Publicidad | | 500.000 |
| a Ordenes de ventas | | 400.000 |
| * Según datos del Cuadro 9 de la solución. | | |
| x | | |

**CASO 18**

Se pretende avanzar un paso más, planteándose la **problemática** que suele aparecer en el ámbito **de la reclasificación de actividades** cuando los costes de los generadores comunes a algunas de ellas son de diferente importe.

## BECAREXSA

Bebidas Carbónicas Extremeñas, S. A. (BECAREXSA), es una filial de una gran empresa multinacional dedicada al embotellado y comercialización de bebidas no alcohólicas.

En la actualidad produce colas, limonadas y tónicas, productos que envasa y distribuye en recipientes de 0,33 y 2 litros de capacidad.

## ORGANIZACION FUNCIONAL

BECAREXSA se encuentra dividida funcionalmente en los siguientes centros:

### 1. Centro de compras

En este centro se llevan a cabo todas las funciones típicas de compras: pedidos, almacenamiento, transporte, etc.

Las materias que adquiere del exterior y que pasarán a conformar el producto final hacen referencia a: jarabes (distintos para cada uno de los productos), glucosa, agua, envases no retornables y etiquetas.

Las numerosas tareas que en él se realizan pueden ser compendiadas en las siguientes actividades:

- Emisión de órdenes de compras (35 órdenes emitidas).
- Movimiento interno de materiales (9.000 metros recorridos).
- Almacenamiento de primeras materias (1.000 días de permanencia /m² ocupados).

### 2. Centro de mezclado

Es donde comienza el proceso productivo propiamente dicho. En diferentes tolvas, se descargan separadamente los distintos componentes que pasarán con posterioridad al centro de embotellado. En concreto, en este centro se procede a la mezcla de los diferentes jarabes con glucosa y agua.

En él pueden distinguirse las siguientes actividades:

- Mezcla (800.000 litros mezclados).
- Movimiento interno de materiales (16.000 metros recorridos).
- Puesta a punto de la maquinaria (20 puestas a punto).
- Control de calidad (1.000 controles realizados).

### 3. Centro de embotellado

Consta de una sola línea que atiende a los diferentes productos y tamaños.

A estos efectos hemos de hacer notar que el cambio de envase en el embotellado provoca la necesidad de realizar diferentes puestas a punto a fin de acomodar la maquinaria al tamaño de cada envase (0,33 litros o 2 litros).

Como operación final realizada en esta línea se procede al etiquetado de las diferentes botellas.

Las tareas realizadas en el centro de embotellado se han agrupado en las siguientes actividades:

- Llenado (800.000 litros).
- Movimiento interno de materiales (22.000 metros recorridos).
- Puesta a punto de la maquinaria (16 puestas a punto).
- Etiquetado (200 h/m).
- Control de calidad (1.400 controles realizados).

### 4. Centro de distribución

Encargado tanto del almacenaje de los productos terminados, como de las gestiones encaminadas a una eficaz colocación de los productos en los diferentes mercados.

Se han detectado en él las siguientes actividades:

- Ordenes de venta (55 órdenes emitidas).
- Almacenamiento (15.000 días de permanencias/m² ocupados).
- Publicidad (5 campañas emprendidas).
- Movimiento interno de materiales (12.000 metros recorridos).

### 5. Centro de administración

El centro de administración tiene encomendadas todas las gestiones propias de su naturaleza, y así desde él se acomete la gestión integral de la empresa (contable, financiera, jurídica, del personal, etc.)

Las actividades que engloba son las referidas a:

- Dirección general (230 h/h).
- Contabilidad (1.560 apuntes contables).

**Cuadro 1. Hoja de distribución**

| Concepto \ Centro | Compras | Mezclado | Embotellado | Distribución | Administración | Total |
|---|---|---|---|---|---|---|
| Costes de personal | 600.000 | 500.000 | 1.200.000 | 1.600.000 | 2.100.000 | 6.000.000 |
| Amortización de equipos | 50.000 | 250.000 | 550.000 | 800.000 | 100.000 | 1.750.000 |
| Servicios exteriores | — | 100.000 | 150.000 | 200.000 | — | 450.000 |
| Transportes | 400.000 | 200.000 | 200.000 | 500.000 | 100.000 | 1.400.000 |
| Alquiler | 150.000 | 250.000 | 400.000 | 400.000 | 200.000 | 1.400.000 |
| Otros servicios | — | — | 200.000 | 100.000 | 100.000 | 400.000 |
| TOTALES | 1.200.000 | 1.300.000 | 2.700.000 | 3.600.000 | 2.600.000 | 11.400.000 |

— Equipos informáticos (3.600 h/m).
— Asesoría jurídica y laboral (152 asuntos tratados).

## DATOS HISTORICOS DEL PERIODO

Del registro de sus datos históricos se conoce la información que aparece en el Cuadro 1, en el que se recogen los diferentes costes indirectos localizados por centros de responsabilidad.

Así mismo, el estudio tendente a identificar los costes de cada centro con las distintas actividades que en ellos tienen lugar, ha quedado finalmente plasmado en el Cuadro 2.

Los consumos de generadores por los distintos productos son los reflejados en el Cuadro 3.

## INFORMACION ADICIONAL

Como información adicional se conocen los siguientes aspectos:

1. Las compras habidas en el ejercicio han sido las siguientes:

— Jarabes: 150.000 kg, 50.000 kg y 30.000 kg de concentrado de cola, limón y tónica, respectivamente, a un precio único de 20 pta./kg.
— Glucosas: 85.000 kg a 30 pta./kg.
— Agua: 800.000 litros a 1 pta./l.
— Botellas: 150.000 botellas de 2 litros a 2 pta./c.u. y 1.515.000 de 0,33 litros a 1,2 pta./c.u.
— Etiquetas: 160.000 unidades para las botellas de 2 litros a 0,67 pesetas unidad y 1.600.000 unidades para las de 0,33 litros de tamaño a 0,40 pesetas cada una.

2. La producción y ventas habidas en el ejercicio han sido de:

— Colas: 100.000 botellas de 2 litros y 909.000 de 0,33 litros, de las que se han vendido 90.000 de 2 litros a 95 pta./c.u. y 825.000 de 0,33 litros a 25 pta./c.u.
— Limonadas: 37.500 y 303.000 botellas, respectivamente, de las que se han vendido en el ejercicio 35.000 de 2 litros y 200.000 de 0,33 litros al mismo precio que las colas.
— Tónicas: 12.500 y 303.000 botellas, con unas ventas de 10.000 y 180.000 unidades, a los mismos precios que los anteriores productos.

3. Los consumos de primeras materias por cada uno de los productos son los siguientes:

— Jarabes: 0,2 kg por litro embotellado.
— Glucosa: 0,1 kg por litro embotellado.
— Etiquetas: una por botella.

4. No había existencias de elemento alguno a comienzos del ejercicio.

Con todos los datos anteriores se ha de proceder al cálculo del coste de los distintos productos siguiendo los planteamientos preceptuados por el sistema ABC.

## Cuadro 2. Reparto de los costes de los centros entre las actividades

| Costes de centros / Actividades | Emisión de órdenes de compras 1.1 | Movimiento interno de materiales 1.2 | Almacenamiento 1.3 | 1.4 | 1.5 | 1.6 | 1.7 | TOTAL 1 |
|---|---|---|---|---|---|---|---|---|
| **1. Centro de compras** | | | | | | | | |
| Costes de personal | 300.000 | 200.000 | 100.000 | | | | | 600.000 |
| Amortización de equipos | — | 50.000 | — | | | | | 50.000 |
| Transportes | — | 200.000 | 200.000 | | | | | 400.000 |
| Alquiler | 50.000 | — | 100.000 | | | | | 150.000 |
| Coste de las actividades | 350.000 | 450.000 | 400.000 | | | | | 1.200.000 |

| Costes de centros / Actividades | Mezcla 2.1 | Movimiento interno de materiales 2.2 | Puestas a punto 2.3 | Control de calidad 2.4 | 2.5 | 2.6 | 2.7 | TOTAL 2 |
|---|---|---|---|---|---|---|---|---|
| **2. Centro de mezclado** | | | | | | | | |
| Costes de personal | 50.000 | 150.000 | 200.000 | 100.000 | | | | 500.000 |
| Amortización, equipos | 150.000 | 50.000 | — | 50.000 | | | | 250.000 |
| Servicios exteriores | 50.000 | — | 50.000 | — | | | | 100.000 |
| Transportes | 50.000 | 150.000 | — | — | | | | 200.000 |
| Alquiler | 100.000 | 50.000 | — | 100.000 | | | | 250.000 |
| Coste de las actividades | 400.000 | 400.000 | 250.000 | 250.000 | | | | 1.300.000 |

| Costes de centros / Actividades | Llenado 3.1 | Movimiento interno de materiales 3.2 | Puestas a punto 3.3 | Control de calidad 3.4 | Etiquetado 3.5 | 3.6 | 3.7 | TOTAL 3 |
|---|---|---|---|---|---|---|---|---|
| **3. Centro de embotellado** | | | | | | | | |
| Costes de personal | 200.000 | 300.000 | 400.000 | 200.000 | 100.000 | | | 1.200.000 |
| Amortización de equipos | 250.000 | 100.000 | — | 50.000 | 150.000 | | | 550.000 |
| Servicios exteriores | 50.000 | — | — | — | 100.000 | | | 150.000 |
| Transportes | — | 100.000 | 100.000 | — | — | | | 200.000 |
| Alquiler | 200.000 | — | — | 100.000 | 100.000 | | | 400.000 |
| Otros servicios | — | 50.000 | 100.000 | — | 50.000 | | | 200.000 |
| Coste de las actividades | 700.000 | 550.000 | 600.000 | 350.000 | 500.000 | | | 2.700.000 |

| Costes de centros / Actividades | Almacenamiento 4.1 | Orden de ventas 4.2 | Publicidad 4.3 | Movimiento interno de materiales 4.4 | 4.5 | 4.6 | 4.7 | TOTAL 4 |
|---|---|---|---|---|---|---|---|---|
| **4. Centro de distribución** | | | | | | | | |
| Costes de personal | 300.000 | 400.000 | 600.000 | 300.000 | | | | 1.600.000 |
| Amortización de equipos | 500.000 | 50.000 | 50.000 | 200.000 | | | | 800.000 |
| Servicios exteriores | — | — | 200.000 | — | | | | 200.000 |
| Transportes | 400.000 | — | — | 100.000 | | | | 500.000 |
| Alquiler | 300.000 | 100.000 | — | — | | | | 400.000 |
| Otros servicios | — | — | 100.000 | — | | | | 100.000 |
| Coste de las actividades | 1.500.000 | 550.000 | 950.000 | 600.000 | | | | 3.600.000 |

(*Continúa*)

**Cuadro 2.** (*continuación*)

| Actividades / Costes de centros | Dirección general 5.1 | Contabilidad 5.2 | Equipos informáticos 5.3 | Asesoría jurídica y laboral 5.4 | 5.5 | 5.6 | 5.7 | TOTAL 5 |
|---|---|---|---|---|---|---|---|---|
| **5. Centro de administración** | | | | | | | | |
| Costes de personal | 900.000 | 500.000 | 300.000 | 400.000 | | | | 2.100.000 |
| Amortización de equipos | — | 25.000 | 75.000 | — | | | | 100.000 |
| Transportes | 50.000 | — | — | 50.000 | | | | 100.000 |
| Alquiler | 50.000 | 25.000 | 100.000 | 25.000 | | | | 200.000 |
| Otros servicios | 100.000 | — | — | — | | | | 100.000 |
| Coste de las actividades | 1.100.000 | 550.000 | 475.000 | 475.000 | | | | 2.600.000 |

**Cuadro 3. Consumo de generadores**

| Productos / Actividades | Jarabe Cola | Jarabe Limón | Jarabe Tónica | Glucosa | Agua | Botellas 0,33 l | Botellas 2 l | Cola 2 l | Limonada 2 l | Tónica 2 l | Cola 0,33 l | Limonada 0,33 l | Tónica 0,33 l |
|---|---|---|---|---|---|---|---|---|---|---|---|---|---|
| Emisión órdenes compra y venta | 10 | 6 | 3 | 5 | — | 4 | 2 | 5 | 3 | 4 | 25 | 15 | 8 |
| Movimiento interno de materiales | 1.000 | 1.000 | 1.000 | 1.000 | 3.000 | 1.500 | 500 | 9.000 | 5.000 | 3.000 | 6.000 | 5.000 | 3.000 |
| Almacenamiento | 50 | 100 | 150 | 150 | — | 250 | 300 | 450 | 200 | 300 | 1.500 | 600 | 700 |
| Mezclado y llenado | — | — | — | — | — | — | — | 200.000 | 50.000 | 30.000 | 300.000 | 110.000 | 110.000 |
| Puesta a punto | — | — | — | — | — | — | — | 18 | 12 | 11 | 9 | 10 | 8 |
| Control de calidad | — | — | — | — | — | — | — | 500 | 200 | 400 | 600 | 350 | 350 |
| Etiquetado | — | — | — | — | — | — | — | 30 | 20 | 10 | 90 | 30 | 30 |
| Publicidad | — | — | — | — | — | — | — | 1 | 2 | 2 | — | — | — |

## SOLUCION CASO 18

### 1. INTRODUCCION

Se pretende en este ejercicio avanzar un paso más en torno a la problemática que con frecuencia suele aparecer en la implantación del sistema ABC en la práctica.

Nos referimos concretamente a la reclasificación de actividades en los casos altamente frecuentes de que sus generadores comunes tengan costes diferentes.

En nuestra opinión, y como ya quedó apuntado en el desarrollo teórico que aparece en el primer volumen del libro *Contabilidad de Costes y de Gestión*, la resolución más razonable pasa por buscar un sistema de equivalencia entre los generadores relativos a actividades susceptibles de reclasificación.

En el ejemplo que estamos tratando este problema se plantea con los generadores de las actividades de:

- — Movimiento interno de materiales.
- — Almacenamiento.
- — Puestas a punto.

Tomando como referencia la primera de ellas, puede observarse que el generador representativo es el relativo a los metros recorridos, siendo el número de ellos, así como sus costes unitarios en los distintos centros donde se ejecuta la actividad movimiento interno de materiales los siguientes:

- — En el centro de compras: 9.000 metros recorridos con un coste de 50 pta./metro.
- — En el centro de mezclado: 16.000 metros recorridos a 25 pta./metro.

— En el centro de envasado: 22.000 metros recorridos a 25 pta./metro.
— En centro de distribución: 12.000 metros recorridos a 50 pta./metro.

Pues bien, a efectos de llevar a cabo la correspondiente relación de equivalencia, se ha de tener presente que cada dos metros recorridos en los centros de mezclado y envasado equivalen a uno en los centros de compras y de distribución.

De esta manera, como se observa en el Cuadro 6, el número total de generadores correspondiente a la actividad reclasificada «movimiento interno de materiales», no es igual a la suma del número de ellos pertenecientes a esas actividades sin reclasificar (9.000 + 16.000 + + 22.000 + 12.000 = 59.000). Al establecer la relación de equivalencia antes mencionada, el número de generadores resultará ser de 40.000 (= 9.000 + 8.000 + 11.000 + 12.000), siendo el coste ahora para todos ellos de 50 pesetas por metro recorrido.

Finalmente hemos de indicar, como ya lo hemos hecho en los ejercicios anteriores sobre el modelo ABC de asignación, que hemos introducido insignificantes variaciones en el orden secuencial de las etapas en relación con el libro de texto, añadiendo en este caso una más significativa del cálculo de los distintos resultados, tanto por producto como final.

El motivo principal que nos ha inducido a añadir esta etapa más ha sido el de observar de una manera directa el proceso seguido por las actividades consideradas como de «nivel de empresa», que como se sabe, entran directamente a formar parte del resultado final.

Advertir, asimismo, que en este ejercicio hemos huido ya de la resolución contable, no obstante, aconsejamos al alumno que intente acometer libremente su resolución.

## 2. RESOLUCION EJERCICIO BECAREXSA

### 1.ª ETAPA: Localización de los costes indirectos en los centros

Atendiendo al enunciado del ejercicio la localización de los distintos costes indirectos en los centros es la que aparece en el Cuadro 1 del enunciado.

### 2.ª ETAPA: Determinación de las actividades en cada uno de los centros

Las actividades que se ejecutan en cada centro son las que se desprenden del enunciado del ejercicio, y que pasamos a recopilar en el Cuadro 2.

### 3.ª ETAPA: Reparto de los costes de los centros entre las actividades

Los costes de cada una de las actividades son los procedentes del reparto señalado en el Cuadro 3 del enunciado, y que expresamos también en el Cuadro 3 de la solución.

### 4.ª ETAPA: Determinación de los generadores para cada actividad

En el enunciado del ejercicio, aparecen los distintos generadores representativos del esfuerzo desarrollado por cada actividad dentro de cada centro de responsabilidad, así como el número de ellos (véase Cuadro 4).

**Cuadro 1. Hoja de distribución**

| Concepto \ Centro | Compras | Mezclado | Embotellado | Distribución | Administración | Total |
|---|---|---|---|---|---|---|
| Costes de personal | 600.000 | 500.000 | 1.200.000 | 1.600.000 | 2.100.000 | 6.000.000 |
| Amortización de equipos | 50.000 | 250.000 | 550.000 | 800.000 | 100.000 | 1.750.000 |
| Servicios exteriores | — | 100.000 | 150.000 | 200.000 | — | 450.000 |
| Transportes | 400.000 | 200.000 | 200.000 | 500.000 | 100.000 | 1.400.000 |
| Alquiler | 150.000 | 250.000 | 400.000 | 400.000 | 200.000 | 1.400.000 |
| Otros servicios | — | — | 200.000 | 100.000 | 100.000 | 400.000 |
| TOTALES | 1.200.000 | 1.300.000 | 2.700.000 | 3.600.000 | 2.600.000 | 11.400.000 |

**Cuadro 2. Identificación de actividades por centros**

| Centros | Actividades |
|---|---|
| 1. Compras | 1.1. Emisión de órdenes de compra<br>1.2. Movimiento interno de materiales<br>1.3. Almacenamiento de materias primas |
| 2. Mezclado | 2.1. Mezcla<br>2.2. Movimiento interno de materiales<br>2.3. Puestas a punto<br>2.4. Control de calidad |
| 3. Embotellado | 3.1. Llenado<br>3.2. Movimiento interno de materiales<br>3.3. Puestas a punto<br>3.4. Control de calidad<br>3.5. Etiquetado |
| 4. Distribución | 4.1. Almacenamiento de productos terminados<br>4.2. Ordenes de venta<br>4.3. Publicidad<br>4.4. Movimiento interno de materiales |
| 5 Administración | 5.1. Dirección general<br>5.2. Contabilidad<br>5.3. Equipos informáticos<br>5.4. Asesoría jurídica y laboral |

**Cuadro 3. Reparto de los costes de los centros entre las actividades**

| Actividades / Costes de centros | Emisión de órdenes de compras 1.1 | Movimiento interno de materiales 1.2 | Almacenamiento 1.3 | 1.4 | 1.5 | 1.6 | 1.7 | TOTAL 1 |
|---|---|---|---|---|---|---|---|---|
| **1. Centro de compras** | | | | | | | | |
| Costes de personal | 300.000 | 200.000 | 100.000 | | | | | 600.000 |
| Amortización de equipos | — | 50.000 | — | | | | | 50.000 |
| Transportes | — | 200.000 | 200.000 | | | | | 400.000 |
| Alquiler | 50.000 | — | 100.000 | | | | | 150.000 |
| Coste de las actividades | 350.000 | 450.000 | 400.000 | | | | | 1.200.000 |
| **Actividades / Costes de centros** | **Mezcla 2.1** | **Movimiento interno de materiales 2.2** | **Puestas a punto 2.3** | **Control de calidad 2.4** | **2.5** | **2.6** | **2.7** | **TOTAL 2** |
| **2. Centro de mezclado** | | | | | | | | |
| Costes de personal | 50.000 | 150.000 | 200.000 | 100.000 | | | | 500.000 |
| Amortización de equipos | 150.000 | 50.000 | — | 50.000 | | | | 250.000 |
| Servicios exteriores | 50.000 | — | 50.000 | — | | | | 100.000 |
| Transportes | 50.000 | 150.000 | — | — | | | | 200.000 |
| Alquiler | 100.000 | 50.000 | — | 100.000 | | | | 250.000 |
| Coste de las actividades | 400.000 | 400.000 | 250.000 | 250.000 | | | | 1.300.000 |

(*Continúa*)

**Cuadro 3.** (*continuación*)

| Costes de centros \ Actividades | Llenado 3.1 | Movimiento interno de materiales 3.2 | Puestas a punto 3.3 | Control de calidad 3.4 | Etiquetado 3.5 | 3.6 | 3.7 | TOTAL 3 |
|---|---|---|---|---|---|---|---|---|
| **3. Centro de embotellado** | | | | | | | | |
| Costes de personal | 200.000 | 300.000 | 400.000 | 200.000 | 100.000 | | | 1.200.000 |
| Amortización de equipos | 250.000 | 100.000 | — | 50.000 | 150.000 | | | 550.000 |
| Servicios exteriores | 50.000 | — | — | — | 100.000 | | | 150.000 |
| Transportes | — | 100.000 | 100.000 | — | — | | | 200.000 |
| Alquiler | 200.000 | — | — | 100.000 | 100.000 | | | 400.000 |
| Otros servicios | — | 50.000 | 100.000 | — | 50.000 | | | 200.000 |
| Coste de las actividades | 700.000 | 550.000 | 600.000 | 350.000 | 500.000 | | | 2.700.000 |

| Costes de centros \ Actividades | Almacenamiento 4.1 | Orden de ventas 4.2 | Publicidad 4.3 | Movimiento interno de materiales 4.4 | 4.5 | 4.6 | 4.7 | TOTAL 4 |
|---|---|---|---|---|---|---|---|---|
| **4. Centro de distribución** | | | | | | | | |
| Costes de personal | 300.000 | 400.000 | 600.000 | 300.000 | | | | 1.600.000 |
| Amortización de equipos | 500.000 | 50.000 | 50.000 | 200.000 | | | | 800.000 |
| Servicios exteriores | — | — | 200.000 | — | | | | 200.000 |
| Transportes | 400.000 | — | — | 100.000 | | | | 500.000 |
| Alquiler | 300.000 | 100.000 | — | — | | | | 400.000 |
| Otros servicios | — | — | 100.000 | — | | | | 100.000 |
| Coste de las actividades | 1.500.000 | 550.000 | 950.000 | 600.000 | | | | 3.600.000 |

| Costes de centros \ Actividades | Dirección general 5.1 | Contabilidad 5.2 | Equipos informáticos 5.3 | Asesoría jurídica y laboral 5.4 | 5.5 | 5.6 | 5.7 | TOTAL 5 |
|---|---|---|---|---|---|---|---|---|
| **5. Centro de administración** | | | | | | | | |
| Costes de personal | 900.000 | 500.000 | 300.000 | 400.000 | | | | 2.100.000 |
| Amortización de equipos | — | 25.000 | 75.000 | — | | | | 100.000 |
| Transportes | 50.000 | — | — | 50.000 | | | | 100.000 |
| Alquiler | 50.000 | 25.000 | 100.000 | 25.000 | | | | 200.000 |
| Otros servicios | 100.000 | — | — | — | | | | 100.000 |
| Coste de las actividades | 1.100.000 | 550.000 | 475.000 | 475.000 | | | | 2.600.000 |

## 5.ª ETAPA: Cálculo del coste unitario de cada generador

Conocidos tanto el número de generadores producidos por cada actividad, como el coste provocado por cada una de ellas, el coste unitario de cada generador se obtendrá de una manera simple sin más que repartir dichos costes entre el número de ellos (Cuadro 5).

## 6.ª ETAPA: Reclasificación de las actividades

Según los datos que disponemos, las actividades reclasificadas son las que aparecen en el Cuadro 6.

En él puede observarse que hemos procedido a agrupar, dado que son de iguales o similares características y utilizan un mismo generador, las correspondientes a:

- — Ordenes de compras y ventas.
- — Movimiento interno de materiales.
- — Almacenamiento.
- — Mezclado y llenado.
- — Puestas a punto.

En el Cuadro 6 pueden observarse también el total de actividades reclasificadas, así como el número de ge-

**Cuadro 4. Generadores de costes**

| Actividades | Generadores | Número de generadores |
|---|---|---|
| 1.1. Emisión de órdenes de compra | Número de órdenes emitidas | 35 |
| 1.2. Movimiento interno de materiales | Metros recorridos | 9.000 |
| 1.3. Almacenamiento de materias primas | Días de permanencia/m² ocupados | 1.000 |
| 2.1. Mezcla | Litros mezclados | 800.000 |
| 2.2. Movimiento interno de materiales | Metros recorridos | 16.000 |
| 2.3. Puestas a punto | Número de puestas a punto | 20 |
| 2.4. Control de calidad | Controles realizados | 1.000 |
| 3.1. Llenado | Litros embotellados | 800.000 |
| 3.2. Movimiento interno de materiales | Metros recorridos | 22.000 |
| 3.3. Puestas a punto | Número de puestas a punto | 16 |
| 3.4. Control de calidad | Controles realizados | 1.400 |
| 3.5. Etiquetado | Horas/máquina | 200 |
| 4.1. Almacenamiento de productos terminados | Días de permanencia/m² ocupados | 15.000 |
| 4.2. Ordenes de venta | Número de órdenes emitidas | 55 |
| 4.3. Publicidad | Campañas emprendidas | 5 |
| 4.4. Movimiento interno de materiales | Metros recorridos | 12.000 |

**Cuadro 5. Costes unitarios de los generadores**

| Actividades | Costes | Número de generadores | Costes unitarios |
|---|---|---|---|
| 1.1. Emisión de órdenes de compra | 350.000 | 35 | 10.000 |
| 1.2. Movimiento interno de materiales | 450.000 | 9.000 | 50 |
| 1.3. Almacenamiento de materias primas | 400.000 | 1.000 | 400 |
| 2.1. Mezcla | 400.000 | 800.000 | 0,5 |
| 2.2. Movimiento interno de materiales | 400.000 | 16.000 | 25 |
| 2.3. Puestas a punto | 250.000 | 20 | 12.500 |
| 2.4. Control de calidad | 250.000 | 1.000 | 250 |
| 3.1. Llenado | 700.000 | 800.000 | 0,875 |
| 3.2. Movimiento interno de materiales | 550.000 | 22.000 | 25 |
| 3.3. Puestas a punto | 600.000 | 16 | 37.500 |
| 3.4. Control de calidad | 350.000 | 1.400 | 250 |
| 3.5. Etiquetado | 500.000 | 200 | 2.500 |
| 4.1. Almacenamiento de productos terminados | 1.500.000 | 15.000 | 100 |
| 4.2. Ordenes de venta | 550.000 | 55 | 10.000 |
| 4.3. Publicidad | 950.000 | 5 | 190.000 |
| 4.4. Movimiento interno de materiales | 600.000 | 12.000 | 50 |

neradores de cada una de ellas y sus respectivos costes unitarios.

Es importante recordar aquí, que ante la existencia de distintos costes unitarios para generadores pertenecientes a actividades objeto de reclasificación, es necesario establecer las correspondientes relaciones de equivalencia, que en el caso concreto del ejemplo que nos ocupa son las siguientes:

### Movimiento interno de materiales

Dado que el coste del generador en los centros de *mezclado y embotellado* es exactamente la mitad del que ese mismo generador ostenta en los centros de *compras y distribución*, puede convenirse a efectos de simplificar el proceso de asignación de la actividad reclasificada «movimiento interno de materiales», que dos metros recorridos en los primeros centros equivale a uno en los últimos. De esta forma podremos afirmar que el número total de generadores de la actividad reclasificada «movimiento interno de materiales» es de 40.000 metros (9.000 en el centro de compras, 8.000 en el centro de mezclado, 11.000 en el centro de embotellado y 12.000 en el de distribución), con un coste unitario común de 50 pesetas el metro recorrido, tal como ya explicábamos en la introducción.

**Almacenamiento**

El coste unitario del generador de la actividad de «almacenamiento» en el centro de distribución es cuatro veces menor que el de la misma actividad en el centro de compras, de tal manera que puede establecerse una relación de equivalencia entre ambas actividades enunciando que cuatro días de permanencia/m$^2$ ocupados (generador) en el centro de distribución equivalen a un día de permanencia/m$^2$ ocupados en el centro de compras.

De esta manera, el número de generadores de la actividad reclasificada «almacenamiento» será de 4.750 días de permanencia/m$^2$ ocupados (1.000 + 3.750), a un coste unitario de 400 pesetas, que es el coste del generador que se ha tomado como referencia para realizar la relación de equivalencia (en este caso los días de permanencia/m$^2$ ocupados en el centro de compras).

**Mezcla y llenado**

Estas dos actividades, aún cuando diferentes entre sí, pueden ser objeto de reclasificación, dado que:

*a*) Utilizan el mismo generador.
*b*) Ambas son actividades a nivel unitario que varían en función de cada unidad tratada.

Pero a diferencia de las anteriores actividades reclasificadas, en este caso, cada generador producido (los 800.000 litros tratados) bien en la actividad de «mezclado», bien en la actividad de «llenado», después de su tratamiento por estas dos actividades acumulará un coste unitario de 1,375 pesetas (0,5 pesetas en mezclado + 0,875 en llenado), por lo que no habrá que recurrir al establecimiento de relación causal alguna.

**Puestas a punto**

Las actividades de puestas a punto de las maquinarias, ejecutadas en los centros de mezclado y embotellado, pueden ser igualmente reclasificadas en virtud de la existencia de un mismo inductor o generador de costes para ambas.

No obstante, como puede observarse, los costes unitarios del generador común «número de puestas a punto realizadas», varía sensiblemente según el centro en el que tiene lugar la ejecución de la actividad, y mientras que en el centro de mezclado el coste es de 12.500 pesetas, en el centro de embotellado el coste unitario de cada generador es de 37.500 pesetas.

El problema, como ya sabemos, queda resuelto estableciendo la correspondiente relación de equivalencia. En el caso que nos ocupa, puede afirmarse que una puesta a punto en el centro de embotellado es equivalente a tres realizadas en el centro de mezclado, con lo que el número de generadores del primer centro pasaría a ser de $3 \times 16 = 48$, y el total de generadores de costes de la actividad «puestas a punto» de 68 (20 + 48), a un coste unitario en este caso de 12.500 pesetas.

En cuanto al resto de actividades reclasificadas, «emisión de órdenes de compra y ventas» y «control total de calidad», dado que los costes unitarios de sus respectivos generadores son los mismos (10.000 pesetas para cada orden de compra o venta y 250 pesetas por cada lote inspeccionado y controlado), con independencia del centro en el que tales actividades se ejecutan, la reclasificación no presenta problema alguno.

## 7.ª ETAPA: Formación del coste de compras y asignación del coste de los generadores a los productos

Como conocemos, según los datos presentados en el Cuadro 3 del enunciado, tanto las primeras materias, excepto las etiquetas, como los productos, consumen actividades, siendo la base representativa del consumo realizado de cada una de ellas y, por tanto, la unidad de referencia en el proceso de asignación, los generadores empleados en sus respectivas realizaciones.

Separando este proceso en dos partes vamos a empezar determinando los correctos costes de las compras (véase Cuadro 7).

Determinado el coste de las compras, podemos pasar a asignar los costes indirectos a los productos tomando a tal fin como referencia el número de generadores consumidos por cada uno de ellos, que aparecen reflejados en el Cuadro 3 del enunciado. A este respecto conviene no olvidar que los costes correspondientes a las actividades ejecutadas en el centro de distribución, excepto la de «movimiento interno de materiales», se repercutirán únicamente sobre los productos vendidos, asimismo, los costes de las actividades del centro de administración sólo entran a formar parte del resultado final. Su resolución aparece en el Cuadro 8.

## 8.ª ETAPA: Formación del coste final de los productos vendidos

Calculado en la etapa anterior el coste de producción, la determinación del coste final no representa dificultad alguna, tal como aparece en el Cuadro 9.

En el Cuadro 9 puede observarse que el coste final se ha calculado incrementando el coste de producción de las unidades vendidas con los costes de las actividades de distribución. No obstante se ha de recordar que la actividad «movimiento interno de materiales», perteneciente a este centro, repercutió ya sus costes en la etapa anterior entre todos los productos fabricados en el ejercicio, esto es debido a que tal actividad supone el es-

**Cuadro 6. Reclasificación de actividades**

| Actividades reclasificadas | Coste total | Número de generadores | Costes unitarios |
|---|---|---|---|
| Emisión de órdenes de compra y ventas (1.1 + 4.2) | 900.000 | 90 | 10.000 |
| Movimiento interno de materiales (1.2 + 2.2 + 3.2 + 4.4) | 2.000.000 | 40.000 | 50 |
| Almacenamiento de materias primas (1.3 + 4.1) | 1.900.000 | 4.750 | 400 |
| Mezcla y llenado (2.1 + 3.1) | 1.100.000 | 800.000 | 1,375 |
| Puestas a punto (2.3 + 3.3) | 850.000 | 68 | 12.500 |
| Control de calidad (2.4 + 3.4) | 600.000 | 2.400 | 250 |
| Etiquetado (3.5) | 500.000 | 200 | 2.500 |
| Publicidad (4.3) | 950.000 | 5 | 190.000 |

**Cuadro 7. Formación del coste de compras de la primera materia**

| Actividades / Conceptos | Precio factura | Emisión órdenes de compras | Movimiento interno de materiales | Almacenamiento | Coste total | Coste unitario |
|---|---|---|---|---|---|---|
| Jarabe cola | 3.000.000 (150.000 × 20) | 100.000 (10 × 10.000) | 50.000 (1.000 × 50) | 20.000 (50 × 400) | 3.170.000 | 21,13 pta./kg |
| Jarabe limón | 1.000.000 (50.000 × 20) | 60.000 (6 × 10.000) | 50.000 (1.000 × 50) | 40.000 (100 × 400) | 1.150.000 | 23,00 pta./kg |
| Jarabe tónica | 600.000 (30.000 × 20) | 30.000 (3 × 10.000) | 50.000 (1.000 × 50) | 60.000 (150 × 400) | 740.000 | 24,67 pta./kg |
| Glucosa | 2.550.000 (85.000 × 30) | 50.000 (5 × 10.000) | 50.000 (1.000 × 50) | 60.000 (150 × 400) | 2.710.000 | 31,88 pta./kg |
| Agua | 800.000 (800.000 × 1) | | 150.000 (3.000 × 50) | | 950.000 | 1,19 pta./kg |
| Botella 0,33 l | 1.818.000 (1.515.000 × 1,2) | 40.000 (4 × 10.000) | 75.000 (1.500 × 50) | 100.000 (250 × 400) | 2.033.000 | 1,30 pta./kg |
| Botella 2 l | 300.000 (150.000 × 2) | 20.000 (2 × 10.000) | 25.000 (500 × 50) | 120.000 (300 × 400) | 465.000 | 3,10 pta./kg |

fuerzo que realiza el centro de distribución para llevar todos los productos terminados a almacén.

**9.ª ETAPA: Determinación de los distintos resultados**

Calculado el coste final de cada uno de los productos vendidos y conocidos los ingresos obtenidos por cada uno de ellos, los resultados por productos son los que aparecen en el Cuadro 10.

En este último cuadro se ha procedido a determinar el resultado final del ejercicio, para lo cual se ha deducido del sumatorio de los resultados por productos los costes del centro de administración, que bajo la óptica de los sistemas ABC no suelen asignarse a la formación del coste de producción.

### Cuadro 8. Coste de producción

| Actividades / Productos | Jarabes | Glucosa | Agua | Botellas | Etiquetas | Mvto. int. materiales | Almace-namiento | Mezclado y llenado | Puestas a punto | Control de calidad | Etiquetado | Coste total | Coste unitario |
|---|---|---|---|---|---|---|---|---|---|---|---|---|---|
| Cola-2 l (100.000 B) | 845.200 (0,4×100.000×21,13) | 318.000 (0,1×100.000×31,88) | 238.000 (2×100.000×1,19) | 310.000 (100.000×3,1) | 67.000 (100.000×0,67) | 450.000 (9.000×50) | 180.000 (450×400) | 275.000 (200.000×1,375) | 225.000 (18×12.500) | 125.000 (500×250) | 75.000 (30×2.500) | 3.109.000 | 31,09 pta. |
| Limón-2 l (37.500 B) | 345.000 (0,4×37.500×23) | 119.550 (0,1×37.500×31,88) | 89.250 (2×37.500×1,19) | 116.250 (37.500×3,1) | 25.125 (37.500×0,67) | 250.000 (5.000×50) | 80.000 (200×400) | 68.750 (50.000×1,375) | 150.000 (12×12.500) | 50.000 (200×250) | 50.000 (30×2.500) | 1.343.925 | 35,84 pta. |
| Tónica-2 l (12.500 B) | 123.300 (0,4×12.500×24,67) | 39.850 (0,1×12.500×31,88) | 29.750 (2×12.500×1,19) | 38.750 (12.500×3,1) | 8.375 (12.500×0,67) | 150.000 (3.000×50) | 120.000 (300×400) | 41.250 (30.000×1,375) | 137.500 (11×12.500) | 100.000 (400×250) | 25.000 (10×2.500) | 813.775 | 65,10 pta. |
| Cola-0,33 l (909.000 B) | 1.267.673 (0,066×909.000×21,13) | 956.304 (0,033×909.000×31,88) | 356.964 (0,33×909.000×1,19) | 1.218.060 (909.000×1,34) | 363.600 (909.000×0,4) | 300.000 (6.000×50) | 600.000 (1.500×400) | 412.500 (300.000×1,375) | 112.500 (9×12.500) | 150.000 (600×250) | 225.000 (90×2.500) | 5.962.601 | 6,56 pta. |
| Limón-0,33 l (303.000 B) | 495.954 (0,066×303.000×23) | 318.768 (0,033×303.000×31,88) | 118.988 (0,33×303.000×1,19) | 406.020 (303.000×1,34) | 121.200 (303.000×0,4) | 250.000 (5.000×50) | 240.000 (600×400) | 151.250 (110.000×1,375) | 125.000 (10×12.500) | 87.500 (350×250) | 75.000 (30×2.500) | 2.191.942 | 7,23 pta. |
| Tónica-0,33 l (303.000 B) | 493.151 (0,066×303.000×24,67) | 318.768 (0,033×303.000×31,88) | 118.988 (0,33×303.000×1,19) | 406.020 (303.000×1,34) | 121.200 (303.000×0,4) | 150.000 (3.000×50) | 280.000 (700×400) | 151.250 (110.000×1,375) | 100.000 (8×12.500) | 87.500 (350×250) | 75.000 (30×2.500) | 2.300.877 | 7,59 pta. |

### Cuadro 9. Coste final (unidades vendidas)

| Unidades vendidas | Coste de producción | Ordenes de ventas | Publicidad | Coste final | Coste unitario final |
|---|---|---|---|---|---|
| COLA - 2 l (90.000) | 2.798.100 (90.000 × 31,09) | 50.000 (5 × 10.000) | 190.000 (1 × 190.000) | 3.038.100 | 33,76 |
| LIMONADAS - 2 l (35.000) | 1.254.400 (35.000 × 35,84) | 30.000 (3 × 10.000) | 380.000 (2 × 190.000) | 1.664.400 | 47,55 |
| TONICAS - 2 l (12.500) | 813.750 (12.500 × 65,10) | 40.000 (4 × 10.000) | 380.000 (2 × 190.000) | 1.233.750 | 98,70 |
| COLAS - 0,33 l (825.000) | 5.412.000 (825.000 ×6,56) | 250.000 (25 ×10.000) | — | 5.662.000 | 6,86 |
| LIMONADAS - 0,33 l (200.000) | 1.446.000 (200.000 × 7,23) | 150.000 (15 × 10.000) | — | 1.596.000 | 7,98 |
| TONICAS - 0,33 l (180.000) | 1.366.200 (180.000 × 7,59) | 80.000 (8 × 10.000) | — | 1.446.200 | 8,03 |

### Cuadro 10. Resultados

| Productos | Ingresos | Coste final | Resultados productos | Costes administración | Resultado final |
|---|---|---|---|---|---|
| COLAS - 2 l | 8.550.000 (90.000 × 95) | 3.038.400 (90.000 × 33,76) | + 5.511.600 | | |
| LIMON - 2 l | 3.325.000 (35.000 × 95) | 1.664.250 (35.000 × 47,55) | + 1.660.750 | | |
| TONICAS - 2 l | 950.000 (10.000 × 95) | 987.000 (10.000 × 98.70) | − 37.000 | | |
| COLAS - 0,33 l | 20.625.000 (825.000 ×25) | 5.659.500 (825.000 × 6,86) | + 14.965.500 | | |
| LIMON - 0,33 l | 5.000.000 (200.000 × 25) | 1.596.000 (200.000 × 7,98) | + 3.404.000 | | |
| TONICAS - 0,33 l | 4.500.000 (180.000 × 25) | 1.445.400 (180.000 × 8,03) | + 3.054.600 | | |
| TOTALES | 42.950.000 | 1.439.055 | + 28.559.450 | 2.600.000 | 25.959.450 |

**CASO 19**

Dada la dificultad que en la realidad práctica suele presentarse a la hora de **diferenciación y determinación de actividades y generadores** así como en el momento de proceder a **su reclasificación**, se plantea en este caso la posibilidad de que **sin acudir a cálculos numéricos** el alumno acometa las acciones anteriores.

MAGRAFESA, es una empresa dedicada a la elaboración de cigarrillos negros y rubios de alta calidad que comercializan, junto con sus respectivas picaduras, en todo el territorio nacional.

El proceso de elaboración parte de dos variedades distintas de hojas de tabacos que requieren tratamientos similares, aun cuando diferenciados, y culmina con el liado en hojas de papel especial y su posterior empaquetado en cajetillas de 20 cigarrillos y en envases de 1 kg de peso para la picadura de tabaco.

A tal fin, la organización técnico-económica que presenta esta empresa puede explicarse brevemente de la siguiente forma:

1. Las hojas de tabaco, adquiridas del exterior, son llevadas directamente a unos hornos eléctricos donde se procede a su secado. En este proceso las hojas aún húmedas pierden un 20 por 100 de su peso por efecto de la evaporación. En el ejercicio que nos ocupa, se adquieren 15.000 kg de hojas para cigarrillos negros y 10.000 kg para rubio.

Las hojas de tabaco rubio han necesitado la mitad del tiempo de secado que las de tabaco negro (tiempo total de funcionamiento de los hornos: 300 horas).

2. Una vez secas, las hojas de tabaco se someten a un proceso de cortado, donde quedan reducidas a pequeñas partículas, no todas recuperables para el liado, ya que un 10 por 100 de los kilos troceados quedan inservibles para ser liados, por lo que se envasan y se comercializan como picadura de tabaco (negro y rubio).

El cambio en el corte de hojas para cigarrillos negros y rubios, exige el reglaje y puesta a punto de las máquinas. A estos efectos se conoce, que la empresa ha cortado las hojas de tabaco negro en diez lotes, y las de rubio en siete lotes. El coste de cada kilo cortado es idéntico, con independencia de tratarse de uno u otro tipo de hojas.

3. Las finas partículas, listas para ser liadas, pasan a un centro posterior donde se efectúa esta operación mediante máquinas de una alta tecnología, no habiendo diferencia entre las tareas encaminadas a liar un cigarrillo negro o rubio, excepto las de realizar algunos ajustes en la maquinaria (15 para liar los cigarrillos negros y 9 para los cigarrillos rubios).

Para completar todas las operaciones de este centro, se han adquirido y consumido 200 m$^2$ de papel y empleado 350 horas/máquina.

4. La totalidad de los cigarrillos liados pasan finalmente a un centro de empaquetado, habiéndose envasado en el período que nos ocupa, 200.000 paquetes de negro (producción total: 4 millones de cigarrillos negros), y 100.000 paquetes de rubio (producción total: 2 millones) y toda la picadura (en envases de 1 kg).

El tiempo empleado en empaquetar cada envase de picadura es cinco veces superior al empaquetar cada cajetilla, ya sea de tabaco negro o rubio.

5. El proceso productivo culmina en la empresa con las tareas propias del centro comercial, que en este ejercicio pueden resumirse en las encaminadas a cursar las órdenes de venta, confeccionar las rutas de reparto (150 horas para las de negro, 80 para las de rubio y 50 para la picadura), así como proceder a efectuar el reparto propiamente dicho (3.000 km para las cajetillas de negro, 2.600 para las de rubio y 800 para la picadura).

6. Además de la información contenida en los puntos anteriores acerca de las actividades que se realizan en la empresa, se conoce que:

- Los centros que utilizan primera materia (hojas de tabaco), materias auxiliares (papel para liar) y envases (cajetillas para cigarrillos y envases para picadura), realizan directamente sus propias compras. El coste de elaborar cada orden es idéntico, con independencia del centro en el que se realice, confeccionándose una orden por cada 500 kg de hoja de tabaco comprados, 500 m$^2$ de papel, 10.000 cajetillas de cigarrillos y 1.000 paquetes de envases para picadura, ya sean compradas o vendidas. No suele quedar nunca ningún tipo de existencias.
- Cada centro de transformación se encarga de transportar al siguiente el producto que elabora, guardando las distancias recorridas y el coste de recorrerlas una gran identidad entre sí. A este respecto se conoce que el número de transportes efectuados en cada centro ha sido, siguiendo el orden secuencial del proceso productivo, de 75, 40, 225 y 125.
- A la salida de cada proceso de transformación existe un centro de control de calidad, que se encarga de certificar la suficiencia de cada lote inspeccionado. El número de lotes totales inspeccionados ha sido de 500, habiéndose inspeccionado el doble de lotes en el empaquetado que en los centros anteriores. No existen tales tareas en el centro comercial.

SE PIDE

1. Determinar los distintos centros de actividad en los que se encuentra dividida la empresa.
2. Diferenciar las actividades que pueden establecerse dentro de cada uno de los anteriores centros.
3. Definir los generadores más apropiados para cada actividad, así como el número de ellos.
4. Reclasificar las actividades que estime más oportuno.

---

## SOLUCION CASO 19

### 1. INTRODUCCION

Una vez nos hemos familiarizado ya con los procesos de asignación efectuados bajo la órbita de los sistemas ABC, hemos de terminar el grupo de ejercicios dedicados a esta materia con un intento de acercarnos a su implantación en la realidad práctica.

Existe coincidencia generalizada entre los expertos que han llevado a cabo la anterior tarea en que los momentos culminantes de estos procesos se centran tanto en la determinación de las actividades como en la definición y medida de los generadores de costes.

Es por esto, por lo que en este ejercicio hemos renunciado expresamente a cualquier cálculo numérico en el proceso de asignación (tampoco se dan datos suficientes para ello) para así intentar acercarnos a la realidad práctica, centrando la atención tanto en el establecimiento de los distintos centros que pueden distinguirse en MAGRAFESA, como en la determinación de actividades y generadores que a la luz de la literatura existente en el enunciado puedan proponerse.

### 2. RESOLUCION EJERCICIO MAGRAFESA

1. Los centros de actividad existentes en la empresa pueden determinarse de una manera sencilla si empezamos, a tal fin, esquematizando el propio proceso productivo que se desprende del enunciado. Este es el que aparece en la Figura 1.

Según el anterior esquema, los centros en los que se encuentra dividida la empresa son:

— Centro de secado.
— Centro de cortado.
— Centro de liado.
— Centro de empaquetado.
— Centro comercial.

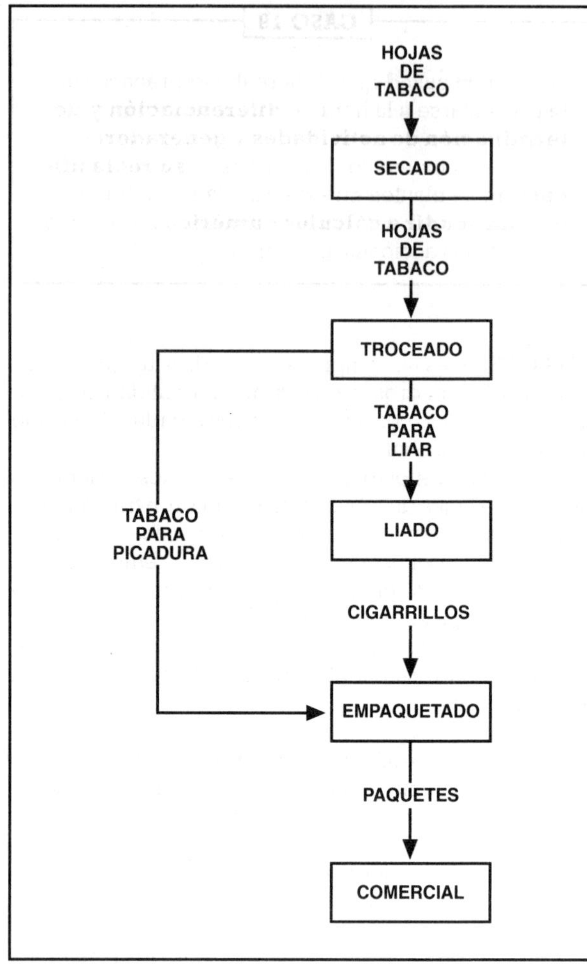


**Figura 1.** Proceso productivo.

2. Para diferenciar las actividades por cada uno de los centros anteriores es necesario una lectura atenta de las diferentes operaciones que tienen lugar en cada uno de ellos.

— Con carácter general, y según se indica en el punto 6 del enunciado:

• Los centros que utilizan la materia prima, las materias auxiliares y los envases, es decir, los centros de secado (hojas de tabaco), liado (papel) y empaquetado (cajetillas y envases para picadura), lanzan sus propias «ordenes de compra» (actividad) para abastecerse.

• Cada centro de transformación transporta internamente los materiales al centro que le precede, por lo que, en todos esos centros (menos en el comercial, que no transforma) se ha de distinguir la actividad de «movimiento interno de materiales».

• A la salida de cada centro de transformación (todos menos el comercial) existen puntos de «control de calidad», por lo que esta actividad queda perfectamente determinada en cada uno de los centros anteriores.

— Con carácter particular, para cada uno de los centros existentes, y según lo indicado en el enunciado (puntos 1 a 5), puede deducirse la siguiente información:

• En el centro de secado se procede al «secado» (actividad definida) de las hojas de tabaco.

• En el centro de cortado, se «cortan» (actividad) las hojas de tabaco. Además en este centro, es necesario realizar ajustes o «puestas a punto» (actividad) de las maquinarias según el tipo de hoja (para negro o rubio) que se trata.

• En el centro de liado se procede a realizar esta tarea (con el suficiente peso, hemos de entender, como para ser considerada actividad) y la de «puestas a punto» de la maquinaria.

• En el centro de empaquetado, se «empaquetan» o envasan los cigarrillos y las picaduras, no ejecutándose ninguna actividad más digna de mención tal como se desprende del enunciado.

• Finalmente, y como específicamente se señala en el punto 5 del enunciado, las actividades llevadas a efecto en el centro comercial son las de «cursar las órdenes de venta», «confeccionar las rutas de reparto» y «transportar los productos vendidos» hasta sus respectivos destinos.

Según todo lo anterior, puede confeccionarse el Cuadro 1 en el que aparecen detectadas las actividades en cada uno de los centros.

**Cuadro 1. Actividades por centros**

| Centros | Actividades |
|---|---|
| Secado | Ordenes de compras<br>Secado<br>Movimiento interno de materiales<br>Control de calidad |
| Cortado | Corte de hojas<br>Puestas a punto<br>Movimiento interno de materiales<br>Control de calidad |
| Liado | Ordenes de compra<br>Liado<br>Movimiento interno de materiales<br>Puestas a punto<br>Control de calidad |
| Empaquetado | Ordenes de compra<br>Envasado<br>Movimiento interno de materiales<br>Control de calidad |
| Comercial | Ordenes de ventas<br>Rutas de reparto<br>Transporte |

3. Los generadores de costes que pueden establecerse para las actividades señaladas en el punto anterior, aparecen en el Cuadro 2. Para proceder a su confección hemos realizado las siguientes consideraciones:

— En cuanto a las actividades comunes a varios centros, se ha de indicar que:

*a*) Con respecto a la actividad ordenes de compras, como se indica en el punto 6 del enunciado, ésta viene expresada en «número de órdenes» que se han cursado (y, por tanto, buen generador). Según dicho enunciado, el número de ellos ha de calcularse en función de los kilos, metros cuadrados y cajetillas y envases comprados, según se trate de hojas de tabaco, papel y cajetillas y envases.

Así, para el centro de secado, encargado de comprar las hojas de tabaco, se ha de cursar una orden por cada 500 kg comprados; dado que se han adquirido 25.000 (15.000 + 10.000), se habrán debido cursar 50 órdenes.

*b*) Con respecto a la actividad movimiento interno de materiales, el citado punto 6 del enunciado da a entender que al ser idénticas las distancias recorridas, el generador elegido hace referencia al número de «transportes efectuados» cuya cantidad se cita expresamente.

*c*) También en el punto 6 del enunciado se informa que el generador establecido en la actividad control de calidad es el que hace referencia al número de lotes inspeccionados.

El número total de inspecciones que se indica es de 500, habiéndose inspeccionado el doble de lotes en el centro de empaquetado que en el resto de los centros de transformación. Según esta información habrá que repartir las 500 inspecciones en cinco partes, de las que dos irán a empaquetado y una a cada uno de los restantes excepto al centro comercial, que no participa en el proceso de transformación.

*d*) En los centros de cortado y liado (ver puntos 2 y 3 del enunciado), tienen lugar puestas a punto de la maquinaria, siendo el generador utilizado en ambos casos el referido al «número de puestas a punto», cuyas cantidades exactas se indican allí.

*e*) En cuanto a las funciones específicas que se realizan en cada uno de los centros (secado, cortado, liado y empaquetado), en los puntos 1 al 4 del enunciado se

**Cuadro 2. Generadores por actividades**

| Centros | Actividades | Definición del generador | Número generadores |
|---|---|---|---|
| SECADO | Ordenes de compras<br>Secado<br>Movimiento interno de materiales<br>Control de calidad | N.° de órdenes<br>Horas de secado<br>N.° de transportes<br>N.° de lotes inspeccionados | 20<br>300<br>75<br>100 |
| CORTADO | Corte de hojas<br>Puestas a punto<br>Movimiento interno de materiales<br>Control de calidad | Kg cortados<br>N.° de puestas a punto<br>N.° de transportes<br>N.° de lotes inspeccionados | 20.000<br>17<br>40<br>100 |
| LIADO | Ordenes de compras<br>Liado<br>Movimiento interno de materiales<br>Puestas a punto<br>Control de calidad | N.° de órdenes<br>Horas/máquinas<br>N.° de transportes<br>N° de puestas a punto<br>N.° de lotes inspeccionados | 4<br>350<br>225<br>24<br>100 |
| EMPAQUETADO | Ordenes de compra<br>Envasado<br>Movimiento interno de materiales<br>Control de calidad | N.° de órdenes<br>N.° de paquetes/tiempo<br>N.° de transportes<br>N.° de inspecciones | 32<br>310.000<br>125<br>200 |
| COMERCIAL | Ordenes de ventas<br>Rutas de reparto<br>Transporte | N.° de órdenes<br>Horas<br>Km recorridos | 32<br>280<br>6.400 |

recoge de manera clara tanto la definición del generador como el número de ellos.

Sólo advertir que en el número de los generadores correspondiente a la actividad de envasado, se han de corregir los paquetes envasados en función del tiempo empleado; así, los paquetes envasados han sido de 302.000 unidades (200.000 de cigarrillos negros, 100.000 de rubio y 2.000 paquetes de picadura de tabaco), pero como el tiempo empleado en envasar la picadura es cinco veces superior al empleo en envasar los paquetes de cigarrillos, esos 2.000 paquetes se han de hacer equivaler a 10.000 de estos últimos por lo que el número total de generadores será de 310.000 (200.000 + 100.000 + +10.000).

*f*) Con respecto al centro comercial, los generadores establecidos y el número de ellos quedan perfectamente reflejados en el punto 5 del enunciado.

4. La reclasificación de las actividades, no presenta en este caso, y en ausencia de otro tipo de información, complejidad alguna.

Como se sabe, y sin entrar ahora en otras complicaciones, las actividades susceptibles de ser reclasificadas son aquellas de iguales o similares características y generadores comunes.

En función de los cuadros anteriores, las actividades reclasificadas, así como el número de generadores correspondientes a cada una de ellas son las que aparecen en el Cuadro 3.

**Cuadro 3. Actividades reclasificadas**

| Actividades reclasificadas | Definición generadores | Número de generadores |
|---|---|---|
| Ordenes de compra y venta | N.° de órdenes | 88 |
| Secado | Horas de secado | 300 |
| Movimiento interno de materiales | N.° de transportes | 465 |
| Control de calidad | N.° de lotes inspeccionados | 500 |
| Puestas a punto de la maquinaria | N.° de puestas a punto | 41 |
| Corte de hojas | Kilogramos cortados | 20.000 |
| Liado | Horas/máquinas | 350 |
| Envasado | N.° de paquetes | 310.000 |
| Rutas de reparto | Horas | 280 |
| Transporte | Kilómetros recorridos | 6.400 |

PARTE CUARTA

# La asignación en la Contabilidad de Costes

CASO 20. **Diferentes métodos de asignación de costes conjuntos**

CASO 21. **La arbitrariedad inherente a los procesos de asignación de costes conjuntos**

## CASO 20

En esta parte, mediante éste y el caso siguiente, se pretende practicar las técnicas ya expuestas en su vertiente teórica sobre los **diferentes métodos de asignación de costes conjuntos**.

La empresa CARMUSA, se dedica a la obtención de ciertos productos conjuntos, que denominaremos A, B y C, de los que se conocen los siguientes datos:

- El coste conjunto habido en el proceso de tratamiento conjunto ($C^c$).
- Sus respectivos costes autónomos ($C_i^a$).
- Los ingresos obtenidos por sus ventas ($I_i$).
- El menor precio de mercado para cada uno de los productos ($C_i^o$).
- Una unidad física de medida, homogénea para todos ellos; en este caso, representativa de sus respectivos pesos y expresada en kg la cual simbolizamos como ($P_i$).

Todos los datos anteriores aparece recogidos en el Cuadro 1.

**Cuadro 1**

| Datos \ Productos | A | B | C | Total |
|---|---|---|---|---|
| Coste conjunto ($C^c$) | — | — | — | 8 |
| Costes autónomos ($C_i^a$) | 2 | 6 | 3 | 11 |
| Coste total ($C^t$) | — | — | — | 19 |
| Menor precio mercado ($C_i^o$) | 22 | 12 | 5 | 39 |
| Pesos (kg) | 3 | 5 | 4 | 12 |
| Ingresos ($I_i$) | 20 | 50 | 60 | 130 |

CARMUSA, consciente de las diferentes posibilidades que se le presentan de conocer tanto los costes de producción como los distintos beneficios, contrata los servicios de un experto para que le muestre cada una de esas posibilidades tendentes a su consecución.

Con toda la información anterior, póngase en el caso del experto y ofrezca a CARMUSA las distintas soluciones que reclama.

## SOLUCION CASO 20

La problemática inherente a la asignación de costes conjuntos ha resultado siempre arbitraria y subjetiva. Con la resolución del presente ejercicio se pretende observar la medida en la que de la aplicación de modelos distintos se obtienen resultados diferentes.

Como ya señalábamos en el primer volumen teórico, la elección de cualquiera de ellos comportará un elevado grado de subjetividad. Aún cuando la elección de cualquier modelo debe quedar supeditada a la pretendida utilidad de la información para la decisión concreta que en cada momento pretendamos tomar, no es menos cierto, que, como el alumno tendrá ocasión de verificar en la resolución de este ejercicio, las nuevas aportaciones al respecto, se sustentan en argumentos algo más sólidos que aquellos basados en el beneficio o en la capacidad para soportar costes.

### 1. RESOLUCION ATENDIENDO A METODOS BASADOS EN EL BENEFICIO

El más representativo es el método que asigna el coste conjunto tomando como referencia una unidad de medida física común para todos los productos.

Una vez elegida la unidad de medida, se procede a realizar el reparto del coste conjunto ($C^c$) en proporción directa al número de éstas que contenga cada producto. El coste conjunto a asignar a cada uno de los productos se calcula tomando como unidad de medida física sus respectivos pesos, siguiendo la expresión:

$$C_i^c = \frac{P_i}{\Sigma P_i} C^c$$

En nuestro caso:

$$C_A^c = \frac{P_A}{\Sigma P_i} C^c = \frac{3}{12} 8 = 2 \text{ u.m.}$$
$$C_B^c = \frac{P_B}{\Sigma P_i} C^c = \frac{5}{12} 8 = 3{,}33 \text{ u.m.}$$
$$C_C^c = \frac{P_C}{\Sigma P_i} C^c = \frac{4}{12} 8 = 2{,}67 \text{ u.m}$$

Según este método, la empresa obtiene unos beneficios de:

$$B_A = I_A - C_A^t = 20 - (2 + 2) = 16 \text{ u.m}$$
$$B_B = I_B - C_B^t = 50 - (3{,}33 + 6) = 40{,}67 \text{ u.m}$$
$$B_C = I_C - C_C^t = 60 - (2{,}67 + 3) = 54{,}33 \text{ u.m}$$

## 2. METODOS BASADOS EN LA CAPACIDAD PARA SOPORTAR EL COSTE

a) *Método del valor de ventas*

Este método consiste en asignar el coste conjunto atendiendo a la importancia relativa del valor de las ventas de cada uno de los productos en relación con las ventas totales.

El coste conjunto ($C_i^c$) a asignar a cada producto, se calcula mediante la siguiente expresión:

$$C_i^c = \frac{I_i}{\sum I_i} C^c$$

En nuestro caso:

$$C_A^c = \frac{I_A}{\sum I_i} C^c = \frac{20}{130} 8 = 1{,}23 \text{ u.m.}$$
$$C_B^c = \frac{I_B}{\sum I_i} C^c = \frac{50}{130} 8 = 3{,}08 \text{ u.m}$$
$$C_C^c = \frac{I_C}{\sum I_i} C^c = \frac{60}{130} 8 = 3{,}69 \text{ u.m}$$

Los beneficios obtenidos para cada producto son los siguientes:

$$B_A = I_A - C_A^t = 20 - (1{,}23 + 2) = 16{,}77 \text{ u.m.}$$
$$B_B = I_B - C_B^t = 50 - (3{,}08 + 6) = 40{,}92 \text{ u.m.}$$
$$B_C = I_C - C_C^t = 60 - (3{,}69 + 3) = 53{,}31 \text{ u.m.}$$

b) *Método del valor neto de realización*

En este método se lleva a cabo la asignación en función de los ingresos minorados en los costes autónomos.

El proceso de asignación se fundamenta en los siguientes pasos:

1. Considera como valores netos de realización (VNR) la diferencia entre los valores de ventas y los costes autónomos:

$$\text{VNR}_i = I_i - C_i^a$$

En nuestro caso:

$$\text{VNR}_A = 20 - 2 = 18 \text{ u.m.}$$
$$\text{VNR}_B = 50 - 6 = 44 \text{ u.m.}$$
$$\text{VNR}_C = 60 - 3 = 57 \text{ u.m.}$$
$$\sum \text{VNR}_i = 130 - 11 = 119 \text{ u.m.}$$

2. Asigna el coste conjunto ($C^c$) en función directa de la importancia relativa del valor neto de realización de cada producto ($\text{VRN}_i$) sobre el valor neto de realización total ($\Sigma\text{VRN}_i$):

$$C_i^c = \frac{I_i - C_i^a}{\sum I_i - \sum C_i^a} C^c = \frac{\text{VRN}_i}{\sum \text{VRN}_i} C^c$$

En nuestro caso:

$$C_A^c = \frac{I_A - C_A^a}{\sum I_i - \sum C_i^a} C^c = \frac{\text{VRN}_A}{\sum \text{VRN}_i} C^c = \frac{18}{119} 8 = 1{,}21 \text{ u.m.}$$
$$C_B^c = \frac{I_B - C_B^a}{\sum I_i - \sum C_i^a} C^c = \frac{\text{VRN}_B}{\sum \text{VRN}_i} C^c = \frac{44}{119} 8 = 2{,}96 \text{ u.m.}$$
$$C_C^c = \frac{I_C - C_C^a}{\sum I_i - \sum C_i^a} C^c = \frac{\text{VRN}_C}{\sum \text{VRN}_i} C^c = \frac{57}{119} 8 = 3{,}83 \text{ u.m.}$$

Los beneficios correspondientes serán:

$$B_A = I_A - C_A^t = 20 - (1{,}21 + 2) = 16{,}79 \text{ u.m.}$$
$$B_B = I_B - C_B^t = 50 - (2{,}96 + 6) = 41{,}04 \text{ u.m.}$$
$$B_C = I_C - C_C^t = 60 - (3{,}83 + 3) = 53{,}17 \text{ u.m.}$$

## 3. METODO DE LOS COSTES ALTERNATIVOS

a) *Método de los costes alternativos de Moriarity*

Este método se desarrolla siguiendo los pasos que a continuación detallamos:

1. Determinación del coste de la mejor alternativa:

Se trata de calcular el coste correspondiente a la mejor alternativa de obtener cada producto ($Y_i$), que sería matemáticamente de la siguiente forma:

$$Y_i = \min(C_i^o; C^c + C_i^a)$$

En nuestro caso:

$$Y_A = \min(22; 8 + 2) = 10$$
$$Y_B = \min(12; 8 + 6) = 12$$
$$Y_C = \min(5; 8 + 3) = 5$$

2. Calculo del ahorro total de costes:

El ahorro total de coste conseguido ($H$) por el proceso de producción conjunta en relación con la mejor obtención alternativa de los productos conjuntos será:

$$H = \sum Y_i - C^t$$
$$H = 27 - 19 = 8$$

3. Asignación del ahorro total de costes a los diferentes productos:

La parte del ahorro total de costes que se asigna a cada producto ($H_i$), se obtiene atendiendo a la importancia relativa del coste de la mejor alternativa de obtener cada producto ($Y_i$) en relación con el coste alternativo total ($\Sigma Y_i$).

$$H_i = \frac{Y_i}{\Sigma Y_i} H = \frac{H}{\Sigma Y_i} Y_i$$

$$H_A = \frac{8}{27} 10 = 2{,}96$$

$$H_B = \frac{8}{27} 12 = 3{,}55$$

$$H_C = \frac{8}{27} 5 = 1{,}48$$

4. Cálculo del coste total de cada producto:

El coste total de cada producto ($C_i^t$) se calcula deduciendo del coste de su mejor alternativa ($Y_i$), el ahorro de costes asignado.

$$C_i^t = Y_i - H_i$$

$$C_A^t = 10 - 2{,}96 = 7{,}04 \text{ u.m.}$$
$$C_B^t = 12 - 3{,}55 = 8{,}45 \text{ u.m.}$$
$$C_C^t = 5 - 1{,}48 = 3{,}52 \text{ u.m.}$$

5. Cálculo del coste conjunto a asignar a cada producto:

El coste conjunto a asignar se obtiene mediante la siguiente expresión:

$$C_i^t = C_i^c + C_i^a \ ; \ C_i^c = C_i^t - C_i^a$$

$$C_A^c = 7{,}04 - 2 = 5{,}04 \text{ u.m.}$$
$$C_B^c = 8{,}45 - 6 = 2{,}45 \text{ u.m.}$$
$$C_C^c = 3{,}52 - 3 = 0{,}52 \text{ u.m.}$$

6. Cálculo del beneficio:

Conocidos los ingresos y los costes totales de cada producto, el beneficio estará representado por:

$$B_i = I_i - C_i^t$$

$$B_A = 20 - 7{,}04 = 12{,}96 \text{ u.m.}$$

$$B_B = 50 - 8{,}45 = 41{,}55 \text{ u.m.}$$

$$B_C = 60 - 3{,}52 = 56{,}48 \text{ u.m.}$$

b) *Método de los costes alternativos de Louderbak*

Este método se desarrolla siguiendo los pasos siguientes:

1. Cálculo de la mejor alternativa de obtener cada producto ($Y_i$) utilizando la expresión:

$$Y_i = \min C_i^o$$

$$Y_A = 22$$
$$Y_B = 12$$
$$Y_C = 5$$

2. Determinación de los costes alternativos netos ($Y_i^N$), los cuales se obtienen restando de los costes de la mejor alternativa para cada producto sus costes autónomos:

$$Y_i^N = Y_i - C_i^a$$

$$Y_A^N = 22 - 2 = 20$$
$$Y_B^N = 12 - 6 = 6$$
$$Y_C^N = 5 - 3 = 2$$

3. Asignación del coste conjunto a cada uno de los productos ($C_i^c$). Se realiza en función de la importancia relativa del coste alternativo neto de cada uno de ellos, sobre el coste alternativo neto final:

$$C_i^c = \frac{Y_i^N}{Y^N} C^c = \frac{C^c}{Y^N} Y_i^N$$

$$C_A^c = \frac{8}{28} 20 = 5{,}71 \text{ u.m.}$$
$$C_B^c = \frac{8}{28} 6 = 1{,}71 \text{ u.m.}$$
$$C_C^c = \frac{8}{28} 2 = 0{,}57 \text{ u.m.}$$

4. Determinación de los beneficios:

Al igual que en el modelo anterior, conocidos los ingresos y los costes totales, el beneficio se determinará mediante la expresión:

$$B_i = I_i - C_i^t = I_i - (C_i^c + C_i^a)$$

$$B_A = 20 - (5{,}71 + 2) = 12{,}29 \text{ u.m.}$$
$$B_B = 50 - (1{,}71 + 6) = 42{,}29 \text{ u.m.}$$
$$B_C = 60 - (0{,}57 + 3) = 56{,}43 \text{ u.m.}$$

c) *Método de los costes alternativos de Balachandran y Ramakisham*

El desarrollo de este método atiende a los siguientes pasos:

1. Determinación de la mejor alternativa inmediata:

La mejor alternativa inmediata de obtener cada producto, resulta de la expresión:

$$Y_i = \min(C_i^o; (C^c + C_i^a))$$

$$Y_A = \min(22; 8+2) = 10 \text{ u.m.}$$
$$Y_B = \min(12; 8+6) = 12 \text{ u.m.}$$
$$Y_C = \min(5; 8+3) = 5 \text{ u.m.}$$

2. Cálculo de los costes alternativos netos:

$$Y_i^N = Y_i - C_i^a$$

$$Y_A^N = 10 - 2 = 8 \text{ u.m.}$$
$$Y_B^N = 12 - 6 = 6 \text{ u.m.}$$
$$Y_C^N = 5 - 3 = 2 \text{ u.m.}$$

3. Asignación del coste conjunto:

Se calcula en función de la importancia relativa de sus respectivos costes alternativos netos sobre el coste alternativo neto total.

$$C_i^c = \frac{Y_i^N}{Y^N} C^c = \frac{C^c}{Y^N} Y_i^N$$

$$C_A^c = \frac{8}{16} 8 = 4 \text{ u.m.}$$

$$C_B^c = \frac{8}{16} 6 = 3 \text{ u.m.}$$

$$C_C^c = \frac{8}{16} 2 = 1 \text{ u.m.}$$

4. Determinación del beneficio.

Dado que tanto los ingresos como los costes totales son conocidos, el beneficio para cada producto será:

$$B_i = I_i - C_i^t = I_i - (C_i^c + C_i^a)$$

$$B_A = 20 - (4+2) = 14 \text{ u.m.}$$
$$B_B = 50 - (3+6) = 41 \text{ u.m.}$$
$$B_C = 60 - (1+3) = 56 \text{ u.m.}$$

## 4. METODO DE LOS COEFICIENTES DE CONVERTIBILIDAD DE VALORES

El desarrollo del método pasa por las siguientes fases:

1. Obtención del coeficiente de convertibilidad de valores ($\alpha$):

Este coeficiente se deduce de la expresión siguiente:

$$\alpha = \frac{\Sigma I_i}{C^c + \Sigma C_i^a}$$

En nuestro caso:

$$\alpha = \frac{130}{8+11} = 6{,}84 \text{ u.m.}$$

2. Determinación de los ingresos autónomos de cada uno de los productos:

Si consideramos:

$I_i^a$ = valor de los ingresos generados por el proceso autónomo de un determinado producto.

$I_i^c$ = valor de los ingresos generados por el progreso conjunto, y correspondiente a un determinado producto.

Tendremos la siguiente expresión:

$$I_i^t = I_i^a + I_i^c$$

Si contemplamos un solo ámbito de transformación de valores, en el que el coeficiente ($\alpha$) siempre toma el mismo valor, ya se aplique sobre el proceso conjunto o sobre los procesos autónomos, y dado que tanto el valor de este coeficiente como el de los costes autónomos son conocidos, tenemos que:

$$I_i^a = \alpha \cdot C_i^a$$

$$I_A^a = 6{,}84 \times 2 = 13{,}68 \text{ u.m.}$$
$$I_B^a = 6{,}84 \times 6 = 41{,}04 \text{ u.m.}$$
$$I_C^a = 6{,}84 \times 3 = 20{,}52 \text{ u.m.}$$

3. Determinación de los ingresos conjuntos de cada producto:

Para ello utilizamos la siguiente expresión:

$$I_i^t = I_i^a + I_i^c$$
$$I_i^c = I_i^t - I_i^a$$

$$I_A^c = 13{,}68 - 2 = 11{,}68 \text{ u.m.}$$
$$I_B^c = 41{,}04 - 6 = 35{,}04 \text{ u.m.}$$
$$I_C^c = 20{,}52 - 3 = 17{,}52 \text{ u.m.}$$

4. Cálculo del coste conjunto a asignar a cada producto:

$$\alpha \cdot C_i^c = I_i^C$$
$$C_i^c = \frac{I_C^c}{\alpha}$$

$$C_A^c = \frac{11{,}68}{6{,}84} = 4{,}84 \text{ u.m.}$$
$$C_B^c = \frac{35{,}04}{6{,}84} = 5{,}12 \text{ u.m.}$$
$$C_C^c = \frac{17{,}52}{6{,}84} = 2{,}56 \text{ u.m.}$$

**CASO 21**

Se vuelve a poner de manifiesto, al igual que en el caso anterior, **la arbitrariedad inherente a los procesos de asignación de costes conjuntos**, dado que como se observará todos ellos dan resultados divergentes.

La empresa BIFEDISA, tras someter a sus productos a un proceso de producción conjunta y sucesivos procesos autónomos, obtiene totalmente acabados los productos A, B y C, de los que se conocen los siguientes datos:

- El coste conjunto habido en el proceso de tratamiento conjunto ($C^c$).
- Sus respectivos costes autónomos ($C_i^a$).
- Los ingresos obtenidos por sus ventas ($I_i$).
- El menor precio de mercado para cada uno de los productos ($C_i^o$).
- Una unidad física de medida, homogénea para todos ellos; en este caso, representativa de sus respectivos pesos y expresada en kg la cual simbolizamos como ($P_i$).

Todos los datos anteriores aparecen recogidos en el cuadro siguiente.

| Datos \ Productos | A | B | C | Total |
|---|---|---|---|---|
| Coste conjunto ($C^c$) .. | — | — | — | 750 |
| Costes autónomos ($C_i^a$) | 75 | 150 | 1.125 | 1.350 |
| Coste total ($C^t$) .......... | — | — | — | 2.100 |
| Menor precio mercado ($C_i^o$) .................... | 600 | 1.050 | 1.500 | 3.150 |
| Pesos (kg) .................. | 9 | 15 | 14 | 38 |
| Ingresos ($I_i$) ................ | 750 | 1.365 | 1.650 | 3.765 |

Con la información anterior, se han de determinar los costes totales y los beneficios de cada uno de los tres productos por los procedimientos y modelos que conozca.

## SOLUCION CASO 21

El objetivo que pretendemos es el de determinar la parte del coste conjunto, que según los distintos métodos propuestos corresponde asignar a cada uno de los anteriores productos. Una voz conocido este dato, podremos determinar sus costes totales y los beneficios generados por cada uno de ellos ($B_i$).

No se pretende con el presente ejercicio nada más que insistir en la problemática de la producción conjunta ya planteada en el ejercicio anterior, por lo que todo lo allí afirmado acerca de la subjetividad y arbitrariedad de estos procesos, vuelve a ponerse aquí de manifiesto como se tendrá ocasión de observar cuando se proceda a su resolución.

A tal fin hemos de acudir a los modelos más usuales que intentan resolver la problemática y que son los siguientes:

### 1. METODOS BASADOS EN EL BENEFICIO

El más representativo es el método que asigna el coste conjunto tomando como referencia una unidad de medida física común para todos los productos.

Una vez elegida la unidad de medida, se procede a realizar el reparto del coste conjunto ($C^c$) en proporción directa al número de éstas que contenga cada producto. El coste conjunto a asignar a cada uno de los productos se calcula tomando como unidad de medida física sus respectivos pesos, siguiendo la expresión:

$$C_i^c = \frac{P_i}{\sum P_i} = C^c$$

En nuestro caso:

$$C_A^c = \frac{P_A}{\sum P_i} C^c = \frac{9}{38} 750 = 177{,}63 \text{ u.m.}$$
$$C_B^c = \frac{P_B}{\sum P_i} C^c = \frac{15}{38} 750 = 296{,}05 \text{ u.m.}$$
$$C_C^c = \frac{P_C}{\sum P_i} C^c = \frac{14}{38} 750 = 276{,}32 \text{ u.m.}$$

Según este método, la empresa obtiene unos beneficios de:

$$B_A = I_A - C_A^t = 750 - (177{,}63 + 75) = 497{,}37 \text{ u.m.}$$
$$B_B = I_B - C_B^t = 1.365 - (296{,}05 + 150) = 918{,}95 \text{ u.m.}$$
$$B_C = I_C - C_C = 1.650 - (276{,}32 + 1.125) = 248{,}68 \text{ u.m.}$$

### 2. METODOS BASADOS EN LA CAPACIDAD PARA SOPORTAR EL COSTE

a) *Método del valor de ventas*

Este método consiste en asignar el coste conjunto atendiendo a la importancia relativa del valor de las ventas de cada uno de los productos en relación con las ventas totales.

El coste conjunto ($C_i^c$) a asignar a cada producto, se calcula mediante la siguiente expresión:

$$C_i^c = \frac{I_i}{\sum I_i} C^c$$

En nuestro caso:

$$C_A^c = \frac{I_A}{\sum I_i} C^c = \frac{750}{3.765} 750 = 149,40 \text{ u.m.}$$

$$C_B^c = \frac{I_B}{\sum I_i} C^c = \frac{1.365}{3.765} 750 = 271,91 \text{ u.m.}$$

$$C_C^c = \frac{I_C}{\sum I_i} C^c = \frac{1.650}{3.765} 750 = 328,69 \text{ u.m.}$$

Los beneficios obtenidos para cada producto son los siguientes:

$$B_A = I_A - C_A^t = 750 - (149,40 + 75) = 525,60 \text{ u.m.}$$
$$B_B = I_B - C_B^t = 1.365 - (271,91 + 150) = 943,09 \text{ u.m.}$$
$$B_C = I_C - C_C^t = 1.650 - (328,69 + 1.125) = 196,31 \text{ u.m.}$$

b) *Método del valor neto de realización*

En este método se lleva a cabo la asignación en función de los ingresos minorados en los costes autónomos.

El proceso de asignación se fundamenta en los siguientes pasos:

1. Considera como valor neto de realización (VNR) la diferencia entre los valores de ventas y los costes autónomos:

$$\text{VNR}_i = I_i - C_i^a$$

En nuestro caso:

$$\text{VNR}_A = 750 - 75 = 675 \text{ u.m.}$$
$$\text{VNR}_B = 1.365 - 150 = 1.215 \text{ u.m.}$$
$$\text{VNR}_C = 1.650 - 1.125 = 525 \text{ u.m.}$$

$$\sum \text{VNR}_i = 3.765 - 1.350 = 2.415 \text{ u.m.}$$

2. Asigna el coste conjunto ($C^c$) en función directa de la importancia relativa del valor neto de realización de cada producto ($\text{VNR}_i$) sobre el valor neto de realización total ($\Sigma\text{VNR}_i$):

$$C_i^c = \frac{I_i - C_i^a}{\sum I_i - \sum C_i^a} C^c = \frac{\text{VNR}_i}{\sum \text{VNR}_i} C^c$$

En nuestro caso:

$$C_A^c = \frac{I_A - C_A^a}{\sum I_i - \sum C_i^a} C^c = \frac{\text{VNR}_A}{\sum \text{VNR}_i} C^c = \frac{675}{2.415} 750 = 209,63 \text{ u.m.}$$

$$C_B^c = \frac{I_B - C_B^a}{\sum I_i - \sum C_i^a} C^c = \frac{\text{VNR}_B}{\sum \text{VNR}_i} C^c = \frac{1.215}{2.415} 750 = 377,33 \text{ u.m.}$$

$$C_C^c = \frac{I_C - C_C^a}{\sum I_i - \sum C_i^a} C^c = \frac{\text{VNR}_C}{\sum \text{VNR}_i} C^c = \frac{525}{2.415} 750 = 163,04 \text{ u.m.}$$

Los beneficios correspondientes serán:

$$B_A = I_A - C_A^t = 750 - (209,63 + 75) = 465,37 \text{ u.m.}$$
$$B_B = I_B - C_B^t = 1.365 - (377,33 + 150) = 837,67 \text{ u.m.}$$
$$B_C = I_C - C_C^t = 1.650 - (163,04 + 1.125) = 361,96 \text{ u.m.}$$

## 3. METODO DE LOS COSTES ALTERNATIVOS

a) *Método de los costes alternativos de Moriarity*

Este método se desarrolla siguiendo los pasos que a continuación detallamos:

1. Determinación del coste de la mejor alternativa:

Se trata de calcular el coste correspondiente a la mejor alternativa de obtener cada producto ($Y_i$), que sería matemáticamente de la siguiente forma:

$$Y_i = \min(C_i^o;\ C^c + C_i^a)$$

En nuestro caso:

$$Y_A = \min(600;\ 750 + 75) = 600$$
$$Y_B = \min(1.050;\ 750 + 150) = 900$$
$$Y_C = \min(1.500\ 750 + 1.125) = 1.500$$

2. Cálculo del ahorro total de costes:

El ahorro total de coste conseguido ($H$) por el proceso de producción conjunta en relación con la mejor obtención alternativa de los productos conjuntos será:

$$H = \sum Y_i - C^t$$
$$H = 3.000 - 2.100 = 900$$

3. Asignación del ahorro total de costes a los diferentes productos:

La parte del ahorro total de costes que se asigna a cada producto ($H_i$), se obtiene atendiendo a la importancia relativa del coste de la mejor alternativa de obtener cada producto ($Y_i$) en relación con el coste alternativo total ($\Sigma Y_i$).

$$H_i = \frac{Y_i}{\Sigma Y_i} H = \frac{H}{\Sigma Y_i} Y_i$$

$$H_A = \frac{900}{3.000} 600 = 180$$

$$H_B = \frac{900}{3.000} 900 = 270$$

$$H_C = \frac{900}{3.000} 1.500 = 450$$

4. Cálculo del coste total de cada producto:

El coste total de cada producto ($C_i^t$) se calcula deduciendo del coste de su mejor alternativa ($Y_i$), el ahorro de costes asignado.

$$C_i^t = Y_i - H_i$$

$$C_A^t = 600 - 180 = 420 \text{ u.m.}$$
$$C_B^t = 900 - 270 = 630 \text{ u.m.}$$
$$C_C^t = 1.500 - 450 = 1.050 \text{ u.m.}$$

5. Cálculo del coste conjunto a asignar a cada producto:

El coste conjunto a asignar se obtiene mediante la siguiente expresión:

$$C_i^t = C_i^c + C_i^a \ ; \ C_i^c = C_i^t - C_i^a$$

$$C_A^c = 420 - 75 = 345 \text{ u.m.}$$
$$C_B^c = 630 - 150 = 480 \text{ u.m.}$$
$$C_C^c = 1.050 - 1.125 = -75 \text{ u.m.}$$

6. Cálculo del beneficio:

Conocidos los ingresos y los costes totales de cada producto, el beneficio estará representado por:

$$B_i = I_i - C_i^t$$

$$B_A = 750 - 420 = 330 \text{ u.m.}$$
$$B_B = 1.365 - 630 = 735 \text{ u.m.}$$
$$B_C = 1.650 - 1.050 = 600 \text{ u.m.}$$

b) *Método de los costes alternativos de Louderback*

Este método se desarrolla siguiendo los pasos siguientes:

1. Cálculo de la mejor alternativa de obtener cada producto ($Y_i$) utilizando la expresión:

$$Y_i = \min C_i^o$$

$$Y_A = 600$$
$$Y_B = 1.050$$
$$Y_C = 1.500$$

2. Determinación de los costes alternativos netos ($Y_i^N$), los cuales se obtienen restando de los costes de la mejor alternativa para cada producto sus costes autónomos:

$$Y_i^N = Y_i - C_i^a$$
$$Y_A^N = 600 - 75 = 525$$
$$Y_B^N = 1.050 - 150 = 900$$
$$Y_C^N = 1.500 - 1.150 = 375$$

3. Asignación del coste conjunto a cada uno de los productos ($C_i^c$). Se realiza en función de la importancia relativa del coste alternativo neto de cada uno de ellos, sobre el coste alternativo neto final:

$$C_i^c = \frac{Y_i^N}{Y^N} C^c = \frac{C^c}{Y^N} Y_i^N$$

$$C_A^c = \frac{750}{1.800} 525 = 218,75 \text{ u.m.}$$

$$C_B^c = \frac{750}{1.800} 900 = 375 \text{ u.m.}$$

$$C_C^c = \frac{750}{1.800} 375 = 156,25 \text{ u.m.}$$

4. Determinación de los beneficios:

Al igual que en el modelo anterior, conocidos los ingresos y los costes totales, el beneficio se determinará mediante la expresión:

$$B_i = I_i - C_i^t = I_i - (C_i^c + C_i^a)$$
$$B_A = 750 - (218,75 + 75) = 456,25 \text{ u.m.}$$
$$B_B = 1.365 - (375 + 150) = 840 \text{ u.m.}$$
$$B_C = 1.650 - (156,25 + 1.125) = 368,75 \text{ u.m.}$$

c) *Método de los costes alternativos de Balachandran y Ramakisham*

El desarrollo de este método atiende a los siguientes pasos:

1. Determinación de la mejor alternativa inmediata:

   La mejor alternativa inmediata de obtener cada producto, resulta de la expresión:

$$Y_i = \min(C_i^o\ ;\ (C^c + C_i^a))$$
$$Y_A = \min(600\ ;\ 750 + 75) = 600 \text{ u.m.}$$
$$Y_B = \min(1.050\ ;\ 750 + 150) = 900 \text{ u.m.}$$
$$Y_C = \min(1.500\ ;\ 750 + 1.125) = 1.500 \text{ u.m.}$$

2. Cálculo de los costes alternativos netos:

$$Y_i^N = Y_i - C_i^a$$

$$Y_A^N = 600 - 75 = 525 \text{ u.m.}$$
$$Y_B^N = 900 - 150 = 750 \text{ u.m.}$$
$$Y_C^N = 1.500 - 1.125 = 375 \text{ u.m.}$$

3. Asignación del coste conjunto:

   Se calcula en función de la importancia relativa de sus respectivos costes alternativos netos sobre el coste alternativo neto total.

$$C_i^c = \frac{Y_i^N}{Y^{\prime N}} C^c = \frac{C^c}{Y^{\prime N}} Y_i^N$$

$$C_A^c = \frac{750}{1.650} 525 = 238,64 \text{ u.m.}$$

$$C_B^c = \frac{750}{1.650} 750 = 340,91 \text{ u.m.}$$

$$C_C^c = \frac{750}{1.650} 375 = 170,45 \text{ u.m.}$$

4. Determinación del beneficio:

   Dado que tanto los ingresos como los costes totales son conocidos, el beneficio para cada producto será:

$$B_i = I_i - C_i^t = I_i - (C_i^c + C_i^a)$$
$$B_A = 750 - (238,64 + 75) = 436,36 \text{ u.m.}$$
$$B_B = 1.365 - (340,91 + 150) = 874,09 \text{ u.m.}$$
$$B_C = 1.650 - (170,45 + 1.125) = 354,55 \text{ u.m.}$$

## 4. METODO DE LOS COEFICIENTES DE CONVERTIBILIDAD DE VALORES

El desarrollo del método pasa por las siguientes fases:

1. Obtención del coeficiente de convertibilidad de valores ($\alpha$):

   Este coeficiente se deduce de la expresión siguiente:

$$\alpha = \frac{\Sigma I_i}{C^c + \Sigma C_i^a}$$

   En nuestro caso:

$$\alpha = \frac{3.765}{750 + 1.350} = 1,79 \text{ u.m.}$$

2. Determinación de los ingresos autónomos de cada uno de los productos:

   Si consideramos:

   $I_i^a$ = valor de los ingresos generados por el proceso autónomo de un determinado producto.

   $I_i^c$ = valor de los ingresos generados por el proceso conjunto, y correspondiente a un determinado producto.

   Tendremos la siguiente expresión:

$$I_i^t = I_i^a + I_i^c$$

   Si contemplamos un solo ámbito de transformación de valores, en el que el coeficiente ($\alpha$) siempre toma el mismo valor, ya se aplique sobre el proceso conjunto o sobre los procesos autónomos, y dado que tanto el valor de este coeficiente como el de los costes autónomos son conocidos, tenemos que:

$$I_i^a = \alpha \cdot C_i^a$$
$$I_A^a = 1,79 * 75 = 134,25 \text{ u.m.}$$
$$I_B^a = 1,79 * 150 = 268,5 \text{ u.m.}$$
$$I_C^a = 1,79 * 1.125 = 2.013,75 \text{ u.m.}$$

3. Determinación de los ingresos de los costes conjuntos de cada producto:

   Para ello utilizamos la siguiente expresión:

$$I_i^t = I_i^a + I_i^c$$
$$I_i^c = I_i^t - I_i^a$$

$$I_A^c = 750 - 134{,}25 = 615{,}75 \text{ u.m.}$$
$$I_B^c = 1.365 - 268{,}5 = 1.096{,}5 \text{ u.m.}$$
$$I_C^c = 1.650 - 2.013{,}75 = -363{,}75 \text{ u.m.}$$

4. Cálculo del coste conjunto a asignar a cada producto:

$$\alpha \cdot C_i^c = I_i^c$$
$$C_i^c = \frac{I_c^c}{\alpha}$$

$$C_A^c = \frac{615{,}75}{1{,}79} = 343{,}99 \text{ u.m.}$$
$$C_B^c = \frac{1.096{,}5}{1{,}79} = 612{,}57 \text{ u.m.}$$
$$C_C^c = 0 \text{ u.m.}$$

En función de la hipótesis establecida por el modelo (véase vol 1, pág. 276), cuando el $I_i^c < 0$, el $C^c$ a asignar será igual a cero, como sucede con el producto $C$.

PARTE QUINTA

# Apéndice: La Contabilidad de Costes en los exámenes

Como apéndice del desarrollo práctico del Volumen 1 del libro de texto *Contabilidad de Costes y Contabilidad de Gestión*, se recogen cinco casos (**números 22, 23, 24, 25 y 26**) que han sido objeto de examen en las pruebas presenciales de la Universidad Nacional de Educación a Distancia (UNED).

Se pretende con esta pequeña muestra de casos escogidos al azar, orientar al alumno sobre el diverso contenido y planteamiento que pueden tener los exámenes, partiendo de una restricción fundamental, cuál es el tiempo que se dispone para su realización que es de hora y media.

## CASO 22

Una empresa industrial nos facilita la siguiente información.

a) *Existencias iniciales*

— Materias primas: 1.000 kg a 10.500 pta./kg.
— Materias auxiliares: 200 kg a 775 pta./kg.

b) *Compras* (según la Contabilidad General)

— Materias primas: 10.000 kg a 12.000 pta./kg.
— Materias auxiliares: 2.800 kg a 1.000 pta./kg.

c) *Consumos*

— Materias primas: 9.750 kg.
— Materias auxiliares: 2.600 kg.

d) *Gastos por naturaleza* (según Contabilidad General)

— Gastos de personal (1) .......................... 14.500.000
— Servicios exteriores (2) ........................ 4.257.500
— Dotación provisiones ............................ 250.000
— Dotación amortización .......................... 1.000.000

(1) De los gastos de personal, 4.500.000 pesetas se consideran MOD y el resto MOI.
(2) Incluye 350.000 pesetas del viaje por vacaciones del presidente.

e) *Reparto de cargas indirectas entre los centros de actividad*

| | **Administración** | **Reparación** | **Energía** | **Compras** | **Producción** | **Totales** |
|---|---|---|---|---|---|---|
| Gastos de personal ... | 1.000.000 | 2.000.000 | 1.500.000 | 1.000.000 | 4.500.000 | 10.000.000 |
| Servicios exteriores .. | 250.000 | 287.500 | 2.250.000 | 420.000 | 700.000 | 3.907.500 |
| Dotac. provisiones ..... | | — | — | — | — | |
| Dotac. amortización ... | — | — | — | — | | |
| Cargas supletorias .... | | — | — | — | — | |
| Materias auxiliares .... | — | | — | — | — | |
| Reparto primario ....... | | | 3.750.000 | 1.420.000 | | |
| Subreparto: | | | | | | |
| Administración | | | | | | |
| Reparación | | | | | | |
| Energía | | | | | | |
| Total reparto ............. | | | | | | |
| Unidades de obra ...... | % | h/h | C.V. | kg compras | h/m | |

f) *Reparto secundario*

— El Centro de administración reparte sus costes entre los demás centros por partes iguales (25%).
— El Centro de reparación ha trabajado 160 h/h: 10 h/h para el propio centro, 37,50 h/h para Energía y 112,50 h/h para Producción.
— El Centro de energía ha producido 100.000 C.V.: 5.000 C.V. para Reparación y 95.000 C.V. para Producción.

g) *Datos complementarios*

Según criterios de Contabilidad de Costes la amortización asciende a 2.500.000 pesetas y los intereses del capital propio a 750.000 pesetas. Asimismo se considera que la dotación a las provisiones y los gastos de viaje del presidente no son incorporables a los costes.

Los almacenes de la empresa funcionan siguiendo el criterio de valoración del coste medio ponderado.

SE PIDE:

1. Completar el cuadro de reparto (en la misma hoja del enunciado).
2. Contabilizar el cuadro de reparto (primario y secundario).

## SOLUCION CASO 22

### TERMINACION DEL CUADRO DE REPARTO

#### 1. CALCULO DE COSTES INDIRECTOS DEL CENTRO DE ADMINISTRACION

| | | |
|---|---|---|
| Gastos de personal | | 1.000.000 |
| Servicios exteriores | | 250.000 |
| Dotación a provisiones | | — |
| Dotación a amortización | | — |
| Cargas supletorias | | 750.000 |
| Materias auxiliares | | — |
| Total reparto primario | | 2.000.000 |
| Subreparto: | Administración | — |
| | Reparación | — |
| | Energía | — |
| Total costes indirectos | | 2.000.000 |

El centro de administración reparte sus costes entre los demás centros por partes iguales, a razón de 500.000 pesetas a cada uno.

#### 2. CALCULO DE COSTES INDIRECTOS DEL CENTRO DE COMPRAS

| | | |
|---|---|---|
| Gastos de personal | | 1.000.000 |
| Servicios exteriores | | 420.000 |
| Dotación a provisiones | | — |
| Dotación a amortización | | — |
| Cargas supletorias | | — |
| Materias auxiliares | | — |
| Total reparto primario | | 1.420.000 |
| Subreparto: | Administración | 500.000 |
| | Reparación | — |
| | Energía | — |
| Total costes indirectos | | 1.920.000 |

#### 3. IMPUTACION DE COSTES INDIRECTOS DEL CENTRO DE COMPRAS

Costes indirectos: 1.920.000 pta.
Unidad de obra: kg comprados
Número unidades de obra: 12.800 u.o.

$$\text{Coste unitario u.o.} = \frac{1.920.000 \text{ pta.}}{12.800 \text{ u.o.}} = 150 \text{ pta./u.o.}$$

Imputación:

| | | |
|---|---|---|
| Mat. prim. | = 10.000 u.o. × 150 pta./u.o. = | 1.500.000 |
| Mat. auxil. | = 2.800 u.o. × 150 pta./u.o. = | 420.000 |
| Total | | 1.920.000 |

#### 4. FICHA I. P. MATERIAS AUXILIARES

| | | | | | |
|---|---|---|---|---|---|
| Exist. iniciales: | 200 kg × 775 pta./kg = | 155.000 | Consumos: | 2.600 kg × 1.125 pta./kg = | 2.925.000 |
| Compras: | 2.800 kg × 1.150 pta./kg(1) = | 3.220.000 | Exist. finales: | 400 kg × 1.125 pta./kg = | 450.000 |
| | 3.000 | 3.375.000 | | 3.000 | 3.375.000 |

$$\text{Coste medio ponderado} = \frac{3.375.000 \text{ pta.}}{3.000 \text{ kg}} = 1.125 \text{ pta./kg}$$

(1) Coste compra de materias auxiliares:

| | |
|---|---|
| — Compras (s/Cont. Gral.) 2.800 kg × 1.000 pta./kg = | 2.800.000 |
| — Costes indirectos Centro de compras | 420.000 |
| Total coste de compra | 3.220.000 |

$$\text{Coste unitario compra} = \frac{3.220.00 \text{ pta.}}{2.800 \text{ kg}} = 1.150 \text{ pta./kg}$$

## 5. TERMINACION DEL CUADRO DE REPARTO

| Cargas indirectas | Centros auxiliares | | | Centros principales | | Totales |
|---|---|---|---|---|---|---|
| | Administración | Reparación | Energía | Compras | Producción | |
| Gastos de personal ... | 1.000.000 | 2.000.000 | 1.500.000 | 1.000.000 | 4.500.000 | 10.000.000 |
| Servicios exteriores .. | 250.000 | 287.500 | 2.250.000 | 420.000 | 700.000 | 3.907.500 |
| Dotac. provisiones ..... | — | — | — | — | — | — |
| Dotac. amortización... | — | — | — | — | 2.500.000 | 2.500.000 |
| Cargas supletorias .... | 750.000 | — | — | — | — | 750.000 |
| Materias auxiliares .... | — | 2.925.000 | — | — | — | 2.925.000 |
| Total reparto primario | 2.000.000 | 5.212.500 | 3.750.000 | 1.420.000 | 7.700.000 | 20.082.500 |
| Subreparto: | | | | | | |
| Administración ....... | (2.000.000) | 500.000 | 500.000 | 500.000 | 500.000 | |
| Reparación ............ | — | 400.000<br>(6.400.000) | 1.500.000 | — | 4.500.000 | |
| Energía .................. | — | 287.500 | (5.750.000) | — | 5.462.500 | |
| Total reparto secund. | 0 | 0 | 0 | 1.920.000 | 18.162.500 | 20.082.500 |

*Planteamiento del subreparto*

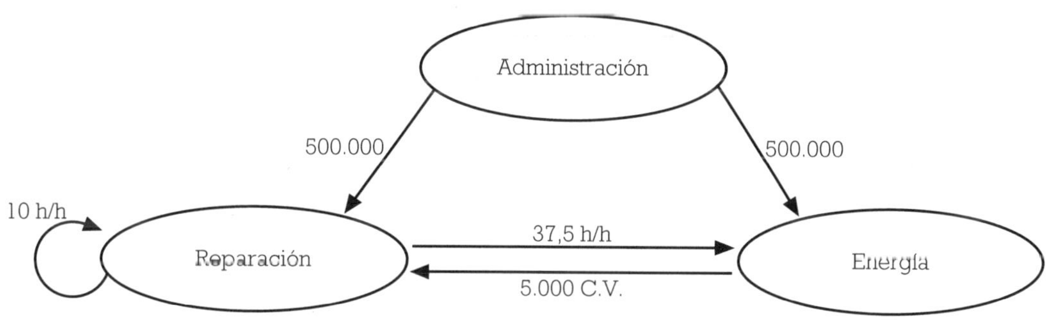


Sean: R ⟶ Total costes del Centro de reparación
E ⟶ Total costes del Centro de energía

El sistema de ecuaciones es:

$$\left.\begin{aligned} R &= 5.212.500 + 500.000 + \frac{10}{160}R + \frac{5.000}{100.000}E \\ E &= 3.750.000 + 500.000 + \frac{37,5}{160}R \end{aligned}\right\}$$

y la solución es:

R = 6.400.000
E = 5.750.000

## 6. CONTABILIZACION DEL CUADRO DE REPARTO

| | | |
|---|---|---|
| **6.1. Contabilización del reparto primario** | | |
| Centro de administración | 2.000.000 | |
| Centro de reparación | 5.212.500 | |
| Centro de energía | 3.750.000 | |
| Centro de compras | 1.420.000 | |
| Centro de producción | 7.700.000 | |
| Cargas no incorporables | 600.000 | |
| a Gastos y dotaciones reflejos | | 15.507.500 |
| a Elementos supletorios incorporados | | 750.000 |
| a I. P. materias auxiliares | | 2.925.000 |
| a Diferencias s/amortizaciones | | 1.500.000 |
| x | | |
| **6.2. Contabilización del subreparto** | | |
| Centro de reparación | 1.187.500 | |
| Centro de energía | 2.000.000 | |
| Centro de compras | 500.000 | |
| Centro de producción | 10.462.500 | |
| a Centro de administración | | 2.000.000 |
| a Centro de reparación | | 6.400.000 |
| a Centro de energía | | 5.750.000 |

**CASO 23**

## I. ORGANIZACION TECNICO-ECONOMICA

Una empresa industrial se dedica a la fabricación por pedidos del producto P, a partir de tres materias primas $X_1$, $X_2$ y $X_3$. La empresa tiene tres talleres de transformación, a través de los cuales pasa sucesivamente el producto P. Respecto a su organización económica, para un mejor análisis y control de su gestión, la empresa aparece dividida en cinco centros de actividad: Compras, Taller 1, Taller 2, Taller 3 y Ventas.

## II. DATOS COMUNES A LA CONTABILIDAD GENERAL Y A LA CONTABILIDAD DE COSTES

Los datos que constituyen la situación de partida de la Contabilidad de Costes son:

a) *Existencias al principio del período*

— Materia prima $X_1$: 25 toneladas a 1.030 pta./tm.
— Materia prima $X_2$: 12 toneladas a 915 pta./tm.
— Materia prima $X_3$: 8 toneladas a 630 pta./tm.
— Materiales diversos: .......................... 12.265 pta.

b) *Compras del período*

— Materia prima $X_1$: 15 toneladas a 1.060 pta./tm.
— Materia prima $X_2$: 20 toneladas a 975 pta./tm.
— Materia prima $X_3$: 10 toneladas a 675 pta./tm.
— Materiales diversos: .............................. 9.225 pta.

c) *Gastos por naturaleza.* Para mayor simplificación se dan los gastos por naturaleza a través del cuadro de reparto de cargas indirectas, que aparece en el punto siguiente.

d) *Ventas del período*

— Pedido 1 ............................................ 60.000 pta.
— Pedido 2 ............................................ 70.000 pta.

e) *Resultados extraordinarios positivos:* 143,50 pta..

## III. DATOS DE FABRICACION

a) *Fabricación del período*

Las operaciones de fabricación del período corresponden a tres pedidos, 1, 2 y 3. Se han terminado y vendido antes de finalizar el período los pedidos 1 y 2, mientras que el 3 permanece inacabado.

b) *Cuadro de reparto*

El reparto de las cargas indirectas, 117.608 pesetas, entre los centros de actividad es el siguiente:

| Cargas por naturaleza | Compras | Taller 1 | Taller 2 | Taller 3 | Ventas | Gasto residual |
|---|---|---|---|---|---|---|
| Reparto primario .................. | 9.000 | 18.000 | 31.500 | 52.000 | 6.500 | 608 |
| Unidades de obra ................. | | Hora MOD | h/m | h/m | Pta./venta | |
| Número unidades de obra ... | | 1.500 | 900 | 1.300 | 130.000 | |

Este total de cargas indirectas que aparece en el cuadro de reparto comprende: 10.300 pesetas de materiales diversos y 12.000 pesetas de interés del capital propio. Además, 1.700 pesetas correspondientes a provisiones no han sido recogidas en este cuadro.

c) Los costes del *Centro de compras* se reparten así: 75 por 100 a las compras de materias primas a prorrata de la cantidad comprada, y 25 por 100 al coste de distribución de los pedidos 1 y 2 proporcionalmente a los números 7 y 8.

d) El *cuadro de imputación* de los pedidos es el siguiente.

| Cargas | | Pedido 1 | Pedido 2 | Pedido 3 |
|---|---|---|---|---|
| Materia prima | $X_1$ | 4.300 kg | 5.430 kg | 5.890 kg |
| | $X_2$ | 3.780 kg | 4.620 kg | 5.110 kg |
| | $X_3$ | 2.120 kg | 2.940 kg | 2.960 kg |
| Horas de MOD | Taller 1 | 402,5 h | 507, 5 h | 590 h |
| | Taller 2 | 180 h | 210 h | 162,5 h |
| | Taller 3 | 85 h | 105 h | 60 h |
| Horas/máquina | Taller 1 | 40 h | 47,5 h | 55 h |
| | Taller 2 | 295 h | 340 h | 265 h |
| | Taller 3 | 455 h | 620 h | 225 h |

e) El coste de la hora de *Mano de obra directa* ha sido: Taller 1: 9,20 pta.; Taller 2: 8,60 pta., y Taller 3: 9,60 pta. (comprende los gastos de personal de MOD).

## IV. DATOS COMPLEMENTARIOS

a) Las *salidas de almacén de materias primas* se calculan al coste medio ponderado.

b) Los costes unitarios de kg de materia prima se calcularán, eventualmente, con 3 decimales redondeando por defecto.

c) El *inventario extracontable* es

— Materia prima $X_1$: 24,26 tm.
— Materia prima $X_2$: 18,34 tm.
— Materia prima $X_3$: 10 tm.

SE PIDE:

*Contabilizar* en el *diario de Contabilidad de Costes* el movimiento interno de valores hasta la fase de «Entrada de las compras en almacén», y seguir contabilizando *únicamente para el pedido n.° 2:* el coste de producción, el coste de distribución, el coste final y su resultado analítico.

Asimismo, sabiendo que 6.288,66 pesetas es el resultado analítico del pedido n.° 1, que 607,50 pesetas son los productos de explotación no incorporados, y que el total de diferencias de inventario asciende a 273,877 pesetas, *registrar* los distintos resultados hasta el *Resultado de la Contabilidad de Costes*.

## SOLUCION CASO 23

### 1. PROCESO CONTABLE DE LA CONTABILIDAD DE COSTES

| | | |
|---|---|---|
| **1. Recepción de los stocks existentes** | | |
| I. P. materia prima $X_1$ | 25.750,000 | |
| I. P. materia prima $X_2$ | 10.980,000 | |
| I. P. materia prima $X_3$ | 5.040,000 | |
| I. P. materiales diversos | 12.265,000 | |
| a Stock inicial reflejo | | 54.035,000 |
| ——— x ——— | | |
| **2. Recepción de las cargas con sus modalidades, pasando por los centros de actividad** | | |
| 2.1. *Respecto a las compras* | | |
| Coste de compra de materia prima $X_1$ | 15.900,000 | |
| Coste de compra de materia prima $X_2$ | 19.500,000 | |
| Coste de compra de materia prima $X_3$ | 6.750,000 | |
| I. P. materiales diversos | 9.225,000 | |
| a Compras reflejas | | 51.375,000 |
| ——— ——— | | |
| 2.2. *Respecto a las restantes cargas incorporables indirectas* | | |
| Centro de compras | 9.000,000 | |
| Taller 1 | 18.000,000 | |
| Taller 2 | 31.500,000 | |
| Taller 3 | 52.000,000 | |
| Centro de ventas | 6.500,000 | |
| Gastos y costes residuales de centros de actividad | 608,000 | |

| | | |
|---|---|---|
| Cargas no incorporables | 1.700,000 | |
| a Elementos supletorios incorporados | | 12.000,000 |
| a I. P. materiales diversos | | 10.300,000 |
| a Gastos y dotaciones reflejos | | 97.008,000 |

——— x ———

**3. Determinación del coste de compras**

| | | |
|---|---|---|
| Coste de compra de materia prima $X_1$ | 2.250,000 | |
| Coste de compra de materia prima $X_2$ | 3.000,000 | |
| Coste de compra de materia prima $X_3$ | 1.500,000 | |
| a Centro de compras | | 6.750,000 |

* Imputación de costes del centro de compras

Costes centro de compras: 9.000 pesetas

Imputación: 75 % al coste de compras: 6.750 pesetas
25 % al coste de distribución: 2.250 pesetas

Imputación:

Coste de compras (75 %):

| | |
|---|---|
| Materia prima $X_1$: 15 tm | 2.250 pta. |
| Materia prima $X_2$: 20 tm | 3.000 pta. |
| Materia prima $X_3$: 10 tm | 1.500 pta. |
| Subtotal (75 %) | 6.750 pta. |

——— x ———

**4. Entrada de las compras en almacén**

| | | |
|---|---|---|
| I. P. materia prima $X_1$ | 18.150,000 | |
| I. P. materia prima $X_2$ | 22.500,000 | |
| I. P. materia prima $X_3$ | 8.250,000 | |
| a Coste de compra de materia prima $X_1$ | | 18.150,000 |
| a Coste de compra de materia prima $X_2$ | | 22.500,000 |
| a Coste de compra de materia prima $X_3$ | | 8.250,000 |

——— x ———

**5. Determinación del coste de producción del pedido n.° 2**

| | | |
|---|---|---|
| Coste de producción pedido n.° 2 | 63.236,799 | |
| a I. P. materia prima $X_1$ | | 5.959,425 |
| a I. P. materia prima $X_2$ | | 4.833,675 |
| a I. P. materia prima $X_3$ | | 2.170,699 |
| a Gastos y dotaciones reflejos (MOD) | | 7.483,000 |
| a Taller 1 | | 6.090,000 |
| a Taller 2 | | 11.900,000 |
| a Taller 3 | | 24.800,000 |

* Afectación materias primas (véase cuentas de I. P. al final de la solución):

— Materia prima $X_1$:
Coste medio ponderado: 1.097,50 pta./tm
Consumo: 5,43 tm × 1.097,50 pta./tm = 5.959,425

— Materia prima $X_2$:
Coste medio ponderado: 1.046,25 pta./tm
Consumo: 4,62 tm × 1.046,25 pta./tm = 4.833,675

— Materia prima $X_3$:
Coste medio ponderado: 738,333 pta./tm
Consumo: 2,94 tm × 738,333 pta./tm = 2.170,699

* Afectación mano de obra directa:

— MOD Taller 1:
Coste unitario: 9,20 pta./h
Coste: 507,50 h × 9,20 pta./h = 4.669,00

— MOD Taller 2:
Coste unitario: 8,60 pta./h
Coste: 210,00 h × 8,60 pta./h = 1.806,00

— MOD Taller 3:
Coste unitario: 9,60 pta./h
Coste: 105,00 h × 9,60 pta./h = 1.008,00

Total MOD 7.483,00

* Imputación costes indirectos:

— Centro Taller 1:
Cargas indirectas: 18.000 pta.
Unidad de obra: horas MOD
Número unidades de obra: 1.500 h.
Coste unitario unidad obra = 12 pta./h.
Imputación: 507,50 h. × 12 pta./h = 6.090,00

— Centro Taller 2:
Cargas indirectas: 31.500 pta.
Unidad de obra: h/m
Número unidades de obra: 900 h/m
Coste unitario unidad obra = 35 pta./h.m.
Imputación: 340,00 h × 35 pta./h= 11.900,00

— Centro Taller 3:
Cargas indirectas: 52.000 pta.
Unidad de obra: h/m
Número unidades de obra: 1.300 h/m
Coste unitario unidad obra = 40 pta./h.m.
Imputación: 620,00 h × 40 pta./h = 24.800,00

——— x ———

**6. Entrada en almacén de las distintas clases de productos**

No procede

——— x ———

**7. Determinación del coste de distribución del pedido n.° 2**

| | | |
|---|---|---|
| Coste distribución pedido n.° 2 | 4.700,000 | |
| a Centro de compras | | 1.200,000 |
| a Centro de ventas | | 3.500,000 |

* Imputación de costes del Centro de compras:

Costes Centro de compras: 9.000 pesetas

Imputación: 75 % al coste de compras: 6.750 pesetas
25 % al coste de distribución: 2.250 pesetas

Imputación (25 %):

| | |
|---|---|
| Coste de distribución pedido 1: 7 | 1.050 pta. |
| Coste de distribución pedido 2: 8 | 1.200 pta. |
| Total: | 2.250 pta. |

* Imputación de costes del Centro de ventas:

Costes Centro de ventas: 6.500 pesetas
Unidad de obra: pesetas vendidas
Número unidades de obra: 130.000 pesetas

$$\text{Coste unidad obra} = \frac{6.500 \text{ pta.}}{130.000 \text{ u.o.}} = 0{,}05 \text{ pta./u.o.}$$

Imputación:

| | |
|---|---|
| Pedido 1: 60.000 u.o. × 0,05 pta./u.o. = | 3.000 pta. |
| Pedido 2: 70.000 u.o. × 0,05 pta./u.o. = | 3.500 pta. |
| Total | 6.500 pta. |

x

**8. Determinación del coste final del pedido n.° 2**

| | | |
|---|---|---|
| Coste final pedido n.° 2 | 67.936,799 | |
| a Coste producción pedido n.° 2 | | 63.236,799 |
| a Coste distribución pedido n.° 2 | | 4.700,000 |

x

**9. Determinación de los resultados analíticos**

**Primer conjunto**

9.1. *Registro de los costes del pedido n.° 2*

| | | |
|---|---|---|
| Resultado analítico pedido n.° 2 | 67.936,799 | |
| a Coste final pedido n° 2 | | 67.936,799 |

9.2. *Registro de los ingresos del pedido n.° 2*

| | | |
|---|---|---|
| Productos de explotación reflejos | 70.000,000 | |
| a Resultado analítico pedido n.° 2 | | 70.000,000 |

| | | |
|---|---|---|
| 9.3. *Reagrupación de resultados analíticos* | | |
| Resultado analítico pedido n.° 1 | 6.288,660 | |
| Resultado analítico pedido n.° 2 | 2.063,201 | |
| a Resultado de explotación con criterios de Contabilidad de Costes | | 8.351,861 |
| * De acuerdo con el enunciado el resultado analítico del pedido n.° 1 es de 6.288,660 pesetas | | |
| **Segundo conjunto** | | |
| 9.4. *Reagrupación de las cuentas de diferencias de incorporación* | | |
| Elementos supletorios incorporados | 12.000,000 | |
| Productos de explotación no incorporados | 607,500 | |
| a Diferencias de inventario | | 273,879 |
| a Gastos y costes residuales de los centros de actividad | | 608,000 |
| a Cargas no incorporables | | 1.700,000 |
| a Saldo cuentas de diferencias de incorporación | | 10.025,621 |
| * De acuerdo con la información facilitada en el enunciado. | | |
| **Tercer conjunto** | | |
| 9.5. *Recepción de los resultados ajenos y extraordinarios* | | |
| Resultados reflejos ajenos a la explotación | 143,500 | |
| a Saldo sobre pérdidas y ganancias | | 143,500 |
| * Por el resultado extraordinario positivo. | | |
| 9.6. *Reagrupación de las cuentas de resultados* | | |
| Resultado explotación con criterios de Contabilidad de Costes | 8.351,861 | |
| Saldo cuentas de diferencias de incorporación | 10.025,621 | |
| Saldo sobre pérdidas y ganancias | 143,500 | |
| a RESULTADOS DE LA CONTABILIDAD DE COSTES | | 18.520,982 |

## CUENTAS DE INVENTARIO PERMANENTE

| I. P. MATERIA PRIMA $X_1$ | | | | | C.M.P. |
|---|---|---|---|---|---|
| Exist. inic.: | 25,00 tm × 1.030,00 pta./tm = | 25.750,000 | Consumos: | 15,62 tm × 1.097,50 pta./tm = | 17,142,950 |
| Compras: | 15,00 tm × 1.210,00 pta./tm = | 18,150,000 | Dif. invent.: | 0,12 tm × 1.097,50 pta./tm = | 131,700 |
| | | | Exis. final.: | 24,26 tm × 1.097,50 pta./tm = | 26.625,350 |
| | 40,00 | 43.900,000 | | 40,00 | 43.900,000 |
| Coste medio ponderado = 43.900 pta. : 40,00 tm = 1.097,50 pta./tm | | | | | |

| I. P. MATERIA PRIMA $X_2$ | | | | C.M.P. | |
|---|---|---|---|---|---|
| Exist. inic.: | 12,00 tm × 915,00 pta./tm = | 10.980,000 | Consumos: | 13,51 tm × 1.046,25 pta./tm = | 14,134,838 |
| Compras: | 20,00 tm × 1.125,00 pta./tm = | 22,500,000 | Dif. invent.: | 0,15 tm × 1.046,25 pta./tm = | 156,938 |
| | | | Exis. final.: | 18,34 tm × 1.046,25 pta./tm = | 19.188,225 |
| | 32,00 | 33.480,000 | | 32,00 | 33.480,000 |
| Coste medio ponderado = 33.480.000 pta. : 32,00 tm = 1.046,25 pta./tm | | | | | |

| I. P. MATERIA PRIMA $X_3$ | | | | C.M.P. | |
|---|---|---|---|---|---|
| Exist. inic.: | 8,00 tm × 630,000 pta./tm = | 5.040,000 | Consumos: | 8,02 tm × 738,333 pta./tm = | 5.921,431 |
| Compras: | 10,00 tm × 825,000 pta./tm = | 8.250,000 | Exis. final.: | 10,00 tm × 738,333 pta./tm = | 7.383,330 |
| Dif. invent.: | 0,02 tm × 738,333 pta./tm = | 14,761 | | | |
| | 18,02 | 13.304,761 | | 18,02 | 13.304,761 |
| Coste medio ponderado = 13.304.761 pta. : 18,02 tm = 738,333 pta./tm | | | | | |

| I. P. MATERIALES DIVERSOS | | | |
|---|---|---|---|
| Exist. inic.: | 12.265 | Consumos: | 10.300 |
| Compras: | 9.225 | Exis. final.: | 11.190 |
| | 21.490 | | 21.490 |

## CASO 24

### I. ORGANIZACION TECNICO-ECONOMICA

Una empresa industrial se dedica a la producción y venta de desayunos que ofrece en dos modalidades A y B, de contenido y presentación diferentes, a partir de tres materias primas: grano de cacao, leche en polvo y azúcar.

El proceso técnico es el siguiente: en el taller de «Trituración» se trituran los granos de cacao para obtener polvo de cacao; esta operación conlleva un 20 por 100 de desperdicios sin valor que se retiran gratuitamente por una empresa agro-industrial. En el taller de «Mezclado» se mezclan el polvo de cacao con la leche en polvo y el azúcar.

En el taller de «Cocción» se cuece la mezcla anterior para obtener un *producto semiterminado* que se almacena. La operación de cocción conlleva el 10 por 100 de pérdida. En el taller de «Acondicionamiento», en función de las previsiones de ventas, se termina la producción y se producen los artículos A y B que salen en forma de cajas.

### II. DATOS COMUNES A LA CONTABILIDAD GENERAL Y A LA CONTABILIDAD DE COSTES

Los datos que constituyen la situación de partida de la Contabilidad de Costes son:

a) *Existencias iniciales y finales*

| | Iniciales | Finales |
|---|---|---|
| Grano de cacao | (12,0 tm) = 14.000 | (15,5 tm) = 19.375 |
| Leche en polvo | (1,0 tm) = 2.200 | (0,5 tm) = 1.225 |
| Azúcar | (2,0 tm) = 6.300 | (5,0 tm) = 16.250 |
| Mater. diversos | 12.500 | 9.250 |
| Pdto. semiterm. | (6,5 tm) = 33.525 | (2,0 tm) = 10.440 |
| Artículo A | (20.000 caj.) = 19.200 | (30.000 caj.) = 30.900 |
| Artículo B | (2.500 caj.) = 3.675 | (1.000 caj.) = 1.900 |

b) *Compras del período*

— Grano de cacao: 16 tm a 1.192,5 pta./tm 19.080 pta.
— Leche en polvo: 2,5 tm a 2.430 pta./tm 6.075 pta.
— Azúcar: 5 tm a 3.170 pta./tm 15.850 pta.
— Materiales diversos: 18.250 pta.

c) *Los gastos por naturaleza,* para mayor simplificación, se dan a través del cuadro de reparto de las cargas indirectas, que aparece en los datos de fabricación.

d) *Ventas del período*

— Artículo A: 60.000 cajas a 1,2 pta./caja = 72.000 pta.
— Artículo B: 23.000 cajas a 2,8 pta./caja = 64.400 pta.

### III. DATOS DE FABRICACION

a) Al final del período no hay *diferencias de inventario.*

b) La *Mano de obra directa* se distribuye como sigue: 10.575 pesetas para el taller de Trituración; 1.615 pesetas para el de Mezclado; 4.373 pesetas para el de Cocción y 10.965 pesetas para el de Acondicionamiento (de estas 10.965 pesetas, 4.735 pesetas son para el artículo A y 6.230 pesetas para el artículo B).

c) *Reparto,* entre los centros de actividad, *de las cargas indirectas*

| Cargas por naturaleza | Total | Administración | Energía | Mantenimiento | Compras | Trituración | Mezclado | Cocción | Acondicionamiento | Ventas |
|---|---|---|---|---|---|---|---|---|---|---|
| Total reparto primario | 54.525 (1) | 5.800 | 3.080 | 2.470 | 1.120 | 4.610 | 2.475 | 10.782 | 10.140 | 14.048 |
| Centro administración | | –5.800 | 580 | 290 | 1.160 | 1.450 | — | — | — | 2.320 |
| Centro energía | | — | –100% | 20% | — | 40% | 40% | — | — | — |
| Centro mantenimiento | | — | 15% | –100% | 15% | 20% | 20% | 20% | 10% | — |
| Total reparto secundario | | | | | | | | | | |
| Unidad de obra | | | | | Toneladas compras materias primas | h/MOD | Toneladas obtenidas mezclado | Toneladas obtenidas cocción | h/m | 100 pta. ventas |
| Número unidad de obra | | | | | | 423 | | | (2) 1.200 | |
| Coste unidad de obra | | | | | | | | | | |

(1) Se señala que los consumos de *materiales diversos* forman parte de este total de cargas indirectas.
(2) 700 h/m son para el *artículo A* y 500 h/m son para el *artículo B.*

d) Las cantidades del *producto semiterminado* almacenadas que se han utilizado para acondicionar o terminar los artículos A y B son proporcionales a los números 2 y 1, respectivamente.

e) *Criterio de valoración de inventarios:* Coste medio ponderado.

SE PIDE:

1. Solucionar el sistema de ecuaciones para resolver las interrelaciones.
2. Completar el cuadro de reparto para determinar el coste unitario de las unidades de obra de los centros principales.
3. Contabilizar el movimiento interno de valores, determinando el coste de compra de las materias primas, el coste de producción del producto semiterminado y el coste de producción, el coste final y el resultado analítico del artículo A (no se pide nada respecto al artículo B).

## SOLUCION CASO 24

### 1. SOLUCION AL SISTEMA DE ECUACIONES PARA RESOLVER LAS INTERRELACIONES

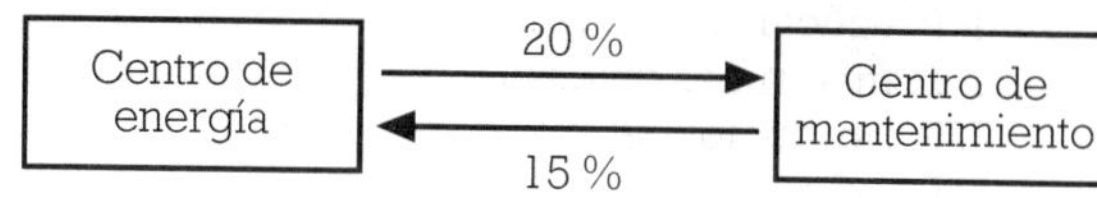


$$E = 3.080 + 580 + 0{,}15\,M \quad ; \quad E = 3.660 + 0{,}15\,M$$
$$M = 2.470 + 290 + 0{,}20\,E \quad ; \quad M = 2.760 + 0{,}20\,E$$
$$E = 3.660 + 0{,}15\,(2.760 + 0{,}20\,E)$$
$$E = 3.660 + 414 + 0{,}03\,E$$
$$0{,}97\,E = 4.074$$
$$E = \frac{4.074}{0{,}97} = 4.200$$
$$M = 2.760 + 0{,}20\,E = 2.760 + 0{,}20 \times 4.200 = 3.600$$

### 2. TERMINACION DEL CUADRO DE REPARTO PARA DETERMINAR EL COSTE UNITARIO DE LAS UNIDADES DE OBRA DE LOS CENTROS PRINCIPALES

| Cargas por naturaleza | Total | Administración | Energía | Mantenimiento | Compras | Trituración | Mezclado | Cocción | Acondicionamiento | Ventas |
|---|---|---|---|---|---|---|---|---|---|---|
| Total reparto primario | 54.525 | 5.800 | 3.080 | 2.470 | 1.120 | 4.610 | 2.475 | 10.782 | 10.140 | 14.048 |
| Centro administración | | −5.800 | 580 | 290 | 1.160 | 1.450 | — | — | — | 2.320 |
| Centro energía | | — | −4.200 | 840 | — | 1.680 | 1.680 | — | — | — |
| Centro mantenimiento | | — | 540 | −3.600 | 540 | 720 | 720 | 720 | 360 | — |
| Total reparto secundario | 54.525 | 0 | 0 | 0 | 2.820 | 8.460 | 4.875 | 11.502 | 10.500 | 16.368 |
| Unidad de obra | | | | | Toneladas compras materias primas | h/MOD | Toneladas obtenidas mezclado (1) | Toneladas obtenidas cocción (2) | h/m | 100 pta. ventas |
| Número unidad de obra | | | | | 23,5 | 423 | 15 | 13,5 | 1.200 | 1.364 |
| Coste unidad de obra | | | | | 120 | 20 | 325 | 852 | 8,75 | 12 |

(1) 10 tm de grano (12,50 × 0,80) + 3 tm de leche + 2 tm de azúcar.
(2) 15 tm × 0,90 = 13,50

## 3. CONTABILIZAR EL MOVIMIENTO INTERNO DE VALORES

| | | |
|---|---|---|
| **1. Recepción de los stocks existentes** | | |
| I. P. grano de cacao | 14.000 | |
| I. P. leche en polvo | 2.200 | |
| I. P. azúcar | 6.300 | |
| I. P. materiales diversos | 12.500 | |
| I. P. productos semiterminados | 33.525 | |
| I. P. artículo A | 19.200 | |
| I. P. artículo B | 3.675 | |
| a Stock inicial reflejo | | 91.400 |
| * Datos del supuesto | | |
| ——— x ——— | | |
| **2. Recepción de las cargas con sus modalidades, pasando por los centros de actividad** | | |
| a) *Respecto a las compras* | | |
| Coste de compra grano de cacao | 19.080 | |
| Coste de compra leche en polvo | 6.075 | |
| Coste de compra azúcar | 15.850 | |
| I. P. materiales diversos | 18.250 | |
| a Compras reflejas | | 59.255 |
| * Datos del supuesto | | |
| b) *Respecto a las restantes cargas incorporables indirectas* | | |
| Centro de compras | 2.820 | |
| Centro de trituración | 8.460 | |
| Centro de mezclado | 4.875 | |
| Centro de cocción | 11.502 | |
| Centro de acondicionamiento | 10.500 | |
| Centro de ventas | 16.368 | |
| a Gastos y dotaciones reflejos | | 33.025 |
| a I. P. materiales diversos | | 21.500 |
| * Según el reparto secundario. | | |
| ——— x ——— | | |
| **3. Determinación del coste de compras** | | |
| Coste de compra grano de cacao | 1.920 | |
| Coste de compra leche en polvo | 300 | |
| Coste de compra azúcar | 600 | |
| a Centro de compras | | 2.820 |

* Imputación de costes del Centro de compras:

Costes Centro de compras: 2.820 pesetas
Unidad de obra: toneladas compras materia prima
Número unidades de obra: 23,5 u.o.

$$\text{Coste unidad de obra} = \frac{2.820}{23,5} = 120 \text{ pta./u.o.}$$

Imputación:

| | | | |
|---|---|---|---|
| — Coste de compra grano de cacao: | 16 | × 120 = | 1.920 |
| — Coste de compra leche en polvo: | 2,5 | × 120 = | 300 |
| — Coste de compra azúcar: | 5 | × 120 = | 600 |
| Total | | | 2.820 |

———— x ————

## 4. Entrada de las compras en almacén

| | | |
|---|---|---|
| I. P. grano de cacao | 21.000 | |
| I. P. leche en polvo | 6.375 | |
| I. P. azúcar | 16.450 | |
| a Coste de compra grano de cacao | | 21.000 |
| a Coste de compra leche en polvo | | 6.375 |
| a Coste de compra azúcar | | 16.450 |

———— x ————

## 5. Determinación del coste de producción

5.1. *Coste de producción del producto semiterminado*

| | | |
|---|---|---|
| Coste de producción producto semiterminado | 70.875 | |
| a I. P. grano de cacao | | 15.625 |
| a I. P. leche en polvo | | 7.350 |
| a I. P. azúcar | | 6.500 |
| a Gastos y dotaciones reflejos (MOD) | | 16.563 |
| a Centro de trituración | | 8.460 |
| a Centro de mezclado | | 4.875 |
| a Centro de cocción | | 11.502 |

* Se han producido 13,5 toneladas de producto semiterminado: [10 tm de grano (12,5 × 0,80) + 3 tm de leche + 2 tm de azúcar] × 0,90 = 13,50 tm

Según lo anterior el coste unitario de producción del producto semiterminado es de:

$$\frac{70.875}{13,50} = 5.250 \text{ pts / tm}$$

* Véanse cuentas de I. P., al final de la solución.

———— ————

5.2. *Entrada en almacén de productos semiterminados*

| | | |
|---|---|---|
| I. P. producto semiterminado | 70.875 | |
| a Coste de producción producto semiterminado | | 70.875 |

5.3. *Coste de producción de los artículos A y B*

| | | |
|---|---|---|
| Coste de producción artículo A | 73.500 | |
| Coste de producción artículo B | 41.925 | |
| a I. P. producto semiterminado | | 93.960 |
| a Gastos y dotaciones reflejos (MOD) | | 10.965 |
| a Centro de acondicionamiento | | 10.500 |

* Véanse cuentas de I. P. y cuadro de determinación del coste de producción al final de la solución.

x

## 6. Entrada en almacén de productos terminados

| | | |
|---|---|---|
| I. P. artículo A | 73.500 | |
| I. P. artículo B | 41.925 | |
| a Coste de producción artículo A | | 73.500 |
| a Coste de producción artículo B | | 41.925 |

x

## 7. Determinación del coste final

| | | |
|---|---|---|
| Coste final artículo A | 70.440 | |
| Coste final artículo B | 51.428 | |
| a I. P. artículo A | | 61.800 |
| a I. P. artículo B | | 43.700 |
| a Centro de ventas | | 16.368 |

* Imputación de costes del Centro de ventas:

Costes Centro de ventas: 16.368 pesetas
Unidad de obra: 100 pesetas ventas
Número unidades de obra: 1.364 u.o.

$$\text{Coste unid. obra} = \frac{16.368}{1.364} = 12 \text{ pta./u.o.}$$

Imputación:

— Artículo A: 720 u.o. × 12 pta./u.o. = 8.640
— Artículo B: 644 u.o. × 12 pta./u.o. = 7.728

Total ........................ 16.368

* Véanse cuentas de I. P., al final de la solución.

x

**8. Determinación de los resultados analíticos**

**Primer conjunto**

a) *Registro de los costes*

| | | |
|---|---|---|
| Resultado explotación artículo A | 70.440 | |
| Resultado explotación artículo B | 51.428 | |
| a Coste final artículo A | | 70.440 |
| a Coste final artículo B | | 51.428 |

b) *Registro de las ventas*

| | | |
|---|---|---|
| Productos de explotación reflejos | 136.400 | |
| a Resultado explotación artículo A | | 72.000 |
| a Resultado explotación artículo B | | 64.400 |

c) *Reagrupación de los resultados analíticos*

| | | |
|---|---|---|
| Resultado explotación artículo A | 1.560 | |
| Resultado explotación artículo B | 12.972 | |
| a Resultados de explotación con criterios de Contabilidad de Costes | | 14.532 |

**Segundo conjunto**

*Reagrupación de las cuentas de diferencias de incorporación*

No procede, al no existir diferencias de incorporación.

**Tercer conjunto**

*Entrada de todos los resultados ajenos a la explotación normal y corriente*

No procede, al no existir gastos ni ingresos extraordinarios.

Al no existir diferencias de incorporación, ni resultados ajenos a la explotación normal y corriente, el resultado de explotación con criterios de Contabilidad de Costes coincide con el resultado final de Contabilidad de Costes.

*Reagrupación de las cuentas de resultados*

| | | |
|---|---|---|
| Resultados de explotación con criterios de Contabilidad de Costes | 14.532 | |
| a RESULTADOS DE CONTABILIDAD DE COSTES | | 14.532 |

x

**Balance analítico de explotación**

| CUENTAS | SALDOS Deudor | SALDOS Acreedor |
|---|---|---|
| Stock inicial reflejo | | 91.400 |
| Compras reflejas | | 59.255 |
| Gastos y dotaciones reflejos | | 60.553 |
| Productos de explotación reflejos | 136.400 | |
| I. P. grano de cacao | 19.375 | |
| I. P. leche en polvo | 1.225 | |
| I. P. azúcar | 16.250 | |
| I. P. materiales diversos | 9.250 | |
| I. P. producto semiterminado | 10.440 | |
| I. P. artículo A | 30.900 | |
| I. P. artículo B | 1.900 | |
| RESULTADOS DE CONTABILIDAD DE COSTES | | 14.532 |
| TOTALES | 225.740 | 225.740 |

**9. Cierre de la Contabilidad Analítica**

| | | |
|---|---|---|
| Stock inicial reflejo | 91.400 | |
| Compras reflejas | 59.255 | |
| Gastos y dotaciones reflejos | 60.553 | |
| RESULTADOS DE CONTABILIDAD DE COSTES | 14.532 | |
| a Productos de explotación reflejos | | 136.400 |
| a I. P. grano de cacao | | 19.375 |
| a I. P. leche en polvo | | 1.225 |
| a I. P. azúcar | | 16.250 |
| a I. P. materiales diversos | | 9.250 |
| a I. P. producto semiterminado | | 10.440 |
| a I. P. artículo A | | 30.900 |
| a I. P. artículo B | | 1.900 |

**CUENTAS DE INVENTARIO PERMANENTE**

| I. P. GRANO DE CACAO | | | | C.M.P. | | |
|---|---|---|---|---|---|---|
| Exist. inic.: | 12,0 tm × 1.166,67 pta./tm = | 14.000 | Consumos: | 12,5 tm × 1.250,00 pta./tm = | 15.625 |
| Compras: | 16,0 tm × 1.312,50 pta./tm = | 21.000 | Exis. final.: | 15,5 tm × 1.250,00 pta./tm = | 19.375 |
| | 28,0 | 35.000 | | 28,0 | 35.000 |
| Coste medio ponderado = 35.000 pta. : 28 tm = 1.250 pta./tm | | | | | |

**I. P. LECHE EN POLVO** — **C.M.P.**

| | | | | | |
|---|---|---|---|---|---|
| Exist. inic.: | 1,0 tm × 2.200,00 pta./tm = | 2.200 | Consumos: | 3,0 tm × 2.450,00 pta./tm = | 7.350 |
| Compras: | 2,5 tm × 2.550,00 pta./tm = | 6.375 | Exis. final.: | 0,5 tm × 2.450,00 pta./tm = | 1.225 |
| | 3,5 | 8.575 | | 3,5 | 8.575 |

Coste medio ponderado = 8.575 pta. : 3,5 tm = 2.450 pta./tm

**I. P. AZUCAR** — **C.M.P.**

| | | | | | |
|---|---|---|---|---|---|
| Exist. inic.: | 2,0 tm × 3.150,00 pta./tm = | 6.300 | Consumos: | 2,0 tm × 3.250,00 pta./tm = | 6.500 |
| Compras: | 5,0 tm × 3.290,00 pta./tm = | 16.450 | Exis. final.: | 5,0 tm × 3.250,00 pta./tm = | 16.250 |
| | 7,0 | 22.750 | | 7,0 | 22.750 |

Coste medio ponderado = 22.750 pta. : 7 tm = 3.250 pta./tm

**I. P. MATERIALES DIVERSOS**

| | | | |
|---|---|---|---|
| Exist. inic.: | 12.500 | Consumos: | 21.500 |
| Compras: | 18.250 | Exis. final.: | 9.250 |
| | 30.750 | | 30.750 |

**I. P. PRODUCTO SEMITERMINADO** — **C.M.P.**

| | | | | | |
|---|---|---|---|---|---|
| Exist. inic.: | 6,5 tm × 5.157,69 pta./tm = | 33.525 | Consumos: | 18,0 tm × 5.220,00 pta./tm = | 93.960 |
| Fabricación: | 13,5 tm × 5.250,00 pta./tm = | 70.875 | Exis. final.: | 2,0 tm × 5.220,00 pta./tm = | 10.440 |
| | 20,0 | 104.400 | | 20,0 | 104.400 |

Coste medio ponderado = 104.400 pta. : 20 tm = 5.220 pta./tm

**I. P. ARTICULO A** — **C.M.P.**

| | | | | | |
|---|---|---|---|---|---|
| Exist. inic.: | 20.000 caja × 0,96 pta./caja = | 19.200 | Ventas: | 60.000 caja × 1,03 pta./caja = | 61.800 |
| Fabricación: | 70.000 caja × 1,05 pta./caja = | 73.500 | Exis. final.: | 30.000 caja × 1,03 pta./caja = | 30.900 |
| | 90.000 | 92.700 | | 90.000 | 92.700 |

Coste medio ponderado = 92.700 pta. : 90.000 cajas = 1,03 pta./caja

| I. P. ARTICULO B | | | | | | | C.M.P. |
|---|---|---|---|---|---|---|---|
| Exist. inic.: | 2.500 caja | × 1,47 pta./caja = | 3.675 | Ventas: | 23.000 caja | × 1,90 pta./caja = | 43.700 |
| Fabricación: | 21.500 caja | × 1,95 pta./caja = | 41.925 | Exis. final.: | 1.000 caja | × 1,90 pta./caja = | 1.900 |
| | 24.000 | | 45.600 | | 24.000 | | 45.600 |
| Coste medio ponderado = 45.600 pta. : 24.000 cajas = 1,90 pta./caja | | | | | | | |

**CUADRO DE DETERMINACION DEL COSTE DE PRODUCCION**

| Elemento del coste | Totales | Coste producción artículo A | Coste producción artículo B |
|---|---|---|---|
| I. P. producto semiterminado | 18 tm × 5.220 pta./tm= 93.960 | 12 tm × 5.220 pta./tm = 62.640 | 6 tm × 5.220 pta./tm = 31.320 |
| Mano de obra directa (según enunciado) | 10.965 | 4.735 | 6.230 |
| Centro de acondicionamiento | 1.200 h/m × 8,75 pta./h.m. = 10.500 | 700 h/m × 8,75 pta./h.m. = 6.125 | 500 h/m × 8,75 pta./h.m. = 4.375 |
| Coste producción | 115.425 | 73.500 | 41.925 |
| Unidades fabricadas | | 70.000 cajas | 21.500 cajas |
| Coste unitario producción | | 1,05 pta./caja | 1,95 pta./caja |

**CASO 25**

## I. ORGANIZACION TECNICO-ECONOMICA

Una empresa industrial se dedica a la fabricación y venta de dos productos A y B, a partir de las materias primas X e Y respectivamente.

Las materias primas X e Y son tratadas en el Centro de producción, pasando inmediatamente al Centro de envasado, donde se envasan en latas de un kilo y dos kilos, respectivamente, como productos finales listos para la venta. Es decir, el esquema del proceso productivo es el siguiente:

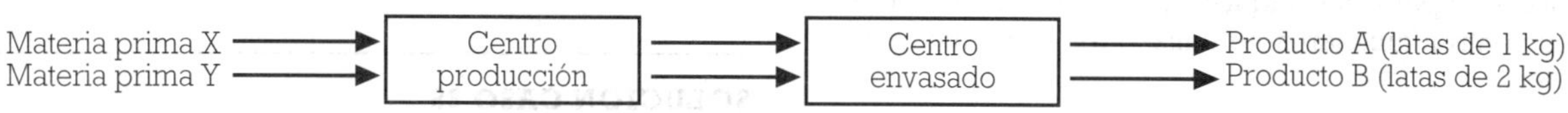


El rendimiento de la materia prima X es del 80 por 100, es decir, que por cada kilogramo de materia prima X utilizada se obtienen 800 gramos de A. Mientras que el rendimiento de la materia prima Y utilizada es del 150 por 100 (debido a la adición de agua).

Respecto a su organización económica la empresa aparece dividida en los siguientes centros de actividad que permiten el control sobre los costes indirectos: dos auxiliares (Administración y Energía) y cuatro principales (Compras, Producción, Envasado y Distribución).

## II. DATOS COMUNES A LA CONTABILIDAD GENERAL Y A LA CONTABILIDAD DE COSTES

Los datos que constituyen la situación de partida de la Contabilidad de Costes son:

a) *Existencias iniciales:* Envases A (5.000 unidades): 25.000 pta.; Envases B (2.500 unidades): 20.000 pta.; Producto B en curso: 17.750 pesetas.

b) *Compras del período:* Materia prima X: 8.000 kg a 16 pta./kg; Materia prima Y: 4.000 kg a 32 pta./kg; Materias auxiliares: 16.5000 pta.; Combustibles: 3.500 pesetas.

c) *Gastos por naturaleza:* Para mayor simplificación, se dan los gastos por naturaleza a través del cuadro de reparto de cargas indirectas, que aparece en el punto siguiente.

d) *Ventas:* Del producto A se han vendido 3.000 unidades a 150 pta./unid y del producto B, 1.050 unidades a 250 pta./unid.

## III. DATOS DE FABRICACION HISTORICOS

a) *Reparto de las cargas indirectas* respecto al producto entre los centros de actividad:

a.1) *Reparto primario*

| Cargas por naturaleza | Totales | Administración | Energía | Compras | Producción | Envasado | Distribución |
|---|---|---|---|---|---|---|---|
| Reparto primario ................ | 785.000 | 45.000 | 37.500 | 27.500 | 447.500 | 130.000 | 97.500 |
| SUBREPARTO:<br>Centro administración ........<br>Centro energía .................... | | | | | | | |
| TOTAL SUBREPARTO .......... | 785.000 | | | | | | |
| Unidades de obra ................ | | | | Kg materia prima comprados | h/m | Unidad. productos A y B | Pesetas ventas |
| N.° unidades de obra .......... | | | | 12.000 | 2.375 | 5.500 | 712.500 |

El total de cargas indirectas que aparece en el cuadro anterior entre otros elementos del coste comprende 16.500 pesetas de materias auxiliares, 3.500 pesetas de combustibles y 20.000 pesetas de interés de capital propio. No recoge 20.000 pesetas de dotación a una provisión para insolvencias.

a.2) *Reparto secundario*

Para el reparto secundario de los costes indirectos de los centros auxiliares se utilizan los siguientes porcentajes:

| Centros | Administración | Energía | Compras | Producción | Envasado | Distribución |
|---|---|---|---|---|---|---|
| Admón. | — | 5 | 5 | 5 | 5 | 80 |
| Energía | 12,5 | — | — | 62,5 | 12,5 | 12,5 |

b) Los *gastos de personal* han sido de 350.000 pesetas; correspondiendo afectar directamente a los productos: 1.200 h/h a 50 pesetas al producto A y 800 h/h a 50 pesetas al producto B. (El resto son cargas indirectas recogidas en el cuadro.)

c) El *Centro de producción* ha trabajado 2.375 h/m: 1.025 h/m para el producto A y 1.350 h/m para el producto B.

d) *Existencias finales de materias primas:* Materia prima X: 3.000 kg; Materia prima Y: 2.000 kg.

SE PIDE:

1. *Completar el cuadro de reparto* (en la misma hoja del enunciado).
2. Contabilizar en el *Diario de Contabilidad de Costes* el movimiento interno de valores *a partir de la etapa de determinación del coste de producción.*

## SOLUCION CASO 25

### 1. TERMINAR EL CUADRO DE REPARTO

Sean: A el total de costes indirectos del Centro de administración, y
E el total de costes indirectos del Centro de energía

El sistema de ecuaciones es:

A = 45.000 + 12,50 % E
E = 37.500 + 5 % A

Cuya solución es: A = 50.000
E = 40.000

Y, por tanto, el cuadro de reparto sería:

| Cargas por naturaleza | Totales | Administración | Energía | Compras | Producción | Envasado | Distribución |
|---|---|---|---|---|---|---|---|
| Reparto primario | 785.000 | 45.000 | 37.500 | 27.500 | 447.500 | 130.000 | 97.500 |
| SUBREPARTO:<br>Centro administración<br>Centro energía | | <br>–50.000<br>5.000 | <br>2.500<br>–40.000 | <br>2.500<br>0 | <br>2.500<br>25.000 | <br>2.500<br>5.000 | <br>40.000<br>5.000 |
| TOTAL SUBREPARTO | 785.000 | 0 | 0 | 30.000 | 475.000 | 137.500 | 142.500 |
| Unidades de obra | | | | Kg materia prima comprados | h/m | Unidad. productos A y B | Pesetas ventas |
| N.° unidades de obra | | | | 12.000 | 2.375 | 5.500 | 712.500 |
| Coste unidad de obra | | | | 2,5 | 200 | 25 | 0,20 |

## 2. CONTABILIZAR EL MOVIMIENTO INTERNO DE VALORES A PARTIR DE LA ETAPA DEL COSTE DE PRODUCCION

| | Debe | Haber |
|---|---|---|
| **5. Determinación del coste de producción** | | |
| Coste de producción producto A | 477.500 | |
| Coste de producción producto B | 446.250 | |
| a I. P. materia prima X | | 92.500 |
| a I. P. materia prima Y | | 69.000 |
| a Gastos y dotaciones reflejos (MOD) | | 100.000 |
| a Centro de producción | | 475.000 |
| a Centro de envasado | | 137.500 |
| a I. P. envases A | | 20.000 |
| a I. P. envases B | | 12.000 |
| a I. P. producto B en curso | | 17.750 |
| * Según las cuentas de I. P. y el cuadro de determinación del coste de producción que se recogen al final de la solución | | |
| ——— x ——— | | |
| **6. Entrada en almacén de productos terminados** | | |
| I. P. producto A | 477.500 | |
| I. P. producto B | 446.250 | |
| a Coste de producción producto A | | 477.500 |
| a Coste de producción producto B | | 446.250 |
| ——— x ——— | | |
| **7. Determinación del coste final** | | |
| Coste final producto A | 448.125 | |
| Coste final producto B | 364.875 | |
| a I. P. producto A | | 358.125 |
| a I. P. producto B | | 312.375 |
| a Centro de distribución | | 142.500 |

* Imputación de costes del Centro de distribución:

Costes Centro distribución: 142.500 pesetas
Unidad de obra: miles pesetas ventas
Núm. unidades de ora: 712,5 u.o.

$$\text{Coste unidad obra} = \frac{142.500}{712{,}5} = 200 \text{ pta./u.o.}$$

Imputación

— Producto A: 450 × 200 = 90.000
— Producto B: 262,5 × 200 = 52.500

Total .......... 142.500

* Véanse las cuentas de I. P. de los productos A y B, que se exponen al final de la solución.

——— x ———

**8. Determinación de los resultados analíticos**

**Primer conjunto**

a) *Registro de los costes*

| | | |
|---|---|---|
| Resultado analítico producto A | 448.125 | |
| Resultado analítico producto B | 364.875 | |
| a Coste final producto A | | 448.125 |
| a Coste final producto B | | 364.875 |

b) *Registro de los ingresos*

| | | |
|---|---|---|
| Productos de explotación reflejos | 712.500 | |
| a Resultado analítico producto A | | 450.000 |
| a Resultado analítico producto B | | 262.500 |

c) *Agregación de los resultados analíticos por productos*

| | | |
|---|---|---|
| Resultado analítico producto A | 1.875 | |
| Resultado de explotación con criterios de Contabilidad de Costes | 100.500 | |
| a Resultado analítico producto B | | 102.375 |

**Segundo conjunto**

*Reagrupación de las cuentas de diferencias de incorporación*

| | | |
|---|---|---|
| Elementos supletorios incorporados | 20.000 | |
| a Cargas no incorporables | | 20.000 |

**Tercer conjunto**

*Reagrupación de las cuentas de resultados*

| | | |
|---|---|---|
| RESULTADOS DE CONTABILIDAD DE COSTES | 100.500 | |
| a Resultado de explotación con criterios de Contabilidad de Costes | | 100.500 |

x

**Balance de comprobación**

| CUENTAS | SALDOS | |
|---|---|---|
| | Deudor | Acreedor |
| Stock inicial reflejo | | 62.750 |
| Compras reflejas | | 276.000 |
| Gastos y dotaciones reflejos | | 865.000 |
| Productos de explotación reflejos | 712.500 | |
| I. P. materia prima X | 55.500 | |
| I. P. materia prima Y | 69.000 | |
| I. P. envases A | 5.000 | |
| I. P. envases B | 8.000 | |
| I. P. producto A | 119.375 | |
| I. P. producto B | 133.875 | |
| RESULTADOS DE CONTABILIDAD DE COSTES | 100.500 | |
| TOTALES | 1.203.750 | 1.203.750 |

| | | |
|---|---|---|
| **9. Cierre de la Contabilidad de Costes** | | |
| Stock inicial reflejo | 62.750 | |
| Compras reflejas | 276.000 | |
| Gastos y dotaciones reflejos | 865.000 | |
| a Productos de explotación reflejos | | 712.500 |
| a I. P. materia prima X | | 55.500 |
| a I. P. materia prima Y | | 69.000 |
| a I. P. envases A | | 5.000 |
| a I. P. envases B | | 8.000 |
| a I. P. producto A | | 119.375 |
| a I. P. producto B | | 133.875 |
| a RESULTADO DE CONTABILIDAD DE COSTES | | 100.500 |

**CUENTAS DE INVENTARIO PERMANENTE**

| I. P. MATERIA PRIMA X | | | | | | | | | |
|---|---|---|---|---|---|---|---|---|---|
| Exist. inic.: | 0 kg | × 0,00 pta./kg = | 0 | Consumos: | 5.000 kg | × 18,50 pta./kg = | 92.500 |
| Compras (*): | 8.000 kg | × 18,50 pta./kg = | 148.000 | Exis. final.: | 3.000 kg | × 18,50 pta./kg = | 55.500 |
| | 8.000 | | 148.000 | | 8.000 | | 148.000 |

(*) Coste de compras: Precio de factura: 128.000 pta.
+ Costes indirectos Centro de compras: 20.000 pta.
Total: 148.000 pta.

| I. P. MATERIA PRIMA Y | | | | | | | |
|---|---|---|---|---|---|---|---|
| Exist. inic.: | 0 kg | × 0,00 pta./kg = | 0 | Consumos: | 2.000 kg | × 34,50 pta./kg = | 69.000 |
| Compras (*): | 4.000 kg | × 34,50 pta./kg = | 138.000 | Exis. final.: | 2.000 kg | × 34,50 pta./kg = | 69.000 |
| | 4.000 | | 138.000 | | 4.000 | | 138.000 |

(*) Coste de compras: Precio de factura: 128.000 pta.
+ Costes indirectos Centro de compras: 10.000 pta.
Total: 138.000 pta.

| I. P. ENVASES A | | | | | | | |
|---|---|---|---|---|---|---|---|
| Exist. inic.: | 5.000 unid | × 5,00 pta./unid = | 25.000 | Consumos: | 4.000 unid | × 5,00 pta./unid = | 20.000 |
| Compras: | 0 unid | × 0,00 pta./unid = | 0 | Exis. final.: | 1.000 unid | × 5,00 pta./unid = | 5.000 |
| | 5.000 | | 25.000 | | 5.000 | | 25.000 |

**I. P. ENVASES B**

| | | | | | | | |
|---|---|---|---|---|---|---|---|
| Exist. inic.: | 2.500 unid × | 8,00 pta./unid = | 20.000 | Consumos: | 1.500 unid × | 8,00 pta./unid = | 12.000 |
| Compras: | 0 unid × | 0,00 pta./unid = | 0 | Exis. final.: | 1.000 unid × | 8,00 pta./unid = | 8.000 |
| | 2.500 | | 20.000 | | 2.500 | | 20.000 |

**I. P. PRODUCTO A**

| | | | | | | | |
|---|---|---|---|---|---|---|---|
| Exist. inic.: | 0 unid × | 0,00 pta./unid = | 0 | Ventas: | 3.000 unid × | 119,375 pta./unid = | 358.125 |
| Fabricación: | 4.000 unid × | 119,375 pta./unid = | 477.500 | Exis. final.: | 1.000 unid × | 119,375 pta./unid = | 119.375 |
| | 4.000 | | 477.500 | | 4.000 | | 477.500 |

**I. P. PRODUCTO B**

| | | | | | | | |
|---|---|---|---|---|---|---|---|
| Exist. inic.: | 0 unid × | 0,00 pta./unid = | 0 | Ventas: | 1.050 unid × | 297,50 pta./unid = | 312.375 |
| Fabricación: | 1.500 unid × | 297,50 pta./unid = | 446.250 | Exis. final.: | 450 unid × | 297,50 pta./unid = | 133.875 |
| | 1.500 | | 446.250 | | 1.500 | | 446.250 |

**CUADRO DE DETERMINACION DEL COSTE DE PRODUCCION**

| Elemento del coste | Totales | Coste producción producto A | Coste producción producto B |
|---|---|---|---|
| I. P. materia prima X | 5.000 kg × 18,50 pta./kg = 92.500 | 5.000 kg × 18,50 pta./kg = 92.500 | |
| I. P. materia prima Y | 2.000 kg × 34,50 pta./kg = 69.000 | | 2.000 kg × 34,50 pta./kg = 69.000 |
| Mano de obra directa | 2.000 h/h × 50 pta./h.h. = 100.000 | 1.200 h/m × 50 pta./h.h. = 60.000 | 800 h/h × 50 pta./h.h. = 40.000 |
| Centro de producción | 2.375 h/m × 200 pta./h.m. = 475.000 | 1.025 h/m × 200 pta./h.m. = 205.000 | 1.350 h/m × 200 pta./h.m. = 270.000 |
| Centro de envasado | 5.500 unid × 25 pta./unid = 137.500 | 4.000 unid × 25 pta./unid = 100.000 | 1.500 unid × 25 pta./unid = 37.500 |
| I. P. envases A | 4.000 unid × 5 pta./unid = 20.000 | 4.000 unid × 5 pta./unid = 20.000 | |
| I. P. envases B | 1.500 unid × 8 pta./unid = 12.000 | | 1.500 unid × 8 pta./unid = 12.000 |
| I. P. producto B en curso | 17.750 | | 17.750 |
| Coste total | 923.750 | 477.500 | 446.250 |
| Unidades fabricadas (*) | | 4.000 unid | 1.500 unid |
| Coste unitario producción | | 119,375 pta./unid | 297,50 pta./unid |

(*) CALCULO DE UNIDADES TERMINADAS:
DEL PRODUCTO A:
Kilogramos materia prima X consumida: 5.000 kg
Rendimiento materia prima X: 80%
Entradas en el Centro de envasado: 5.000 × 80% = 4.000 kg
Unidades terminadas producto A (1 unid = 1 kg) = 4.000 kg : 1 kg/unid = 4.000 unidades

DEL PRODUCTO B:
Kilogramos materia prima Y consumida: 2.000 kg
Rendimiento materia prima Y: 150%
Entrada en el Centro de envasado: 2.000 × 150% = 3.000 kg
Unidades terminadas producto B (1 unid = 2 kg) = 3.000 kg : 2 kg/unid = 1.500 unidades

## CASO 26

### I. ORGANIZACION TECNICO-ECONOMICA

COLONSA es una empresa industrial que se dedica a la fabricación y venta de colonias. Tiene estructurada su actividad en cinco centros de actividad: Almacén, Fabricación, Perfumado, Distribución a farmacias y Distribución a droguerías.

En el Centro de fabricación se obtienen las colonias sin perfumar a partir de la mezcla de los líquidos preparados «A» y «B» que son adquiridos en el exterior, y en el Centro de perfumado al añadirse el líquido «C» se obtienen las colonias listas para su venta.

De acuerdo con las características del proceso técnico, el Centro de fabricación pasa directamente su producción terminada al Centro de perfumado.

### II. DATOS COMUNES A LA CONTABILIDAD GENERAL Y A LA CONTABILIDAD DE COSTES

a) *Existencias iniciales*

— Líquidos «A» (15.000 litros) .............. 113.410 pta.
— Líquidos «B» (12.500 litros) ............... 88.410 pta.
— Líquidos «C» (19.000 litros) .............. 365.810 pta.
— Materiales para consumo y reposición ...................................................... 150.000 pta.
— Colonias (1.875 unidades) ................ 1.908.000 pta.
— Productos en curso en el Centro de fabricación ......................................... 189.000 pta.

b) *Compras del período*

— Líquidos «A» (120.000 litros) ............ 497.000 pta.
— Líquidos «B» (107.500 litros) ............. 630.000 pta.
— Líquidos «C» (62.000 litros) .............. 925.000 pta.

c) *Gastos por naturaleza.* Para mayor simplificación se dan los gastos por naturaleza a través del siguiente cuadro de reparto de cargas indirectas:

| Totales | Almacén | Fabricación | Perfumado | Distribución a farmacias | Distribución a droguerías |
|---|---|---|---|---|---|
| 3.259.600 | 250.600 | 1.038.000 | 1.119.000 | 454.000 | 398.000 |

En el total de cargas indirectas recogido en el cuadro anterior se han incorporado Materiales para consumo y reposición por 90.000 pesetas. Se sabe, además, que en Contabilidad General se han dotado provisiones para riesgos por 50.000 pesetas, y que el interés del capital propio asciende a 70.000 pesetas.

d) *Ventas del período*

— A farmacias (9.600 unidades) ............ 8.064.000 pta.
— A droguerías (3.600 unidades) .......... 2.520.000 pta.

### III. DATOS DE FABRICACION

a) Los *gastos del Centro de almacén* se imputan a los líquidos y a las colonias de la siguiente manera:

— 15 por 100 a cada uno de los líquidos.
— 55 por 100 a las colonias fabricadas, tratándose estos gastos como cargas de distribución, repartiéndose entre las categorías de ventas (a farmacias y a droguerías) en función de las unidades vendidas.

b) Además de las cargas indirectas, la *MOD se afecta* de la siguiente forma: 1.840.000 pesetas para el Centro de fabricación y 1.352.000 pesetas para el Centro de perfumado.

c) Se sabe que los *Consumos del período* han sido:

— Líquidos «A» ................................ 110.000 litros
— Líquidos «B» ................................. 105.000 litros
— Líquidos «C» ................................ 62.500 litros

d) El *Centro de perfumado* ha terminado, durante el período, 12.400 unidades de colonias.

e) *Criterio de valoración de almacenes:* coste medio ponderado.

f) Al *final del período,* hay *fabricación en curso* por los siguientes importes: 324.000 pesetas en el Centro de fabricación y 200.500 pesetas en el Centro de perfumado.

g) *Existencias finales*

— Líquidos «A» ................................ 26.100 litros
— Líquidos «B» ................................. 14.750 litros
— Líquidos «C» ................................ 17.000 litros
— Colonias terminadas ..................... 1.055 unid.

SE PIDE:

Contabilizar en el *Diario de Contabilidad de Costes* el movimiento interno de valores para poner de manifiesto, entre otras magnitudes, el coste de compras de las materias primas, el coste de producción del Centro de fabricación, el coste de producción del Centro de perfumado, el coste final por categorías de ventas y los diferentes resultados de la Contabilidad de Costes.

## SOLUCION CASO 26

### 1. CONTABILIZAR EL MOVIMIENTO INTERNO DE VALORES

| | | |
|---|---|---|
| **1. Recepción de los stocks existentes** | | |
| I. P. líquidos «A» | 113.410 | |
| I. P. líquidos «B» | 88.410 | |
| I. P. líquidos «C» | 365.810 | |
| I. P. materiales para consumo y reposición | 150.000 | |
| I. P. colonias | 1.908.000 | |
| I. P. productos en curso en Centro de fabricación | 189.000 | |
| a Stock inicial reflejo | | 2.814.630 |
| ——— x ——— | | |
| **2. Recepción de las cargas con sus modalidades, pasando por los centros de actividad** | | |
| a) *Respecto a las compras* | | |
| Coste de compras líquidos «A» | 497.000 | |
| Coste de compras líquidos «B» | 630.000 | |
| Coste de compras líquidos «C» | 925.000 | |
| a Compras reflejas | | 2.052.000 |
| ——— ——— | | |
| b) *Respecto a las restantes cargas* | | |
| Centro de almacén | 250.600 | |
| Centro de fabricación | 1.038.000 | |
| Centro de perfumado | 1.119.000 | |
| Centro de distribución a farmacias | 454.000 | |
| Centro de distribución a droguerías | 398.000 | |
| Cargas no incorporables | 50.000 | |
| a Gastos y dotaciones reflejos | | 3.149.600 |
| a I. P. materiales para consumo y reposición | | 90.000 |
| a Elementos supletorios incorporados | | 70.000 |
| ——— x ——— | | |
| **3. Determinación del coste de compras** | | |
| Coste de compras líquidos «A» | 37.590 | |
| Coste de compras líquidos «B» | 37.590 | |
| Coste de compras líquidos «C» | 37.590 | |
| a Centro de almacén | | 112.770 |

* Imputación de costes del Centro de almacén:

Costes Centro de almacén: 250.600 pesetas
Un 15 por 100 se imputa a cada líquido, y un 55 por 100 a las colonias fabricadas (como coste de distribución en función de las unidades vendidas: 9.600 unidades a farmacias y 3.600 unidades a droguerías).

Imputación

| | | | |
|---|---|---|---|
| — Coste de compras líquidos «A»: | | 250.600 × 0,15 = | 37.590 |
| — Coste de compras líquidos «B»: | | 250.600 × 0,15 = | 37.590 |
| — Coste de compras líquidos «C»: | | 250.600 × 0,15 = | 37.590 |
| — Coste de distribución colonias: | | 250.600 × 0,55 = | 137.830 |
| — a farmacias: | 100.240 | | |
| — a droguerías: | 37.590 | | |
| | Total | | 250.600 |

x

## 4. Entrada de las compras en almacén

| | Debe | Haber |
|---|---|---|
| I. P. líquidos «A» | 534.590 | |
| I. P. líquidos «B» | 667.590 | |
| I. P. líquidos «C» | 962.590 | |
| a Coste de compras líquidos «A» | | 534.590 |
| a Coste de compras líquidos «B» | | 667.590 |
| a Coste de compras líquidos «C» | | 962.590 |

x

## 5. Determinación del coste de producción

a) *Coste de producción del Centro de fabricación*

| | Debe | Haber |
|---|---|---|
| Coste producción Centro de fabricación | 4.256.500 | |
| a I. P. líquidos «A» | | 528.000 |
| a I. P. líquidos «B» | | 661.500 |
| a Gastos y dotaciones reflejos (MOD) | | 1.840.000 |
| a Centro de fabricación | | 1.038.000 |
| a I. P. productos en curso en Centro de fabricación | | 189.000 |

| | Debe | Haber |
|---|---|---|
| I. P. líquidos «A» | 5.280 | |
| Diferencias de inventario líquidos «B» | 1.575 | |
| a Diferencias de inventario líquidos «A» | | 5.280 |
| a I. P. líquidos «B» | | 1.575 |

* Por las diferencias de inventario (véanse las cuentas de I. P. que se recogen al final de la solución).

| | Debe | Haber |
|---|---|---|
| I. P. productos en curso en Centro de fabricación | 324.000 | |
| a Coste producción Centro de fabricación | | 324.000 |

* Por la entrada en almacén de los productos en curso (por el importe de la existencia final).

b) *Coste de producción del Centro de perfumado*

| | | |
|---|---|---|
| Coste producción en Centro de perfumado | 7.428.500 | |
| a Coste producción en Centro de fabricación | | 3.932.500 |
| a I. P. líquidos «C» | | 1.025.000 |
| a Gastos y dotaciones reflejos (MOD) | | 1.352.000 |
| a Centro de perfumado | | 1.119.000 |

———————— ————————

| | | |
|---|---|---|
| Diferencias de inventario líquidos «C» | 24.600 | |
| a I. P. líquidos «C» | | 24.600 |

* Por las diferencias de inventario (véanse cuentas de I. P. que se exponen al final de la solución).

———————— x ————————

**6. Entrada en almacén de productos terminados y en curso**

| | | |
|---|---|---|
| I. P. colonias | 7.228.000 | |
| I. P. productos en curso en Centro de perfumado | 200.500 | |
| a Coste producción en Centro de perfumado | | 7.428.500 |

———————— x ————————

**7. Determinación del coste final**

| | | |
|---|---|---|
| Coste final ventas a farmacias | 6.698.240 | |
| Coste final ventas a droguerías | 2.739.590 | |
| a I. P. colonias | | 8.448.000 |
| a Centro de distribución a farmacias | | 454.000 |
| a Centro de distribución a droguerías | | 398.000 |
| a Centro de almacén | | 137.830 |

* De acuerdo con el cuadro de determinación del coste final, que se expone al final de la solución.

———————— ————————

| | | |
|---|---|---|
| Diferencias de inventario colonias | 12.800 | |
| a I. P. colonias | | 12.800 |

* Por las diferencias de inventario.

———————— x ————————

**8. Determinación de los resultados analíticos**

**Primer conjunto**

a) *Registro de los costes*

| | | |
|---|---|---|
| Resultado analítico de ventas a farmacias | 6.698.240 | |
| Resultado analítico de ventas a droguerías | 2.739.590 | |
| a Coste final ventas a farmacias | | 6.698.240 |
| a Coste final ventas a droguerías | | 2.739.590 |

———————— ————————

| | | |
|---|---|---|
| b) *Registro de los ingresos* | | |
| Productos de explotación reflejos | 10.584.000 | |
| a Resultado analítico de ventas a farmacias | | 8.064.000 |
| a Resultado analítico de ventas a droguerías | | 2.520.000 |
| c) *Agregación de los resultados analíticos por productos* | | |
| Resultado analítico de ventas a farmacias | 1.365.760 | |
| a Resultado analítico de ventas a droguerías | | 219.590 |
| a Resultado explotación con criterios de Contabilidad de Costes | | 1.146.170 |
| x | | |
| **Segundo conjunto** | | |
| *Reagrupación de las cuentas de diferencias de incorporación:* | | |
| Elementos supletorios incorporados | 70.000 | |
| Diferencias de inventario líquidos «A» | 5.280 | |
| Saldo cuentas diferencias de incorporación | 13.695 | |
| a Cargas no incorporables | | 50.000 |
| a Diferencias de inventario líquidos «B» | | 1.575 |
| a Diferencias de inventario líquidos «C» | | 24.600 |
| a Diferencias de inventario colonias | | 12.800 |
| x | | |
| **Tercer conjunto** | | |
| *Reagrupación de las cuentas de resultados* | | |
| Resultado explotación con criterios de Contabilidad de Costes | 1.146.170 | |
| a Saldo cuentas diferencias incorporación | | 13.695 |
| a RESULTADOS DE LA CONTABILIDAD DE COSTES | | 1.132.475 |
| x | | |

**BALANCE DE COMPROBACION**

| CUENTAS | SALDOS | |
|---|---|---|
| | **Deudor** | **Acreedor** |
| Stock inicial reflejo | | 2.814.630 |
| Compras reflejas | | 2.052.000 |
| Gastos y dotaciones reflejos | | 6.341.600 |
| Productos de explotación reflejos | 10.584.000 | |
| I. P. líquidos «A» | 125.280 | |
| I. P. líquidos «B» | 92.925 | |
| I. P. líquidos «C» | 278.800 | |
| I. P. materiales para consumo y reposición | 60.000 | |
| I. P. colonias | 675.200 | |
| I. P. productos en curso en Centro de fabricación | 324.000 | |
| I. P. productos en curso en Centro de perfumado | 200.500 | |
| RESULTADOS DE LA CONTABILIDAD DE COSTES | | 1.132.475 |
| TOTALES | 12.340.705 | 12.340.705 |

| | | |
|---|---|---|
| **9. Cierre de la Contabilidad de Costes** | | |
| Stock inicial reflejo | 2.814.630 | |
| Compras reflejas | 2.052.000 | |
| Gastos y dotaciones reflejos | 6.341.600 | |
| RESULTADOS DE LA CONTABILIDAD DE COSTES | 1.132.475 | |
| a Productos de explotación reflejos | | 10.584.000 |
| a I. P. líquidos «A» | | 125.280 |
| a I. P. líquidos «B» | | 92.925 |
| a I. P. líquidos «C» | | 278.800 |
| a I. P. materiales para consumo y reposición | | 60.000 |
| a I. P. colonias | | 675.200 |
| a I. P. productos en curso en Centro de fabricación | | 324.000 |
| a I. P. productos en curso en Centro de perfumado | | 200.500 |

**CUENTAS DE INVENTARIO PERMANENTE**

| I. P. LIQUIDOS «A» | | | | | | | C.M.P. |
|---|---|---|---|---|---|---|---|
| Exist. inic.: | 15.000 lit | × 7,56 pta./lit = | 113.410 | Consumos: | 110.000 lit | × 4,80 pta./lit = | 528.000 |
| Compras: | 120.000 lit | × 4,45 pta./lit = | 534.590 | Exis. final.: | 26.100 lit | × 4,80 pta./lit = | 125.280 |
| Dif. Invent.: | 1.100 lit | × 4,80 pta./lit = | 5.280 | | | | |
| | 136.100 | | 653.280 | | 136.100 | | 653.280 |
| Coste medio ponderado = (113.410 + 534.590) pta. : (15.000+120.000) lit = 4,80 pta./litro | | | | | | | |

| I. P. LIQUIDOS «B» | | | | | | | C.M.P. |
|---|---|---|---|---|---|---|---|
| Exist. inic.: | 12.500 lit | × 7,07 pta./lit = | 88.410 | Consumos: | 105.000 lit | × 6,30 pta./lit = | 661.500 |
| Compras: | 107.500 lit | × 6,21 pta./lit = | 667.590 | Dif. Invent.: | 250 lit | × 6,30 pta./lit = | 1.575 |
| | | | | Exis. final.: | 14.750 lit | × 6,30 pta./lit = | 92.925 |
| | 120.000 | | 756.000 | | 120.000 | | 756.000 |
| Coste medio ponderado = 756.000 pta. : 120.000 lit = 6,30 pta./litro | | | | | | | |

| I. P. LIQUIDOS «C» | | | | | | | C.M.P. |
|---|---|---|---|---|---|---|---|
| Exist. inic.: | 19.000 lit | × 19,25 pta./lit = | 365.810 | Consumos: | 62.500 lit | × 16,40 pta./lit = | 1.025.000 |
| Compras: | 62.000 lit | × 15,52 pta./lit = | 962.590 | Dif. Invent.: | 1.500 lit | × 16,40 pta./lit = | 24.600 |
| | | | | Exis. final.: | 17.000 lit | × 16,40 pta./lit = | 278.800 |
| | 81.000 | | 1.328.400 | | 81.000 | | 1.328.400 |
| Coste medio ponderado = 1.328.400 pta. : 81.000 lit = 16,40 pta./litro | | | | | | | |

| I. P. MATERIALES PARA CONSUMO Y REPOSICION | | | C.M.P. |
|---|---|---|---|
| Exist. inic.: | 150.000 | Consumos: | 90.000 |
| Compras: | 0 | Exis. final.: | 60.000 |
| | 150.000 | | 150.000 |

| I. P. COLONIAS | | | | | | | | | | | | | | | C.M.P. |
|---|---|---|---|---|---|---|---|---|---|---|---|---|---|---|---|
| Exist. inic.: | 1.875 unid | × | 1.017,6 pta./unid | = | 1.908.000 | | Ventas: | 13.200 unid | × | 640,0 pta./unid | = | 8.448.000 | | | |
| Fabricación: | 12.400 unid | × | 582,9 pta./unid | = | 7.228.000 | | Dif. Invent.: | 20 unid | × | 640,0 pta./unid | = | 12.800 | | | |
| | | | | | | | Exis. final.: | 1.055 unid | × | 640,0 pta./unid | = | 675.200 | | | |
| | 14.275 | | | | 9.136.000 | | | 14.275 | | | | 9.136.000 | | | |

Coste medio ponderado = 9.136.000 pta. : 14.275 unid = 640,0 pta./unidad

**CUADRO DE DETERMINACION DEL COSTE FINAL**

| Elemento del coste | Totales | Coste final ventas a farmacias | Coste final ventas a droguerías |
|---|---|---|---|
| I. P. colonias | 13.200 unid × 640 pta./unid = 8.448.000 | 9.600 unid × 640 pta./unid = 6.144.000 | 3.600 unid × 640 pta./unid = 2.304.000 |
| Centro de distribución de ventas a farmacias | 454.000 | 454.000 | — |
| Centro de distribución de ventas a droguerías | 398.000 | — | 398.000 |
| Centro de almacén | 137.830 | 100.240 | 37.590 |
| Coste final | 9.437.830 | 6.698.240 | 2.739.590 |
| Unidades vendidas | | 9.600 unid | 3.600 unid |
| Coste final unitario | | 697,73 pta./unid | 761,00 pta./unid |

PARTE SEXTA

# Fundamentos de la Contabilidad de Gestión

## El análisis Coste - Volumen de operaciones - Beneficios

CASO 27. **Distintas formas de presentación, identificación y cálculo de las posibles variables**

CASO 28. **El cálculo de las variables entroncado con el trabajo contable normal**

**CASO 27**

A través de tres situaciones distintas se pretende llamar la atención sobre las **distintas formas de presentación, identificación y cálculo de las posibles variables** que inciden en el análisis coste-volumen de operaciones-beneficios.

**27.1.** La sociedad PISCISA tiene como objeto social la comercialización de truchas de piscifactorías.

Para el período de análisis, los costes se clasifican así:

— Costes fijos .............................. 8.000.000 pta.
— Costes variables ..................... 140 pta./kg

El precio mantenido durante todo el período fue de 180 pta./kg.

SE PIDE:

Con esta información, que es la síntesis de numerosos datos, se ha de calcular:

1. La contribución unitaria.
2. El punto muerto por distintos procedimientos.
3. El margen de seguridad para una venta de 280.000 kg.
4. El ratio B/V para esa producción.

**27.2**. Sabiendo que: $C_f$ = 10.000.000 pta.
$C_v$ = 84.000.000 pta.
$p_v$ = 225 pta.
m = 50 pta.

SE PIDE CALCULAR:

*a*) El coste variable unitario.
*b*) El punto muerto.
*c*) El margen de seguridad correspondiente al volumen de ventas de la empresa.
*d*) El ratio B/V, a partir de la contribución unitaria y del beneficio neto.

**27.3.** Una empresa que fabrica un solo producto y trabaja por encargo (con lo que vende todo lo que produce) tiene unas cargas de estructura de 240.000 pesetas, que se consideran fijas para todo el año en curso.

Durante el mes pasado, se han producido y vendido 500 unidades del producto por un importe total de 2.000.000 de pesetas, habiéndose incurrido en 1.500.000 pesetas de cargas variables.

Sabiendo que las cargas variables son proporcionales al volumen de ventas

SE PIDE:

Calcular, a partir del margen sobre el coste variable:

*a*) El punto muerto y el margen de seguridad, en cantidades y pesetas.
*b*) El ratio B/V a partir del margen neto y a partir de la contribución unitaria.

---

## SOLUCION CASO 27.1

### 1. CONTRIBUCION UNITARIA

Llamando al precio $p_v$, al coste variable medio $c_v$, y a la contribución unitaria m, tendremos que:

$$m = p_v - c_v$$

En nuestro caso:

$$m = 180 - 140 = 40$$

### 2. PUNTO MUERTO SIGUIENDO LOS DISTINTOS METODOS CONOCIDOS

#### 2.1. Método que se basa en los ingresos y costes totales

*2.1.1. Procedimiento analítico*

Se basa en la igualdad:

$$I = C_t$$

donde I es el ingreso total y $C_t$ son los costes totales.

En el ejemplo:

$$I = 180 \cdot x$$
$$C_t = 8.000.000 + 140 \cdot x$$

siendo x la cantidad de producto.

Por lo que:

$$180 \cdot x = 8.000.000 + 140 \cdot x$$

Resultando que el punto muerto se da para:

$$x = \frac{8.000.000}{180\text{-}140} = 200.000 \text{ unidades}$$

*2.1.2. Procedimiento gráfico*

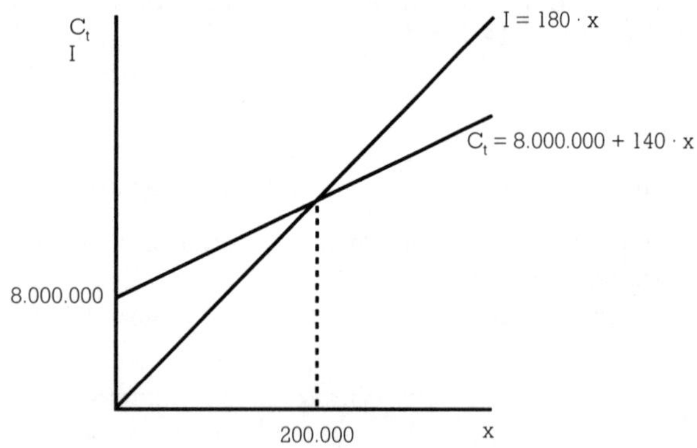


Se comprueba que el punto muerto corresponde a 200.000 unidades.

### 2.2. Método basado en los costes fijos y la contribución total

*2.2.1. Procedimiento analítico*

Se basa en la igualdad:

$$M = C_f$$

donde M es el margen total y $C_f$ son los costes fijos.

En el ejemplo:

$M = 40 \cdot x$
$C_f = 8.000.000$

es decir,

$$40 \cdot x = 8.000.000$$

Resultando igual que antes

$$x = 200.000$$

*2.2.2. Procedimiento gráfico*

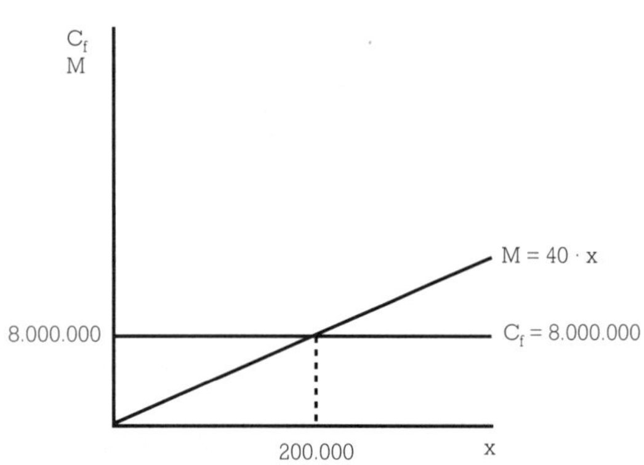


### 2.3. Método basado en el beneficio

*2.3.1. Procedimiento analítico*

Descansa en la igualdad:

$$B = O$$

siendo B el beneficio.
Con nuestros datos:

$$B = -8.000.000 + 40 \cdot x = O$$

Por lo que, otra vez, el punto muerto aparece en:

$$x = 200.000$$

*2.3.2. Procedimiento gráfico*

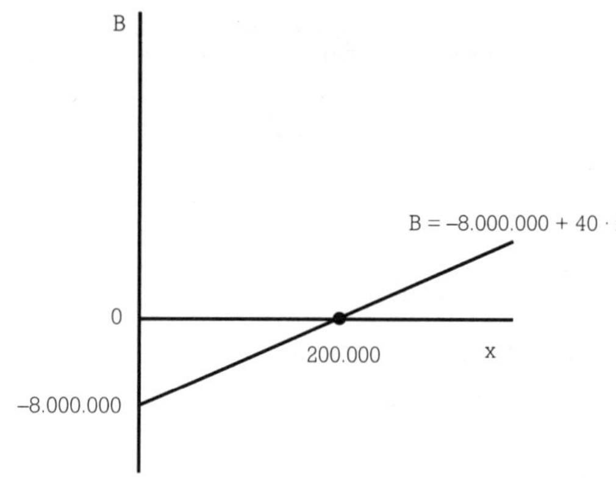


## 3. EL MARGEN DE SEGURIDAD PARA UNAS VENTAS DE 280.000 kg

Dado que el punto muerto corresponde a una producción de 200.000 unidades, el margen de seguridad para dicha cantidad de 280.000 kg de producto es —justamente— 80.000 unidades.

## 4. EL RATIO B/V PARA UNA PRODUCCION DE 280.000 kg

Puede calcularse por dos procedimientos:

### 4.1. Procedimiento basado en el beneficio

Implica dividir el beneficio obtenido para esa producción por el volumen de ventas que excede al de punto muerto. Este cociente ha de expresarse en porcentaje.

Siendo:

$$\text{Beneficio} = 280.000 \cdot 40 - 8.000.000 = 3.200.000$$

Volumen de ventas por encima del correspondiente al punto muerto:

$$(280.000 - 200.000) \cdot 180 = 14.400.000$$

$$B/V = \frac{3.200.000}{14.400.000} \cdot 100 = 22{,}22\%$$

### 4.2. Procedimiento basado en la contribución unitaria

| | |
|---|---|
| — Precio | 180 |
| — Coste variable medio | 140 |
| — Contribución unitaria | 40 |

$$\text{Ratio B/V} = \frac{\text{contribución unitaria}}{\text{precio}} \cdot 100 = \frac{40}{180} \cdot 100 = 22{,}22\%$$

---

## SOLUCION CASO 27.2

---

En el enunciado aparecen explícitos las siguientes variables que inciden en el análisis coste-volumen de operaciones-beneficio:

| | |
|---|---|
| — Costes fijos totales | 10.000 pta. |
| — Costes variables totales | 84.000.000 pta. |
| — Precio de venta unitario | 225 pta. |
| — Contribución unitaria | 50 pta. |

No aparecen explícitamente en el enunciado:

— El coste variable unitario.
— La producción del período.

a) *Coste variable unitario*

Se puede deducir a partir de la contribución unitaria:

$m = p - a$; luego $50 = 225 - a$;
luego $a = 225 - 50 = 175$ pta.

b) *Punto muerto*

— En unidades físicas:

$$\frac{C_f}{p - a} = \frac{10.000.000}{50} = 200.000 \text{ unidades}$$

— En pesetas:

$$200.000 \text{ u.} \times 225 \text{ pta.} = 45.000.000 \text{ pta.}$$

En este punto se cumplen, como ya sabemos, las siguientes tres igualdades:

$$I = C; \quad M = Cf; \quad B = O$$

Si tomamos la primera, comprobaremos que:

$$I = 200.000 \text{ u.} \times 225 \text{ pta.} = 45.000.000 \text{ pta.}$$
$$C = 200.000 \text{ u.} \times 175 \text{ pta.} + 10.000.000 \text{ pta.} = 45.000.000 \text{ pta.}$$

c) *Margen de seguridad correspondiente al volumen de ventas de la empresa*

Este margen, tanto en unidades físicas como monetarias es la diferencia entre el importe correspondiente a las ventas del período, menos el importe correspondiente al punto muerto. En nuestro caso necesitamos obtener la producción del período, que no aparece en el enunciado. Ahora bien, si conocemos el coste variable unitario y tenemos como dato del enunciado el coste variable total, podremos deducir la producción del período:

— En unidades físicas:

$$x = \frac{C_v}{a} = \frac{84.000.000}{175} = 480.000 \text{ u.}$$

— En pesetas:

$$480.000 \text{ u.} \times 225 = 108.000.000 \text{ pta.}$$

Por lo que podemos ya calcular el margen de seguridad.

— Unidades físicas:

$$M_s = 480.000 - 200.000 = 280.000 \text{ u.}$$

— En pesetas:

$$M_s = 108.000.000 - 45.000.000 = 63.000.000$$

d) *El ratio B/V, a partir de la contribución unitaria y del beneficio neto*

— A partir de la contribución unitaria:

$$\text{Ratio B/V} = \frac{P - a}{P} \times 100 = \frac{50}{225} \times 100 = 22{,}22\%$$

— Este ratio es el cociente entre el beneficio neto y el volumen de ventas que supera al volumen de ventas correspondiente al punto muerto. Es decir:

$$B = I - C_v - C_f = 108.000.000 - 84.000.000 - 10.000.000 = 14.000.000$$

$$V = 108.000.000 - 45.000.000 = 63.000.000 \text{ pta.}$$

$$B/V = \frac{14.000.000}{63.000.000} \times 100 = 22{,}22\%$$

## SOLUCION CASO 27.3

*Punto muerto a partir del margen sobre el coste variable*

Como hipótesis del análisis coste-volumen de operaciones-beneficio, las cargas variables son proporcionales al volumen de ventas o cifra de negocios, por lo que el margen sobre el coste variable es igualmente proporcional al volumen de ventas.

Si en el punto muerto se cumple que el beneficio es igual a cero, entonces el margen sobre el coste variable debe cubrir los costes fijos; es decir, $M = C_f$.

En nuestro caso:

— El margen sobre el coste variable o contribución total, expresado en porcentaje respecto a las ventas, es:

M: 2.000.000 – 1.500.000 = 500.000 pta.

$$\frac{500.000}{2.000.000} = 0{,}25\%$$ (En el punto muerto el 25% de las ventas cubren los costes fijos)

— Los costes fijos son 240.000 pesetas

Luego las ventas C en el punto muerto serán: $C \times 0{,}25 = 240.000$; y despejando $C = \frac{240.000}{0{,}25} = 960.000$ pta.

Como el precio de venta unitario, $p_v$, es igual a 4.000 pesetas (2.000.000 : 500 v), el punto muerto en unidades será: 960.000 pta.: 4.000 = 240 u.

En este punto se cumplen las igualdades:

$$I = C; \quad M = C_f; \quad B = O$$

*Margen de seguridad*

— En unidades físicas: 500 – 240 = 260 unidades
— En pesetas: 2.000.000 – 960.000 = 1.040.000 pta.

*Ratio B/V*

— Ratio B/V, a partir del margen neto:

Margen neto: $I - C_v - C_f$ = 2.000.000 – 1.500.000 – –240.000 = 260.000

Margen de seguridad: 1.040.000

$$\text{Ratio B/V} = \frac{260.000}{1.040.000} \times 100 = 25\% = \frac{\text{Margen neto}}{\text{Margen de seguridad}}$$

— Ratio B/V, a partir de la contribución unitaria.

Contribución unitaria= p – a = 4.000 – 3.000 = 1.000

$$\text{Ratio B/V} = \frac{P - a}{P} = \frac{1.000}{4.000} \times 100 = 25\%$$

Como puede verse el ratio B/V, debido a las hipótesis en que se asienta el análisis, es igual al margen sobre el coste variable respecto a las ventas (0,25).

**CASO 28**

Se presenta una empresa, que produce y vende un solo producto, para **el cálculo de las variables entroncado** del análisis coste-volumen de operaciones-beneficios **con el trabajo contable normal** de la empresa.

La empresa SL en uno de sus talleres (taller de camas para niños) produce, para una empresa comercial, los elementos para camas de niños (la cama se compone de dos soportes: cabecero y pies y una tarima).

Los soportes (artículo X) y las tarimas (artículo Y) se elaboran con tablones de pino.

*Datos de fabricación del mes de marzo:*

*a*) Producción del mes: 16.000 artículos X y 8.000 artículos Y. No hay producción en curso ni al principio ni al final del mes. Los productos fabricados se expiden inmediatamente al cliente, de tal manera que se puede considerar que no existe stock alguno de productos terminados.

*b*) Salidas de almacén en marzo: materias primas (al coste medio ponderado): 89.600 pesetas para el artículo X y 51.200 pesetas para el artículo Y).

*c*) Coste de la mano de obra directa para marzo (comprendidas las cargas sociales): 83.200 pesetas para el artículo X y 51.200 pesetas para el artículo Y.

*d*) Cargas indirectas del taller: 369.600 pesetas, de las que 168.000 pesetas son fijas. Estos gastos del taller se reparten entre los costes de producción de los artículos X e Y, proporcionalmente al coste de la mano de obra afectada a cada artículo.

*e*) Precio de venta unitario: 30 pesetas para el artículo X y 40 pesetas para Y.

*f*) Gastos de distribución: son proporcionales al montante de las ventas de cada artículo y representan el 8 por 100 del volumen de ventas para el artículo X y el 7,5 por 100 del volumen de ventas para el artículo Y.

SE PIDE:

1. Contabilizar en el Diario de Contabilidad de Costes, el movimiento interno de valores, incorporando al proceso contable sólo los costes variables como costes del producto y dejando los costes fijos hasta el final, como costes del período.
2. Determinar el margen unitario sobre el coste variable para cada uno de los dos artículos y el porcentaje de este margen, respecto a su precio de venta.
3. Calcular el punto muerto o umbral de rentabilidad (mensual) del taller y expresar este umbral de rentabilidad en artículos a producir y vender. (Se recuerda que en el producto intervienen dos artículos de X por un artículo de Y.)
4. Calcular el margen de seguridad y el ratio B/V.

## SOLUCION CASO 28

### I. CONTABILIZACION EN EL DIARIO DE CONTABILIDAD DE COSTES

**Proceso contable**

| | | |
|---|---|---|
| **5. Determinación del coste de producción** | | |
| 5.1. *Costes directos variables* | | |
| Coste variable de producción de X | 172.800 | |
| Coste variable de producción de Y | 102.400 | |
| a Inventario permanente materia prima | | 140.800 |
| a Gastos y dotaciones reflejos (MOD) | | 134.400 |

5.2. *Costes indirectos variables*

| | | |
|---|---|---|
| Coste variable de producción de X | 124.800 | |
| Coste variable de producción de Y | 76.800 | |
| a Taller de camas | | 201.600 |

$$* \text{ Artículo X} = 201.600 \times \frac{83.200}{134.400} = 124.800$$

$$* \text{ Artículo Y} = 201.600 \times \frac{51.200}{134.400} = 76.800$$

x

**6. Entrada en almacén de productos terminados**

| | | |
|---|---|---|
| Inventario permanente artículo X | 297.600 | |
| Inventario permanente artículo Y | 179.200 | |
| a Coste variable de producción de X | | 297.600 |
| a Coste variable de producción de Y | | 179.200 |

x

**7. Determinación del coste final variable**

| | | |
|---|---|---|
| Coste final variable de X | 336.000 | |
| Coste final variable de Y | 203.200 | |
| a Inventario permanente artículo X | | 297.600 |
| a Inventario permanente artículo Y | | 179.200 |
| a Centro de distribución | | 62.400 |

x

**8. Determinación de los resultados analíticos**

a) *Registro del coste final*

| | | |
|---|---|---|
| Margen bruto artículo X | 336.000 | |
| Margen bruto artículo Y | 203.200 | |
| a Coste final variable de X | | 336.000 |
| a Coste final variable de Y | | 203.200 |

b) *Registro de las ventas*

| | | |
|---|---|---|
| Productos de explotación reflejos | 800.000 | |
| a Margen bruto artículo X | | 480.000 |
| a Margen bruto artículo Y | | 320.000 |

c) *Determinación del Margen neto o resultados de explotación*

| | | |
|---|---|---|
| Margen bruto artículo X | 144.000 | |
| Margen bruto artículo Y | 116.800 | |
| a Cargas indirectas fijas X | | 104.000 |
| a Cargas indirectas fijas Y | | 64.000 |
| a Margen neto de X | | 40.000 |
| a Margen neto de Y | | 52.800 |

——— x ———

## II. DETERMINAR EL MARGEN UNITARIO SOBRE EL COSTE VARIABLE Y EL PORCENTAJE DE ESE MARGEN RESPECTO AL PRECIO DE VENTA

* Para el artículo X:

— Margen bruto o margen sobre el coste variable = = 144.000 pesetas.

$$\text{luego } M/C_V \text{ de } X = \frac{144.000 \text{ pta.}}{16.000 \text{ u.}} = 9 \text{ pta./unidad}$$

— Porcentaje, respecto al precio de venta:

$$\frac{9}{30} \times 100 = 30\%$$

* Para el artículo Y:

— Margen bruto o margen sobre el coste variable = = 116.800 pesetas.

$$\text{luego } M/C_V \text{ de } Y = \frac{116.800 \text{ pta.}}{8.000 \text{ u.}} = 14,6 \text{ pta./unidad}$$

— Porcentaje, respecto al precio de venta:

$$\frac{14,6}{30} \times 100 = 36,5\%$$

## III. PUNTO MUERTO DEL TALLER

a) *A partir del margen sobre el coste variable*

Por hipótesis, las cargas variables son proporcionales al volumen de ventas o cifra de negocios, por lo que el margen sobre el coste variable es igualmente proporcional a la cifra de negocios o volumen de ventas.

| | | |
|---|---|---|
| 1. Cifra de ventas: | 800.000 | 100,0% |
| 2. Cargas variables (Coste final variable): | 539.200 | 67,4% |
| 3. Margen s/coste variable (Margen bruto) | 260.800 | 32,6% |
| 4. Cargas fijas: | 168.000 | 21,0% |
| 5. Resultado Margen neto: | 92.800 | 11,6% |

Si en el punto muerto el resultado es igual a cero, entonces, en ese punto el margen sobre el coste variable debe ser igual a los costes fijos.

De donde:

$$\text{P. M.} \cdot 0,326 = 168.000;$$

$$\frac{168.000}{0,326} = \text{punto muerto} = 515.337 \text{ pta.}$$

Como una combinación productiva contiene dos artículos de X y uno de Y, el precio de venta unitario de la cama será:

$$(2 \times 30) + 40 = 100 \text{ pta.}$$

Luego el punto muerto en unidades físicas del taller será:

$$\frac{515.337}{100} = 5.153 \text{ combinaciones productivas o camas,}$$

es decir, 5.153 artículos X y 10.306 artículos Y.

b) *A partir de la contribución unitaria*

Precio venta unitario: 100 pta./unid (800.000 pesetas: 8.000 unidad).

Coste variable unitario: 67,4 pta./unid. (539.200 pesetas: 8.000 unidad).

Contribución unitaria: 100 – 67,4 = 32,6 pta./unid.

Punto muerto en unidades

$$\frac{C_f}{p-a} = \frac{168.000}{32,6} = 5.153 \text{ camas}$$

Punto muerto en pesetas:

5.135 unid. × 100 pta./unid = 515.337 pta.

## IV. MARGEN DE SEGURIDAD Y RATIO B/V

— Margen de seguridad = volumen de ventas menos volumen de producción en el punto muerto = 800.000 – – 515.337 = 284.663 pesetas.

En unidades físicas, sería

8.000 – 5.153 = 2.847 camas.

— Ratio B/V = beneficio, menos volumen de ventas que supere al volumen de ventas correspondiente al punto muerto.

B = 800.000 – (0,674 × 800.000 – 168.000) = 92.800
V = 800.000 – 515.337 = 284.663 pta.

De donde:

$$\frac{92.800}{284.663} \times 100 = 32,60\%$$

Como puede apreciarse el ratio B/V es igual al *Margen neto*, que aparece en el Diario, dividido por el margen de seguridad.

El ratio B/V a partir de la contribución unitaria sería:

$$\frac{P-a}{P} = \frac{32,6}{100} \times 100 = 32,6\%$$

PARTE SEPTIMA

# El modelo de Direct Costing y la adopción de decisiones

## El Direct Costing Simplificado

CASO 29. **Estructura contable y proceso contable del Direct Costing Simplificado. Punto muerto. Margen de seguridad. Ratio B/V**

CASO 30. **Proceso contable del Direct Costing Simplificado con todas sus fases. Presentación de los inventarios**

CASO 31. **Dos productos y dos mercados. Cargas semivariables y plan de cuentas completo**

CASO 32. **Cuadros de costes finales e ingresos por mercados y productos. Cuadros de márgenes brutos por productos y mercados**

CASO 33. **Proceso continuo y unidades equivalentes en el Direct Costing**

CASO 34. **Recopilación del Direct Costing Simplificado**

**CASO 29**

Proceso técnico muy simple, un solo producto, para centrar la atención, tanto en la **estructura contable** (grupos de cuentas), como en el **proceso contable** (etapas del movimiento interno de valores) que se necesitan para seguir el **Direct Costing Simplificado**, dentro del modelo base que se viene siguiendo. Por tratarse de un solo producto se plantea el cálculo del **punto muerto, margen de seguridad y ratio B/V de la empresa**.

Una empresa industrial se dedica a la producción y venta de elementos E a partir de dos materias primas, X e Y.

En el Taller de fabricación se obtienen elementos A, a partir de la materia prima X. Posteriormente, en el Taller de montaje se obtienen los elementos E, formados con dos elementos A y una materia prima Y, que se ensamblan y se sueldan. Los elementos A terminados pasan directamente al Taller de montaje. Los elementos E terminados se almacenan en espera de su venta.

Para el análisis de esta empresa en un período determinado se dispone de la siguiente información:

*a*) Existencias iniciales: Materia prima X: 1.575.000 pesetas, materia prima Y: 1.395.000 pesetas No hay elementos A y E.
*b*) Compras del período: Materia prima X: 6.435.000 pesetas, materia prima Y: 5.193.000 pesetas.
*c*) Existencias finales: Materia prima X: 1.695.000 pesetas, materia prima Y: 1.668.000 pesetas. Elementos E terminados: 8.000 unidades. No hay elementos A terminados.
*d*) Ventas del período: 32.000 elementos E a 750 pesetas unidad.
*e*) Producción del período: 80.000 elementos A y 40.000 elementos E.
*f*) Mano de obra directa:

— Taller de fabricación: 8.000 horas a 277,50 pesetas la hora.
— Taller de montaje: 5.000 horas a 312 pesetas la hora.

*g*) Reparto de cargas indirectas:

— Taller de fabricación: 5.400.000 pesetas de las que 2.520.000 son fijas.
— Taller de montaje: 4.800.000 pesetas de las que 2.040.000 son fijas.

Las cargas de distribución de los elementos E (cargas variables únicamente) representan el 4 por 100 del precio de venta.

SE PIDE:

1. Contabilizar en el Diario de Contabilidad de Costes, según el método de los costes variables, el movimiento interno de valores del período.
2. Calcular el punto muerto, el margen de seguridad y el ratio B/V del elemento E.

## SOLUCION CASO 29

### 1. CONTABILIZAR EN EL DIARIO DE CONTABILIDAD DE COSTES SEGUN EL COSTE VARIABLE

Para resaltar mejor la estructura contable (grupos de cuentas) y el proceso contable (etapas del movimiento de valores), en este caso se han omitido los cálculos correspondientes a cada asiento, ya que éstos no ofrecen especial dificultad.

| | | |
|---|---|---|
| **1. Recibo de los stocks existentes** | | |
| Inventario permanente materia prima X ........ | 1.575.000 | |
| Inventario permanente materia prima Y ........ | 1.395.000 | |
| a Stock inicial reflejo ........ | | 2.970.000 |
| ——— x ——— | | |

**2. Recibo de las cargas con sus modalidades, reclasificación de las mismas y paso por los centros de actividad**

a) *Respecto a las compras*

| | | |
|---|---|---|
| Inventario permanente materia prima X | 6.435.000 | |
| Inventario permanente materia prima Y | 5.193.000 | |
| a Compras reflejas | | 11.628.000 |

b) *Respecto del resto de las cargas incorporables*

b.1) *Reclasificación de las cargas indirectas en fijas y variables*

| | | |
|---|---|---|
| Cargas indirectas fijas | 4.560.000 | |
| Cargas indirectas variables | 6.600.000 | |
| a Gastos y dotaciones reflejos | | 11.160.000 |

b.2) *Paso por los centros de las cargas indirectas variables*

| | | |
|---|---|---|
| Taller de fabricación | 2.880.000 | |
| Taller de montaje | 2.760.00 | |
| Centro de distribución | 960.000 | |
| a Cargas indirectas variables | | 6.600.000 |

x

**3. Determinación del coste de compra**

No procede realizar asiento, ya que no hay elementos indirectos de compras, que estarían recogidos en el correspondiente centro de compras.

x

**4. Entrada de las compras en almacén**

No procede realizar asiento, ya que fueron dadas de entrada en el momento 2.a anterior.

x

**5. Determinación del coste de producción**

5.1. *Coste variable de producción de A*

| | | |
|---|---|---|
| Coste variable de producción de A | 11.415.000 | |
| a Inventario permanente materia prima X | | 6.315.000 |
| a Gastos y dotaciones reflejos (MOD) | | 2.220.000 |
| a Taller de fabricación | | 2.880.000 |

5.2. *Coste variable de producción de E*

| | | |
|---|---|---|
| Coste variable de producción de E | 20.655.000 | |
| a Coste variable de producción de A | | 11.415.000 |
| a Inventario permanente materia prima Y | | 4.920.000 |
| a Gastos y dotaciones reflejos (MOD) | | 1.560.000 |
| a Taller de montaje | | 2.760.000 |

x

**6. Entrada en almacén de productos terminados**

| | | |
|---|---|---|
| Inventario permanente elementos E | 20.655.000 | |
| a Coste variable de producción de E | | 20.655.000 |

x

**7. Determinación del coste final de variable**

| | | |
|---|---|---|
| Coste final de variable de E (32.000 elementos) | 17.484.000 | |
| a Inventario permanente elementos E | | 16.524.000 |
| a Centro de distribución | | 960.000 |

x

**8. Determinación de los resultados de la Contabilidad de Costes**

**Primer conjunto**

a) *Registro del coste final*

| | | |
|---|---|---|
| Margen bruto de E | 17.484.000 | |
| a Coste final variable de E | | 17.484.000 |

b) *Registro de las ventas*

| | | |
|---|---|---|
| Productos de explotación reflejos | 24.000.000 | |
| a Margen bruto de E | | 24.000.000 |

c) *Determinación del Margen neto*

| | | |
|---|---|---|
| Margen bruto de E | 6.516.000 | |
| a Cargas indirectas fijas | | 4.560.000 |
| a Margen neto | | 1.956.000 |

d) *Determinación del resultado de la Contabilidad de Costes*

| | | |
|---|---|---|
| Margen neto | 1.956.000 | |
| a RESULTADOS DE LA CONTABILIDAD DE COSTES | | 1.956.000 |

x

**BALANCE ANALITICO**

| CUENTAS | SALDOS | |
|---|---|---|
| | Deudor | Acreedor |
| Stock inicial reflejo | | 2.970.000 |
| Compras reflejas | | 11.628.000 |
| Gastos y dotaciones reflejos | | 14.940.000 |
| Productos de explotación reflejos | 24.000.000 | |
| I. P. materia prima X | 1.695.000 | |
| I. P. materia prima Y | 1.668.000 | |
| I. P. elementos E | 4.131.000 | |
| RESULTADOS DE LA CONTABILIDAD DE COSTES | | 1.956.000 |
| TOTALES | 31.494.000 | 31.494.000 |

| | | |
|---|---|---|
| **9. Cierre de la Contabilidad de Costes** | | |
| Stock inicial reflejo | 2.970.000 | |
| Compras reflejas | 11.628.000 | |
| Gastos y dotaciones reflejos | 14.940.000 | |
| RESULTADOS DE LA CONTABILIDAD DE COSTES | 1.956.000 | |
| a Productos de explotación reflejos | | 24.000.000 |
| a I. P. materia prima X | | 1.695.000 |
| a I. P. materia prima Y | | 1.668.000 |
| a I. P. elementos E | | 4.131.000 |
| x | | |

## 2. CALCULAR EL PUNTO MUERTO, EL MARGEN DE SEGURIDAD Y EL RATIO B/V DEL ELEMENTO E

* *Punto muerto*

$$p = 750$$

$$a = \frac{17.484.000}{32.000} = 546{,}375$$

$$C_f = 4.560.000$$

$$PM = \frac{C_f}{p-a} = \frac{4.560.000}{750 - 546{,}375} = 22.394{,}10681 \text{ elementos E}$$

y 16.795.580 pta.

En este punto se cumple $\rightarrow I = C$, siendo $C = C_v + C_f$

$$I = 22.394{,}107 \text{ unid} \times 750 \text{ pta./unid} = 16.795.580 \text{ pta.}$$

$$C = 22.394{,}107 \text{ unid} \times 546{,}375 \text{ pta./unid} + 4.560.000 \text{ pta.} = 16.795.580 \text{ pta.}$$

* *Margen de seguridad*

Es el volumen de ventas, menos el volumen de producción correspondiente al punto muerto:

$$24.000.000 \text{ pts} - 16.795.580 \text{ pta.} = 7.204.420 \text{ pta. ó}$$

$$32.000 \text{ unid} - 22.394{,}107 \text{ unid} = 9.605{,}893 \text{ unid de } E$$

* *Ratio B/V*

Es igual al cociente entre el beneficio neto y el volumen de ventas que supera al volumen de ventas correspondiente al punto muerto.

$$B = I - (C_v + C_f)$$

$$B = 24.000.000 - (17.484.000 + 4.560.000) = 1.956.000 \text{ pta.}$$

$$V = 24.000.000 - 16.795.580 - 7.204.420 \text{ pta}$$

$$B/V = \frac{1.956.000}{7.204.420} \times 100 = 27{,}15\%$$

— Calculado a partir de la contribución unitaria:

$$B/V = \frac{p-a}{p} = \frac{750-546{,}375}{750} \times 100 = 27{,}15\%$$

— Y calculado a partir del Margen neto:

$$B/V = \frac{\text{Margen neto}}{\text{Margen de seguridad}} = \frac{1.956.000}{7.204.420} \times 100 = 27{,}15\%$$

**CASO 30**

Proceso técnico sencillo, con dos productos, al que se aplica el **proceso contable del Direct Costing Simplificado, con todas sus fases**: Reclasificación y las tres etapas de Resultados. Este caso se distingue por la **presentación de los inventarios**.

## I. ORGANIZACION TECNICO-ECONOMICA

La empresa VIDEOSA tiene por objeto la fabricación y venta de dos tipos de cintas de vídeo.

Los dos tipos de cinta de vídeo que fabrica son del tipo normal (N) y del tipo especial (E). Ambas tienen una idéntica duración (misma longitud de película), pero están hechas con elementos de material muy distinto. Estos elementos (conjunto incorporable CN, para las cintas de tipo N, y conjunto incorporable CE, para las de tipo E) son adquiridos a otras empresas, limitándose VIDEOSA a ensamblarlos y a montar las cintas de vídeo.

La empresa se halla dividida en los siguientes centros: Compras, Ensamblaje, Montaje y Distribución.

## II. DATOS COMUNES A LA CONTABILIDAD GENERAL Y A LA CONTABILIDAD DE COSTES

a) Las *existencias y los movimientos* de materiales y de productos terminados se muestran en el siguiente cuadro:

| Elementos / Existencias iniciales | Entradas (1) | Salidas | | Existencias finales |
|---|---|---|---|---|
| | | Empleadas | Diferencia inventario | |
| Conjunto incorporable CN: 290.000 unid × 15 pta. | 610.000 unid × 18 pta. | 700.000 unid | 35.000 unid | 165.000 unid |
| Conjunto incorporable CE: 80.000 unid × 150 pta. | 420.000 unid × 180 pta. | 300.000 unid | 10.000 unid | 190.000 unid |
| Película de vídeo: 500 km × 27 pta. | 10.000 km × 30 pta. | 10.000 km | — | 500 km |
| Materiales auxiliares: 67.500 pta. | 900.000 pta. | 800.000 pta. | — | a determinar |
| Cintas vídeo N: 40.000 unid × 15 pta. | 700.000 unid | 710.000 unid | — | 30.000 unid |
| Cintas vídeo E: 10.000 unid × 165 pta. | 300.000 unid | 290.000 unid | — | 20.000 unid |

(1) En los datos de las compras no se incluye el coste indirecto del centro de compras.

Conviene advertir, además, que:

— Se sigue el método LIFO para la valoración de existencias (a estos efectos, se considerará que primero salen los materiales empleados).

— Todas las cintas de vídeo se montan con 10 metros de película.

— Los productos terminados quedan valorados a su coste.

b) *Gastos y dotaciones del período*

| | | |
|---|---|---|
| — Servicios exteriores | | 9.150.000 |
| — Transportes | | 2.120.000 |
| — Tributos | | 600.000 |
| — Gastos de personal: | | |
| MOI | 8.150.000 | |
| MOD | 10.250.000 | |
| | | 18.400.000 |
| — Otros gastos de gestión | | 1.120.000 |
| — Gastos financieros | | 720.000 |
| — Dotación amortización | | 2.310.000 |
| — Dotación provisiones | | 430.000 |

c) *Ingresos por ventas*

| | |
|---|---|
| — Cintas de vídeo N | 40.000.000 |
| — Cintas de vídeo E | 60.000.000 |

d) En una *actividad ajena a la explotación* se han tenido unos ingresos de 2.950.000 pesetas, con unos costes de 1.210.000 pesetas.

## III. DATOS DE FABRICACION

a) El *movimiento de materiales y productos terminados* aparece recogido en el cuadro anterior (apartado II. a).

b) La *clasificación* de las cargas por naturaleza en cargas indirectas por centros y su *reclasificación en fijas y variables,* que se hace a nivel de centros, se recoge en el siguiente cuadro:

| Cargas indirectas | Totales | Compras | Ensamblaje | Montaje | Distribución |
|---|---|---|---|---|---|
| Total | 26.750.000 | 1.571.700 | 10.327.100 | 8.901.200 | 5.950.000 |
| Unidad de obra | — | Valor compras en miles de pta. | Cintas ensambladas | Cintas montadas | Valor ventas en miles de pta. |
| Cargas fijas<br>Cargas variables | 7.408.300<br>19.341.700 | 255.000<br>1.316.700 | 2.827.100<br>7.500.000 | 3.651.200<br>5.250.000 | 675.000<br>5.275.000 |

— Este total de cargas indirectas recoge 850.000 pesetas de Materias auxiliares.

— En la Contabilidad General, se han incluido entre los tributos 150.000 pesetas que corresponden a un impuesto que no se considera carga incorporable por la Contabilidad de Costes.

— En cambio, la Contabilidad de Costes ha calculado una remuneración de capital propio, que asciende a 2.500.000 pesetas.

c) *Afectación de MOD*: se han trabajado 5.000 h/h: 2.800 h/h para las cintas de vídeo N y el resto para las cintas E.

SE PIDE:

Registrar el movimiento interno de valores por el *método simplificado del coste variable.*

## SOLUCION CASO 30

| | | |
|---|---|---|
| **1. Recibo de los stocks existentes** | | |
| I. P. conjunto incorporable CN ........ | 4.350.000 | |
| I. P. conjunto incorporable CE ........ | 12.000.000 | |
| I. P. película de vídeo ........ | 13.500 | |
| I. P. materias auxiliares ........ | 67.500 | |
| I. P. cintas vídeo N ........ | 600.000 | |
| I. P. cintas vídeo E ........ | 1.650.000 | |
| a Stock inicial reflejo ........ | | 18.681.000 |
| ——— x ——— | | |
| **2. Recibo de las cargas con sus modalidades, reclasificación de las mismas y paso por los centros** | | |
| a) *Respecto de las compras* | | |
| Coste compra conjunto incorporable CN ........ | 10.980.000 | |
| Coste compra conjunto incorporable CE ........ | 75.600.000 | |
| Coste compra película vídeo ........ | 300.000 | |
| Coste compra materias auxiliares ........ | 900.000 | |
| a Compras reflejas ........ | | 87.780.000 |
| ——— ——— | | |
| b) *Respecto a las cargas incorporables indirectas* | | |

| I. P. MATERIAS AUXILIARES | | | | |
|---|---|---|---|---|
| Exist. inic.: | | 67.500 | Consumos: (s/enunciado) | 800.000 |
| Compras: compra: | 900.000 | | Exis. final.: | 181.000 |
| + costes centro compras: | 13.500 | 913.500 | | |
| | | 981.000 | | 981.000 |

b.1. *Reclasificación en fijas y variables*

| | | |
|---|---|---|
| Cargas indirectas fijas | 7.408.300 | |
| Cargas indirectas variables | 19.341.700 | |
| Cargas no incorporables | 150.000 | |
| a I. P. materias auxiliares | | 800.000 |
| a Elementos supletorios incorporados | | 2.500.000 |
| a Gastos y dotaciones reflejos | | 23.600.000 |

b.2. *Paso por los centros de las cargas indirectas variables*

| | | |
|---|---|---|
| Centro de compras | 1.316.700 | |
| Centro de ensamblaje | 7.500.000 | |
| Centro de montaje | 5.250.000 | |
| Centro de distribución | 5.275.000 | |
| a Cargas indirectas variables | | 19.341.700 |

x

## 3. Determinación del coste de compras

| | | |
|---|---|---|
| Coste compra conjunto incorporable CN | 164.700 | |
| Coste compra conjunto incorporable CE | 1.134.000 | |
| Coste compra película de vídeo | 4.500 | |
| Coste compra materias auxiliares | 13.500 | |
| a Centro de compras | | 1.316.700 |

* Imputación costes del centro de compras

Costes variables centro compras: 1.316.700 pta.
Unidad de obra: miles de pesetas compras
Número unidades de obra: 87.780 u.o.

$$\text{Coste unitario u.o.} = \frac{1.316.700}{87.780} = 15 \text{ pta./u.o.}$$

Imputación

| | | | | |
|---|---|---|---|---|
| — Conjunto incorporable CN: | 10.980 u.o. × 15 pta./u.o. | = | 164.700 | |
| — Conjunto incorporable CE: | 75.600 u.o. × 15 pta./u.o. | = | 1.134.000 | |
| — Película vídeo: | 300 u.o. × 15 pta./u.o. | = | 4.500 | |
| — Materias auxiliares: | 900 u.o. × 15 pta./u.o. | = | 13.500 | |
| Total | | | 1.315.700 | |

x

**4. Entrada de las compras en almacén**

| | | |
|---|---|---|
| I. P. conjunto incorporable CN | 11.144.700 | |
| I. P. conjunto incorporable CE | 76.734.000 | |
| I. P. película de vídeo | 304.500 | |
| I. P. materias auxiliares | 913.500 | |
| a Coste compra conjunto incorporable CN | | 11.144.700 |
| a Coste compra conjunto incorporable CE | | 76.734.000 |
| a Coste compra película vídeo | | 304.500 |
| a Coste compra materias auxiliares | | 913.500 |

x

**5. Determinación del coste de producción**

| | | |
|---|---|---|
| Coste producción cintas vídeo N | 27.372.850 | |
| Coste producción cintas vídeo E | 63.236.350 | |
| Diferencia inventario conjunto incorporable CN | 525.000 | |
| Diferencia inventario conjunto incorporable CE | 1.827.000 | |
| a I. P. conjunto incorporable CN | | 13.019.700 |
| a I. P. conjunto incorporable CE | | 56.637.000 |
| a I. P. película de vídeo | | 304.500 |
| a Gastos y dotaciones reflejos (MOD) | | 10.250.000 |
| a Centro ensamblaje | | 7.500.000 |
| a Centro montaje | | 5.250.000 |

x

**I. P. CONJUNTO INCORPORABLE CN (LIFO)**

| Debe | | Haber | |
|---|---|---|---|
| Exist. inic.: 290.000 unid × 15,00 pta./unid | = 4.350.000 | Consumo: 610.000 unid × 18,27 pta./unid + + 90.000 unid × 15,00 pta./unid | = 12.494.700 |
| Compras: 610.000 unid × 18,27 pta./unid | = 11.144.000 | Dif. invent.: 35.000 unid × 15,00 pta./unid | = 525.000 |
| | | Exis. final.: 165.000 unid × 15,00 pta./unid | = 2.475.000 |
| 900.000 | 15.494.700 | 900.000 | 15.494.700 |

| I. P. CONJUNTO INCORPORABLE CE | (LIFO) |
|---|---|
| Exist. inic.: 80.000 unid × 150,0 pta./unid = 12.000.000 | Consumo: 300.000 unid × 182,7 pta./unid = 54.810.000 |
| Compras: 420.000 unid × 182,7 pta./unid = 76.734.000 | Dif. invent.: 10.000 unid × 182,7 pta./unid = 1.827.000 |
| | Exis. final.: 110.000 unid × 182,7 pta./unid + |
| | + 80.000 unid × 150,0 pta./unid = 32.097.000 |
| 500.000 88.734.000 | 500.000 88.734.000 |

| I. P. PELICULA VIDEO | (LIFO) |
|---|---|
| Exist. inic.: 500 km × 27,00 pta./km = 13.500 | Consumo: 10.000 km × 30,45 pta./km = 304.500 |
| Compras: 10.000 km × 30,45 pta./km = 304.500 | Exis. final.: 500 km × 27,00 pta./km = 13.500 |
| 10.500 318.000 | 10.500 318.000 |

## CUADRO DE DETERMINACION DEL COSTE DE PRODUCCION

| | Total | Cintas vídeo N | Cintas vídeo E |
|---|---|---|---|
| I. P. conjunto incorporable CN | 610.000 unid × 18,27 pta./unid = = 12.494.700 | 12.494.700 | — |
| I. P. conjunto incorporable CE | 300.000 unid × 18,27 pta./unid = = 54.810.000 | — | 54.810.000 |
| I. P. película vídeo 10 m/cinta = 0,01 km/cinta | 10.000 km × 30,45 pta./km = = 304.500 | (700.000 cint × 0,01 km) × 30,45 pta. = 213.150 | (300.000 cint × 0,01 km) × 30,45 pta. = 91.350 |
| Gastos y dotaciones reflejos MOD | 5.000 h/h × 2.050 pta./h.h. = = 10.250.000 | 2.800 h/h × 2.050 pta./h.h. = = 5.740.000 | 2.200 h/h × 2.050 pta./h.h. = 4.510.000 |
| Centro ensamblaje u.o. = cintas ensambladas | 1.000.000 u.o. × 7,5 pta./u.o. = = 7.500.000 | 700.000 u.o. × 7,5 pta./u.o. = = 5.250.000 | 300.000 u.o. × 7,5 pta./u.o. = = 2.250.000 |
| Centro montaje u.o. = cintas montadas | 1.000.000 u.o. × 5,25 pta./u.o. = = 5.250.000 | 700.000 u.o. × 5,25 pta./u.o. = = 3.675.000 | 300.000 u.o. × 5,25 pta./u.o. = = 1.575.000 |
| Coste total | 90.609.200 | 27.372.850 | 63.236.350 |
| Unidades producidas | | 700.000 unid | 300.000 unid |
| Coste final unitario | | 39,10 pta./unid | 210,79 pta./unid |

### 6. Entrada en almacén de productos terminados

| | | |
|---|---|---|
| I. P. cintas vídeo N | 27.372.850 | |
| I. P. cintas vídeo E | 63.236.350 | |
| a Coste producción cintas vídeo N | | 27.372.850 |
| a Coste producción cintas vídeo E | | 63.236.350 |

——— x ———

**7. Determinación del coste final variable**

| | | |
|---|---|---|
| Coste final variable cintas N | 29.632.850 | |
| Coste final variable cintas E | 64.293.472 | |
| a I. P. cintas vídeo N | | 27.522.850 |
| a I. P. cintas vídeo E | | 61.128.472 |
| a Centro distribución | | 5.275.000 |

——— x ———

**I. P. CINTAS VIDEO N (LIFO)**

| Debe | | Haber | |
|---|---|---|---|
| Exist. inic.: 40.000 unid × 15,00 pta./unid = | 600.000 | Ventas: 700.000 unid × 39,10 pta./unid + + 10.000 unid × 15,00 pta./unid = | 27.522.850 |
| Fabric.: 700.000 unid × 39,10 pta./unid = | 27.372.850 | Exis. final.: 30.000 unid × 15,00 pta./unid = | 450.000 |
| 740.000 | 27.972.850 | 740.000 | 27.972.850 |

**I. P. CINTAS VIDEO E (LIFO)**

| Debe | | Haber | |
|---|---|---|---|
| Exist. inic.: 10.000 unid × 165,00 pta./unid = | 1.650.000 | Ventas: 290.000 unid × 210,79 pta./unid = | 61.128.472 |
| Fabric.: 300.000 unid × 210,79 pta./unid = | 63.236.350 | Exis. final.: 10.000 unid × 210,79 pta./unid + 10.000 unid × 165,00 pta./unid = | 3.757.878 |
| 310.000 | 64.886.350 | 310.000 | 64.886.350 |

* Imputación costes centro distribución

Costes variables centro distribución: 5.275.000 pta.
Unidad de obra: miles de pesetas vendidas
Número unidades de obra: 100.000 u.o.

$$\text{Coste unitario u.o.} = \frac{5.275.000}{100.000} = 52,75 \text{ pta./u.o.}$$

Imputación

— Cintas vídeo N: 40.000 u.o. × 52,75 pta./u.o. = 2.110.000
— Cintas vídeo E: 60.000 u.o. × 52,75 pta./u.o. = 3.165.000

Total ........ 5.275.000

**8. Determinación de los resultados de la Contabilidad de Costes**

**Primer conjunto**

a) *Registro de los costes*

| | | |
|---|---|---|
| Margen bruto cintas vídeo N | 29.632.850 | |
| Margen bruto cintas vídeo E | 64.293.472 | |
| a Coste final variable cintas vídeo N | | 29.632.850 |
| a Coste final variable cintas vídeo E | | 64.293.472 |

b) *Registro de las ventas*

| | | |
|---|---|---|
| Productos explotación reflejos | 100.000.000 | |
| a Margen bruto cintas vídeo N | | 40.000.000 |
| a Margen bruto cintas vídeo E | | 60.000.000 |

c) *Reagrupación de márgenes brutos*

| | | |
|---|---|---|
| Margen bruto cintas vídeo N | 10.367.150 | |
| a Margen bruto cintas vídeo E | | 4.293.472 |
| a Margen bruto explotación | | 6.073.678 |

d) *Determinación Margen neto*

| | | |
|---|---|---|
| Margen bruto explotación | 6.073.678 | |
| Margen neto | 1.334.622 | |
| a Cargas indirectas fijas | | 7.408.300 |

**Segundo conjunto**

*Agregación de todas las cuentas de diferencias de incorporación*

| | | |
|---|---|---|
| Elementos supletorios incorporados | 2.500.000 | |
| Saldo cuentas diferencias incorporación | 2.000 | |
| a Cargas no incorporables | | 150.000 |
| a Diferencia inventario conjunto incorporado CN | | 525.000 |
| a Diferencia inventario conjunto incorporado CE | | 1.827.000 |

**Tercer conjunto**

*Entrada de los resultados ajenos a la explotación*

| | | |
|---|---|---|
| Resultados reflejos ajenos a la explotación | 1.740.000 | |
| a Saldo sobre pérdidas y ganancias | | 1.740.000 |

| | |
|---|---|
| * Ingresos actividad ajena: | 2.950.000 |
| Costes actividad ajena: | 1.210.000 |
| Beneficios | 1.740.000 |

| | | |
|---|---|---|
| Agrupación cuentas de resultados | | |
| Saldo sobre pérdidas y ganancias | 1.740.000 | |
| a Margen neto | | 1.334.622 |
| a Saldo cuentas diferencias incorporación | | 2.000 |
| a RESULTADOS DE LA CONTABILIDAD DE COSTES | | 403.378 |
| x | | |

**BALANCE DE COMPROBACION**

| CUENTAS | DEBE | HABER |
|---|---|---|
| I. P. conjunto incorporable CN | 2.475.000 | |
| I. P. conjunto incorporable CE | 32.097.000 | |
| I. P. película de vídeo | 13.500 | |
| I. P. materias auxiliares | 181.000 | |
| I. P. cintas vídeo N | 450.000 | |
| I. P. cintas vídeo E | 3.757.878 | |
| Stock inicial reflejo | | 18.681.000 |
| Compras reflejas | | 87.780.000 |
| Gastos y dotaciones reflejos | | 33.850.000 |
| Productos explotación reflejos | 100.000.000 | |
| Resultados reflejos ajenos explotación | 1.740.000 | |
| RESULTADOS DE LA CONTABILIDAD DE COSTES | | 403.378 |
| TOTALES | 140.714.378 | 140.714.378 |

## CASO 31

Proceso técnico más complicado: con **dos productos y dos mercados**. Con **cargas semivariables**, y teniendo la empresa un **plan de cuentas completo** que sigue el Direct Costing.

## I. ORGANIZACION TECNICO-ECONOMICA

Una empresa industrial, dedicada a la fabricación de jabones, produce los siguientes tipos de productos:

— Producto A: jabón en escamas.
— Producto B: jabón en pastillas.

En la fabricación de dichos productos se utilizan las materias primas X (grasas vegetales) y las materias primas Y (sosa cáustica).

En la elaboración de los productos se utilizan también algunos materiales diversos (ácido sulfúrico, colorantes, etc.).

La primera fase del proceso consiste en mezclar las materias primas. En una segunda fase, se introduce la mezcla así obtenida en moldes preparados al efecto.

La tercera fase es independiente para ambos tipos de productos: las escamas de jabón se obtienen mediante la operación de laminar los bloques salidos de los moldes, mientras que las pastillas se obtienen mediante las operaciones de cortar y troquelar los bloques.

Al final del proceso se envasan las escamas en bolsas de plástico de 1 kg (producto A), y las pastillas en cajas de cartón de 10 unidades (producto B).

Respecto a su organización económica, la empresa se ha dividido en los siguientes centros de actividad, los cuales permiten un control sobre los costes variables indirectos:

— Centro de administración.
— Centro de servicios generales.
— Centro de aprovisionamiento.
— Centro de mezclado.
— Centro de moldeado.
— Centro de laminado.
— Centro de corte y troquelado.
— Centro de envasado y embalaje.
— Centro de distribución.

## II. ORGANIZACION CONTABLE

La empresa tiene un modelo contable que en su parte analítica está basado en el método de los «costes variables». Así pues, el plan de cuentas analítico es el siguiente:

90. CUENTAS REFLEJAS

    903. Stock inicial reflejo.
    905. Compras reflejas.
    906. Gastos y dotaciones reflejos.
    907. Productos de explotación reflejos.

91. CUENTAS DE RECLASIFICACION DE CARGAS INDIRECTAS

    910 Cargas indirectas (al producto) fijas.
    911 Cargas indirectas (al producto) variables.

92. CUENTAS DE CARGAS VARIABLES INDIRECTAS POR CENTROS

    920. Centro de administración.
    921. Centro de servicios generales.
    923. Centro de aprovisionamiento.
    924. Centro de producción.
        9240. Centro de mezclado.
        9241. Centro de moldeado.
        9242. Centro de laminado.
        9243. Centro de corte y troquelado.
        9244. Centro de envasado y embalaje.
    927. Centro de distribución.

93. CUENTAS DE COSTES DE PRODUCCION Y COSTES FINALES

    9310. Coste de compras de materia prima X.
    9311. Coste de compras de materia prima Y.
    9340. Coste de producción A.
    9341. Coste de producción B.
    9370. Coste final variable de A.
    9371. Coste final variable de B.

94 CUENTAS DE INVENTARIO PERMANENTE

    9410. Inv. perm. producto terminado A.
    9411. Inv. perm. producto terminado B.
    9450. Inv. perm. materias primas X.
    9451. Inv. perm. materias primas Y.
    9455. Inv. perm. materiales diversos.

97. CUENTAS DE DIFERENCIAS DE INCORPORACION

    971. Cargas no incorporables.
    972. Elementos supletorios incorporados.

98. RESULTADOS DE LA CONTABILIDAD DE COSTES

    980. Margen bruto de explotación.
        9800. Margen bruto producto A.
            98000. Margen bruto producto A en el mercado 1.
            98001. Margen bruto producto A en el mercado 2.

9801. Margen bruto producto B.
98010. Margen bruto producto B en el mercado 1.
98011. Margen bruto producto B en el mercado 2.
981 Margen neto o resultado de explotación analítico.
987. Saldo de las cuentas de diferencias de incorporación.
988. Saldo sobre pérdidas y ganancias.

## III. DATOS COMUNES DE LA CONTABILIDAD GENERAL Y LA CONTABILIDAD DE COSTES

Los datos constituyen la situación de partida de la Contabilidad de Costes son los siguientes:

a) *Existencias iniciales*

— 600 kg de materia prima X, a 8 pta. .......... 4.800
— 40 kg de materia prima Y, a 50 pta. .......... 2.000

b) *Compras*

— 6.000 kg de materia prima X, a 10 pta. ..... 60.000
— 120 kg de materia prima Y, a 50 pta. ........ 6.000
— Materiales diversos .................................. 12.340

c) *Gastos por naturaleza*

— Servicios exteriores ...................................... 4.100
— Transportes ..................................................... 4.400
— Sueldos y salarios ......................................... 67.000
— Seguros sociales a cargo de la empresa . 13.000
— Dotaciones para amortizaciones ............... 74.500

d) *Ventas*

Mercado 1:
— Producto A: 2.000 bolsas a 38 pta. ............ 76.000
— Producto B: 500 bolsas a 160 pta. ............. 80.000

Mercado 2:
— Producto A: 2.500 bolsas a 42 pta. ........... 105.000
— Producto B: 300 cajas a 140 pta. .............. 42.000

## IV. INFORMACION ADICIONAL PARA RECLASIFICAR LAS CARGAS

a) *Servicios exteriores*

Se consideran cargas variables en su totalidad.

b) *Transportes*

Se consideran cargas variables en su totalidad.

c) *Gastos de personal*

Se descomponen como sigue:

— Sueldos y salarios:
— MOI (íntegramente fija) ......................... 27.000
— MOD (íntegramente variable) .............. 40.000

— Seguros sociales a cargo de la empresa:
— MOI (íntegramente fija) ......................... 3.000
— MOD (íntegramente variable) .............. 10.000

d) *Dotaciones para amortizaciones*

Se consideran cargas fijas en su totalidad.

e) *Materias primas*

Son cargas directas y variables en su totalidad.

f) *Materiales diversos*

Para determinar la parte fija y la variable de los consumos de materiales diversos se dispone de la siguiente información referida al ejercicio anterior:

| | Producción (kg) | Costes por materiales auxiliares (pta.) |
|---|---|---|
| Enero | 6.000 | 10.000 |
| Febrero | 6.200 | 10.300 |
| Marzo | 6.800 | 11.200 |
| Abril | 7.000 | 11.500 |
| Mayo | 6.900 | 11.350 |
| Junio | 7.300 | 11.950 |
| Julio | 7.500 | 12.250 |
| Agosto | 7.100 | 11.650 |
| Septiembre | 6.800 | 11.200 |
| Octubre | 7.700 | 12.550 |
| Noviembre | 7.400 | 12.100 |
| Diciembre | 7.900 | 12.850 |

g) *Cargas supletorias*

Los intereses del capital propio se consideran cargas fijas en su totalidad.

## V. DATOS DE FABRICACION

a) *Fabricación del período*

Se han producido 7.500 kg de jabón que se distribuyen de la siguiente forma:

— 5.000 kg de jabón en escamas.
— 1.000 cajas de jabón en pastillas.

b) *Consumos de materias primas*

Se consumieron todas las materias primas Y, mientras que de las materias primas X se han consumido 6.500 kg (LIFO).

El coste por consumo de materias primas se reparte a los productos de la forma siguiente:

| | Producto A (porcentaje) | Producto B (porcentaje) |
|---|---|---|
| Materia prima X | 80 | 20 |
| Materia prima Y | 75 | 25 |

c) *Consumos de materiales diversos*

Se consumieron todos los materiales comprados.

d) *MOD*

El trabajo directo aplicado a los productos tuvo un coste de 50 pesetas la hora/hombre, de las que 10 pesetas corresponden a seguros sociales a cargo de la empresa.

El tiempo trabajado en la elaboración de cada producto ha sido:

| | |
|---|---|
| — Producto A | 800 h/h |
| — Producto B | 200 h/h |

e) *Existencias finales de producción en curso*

Al final del período no hay productos en curso de fabricación.

f) *Reparto cargas variables indirectas*

*El reparto primario* de las cargas variables entre los centros se efectúa como sigue:

**Servicios exteriores**

| | |
|---|---|
| a Centro de administración | 600 |
| a Centro de servicios generales | 2.800 |
| a Centro de aprovisionamiento | 100 |
| a Centro de mezclado | 130 |
| a Centro de moldeado | 80 |
| a Centro de laminado | 40 |
| a Centro de corte y troquelado | 60 |
| a Centro de envasado y embalaje | 30 |
| a Centro de distribución | el resto |

**Transportes**

| | |
|---|---|
| a Centro de administración | 800 |
| a Centro de servicios generales | 400 |
| a Centro de aprovisionamiento | 2.000 |
| a Centro de mezclado | 100 |
| a Centro de moldeado | 50 |
| a Centro de distribución | el resto |

**Materiales diversos**

| | |
|---|---|
| a Centro de moldeado | 6.340 |
| a Centro de envasado y embalaje | el resto |

En cuanto al *subreparto* se efectúa como sigue:

**Centro de administración**

| | |
|---|---|
| a Centro de servicios generales | 20% |
| a Centro de aprovisionamiento | 20% |
| a Centro de distribución | 60% |

**Centro de servicios generales**

| | |
|---|---|
| a Centro de aprovisionamiento | 68 |
| a Centro de mezclado | 90 |
| a Centro de moldeado | 20 |
| a Centro de laminado | 237 |
| a Centro de corte y troquelado | 200 |
| a Centro de envasado y embalaje | 470 |
| a Centro de distribución | 2.395 |

g) *Imputación de los costes de los centros*

Los costes de los centros se imputan en base a las unidades de obra respectivas, según se indica a continuación:

- — Centro de aprovisionamiento: kg de materias primas compradas.
- — Centro de mezclado: kg de materias primas consumidas.
- — Centro de moldeado: hora/máquina.
- — Centro de envasado y embalaje: unidades envasadas, sabiendo que cinco cajas de cartón equivalen a una bolsa de plástico.
- — Centro de distribución: pesetas vendidas.

En los Centros de laminado y de corte y troquelado no es preciso especificar la unidad de obra ya que cada uno de ellos está dedicado a la fabricación de un solo tipo de producto.

Por lo que se refiere al Centro de moldeado, trabajó 500 horas/máquina, de las que 380 h/m. son para el producto A y 120 para el producto B.

## VI. DATOS A TENER EN CUENTA RESPECTO A LAS DIFERENCIAS DE INCORPORACION

a) La dotación para amortizaciones incluye 500 pesetas correspondientes a gastos de constitución.

b) Se han incorporado como costes los intereses del capital propio por importe de 1.200 pesetas.

SE PIDE:

Realizar las anotaciones contables que procedan para determinar:

- — El coste de producción de los productos A y B.
- — El coste final de los mismos.
- — El margen bruto de cada uno de los productos en cada uno de los mercados.
- — El margen bruto total de cada producto.
- — El margen bruto de la explotación.
- — El margen neto de la explotación analítica.

## SOLUCION CASO 31

### 1. ORGANIGRAMA

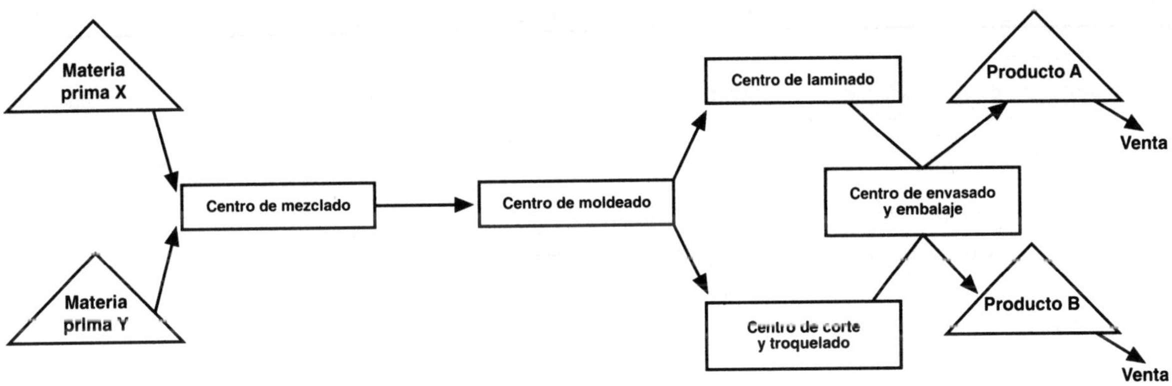


### 2. SEPARACION DE COSTES FIJOS Y COSTES VARIABLES EN MATERIALES DIVERSOS

Utilizando el «Método de los valores extremos», y tomando los meses de enero y diciembre, tendremos:

$C_f + 6.000\ c_v = 10.000 \quad c_v = 1,50$

$C_f + 7.900\ c_v = 12.850 \quad c_f = 1.000$

Como el consumo de materiales diversos* es 12.340 pesetas, se descompone en:

- — Componente fijo = 1.000
- — Componente variable = 12.340 –1.000 = 11.340

* S/enunciado Datos de fabricación, punto C, se consumieron todos los materiales diversos comprados.

### 3. SEPARACION DE LAS CARGAS INDIRECTAS EN FIJAS Y VARIABLES

| Conceptos | Total | Cargas variables | Cargas fijas |
|---|---|---|---|
| Servicios exteriores | 4.100 | 4.100 | — |
| Transportes | 4.400 | 4.400 | — |
| MOI | 27.000 | — | 27.000 |
| Seguros sociales | 3.000 | — | 3.000 |
| Dotación amortización (1) | 74.000 | — | 74.000 |
| Materiales diversos | 12.340 | 11.340 | 1.000 |
| Interés capital propio | 1.200 | — | 1.200 |
| | 126.040 | 19.840 | 106.200 |

(1) De las 74.500 pesetas de Dotación amortización, 500 pesetas, no son incorporables por ser Amortización de gastos de constitución.

### Cuadro de reparto de los costes indirectos variables

| Concepto | Total | Administración | Servicios generales | Aprovisionamiento | Mezclado | Moldeado | Laminado | Corte y troquelado | Envasado y embalaje | Distribución |
|---|---|---|---|---|---|---|---|---|---|---|
| Servicios exteriores | 4.100 | 600 | 2.800 | 100 | 130 | 80 | 40 | 60 | 30 | 260 |
| Transportes | 4.400 | 800 | 400 | 2.000 | 100 | 50 | — | — | — | 1.050 |
| Materiales diversos | 11.340 | — | — | — | 6.340 | — | — | — | 5.000 | — |
| Total reparto primario | 19.840 | 1.400 | 3.200 | 2.100 | 6.570 | 130 | 40 | 60 | 5.030 | 1.310 |
| Centro administración | | (1.400) | 280 | 280 | — | — | — | — | — | 840 |
| Centro servicios generales | | — | (3.480) | 68 | 90 | 20 | 237 | 200 | 470 | 2.385 |
| **Total** | **19.840** | **—** | **—** | **2.448** | **6.660** | **150** | **277** | **260** | **5.500** | **4.545** |
| Unidad de obra | | | | kg mat. pr. compr. | kg mat. pr. consum. | h/m | — | — | Und. envas. | Pta. vendidas |
| Número unidades de obra | | | | 6.120 kg | (1) 6.660 kg | 500 h/m | — | — | (2) 5.200 u. eq. | 303.000 |
| Coste unidad de obra | | | | 0,40 | 1 | 0,3 | — | — | 1,0577 | 0,015 |

(1) S/enunciado, Datos de fabricación, punto b: se consumieron todas las materias primas Y ($E_i$: 40 kg + Compras: 120) = 160 kg) y de materias primas X: 6.500 kg. Luego el total de kilogramos materias primas consumidas: 160 + 6.500 = 6.660 kg.

(2) S/enunciado, Datos de fabricación, punto h: ... «cinco cajas de cartón equivalen a una bolsa de plástico». Se han fabricado: (s/Datos fabricación punto a):

— 5.000 kg de jabón en escamas (1 bolsa = 1 kg) ⇒ 5.000 unid. equiv.

— 1.000 cajas de jabón en pastillas ⇒ 200 unid. equiv. $= \frac{1.000}{5}$

Total .......... 5.200 unid. equiv.

## 4. PROCESO CONTABLE

| | | | | |
|---|---|---|---|---|
| | | **1. Recibo de los stocks existentes** | | |
| 9450 | | I. P. materias primas X | 4.800 | |
| 9451 | | I. P. materias primas Y | 2.000 | |
| | 903 | a Stock inicial reflejo | | 6.800 |
| | | ———— x ———— | | |
| | | **2. Recibo de las cargas con sus modalidades, reclasificación de las mismas y paso por los centros** | | |
| | | a) *Respecto de las compras* | | |
| 9310 | | Coste compra materia prima X | 60.000 | |
| 9311 | | Coste compra materia prima Y | 6.000 | |
| 9455 | | I. P. materiales diversos | 12.340 | |
| | 905 | a Compras reflejas | | 78.340 |

| | | | | |
|---|---|---|---|---|
| | | b) *Respecto de las cargas incorporables indirectas* | | |
| | | b.1. Reclasificación de las cargas indirectas en fijas y variables | | |
| 910 | | Cargas indirectas fijas | 106.200 | |
| 911 | | Cargas indirectas variables | 19.840 | |
| 971 | | Cargas no incorporables | 500 | |
| | 906 | a Gastos y dotaciones reflejos | | 113.000 |
| | 9455 | a I. P. materiales diversos | | 12.340 |
| | 972 | a Elementos supletorios incorporados | | 1.200 |
| | | ——————— ——————— | | |
| | | b.2. Paso por los centros de las cargas indirectas variables | | |
| 920 | | Centro de administración | 1.400 | |
| 921 | | Centro de servicios generales | 3.200 | |
| 923 | | Centro de aprovisionamiento | 2.100 | |
| 9240 | | Centro de mezclado | 6.570 | |
| 9241 | | Centro de moldeado | 130 | |
| 9242 | | Centro de laminado | 40 | |
| 9243 | | Centro de corte y troquelado | 60 | |
| 9244 | | Centro de envasado y embalaje | 5.030 | |
| 927 | | Centro de distribución | 1.310 | |
| | 911 | a Cargas indirectas variables | | 19.840 |
| | | ——————— ——————— | | |
| | | b.3. Cesión de costes entre centros (subreparto) | | |
| 921 | | Centro de servicios generales | 280 | |
| 923 | | Centro de aprovisionamiento | 348 | |
| 9240 | | Centro de mezclado | 90 | |
| 9241 | | Centro de moldeado | 20 | |
| 9242 | | Centro de laminado | 237 | |
| 9243 | | Centro de corte y troquelado | 200 | |
| 9244 | | Centro de envasado y embalaje | 470 | |
| 927 | | Centro de distribución | 3.235 | |
| | 920 | a Centro de administración | | 1.400 |
| | 921 | a Centro de servicios generales | | 3.480 |
| | | ——————— x ——————— | | |
| | | **3. Determinación del coste de compras** | | |
| 9310 | | Coste compra materia prima X | 2.400 | |
| 9311 | | Coste compra materia prima Y | 48 | |
| | 923 | a Centro de aprovisionamiento | | 2.448 |
| | | Costes centro aprovisionamiento: 2.448 pesetas<br>Unidad obra centro: kg materia prima comprada<br>Número unidades obra: 6.120 kg | | |
| | | Coste unitario unidad obra: $\frac{2.448}{6.120} = 0{,}40$ pta./kg | | |

Imputación

— Materia prima X: 0,40 × 6.000 kg = 2.400
— Materia prima Y: 0,40 × 120 kg = 48

Total ........................ 2.448

——————— x ———————

**4. Entrada de las compras en almacén**

| | | | | |
|---|---|---|---|---|
| 9450 | | I. P. materia prima X | 62.400 | |
| 9551 | | I. P. materia prima Y | 6.048 | |
| | 9310 | a Coste compra materia prima X | | 62.400 |
| | 9311 | a Coste compra materia prima Y | | 6.048 |

——————— x ———————

**5. Determinación del coste de producción**

| | | | | |
|---|---|---|---|---|
| 9340 | | Coste producción A | 110.156 | |
| 9341 | | Coste producción B | 27.139 | |
| | 9240 | a Centro de mezclado | | 6.660 |
| | 9241 | a Centro de moldeado | | 150 |
| | 9242 | a Centro de laminado | | 277 |
| | 9243 | a Centro de corte y troquelado | | 260 |
| | 9244 | a Centro de envasado y embalaje | | 5.500 |
| | 906 | a Gastos y dotaciones reflejos | | 50.000 |
| | 9310 | a I. P. materia prima X | | 66.400 |
| | 9311 | a I. P. materia prima Y | | 8.048 |

* s/Cuadro de determinación del coste de producción.

——————— x ———————

**FICHA: I. P. MATERIA PRIMA X (LIFO)**

| | | | | | | | | | | | | |
|---|---|---|---|---|---|---|---|---|---|---|---|---|
| Exist. inic.: | 600 kg × 8 pta./kg | = | 4.800 | Consumo: | 6.000 kg | × | 10,4 | pta./kg | + | |
| Compras: | 6.000 kg × 10,4 pta./kg | = | 62.400 | | + 500 kg | × | 8 | pta./kg | = | 66.400 |
| | | | | Exist. final: | 100 kg | × | 8 | pta./kg | = | 800 |
| | 6.600 | | 67.200 | | 6.600 | | | | | 67.200 |

**FICHA: I. P. MATERIA PRIMA Y (LIFO)**

| | | | | | | | | | | |
|---|---|---|---|---|---|---|---|---|---|---|
| Exist. inic.: | 40 kg × 50 pta./kg | = | 2.000 | Consumo: | 120 kg | × | 50,4 | pta./kg | + | |
| Compras: | 120 kg × 50,4 pta./kg | = | 6.048 | | + 40 kg | × | 50 | pta./kg | = | 8.048 |
| | | | | Exist. final: | — | | | | | — |
| | 160 | | 8.048 | | 160 | | | | | 8.048 |

**Cuadro de determinación del coste de producción**

| Elementos de coste / Coste producción | TOTAL | | PRODUCTO A | | PRODUCTO B | |
|---|---|---|---|---|---|---|
| Centro mezclado | 6.660 u.o. × 1 pta.<br>— M. P. «X»: 6.500 u.o.<br>— M. P. «Y»: 160 u.o.<br>6.660 u.o. | 6.660 | 5.320 u.o. × 1 pta.<br>* 80% s/ 6.500 = 5.200<br>* 75% s/ 160 = 120<br>5.320 | 5.320 | 1.340 u.o. × 1 pta.<br>* 20% s/ 6.500 = 1.300<br>* 25% s/ 160 = 40<br>1.340 | 1.340 |
| Centro moldeado | 500 u.o. × 0,3 pta. | 150 | 380 u.o. × 0,3 pta. | 114 | 120 u.o. × 0,3 pta. | 36 |
| Centro laminado | | 277 | | 277 | | — |
| Centro corte y troquelado | | 260 | | — | | 260 |
| Centro envasado y embalaje | 5.200 u. eq. × 1,0577 | 5.500 | 5.000 u. eq. × 1,0577 | 5.289 | 200 u. eq. × 1,0577 | 211 |
| MOD (sueldos y salarios, más seguros sociales) | 1.000 h/h × 50 pta. | 50.000 | 800 h/h × 50 pta. | 40.000 | 200 h/h × 50 pta. | 10.000 |
| Materia prima X | 6.500 kg × 10,21 pta. | 66.400 * | * 80% | 53.120 | * 20% | 13.280 |
| Materia Prima Y | 160 kg × 50,53 pta. | 8.048 * | * 75% | 6.036 | * 25% | 2.012 |
| Coste total | | 137.295 | | 110.156 | | 27.139 |
| Unidades producidas | | | | 5.000 kg | | 1.000 cajas |
| Coste unitario | | | | 22,0312 | | 27,139 |

* s/ Fichas de inventario permanente. Reparto del consumo a los productos s/porcentajes dados por enunciado. Datos de fabricación, punto b.

### 6. Entrada en almacén de productos terminados

| | | | | |
|---|---|---|---|---|
| 9410 | | I. P. producto terminado A | 110.156 | |
| 9411 | | I. P. producto terminado B | 27.139 | |
| | 9340 | a Coste producción A | | 110.156 |
| | 9341 | a Coste producción B | | 27.139 |

x

### 7. Determinación del coste de distribución

Como es sabido, se calcula dentro del coste final.

x

### 8. Determinación del coste final

| | | | | |
|---|---|---|---|---|
| 9370 | | Coste final variable A | 101.855 | |
| 9371 | | Coste final variable B | 23.541 | |
| | 9410 | a I. P. productos terminados A | | 99.140 |
| | 9411 | a I. P. productos terminados B | | 21.711 |
| | 927 | a Centro de distribución | | 4.545 |

Costes centro de distribución: 4.545 pta.
Unidad obra centro distribución: pesetas vendidas
Número unidades obra: 303.000 pta.

$$\text{Coste unitario obra: } \frac{4.545}{303.000} = 0{,}015 \text{ pta.}$$

Imputación

— Producto A: 181.000 × 0,015 = 2.715
— Producto B: 122.000 × 0,015 = 1.830

Total ........ 4.545

x

**FICHA: I. P. PRODUCTO TERMINADO A**

| | | | | | |
|---|---|---|---|---|---|
| Exist. inic.: | — | — | Ventas: | 4.500 kg × 22,0312 pta./kg = | 99.140 |
| Fabricación: | 5.000 kg × 22,0312 pta./kg = | 110.156 | Exist. final: | 500 kg × 22,0312 pta./kg = | 11.016 |
| | 5.000 | 110.156 | | 5.000 | 110.156 |

**FICHA: I. P. PRODUCTO TERMINADO B**

| | | | | | |
|---|---|---|---|---|---|
| Exist. inic.: | — | — | Ventas: | 800 cajas × 27,139 pta./caja = | 21.711 |
| Fabricación: | 1.000 cajas × 27,139 pta./caja = | 27.139 | Exist. final: | 200 cajas × 27,139 pta./caja = | 5.428 |
| | 1.000 | 27.139 | | 1.000 | 27.139 |

**9. Determinación de los resultados de la Contabilidad de Costes**

**Primer conjunto**

a) *Registro de los costes*

| | | | | |
|---|---|---|---|---|
| 98000 | | Margen bruto producto A. Mercado 1 | 45.269 | |
| 98001 | | Margen bruto producto A. Mercado 2 | 56.586 | |
| 98010 | | Margen bruto producto B. Mercado 1 | 14.713 | |
| 98011 | | Margen bruto producto B. Mercado 2 | 8.828 | |
| | 9370 | a Coste final variable A | | 101.855 |
| | 9371 | a Coste final variable B | | 23.541 |

b) *Registro de las ventas*

| | | | | |
|---|---|---|---|---|
| 907 | | Productos explotación reflejos | 303.000 | |
| | 98000 | a Margen bruto producto A. Mercado 1 | | 76.000 |
| | 98001 | a Margen bruto producto A. Mercado 2 | | 105.000 |
| | 98010 | a Margen bruto producto B. Mercado 1 | | 80.000 |
| | 98011 | a Margen bruto producto B. Mercado 2 | | 42.000 |

c) *Reagrupación margen bruto por producto*

| | | | | |
|---|---|---|---|---|
| 98000 | | Margen bruto producto A. Mercado 1 | 30.731 | |
| 98001 | | Margen bruto producto A. Mercado 2 | 48.414 | |
| 98010 | | Margen bruto producto B. Mercado 1 | 65.287 | |
| 98011 | | Margen bruto producto B. Mercado 2 | 33.172 | |
| | 9800 | a Margen bruto producto A | | 79.145 |
| | 9801 | a Margen bruto producto B | | 98.459 |

| | | | | |
|---|---|---|---|---|
| | | d) *Reagrupación Margen bruto* | | |
| 9800 | | Margen bruto producto A | 79.145 | |
| 9801 | | Margen bruto producto B | 98.459 | |
| | 980 | a Margen bruto explotación | | 177.604 |
| | | e) *Determinación Margen neto* | | |
| 980 | | Margen bruto explotación | 177.604 | |
| | 910 | a Cargas indirectas fijas | | 106.200 |
| | 981 | a Margen neto | | 71.404 |
| | | **Segundo conjunto** | | |
| | | *Agregación de todas las cuentas de diferencias de incorporación* | | |
| 972 | | Elementos supletorios incorporados | 1.200 | |
| | 971 | a Cargas no incorporables | | 500 |
| | 987 | a Saldo cuentas diferencias incorporación | | 700 |
| | | *Determinación del resultado analítico* | | |
| 987 | | Saldo cuentas diferencias incorporación | 700 | |
| 981 | | Margen neto | 71.404 | |
| | 98 | a RESULTADOS DE LA CONTABILIDAD DE COSTES. | | 72.104 |

**Balance analítico**

| NUMERO DE CUENTA | | CUENTAS | SALDOS | |
|---|---|---|---|---|
| | | | Deudor | Acreedor |
| | 903 | Stock inicial reflejo | | 6.800 |
| | 905 | Compras reflejas | | 78.340 |
| | 906 | Gastos y dotaciones reflejos | | 163.000 |
| 9450 | | I. P. materia prima X | 800 | |
| 9410 | | I. P. producto terminado A | 11.016 | |
| 9411 | | I. P. producto terminado B | 5.428 | |
| 907 | | Productos explotados reflejos | 303.000 | |
| | 98 | RESULTADOS DE LA CONTABILIDAD DE COSTES | | 72.104 |
| | | TOTALES | 320.244 | 320.244 |

| | | | | |
|---|---|---|---|---|
| | | **10. Cierre Contabilidad de Costes** | | |
| 903 | | Stock inicial reflejo | 6.800 | |
| 905 | | Compras reflejas | 78.340 | |
| 906 | | Gastos y dotaciones reflejos | 163.000 | |
| 98 | | RESULTADOS DE LA CONTABILIDAD DE COSTES | 72.104 | |
| | 9450 | a I. P. materia prima X | | 800 |
| | 9410 | a I. P. producto terminado A | | 11.016 |
| | 9411 | a I. P. producto terminado B | | 5.428 |
| | 907 | a Productos explotados reflejos | | 303.000 |
| | | ——— x ——— | | |

**CASO 32**

Siguiendo el plan de cuentas de un proceso técnico sencillo se trabaja con tres productos marcados para subrayar la información que aparece, tanto en los **cuadros de costes finales e ingresos por mercados y productos**, como en los **cuadros de márgenes brutos por productos y mercados**.

## I. ORGANIZACION TECNICO-ECONOMICA

La empresa industrial SAFISA fabrica tres productos denominados A, B y C, transformando una única materia prima en dos talleres de producción I y II. En dicha transformación se emplean también materiales auxiliares y otros aprovisionamientos. Los productos se comercializan simultáneamente en tres mercados: X, Y y Z.

Respecto a su organización económica, la empresa se ha dividido en dos centros de producción (taller I y taller II) y en un centro de distribución, los cuales permiten establecer un control sobre los costes variables indirectos.

## II. ORGANIZACION CONTABLE

La empresa tiene establecido un modelo contable que en su parte analítica está basado en el método simplificado de los «Costes variables». Así, pues, el plan de cuentas analítico es el siguiente:

90. CUENTAS REFLEJAS

    903. Stock inicial reflejo.
    905. Compras reflejas.
    906. Gastos y dotaciones reflejos.
    907. Productos de explotación reflejos.

91. CUENTAS DE RECLASIFICACION DE CARGAS INDIRECTAS

    910. Cargas indirectas (al producto) fijas.
    911. Cargas indirectas (al producto) variables.

92. CUENTAS DE CARGAS VARIABLES INDIRECTAS POR CENTROS

    920. Taller I.
    921. Taller II.
    927. Centro de distribución.

93. CUENTAS DE COSTES DE PRODUCCION Y COSTES FINALES

    9340. Coste de producción de A.
    9341. Coste de producción de B.
    9342. Coste de producción de C.
    9370. Coste final variable de A.
    9371. Coste final variable de B.
    9372. Coste final variable de C.

94. CUENTAS DE INVENTARIO PERMANENTE

    9410. Inv. perm. producto terminado A.
    9411. Inv. perm. producto terminado B.
    9412. Inv. perm. producto terminado C.
    9450. Inv. perm. materias primas.
    9455. Inv. perm. materiales auxiliares.
    9457. Inv. perm. otros aprovisionamientos.

97. CUENTAS DE DIFERENCIAS DE INCORPORACION

    971. Cargas no incorporables.
    972. Elementos supletorios incorporados.

98. RESULTADOS DE LA CONTABILIDAD DE COSTES

    980. Margen bruto de explotación.

        9800. Margen bruto producto A.

            98000. Margen bruto producto A en el mercado X.
            98001. Margen bruto producto A en el mercado Y.
            98002. Margen bruto producto A en el mercado Z.

        9801. Margen bruto producto B.

            98010. Margen bruto producto B en el mercado X.
            98011. Margen bruto producto B en el mercado Y.
            98012. Margen bruto producto B en el mercado Z.

        9802. Margen bruto producto C.

            98020. Margen bruto producto C en el mercado X.
            98021. Margen bruto producto C en el mercado Y.
            98022. Margen bruto producto C en el mercado Z.

    981. Margen neto de la empresa.
    987. Saldo de las cuentas de diferencias de incorporación.

(En la solución del caso no se va a utilizar el Plan de Cuentas, que se deja como trabajo a realizar. Si necesita alguna cuenta más ábrala justificándola brevemente.)

## III. DATOS COMUNES DE LA CONTABILIDAD GENERAL Y LA CONTABILIDAD DE COSTES

Los datos que constituyen la situación de partida de la Contabilidad de Costes son los siguientes.

a) *Existencias iniciales*

| | |
|---|---|
| — Materias auxiliares | 50.000 |
| — Otros aprovisionamientos | 25.000 |

No hay existencias iniciales en ninguno de los otros almacenes.

b) *Compras*

| | |
|---|---|
| — Materias primas: 1.500 unidades a 1.300 pesetas | 1.950.000 |
| — Materias auxiliares | 125.000 |
| | 2.075.000 |

c) *Gastos por naturaleza*

| | |
|---|---|
| — Servicios exteriores | 1.768.000 |
| — Gastos de personal | 1.716.000 |
| — Dotación de amortización | 260.000 |
| | 3.744.000 |

d) *Ventas*

Mercado X:

| | | | |
|---|---|---|---|
| — Producto A: | 1.000 unidades a | 1.000 pta. | 1.000.000 |
| — Producto B: | 870 unidades a | 690 pta. | 600.300 |
| — Producto C: | 1.100 unidades a | 600 pta. | 660.000 |

Mercado Y:

| | | | |
|---|---|---|---|
| — Producto A: | 1.140 unidades a | 990 pta. | 1.128.600 |
| — Producto B: | 920 unidades a | 895 pta. | 823.400 |
| — Producto C: | 1.680 unidades a | 500 pta. | 840.000 |

Mercado Z:

| | | | |
|---|---|---|---|
| — Producto A: | 670 unidades a | 630 pta. | 422.100 |
| — Producto B: | 650 unidades a | 950 pta. | 617.500 |
| — Producto C: | 2.000 unidades a | 580 pta. | 1.160.000 |
| | | | 7.251.900 |

## IV. INFORMACION ADICIONAL PARA RECLASIFICAR LAS CARGAS

a) *Los gastos de personal se descomponen como sigue*

| | |
|---|---|
| — MOI | 390.000 |
| — MOD | 1.326.000 |
| | 1.716.000 |

La MOI se considera íntegramente fija y la MOD íntegramente variable.

b) *Los servicios exteriores se descomponen*

| | |
|---|---|
| — Arrendamientos y cánones | 280.000 |
| — Reparaciones y conservación | 312.000 |
| — Suministros | 500.000 |
| — Otros servicios | 676.000 |
| | 1.768.000 |

Los arrendamientos se consideran cargas fijas en su totalidad; los suministros y otros servicios se consideran cargas variables. En cuanto a las reparaciones y conservación se consideran semivariables; después de haber efectuado el pertinente estudio para separar la componente fija y la componente variable se ha llegado a la conclusión:

| | |
|---|---|
| — Componente fija de reparación y conservación | 104.000 |
| — Componente variable de reparación y conservación | 208.000 |

c) *Dotaciones a amortización:* son cargas fijas en su totalidad.

d) *Materias primas y auxiliares:* Los consumos de materias primas y auxiliares son cargas variables en su totalidad, así como los de Otros aprovisionamientos.

## V. DATOS DE FABRICACION

a) *Fabricación del período*

— 2.810 unidades del producto A.
— 2.440 unidades del producto B.
— 4.780 unidades del producto C.

b) *Consumos de materias primas*

— 560 unidades para fabricar A.
— 340 unidades para fabricar B.
— 550 unidades para fabricar C.

c) *MOD*

Se han trabajado un total de 8.840 horas/hombre directas, que se reparten como sigue:

— 3.000 horas para fabricar A.
— 2.640 horas para fabricar B.
— 3.200 horas para fabricar C.

d) *Reparto cargas variables indirectas*

El reparto de las cargas variables indirectas entre los centros se efectúa como sigue:

| | Taller I | Taller II | Distribución |
|---|---|---|---|
| Materias auxiliares | 50.000 | 100.000 | — |
| Otros aprovisionamientos | 5.000 | 20.000 | — |
| Reparación y conservación | 25% | 50% | 25% |
| Suministros | 15% | 30% | 55% |
| Otros servicios | — | — | 100% |
| Cargas supletorias | 50.000 | 50.000 | — |

Puede observarse que existen unas cargas supletorias, de naturaleza variable e indirecta, por un importe de 100.000 pesetas.

e) *Imputación de los costes de los centros*

Los costes de los centros de producción se imputan a los productos en base a las unidades de obra consumidas por los mismos, según se indica en el siguiente estado:

| | Producto A | Producto B | Producto C |
|---|---|---|---|
| Taller I | 600 h/m | 400 h/m | 450 h/m |
| Taller II | 2.100 h/h | 2.125 h/h | 2.400 h/h |
| Distribución | Un. vend. | Un. vend. | Un. vend. |

## VI. OBJETIVOS PERSEGUIDOS POR LA EMPRESA

Con la información presentada, la empresa nos pide realizar las anotaciones contables que proceda para determinar:

— El coste de producción de los productos A, B y C.
— El coste final de los mismos.
— El margen bruto de cada uno de los productos en cada uno de los mercados.
— El margen bruto de cada producto.
— El margen bruto de la explotación.
— El margen neto o resultado de la explotación analítica.
— El resultado de la Contabilidad de Costes

## SOLUCION CASO 32

### 1. PROCESO TECNICO

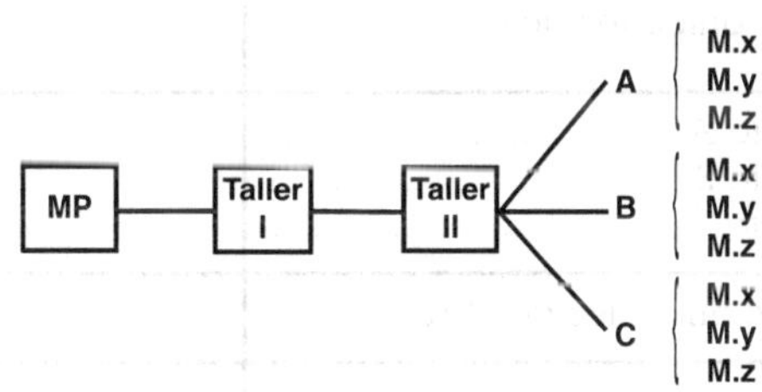


**Cuadro de separación de las cargas directas en fijas y variables**

| Conceptos | Total | Cargas variables | Cargas fijas |
|---|---|---|---|
| Materias auxiliares (1) | 150.000 | 150.000 | — |
| Otros aprovisionamientos (2) | 25.000 | 25.000 | — |
| Gastos personal (MOI) | 390.000 | — | 390.000 |
| Arrendamientos | 280.000 | — | 280.000 |
| Suministros | 500.000 | 500.000 | — |
| Otros servicios | 676.000 | 676.000 | — |
| Reparación y conservación | 312.000 | 208.000 | 104.000 |
| Amortización | 260.000 | — | 260.000 |
| Cargas supletorias | 100.000 | 100.000 | — |
| TOTALES | 2.693.000 | 1.659.000 | 1.034.000 |

(1) El valor de lo consumido de materias auxiliares en el período, lo podemos calcular:

| | | |
|---|---|---|
| $E_i$ | 50.000 | |
| Compras | 125.000 | (a) |
| | 175.000 | |
| Consumido | 150.000 | (b) |
| $E_F$ | 25.000 | |

(a) Ya que no existe centro de compras, y el precio de compra se identifica con el coste de compra.

(b) Según datos de fabricación. (Punto V. d.)

(2) El valor de lo consumido de otros aprovisionamientos en el período, ha sido:

| | |
|---|---|
| $E_i$ | 25.000 |
| Compras | — |
| | 25.000 |
| Consumido | 25.000 |
| $E_F$ | — |

Luego lo consumido ha sido por un importe de 25.000, según datos del supuesto. (Punto V. d.)

**Cuadro de reparto e imputación de las cargas indirectas y variables**

| Cargas por naturaleza | Total | Taller I | Taller II | Centro distribución |
|---|---|---|---|---|
| Materias auxiliares | 150.000 | 50.000 | 100.000 | — |
| Otros aprovisionamientos | 25.000 | 5.000 | 20.000 | — |
| Suministros | 500.000 | 75.000 | 150.000 | 275.000 |
| Otros servicios | 676.000 | — | — | 676.000 |
| Reparación y conservación | 208.000 | 52.000 | 104.000 | 52.000 |
| Cargas supletorias | 100.000 | 50.000 | 50.000 | — |
| Total reparto primario | 1.659.000 | 232.000 | 424.000 | 1.003.000 |
| No existe reparto secundario | | | | |
| Unidades de obra | | h/m | h/h | Unidades vendidas |
| Producto A | | 600 | 2.100 | 2.810 |
| Producto B | | 400 | 2.125 | 2.440 |
| Producto C | | 450 | 2.400 | 4.780 |
| Número unidades de obra | | 1.450 | 6.625 | 10.030 |
| Coste unitario unidad de obra | | 160 pta. | 64 pta. | 100 pta. |

## 2. PROCESO CONTABLE BASICO A TRAVES DEL DIRECT COSTING SIMPLIFICADO

| | | |
|---|---|---|
| **1. Recibo de los stocks existentes** | | |
| I. P. materias auxiliares | 50.000 | |
| I. P. otros aprovisionamientos | 25.000 | |
| a Stock inicial reflejo | | 75.000 |
| * s/ datos del supuesto. | | |
| ——— x ——— | | |
| **2. Recibo de las cargas con sus modalidades, reclasificación de las mismas y paso por los centros** | | |
| a) *Respecto a las compras* | | |
| I. P. materias primas | 1.950.000 | |
| I. P. materiales auxiliares | 125.000 | |
| a Compras reflejas | | 2.075.000 |
| * s/ datos del supuesto. | | |
| ——— ——— | | |

b) *Respecto a las cargas incorporables indirectas*

b.1) Reclasificación de las cargas indirectas en fijas y variables

| | | |
|---|---|---|
| Cargas indirectas fijas | 1.034.000 | |
| Cargas indirectas variables | 1.659.000 | |
| a Gastos y dotaciones reflejos | | 2.418.000 |
| a I. P. materias auxiliares | | 150.000 |
| a I. P. otros aprovisionamientos | | 25.000 |
| a Elementos supletorios incorporados | | 100.000 |

* datos del supuesto, cuadro de separación de las cargas indirectas en fijas y variables y cuadro de reparto.

b.2) Paso por los centros de las cargas indirectas variables

| | | |
|---|---|---|
| Taller I | 232.000 | |
| Taller II | 424.000 | |
| Centro de distribución | 1.003.000 | |
| a Cargas indirectas variables | | 1.659.000 |

* s/ cuadro de reparto.

x

## 3. Determinación del coste de compra

No procede asiento, pues no hay elementos indirectos de compras, que estarían recogidos en el correspondiente centro de compras.

x

## 4. Entrada de las compras en almacén

No procede asiento, pues en este supuesto el precio de compra se identifica con el coste de compra, y por tanto las compras de materias primas y de materias auxiliares han pasado directamente a su inventario.

x

## 5. Determinación del coste de producción

a) *Por los elementos directos (variables) del coste*

| | | |
|---|---|---|
| Coste de producción de A | 728.000 | |
| Coste de producción de B | 442.000 | |
| Coste de producción de C | 715.000 | |
| a I. P. materias primas | | 1.885.000 |

* Por los consumos de materias primas. El producto A consume 560 unidades, el B 340 y el C 550, a 1.300 pesetas.

| | Debe | Haber |
|---|---|---|
| Coste de producción A | 450.000 | |
| Coste de producción B | 396.000 | |
| Coste de producción C | 480.000 | |
| a Gastos y dotaciones reflejos | | 1.326.000 |

* Por los consumos de MOD. El producto A consume 3.000 h/h, el B 2.640 h/h y el C 3.200 h/h a 150 pesetas.

b) *Por los elementos indirectos variables del coste*

| | Debe | Haber |
|---|---|---|
| Coste producción A | 230.400 | |
| Coste producción B | 220.000 | |
| Coste producción C | 225.600 | |
| a Taller I | | 232.000 |
| a Taller II | | 424.000 |

* s/ cuadro de imputación, tenemos:

| Productos \ Centros | Taller I | Taller II | Total |
|---|---|---|---|
| Producto A | 600 h/m × 160 = 96.000 | 2.100 × 64 = 134.400 | 230.400 |
| Producto B | 400 h/m × 160 = 64.000 | 2.125 × 64 = 136.000 | 200.000 |
| Producto C | 450 h/m × 160 = 72.000 | 2.400 × 64 = 153.600 | 225.600 |
| Total | 232.000 | 424.000 | |

x

**6. Entrada en almacén de los productos terminados**

| | Debe | Haber |
|---|---|---|
| I. P. producto terminado A | 1.408.400 | |
| I. P. producto terminado B | 1.038.000 | |
| I. P. producto terminado C | 1.420.600 | |
| a Coste producto A | | 1.408.400 |
| a Coste producto B | | 1.038.000 |
| a Coste producto C | | 1.420.600 |

* Por traspaso de los saldos de las cuentas de coste de producción.

x

**7. Determinación del coste de distribución**

Este coste normalmente juega y aparece en el momento de la determinación del coste final.

x

**8. Determinación del coste final**

| | | |
|---|---|---|
| Coste final variable de A | 1.689.400 | |
| Coste final variable de B | 1.282.000 | |
| Coste final variable de C | 1.898.600 | |
| a I. P. producto terminado A | | 1.408.400 |
| a I. P. producto terminado B | | 1.038.000 |
| a I. P. producto terminado C | | 1.420.600 |
| a Centro de distribución | | 1.003.000 |

* Por traspaso de los saldos de las cuentas de I. P. de productos terminados (no había existencias iniciales y las unidades vendidas coinciden con las producidas) e imputación del centro de distribución, según el cuadro de imputación.

——— x ———

**9. Determinación de los resultados analíticos**

**Primer conjunto**

a) *Registro de los costes*

| | | |
|---|---|---|
| Margen bruto producto A en mercado X | 601.210 | |
| Margen bruto producto A en mercado Y | 685.379 | |
| Margen bruto producto A en mercado Z | 402.811 | |
| Margen bruto producto B en mercado X | 457.107 | |
| Margen bruto producto B en mercado Y | 483.377 | |
| Margen bruto producto B en mercado Z | 341.516 | |
| Margen bruto producto C en mercado X | 436.916 | |
| Margen bruto producto C en mercado Y | 667.290 | |
| Margen bruto producto C en mercado Z | 794.394 | |
| a Coste final variable de A | | 1.689.400 |
| a Coste final variable de B | | 1.282.000 |
| a Coste final variable de C | | 1.898.600 |

* s/ cuadro de costes finales variables por mercados, que se recoge al finalizar el proceso contable.

b) *Registro de las ventas*

| | | |
|---|---|---|
| Productos explotación reflejos | 7.251.900 | |
| a Margen bruto A en mercado X | | 1.000.000 |
| a Margen bruto A en mercado Y | | 1.128.600 |
| a Margen bruto A en mercado Z | | 422.100 |
| a Margen bruto B en mercado X | | 600.300 |
| a Margen bruto B en mercado Y | | 823.400 |
| a Margen bruto B en mercado Z | | 617.500 |
| a Margen bruto C en mercado X | | 660.000 |
| a Margen bruto C en mercado Y | | 840.000 |
| a Margen bruto C en mercado Z | | 1.160.000 |

* s/ datos del enunciado del supuesto.

c) *Reagrupación de los márgenes brutos por producto*

| | | |
|---|---|---|
| Margen bruto A en mercado X | 398.790 | |
| Margen bruto A en mercado Y | 443.221 | |
| Margen bruto A en mercado Z | 19.289 | |
| Margen bruto B en mercado X | 143.193 | |
| Margen bruto B en mercado Y | 340.023 | |
| Margen bruto B en mercado Z | 275.984 | |
| Margen bruto C en mercado X | 223.084 | |
| Margen bruto C en mercado Y | 172.710 | |
| Margen bruto C en mercado Z | 365.606 | |
| a Margen bruto A | | 861.3000 |
| a Margen bruto B | | 759.200 |
| a Margen bruto C | | 761.400 |

* s/ cuadro de márgenes brutos por productos y marcados, que aparece al final del proceso contable.

d) *Determinación del margen bruto global de la explotación*

| | | |
|---|---|---|
| Margen bruto A | 861.300 | |
| Margen bruto B | 759.200 | |
| Margen bruto C | 761.400 | |
| a Margen bruto explotación | | 2.381.900 |

e) *Determinación del Margen neto o resultado explotación analítica*

| | | |
|---|---|---|
| Margen bruto explotación | 2.381.900 | |
| a Cargas indirectas fijas | | 1.034.000 |
| a Margen neto | | 1.347.900 |

**Segundo conjunto**

*Agregación de las cuentas de diferencias de incorporación*

| | | |
|---|---|---|
| Elementos supletorios incorporados | 100.000 | |
| a Saldos cuentas diferencias incorporación | | 100.000 |

**Tercer conjunto**

*Reagrupación de las cuentas de resultados*

| | | |
|---|---|---|
| Saldo cuentas diferencias incorporación | 100.000 | |
| Margen neto | 1.347.900 | |
| a RESULTADOS DE LA CONTABILIDAD DE COSTES | | 1.447.900 |

**Balance analítico**

| CUENTAS | SALDOS | |
|---|---|---|
| | Debe | Haber |
| Stock anicial reflejo | | 75.000 |
| Compras reflejas | | 2.075.000 |
| Gastos y dotaciones reflejos | | 3.744.000 |
| Productos explotación reflejos | 7.251.900 | |
| I. P. materias auxiliares | 25.000 | |
| I. P. materias primas | 65.000 | |
| RESULTADOS DE LA CONTABILIDAD DE COSTES | | 1.447.900 |
| TOTALES | 7.341.900 | 7.341.900 |

| | | |
|---|---|---|
| **11. Asiento de cierre** | | |
| Stock inicial reflejo | 75.000 | |
| Compras reflejas | 2.075.000 | |
| Gastos y dotaciones reflejos | 3.744.000 | |
| RESULTADOS DE LA CONTABILIDAD DE COSTES | 1.447.900 | |
| a Productos explotación reflejos | | 7.251.900 |
| a I. P. materias auxiliares | | 25.000 |
| a I. P. materias primas | | 65.000 |
| ——— x ——— | | |

**Cuadro de costes finales variables por mercados y productos**

| COSTES | MERCADOS | | | |
|---|---|---|---|---|
| Productos | X | Y | Z | Totales |
| A | 601.210 | 685.379 | 402.811 | 1.689.400 |
| B | 457.107 | 483.377 | 341.516 | 1.282.000 |
| C | 436.916 | 667.290 | 794.394 | 1.898.600 |
| Totales | 1.495.233 | 1.836.046 | 1.538.721 | 4.870.000 |

**Cuadro de ingresos por mercados y productos**

| INGRESOS | MERCADOS | | | |
|---|---|---|---|---|
| **Productos** | **X** | **Y** | **Z** | **Totales** |
| A | 1.000.000 | 1.128.600 | 422.100 | 2.550.700 |
| B | 600.300 | 823.400 | 617.500 | 2.041.200 |
| C | 660.000 | 840.000 | 1.160.000 | 2.660.000 |
| Totales | 2.260.300 | 2.792.000 | 2.199.600 | 7.251.900 |

**Cuadro de márgenes brutos por productos y mercados**

| MARGENES BRUTOS | MERCADOS | | | |
|---|---|---|---|---|
| **Productos** | **X** | **Y** | **Z** | **Totales** |
| A | 398.790 | 443.221 | 19.289 | 861.300 |
| B | 143.193 | 340.023 | 275.984 | 759.200 |
| C | 223.084 | 172.710 | 365.606 | 761.400 |
| Totales | 765.067 | 955.954 | 660.879 | 2.381.900 |

**CASO 33**

Estudio de una empresa con **proceso continuo y unidades equivalentes** a través del método **del Direct Costing**.

## I. ORGANIZACION TECNICO-ECONOMICA

Una empresa se dedica a la fabricación y venta de dos productos, X e Y, a partir de una única materia prima. La materia prima es tratada en el taller de fabricación I, donde se obtiene el producto X; una parte de X se vende y otra parte pasa al taller de fabricación II donde se obtiene el producto Y que, también, se vende en el mercado.

La empresa, para un mejor análisis y control de su actividad tiene estructurada su actividad en cuatro centros principales: Compras, Fabricación I, Fabricación II y Distribución.

## II. DATOS COMUNES A LA CONTABILIDAD GENERAL Y LA CONTABILIDAD DE COSTES

a) *Existencias iniciales*

— Materia prima: (7.500 kg) .................... 18.780.000
— Producto X (6.000 kg) ........................... 19.185.000
— Producto Y (3.000 kg) ........................... 14.946.150
— Producción en curso fabricación I (2.810 kg) ............................................ 5.284.105

b) *Compras del período*

— Materia prima (15.000 kg) ..................... 37.200.000
— Materias auxiliares ................................. 2.500.000

c) *Gastos por naturaleza*

— Para mayor simplificación, se facilitan a través del cuadro de reparto de cargas indirectas a los productos, que aparece en el punto siguiente.

d) *Ingresos del período*

— Ventas producto X (10.250 unid) ......... 49.200.000
— Ventas producto Y (9.890 un) .............. 55.285.100

## III. DATOS DE FABRICACION

a) La *clasificación de las cargas indirectas a los productos* por centros y su *reclasificación en fijas y variables* se recoge en el siguiente cuadro:

| Reclasificación cargas | Totales | Compras | Fabricación I | Fabricación II | Distribución |
|---|---|---|---|---|---|
| Indirectas fijas ........... | 5.025.000 | 186.600 | 2.079.375 | 2.421.525 | 337.500 |
| Indirectas variables ... | 17.437.360 | 3.082.500 | 2.925.930 | 4.682.030 | 6.746.900 |
| Directas variables ...... | 14.915.375 | — | 4.950.000 | 9.965.375 | — |
| Total cargas ............... | 37.377.735 | 3.269.100 | 9.955.305 | 17.068.930 | 7.084.400 |

Los centros además de recoger las cargas directas variables (MOD) y las indirectas variables tomadas de la Contabilidad General, recogen entre otros elementos del coste, 825.000 pesetas de remuneración del capital propio y 2.100.000 pesetas de materiales auxiliares. Pero no recogen 450.000 pesetas de amortización de gastos de constitución.

b) Según la Contabilidad de Costes correspondiente al ejercicio anterior, las *existencias iniciales de productos en curso* en el taller de fabricación I tenían el siguiente grado de adelanto y de costes incurridos: el 80 por 100 (4.668.140 pesetas) de materia prima, el 40 por 100 (397.895 pesetas) de MOD y el 20 por 100 (218.070 pesetas) de cargas indirectas.

c) En el *taller de fabricación I* se trabajaron los kilogramos que estaban en curso al principio, y además 14.540 kilogramos que se iniciaron a lo largo del ejercicio. En dicho taller se consumieron 18.000 kg de materia prima y 3.300 h/h de MOD.

d) En el *taller de fabricación II* se pusieron en proceso 8.900 kg de producto, de los que se terminaron 8.150 kg en el ejercicio. Se consumieron 8.900 kg de producto semiterminado y 6.603 h/h de MOD.

e) La *unidad de obra* del centro de compras son los kilogramos comprados y del centro de distribución son las unidades vendidas.

f) *Valoración de los almacenes:* Coste medio ponderado. Este criterio de valoración implica considerar que la producción en curso al principio del ejercicio se ha realizado durante el mismo.

g) *Existencias finales*

— Materia prima: 4.500 kg; materias auxiliares: 400.000 pesetas; producto X: 1.950 kg; producto Y: 1.260 kg.
— Producción en curso en taller de fabricación I: estaban en proceso 2.250 kg con los siguientes elementos del coste incorporados: el 100 por 100 de materia prima; el 60 por 100 de MOD y el 40 por 100 de cargas indirectas.
— Producción en curso en el taller de fabricación II: al final quedaban en curso de elaboración 750 kg que tenían incorporada la totalidad del producto semiterminado, el 80 por 100 de MOD y el 20 por 100 de cargas indirectas.

SE PIDE:

Realizar los asientos contables que procedan para determinar los distintos costes variables (de compra, de producción y final), el margen bruto de los productos, el margen neto de la empresa y el resultado de la Contabilidad de Costes.

## SOLUCION CASO 33

### 1. PROCESO CONTABLE

| | | |
|---|---|---|
| **1. Recibo de los stocks existentes** | | |
| I. P. materia prima | 18.780.000 | |
| I. P. productos X | 19.185.000 | |
| I. P. productos Y | 14.946.150 | |
| I. P. producción en curso taller fabricación I | 5.284.105 | |
| a Stock inicial reflejo | | 58.195.255 |
| ——— x ——— | | |
| **2. Recibo de las cargas con sus modalidades, reclasificaciones de las mismas y paso por los centros** | | |
| a) *Respecto a las compras* | | |
| Coste de compra materia prima | 37.200.000 | |
| I. P. materias auxiliares | 2.500.000 | |
| a Compras reflejas | | 39.700.000 |
| ——— ——— | | |
| b) *Respecto a las cargas incorporables indirectas* | | |
| b.1. Reclasificación de las cargas indirectas en fijas y variables | | |
| Cargas indirectas fijas | 5.025.000 | |
| Cargas indirectas variables | 17.437.360 | |
| Cargas no incorporables | 450.000 | |
| a Gastos y dotaciones reflejos | | 19.987.360 |
| a I. P. materias auxiliares | | 2.100.000 |
| a Elementos supletorios incorporados | | 825.000 |
| ——— ——— | | |

b.2. Paso por los centros de las cargas indirectas variables

| | | |
|---|---|---|
| Centro de compras | 3.082.500 | |
| Taller de fabricación I | 2.925.930 | |
| Taller de fabricación II | 4.682.030 | |
| Centro de distribución | 6.746.900 | |
| a Cargas indirectas variables | | 17.437.360 |

x

**3. Determinación del coste de compra**

| | | |
|---|---|---|
| Coste de compra materia prima | 3.082.500 | |
| a Centro de compras | | 3.082.500 |

x

**4. Entrada de las compras en almacén**

| | | |
|---|---|---|
| I. P. materia prima | 40.282.500 | |
| a Coste de compra materia prima | | 40.282.500 |

x

**5. Determinación del coste variable producción**

5.1. *Determinación coste variable producción de taller de fabricación I*

| | | |
|---|---|---|
| Coste variable producto X | 53.061.400 | |
| Coste producción en curso taller fabricación I (Ef) | 7.348.635 | |
| a I. P. materia prima | | 47.250.000 |
| a Gastos y dotaciones reflejos (MOD) | | 4.950.000 |
| a Taller fabricación I | | 2.925.930 |
| a I. P. producción en curso taller fabricación I | | 5.284.105 |

* Véase cuadro de determinación del coste variable de producción taller fabricación I, que aparece al final de la solución.

5.2. *Entrada en almacén del producto X*

| | | |
|---|---|---|
| I. P. productos X | 53.061.400 | |
| I. P. producción en curso taller fabricación I | 7.348.635 | |
| a Coste variable producto X | | 53.061.400 |
| a Coste producción en curso taller fabricación I | | 7.348.635 |

x

5.3. *Determinación coste variable producción de taller de fabricación II*

| | | |
|---|---|---|
| Coste variable producto Y | 41.785.050 | |
| Coste producción en curso taller fabricación II (Ef) | 3.335.955 | |
| a I. P. producto X | | 30.473.600 |
| a Gastos y dotaciones reflejos (MOD) | | 9.965.375 |
| a Taller fabricación II | | 4.682.030 |

* Véase cuadro de determinación del coste variable de producción taller fabricación II, que aparece al final de la solución.

x

## 6. Entrada en almacén de productos

| | | |
|---|---|---|
| I. P. productos Y | 41.785.050 | |
| I. P. producción en curso taller fabricación II | 3.355.955 | |
| a Coste variable producto Y | | 41.785.050 |
| a Coste producción en cursos taller fabricación II | | 3.335.955 |

x

## 7. Determinación del coste final variable

| | | |
|---|---|---|
| Coste final variable producto X | 38.529.750 | |
| Coste final variable producto Y | 53.633.470 | |
| a I. P. producto X | | 35.096.000 |
| a I. P. producto Y | | 50.320.320 |
| a Centro de distribución | | 6.746.900 |

* Imputación de costes del centro de distribución

Costes distribución: 6.746.900 pesetas
Unidad de obra: unidades vendidas
Número unidades de obra: 20.140

$$\text{Coste unidad de obra} = \frac{6.746.900 \text{ pta.}}{20.140 \text{ u.o.}} = 335 \text{ pta./u.o.}$$

Imputación

— Producto X: 10.250 u.o. × 335 = 3.433.750
— Producto Y: 9.890 u.o. × 335 = 3.313.150

Total ........ 6.746.900

x

**8. Determinación de los resultados analíticos**

**Primer conjunto**

a) *Registro del coste final*

| | | |
|---|---|---|
| Margen bruto producto X | 38.529.750 | |
| Margen bruto producto Y | 53.633.470 | |
| a Coste final variable producto X | | 38.529.750 |
| a Coste final variable producto Y | | 53.633.470 |

b) *Registro de los ingresos*

| | | |
|---|---|---|
| Productos de explotación reflejos | 104.485.100 | |
| a Margen bruto producto X | | 49.200.000 |
| a Margen bruto producto Y | | 55.285.100 |

c) *Reagrupación de márgenes brutos*

| | | |
|---|---|---|
| Margen bruto producto X | 10.670.250 | |
| Margen bruto producto Y | 1.651.630 | |
| a Margen bruto de explotación | | 12.321.880 |

d) *Determinación del Margen neto*

| | | |
|---|---|---|
| Margen bruto de explotación | 12.321.880 | |
| a Cargas indirectas fijas | | 5.025.000 |
| a Margen neto | | 7.296.880 |

**Segundo conjunto**

*Reagrupación de las cuentas de diferencias de incorporación*

| | | |
|---|---|---|
| Elementos supletorios incorporados | 825.000 | |
| a Cargas no incorporadas | | 450.000 |
| a Saldo cuentas diferencias de incorporación | | 375.000 |

**Tercer conjunto**

*Reagrupación de las cuentas de resultados*

| | | |
|---|---|---|
| Saldo cuentas diferencias de incorporación | 375.000 | |
| Margen neto | 7.296.880 | |
| a RESULTADOS DE LA CONTABILIDAD DE COSTES | | 7.671.880 |

x

**Balance de comprobación**

| CUENTAS | SALDOS | |
|---|---|---|
| | Deudor | Acreedor |
| Stock inicial reflejo | | 58.195.255 |
| Compras reflejas | | 39.700.000 |
| Gastos y dotaciones reflejos | | 34.902.735 |
| Productos de explotación reflejos | 104.485.100 | |
| I. P. materia prima | 11.812.500 | |
| I. P. materias auxiliares | 400.000 | |
| I. P. producto X | 6.676.800 | |
| I. P. producto Y | 6.410.880 | |
| I. P. producción en curso taller fabricación I | 7.348.635 | |
| I. P. producción en curso taller fabricación II | 3.335.955 | |
| RESULTADOS DE LA CONTABILIDAD DE COSTES | | 7.671.880 |
| TOTALES | 140.469.870 | 140.469.870 |

| | | |
|---|---|---|
| **9. Cierre de la Contabilidad Analítica** | | |
| Stock inicial reflejo | 58.195.255 | |
| Compras reflejas | 39.700.000 | |
| Gastos y dotaciones reflejos de costes | 34.902.735 | |
| RESULTADOS DE LA CONTABILIDAD DE COSTES | 7.671.880 | |
| a Productos de explotación reflejos | | 104.485.100 |
| a I. P. materia prima | | 11.812.500 |
| a I. P. materias auxiliares | | 400.000 |
| a I. P. producto X | | 6.676.800 |
| a I. P. producto Y | | 6.410.880 |
| a I. P. producción en curso taller fabricación I | | 7.348.635 |
| a I. P. producción en curso taller fabricación II | | 3.335.955 |
| ——— x ——— | | |

## 2. CUENTAS DE INVENTARIO PERMANENTE

| I. P. MATERIA PRIMA | | | | | | | | C.M.P. |
|---|---|---|---|---|---|---|---|---|
| Exist. inic.: | 7.500 kg | × 2.504,00 pta./kg = | 18.780.000 | Consumos: | 18.000 kg | × 2.625,00 pta./kg = | 47.250.000 | |
| Compras: | 15.000 kg | × 2.685,50 pta./kg = | 40.282.500 | Exis. final.: | 4.500 kg | × 2.625,00 pta./kg = | 11.812.500 | |
| | 22.500 | | 59.062.500 | | 22.500 | | 59.062.500 | |
| Coste medio ponderado = 59.062.500 pta. : 22.500 kg = 2.625 pta./kg | | | | | | | | |

| I. P. MATERIAS AUXILIARES | | | C.M.P. |
|---|---|---|---|
| Exist. inic.: | 0 | Consumos: | 2.100.000 |
| Compras: | 2.500.000 | Exis. final.: | 400.000 |
| | 2.500.000 | | 2.500.000 |

| I. P. PRODUCTO X | | | | | | | C.M.P. |
|---|---|---|---|---|---|---|---|
| Exist. inic.: | 6.000 unid | × 3.197,5 pta./unid = | 19.185.000 | Ventas: | 10.250 unid | × 3.424 pta./unid = | 35.096.000 |
| Fabricación: | 15.100 unid | × 3.514,0 pta./unid = | 53.061.400 | Consum.: | 8.900 unid | × 3.424 pta./unid = | 30.473.600 |
| | | | | Exis. final.: | 1.950 unid | × 3.424 pta./unid = | 6.676.800 |
| | 21.100 | | 72.246.400 | | 21.100 | | 72.246.400 |
| Coste medio ponderado = 72.246.400 pta. : 21.000 unid = 3.424 pta./unid | | | | | | | |

| I. P. PRODUCTO Y | | | | | | | C.M.P. |
|---|---|---|---|---|---|---|---|
| Exist. inic.: | 3.000 unid | × 4.982,05 pta./unid = | 14.946.150 | Ventas: | 9.890 unid × | 5.088 pta./unid = | 50.320.320 |
| Fabricac.: | 8.150 unid | × 5.127,00 pta./unid = | 41.785.050 | Exis. final.: | 1.260 unid × | 5.088 pta./unid = | 6.410.880 |
| | 11.150 | | 56.731.200 | | 11.150 | | 56.731.200 |
| Coste medio ponderado = 56.731.200 pta. : 11.150 unid = 5.088 pta./unid | | | | | | | |

| I. P. PRODUCCION TALLER FABRICACION I | | | C.M.P. |
|---|---|---|---|
| Exist. inic.: | 5.284.105 | Consumos: | 5.284.105 |
| Fabricación: | 7.348.635 | Exis. final.: | 7.348.635 |
| | 12.632.740 | | 16.632.740 |

| I. P. PRODUCCION TALLER FABRICACION II | | | C.M.P. |
|---|---|---|---|
| Exist. inic.: | 0 | Consumos: | 0 |
| Fabricación: | 3.335.955 | Exis. final.: | 3.335.955 |
| | 3.335.955 | | 3.335.955 |

**Cuadro de determinación del coste variable de producción taller fabricación I (C.M.P.)**

| Elementos del coste / Conceptos diversos | Materia prima | MOD | Cargas indirectas | Total |
|---|---|---|---|---|
| Costes del departamento: | | | | |
| * Costes $E_i$ producción en curso | (2) 4.668.140 | (2) 397.895 | (2) 218.070 | 5.284.105 |
| * Coste del período | (1) 47.250.000 | (2) 4.950.000 | (2) 2.925.930 | 55.125.930 |
| Total | 51.918.140 | 5.347.895 | 3.144.000 | 60.410.035 |
| Unidades físicas: | | | | |
| Trabajadas ... 17.350 | | | | |
| Terminadas: | | | | |
| De las $E_i$ ... 2.810 | | | | |
| (3) De las empezadas ... 12.290 — 15.100 | 1,00 15.100 | 1,00 15.100 | 1,00 15.100 | |
| En curso al final ... 2.250 | 1,00 2.250 | 0,60 1.350 | 0,40 900 | |
| Unidades equivalentes | 17.350 | 16.450 | 16.000 | |
| Coste medio unitario | 2.992,40 | 325,10 | 196.50 | 3.514,00 |
| Valor de la producción: | | | | |
| * Terminada | (15.100 × 2.992,40) = = 45.185.240 | (15.100 × 325,10) = = 4.909.010 | (15.100 × 196,50) = = 2.967.150 | 53.061.400 |
| * En curso al final | (2.250 × 2.992,40) = = 6.732.900 | (1.350 × 325,10) = = 438.885 | (900 × 196,50) = = 176.850 | 7.348.635 |
| Total | 51.918.140 | 5.347.895 | 3.144.000 | 60.410.035 |

(1) (18.780.000 + 40.282.500): 22.500 kg × 18.000 kg.
(2) Datos del enunciado.
(3) Producción en curso al final: 2.250 kg; luego de las unidades trabajadas se han terminado: 17.350 kg – 2.250 kg = 15.100 kg. De estos 15.100 kg, 2.810 kg estaban en curso, por lo que las unidades empezadas y terminadas han sido 12.290 kg.

**Cuadro de determinación del coste variable de producción taller fabricación II (C.M.P.)**

| Elementos del coste / Conceptos diversos | Materia prima | MOD | Cargas indirectas | Total |
|---|---|---|---|---|
| Costes del departamento: | | | | |
| * Coste del período | 30.473.600 | 9.965.375 | 4.682.030 | 45.121.005 |
| Unidades físicas: | | | | |
| * Terminadas ... 8.150 | 1,00 8.150 | 1,00 8.150 | 1,00 8.150 | |
| * En curso al final ... 750 | 1,00 750 | 0,80 600 | 0,20 150 | |
| Trabajadas ... 8.900 | | | | |
| Unidades equivalentes | 8.900 | 8.750 | 8.300 | |
| Coste medio unitario | 3.424,00 | 1.138,90 | 564,10 | 5.127 |
| Valor de la producción: | | | | |
| * Terminada | (8.150 × 3.424) = = 27.905.600 | (8.150 × 1.138,90) = = 9.282.035 | (8.150 × 564,10) = = 4.597.415 | 41.785.050 |
| * En curso al final | (750 × 3.424) = = 2.568.000 | (600 × 1.138,90) = = 683.340 | (150 × 564,10) = = 84.615 | 3.335.955 |
| Total | 30.473.600 | 9.965.375 | 4.682.030 | 45.121.005 |

NOTA FINAL: Caso de seguir la empresa el criterio de valoración FIFO, los datos serían:

**Cuadro de determinación del coste variable de producción taller fabricación I**

| Conceptos diversos / Elementos del coste | Materia prima | | MOD | | Cargas indirectas | | Total |
|---|---|---|---|---|---|---|---|
| Costes del departamento: | | | | | | | |
| * Coste del período | | 47.250.000 | | 4.950.000 | | 2.925.930 | 55.125.930 |
| Unidades físicas: | | | | | | | |
| Trabajadas 17.350 | | | | | | | |
| Existencias iniciales 2.810 | 0,20 | 562 | 0,60 | 1.686 | 0,80 | 2.248 | |
| Empezadas y acabadas 12.290 | 1,00 | 12.290 | 1,00 | 12.290 | 1,00 | 12.290 | |
| Existencias finales 2.250 | 1,00 | 2.250 | 0,60 | 1.350 | 0,40 | 900 | |
| Unidades equivalentes | | 15.102 | | 15.326 | | 15.438 | |
| Coste medio unitario | | 3.128,72 | | 322,98 | | 189,53 | 3.641,23 |
| Valor de la producción: | | | | | | | |
| * Coste terminación $E_i$ productos curso | | (562 × 3.128,72) = = 1.758.343 | | (1.686 × 322,98) = = 544.545 | | (2.248 × 189,53) = = 426.058 | 2.728.947 |
| * Producción empezada y terminada | | (12.290 × 3.128,72) = = 38.452.026 | | (12.290 × 322,98) = = 3.969.431 | | (12.290 × 189,53) = = 2.329.297 | 44.750.754 |
| * Producción en curso al final | | (2.250 × 3.128,72) = = 7.039.631 | | (1.350 × 322,98) = = 436.024 | | (900 × 189,53) = = 170.575 | 7.646.229 |
| Total | | 47.250.000 | | 4.950.000 | | 2.925.930 | 55.125.930 |
| Coste $E_i$ productos en curso incorporados durante el período anterior | | 4.668.140 | | 397.895 | | 218.070 | 5.284.105 |
| Valor al final del período de las $E_i$ de productos en curso | | 6.426.483 | | 942.440 | | 644.128 | 8.013.052 |

## 3. ASIENTO DE DETERMINACION DEL COSTE VARIABLE DE PRODUCCION

| | | |
|---|---|---|
| Coste variable producto X | 52.763.806 | |
| Coste producción en curso taller fabricación I ($E_f$) | 7.646.229 | |
| a I. P. materia prima | | 47.250.000 |
| a Gastos y dotaciones reflejos (MOD) | | 4.950.000 |
| a Taller fabricación I | | 2.925.930 |
| a I. P. producción en curso taller fabricación I | | 5.284.105 |
| ——— x ——— | | |

**CASO 34**

Caso de **recopilación del Direct Costing Simplificado**: cuadro de reparto, interrelaciones, cargas semivariables, inventarios, mermas y tres etapas de resultados.

## I. ORGANIZACION TECNICO-ECONOMICA

La empresa IMSA se ha dividido, en cuanto a su organización económica, en los siguientes centros de actividad, los cuales permiten un control sobre los costes indirectos variables.

- — Centro de administración.
- — Centro de almacenamiento.
- — Centro de conservación.
- — Centro de compras.
- — Centro de preparado.
- — Taller I.
- — Taller II.
- — Taller III.
- — Centro de distribución.

La empresa IMSA adquiere en el exterior las materias primas X e Y que, al ser tratadas en el centro de preparado, sirven de base para la obtención de una materia prima preparada, que pasa inmediatamente al taller I, donde se obtiene el producto R. A partir del producto R se obtienen en el taller II los productos I y M. Y mientras que los productos M se venden directamente, los productos I son tratados en el taller III antes de ser vendidos.

## II. DATOS COMUNES DE LA CONTABILIDAD GENERAL Y LA CONTABILIDAD DE COSTES

Los datos que nos facilita la empresa IMSA referidos al ejercicio de análisis son los siguientes:

a) *Ventas*

- — Producto I: 16.250 unidades por un importe de 82.875.000 pesetas.
- — Producto M: 11.000 unidades por un importe de 38.500.000 pesetas.

b) *Ingresos por naturaleza*

- — El proveedor que suministra la materia prima X le ha concedido un descuento por pronto pago de 125.000 pesetas (descuento que ha sido concedido fuera de factura).
- — Y ha obtenido unos ingresos accesorios a la explotación de 50.000 pesetas.

c) *Existencias iniciales*

- — Materia prima Y (25.000 kg) ...... 2.500.000 pta.
- — Materias auxiliares ...................... 25.000 pta.
- — Producto R (5.000 unid) ............. 5.150.000 pta.
- — Producto I (2.500 unid) ............... 7.200.000 pta.
- — Producto M (500 unid) ................ 1.092.000 pta.

d) *Compras*

- — Materia prima X (150.000 kg) .... 41.250.000 pta.
- — Materia prima Y (250.000 kg) .... 26.250.000 pta.
- — Materias auxiliares ...................... 125.000 pta.

e) *Gastos por naturaleza del ejercicio*

- — Servicios exteriores ...................... 135.000 pta.
- — Transportes .................................... 3.593.700 pta.
- — Tributos ........................................... 750.000 pta.
- — Gastos de personal ....................... 17.750.000 pta.
- — Otros gastos de gestión ................ 5.000.000 pta.
- — Gastos financieros ......................... 1.330.000 pta.
- — Dotación para amortizaciones ...... 120.000 pta.
- — Dotación provisiones ..................... 75.000 pta.

f) *Resultado de la cartera de valores*

- — Beneficio por venta de acciones ....... 100.000 pta.

g) *Resultados extraordinarios*

- — Pérdida por incendio en las oficinas .. 202.975 pta.

## III. INFORMACION ADICIONAL PARA RECLASIFICAR LAS CARGAS

a) Los gastos de personal desde el punto de vista de afectación contable se descomponen como sigue:

- — MOI: 7.500.000
- — MOD: 10.250.000

Desde el punto de vista de su variabilidad respecto a la producción, la MOI se considera íntegramente fija y la MOD íntegramente variable.

b) De los gastos financieros, 330.000 pesetas se consideran cargas variables.

c) De los tributos, 400.000 pesetas se consideran cargas variables.

d) En cuanto a los Servicios exteriores para determinar la parte fija y la variable, se dispone de la siguiente información, referida al ejercicio anterior:

| | Producción (unidades) | Coste por trabajos exteriores (pesetas) |
|---|---|---|
| Enero | 28.375 | 186.875 |
| Febrero | 28.150 | 185.750 |
| Marzo | 29.500 | 192.500 |
| Abril | 29.050 | 190.250 |
| Mayo | 29.275 | 191.375 |
| Junio | 28.375 | 186.875 |
| Julio | 29.500 | 192.500 |
| Agosto | 28.150 | 185.750 |
| Septiembre | 28.375 | 186.875 |
| Octubre | 28.825 | 189.125 |
| Noviembre | 29.050 | 190.250 |
| Diciembre | 28.375 | 186.875 |

e) Los transportes y Otros gastos de gestión se consideran cargas variables, mientras que la Dotación para amortización se considera carga fija.

f) Los consumos de materias primas y materias auxiliares son cargas variables.

## IV. DATOS DE FABRICACION

a) *Fabricación del período*

— Materia prima preparada: 390.000 kg. El libro de fabricación registra que por un kg de materia prima X se deben incorporar 2 kg de materia prima Y, no observándose mermas en el proceso de fabricación.
— Producto R: 52.000 unidades (cada unidad de producto R lleva incorporada 7 kg de materia prima preparada).
— Producto I: 15.000 unidades (para cuya fabricación se han consumido 30.000 unidades de R.
— Producto M: 12.500 unidades (para cuya fabricación se han consumido 20.000 unidades de R).

b) La MOD se afecta a los productos de la siguiente forma:

— Materia prima preparada: 5.000 h/h
— Producto R: 12.500 h/h.
— Producto I: 50.000 h/h.
— Producto M: 35.000 h/h.

c) *Existencias finales*

— Materia prima X: 17.500 kg.
— Materia prima Y: 15.000 kg.
— Materias auxiliares: 12.500 pta.
— Producto R: 7.000 unidades.

d) *Valoración de almacenes*

Todos los almacenes de materias primas funcionan siguiendo el criterio de valoración LIFO, y los almacenes de productos, según el criterio del coste medio ponderado.

e) El taller II ha producido un total de 9.250 h/m., imputándose 5.500 h/m. a la elaboración de productos I.

f) *Reparto primario y secundario*

El reparto primario aparece recogido en el Anexo, ya realizado, excepto para los Servicios exteriores, que en su componente variable va íntegramente al Centro de conservación y para el importe consumido de materias auxiliares, que va íntegramente al taller III. Además habrá de tenerse en cuenta que:

— Las cargas supletorias que aparecen, por importe de 150.000 pesetas corresponden a intereses de los capitales propios de la empresa.
— La dotación a las provisiones, el descuento por pronto pago y los ingresos accesorios corresponden a conceptos computados por la Contabilidad General, pero irrelevantes a efectos del proceso de los costes y se consideran, por tanto, como no incorporables.

Para el reparto secundario hay que tener en cuenta que los coeficientes según los cuales se realizará aparecen en el Anexo, en el cuadro de reparto y de imputación de las cargas indirectas variables.

## V. OBJETIVOS PERSEGUIDOS POR LA EMPRESA

Con la información presentada, la empresa nos pide:

— Completar el cuadro de reparto (en el mismo cuadro que se ha recibido como Anexo).
— Realizar las anotaciones contables que procedan para determinar:

- El coste de producción de la materia prima preparada.
- El coste de producción del producto R.
- El coste final variable de los productos I y M.
- El margen bruto de los mismos.
- El margen bruto de la explotación.
- El resultado de la Contabilidad de Costes o resultados analíticos.

## ANEXO

**Cuadro de reparto e imputación de cargas indirectas variables** (A rellenar por el alumno)

| Cargas por naturaleza | Total | Adminis-tración | Almace-namiento | Conser-vación | Compras | Prepara-ción | Taller I | Taller II | Taller III | Distribu-ción |
|---|---|---|---|---|---|---|---|---|---|---|
| Servicios exteriores | | — | — | | — | — | — | — | — | — |
| Transportes | 3.593.700 | 50.000 | 100.000 | 100.000 | 200.000 | 7.13.700 | 229.000 | 400.000 | 276.500 | 1.524.500 |
| Tributos | 400.000 | 15.000 | 5.000 | 26.000 | 30.000 | 50.000 | 50.000 | 99.000 | 50.000 | 75.000 |
| Otros gastos de gestión | 5.000.000 | — | 150.000 | 50.000 | 850.000 | 750.000 | 350.000 | 1.500.000 | 600.000 | 750.000 |
| Gastos financieros | 330.000 | 10.000 | 90.000 | 10.000 | 20.000 | 25.000 | 30.000 | 75.000 | 40.000 | 30.000 |
| I. P. materias auxiliares | | — | — | — | — | — | — | — | | — |
| Cargas supletorias | 150.000 | 150.000 | — | — | — | — | — | — | — | — |
| Total reparto primario | | 225.000 | 345.000 | | 1.100.000 | 1.538.700 | 659.000 | 2.074.0000 | | 2.379.500 |
| Centro administración | | (100) | — | 10 | 10 | 15 | 15 | 15 | 15 | 20 |
| Centro almacenamiento | | — | (100) | — | — | 30 | 20 | 30 | 20 | — |
| Centro conservación | | 5 | 10 | (100) | — | 15 | 20 | 30 | 20 | — |
| Total reparto secundario | | | | | | | | | | |
| Unidad de obra | | | | | Kg materia prima comprados | Kg materia prima preparados | Productos R fabricados | h/m | Productos I fabricados | Pesetas vendidas |
| N.úmero de unidades de obra | | | | | | | | | | |
| Coste unidad de obra | | | | | | | | | | |

## SOLUCION CASO 34

### 1. ORGANIGRAMA TECNICO

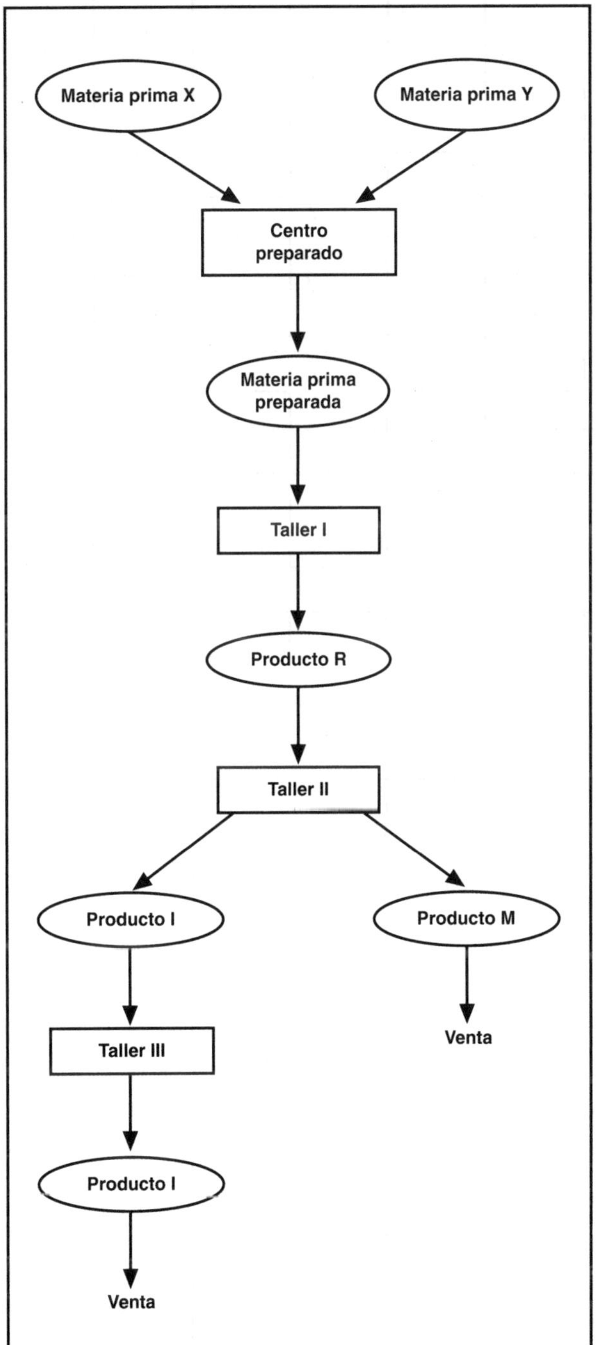


### 2. CUADRO DE REPARTO Y DE IMPUTACION

* *Separación componente fija y variable de los Servicios exteriores*

f → parte fija
v → parte variable unitaria

Tomamos los meses de abril y diciembre:

$$\left.\begin{array}{l} 29.050\ v + f = 190.250 \\ 28.375\ v + f = 186.875 \end{array}\right\} \quad \begin{array}{l} v = 5 \\ f = 45.000 \end{array}$$

Componente fija = 45.000
Componente variable = 135.000 – 45.000 = 90.000

* *Importe consumido de materias auxiliares*

| | |
|---|---|
| $E_i$: | 25.000 |
| Compras: | 125.000 |
| | 150.000 |
| $E_f$ | 12.500 |
| Consumido: | 137.500 |

* *Subreparto*

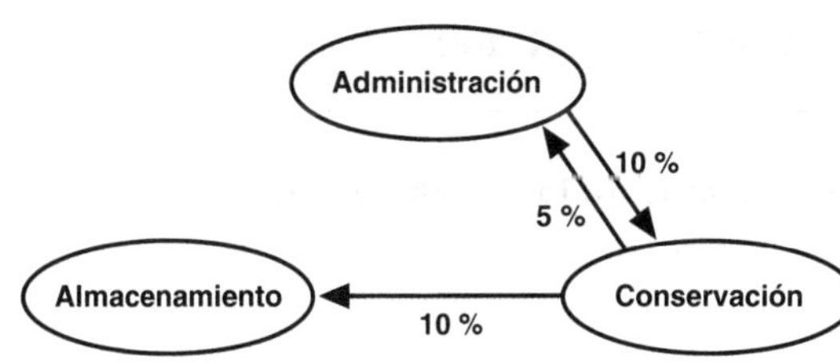


Total cargas administración: X
Total cargas conservación: Y

$$225.000 + 0,05\ Y = X \qquad \boxed{X = 240.000}$$

$$276.000 + 0,10\ X = Y \qquad \boxed{Y = 300.000}$$

Orden subreparto: 1.° Administración
2.° Conservación
3.° Almacenamiento

**Cuadro de reparto e imputación de cargas indirectas variables** (A rellenar por el alumno)

| Cargas por naturaleza | Total | Administración | Almacenamiento | Conservación | Compras | Preparación | Taller I | Taller II | Taller III | Distribución |
|---|---|---|---|---|---|---|---|---|---|---|
| Servicios exteriores | 90.000 | — | — | 90.000 | — | — | — | — | — | — |
| Transportes | 3.593.700 | 50.000 | 100.000 | 100.000 | 200.000 | 713.700 | 229.000 | 400.000 | 276.500 | 1.524.500 |
| Tributos | 400.000 | 15.000 | 5.000 | 26.000 | 30.000 | 50.000 | 50.000 | 99.000 | 50.000 | 75.000 |
| Otros gastos de gestión | 5.000.000 | — | 150.000 | 50.000 | 850.000 | 750.000 | 350.000 | 1.500.000 | 600.000 | 750.000 |
| Gastos financieros | 330.000 | 10.000 | 90.000 | 10.000 | 20.000 | 25.000 | 30.000 | 75.000 | 40.000 | 30.000 |
| I. P. materias auxiliares | 137.500 | — | — | — | — | — | — | — | 137.500 | — |
| Cargas supletorias | 150.000 | 150.000 | — | — | — | — | — | — | — | — |
| Total reparto primario | 9.701.200 | 225.000 | 345.000 | 276.000 | 1.100.000 | 1.538.700 | 659.000 | 2.074.0000 | 1.104.000 | 2.379.500 |
| | | (100) | — | 10 | 10 | 15 | 15 | 15 | 15 | 20 |
| Centro administración | | (240.000) | — | 24.000 | 24.000 | 36.000 | 36.000 | 36.000 | 36.000 | 48.000 |
| | | — | (100) | — | — | 30 | 20 | 30 | 20 | — |
| Centro almacenamiento | | — | (375.000) | — | — | 112.500 | 75.000 | 112.500 | 75.000 | — |
| | | 5 | 10 | (100) | — | 15 | 20 | 30 | 20 | — |
| Centro conservación | | 15.000 | 30.000 | (300.000) | — | 45.000 | 60.000 | 90.000 | 60.000 | — |
| Total reparto secundario | 9.701.200 | — | — | — | 1.124.000 | 1.732.200 | 830.000 | 2.312.500 | 1.275.000 | 2.427.500 |
| Unidad de obra | | | | | Kg materia prima comprados | Kg materia prima preparados | Productos R fabricados | h/m | Productos I fabricados | Pesetas vendidas |
| Número de unidades de obra | | | | | 400.000 | 390.000 | 52.000 | 9.250 | 15.000 | 121.375.000 |
| Coste unidad de obra | | | | | 2,81 | 4,44 | 15,96 | 250 | 85 | 0,02 |

## 3. PROCESO CONTABLE

| | | |
|---|---|---|
| **1. Recibo de los stocks existentes** | | |
| I. P. materia prima Y | 2.500.000 | |
| I. P. materias auxiliares | 25.000 | |
| I. P. producto R | 5.150.000 | |
| I. P. producto I | 7.200.000 | |
| I. P. producto M | 1.092.500 | |
| a Stock inicial reflejo | | 15.697.500 |
| x | | |
| **2. Recibo de las cargas con sus modalidades, reclasificación de las mismas y paso por los centros** | | |
| a) *Respecto a las compras* | | |
| Coste compra materia prima X | 41.250.000 | |
| Coste compra materia prima Y | 26.250.000 | |
| I. P. materias auxiliares | 125.000 | |
| a Compras reflejas | | 67.625.000 |

b) *Respecto a las cargas incorporables indirectas*

b.1) Reclasificación de las cargas indirectas en fijas y variables

| | | |
|---|---|---|
| Cargas indirectas fijas | 9.015.000 | |
| Cargas indirectas variables | 9.701.200 | |
| Cargas no incorporables | 75.000 | |
| a Gastos y dotaciones reflejos | | 18.503.700 |
| a I. P. materias auxiliares | | 137.500 |
| a Elementos supletorios incorporados | | 150.000 |

**Cuadro de reclasificación de las cargas indirectas en fijas y variables**

| | Total | Cargas variables | Cargas fijas | Cargas no incorporables |
|---|---|---|---|---|
| Servicios exteriores | 135.000 | 90.000 | 45.000 | — |
| Transportes | 3.593.700 | 3.593.700 | — | — |
| Tributos | 750.000 | 400.000 | 350.000 | — |
| Gastos de personal (MOI) | 7.500.000 | — | 7.500.000 | — |
| Otros gastos de gestión | 5.000.000 | 5.000.000 | — | — |
| Gastos financieros | 1.330.000 | 330.000 | 1.000.000 | — |
| Dotación amortizaciones | 120.000 | — | 120.000 | |
| Dotación provisiones | 75.000 | — | — | 75.000 |
| Cargas incorporables | 150.000 | 150.000 | — | |
| I. P. materias auxiliares | 137.500 | 137.500 | — | — |
| TOTALES | 18.791.200 | 9.701.200 | 9.015.000 | 750.000 |

b.2) Paso por los centros de las cargas indirectas variables

| | | |
|---|---|---|
| Centro de administración | 225.000 | |
| Centro de almacenamiento | 345.000 | |
| Centro de conservación | 276.000 | |
| Centro de compras | 1.100.000 | |
| Centro de preparado | 1.538.700 | |
| Taller I | 659.000 | |
| Taller II | 2.074.000 | |
| Taller III | 1.104.000 | |
| Centro de distribución | 2.379.500 | |
| a Cargas indirectas variables | | 9.701.200 |

b.3) Cesión de costes entre centros (subreparto)

| | | |
|---|---|---|
| Centro de administración | 15.000 | |
| Centro de almacenamiento | 30.000 | |
| Centro de conservación | 24.000 | |
| Centro de compras | 24.000 | |
| Centro de preparado | 193.500 | |
| Taller I | 171.000 | |
| Taller II | 238.500 | |
| Taller III | 171.000 | |
| Centro de distribución | 48.000 | |
| a Centro de administración | | 240.000 |
| a Centro de almacenamiento | | 375.000 |
| a Centro de conservación | | 300.000 |

x

**3. Determinación del coste de compra**

| | | |
|---|---|---|
| Coste compra materia prima X | 421.500 | |
| Coste compra materia prima Y | 702.500 | |
| a Centro compras | | 1.124.000 |

$$\text{Coste unitario kg comprado} = \frac{1.124.000}{400.000} = 2{,}81 \text{ pta./kg}$$

X = 150.000 kg × 2,81 pta./kg = 421.500
Y = 250.000 kg × 2,81 pta./kg = 702.500

Total 1.124.000

x

**4. Entrada de las compras en almacén**

| | | |
|---|---|---|
| I. P. materia prima X | 41.671.500 | |
| I. P. materia prima Y | 26.952.500 | |
| a Coste compra materia prima X | | 41.671.500 |
| a Coste compra materia prima Y | | 26.952.500 |

x

**5. Determinación del coste de producción**

5.1. *Coste de producción de la materia prima preparada*

5.1.1. Por los elementos directos (variables) del coste

| | | |
|---|---|---|
| Coste producción materia prima preparada | 64.567.800 | |
| Diferencia inventario | 694.525 | |
| a I. P. materia prima X (36.115.300 + 694.525) | | 36.809.825 |
| a I. P. materia prima Y | | 27.952.500 |
| a Gastos y dotaciones reflejos (MOD) | | 500.000 |

* MOD: 5.000 h/h a 100 pta./h = 500.000 pta.

| **FICHA DE I. P. MATERIA PRIMA X** | | | | **(LIFO)** | |
|---|---|---|---|---|---|
| Exist. inic.: | — | — | Consum. (1): | 130.000 kg × 277,81 pta./kg = | 36.115.300 |
| Compras: | 150.000 kg × 277,81 pta./kg = | 41.671.500 | Exis. final.: | 17.500 kg × 277,81 pta./kg = | 4.861.675 |
| | | | Dif. Inven.: | 2.500 kg × 277,81 pta./kg = | 694.525 |
| | 150.000 | 41.671.500 | | 150.000 | 41.671.500 |

(1) Los 390.000 kg fabricados de materia prima preparada, llevan incorporados 1/3 de materia prima X, es decir, 130.000 kg (390.000 × 1/3) y 2/3 de materia prima Y, es decir, 260.000 kg (390.000 × 2/3).

| **FICHA DE I. P. MATERIA PRIMA Y** | | | | **(LIFO)** | |
|---|---|---|---|---|---|
| Exist. inic.: | 25.000 kg × 100 pta./kg = | 2.500.000 | Consum.: | 250.000 kg × 107,81 pta./kg + | |
| Compras: | 250.000 kg × 107,81 pta./kg = | 26.952.500 | | + 10.000 kg × 100 pta./kg = | 27.952.500 |
| | | | Exis. final.: | 15.000 kg × 100 pta./kg = | 1.500.000 |
| | 275.000 | 29.452.500 | | 275.000 | 29.452.500 |

5.1.2. Por los elementos indirectos (variables) del coste

| | | |
|---|---|---|
| Coste producción materia prima preparada | 1.732.200 | |
| a Centro de preparado | | 1.732.200 |

Coste unitario producción materia prima preparada:

$$\frac{64.567.800 + 1.732.200}{390.000} = \frac{66.300.000}{390.0000} = 170 \text{ pta./kg}$$

La materia prima preparada no pasa por almacén, sino que pasa inmediatamente al taller I.

5.2. *Coste de producción del producto R*

5.2.1. Por los elementos directos (variables) del coste

| | | |
|---|---|---|
| Coste producción de producto R | 67.550.000 | |
| a Coste producción de materia prima preparada | | 66.300.000 |
| a Gastos y dotaciones reflejos (MOD) | | 1.250.000 |

* MOD: 12.500 h/h a 100 pta./h = 1.250.000

| | | |
|---|---|---|
| * Al llevar cada unidad de producto R incorporado 7 kg de materia prima preparada, ello quiere decir que en el proceso de fabricación hay, por tanto, una merma de 26.000 kg [(390.000 – (52.000 × 7)] que representa un 6,66 por 100 del total. | | |
| ——————— ——————— | | |
| 5.2.2. Por los elementos indirectos (variables) del coste | | |
| Coste producción de producto R | 830.000 | |
| a Taller I | | 830.000 |
| ——————— ——————— | | |
| 5.2.3. Entrada en almacén de productos R | | |
| I. P. productos R | 68.380.000 | |
| a Coste producción producto R | | 68.380.000 |
| Coste unitario fabricación producto R | | |
| $$\frac{68.380.000}{52.000} = 1.315 \text{ pta./unid}$$ | | |
| ——————— ——————— | | |
| 5.3. *Coste de producción productos I y M* | | |
| 5.3.1. Por los elementos directos (variables) del coste | | |
| Coste producción productos I | 43.700.000 | |
| Coste producción productos M | 29.300.000 | |
| a I. P. productos R | | 64.500.000 |
| a Gastos y dotaciones reflejos (MOD) | | 8.500.000 |

| | Productos I | Productos M | Total |
|---|---|---|---|
| I. P. productos R | 30.000 un × 1.290 pta.<br>38.700.000 | 20.000 un × 1.290 pta.<br>25.800.000 | 64.500.000 |
| Gastos y dotaciones reflejos (MOD) | 50.000 h/h × 100 pta.<br>5.000.000 | 35.000 h/h × 100 pta.<br>3.500.000 | 8.500.000 |
| Total elementos directos | 43.700.000 | 29.300.000 | 73.000.000 |
| Taller II | 5.500 h/m × 250 pta.<br>1.375.000 | 3.750 h/m × 250 pta.<br>937.500 | 2.312.500 |
| Taller III | 1.275.000 | — | 1.275.000 |
| Total elementos indirectos | 2.650.000 | 937.500 | 3.587.500 |
| Total coste producción | 46.350.000 | 30.237.500 | 76.587.500 |

**FICHA I. P. PRODUCTOS R**

| | | | | | |
|---|---|---|---|---|---|
| Exist. inic.: | 5.000 unid × 1.030 pta./unid = | 5.150.000 | Consumido: | | |
| Fabricación: | 52.000 unid × 1.315 pta./unid = | 68.380.000 | Producto I: | 30.000 unid × 1.290 pta./unid = | 38.700.000 |
| | | | Producto M: | 20.000 unid × 1.290 pta./unid = | 25.800.000 |
| | | | Exis. final.: | 7.000 unid × 1.290 pta./unid = | 9.030.000 |
| | 57.000 | 73.530.000 | | 57.000 | 73.530.000 |

$$\text{Coste medio ponderado: } \frac{73.530.000}{57.000} = 1.290 \text{ pta.}$$

---

5.3.2. Por los elementos indirectos (variables) del coste

| | | |
|---|---|---|
| Coste producción de productos I | 2.650.000 | |
| Coste producción de productos M | 937.500 | |
| a Taller II | | 2.312.500 |
| a Taller III | | 1.275.000 |

——— x ———

**6. Entrada en almacén de productos terminados**

| | | |
|---|---|---|
| I. P. productos I | 46.350.000 | |
| I. P. productos M | 30.237.500 | |
| a Coste producción productos I | | 46.350.000 |
| a Coste producción productos M | | 30.237.500 |

Coste unitario de fabricación:

— Productos I: $\frac{46.350.000}{15.000}$ = 3.090 pta./unidad

— Productos M: $\frac{30.237.500}{12.500}$ = 2.419 pta./unidad

——— x ———

**7. Determinación del coste final**

| | | |
|---|---|---|
| Coste final de productos I | 51.382.500 | |
| Coste final de productos M | 27.280.000 | |
| a I. P. productos I | | 49.725.000 |
| a I. P. productos M | | 26.510.000 |
| a Centro de distribución | | 2.427.500 |

* Centro de distribución:

$\frac{2.427.000}{121.375.000}$ = 0,02

I: 0,02 × 82.875.000 = 1.657.500

M: 0,02 × 38.500.000 = 770.000

2.427.500

**FICHA I. P. PRODUCTOS I**

| | | | | | |
|---|---|---|---|---|---|
| Exist. inic.: | 2.500 unid × 2.880 pta./unid = | 7.200.000 | Ventas: | 16.250 unid × 3.060 pta./unid = | 49.725.000 |
| Fabricación: | 15.000 unid × 3.090 pta./unid = | 46.350.000 | Exis. final.: | 1.250 unid × 3.060 pta./unid = | 3.825.000 |
| | 17.500 | 53.550.000 | | 17.500 | 53.550.000 |

Coste medio ponderado: $\frac{53.550.000}{17.500}$ = 3.060 pta.

**FICHA I. P. PRODUCTOS M**

| | | | | | |
|---|---|---|---|---|---|
| Exist. inic.: | 500 unid × 2.185 pta./unid = | 1.092.500 | Ventas: | 11.000 unid × 2.410 pta./unid = | 26.510.000 |
| Fabricación: | 12.500 unid × 2.419 pta./unid = | 30.237.500 | Exis. final.: | 2.000 unid × 2.410 pta./unid = | 4.820.000 |
| | 13.000 | 31.330.000 | | 13.000 | 31.330.000 |

Coste medio ponderado: $\frac{31.330.000}{13.000}$ = 2.410 pta.

——— x ———

**8. Determinación de los resultados analíticos**

**Primer conjunto**

a) *Registro de los costes*

| | | |
|---|---|---|
| Margen bruto productos I | 51.382.500 | |
| Margen bruto productos M | 27.280.000 | |
| a Coste final productos I | | 51.382.500 |
| a Coste final productos M | | 27.280.000 |

b) *Registro de ventas*

| | | |
|---|---|---|
| Productos explotación reflejos | 121.550.000 | |
| a Margen bruto productos I | | 82.875.000 |
| a Margen bruto productos M | | 38.500.000 |
| a Productos de explotación no incorporables (1) | | 175.000 |

(1) Surge como consecuencia de que la empresa ha obtenido, fuera de factura, un descuento por pronto pago de 125.000 pesetas, y unos ingresos accesorios a la explotación de 50.000 pesetas. Ambos son irrelevantes a efectos del proceso de los costes y se consideran como no incorporables.

c) *Reagrupación de márgenes brutos*

| | | |
|---|---|---|
| Margen bruto productos I | 31.492.500 | |
| Margen bruto producto M | 11.220.000 | |
| a Margen bruto explotación | | 42.712.500 |

d) *Determinación del Margen neto de la empresa*

| | | |
|---|---|---|
| Margen bruto explotación | 42.712.500 | |
| a Cargas indirectas fijas | | 9.015.000 |
| a Margen neto | | 33.697.500 |

**Segundo conjunto**

*Agregación de todas las cuentas de diferencias de incorporación*

| | | |
|---|---|---|
| Elementos supletorios incorporados | 150.000 | |
| Productos de explotación no incorporables | 175.000 | |
| Saldo cuentas diferencias incorporación | 444.525 | |
| a Cargas no incorporables | | 75.000 |
| a Diferencias de inventario | | 694.525 |

| | | |
|---|---|---|
| **Tercer conjunto** | | |
| *Entrada de todos los resultados ajenos a la explotación normal y corriente* | | |
| Resultados reflejos ajenos a la explotación | 100.000 | |
| a Saldo sobre pérdidas y ganancias | | 100.000 |
| * Por el beneficio de la cartera de valores. | | |
| Saldos sobre pérdidas y ganancias | 202.975 | |
| a Resultados reflejos ajenos a la explotación | | 202.975 |
| * Por la pérdida del incendio de la oficina. | | |
| ——— ——— | | |
| **Presentación de una única cuenta de resultados analíticos** | | |
| Margen neto | 33.697.500 | |
| a Saldo cuentas diferencias incorporación | | 444.525 |
| a Saldo sobre pérdidas y ganancias | | 102.975 |
| a RESULTADOS DE LA CONTABILIDAD DE COSTES | | 33.150.000 |
| ——— x ——— | | |

**Balance analítico**

| CUENTAS | SALDOS | |
|---|---|---|
| | **Debe** | **Haber** |
| Stock inicial reflejo | | 15.697.500 |
| Compras reflejas | | 67.625.000 |
| Gastos y dotaciones reflejos | | 28.753.700 |
| Productos explotación reflejos | 121.550.000 | |
| Resultados reflejos ajenos a la explotación | | 102.975 |
| I. P. materia prima X | 4.861.675 | |
| I. P. materia prima Y | 1.500.000 | |
| I. P. materias auxiliares | 12.500 | |
| I. P. productos R | 9.030.000 | |
| I. P. productos I | 3.825.000 | |
| I. P. productos M | 4.820.000 | |
| RESULTADOS DE LA CONTABILIDAD DE COSTES | | 33.150.000 |
| TOTALES | 145.599.175 | 145.599.175 |

# El Direct Costing Perfeccionado

CASO 35. **Estructura contable. Etapas del proceso contable. Punto muerto, margen de seguridad y ratio B/V**

CASO 36. **Plan de cuentas completo. Proceso contable del Direct Costing Perfeccionado**

CASO 37. **Elaboración del cuadro de «Resultados analíticos por márgenes», para calcular el punto muerto, margen de seguridad y ratio B/V para cada producto**

**CASO 35**

Proceso técnico muy simple, con dos productos, para centrar la atención, tanto en la **estructura contable** que se necesita, como en las **etapas del proceso contable** para captar el movimiento interno de valores por el Direct Costing Perfeccionado. Los cálculos y análisis del **punto muerto, margen de seguridad y ratio B/V** para cada producto aparecen como consecuencia del proceso contable seguido.

## I. ORGANIZACION TECNICO-ECONOMICA

La empresa CpN (Camas para niños) produce, para una empresa comercial, dos tipos de camas, cama normal y cama de litera.

La cama normal (que llamaremos artículo A) y la cama de litera (que llamaremos artículo B) se elaboran con dos tipos diferentes de tablones de pino.

La empresa tiene dividida su actividad en tres centros principales: Compras, Producción y Distribución.

## II. DATOS COMUNES A CONTABILIDAD GENERAL Y A LA DE COSTES

a) *Compras.* Tablones para A: 370.000 pesetas, y para B: 462.500 pesetas.
b) *Gastos por naturaleza.* Para mayor simplificación, se dan los gastos por naturaleza a través del cuadro de reparto de estas cargas entre los centros.
c) *Ventas del período.* 8.000 artículos A a 238,75 pesetas/unidad = 1.910.000 pesetas; y 8.000 artículos B a 322,25 pta./unid. = 2.578.000 pesetas.

## III. INFORMACION SOBRE EL REPARTO DE CARGAS POR NATURALEZA POR CENTROS

a) El *reparto primario* de las cargas por naturaleza en cargas por centros se recoge, resumido, en el siguiente cuadro:

| Cargas por naturaleza | Totales | Compras | Producción | Distribución |
|---|---|---|---|---|
| Total ........ | 3.267.500 | 67.500 | 2.480.000 | 720.000 |

b) La *reclasificación de las cargas*, en fijas y variables, se hace a nivel de los centros, según el siguiente cuadro:

| Cargas por centros | Totales | Cargas fijas | Cargas variables |
|---|---|---|---|
| Compras ......... | 67.500 | — | 67.500 |
| Producción ..... | 2.480.000 | 700.000 | 1.780.000 |
| Distribución ... | 720.000 | 400.000 | 320.000 |
| TOTAL ............ | 3.267.500 | 1.100.000 | 2.167.500 |

c) El *cuadro de imputación de las cargas variables* a los productos es el siguiente:

| Cargas variables | Totales | Artículo A | Artículo B |
|---|---|---|---|
| Centro compras ....... | 67.500 | 30.000 | 37.500 |
| Centro producción .. | 1.780.000 | 710.000 | 1.070.000 |
| Centro distribución . | 320.000 | 120.000 | 200.000 |
| TOTAL ...................... | 2.167.500 | 860.000 | 1.307.500 |

d) El *cuadro de imputación de las cargas fijas* a los productos es el siguiente:

| Cargas fijas | Totales | Comunes | Propias | Artículo A | Artículo B |
|---|---|---|---|---|---|
| Producción | 700.000 | 300.000 | 400.000 | 150.000 | 250.000 |
| Distribución | 400.000 | 180.000 | 220.000 | 100.000 | 120.000 |
| TOTAL | 1.100.000 | 480.000 | 620.000 | 250.000 | 370.000 |

## IV. DATOS DE FABRICACION

a) No hay producción en curso ni al principio ni al final del período. Los artículos fabricados se expiden inmediatamente al cliente.
b) El coste de la *mano de obra directa* a los artículos (comprendidas las cargas sociales) ha sido de 120.000 pesetas para el artículo A y de 160.000 pesetas para el artículo B.
c) No existe ningún tipo de *existencias finales.*

SE PIDE:

a) Realizar las anotaciones contables que procedan en el diario de Contabilidad de Costes para captar el movimiento interno de valores de la empresa CpN, siguiendo el método del coste variable perfeccionado.
b) Presentar la cuenta de resultados analíticos por márgenes.
c) Calcular el punto muerto, el margen de seguridad y el ratio B/V para los artículos A y B.

## SOLUCION CASO 35

### I. PROCESO TECNICO

El proceso técnico de esta empresa es muy simple para centrar la atención tanto en la estructura y proceso contable del Direct Costing Perfeccionado, como en los cálculos y análisis del punto muerto, margen de seguridad, etc., por productos, que aparecen entroncados y se derivan del proceso contable del Direct Costing Perfeccionado.

El proceso técnico, en este caso, correspondería al gráfico siguiente:

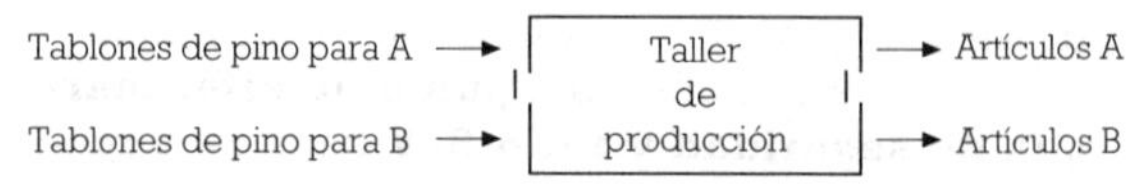


### II. PROCESO CONTABLE

| | | |
|---|---|---|
| **1. Recibo de los stocks existentes** | | |
| No procede realizar asiento, ya que no hay existencias iniciales. | | |
| ——— x ——— | | |
| **2. Recibo de las cargas con sus modalidades, reclasificación de las mismas y paso por los centros de actividad** | | |
| a) *Respecto a las compras* | | |
| Coste de compras de tablones para A | 370.000 | |
| Coste de compras de tablones para B | 462.500 | |
| a Compras reflejas | | 832.500 |
| ——— ——— | | |
| b) *Respecto del resto de las cargas incorporables* | | |
| b.1) *Reclasificación de las cargas indirectas en fijas y variables (propias y comunes)* | | |
| Cargas variables | 2.167.500 | |
| Cargas fijas propias | 620.000 | |
| Cargas fijas comunes | 480.000 | |
| a Gastos y dotaciones reflejos | | 3.267.500 |
| ——— ——— | | |
| b.2) *Paso por los centros de las cargas variables* | | |
| Centro de compras | 67.500 | |
| Centro de producción | 1.780.000 | |
| Centro de distribución | 320.000 | |
| a Cargas variables | | 2.167.500 |
| ——— x ——— | | |

**3. Determinación del coste de compra**

| | | |
|---|---|---|
| Coste de compras de tablones para A | 30.000 | |
| Coste de compras de tablones para B | 37.500 | |
| a Centro de compras | | 67.500 |

x

**4. Entrada de las compras en almacén**

| | | |
|---|---|---|
| Inventario permanente de tablones para A | 400.000 | |
| Inventario permanente de tablones para B | 500.000 | |
| a Coste de compras de tablones para A | | 400.000 |
| a Coste de compras de tablones para B | | 500.000 |

x

**5. Determinación del coste de producción**

5.1. *Coste variable de producción artículo A*

| | | |
|---|---|---|
| Coste variable de producción artículo A | 1.230.000 | |
| a Inventario permanente tablones para A | | 400.000 |
| a Gastos y dotaciones reflejos (MOD) | | 120.000 |
| a Centro de producción | | 710.000 |

5.2. *Coste variable de producción artículo B*

| | | |
|---|---|---|
| Coste variable de producción artículo B | 1.730.000 | |
| a Inventario permanente tablones para B | | 500.000 |
| a Gastos y dotaciones reflejos (MOD) | | 160.000 |
| a Centro de producción | | 1.070.000 |

x

**6. Entrada en almacén de productos terminados**

| | | |
|---|---|---|
| Inventario permanente artículos A | 1.230.000 | |
| Inventario permanente artículos B | 1.730.000 | |
| a Coste variable de producción artículo A | | 1.230.000 |
| a Coste variable de producción artículo B | | 1.730.000 |

x

**7. Determinación del coste final variable**

| | | |
|---|---|---|
| Coste final variable artículo A | 1.350.000 | |
| Coste final variable artículo B | 1.930.000 | |
| a Inventario permanente artículos A | | 1.230.000 |
| a Inventario permanente artículos B | | 1.730.000 |
| a Centro de distribución | | 320.000 |

———— x ————

**8. Determinación de los resultados analíticos**

**Primer conjunto**

a) *Registro del coste final*

| | | |
|---|---|---|
| Margen bruto artículo A | 1.350.000 | |
| Margen bruto artículo B | 1.930.000 | |
| a Coste final variable artículo A | | 1.350.000 |
| a Coste final variable artículo B | | 1.930.000 |

———— ————

b) *Registro de las ventas*

| | | |
|---|---|---|
| Productos de explotación reflejos | 4.488.000 | |
| a Margen bruto artículo A | | 1.910.000 |
| a Margen bruto artículo B | | 2.578.000 |

———— ————

c) *Determinación del Margen semibruto*

| | | |
|---|---|---|
| Margen bruto artículo A | 560.000 | |
| a Cargas fijas propias | | 250.000 |
| a Margen semibruto artículo A | | 310.000 |
| Margen bruto artículo B | 648.000 | |
| a Cargas fijas propias | | 370.000 |
| a Margen semibruto artículo B | | 278.000 |

———— ————

d) *Determinación del Margen neto de la empresa*

| | | |
|---|---|---|
| Margen semibruto artículo A | 310.000 | |
| Margen semibruto artículo B | 278.000 | |
| a Cargas fijas comunes | | 480.000 |
| a Margen neto | | 108.000 |

———— ————

| | | |
|---|---|---|
| **Segundo conjunto** | | |
| No procede. | | |
| ——— ——— | | |
| **Tercer conjunto** | | |
| *Determinación del Resultado de la Contabilidad de Costes* | | |
| Margen neto | 108.000 | |
| a RESULTADOS DE LA CONTABILIDAD DE COSTES | | 108.000 |
| ——— x ——— | | |

**Balance analítico**

| CUENTAS | SALDOS | |
|---|---|---|
| | Deudor | Acreedor |
| Compras reflejas | | 832.500 |
| Gastos y dotaciones reflejos | | 3.547.500 |
| Productos de explotación reflejos | 4.488.000 | |
| RESULTADOS DE LA CONTABILIDAD DE COSTES | | 108.000 |
| TOTALES | 4.488.000 | 4.488.000 |

| | | |
|---|---|---|
| **9. Cierre de la Contabilidad de Costes** | | |
| Compras reflejas | 832.500 | |
| Gastos y dotaciones reflejos | 3.547.500 | |
| RESULTADOS DE LA CONTABILIDAD DE COSTES | 108.000 | |
| a Productos de explotación reflejos | | 4.488.000 |
| ——— x ——— | | |

## III. PUNTO MUERTO, MARGEN DE SEGURIDAD Y RATIO B/V

Sabemos que cuando tiene sentido hablar del punto muerto es por producto; es decir, en la etapa del cálculo del margen semibruto, que nos permitirá hablar de **contribución neta por producto**. Para ello es conveniente elaborar la cuenta de resultados analíticos por márgenes; es decir, la cuenta de resultados intermedios, según un orden lógico de importancia significativa para el análisis de las decisiones de la empresa, que en este caso sería la siguiente:

**Resultados analíticos por márgenes**

| Conceptos | Artículo A | Artículo B | Total |
|---|---|---|---|
| Ingresos de las ventas | 1.910.000 | 2.578.000 | 4.488.000 |
| Coste variable de producción<br>Coste variable de distribución | 1.230.000<br>120.000 | 1.730.000<br>200.000 | 2.960.000<br>320.000 |
| Coste final variable | 1.350.000 | 1.930.000 | 3.280.000 |
| MARGEN BRUTO | 560.000 | 648.000 | 1.208.000 |
| Cargas fijas propias | 250.000 | 370.000 | 620.000 |
| MARGEN SEMIBRUTO | 310.000 | 278.000 | 588.000 |
| Cargas fijas comunes | | | 480.000 |
| MARGEN NETO DE LA EMPRESA | | | 108.000 |

### a) Punto muerto o umbral de rentabilidad

Al tratarse de una empresa que produce y vende dos artículos; el punto muerto adquiere su significado por artículo.

Como en el punto muerto se tiene que dar que no haya ni beneficios ni pérdidas, quiere decirse que en ese punto se tiene que cumplir «que los ingresos totales sean iguales a los costes totales».

Es decir:

$$I = C \rightarrow x\,p = C_v + C_f \rightarrow x\,p = a\,x + C_f \rightarrow$$
$$\rightarrow x\,p - a\,x = C_f \rightarrow x\,(p - a) = C_f$$

de donde:

$$x = \frac{C_f}{p - a}$$

Siendo p = precio de venta unitario y a = coste final variable unitario, resulta que p – a es igual al margen bruto unitario.

— Para el artículo A:

$C_f$ = 250.000 pta.

$MB_u$ = 238,75 – 168,75 = 70 pta.

$$\text{Punto muerto} = \frac{250.000}{70} = 3.571{,}43 \text{ unidades}$$

3.571,43 unid. × 238,75 pta./unid. = 852.679 pta.

En este punto se cumple → I = C, siendo $C = C_v + C_f$

I = 5.285,7142 unid. × 238,75 pta./unid.
= 1.261.964,2 pta.

C = 5.285,7142 unid. × 168,75 pta./unid. +
+370.000 pta. = 1.261.964,2 pta.

— Para el artículo B:

$C_f$ = 370.000 pta.

$MB_u$ = 322,25 – 241,25 = 81 pta.

$$\text{Punto muerto} = \frac{370.000}{81} = 4.568 \text{ unidades}$$

4.568 unid. × 322,25 pta./unid. = 1.472.038 pta.

En este punto se cumple, igual que para el artículo A:

- — Que los ingresos totales son iguales a los costes totales → I = C.
- — Que el beneficio es igual a cero → B = 0.
- — Que la contribución global o margen bruto es igual a los costes fijos → $MB = C_f$.

Para esta última igualdad ($MB = C_f$) los datos serían:

$MB_u \cdot x = C_f$; → $81_{pt} \cdot x$ = 370.000 pta;
x= 370.000 pta: $81_p$ = 4.568 u.

### b) Margen de seguridad

Como sabemos, es el volumen de ventas menos el volumen de producción correspondiente al punto muerto.

— Para el artículo A:

8.000 unid. – 3.571,43 unid. = 4.428,57 unid.

4.428,57 unid. × 238,75 pta./unid = 1.057.321 pta.

(Obtenido a través de precio por unidad.)

— Para el artículo B:

8.000 unid. – 4.568 unid. = 3.432 unid.

2.578,000 – 1.472.038 = 1.105.962 pta.

(Obtenido directamente en pesetas de venta.)

**c) Ratio B/V**

Es igual al beneficio neto del producto, dividido por el volumen de ventas que supera al volumen de ventas correspondiente a su punto muerto. En otras palabras, es igual al margen semibruto del producto, dividido por su margen de seguridad y expresado en porcentajes.

— Para el artículo A:

$$\frac{\text{Margen semibruto}}{\text{Margen seguridad}} \times 100 = \frac{310.000}{1.057.321} \times 100 = 29{,}32\%$$

A partir de su contribución unitaria:

$$\frac{p-a}{p} = \frac{70}{238{,}75} = 29{,}32\%$$

— Para el artículo B:

$$\frac{\text{Margen semibruto}}{\text{Margen seguridad}} \times 100 = \frac{278.000}{1.105.962} \times 100 = 25\%$$

A partir de su contribución unitaria:

$$\frac{p-a}{p} = \frac{81}{322{,}25} = 25\%$$

## CASO 36

Siguiendo un **plan de cuentas completo** se desarrolla el **proceso contable** a través **del Direct Costing Perfeccionado** en una empresa que trabaja tres productos y tiene tres centros de actividad.

## I. ORGANIZACION ECONOMICA

Una empresa industrial fabrica tres productos denominados $PF_1$, $PF_2$ y $PF_3$

Respecto a su organización económica, la empresa aparece dividida en tres centros principales (Compras, Producción y Distribución) y un centro auxiliar (Administración).

## II. ORGANIZACION CONTABLE

La empresa tiene establecido un modelo contable que en su parte analítica está basada en el método del «coste variable perfeccionado», siendo su plan de cuentas el siguiente:

90. CUENTAS REFLEJAS
 - 903. Stock inicial reflejo.
 - 905. Compras reflejas.
 - 906. Gastos y dotaciones reflejos.
 - 907. Productos de explotación reflejos.

91. CUENTAS DE RECLASIFICACION DE CARGAS
 - 910. Cargas variables.
 - 911. Cargas fijas propias.
 - 912. Cargas fijas comunes.

92. CUENTAS DE CENTROS DE ACTIVIDAD
 - 920. Centro de compras.
 - 921. Centro de administración.
 - 922. Centro de producción.
 - 923. Centro de distribución.

93. CUENTAS DE COSTES DE PRODUCCION Y COSTES FINALES
 - 930. Coste de compra de materia prima.
 - 931. Coste variable de producción ........ $PF_1$
   - 9310. Coste variable indirecto ........ $PF_1$
   - 9311. Coste variable directo ........ $PF_1$
 - 932. Coste variable de producción ........ $PF_2$
   - 9320. Coste variable indirecto ........ $PF_2$
   - 9321. Coste variable directo ........ $PF_2$
 - 933. Coste variable de producción ........ $PF_3$
   - 9330. Coste variable indirecto ........ $PF_3$
   - 9331. Coste variable directo ........ $PF_3$
 - 937. Coste final.
   - 9370. Coste final variable ........ $PF_1$
   - 9371. Coste final variable ........ $PF_2$
   - 9372. Coste final variable ........ $PF_3$

94. CUENTAS DE INVENTARIO PERMANENTE
 - 940. I. P. de materia prima.
 - 941. I. P. de productos terminados ........ $PF_1$
 - 942. I. P. de productos terminados ........ $PF_2$
 - 943. I. P. de productos terminados ........ $PF_3$

98. RESULTADOS DE LA CONTABILIDAD DE COSTES
 - 980. Margen bruto de explotación.
   - 9800. Margen bruto de ........ $PF_1$
   - 9801. Margen bruto de ........ $PF_2$
   - 9802. Margen bruto de ........ $PF_3$
 - 981. Margen semibruto de explotación.
   - 9810. Margen semibruto de ........ $PF_1$
   - 9811. Margen semibruto de ........ $PF_2$
   - 9812. Margen semibruto de ........ $PF_3$
 - 982. Margen neto o resultado de explotación analítico

## III. DATOS COMUNES DE LA CONTABILIDAD GENERAL Y LA CONTABILIDAD DE COSTES

Los datos que constituyen la situación de partida de la Contabilidad de Costes son los siguientes:

1. *Existencias iniciales.* El «stock» de materias primas al comienzo del ejercicio es de 300.000 pesetas y el de productos terminados de 700.000 pesetas, correspondientes a $PF_1$.
2. *Compras.* Las compras de materias primas ascendieron a 1.500.000 pesetas.
3. *Gastos por naturaleza*

| | Pesetas |
|---|---|
| — Servicios exteriores | 1.200.000 |
| — Transportes | 200.000 |
| — Tributos | 100.000 |
| — Gastos de personal | 2.500.000 |
| — Otros gastos de gestión | 200.000 |
| — Gastos financieros | 100.000 |
| — Dotación a amortizaciones | 700.000 |

4. *Ventas.* Se han vendido:

| | |
|---|---|
| 8.000 unidades de $PF_1$ por | 1.600.000 |
| 8.000 unidades de $PF_2$ por | 2.400.000 |
| 8.000 unidades de $PF_3$ por | 3.200.000 |
| Total de ventas | 7.200.000 |

## IV. INFORMACION SOBRE EL REPARTO DE LAS CARGAS POR NATURALEZA ENTRE LOS CENTROS

1. *El reparto primario de las cargas por naturaleza* en cargas por centros se recoge en el siguiente cuadro:

**Cuadro de reclasificación de las cargas por naturaleza en cargas por centros**

| Cargas por naturaleza | Centros | | | | |
|---|---|---|---|---|---|
| | Totales | Compra | Administración | Producción | Distribución |
| Servicios exteriores | 1.200.000 | — | 100.000 | 1.000.000 | 100.000 |
| Transportes | 200.000 | 100.000 | — | — | 100.000 |
| Tributos | 100.000 | — | 20.000 | 80.000 | — |
| Gastos de personal | 2.500.000 | — | 250.000 | 2.000.000 | 250.000 |
| Otros gastos de gestión | 200.000 | — | 100.000 | 20.000 | 80.000 |
| Gastos financieros | 100.000 | — | 100.000 | — | — |
| Dotación a amortizaciones | 700.000 | — | 50.000 | 600.000 | 50.000 |
| TOTALES | 5.000.000 | 100.000 | 620.000 | 3.700.000 | 580.000 |

2. *La reclasificación de las cargas, en fijas y variables*, se hace a nivel de los centros, según el siguiente cuadro:

| Cargas de los centros | Total | Cargas fijas | Cargas variables |
|---|---|---|---|
| Compras | 100.000 | — | 100.000 |
| Administración | 620.000 | 620.000 | — |
| Producción | 3.700.000 | 700.000 | 3.000.000 |
| Distribución | 580.000 | 280.000 | 300.000 |
| TOTALES | 5.000.000 | 1.600.000 | 3.400.000 |

3. *El cuadro de imputación de las cargas variables* a los productos es el siguiente:

| Cargas variables | Total | $PF_1$ | $PF_2$ | $PF_3$ |
|---|---|---|---|---|
| Centro de producción | 3.000.000 | 710.000 | 1.070.000 | 1.220.000 |
| Centro de distribución | 300.000 | 60.000 | 100.000 | 140.000 |

4. *El cuadro de imputación de las cargas fijas* a los productos es el siguiente:

| Cargas fijas | Total | Comunes | Propias | $PF_1$ | $PF_2$ | $PF_3$ |
|---|---|---|---|---|---|---|
| Centro de administración | 620.000 | 620.000 | — | — | — | — |
| Centro de producción | 700.000 | 350.000 | 350.000 | 75.000 | 125.000 | 150.000 |
| Centro de distribución | 280.000 | 120.000 | 160.000 | 40.000 | 40.000 | 80.000 |
| TOTALES | 1.600.000 | 1.090.000 | 510.000 | 115.000 | 165.000 | 230.000 |

## V. INFORMACION SOBRE LAS CARGAS DIRECTAS A LOS PRODUCTOS

1. El importe de la *materia prima consumida* por cada uno de los productos es el siguiente:

| | Pesetas |
|---|---|
| $PF_1$ | 400.000 |
| $PF_2$ | 500.000 |
| $PF_3$ | 800.000 |
| | 1.700.000 |

2. Las existencias finales de materias primas ascienden a 200.000 pesetas y la de productos terminados a 600.000 pesetas, correspondientes a $PF_1$.

SE PIDE:

1. Hacer las anotaciones contables que proceden en la Contabilidad de Costes para captar el movimiento interno de valores de la empresa, siguiendo el método del coste variable perfeccionado, que recoge su plan de cuentas.

## SOLUCION CASO 36

### PROCESO CONTABLE

| | | | | |
|---|---|---|---|---|
| | | **1. Recibo de los stocks existentes** | | |
| 940 | | Inventario permanente de materias primas | 300.000 | |
| 941 | | Inventario permanente de productos terminados | 700.000 | |
| | 903 | a Stock inicial reflejo | | 1.000.000 |
| | | ——— x ——— | | |
| | | **2. Recibo de las cargas con sus modalidades, reclasificación de las mismas y paso por los centros** | | |
| | | a) *Respecto de las compras* | | |
| 930 | | Coste de compra de materia prima | 1.500.000 | |
| | 905 | a Compras reflejas | | 1.500.000 |
| | | ——— ——— | | |
| | | b) *Respecto del resto de las cargas incorporables* | | |
| | | b.1) *«Reclasificación en fijas y variables»* | | |
| 910 | | Cargas variables | 3.400.000 | |
| 911 | | Cargas fijas propias | 510.000 | |
| 912 | | Cargas fijas comunes | 1.090.000 | |
| | 906 | a Gastos y dotaciones reflejos | | 5.000.000 |
| | | * s/cuadro de reclasificación (Enunciado IV.2 y IV.4). | | |
| | | ——— ——— | | |

| | | | | |
|---|---|---|---|---|
| | | b.2) *«Paso por los centros de las cargas variables»* | | |
| 920 | | Centro de compras | 100.000 | |
| 921 | | Centro de producción | 3.000.000 | |
| 923 | | Centro de distribución | 300.000 | |
| | 910 | a Cargas variables | | 3.400.000 |
| | | ——— x ——— | | |
| | | **3. Determinación del coste de compra** | | |
| 930 | | Coste de compra de materias primas | 100.000 | |
| | 920 | a Centro de compras | | 100.000 |
| | | ——— x ——— | | |
| | | **4. Entrada en almacén de las compras** | | |
| 940 | | Inventario permanente de materias primas | 1.600.000 | |
| | 930 | a Coste de compras de materias primas | | 1.600.000 |
| | | ——— x ——— | | |
| | | **5. Determinación del coste de producción** | | |
| | | a) *Respecto del producto terminado $PF_1$* | | |
| 9310 | | Coste variable indirecto $PF_1$ | 710.000 | |
| | 922 | a Centro de producción | | 710.000 |
| | | * s/cuadro de imputación de las cargas variables (Enunciado IV.3). | | |
| | | ——— ——— | | |
| 9311 | | Coste variable directo $PF_1$ | 400.000 | |
| | 940 | a Inventario permanente de materias primas | | 400.000 |
| | | * Por la materia prima consumida por el producto $PF_1$ (Enunciado V.1). | | |
| | | ——— ——— | | |
| 931 | | Coste variable de producción $PF_1$ | 1.110.000 | |
| | 9310 | a Coste variable indirecto $PF_1$ | | 710.000 |
| | 9311 | a Coste variable directo $PF_1$ | | 400.000 |
| | | * Cálculo del coste variable de producción del producto $PF_1$, por la agregación de los costes variables indirectos y directos. | | |
| | | ——— ——— | | |

| | | | | |
|---|---|---|---|---|
| | | b) *Respecto del producto terminado $PF_2$* | | |
| 9320 | | Coste variable indirecto $PF_2$ | 1.070.000 | |
| | 922 | a Centro de producción | | 1.070.000 |
| | | * s/cuadro de imputación de las cargas variables (Enunciado IV.3). | | |
| 9321 | | Coste variable directo $PF_2$ | 500.000 | |
| | 940 | a Inventario permanente de materias primas | | 500.000 |
| | | * Por la materia prima consumida por el producto $PF_2$ (Enunciado V.1). | | |
| 932 | | Coste variable de producción $PF_2$ | 1.570.000 | |
| | 9320 | a Coste variable indirecto $PF_2$ | | 1.070.000 |
| | 9321 | a Coste variable directo $PF_2$ | | 500.000 |
| | | * Cálculo del coste variable de producción del producto $PF_2$, por la agregación de los costes variables indirectos y directos. | | |
| | | c) *Respecto del producto terminado $PF_3$* | | |
| 9330 | | Coste variable indirecto $PF_3$ | 1.220.000 | |
| | 922 | a Centro de producción | | 1.220.000 |
| | | * s/cuadro de imputación de las cargas variables (Enunciado IV.3). | | |
| 9331 | | Coste variable directo $PF_3$ | 800.000 | |
| | 940 | a Inventario permanente de materias primas | | 800.000 |
| | | * Por la materia prima consumida por el producto $PF_3$ (Enunciado V.1). | | |
| 933 | | Coste variable de producción $PF_3$ | 2.020.000 | |
| | 9330 | a Coste variable indirecto $PF_3$ | | 1.220.000 |
| | 9331 | a Coste variable directo $PF_3$ | | 800.000 |
| | | * Cálculo del coste variable de producción del producto $PF_3$, por la agregación de los costes variables indirectos y directos. | | |
| | | x | | |

**6. Entrada en almacén de los productos terminados**

| | | | | |
|---|---|---|---|---|
| 941 | | Inventario permanente de productos terminados $PF_1$ ........ | 1.110.000 | |
| 942 | | Inventario permanente de productos terminados $PF_2$ ........ | 1.570.000 | |
| 943 | | Inventario permanente de productos terminados $PF_3$ ........ | 2.020.000 | |
| | 931 | a Coste variable de producción $PF_1$ .............................. | | 1.110.000 |
| | 932 | a Coste variable de producción $PF_2$ .............................. | | 1.570.000 |
| | 933 | a Coste variable de producción $PF_3$ .............................. | | 2.020.000 |

——————— x ———————

**7. Determinación del coste final**

a) *Respecto al producto $PF_1$*

| | | | | |
|---|---|---|---|---|
| 9370 | | Coste final variable $PF_1$ .......................................... | 1.270.000 | |
| | 941 | a Inventario permanente de producto terminado $PF_1$ ... | | 1.210.000 |
| | 923 | a Centro de distribución ................................................ | | 60.000 |

* s/cuadro de imputación de cargas indirectas variables (Enunciado IV.3).

| FICHA I. P. PRODUCTO TERMINADO $PF_1$ | | | |
|---|---|---|---|
| Exist. inicial: | 700.000 pta. | Ventas: | 1.210.000 pta. |
| Fabricados: | 1.110.000 pta. | Exist. final: | 600.000 pta. |
| | 1.810.000 pta. | | 1.810.000 pta. |

——————— ———————

b) *Respecto al producto $PF_2$*

| | | | | |
|---|---|---|---|---|
| 9371 | | Coste final variable $PF_2$ .......................................... | 1.670.000 | |
| | 942 | a Inventario permanente de producto terminado $PF_2$ ... | | 1.570.000 |
| | 923 | a Centro de distribución ................................................ | | 100.000 |

* s/cuadro de imputación de cargas indirectas variables (Enunciado IV.3) y s/la entrada en almacén del producto terminado $PF_2$, ya que no hay existencias iniciales ni finales.

——————— ———————

c) *Respecto al producto $PF_3$*

| | | | | |
|---|---|---|---|---|
| 9372 | | Coste final variable $PF_3$ .......................................... | 2.160.000 | |
| | 943 | a Inventario permanente de producto terminado $PF_3$ ... | | 2.020.000 |
| | 923 | a Centro de distribución ................................................ | | 140.000 |

* s/cuadro de imputación de cargas indirectas variables (Enunciado IV.3) y s/la entrada en almacén del producto terminado $PF_3$, ya que no hay existencias iniciales ni finales.

——————— x ———————

**8. Determinación de los resultados analíticos. Primer conjunto**

a) *Registro de los costes*

| | | | | |
|---|---|---|---|---|
| 9800 | | Margen bruto de $PF_1$ | 1.270.000 | |
| 9810 | | Margen bruto de $PF_2$ | 1.670.000 | |
| 9820 | | Margen bruto de $PF_3$ | 2.160.000 | |
| | 9370 | a Coste final variable $PF_1$ | | 1.270.000 |
| | 9371 | a Coste final variable $PF_2$ | | 1.670.000 |
| | 9372 | a Coste final variable $PF_3$ | | 2.160.000 |

b) *Registro de las ventas*

| | | | | |
|---|---|---|---|---|
| 907 | | Productos explotación reflejos | 7.200.000 | |
| | 9800 | a Margen bruto de $PF_1$ | | 1.600.000 |
| | 9801 | a Margen bruto de $PF_2$ | | 2.400.000 |
| | 9802 | a Margen bruto de $PF_3$ | | 3.200.000 |

c) *Determinación del Margen semibruto*

| | | | | |
|---|---|---|---|---|
| 9800 | | Margen bruto de $PF_1$ | 330.000 | |
| | 911 | a Cargas fijas propias | | 115.000 |
| | 9810 | a Margen semibruto $PF_1$ | | 215.000 |

* s/cuadro reclasificación (Enunciado IV.4).

| | | | | |
|---|---|---|---|---|
| 9801 | | Margen bruto de $PF_2$ | 730.000 | |
| | 911 | a Cargas fijas propias | | 165.000 |
| | 9811 | a Margen semibruto $PF_2$ | | 565.000 |

| | | | | |
|---|---|---|---|---|
| 9802 | | Margen bruto de $PF_3$ | 1.040.000 | |
| | 911 | a Cargas fijas propias | | 230.000 |
| | 9812 | a Margen semibruto $PF_3$ | | 810.000 |

d) *Determinación del Margen neto de la empresa*

| | | | | |
|---|---|---|---|---|
| 9810 | | Margen semibruto de $PF_1$ | 215.000 | |
| 9811 | | Margen semibruto de $PF_2$ | 565.000 | |
| 9812 | | Margen semibruto de $PF_3$ | 810.000 | |
| | 912 | a Cargas fijas comunes | | 1.090.000 |
| | 982 | a Margen neto | | 500.000 |

| | | | | |
|---|---|---|---|---|
| | | e) *Determinación del resultado de la Contabilidad de Costes* | | |
| | | (Al no haber 2.° y 3.$^{er}$ conjunto; es decir, diferencias de incorporación y resultados extraordinarios, el margen neto pasa él sólo a resultados de la Contabilidad de Costes). | | |
| 982 | | Margen neto | 500.000 | |
| | 98 | a RESULTADOS DE LA CONTABILIDAD DE COSTES | | 500.000 |
| | | ——— x ——— | | |

**Balance analítico**

| NUMERO DE CUENTA | | CONCEPTO | SALDOS Deudor | SALDOS Acreedor |
|---|---|---|---|---|
| | 903 | Stock inicial reflejo | | 1.000.000 |
| | 905 | Compras reflejas | | 1.500.000 |
| | 906 | Gastos y dotaciones reflejos | | 5.000.000 |
| | 98 | RESULTADOS DE LA CONTABILIDAD DE COSTES | | 500.000 |
| 907 | | Productos explotación reflejos | 7.200.000 | |
| 941 | | Inventario permanente de productos terminados $PF_1$ | 600.000 | |
| 940 | | Inventario permanente de materia prima | 200.000 | |
| | | TOTALES | 8.000.000 | 8.000.000 |

| | | | | |
|---|---|---|---|---|
| | | **9. Cierre de la Contabilidad Analítica** | | |
| 98 | | RESULTADOS DE LA CONTABILIDAD DE COSTES | 500.000 | |
| 903 | | Stock inicial reflejo | 1.000.000 | |
| 905 | | Compras reflejas | 1.500.000 | |
| 906 | | Gastos y dotaciones reflejas | 5.000.000 | |
| | 907 | a Productos de explotación reflejos | | 7.200.000 |
| | 941 | a Inventario permanente productos terminados $PF_1$ | | 600.000 |
| | 940 | a Inventario permanente de materia prima | | 200.000 |
| | | ——— x ——— | | |

## CASO 37

Estudio síntesis, con un proceso técnico amplio. Partiendo de la información que aparece en el proceso contable (márgenes brutos, semibrutos y neto) se **elabora el cuadro de «Resultados analíticos por márgenes» para calcular el punto muerto, margen de seguridad y ratio B/V para cada producto**.

## I. ORGANIZACION TECNICO-ECONOMICA

Una empresa industrial fabrica los productos $P_1$ y $P_2$, a partir de las materias primas A y B, respectivamente. Las materias primas A y B son tratadas en el taller de fabricación pasando directamente al taller de envasado, donde se envasan en latas de 2 y 5 kg, respectivamente, como productos finales listos para la venta.

Respecto a su organización económica, la empresa aparece dividida en cuatro centros principales (Compras, Fabricación, Envasado y Distribución) y en un centro auxiliar (Administración).

## II. DATOS COMUNES A CONTABILIDAD GENERAL Y A LA CONTABILIDAD ANALITICA

a) *Existencias iniciales.* Envases $P_1$ (3.000 unidades): 15.000 pesetas; Envases $P_2$ (2.000 unidades): 15.000 pesetas; Producción en curso $P_1$ (taller de fabricación): 535.000 pesetas.

De acuerdo con la Contabilidad de Costes correspondiente al ejercicio anterior, los costes en que se incurrió para la producción en curso del producto $P_1$ fueron: 107.000 pesetas de materia prima A, 267.500 pesetas de MOD y 160.500 pesetas de cargas indirectas de fabricación. Esta producción en curso, que está totalmente tratada, corresponde a 500 kg, en espera de pasar al taller de envasado.

b) *Compras.* Materia prima A: 6.000 kg a 75 pta./kg; Materia prima B: 4.500 kg a 120 pta./kg; Materias auxiliares: 75.000 pesetas.

c) *Gastos por naturaleza.* Para mayor simplificación se dan los gastos por naturaleza a través del cuadro de reparto de cargas por centros, que aparece en el punto siguiente.

d) *Ventas.* Producto $P_1$: 2.750 unidades a 2.250 pta./unid.; Producto $P_2$: 680 unidades a 3.000 pta./unid.; Envases de $P_2$ estropeados: 148 unidades a 2,50 pta./unidad.

## III. INFORMACION SOBRE EL REPARTO DE LAS CARGAS ENTRE LOS CENTROS

a) El *reparto primario* de las cargas por naturaleza en cargas por centros se recoge, resumido, en el siguiente cuadro:

| Cargas por naturaleza | Totales | Administración | Compras | Fabricación | Envasado | Distribución |
|---|---|---|---|---|---|---|
| Total ......... | 3.350.000 | 88.000 | 126.000 | 1.500.000 | 786.000 | 850.000 |

Este total de cargas comprende, entre otros elementos del coste, 75.000 pesetas de materias auxiliares y 100.000 pesetas de intereses de los capitales propios de la empresa. No recoge 50.000 pesetas de dotación a las provisiones de un crédito.

b) La *reclasificación de las cargas*, en fijas y variables, se hace a nivel de los centros, según el siguiente cuadro:

| Cargas de los centros | Totales | Cargas fijas | Cargas variables |
|---|---|---|---|
| Administración ......... | 88.000 | 88.000 | — |
| Compras ......... | 126.000 | — | 126.000 |
| Fabricación ......... | 1.500.000 | 150.000 | 1.350.000 |
| Envasado ......... | 786.000 | 100.000 | 686.000 |
| Distribución ......... | 850.000 | 92.500 | 757.500 |
| TOTALES ......... | 3.350.000 | 430.500 | 2.919.500 |

c) La imputación de las *cargas variables* a los productos se realizará de acuerdo con el siguiente cuadro:

| Cargas variables | Administración | Compras | Fabricación | Envasado | Distribución* |
|---|---|---|---|---|---|
| Unidad de obra | — | Kg comprado materia prima | h/m | Unidades terminadas | $P_1$ = 618.750 pta.<br>$P_2$ = 138.750 pta. |

* En lugar de la unidad de obra aparecen las cargas que van a cada producto, al ser valores controlados.

d) El cuadro de imputación de las *cargas fijas* a los productos es el siguiente:

| Cargas fijas | Total | Comunes | Propias | $P_1$ | $P_2$ |
|---|---|---|---|---|---|
| Administración | 88.000 | 88.000 | — | — | — |
| Fabricación | 150.000 | 36.750 | 113.250 | 96.250 | 17.000 |
| Envasado | 100.000 | 50.590 | 49.410 | 41.250 | 8.160 |
| Distribución | 92.500 | 23.900 | 68.600 | 55.000 | 13.600 |
| TOTALES | 430.500 | 199.240 | 231.260 | 192.500 | 38.760 |

## IV. DATOS DE FABRICACION

a) Respecto a la *materia prima* se han consumido 5.000 kg de materia prima A y 4.000 kg de materia prima B, con un rendimiento del 85 por 100, en el caso de la materia B.
b) Respecto a la *MOD* el trabajo directo aplicado a los productos tuvo un coste de 650 pesetas la h/h, de las que 160 pesetas corresponden a seguros sociales a cargo de la empresa. El tiempo trabajado en la elaboración de cada producto ha sido: 1.500 h/h para $P_1$ y 500 h/h para $P_2$.
c) El *taller de fabricación* ha trabajado 3.000 h/m: 1.300 h/m para el producto $P_1$ y el resto para el producto $P_2$.
d) En el *taller de envasado* se ha envasado toda la producción del taller de fabricación. Se han estropeado 148 envases del producto $P_2$, inventariándose a su precio de venta, como chatarra, y su quebranto es soportado por el producto.
e) *Existencias finales*: materia prima A: 1.010 kg; Materia prima B: 485 kg. No hay producción en curso al final del período. Envases $P_1$: 250 unidades y envases de $P_2$: 1.172 unidades.

SE PIDE:

1. Realizar las anotaciones contables que procedan para determinar: el coste de compra, el coste variable de producción (detallando sus componentes de coste variable directo y coste variable indirecto respecto a los productos), coste indirecto fijo de producción, coste final variable, coste indirecto fijo de distribución, margen bruto de los productos $P_1$ y $P_2$ margen semibruto de los productos $P_1$ y $P_2$, margen neto de la empresa y resultados de la Contabilidad de Costes.
2. El punto muerto, el margen de seguridad y el ratio B/V, a partir de la contribución unitaria.

NOTA:

Aunque según la doctrina del Direct Costing en general, los costes indirectos fijos no pasan por los centros, las necesidades de considerar al centro como núcleo de costes totales aconsejan, a veces, su inclusión, sobre todo desde la perspectiva del control presupuestario y costes estándar. Así lo vamos a hacer en este caso, para que sirva de ejemplo.

## SOLUCION CASO 37

### I. PROCESO TECNICO

El proceso técnico de la empresa, que debe servir de base para el correspondiente proceso contable, lo podemos representar en el gráfico siguiente:

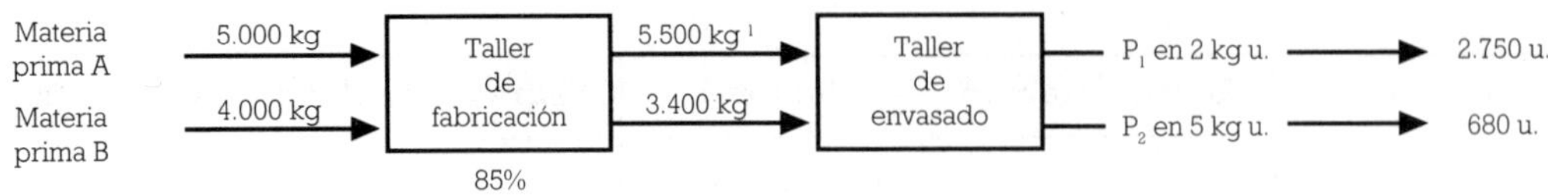


[1] 5.000 kg de este ejercicio, más 500 kg del anterior.

## II. PROCESO CONTABLE

| | | |
|---|---|---|
| **1. Recibo de los stocks existentes** | | |
| Inventario permanente de envases $P_1$ | 15.000 | |
| Inventario permanente de envases $P_2$ | 15.000 | |
| Inventario permanente de producción en curso $P_1$ | 535.000 | |
| a Stock inicial reflejo | | 565.000 |
| ——— x ——— | | |
| **2. Recibo de las cargas con sus modalidades, reclasificación de las mismas y paso por los centros** | | |
| a) *Respecto a las compras* | | |
| Coste de compras de materia prima A | 450.000 | |
| Coste de compras de materia prima B | 540.000 | |
| Inventario permanente de materias auxiliares | 75.000 | |
| a Compras reflejas | | 1.065.000 |
| ——— ——— | | |
| b) *Respecto del resto de las cargas incorporables* | | |
| b.1) *Reclasificación en fijas y variables* | | |
| Cargas fijas | 430.500 | |
| Cargas variables | 2.919.500 | |
| Cargas no incorporables | 50.000 | |
| a Gastos y dotaciones reflejos | | 3.225.000 |
| a Inventario permanente de materias auxiliares | | 75.000 |
| a Elementos supletorios incorporados | | 100.000 |
| ——— ——— | | |

b.2) *Paso por los centros de las cargas variables*

| | | |
|---|---|---|
| Centro de compras | 126.000 | |
| Taller de fabricación | 1.350.000 | |
| Taller de envasado | 686.000 | |
| Centro de distribución | 757.500 | |
| a Cargas variables | | 2.919.500 |

b.3) *Paso por los centros de las cargas fijas*

| | | |
|---|---|---|
| Centro de administración | 88.000 | |
| Taller de fabricación | 150.000 | |
| Taller de envasado | 100.000 | |
| Centro de distribución | 92.500 | |
| a Cargas fijas | | 430.500 |

(Véase nota que aparece al final del enunciado del caso.)

x

### 3. Determinación del coste de compra

| | | |
|---|---|---|
| Coste de compras de materia prima A | 72.000 | |
| Coste de compras de materia prima B | 54.000 | |
| a Centro de compras | | 126.000 |

* Cargas variables centro compras: 126.000 pta.
Unidad obra: kg materias primas comprado
Número unidades obra: 10.500

$$\text{Coste unitario unidad obra} = \frac{126.000}{10.500} = 12 \text{ pta./u.o.}$$

Imputación:
— Materia prima A: 12 × 6.000 = 72.000
— Materia prima B: 12 × 4.500 = 54.000
Total 126.000

x

### 4. Entrada de las compras en almacén

| | | |
|---|---|---|
| Inventario permanente de materia prima A | 522.000 | |
| Inventario permanente de materia prima B | 594.000 | |
| a Coste de compras de materia prima A | | 522.000 |
| a Coste de compras de materia prima B | | 594.000 |

* Coste unitario compra materia prima A:

$$\frac{522.000 \text{ pta.}}{6.000 \text{ kg}} = 87 \text{ pta./kg}$$

* Coste unitario compra materia prima B:

$$\frac{594.000 \text{ pta.}}{4.500 \text{ kg}} = 132 \text{ pta./kg}$$

x

**5. Determinación del coste de producción**

* Cálculo unidades producidas:

— Producto terminado $P_1$:
Kg consumidos de materia prima A: 5.000 kg
Kg producidos taller de fabricación (5.000 kg, más 500 kg en curso): 5.500 kg
Unidades envasadas taller envasado (1 unid. = 2 kg de materia prima): 2.750 unidades

— Producto terminado $P_2$:
Kg consumidos de materia prima B: 4.000 kg
Kg producidos taller de fabricación (rendimiento del 85%): 3.400 kg
Unidades envasadas taller envasado (1 unid. = 5 kg de materia prima): 680 unidades

**FICHA I. P. MATERIA PRIMA A**

| | | | | | |
|---|---|---|---|---|---|
| Exist. inic.: | — | — | Consumos: | 5.000 kg × 87 pta./kg = | 435.000 |
| Compras: | 6.000 kg × 87 pta./kg = | 522.000 | | | |
| Dif invent: | 10 kg × 87 pta./kg = | 870 | Exist. final: | 1.010 kg × 87 pta./kg = | 87.870 |
| | 6.010 | 522.870 | | 6.010 | 522.870 |

**FICHA I. P. MATERIA PRIMA B**

| | | | | | |
|---|---|---|---|---|---|
| Exist. inic.: | — | — | Consumos: | 4.000 kg × 132 pta./kg = | 528.000 |
| Compras: | 4.500 kg × 132 pta./kg = | 594.000 | Dif invent: | 15 kg × 132 pta./kg = | 1.980 |
| | | | Exist. final: | 485 kg × 132 pta./kg = | 64.020 |
| | 4.500 | 594.000 | | 4.500 | 594.000 |

**FICHA I. P. ENVASES $P_1$**

| | | | | | |
|---|---|---|---|---|---|
| Exist. inic.: | 3.000 unid. × 5 pta./unid. = | 15.000 | Consumos: | 2.750 unid. × 5 pta./unid. = | 13.750 |
| Compras: | — | — | Exist. final: | 250 unid. × 5 pta./unid. = | 1.250 |
| | 3.000 | 15.000 | | 3.000 | 15.000 |

**FICHA I. P. ENVASES $P_2$**

| | | | | | |
|---|---|---|---|---|---|
| Exist. inic.: | 2.000 unid. × 7,5 pta./unid. = | 15.000 | Consumos: | 680 unid. × 7,5 pta./unid. + 148 unid. × (7,5 – 2,5) pta./unid. = | 5.840 |
| Compras: | — | — | Unid. estrop.: | 148 unid. × 2,5 pta./unid. = | 370 |
| | | | Exist. final: | 1.172 unid. × 7,5 pta./unid. = | 8.790 |
| | 2.000 | 15.000 | | 2.000 | 15.000 |

**Cuadro de determinación del coste variable de producción (respecto a los productos)**

| ELEMENTOS DEL COSTE | COSTE VARIABLE PRODUCCION | | | | | |
|---|---|---|---|---|---|---|
| | TOTAL | | PRODUCTO TERMINADO $P_1$ | | PRODUCTO TERMINADO $P_2$ | |
| I. P. Materia prima A | 5.000 kg × 87 pta./kg | 435.000 | 5.000 kg × 87 pta./kg | 435.000 | — | — |
| I. P. Materia prima B | 4.000 kg × 132 pta./kg | 528.000 | — | — | 4.000 kg × 132 pta./kg | 528.000 |
| I. P. Envases $P_1$ | 2.750 unid. × 5 pta./unid. | 13.750 | 2.750 unid. × 5 pta./unid. | 13.750 | — | — |
| I. P. Envases $P_2$ | 680 unid. × 7,5 pta./unid. + + 148 unid. × (7,5 – – 2,5) pta./unid. | 5.840 | — | | 680 unid. × 7,5 pta./unid. + + 148 unid. × (7,5 – – 2,5) pta./unid. | 5.840 |
| I. P. producción curso $P_1$ | 500 kg, ya tratados | 107.000 | Reincorporación proceso | 107.000 | — | — |
| Mano de obra directa | 2.000 h/h × 650 pta./h. h | 1.300.000 | 1.500 h/h × 650 pta./h. h | 975.000 | 500 h/h × 650 pta./h. h | 325.000 |
| I. P. producción curso $P_1$ | Mano de obra directa | 267.500 | Reincorporación proceso | 267.500 | — | — |
| COSTE VARIABLE DIRECTO | | 2.657.090 | | 1.798.250 | | 858.840 |
| Taller fabricación | 3.000 h/m × 450 pta./h/m | 1.350.000 | 1.300 h/m × 450 pta./h/m | 585.000 | 1.700 h/m × 450 pta./h.m | 765.000 |
| Taller envasado | 3.430 unid. × 200 pta./unid. | 686.000 | 2.750 unid. × 200 pta./unid. | 550.000 | 680 unid. × 200 pta./unid. | 136.000 |
| I. P. Producción en curso $P_1$ | Coste variable indirecto | 160.500 | Reincorporación proceso | 160.500 | — | — |
| C. VARIABLE INDIRECTO | | 2.196.500 | | 1.295.500 | | 901.000 |
| C. VARIABLE PRODUCCION | | 4.853.590 | | 3.093.750 | | 1.759.840 |
| UNIDADES PRODUCIDAS | | | | 2.750 u. | | 680 u. |
| Coste unitario var. directo | | | | 653,9 pta. | | 1.263 pta. |
| Coste unitario var. indirecto | | | | 471,1 pta. | | 1.325 pta. |
| COSTE UNIT. VAR. PRODUC. | | | | 1.125, pta. | | 2.588 pta. |

a) *Coste de producción producto $P_1$*

| | | |
|---|---|---|
| Coste variable directo $P_1$ | 1.798.250 | |
| a Inventario permanente de materia prima A | | 434.130 |
| a Inventario permanente de envases $P_1$ | | 13.750 |
| a Inventario permanente de producción en curso (M.P.) | | 107.000 |
| a Diferencias de inventario (M.P.) | | 870 |
| a Gastos y dotaciones reflejos (MOD) | | 975.000 |
| a Inventario permanente de producción en curso (MOD) | | 267.500 |
| Coste variable indirecto $P_1$ | 1.295.500 | |
| a Inventario permanente de producción en curso (cargas indirectas) | | 160.500 |
| a Taller fabricación | | 585.000 |
| a Taller envasado | | 550.000 |
| Coste variable de producción $P_1$ | 3.093.750 | |
| a Coste variable directo $P_1$ | | 1.798.250 |
| a Coste variable indirecto $P_1$ | | 1.295.500 |

b) *Coste de producción producto $P_2$*

| | | |
|---|---|---|
| Coste variable directo $P_2$ | 858.840 | |
| Diferencias de inventario (M.P.) | 1.980 | |
| a Inventario permanente de materia prima B | | 529.980 |
| a Inventario permanente de envases $P_2$ | | 5.840 |
| a Gastos y dotaciones reflejos (MOD) | | 325.000 |

| | | |
|---|---|---|
| Coste variable indirecto $P_2$ | 901.000 | |
| a Taller fabricación | | 765.000 |
| a Taller envasado | | 136.000 |

| | | |
|---|---|---|
| Coste variable de producción $P_2$ | 1.759.840 | |
| a Coste variable directo $P_2$ | | 858.840 |
| a Coste variable indirecto $P_2$ | | 901.000 |

(Por los envases estropeados)

| | | |
|---|---|---|
| Coste envases $P_2$ estropeados | 370 | |
| a Inventario permanente de envases $P_2$ | | 370 |

c) *Respecto a los costes fijos*

| | | |
|---|---|---|
| Coste fijo de producción $P_1$ | 137.500 | |
| Coste fijo de producción $P_2$ | 25.160 | |
| a Taller fabricación | | 113.250 |
| a Taller envasado | | 49.410 |

| | | |
|---|---|---|
| Coste comunes fijos | 175.340 | |
| a Centro administración | | 88.000 |
| a Taller fabricación | | 36.750 |
| a Taller envasado | | 50.590 |

x

**6. Entrada en almacén de productos terminados**

| | | |
|---|---|---|
| Inventario permanente producto terminado $P_1$ | 3.093.750 | |
| Inventario permanente producto terminado $P_2$ | 1.759.840 | |
| Inventario permanente de envases estropeados | 370 | |
| a Coste variable de producción $P_1$ | | 3.093.750 |
| a Coste variable de producción $P_2$ | | 1.759.840 |
| a Coste envases estropeados | | 370 |

x

**7. Determinación del coste final variable**

a) *Respecto a los costes variables*

| | | |
|---|---|---|
| Coste final variable $P_1$ | 3.712.500 | |
| Coste final variable $P_2$ | 1.898.590 | |
| Coste final envases estropeados | 370 | |
| a Inventario permanente producto terminado $P_1$ | | 3.093.750 |
| a Inventario permanente producto terminado $P_2$ | | 1.759.840 |
| a Centro de distribución | | 757.500 |
| a Inventario permanente envases estropeados | | 370 |

* Coste unidades vendidas de $P_1$
2.750 unid. × 1.125 pta./unid. = 3.093.750 pta.

* Coste unidades vendidas de $P_2$

680 unid. × 2.588 pta./unid. = 1.759.840 pta.

$$\text{COSTE FINAL VARIABLE } P_1 = \frac{3.712.500 \text{ pta.}}{2.750 \text{ unid.}} = 1.350 \text{ pta./unid.}$$

$$\text{COSTE FINAL VARIABLE } P_2 = \frac{1.898.590 \text{ pta.}}{680 \text{ unid.}} = 2.792 \text{ pta./unid.}$$

b) *Respecto a los costes fijos*

| | | |
|---|---|---|
| Coste fijo de distribución $P_1$ | 55.000 | |
| Coste fijo de distribución $P_2$ | 13.600 | |
| a Centro de distribución | | 68.600 |

| | | |
|---|---|---|
| Costes comunes fijos | 23.900 | |
| a Centro de distribución | | 23.900 |

x

**8. Determinación de los resultados analíticos**

a) *Registro de los costes*

| | | |
|---|---|---|
| Margen bruto $P_1$ | 3.712.500 | |
| Margen bruto $P_2$ | 1.898.590 | |
| Margen bruto de envases estropeados | 370 | |
| a Coste final variable $P_1$ | | 3.712.500 |
| a Coste final variable $P_2$ | | 1.898.590 |
| a Coste final de envases estropeados | | 370 |

b) *Registro de las ventas:*

| | | |
|---|---|---|
| Productos de explotación reflejos | 8.227.870 | |
| a Margen bruto $P_1$ | | 6.187.500 |
| a Margen bruto $P_2$ | | 2.040.000 |
| a Margen bruto envases estropeados | | 370 |

c) *Determinación del Margen semibruto:*

| | | |
|---|---|---|
| Margen bruto $P_1$ | 2.475.000 | |
| a Coste fijo de producción $P_1$ | | 137.500 |
| a Coste fijo de distribución $P_1$ | | 55.000 |
| a Margen semibruto $P_1$ | | 2.282.500 |

| | | |
|---|---|---|
| Margen bruto $P_2$ | 141.410 | |
| a Coste fijo de producción $P_2$ | | 25.160 |
| a Coste fijo de distribución $P_2$ | | 13.650 |
| a Margen semibruto $P_2$ | | 102.650 |

d) *Determinación del Margen neto de la empresa:*

| | | |
|---|---|---|
| Margen semibruto $P_1$ | 2.282.500 | |
| Margen semibruto $P_2$ | 102.650 | |
| a Costes comunes fijos | | 199.240 |
| a Margen neto | | 2.185.910 |

e) *Agrupación de todas las cuentas de diferencias de incorporación:*

| | | |
|---|---|---|
| Elementos supletorios incorporados | 100.000 | |
| a Cargas no incorporables | | 50.000 |
| a Diferencias de inventario | | 1.110 |
| a Saldo cuentas diferencias incorporación | | 48.890 |

f) *Determinación del resultado de la Contabilidad de Costes:*

| | | |
|---|---|---|
| Margen neto | 2.185.910 | |
| Saldo cuentas diferencias incorporación | 48.890 | |
| a RESULTADOS DE LA CONTABILIDAD DE COSTES | | 2.234.800 |

**Balance analítico**

| CUENTAS | SALDOS | |
|---|---|---|
| | Deudor | Acreedor |
| Stock inicial reflejo | | 565.000 |
| Compras reflejas | | 1.065.000 |
| Gastos y dotaciones reflejos | | 4.525.000 |
| Productos explotación reflejos | 8.227.870 | |
| Inventario permanente de materia prima A | 87.870 | |
| Inventario permanente de materia prima B | 64.020 | |
| Inventario permanente de envases $P_1$ | 1.250 | |
| Inventario permanente de envases $P_2$ | 8.790 | |
| RESULTADOS DE LA CONTABILIDAD DE COSTES | | 2.234.800 |
| TOTALES | 8.389.800 | 8.389.800 |

| | | |
|---|---|---|
| **9. Cierre de la Contabilidad analítica** | | |
| Cuentas con saldo acreedor | 8.389.800 | |
| a Cuentas con saldo deudor | | 8.389.800 |
| ———— x ———— | | |

## III. PUNTO MUERTO, MARGEN DE SEGURIDAD Y RATIO B/V

Para tener identificados los datos que intervienen en la solución del problema, es conveniente elaborar la cuenta de resultados analíticos por márgenes:

**Resultados analíticos por márgenes**

| Conceptos | Producto $P_1$ | Producto $P_2$ | Total |
|---|---|---|---|
| Ingresos de las ventas | 6.187.500 | 2.040.000 | 8.227.500 |
| Coste variable de producción | | | |
| — Coste directo | 1.798.250 | 858.840 | 2.657.090 |
| — Coste indirecto | 1.295.500 | 901.000 | 2.196.500 |
| Coste variab. de distribución | 618.750 | 138.750 | 757.500 |
| Total coste variable | 3.712.500 | 1.898.590 | 5.611.090 |
| MARGEN BRUTO | 2.475.000 | 141.410 | 2.616.410 |
| Costes fijos propios | | | |
| — Costes producción | 137.500 | 25.160 | 162.660 |
| — Costes distribución | 55.000 | 13.600 | 68.600 |
| MARGEN SEMIBRUTO | 2.282.500 | 102.650 | 2.385.150 |
| Cargas fijas comunes | | | 199.240 |
| MARGEN NETO EMPRESA | | | 2.185.910 |

### a) Punto muerto (a partir de la contribución unitaria)

La contribución unitaria viene dada por la diferencia entre el precio de venta unitario y el precio de coste variable unitario; es decir, p – a. Esto no es otra cosa que el margen bruto unitario (MBu), es decir, el margen bruto dividido por x, que es el número de unidades producidas y vendidas. Como en el punto muerto se tiene que dar que no haya beneficios ni pérdidas, esto quiere decir que la contribución total, es decir el margen bruto por producto tiene que ser igual a sus costes fijos:

$$MB = C_F; \qquad x\,(p - a) = C_F$$

de donde:

$$x = \frac{C_f}{p - a}$$

— Para el producto $P_1$:

$$\frac{137.500 + 55.000}{2.250 - 1.350} = 213{,}88 \text{ unidades}$$

$$213{,}88 \text{ unid.} \times 2.250 \text{ pta.} = 481.250 \text{ pta.}$$

En este punto se cumple: I = C; siendo $C = C_v + C_f$

I = 213,88 unid. × 2.250 pta. = 481.250 pta.

C = 213,88 unid. × 1.350 pta. + 192.500 = 481.250 pta.

— Para el producto $P_2$:

$$\frac{25.160 + 13.600}{3.000 - 2.792} = 186{,}346 \text{ unidades}$$

186,346 unid. × 3.000 pta. = 559.038,5 pta.

En este punto se cumple: I = C; siendo $C = C_v + C_f$

I = 186,346 unid. × 3.000 pta. = 559.038,5 pta.

C = 186,346 unid. × 2.792 pta. + 38.760 =
= 559.038,5 pta.

**b) Margen de seguridad**

Es el volumen de ventas, menos el volumen de producción en el Punto Muerto.

— Para el producto $P_1$:

2.750 unid. – 213,88 unid. = 2.536,12 unid.

ó 6.187.500 pta. – 481.250 pta. = 5.706.250 pta.

— Para el producto $P_2$:

680 unid. – 186,346 unid. = 493,654 unid.

ó 2.040.000 pta. – 559.038,5 pta. = 1.480.961,5 pta.

**c) Ratio B/V**

Es igual al beneficio propio o neto dividido por el volumen de ventas que supera al volumen de ventas en el Punto Muerto. Dicho de otra manera, es igual al Margen semibruto, dividido por el Margen de seguridad, expresado en porcentajes.

— Para el producto $P_1$:

$$\frac{\text{Margen semibruto}}{\text{Margen seguridad}} \times 100 = \frac{2.282.500}{5.706.000} \times 100 = 40\%$$

A partir de su contribución unitaria:

$$\frac{p - a}{p} = \frac{2.250 - 1.350}{2.250} \times 100 = 40\%$$

— Para el producto $P_2$:

$$\frac{\text{Margen semibruto}}{\text{Margen seguridad}} \times 100 = \frac{102.650}{1.480.961{,}5} \times 100 = 6{,}9\%$$

Este ratio, a partir de su contribución unitaria, sería:

$$\frac{p - a}{p} = \frac{3.000 - 2.792}{3.000} \times 100 = 6{,}9\%$$

PARTE OCTAVA

# Control presupuestario y costes estándar

## Control presupuestario

CASO 38. **Elaboración de las Cuentas de resultados analíticos presupuestados y del Presupuesto de tesorería**

CASO 39. **Interpretación y transmisión de la información en el sistema presupuestario**

## CASO 38

**Partiendo de las Cuentas anuales** correspondientes a un período de la empresa (Balance y Cuenta de Resultados analíticos) se ofrece la información presupuestaria complementaria para poder **elaborar las Cuentas de resultados analíticos presupuestados y** preparar **el Presupuesto** de tesorería de los dos períodos siguientes.

Las cuentas anuales de la empresa FERROMASA, correspondientes a su actividad de «preparado de chapas de acero», son las siguientes (las chapas de acero son unidades de compra, de producción y de venta):

### BALANCE
(del ejercicio que ha terminado)

#### Activo

| | | |
|---|---|---|
| Inmovilizaciones materiales | | 699.200 |
| Instalaciones técnicas | 800.000 | |
| menos: amortización acumulada | 100.800 | |
| Existencias | | 186.480 |
| Materias primas y otros aprovisionamientos (2.400 unidades a 10 pta./unid.) | 24.000 | |
| Productos terminados (6.000 unid.) | 162.480 | |
| Clientes (a cobrar en noviembre y diciembre) | | 75.000 |
| Tesorería | | 22.000 |
| Total activo | | 982.680 |

#### Pasivo

| | | |
|---|---|---|
| Fondos propios | | 955.680 |
| Capital: | 500.000 | |
| Pérdidas y ganancias: (beneficio) no repartido | 455.680 | |
| Proveedores | | 27.000 |
| Proveedores por compras de materia prima: | 21.000 | |
| Proveedores, efectos comerciales a pagar | 6.000 | |
| Total activo | | 982.680 |

### CUENTA DE RESULTADOS ANALITICOS
(del ejercicio que ha terminado)

| | | | |
|---|---|---|---|
| Ventas (26.000 unidades a 60 pta./unid.) | | | 1.560.000 |
| — Coste de productos vendidos: | | | |
| Stock de productos terminados al comienzo del ejercicio (7.000 unid.) | | 196.000 | |
| Fabricación: | | | |
| Materias primas | 250.000 | | |
| Mano de obra directa | 100.000 | | |
| Gastos generales: | | | |
| Fijos | 201.600 | | |
| Variables | 75.000 | | |
| Amortizaciones | 50.400 | 677.000 | |
| menos: Stock de productos terminados (6.000 unidades) | | 162.480 | 710.520 |
| = Beneficio bruto | | | 849.480 |
| — Gastos de venta | | 312.000 | |
| — Gastos de administración | | 172.000 | |
| | | | 484.000 |
| = Beneficio neto | | | 365.480 |

Se dispone además de la siguiente información:

a) El *presupuesto de ventas* para el ejercicio que comienza es de 27.000 unidades, distribuidas por meses y trimestres, de la siguiente forma:

| | | | | | |
|---|---|---|---|---|---|
| Enero | 1.000 | | Julio | 1.300 | |
| Febrero | 1.500 | | Agosto | 1.800 | |
| Marzo | 3.000 | 5.500 | Septiembre | 1.500 | 4.600 |
| Abril | 5.500 | | Octubre | 1.700 | |
| Mayo | 3.500 | | Noviembre | 1.500 | |
| Junio | 3.200 | 12.200 | Diciembre | 1.500 | 4.700 |

El precio de venta unitario, en todos los meses será de 60 pta./unid.

b) *Cobros de las ventas:* 10 por 100 al contado y 90 por 100 a 60 días.

c) *Materias primas:* el coste unitario de la materia prima, unidades de chapas de acero, no ha variado en los últimos años. Sin embargo, se prevé una subida del 20 por 100 a contar desde el primero de enero del ejercicio que comienza. Las compras son pagaderas al mes siguiente de la compra y los stocks en almacén al final de un mes deben siempre ser iguales a 2.000 unidades de producción.

d) *Mano de obra directa:* se firmó un nuevo convenio el 22 de noviembre del año que ha terminado, el cual prevé un aumento del 25 por 100 del coste de la mano de obra directa a contar desde el primero de enero del año que comienza.

e) *Gastos generales de fabricación*

- No se prevé aumento alguno de los *gastos fijos* para el año que comienza. Para la determinación del coste final, los gastos fijos se reparten por igual entre cada trimestre.
- El coste unitario de los *gastos variables* permanece igual.
- Para la determinación del coste final, la *amortización* se imputa por igual entre cada trimestre.

f) *Gastos de venta y administración:* los gastos de venta por unidad serán, en el año que comienza, los mismos que en el año anterior. Los gastos de administración, que no varían, se reparte uniformemente a cada trimestre.

g) *Stocks de productos terminados:* se determina, según el presupuesto de fabricación, que el stock de productos terminados debe mantenerse a la mitad de las ventas del trimestre siguiente. Estos stocks se valoran al coste final establecido trimestralmente.

h) Salvo indicación contraria, todos los gastos se pagan al contado. No se tendrá en cuenta créditos perjudicados, productos en curso y el impuesto.

SE PIDE:

1. Elaborar, para cada uno de los dos primeros trimestres del ejercicio que comienza, la *cuenta presupuestada de resultados analíticos.*
2. Preparar el *presupuesto de tesorería,* para cada uno de los dos primeros trimestres.

---

## SOLUCION CASO 38

## 1. CUENTA PRESUPUESTADA DE RESULTADOS ANALITICOS PARA CADA UNO DE LOS DOS PRIMEROS TRIMESTRES:

### 1.1. Primer trimestre

| | | |
|---|---|---|
| Ventas | | 330.000 (1) |
| — Coste de productos vendidos: | | |
| Stocks del productos terminados al comienzo del período | 162.480 (2) | |
| más: fabricación del período | +175.000 (3) | |
| | 337.480 | |
| menos: Stock de productos terminados al final | − 190.625 (4) | −146.855 |
| = Beneficio bruto | | + 183.145 |
| − Gastos de venta | | − 66.000 (5) |
| − Gastos de administración | | − 43.000 (6) |
| = Beneficio neto | | + 74.145 |

(1) Ventas: 1.000 unid + 1.500 unid + 3.000 unid = 5.500 unid × 60 pta./unid = 330.000 pta.

(2) El stock de productos terminados al comienzo del período son los productos terminados que aparecen en el balance del ejercicio anterior, 6.000 unid, por un valor de 162.480 pta., según la Cuenta de resultados analíticos.

(3) Coste de fabricación del período (primer trimestre):

| | |
|---|---|
| Fabricación del trimestre = 5.600 unid | |
| Productos terminados al final: (5.500 + 3.500 + 3.200) × 1/2 | 6.100 unid |
| + Ventas del período: (1.000 + 1.500 + 3.000) | + 5.500 unid |
| | = 11.600 unid |
| − Productos terminados al comienzo: | − 6.000 unid |
| | = 5.600 unid |
| Coste unitario de fabricación variable = 20 pta./unid. | |
| Materias primas: [250.000 pta. : (6.000 + 26.000 − 7.000)] × 120% | = 12 pta./unid |
| Mano de obra directa: 100.000 pta. : 25.000 unid. | = 5 pta./unid |
| Gastos generales variables: 75.000 pta. : 25.000 unid. | = 3 pta./unid |
| | = 20 pta./unid |
| Coste variable del período: 5.600 unid × 20 pta./un | = 112.000 pta. |
| Materias primas: 5.600 un × 12 pta./un = 67.200 | |
| Mano de obra directa: 5.600 un × 5 pta./un = 28.000 | |
| Gtos. grals. variables: 5.600 un × 3 pta./un = 16.800 | |
| Coste fijo del período (201.600 + 50.400) : 4 trimestres | = 63.000 pta. |
| Coste de fabricación del trimestre | 175.000 pta. |

*Coste unitario de fabricación del período: 31,25 pta./un* (175.000 pta. : 5.600 unid)

(4) Stocks de productos terminados al final: = 6.100 unid × 31.25 pta./unid = 190.625 pta.

(5) Gastos de venta: por el balance del ejercicio que ha terminado conocemos que los gastos de venta fueron 312.000 pta. y las unidades vendidas 26.000, por lo que los gastos de venta por unidad vendida fueron de 12 pta./unid, que lo son también para el ejercicio que comienza. Como las ventas presupuestadas para el primer trimestre son 5.500 unidades, los gastos de venta serán: 5.500 unid × 12 pta./unid = 66.000 pta.

(6) Gastos de administración: 172.000 pta., los mismos que en el ejercicio anterior, repartidos entre 4 trimestres = 43.000 pta.

### 1.2. Segundo trimestre

| | | |
|---|---|---|
| Ventas | | 732.000 (1) |
| — Coste de productos vendidos: | | |
| Stocks del productos terminados al comienzo del período | 190.625 (2) | |
| más: fabricación del período | + 231.000 (3) | |
| | 421.625 | |
| menos: Stock de productos terminados al final | − 63.250 (4) | −358.375 |
| = Beneficio bruto | | +373.625 |
| − Gastos de venta | | − 146.400 (5) |
| − Gastos de administración | | − 43.000 (6) |
| = Beneficio neto | | +184.225 |

(1) Ventas del trimestre: 5.500 unid + 3.500 unid + 3.200 unid = = 12.200 unid × 60 pta./unid = 732.000 pta.

(2) El stock de productos terminados al comienzo del trimestre es de 6.100 unid, por un valor de 190.625 pta. (6.100 unid × 31,25 pta./unid), según datos de fabricación del primer trimestre.

(3) Coste de fabricación del período (segundo trimestre):

Fabricación del trimestre = 8.400 unid

| | |
|---|---|
| Productos terminados al final: (1.300 + 1.800 + 1.500) × 1/2 | 2.300 unid |
| + Ventas del período: (5.500 + 3.500 + 3.200) | +12.200 unid |
| | =14.500 unid |
| – Productos terminados al comienzo | – 6.100 unid |
| | = 8.400 unid |

Coste unitario de fabricación variable = 20 pta./unid, según cálculo realizado para el primer trimestre

Coste variable del período: 8.400 unid × 20 pta./unid =168.000 pta.

| | |
|---|---|
| Materias primas | = 100.800 |
| Mano de obra directa | = 42.000 |
| Gastos generales variables | = 25.200 |

Coste fijo del periodo (201.600 + 50.400) : 4 trimestres = 63.000 pta.

Coste de fabricación del trimestre =231.000 pta.

*Coste unitario de fabricación del período: 27,50 pta./unid*
(231.000 pta. : 8.400 unid)

(4) Stocks de productos terminados al final:
= 2.300 unid × 27,.50 pta./unid = 63.250 pta.

(5) Gastos de venta: 12.200 unid × 12 pta./unid = 146.400 pta.

(6) Gastos de administración: 172.000 pta. : 4 = 43.000 pta.

## 2. PRESUPUESTO DE TESORERIA PARA CADA UNO DE LOS DOS PRIMEROS TRIMESTRES, QUE TERMINAN EL 30 DE JUNIO

| | 1.er trimestre | 2.° trimestre |
|---|---|---|
| En caja, al principio | 22.000 | (82.800) |
| ENTRADAS (COBROS): | | |
| Ventas al contado (10%) | 33.000 | 73.200 |
| Cobros a clientes | (1) 129.000 | (1) 540.000 |
| | 162.000 | 613.200 |
| SALIDAS (PAGOS): | | |
| Compras de materias primas | (2) 62.600 | (2) 88.000 |
| Mano de obra directa | (3) 28.000 | (3) 42.000 |
| Gastos generales: | | |
| Variables | (3) 16.800 | (3) 25.200 |
| Fijos (sin amortizaciones) | (3) 50.400 | (3) 50.400 |
| Gastos de venta | (3) 66.000 | (3) 146.400 |
| Gastos de administración | (3) 43.000 | (3) 43.000 |
| | 266.800 | 395.000 |
| Excedente de entradas sobre salidas | (104.800) | 218.200 |
| En caja, al final | (82.800) | 135.400 |

| (1) Cobros a clientes: | | 1.er trimestre | 2.° trimestre |
|---|---|---|---|
| Noviembre y diciembre | = | 75.000 | |
| Enero: 1.000 unid × 60 pta. × 90% | = | 54.000 | |
| Febrero: 1.500 unid × 60 pta. × 90% | = | | 81.000 |
| Marzo: 3.000 unid × 60 pta. × 90% | = | | 162.000 |
| Abril: 5.500 unid × 60 pta. × 90% | = | | 297.000 |
| | | 129.000 | 540.000 |

(2) Compras de materias primas:

| | | |
|---|---|---|
| Proveedores (según balance del ejercicio que ha terminado) | 21.000 | |
| Compras: 62.400 pta.: 1.er trimestre (2/3, 1/3) | 41.600 | 20.800 |
| Compras: 100.800 pta.: 2.° trimestre (0/3, 2/3) | | 67.200 |
| | (2) 62.600 | (2) 88.000 |
| Stock de materias primas al final | 2.000 | 2.000 |
| Utilización de materias primas en la fabricación | 5.600 | 8.400 |
| | 7.600 | 10.400 |
| Stock de materias primas al comienzo | 2.400 | 2.000 |
| | 5.200 | 8.400 |
| × coste unitario | × 12 | × 12 |
| | 62.400 | 100.800 |

(3) Según datos de la cuenta presupuestada de resultados analíticos de cada trimestre.

## CASO 39

En este ejercicio queda puesto de relieve el cálculo de desviaciones, **la interpretación y transmisión de la información en el sistema presupuestario** atendiendo al organigrama jerárquico existente en la empresa. En el caso concreto que nos ocupa planteamos tal situación en una empresa descentralizada en centros de responsabilidad de costes. Se analiza asimismo la problemática subyacente en la aplicación de los filtros económicos y los filtros de control.

La empresa CAMPILLOSA, dedicada a la fabricación y venta de aparatos de alta tecnología para medir el nivel de calidad en productos y procesos, suele planificar y controlar su actuación mediante el empleo de presupuestos.

Sin entrar ahora en excesivos detalles respecto a su estructura organizativa, sí podemos decir que CAMPILLOSA se encuentra descentralizada en las siguientes parcelas de actividad: centro de compras, centro de producción, centro de administración y centro de ventas, a cuyos respectivos mandos se encuentran sendos responsables que a su vez dependen, los dos primeros (compras y producción) de un vicepresidente de fábrica, y los tres restantes (administración, financiación y ventas), de un vicepresidente económico.

Para el período que nos ocupa, año 1994, los presupuestos confeccionados por los distintos responsables de cada uno de los centros anteriores, y tras el visto bueno de vicepresidentes y presidente, comprenden los siguientes conceptos:

*Centro de compras:* Las necesidades productivas han aconsejado cifrar las compras de primera materia en 367.000 kg, estimándose alcanzable conseguir el kg a un precio de 1.000 pesetas.

La amortización del activo fijo relacionado con las compras se cifra en 20 pesetas por kg adquirido.

Otros costes involucrados con este centro y con la categoría de fijos, hacen referencia al transporte (15 millones), personal (18 millones), y luz y teléfono (3 millones).

*Centro de producción:* Dadas las optimistas expectativas de ventas, el responsable de producción se ha comprometido a fabricar 674.000 unidades, necesitando a tal fin consumir 0,5 kg por cada una de ellas. La cesión de la primera materia a este centro se realiza al precio de factura.

La amortización del equipo productivo se estima en 150 pesetas por unidad producida, y los costes de mantenimiento, que también ostentan la consideración de variables, en un importe total de 20 millones.

El resto de los costes de este centro se refieren a mano de obra (45 millones) y servicios exteriores (60,5 millones), ambos con la categoría de fijos.

*Centro de administración:* Este centro ha estimado los siguientes costes para cada uno de los conceptos que se enumeran a continuación:

| | |
|---|---|
| Materiales diversos de oficina | 2.000.000 |
| Amortizaciones | 7.000.000 |
| Personal | 18.000.000 |
| Luz y teléfono | 5.000.000 |
| Gerencia | 15.000.000 |

*Centro de financiación:* La gestión de la política financiera de la empresa resulta de suma importancia en esta organización, debido a la fuerte dependencia de financiación ajena, como lo demuestra el hecho de que los costes financieros presupuestados se elevan para el presente ejercicio a 35 millones de pesetas.

El resto de los costes del centro hacen referencia a: personal (5 millones), asesoría externa (2 millones) y luz y teléfono (2 millones).

*Centro de ventas:* Aún cuando la empresa no trabaja sobre pedidos, suele vender en todos los ejercicios la totalidad de su producción.

En el presente ejercicio y tras efectuar un estudio de mercado, han creído detectar un aumento en la agresividad de la competencia que piensan se manifestará en una caída de los precios en el mercado, por lo que fijan su precio unitario de venta en 1.706,2314 pesetas.

Los costes variables del centro hacen referencia al sueldo del personal (0,01 pesetas por pesetas vendidas) y a transportes (25 pesetas por unidad facturada).

En cuanto a los costes fijos se han presupuestado en concepto de publicidad 18 millones, en concepto de luz y teléfonos 5 millones, por embalajes 2,4 millones y por representaciones 10 millones.

Situados ahora a final del ejercicio, diciembre de 1994, y a punto de comenzar el último proceso de control de los que trimestralmente realiza la empresa, se hacen notar las siguientes consideraciones respecto a cada uno de los centros anteriores:

1.° Se han cumplido las previsiones en cuanto a cantidad e importe unitario de la primera materia adquirida, si bien el consumo por unidad producida (600.000 unidades) ha sido de 0,6 kg. Las primeras materias sobrantes permanecen en almacén.

También se han mantenido las previsiones cifradas en cuanto a amortización del equipo en este centro.

2.° Los costes de mantenimiento del equipo productivo se han reducido a la mitad de los inicialmente presupuestados, manteniéndose en cambio el criterio de su amortización.

3.° A fin de evitar problemas laborales, la presidencia decidió incrementar la gratificación de la gerencia en 5 millones de pesetas respecto a lo presupuestado.

4.° En el mercado de capitales se ha producido una espectacular e inesperada bajada de los tipos de interés, lo que ha redundado en unos ahorros de 15 millones para la empresa.

5.° Siguiendo fiel a su costumbre, se han vendido todos los productos fabricados, dándose la circunstancia que ante la escasez de oferta los precios de ventas se han elevado a 1.750 pesetas, y los transportes se han abaratado en 5 pesetas respecto a las previsiones unitarias.

6.° El personal de venta percibió el sueldo estipulado.

7.° El resto de los costes reales de cada centro son los que figuran en el Cuadro 1.

**Cuadro 1**

| Datos reales del centro de compras | Importe (en millones de pesetas) |
|---|---|
| Transportes | 12 |
| Personal | 20 |
| Luz y teléfono | 4 |
| Coste total centro de compras | 36 |
| **Datos reales del centro de producción** | |
| Mano de obra | 55 |
| Servicios exteriores | 80 |
| Coste total centro de producción | 135 |
| **Datos reales del centro de administración** | |
| Materiales diversos | 2,5 |
| Amortizaciones | 8 |
| Personal | 15 |
| Luz y teléfono | 4,5 |
| Coste total centro de admón. | 30 |
| **Datos reales del centro de financiación** | |
| Personal | 5 |
| Asesoría externa | 2 |
| Luz y teléfono | 2 |
| Coste total centro de financiación | 9 |
| **Centro de ventas** | |
| Publicidad | 18 |
| Luz y teléfono | 4 |
| Embalajes | 2,4 |
| Representación | 8 |
| | 32,4 |

SE PIDE:

1. Confeccionar el presupuesto maestro para el ejercicio de 1994.
2. Calcular las distintas desviaciones que se desprendan de la comparación de la realidad con el presupuesto flexible al final del período objeto de estudio.
3. Informar mediante la técnica de la dirección por excepción y aplicando los correspondientes filtros, cuando proceda, acerca de las desviaciones más significativas, sabiendo que para CAMPILLOSA tal consideración la ostentan aquellas superiores al 20 por 100.

## SOLUCION CASO 39

### INTRODUCCION

En el ejercicio sobre gestión presupuestaria que aparece en el volumen 2 de la obra de teoría se hace especial énfasis en la fase de planificación, por eso hemos creído conveniente centrar la atención en este ejercicio en las fases de control y comunicación de la información que se desprende del cálculo y análisis de las desviaciones.

De esta forma, y con los datos que se suministran, se hace necesario empezar confeccionando el presupuesto maestro para el período que nos ocupa. Realmente, esta primera parte no ofrece mayor dificultad, dado que de la lectura del enunciado se desprende información suficientemente precisa y clara para llevarlo a efecto.

La segunda parte en la que puede dividirse la solución presenta mayores complicaciones debido a que es necesario partir de la confección del presupuesto flexible.

A este respecto se ha de separar y diferenciar convenientemente entre aquellos costes con la consideración de variable de los fijos, ya que sólo los primeros deberán ser ajustados a los datos reales.

En referencia a este ajuste, habrá de tenerse en cuenta que cada centro deberá proceder de manera diferente, y así, mientras que el centro de producción tomará como base para el ajuste la producción habida, el de venta, seguramente lo hará en relación con las unidades o pesetas vendidas, y el de compras respecto a las compradas.

Finalmente, la resolución del ejercicio implica la confección de la información que será transmitida a los distintos niveles de toma de decisiones de la organización, para lo que habrá que tener presente todo lo dicho en teoría sobre dirección por excepción, filtros económicos y filtros de control.

## 1. CONFECCION DEL PRESUPUESTO PARA EL EJERCICIO 1994

En base a la información contenida en el enunciado, la confección de los distintos presupuestos parciales y su integración en el Presupuesto maestro es fácil de realizar. Su confección se encuentra recogida en el Cuadro 2.

## 2. CALCULO DE DESVIACIONES

Como ya se sabe, las desviaciones se obtienen de la comparación de los datos presupuestados con los datos reales.

En el caso que nos ocupa, la comparación se ha de realizar sobre los datos contenidos en el presupuesto flexible, ya que así se indica en el enunciado.

Es necesario, por tanto, y como paso previo, obtener tanto los datos reales como ajustar el presupuesto maestro a esa realidad.

*Costes reales:* Empezando por la confección de los costes reales de cada centro en el ejercicio de 1994, según se desprende del enunciado, obtenemos los datos que se reflejan en el Cuadro 3 de la página siguiente.

Como aspectos particulares a tener en cuenta según las consideraciones señaladas en el enunciado, hemos de matizar que:

1. Dado que se cumplen las previsiones en cuanto a compras y precios de primera materia, los datos reales por este concepto serán de 367.000 kg a 1.000 pta./kg.

En cuanto al consumo real, según se indica en el enunciado, resulta ser de 0,6 kg por unidad fabricada (600.000 unidades), lo que resulta un coste de (0,6 × 600.000) × 1.000 pta. = 360 millones.

Se indica así mismo, que se han mantenido las previsiones en cuanto a la amortización del centro de compras, por lo que éstas resultarán ser de 7,34 millones.

2. Los costes de mantenimiento del equipo productivo (centro de producción), han resultado ser la mitad de los presupuestados, es decir, 10 millones.

El criterio de amortización de dichos equipos (150 pta./unidad producida), se ha mantenido en la realidad, luego resultará un coste de 150 × 600.000 = 90 millones.

3. Los costes de gerencia, dice el enunciado, se han incrementado en 5 millones respecto a lo previsto (15 millones), luego resultarán ser de 20 millones.

4. La bajada de los tipos de interés ha supuesto un ahorro de los costes financieros respecto a los presupuestados de 15 millones, por tanto los costes financieros reales serán de 35 – 15 = 20 millones.

5. Se han vendido a 1.750 pesetas todos los productos terminados (600.000 unidades); los ingresos serán en consecuencia de 1.050 millones.

**Cuadro 2. Presupuesto para el ejercicio 1994**

| Presupuesto del centro de compras | Importe (en millones de pesetas) |
|---|---|
| Compras de primeras materias | 367 |
| Transportes | 15 |
| Personal | 18 |
| Luz y teléfono | 3 |
| Amortizaciones | 7,34 |
| Coste total centro de compras | 410,34 |
| **Presupuesto del centro de producción** | |
| Primeras materias | 337 |
| Mano de obra | 45 |
| Mantenimiento | 20 |
| Amortizaciones | 101,10 |
| Servicios exteriores | 60,5 |
| Coste total centro de producción | 563,6 |
| **Presupuesto del centro de administración** | |
| Materiales diversos | 2 |
| Amortizaciones | 7 |
| Personal | 18 |
| Luz y teléfono | 5 |
| Gerencia | 15 |
| Coste total centro de admón | 47 |
| **Presupuesto del centro de financiación** | |
| Personal | 5 |
| Costes financieros | 35 |
| Asesoría externa | 2 |
| Luz y teléfono | 2 |
| Coste total centro de financiación | 44 |
| **Centro de ventas** | |
| Ventas netas | 1.150 |
| Personal | 11,5 |
| Transporte | 16,85 |
| Publicidad | 18 |
| Luz y teléfono | 5 |
| Embalaje | 2,40 |
| Representación | 10 |
| Coste total centro de ventas | 63,75 |

**Cuadro 3. Datos reales al 31-12-94**

| Datos reales del centro de compras | Importe (en millones de pesetas) |
|---|---|
| Compras de primeras materias | 367 |
| Transportes | 12 |
| Personal | 20 |
| Luz y teléfono | 4 |
| Amortizaciones | 7,34 |
| Coste total centro de compras | 410,34 |
| **Datos reales del centro de producción** | |
| Primeras materias | 360 |
| Mano de obra | 55 |
| Mantenimiento | 10 |
| Amortizaciones | 90 |
| Servicios exteriores | 80 |
| Coste total centro de producción | 595 |
| **Datos reales del centro de administración** | |
| Materiales diversos | 2,5 |
| Amortizaciones | 8 |
| Personal | 15 |
| Luz y teléfono | 4,5 |
| Gerencia | 20 |
| Coste total centro de admón | 50 |
| **Datos reales del centro de financiación** | |
| Personal | 5 |
| Costes financieros | 20 |
| Asesoría externa | 2 |
| Luz y teléfono | 2 |
| Coste total centro de financiación | 29 |
| **Datos reales del centro de ventas** | |
| Ventas netas | 1.050 |
| Personal | 10,5 |
| Transporte | 12 |
| Publicidad | 18 |
| Luz y teléfono | 4 |
| Embalaje | 2,4 |
| Representación | 8 |
| Coste total centro de ventas | 54,9 |

El transporte se abarató 5 pesetas respecto a lo presupuestado (25 pta./unidad vendida). De esta forma los transportes de ventas reales serán de 20 × 600.000 = 12 millones.

6. El personal recibió el sueldo estipulado (0,01 pesetas por pesetas vendidas), es decir 0,01 × 1.050 millones = 10,5 millones.

*Presupuesto flexible:* La confección del presupuesto flexible pasa por ajustar el presupuesto maestro a la realidad.

Además se ha de recordar que sólo se han de ajustar los costes variables a la actividad real. A este respecto hemos de insistir que la actividad de cada centro puede ser distinta, así mientras la del centro de producción hace referencia a la producción obtenida, según se desprende del enunciado, la del centro de compra son los kg comprados y la del de ventas las unidades y pesetas vendidas.

Con todo lo dicho anteriormente podemos pasar a la confección del presupuesto flexible, que es el que aparece en el Cuadro 4 junto con los costes reales y las desviaciones.

Para obtenerlo hemos actuado como sigue:

*Centro de compras:* Las compras reales coinciden con las presupuestadas tanto en cantidad como en pesetas, por lo que no procederá ningún tipo de ajuste para confeccionar el presupuesto flexible.

*Centro de producción:* Se conoce por el enunciado que mientras que la producción prevista fue de 674.000 unidades, la real ha sido de 600.000, luego el consumo flexibilizado de primeras materias será de 0,5 kg (consumo unitario previsto) × 600.000 (producción real) = 300.000 kg, que al precio de factura de 1.000 pta./kg resultará un importe de 300 millones de pesetas.

Dado que la amortización se estima en 150 pta./unidad producida, en el presupuesto flexible deberá figurar un importe de 150 × 600.000 = 90 millones.

Los costes de mantenimiento resultaban ser de 20 millones para la producción prevista (se indica que se trata de un coste variable), luego, ajustándolo a la producción real resultarán 17,8 millones.

*Centro de ventas:* Dentro del centro de ventas se encuentran como costes variables los correspondientes a personal y transportes.

Pero en primer lugar habrá que ajustar las ventas previstas a las reales (600.000 × 1.706,2314 ) = 1.023,74 millones.

El sueldo del personal presupuestado resultaba ser de 0,01 pesetas por pesetas vendidas, por tanto, 0,01 × 1.023,74 = 10,23 millones.

Los transportes serán, para el presupuesto flexible 25 pesetas (coste unitario presupuestado) × 600.000 (unidades reales vendidas) = 15 millones.

**Cuadro 4. Datos reales y presupuestados al 31-12-94. Desviaciones**

| Concepto / Centro de compras | Reales | Presupuestos flexibles | Desviaciones (desfavorables) | Porcentaje (desfavorable) |
|---|---|---|---|---|
| Compras de primeras materias | 367 | 367 | | |
| Transportes | 12 | 15 | 3 | 20 |
| Personal | 20 | 18 | (2) | (11,11) |
| Luz y teléfono | 4 | 3 | (1) | (33,33) |
| Amortizaciones | 7,34 | 7,34 | | |
| Desviación total centro de compras | 410,34 | 410,34 | | (24,44) |
| **Centro de producción** | | | | |
| Primeras materias | 360 | 300 | (60) | (20) |
| Mano de obra | 55 | 45 | (10) | (22,22) |
| Mantenimiento | 10 | 17,8 | 7,8 | 41 |
| Amortizaciones | 90 | 90 | | |
| Servicios exteriores | 80 | 60,5 | 19,5 | (32,23) |
| Desviación total centro de producción | 595 | 513,3 | (42,7) | (33,45) |
| **Centro de administración** | | | | |
| Materiales diversos | 2,5 | 2 | 0,5 | 25 |
| Amortizaciones | 8 | 7 | (1) | (14,28) |
| Personal | 15 | 18 | 3 | 16,66 |
| Luz y teléfono | 4,5 | 5 | 0,5 | 10 |
| Gerencia | 20 | 15 | (5) | (33,33) |
| Desviación total centro de admón | 50 | 47 | (2) | 4,05 |
| **Centro de financiación** | | | | |
| Personal | 5 | 5 | | |
| Costes financieros | 20 | 35 | 15 | 42,85 |
| Asesoría externa | 2 | 2 | | |
| Luz y teléfono | 2 | 2 | | |
| Desviación total centro de financiación | 29 | 44 | 15 | 42,85 |
| **Centro de ventas** | | | | |
| Ventas netas | 1.050 | 1.023,74 | 26,26 | 2,56 |
| Personal | 10,5 | 10,23 | (0,27) | (2,6) |
| Transporte | 12 | 15 | 3 | 20 |
| Publicidad | 18 | 18 | | |
| Luz y teléfono | 4 | 5 | 1 | 20 |
| Embalaje | 2,4 | 2,4 | | |
| Representación | 8 | 10 | 2 | 20 |
| Desviación total centro de ventas | 54,9 | 60,63 | 5,73 | 57,4 |

Volviendo al Cuadro 4 se ha de continuar diciendo que en la tercera columna aparecen las desviaciones obtenidas en términos absolutos, calculadas por diferencia entre datos reales y datos correspondientes al presupuesto flexible. Entre paréntesis se hacen aparecer las consideradas como desfavorables, aquéllas en las que los datos reales superan a los presupuestados.

Finalmente, en la columna cuarta del citado cuadro figuran las desviaciones expresadas en términos relativo. Los porcentajes se han calculado sobre los datos del presupuesto flexible y los paréntesis tienen el mismo significado anterior.

## 3. DOCUMENTOS INFORMATIVOS

Empezando por la confección del organigrama de CAMPILLOSA, a fin de observar la escala jerárquica por donde debe transcurrir la comunicación, éste es el que se representa en el Cuadro 5.

Como se sabe, cada responsable, siguiendo los principios subyacentes en la dirección por excepción, debe recibir la información que exactamente necesite, ni más ni menos.

Poniéndonos en la escala que va, por ejemplo, desde el responsable del centro de administración hasta llegar a la alta dirección, la información a suministrar es la que aparece en el Cuadro 6. En idéntico sentido se podría actuar para confeccionar la información contenida en este cuadro situándonos ante cualquier otro responsable de la escala más baja.

### 3.1. Desviaciones significativas

Según se indica en el enunciado, la empresa considera desviaciones significativas aquella, tanto favorables como desfavorables que sobrepasan los límites del 20 por 100.

En el ejercicio que estamos solucionando, tal situación se da en las siguientes:

| | |
|---|---|
| Centro de compras: | Luz y transportes. |
| Centro de producción: | Mano de obra. |
| | Mantenimiento. |
| | Servicios exteriores. |
| Centro de administración: | Materiales diversos. |
| | Gerencia. |

De todas estas desviaciones habrá que dar cumplida respuesta siguiendo los principios de los filtros económicos y de los filtros de control.

Por razones de brevedad, vamos a suprimir en la resolución las relativas a luz y teléfono (en centro de compras) y materiales diversos (en centro de administración), por cuanto a ellas puede aplicárseles el principio de importancia relativa. No obstante, creemos que en el ámbito de la realidad práctica, debe suministrarse información adecuada sobre las causas y medidas correctoras de todas y cada una de ellas.

**Cuadro 5. Organigrama de CAMPILLOSA**

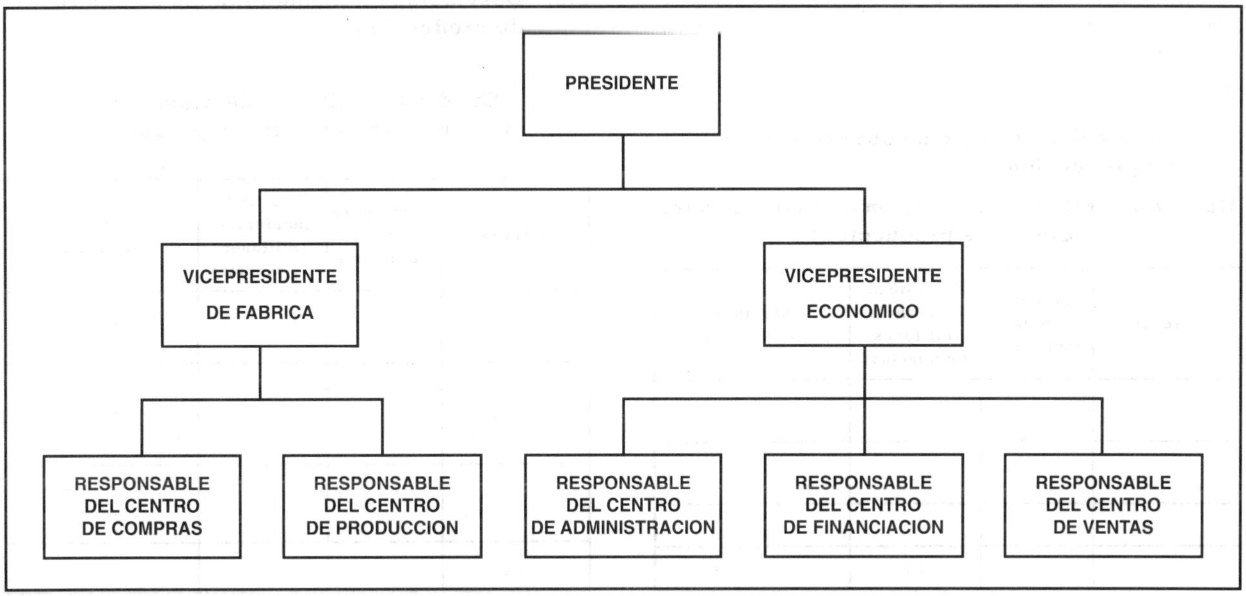

**Cuadro 6. Información según la dirección por excepción (31/12/94)**
(en millones de pesetas)

| Presupuestos | Real | Flexible | Desviaciones (desfavorables) | Porcentaje (desfavorable) |
|---|---|---|---|---|
| **Informe al presidente** | | | | |
| Vicepresidente de fábrica | 1.005,34 | 923,64 | (81,7) | (8,84) |
| Vicepresidente económico | 133 | 151,63 | 18,63 | 12,28 |
| Total desviación | 1.138,34 | 1.075,27 | (63,07) | 3,44 |
| **Informe al vicepresidente de fábrica** | | | | |
| Centro de compras | 410,34 | 410,34 | | |
| Centro de producción | 595 | 513 | (82) | (15,98) |
| Total desviación | 1.005,34 | 923,34 | (82) | (15,98) |
| **Informe al responsable del centro de compras** | | | | |
| Compras de primeras materias | 367 | 367 | | |
| Transportes | 12 | 15 | 3 | 20 |
| Personal | 20 | 18 | (2) | (11,11) |
| Luz y teléfono | 4 | 3 | (1) | (33,33) |
| Amortizaciones | 7,34 | 7,34 | | |
| Total desviación | 410,34 | 410,34 | | (24,44) |

Dado que el enunciado no proporciona información suficiente al respecto, hemos de suponer las causas que han motivado las desviaciones que vamos a comentar (es evidente que el alumno puede imaginar otras distintas a éstas).

### 3.2. Desviación en mano de obra en centro de producción

**Cuadro 7. Filtro de desviación en mano de obra (Centro de producción)**

| Causas | Porcentaje de la incidencia | Valor de la incidencia (millones de pesetas) | Medidas correctoras |
|---|---|---|---|
| Horas extraordinarias | 75 | 7,5 | Mejor adiestramiento del personal |
| Bajo rendimiento | 20 | 2 | Buscar estímulos motivadores |
| Otros | 5 | 0,5 | |
| Total | 100 | 10 | |

### 3.3. Desviación en mantenimiento en centro de producción

**Cuadro 8. Filtro de desviación en mantenimiento (Centro de producción)**

| Causas | Porcentaje de la incidencia | Valor de la incidencia (millones de pesetas) | Medidas correctoras |
|---|---|---|---|
| Baja de un operario | 38,46 | 3 | Se necesita la contratación de un sustituto |
| Equipos presupuestados y no adquiridos | 35,90 | 2,8 | Adquisición equipo al comienzo próximo ejercicio |
| Supresión horas extraordinarias | 25,64 | 2 | |
| Total | 100 | 7,8 | |

### 3.4. Desviación en servicios exteriores en centro de producción

**Cuadro 9. Filtro de desviación en servicios exteriores (Centro de producción)**

| Causas | Porcentaje de la incidencia | Valor de la incidencia (millones de pesetas) | Medidas correctoras |
|---|---|---|---|
| Contratación técnicos ajenos especializados en mantenimiento | 100 | 19,5 | Solucionar problemas existentes en mantenimiento explicados en Cuadro 8. |
| Total | 100 | 19,5 | |

### 3.5. Desviación en gerencia en centro de administración

**Cuadro 10. Filtro de desviación en gerencia (Centro de administración)**

| Causas | Porcentaje | Valor | Medidas |
|---|---|---|---|
| Decisión tomada por la presidencia | 100 | 5 | |
| Total | 100 | 5 | |

Respecto a esta desviación se hace necesario aplicar el filtro de control denominado de «separación de dirección», por cuanto ha venido motivada por una decisión de la dirección ajena a causas imputables al responsable del centro, por lo que ni cabe exigirle responsabilidad por ella, ni está en sus atribuciones el poder corregirla.

### 3.6. Desviación en costes financieros en centro de financiación

**Cuadro 11. Filtro de desviación en costes financieros (Centro de financiación)**

| Causas | Porcentaje | Valor | Medidas |
|---|---|---|---|
| Bajada conyuntural e inesperada de los tipos de interés en el mercado | 100 | 15 | |
| Total | 100 | 15 | |

Al igual que en la anterior, corresponde en este caso aplicar el filtro de control denominado de «separación de sucesos». Según este filtro, la desviación se ha debido a causas coyunturales en el mercado de capitales por la bajada de los tipos de interés, por tanto, el ahorro conseguido no ha sido debido a una acertada gestión del responsable, ya que este suceso escapa de su capacidad de decisión.

# Costes estándar

## A) Planteamiento convencional

CASO 40. **Dos productos. Explicación de las desviaciones. Métodos convencionales y sus diferencias**

CASO 41. **Desviaciones en el centro de distribución**

CASO 42. **Reconstrucción del coste real**

CASO 43. **Elaboración de cuadros sintéticos. Producción en curso**

CASO 44. **Ejercicio de recapitulación del cálculo extracontable de las desviaciones**

CASO 45. **Normalización contable. Plan de cuentas que facilite un detallado y profundo análisis del proceso contable**

**CASO 40**

Con un proceso técnico simple donde se obtienen **dos productos** terminados a partir de materias primas diferentes que pasan por dos centros, se pretende **explicar el cálculo de las desviaciones** tanto en costes directos como indirectos y estos últimos por los dos **métodos convencionales** analizando las **diferencias** entre ambos métodos.

Una empresa industrial se dedica a la fabricación y comercialización de dos tipos distintos de productos, que llamaremos $P_1$ y $P_2$. En su proceso de producción intervienen dos centros, uno de fabricación, propiamente dicho, y otro de envasado.

Su proceso productivo es el siguiente: a partir de la materia prima $M_1$ la empresa obtiene, mediante transformación en el centro de fabricación, el producto semiterminado $PS_1$, y el mismo proceso se sigue, a partir de la materia prima $M_2$, para obtener el producto semiterminado $PS_2$. Ambos productos pasan al centro de envasado para obtener, definitivamente, los dos tipos de productos terminados —$P_1$ y $P_2$— que la empresa comercializa.

Además de los mencionados, la empresa cuenta con los centros de compras, cuyo coste es asignado al coste de compras de las materias primas en función de los kilogramos comprados, de ventas, para el que no tiene definida medida de actividad y de administración, centro calificado como auxiliar y cuyo coste es asignado en partes iguales a los demás centros.

En el presente ejercicio, en base a previsiones de ventas y una utilización normal de su capacidad productiva, se han obtenido los siguientes datos de costes y rendimientos:

- Precio previsto de consumo de materia prima $M_1$: 400 pta./kg.
- Precio previsto de consumo de materia prima $M_2$: 500 pta./kg.
- Precio previsto de consumo de envases para $P_1$: 30 pta./ud.
- Precio previsto de consumo de envases para $P_2$: 40 pta./ud.

En el centro de fabricación se han presupuestado unos costes totales indirectos de 4.648.140 pesetas, de los cuales 899.640 son variables, habiéndose previsto una producción de 29.400 kg de $PS_1$ y 36.750 kg de $PS_2$, con un consumo de 26.460 kg de $M_1$ y 25.725 kg de $M_2$. Así mismo, se ha estimado utilizar 0,4 h/h por unidad de $PS_1$ y 0,7 h/h por unidad de $PS_2$, siendo la hora/hombre la unidad de medida de la actividad productiva de este centro.

En el centro de envasado se había previsto consumir toda la producción del centro de fabricación, con la que se estimó obtener 5.600 productos $P_1$ y 3.500 productos $P_2$.

La actividad productiva de este centro se mide en horas/máquina y se había presupuestado la utilización de 0,2 h/m por unidad envasada de $P_1$ y 0,25 h/m por unidad envasada de $P_2$. Los costes indirectos totales previstos para este centro sumaban 2.678.000 pesetas.

Los datos reales del período considerado fueron los siguientes:

— Existencias iniciales:

| | |
|---|---|
| Materia prima $M_1$ (2.500 kg) | 1.000.000 pta. |
| Envases $P_1$ (12.000 ud.) | 360.000 pta. |
| Envases $P_2$ (10.000 ud.) | 400.000 pta. |
| Producto semiterminado $PS_2$ (2.340 kg) | 1.053.634 pta. |

— Compras del período:

| | |
|---|---|
| Materia prima $M_1$ (20.000 kg) | 7.600.000 pta. |
| Materia prima $M_2$ (24.000 kg) | 11.760.000 pta. |

- En el centro de fabricación se consumieron 22.500 kilogramos de materia prima $M_1$, y 24.000 kg de materia prima $M_2$, y se emplearon 14.062 h/h y 27.000 h/h para obtener 28.125 kg de $PS_1$ y 36.000 kg de $PS_2$, respectivamente.
- En el centro de envasado se consumieron todos los productos semiterminados y se consiguieron envasar 5.400 unidades de $P_1$ y 3.600 unidades de $P_2$, utilizando para ello 845 h/m para el primero y 720 h/m para el segundo.

— Los costes indirectos de acuerdo con el cuadro de reparto primario fueron:

| Centros | Compras | Fabricación | Envasado | Ventas | Administración |
|---|---|---|---|---|---|
| Total reparto primario | 918.000 | 4.574.000 | 2.658.000 | 1.250.000 | 200.000 |

— Las existencias finales eran:

| | |
|---|---|
| Producto terminado $P_1$ | 200 ud. |
| Producto terminado $P_2$ | 100 ud. |
| Envases $P_1$ | 6.600 ud. |
| Envases $P_2$ | 6.400 ud. |

SE PIDE:

1. Calcular las desviaciones tanto elementales como en cargas indirectas en el centro de fabricación, utilizando para estas últimas el método eurocontinental.

2. Hacer lo mismo en el centro de envasado, pero utilizando el método anglosajón para el cálculo y análisis de sus desviaciones en costes indirectos.

## SOLUCION CASO 40

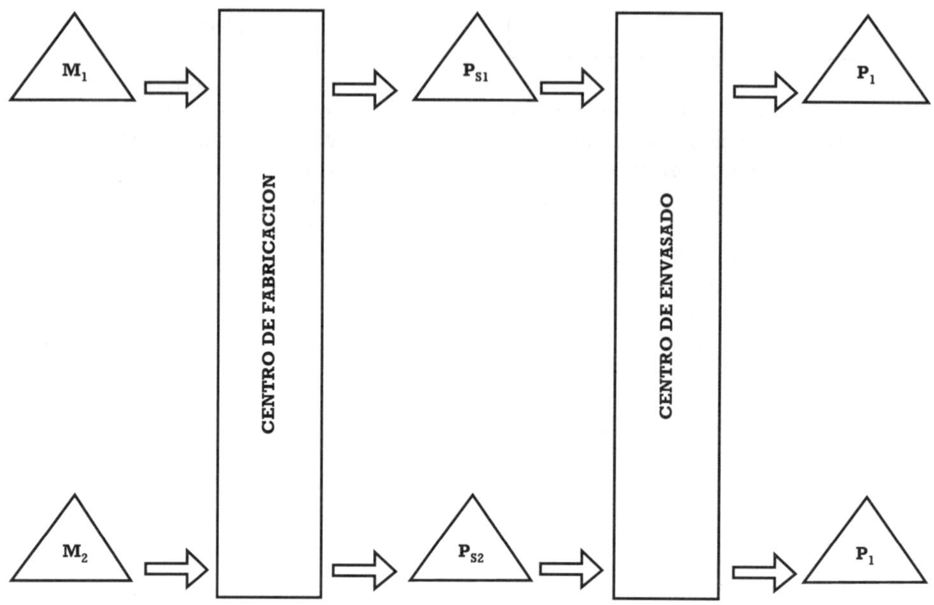


La empresa posee los siguientes centros:

- — Compras.
- — Fabricación.
- — Envasado.
- — Comercialización.
- — Administración (centro auxiliar).

Pasamos, en primer lugar, a completar el cuadro de reparto, procediendo al reparto secundario del centro de administración entre todos los demás centros atendiendo a las especificaciones del enunciado, lo cual nos permite obtener los datos reales definitivos en relación con los costes indirectos.

| Centros | Compras | Fabricación | Envasado | Ventas | Administración |
|---|---|---|---|---|---|
| Reparto 1.° | 918.000 | 4.574.000 | 2.658.000 | 1.250.000 | 200.000 |
| Administración | 50.000 | 50.000 | 50.000 | 50.000 | (200.000) |
| Reparto 2.° | 968.000 | 4.624.000 | 2.708.000 | 1.300.000 | — |
| Unidad de medida. Actividad productiva | Kg materia prima comprados | h/h | h/m | — | — |

De acuerdo con la secuencia de operaciones representada, podemos establecer dos etapas claras en el cálculo y análisis de las desviaciones, con sólo situarnos en cada uno de los centros mencionados: fabricación y envasado.

### A) Fabricación

En este centro tenemos como costes elementales el consumo de materia prima, tanto de $M_1$ para la línea $P_1$, como de $M_2$ para la línea $P_2$, y como costes indirectos los propios de dicho centro. Veamos el planteamiento y cálculo de sus desviaciones.

### A.1) Desviaciones en costes elementales (materia prima)

Determinación de las magnitudes que intervienen en el cálculo de las desviaciones:

$$Q_s(M_1) = \frac{26.460}{29.400} \times 28.125 = 0{,}9 \times 28.125 = $$
$$= 23.312{,}5 \text{ kg}$$
$$Q_s(M2) = \frac{25.725}{36.750} \times 36.000 = 0{,}7 \times 36.000 = $$
$$= 25.200 \text{ kg}$$

$Q_s$, como sabemos, corresponde a la cantidad consumida en kilogramos de materia prima si con el rendimiento previsto hubiésemos obtenido la producción real. En nuestro caso, por ejemplo, para producir 29.400 kg de $PS_1$, habíamos previsto utilizar 26.460 kg de materia prima $M_1$; es decir, 0,9 kg de materia prima por kg de $PS_1$. De manera que, con ese rendimiento, el consumo de materia prima, para la producción realmente obtenida, tendría que haber sido de 23.312,5 kg.

$$P_s(M_1) = 400 \text{ pta./kg}$$
$$P_s(M_2) = 500 \text{ pta./kg}$$

que se corresponden con los precios previstos de acuerdo con el enunciado.

$$Q_r(M_1) = 22.500 \text{ kg}$$
$$Q_r(M_2) = 24.000 \text{ kg}$$
$$P_r(M_1) = 401{,}77$$
$$P_r(M_2) = 512$$

cantidades realmente utilizadas ($Q_r$), y precios reales de consumo de las materias primas ($P_r$) son datos que hemos de calcular. Veámoslos:

Primero calculamos el coste de compra de las materias primas:

| Elementos de costes | Materia prima $M_1$ | Materia prima $M_2$ |
|---|---|---|
| Coste factura | (20.000 kg × 380 pta.) 7.600.000 | (24.000 kg × 490 pta.) 11.760.000 |
| Centro de compras [1] | 440.000 | 528.000 |
| Total | 8.040.000 | 12.288.000 |
| Unitario | 402 | 512 |

El consumo real y su precio de coste nos lo ofrece el inventario permanente de estos elementos, así:

**$M_1$**

| Existencias iniciales | Entradas | Salidas [2] | Existencias finales |
|---|---|---|---|
| 2.500 kg a 400 pta.<br>1.000.000 | 200.000 kg a 402 pta.<br>8.040.000 | 22.500 kg a 401,77 pta.<br>9.040.000 | 0 |

**$M_2$**

| Existencias iniciales | Entradas | Salidas | Existencias finales |
|---|---|---|---|
| 0 | 24.000 kg a 512 pta.<br>12.288.000 | 24.000 kg a 512 pta.<br>12.288.000 | 0 |

[1] De acuerdo con el enunciado el coste del centro de compras se asigna a las materias primas en función de los kg comprados. Podemos, por tanto, considerar los kg comprados como unidad de medida de la actividad del centro, cuyo coste unitario sería: $C_u = 968.000/44.000 = 22$; $M_1 = 20.000 \times 22 = 440.000$; $M_2 = 24.000 \times 22 = 528.000$.

[2] Se consumen todas las existencias, que valoramos a un precio medio ponderado de 401,77 pta./kg.

Ya estamos en condiciones de elaborar el cuadro que nos permite calcular y presentar extracontablemente las desviaciones en materias primas:

**Desviaciones en materias primas**

| | (1) $Q_s P_s$ | (2) $Q_r P_s$ | (3) $Q_r P_r$ | (1) – (2) Técnica | (2) – (3) Económica | (1) – (3) Global |
|---|---|---|---|---|---|---|
| $M_1$ | 25.312,5 × 400 = = 10.125.000 | 22.500 × 400 = = 9.000.000 | 22.500 × 401,77 = = 9.040.000 | 1.125.000 | –40.000 | 1.085.000 |
| $M_2$ | 25.200 × 500 = = 12.600.000 | 24.000 × 500 = = 12.000.000 | 24.000 × 512 = = 12.288.000 | 600.000 | –288.000 | 312.000 |

*Breve explicación de las desviaciones*: tomemos como ejemplo la materia prima $M_1$:

- *Desviación técnica*: también llamada en rendimiento o consumo, es favorable por 1.125.000 pesetas, lo que nos indica un rendimiento real superior al previsto. Se había previsto utilizar 0,9 kg de $M_1$ para fabricar un kg de $PS_1$, y realmente se necesitaron 0,8 kg, luego la diferencia en el rendimiento (0,1) multiplicada por la producción real y el precio previsto nos da la desviación calculada; es decir:

$$(Q_s - Q_r) \cdot P_s = (0{,}9 \times 28.125 - 0{,}8 \times 28.125) \times 400 = \\ = 0{,}1 \times 28.125 \times 400 = 1.125.000$$

- *Desviación económica o precio*: en este caso desfavorable en 40.000 pesetas, nos indica que el precio real del consumo de la materia prima ha sido superior al previsto:

$$(P_s - P_r) \cdot Q_r = (400 - 401{,}77) \times 22.500 = -40.000$$

- *Desviación global*: representa la suma de la desviación técnica y de la desviación económica o la diferencia global entre la cantidad prevista de consumo ajustada a la producción real por su precio previsto y la cantidad real por su precio real:

$$Q_sP_s - Q_rP_r = 10.125.000 - 9.040.000 = 108.500$$

### A.2) Desviaciones en costes indivisibles (método eurocontinental)

Determinación de las magnitudes que intervienen en el cálculo de las desviaciones:

$U_p$: Constituye la producción presupuestada del centro medida en unidades de obra. Es decir, el rendimiento previsto por la producción prevista, medida en número de unidades de producto que se ha estimado obtener. En nuestro caso:

$$U_p = U_{p1} + U_{p2} = 0{,}4 \times 29.400 + 0{,}7 \times 36.750 = \\ = 11.760 + 25.725 = 37.485 \text{ h/h}$$

$C_s$: Es el coste estándar de la actividad productiva presupuestada, que calculamos mediante el cociente del coste preestablecido del centro y su actividad o producción presupuestada:

$$C_s = 4.648.140/37.485 = 124 \text{ pta./h.h.}$$

pero el coste tiene un componente fijo y un componente variable, por el enunciado sabemos que del total presupuestado 899.640 pesetas son costes variables, luego, si llamamos:

$$a_s\text{: coste variable unitario estándar} = \\ = 899.640/37.485 = 24 \text{ pta.}$$
$$c_{fs}\text{: coste fijo unitario estándar} = 100 \text{ pta.}$$

$U_s$: Es el rendimiento previsto en el centro por la producción real, o unidades producidas realmente, de cada uno de los productos. Así tendremos que:

$$U_{s1} = 0{,}4 \times 28.125 = 11.250 \text{ h/h}$$
$$U_{s2} = 0{,}7 \times 36.000 = 25.200 \text{ h/h}$$

lo que representa las horas/hombre que se habrían utilizado en el caso de llevar a cabo la producción real con el rendimiento que se había estimado.

$U_r$: Representa la producción real del centro medida en unidades de obra. En nuestro caso, según los datos del supuesto:

$$U_r = U_{r1} + U_{r2} = 14.062 + 27.000 = 41.062 \text{ h/h}$$

$C_r$: Coste real de la producción real del centro medida en unidades de obra. El coste real total del centro de fabricación era de 4.624.000 pesetas, que dividido por la producción real mencionada, nos da:

$$C_r = 4.624.000/41.062 = 112{,}61 \text{ pta./h.h.}$$

Delimitadas las magnitudes anteriores, las desviaciones en costes indivisibles por el método eurocontinental, relacionadas con cada uno de los productos obtenidos en el centro de fabricación —$PS_1$ y $PS_2$— serían:

| | $U_{s1}$ $C_s$ (1) | $U_{r1}$ $C_s$ (2) | $U_{r1}$ $a_s$ + $F_{s1}$ (3) | $U_{r1}$ $C_r$ (4) | Rendimiento (1) – (2) | Capacidad (2) – (3) | Presupuesto (3) – (4) | Desviación global (1) – (4) |
|---|---|---|---|---|---|---|---|---|
| $PS_1$ | 11.250 × 124 = = 1.395.000 | 14.062 × 124 = = 1.743.688 | 14.062 × 24 + + 11.760 × 100 = = 1.513.488 | 14.062 × 112.61 = = 1.583.521,8 | –348.688 | 230.200 | –70.033,8 | –188.521,8 |
| $PS_2$ | 25.200 × 124 = = 3.124.800 | 27.000 × 124 = = 3.348.000 | 27.000 × 24 + + 25.725 × 100 = = 3.220.500 | 27.000 × 112,61 = = 3.040.470 | –223.200 | 127.500 | 180.030 | 84.330 |

*Breve explicación de las desviaciones*: Para ello vamos a centrarnos, por ejemplo, en las que corresponden al producto $PS_1$.

• *Desviación en rendimiento*: al igual que ocurría en la desviación en costes elementales, relativa al rendimiento, aquí esta desviación nos va a medir la diferencia entre el número de horas realmente utilizadas para fabricar la producción real y el número de horas que se había previsto utilizar para esa fabricación, multiplicada por el coste estándar:

$$(U_s - U_r) \cdot C_s = (11.250 - 14.062) \times 124 = -348.688$$

En nuestro caso desfavorable, dado que se habían previsto utilizar 0,4 h/h por unidad de producto fabricado (0,4 × 28.125) y han sido necesarias casi 0,5 h/h por unidad de producto.

• *Desviación en capacidad o actividad*: Es una desviación que se deriva de la existencia de costes independientes a la propia actividad o producción del centro y, por consiguiente, no varían al variar esa actividad o producción. Nos referimos a los costes fijos que, en términos unitarios, se ven afectados por las diferencias en ese nivel de actividad o producción. En otras palabras, al ser diferente la actividad presupuestada, para la que se calculó el coste estándar, y la actividad real, y teniendo en cuenta el comportamiento mencionado de los costes fijos, una parte de la desviación global es consecuencia de tal comportamiento. Así lo entiende el método eurocontinental que para su cálculo acude al presupuesto flexible, veámoslo:

$$(U_rC_s) - (U_ra_s + F_s)^{3} = (U_r - U_p) \cdot C_{sf} = (14.062 - 11.760) \times \times 100 = 230.200 \text{ pta.}$$

En nuestro caso: $U_r > U_p$ lo que significa que se han trabajado más horas de las necesarias para recuperar todos los costes fijos presupuestados.

• *Desviación en presupuesto*: la utilización del presupuesto flexible, aislada la anterior desviación, nos permite, al comparar con la situación real, obtener una desviación que pone de manifiesto los errores de estimación de los costes estándar, tanto fijos como variables:

$$U_ra_s + F_s - U_rC_r = (a_s - a_r)\, U_r + (F_s - F_r)$$

Como en nuestro caso desconocemos la descomposición de los costes reales, utilizamos la primera expresión:

$$14.062 \times 24 + 1.176.000 - 14.062 \times 112,61 = = 1.513.488 - 1.583.521,8 = -70.033,8 \text{ pta.}$$

Desviación desfavorable que nos indica que los costes reales, fijos y variables han sido superiores a los costes presupuestados, en el caso de haber conocido $(a_r)$ y $(F_r)$ podíamos haber precisado aún más.

• *Desviación global*: la suma de las tres desviaciones anteriores ha de ser igual a la desviación global calculada por diferencia entre el coste estándar y real, dada por:

$$U_sC_s - U_rC_r = 11.250 \times 124 - 14.062 \times 112,61 = = 1.395.000 - 1.583.521,8 = -188.521,8$$

desfavorable, dado que frente a una desviación favorable en capacidad, se han presentado desviaciones desfavorables, en mayor grado, tanto en rendimiento como en presupuesto.

**B) Envasado**

En este centro hemos de calcular, así mismo, desviaciones debidas al consumo de producto semiterminado, que hace aquí las veces de coste elemental, y desviaciones en costes indirectos del centro. El razonamiento utilizado será similar al utilizado precedentemente, con la diferencia de que utilizaremos el método anglosajón para el cálculo de esas últimas desviaciones.

[3] En un presupuesto flexible ésta sería la ecuación que representa el nivel de actividad productiva real y su diferencia con $U_rC_s$ son diferencias cuya causa hay que buscarla en el motivo mencionado.

## B.1) Desviaciones en el consumo de productos semiterminados [4]

Determinación de las magnitudes que intervienen en el cálculo de las desviaciones:

$$Q_s(SP_1) = 29.400/5.600 \times 5.400 = 5{,}25 \times 5.400 = 28.350 \text{ kg}$$
$$Q_s(SP_2) = 36.750/3.500 \times 3.600 = 10{,}5 \times 3.600 = 37.800 \text{ kg}$$

$Q_s$, como ya sabemos, representa la cantidad estándar ajustada a la producción real; es decir, cantidad de producto semiterminado que se tendría que haber utilizado con el rendimiento previsto para obtener la producción real de producto terminado.

$$P_s(PS_1) = 409{,}6$$
$$P_s(PS_2) = 436{,}8$$

$P_s$ son los precios estándar que, en nuestro caso, podemos calcular, bajo la consideración de que dicho precio de consumo coincide con el de su coste estándar de fabricación calculado a través de los datos presupuestados. A saber:

| | $PS_1$ | $PS_2$ |
|---|---|---|
| Consumo de materias primas | 10.584.000 (26.460 kg × 400) | 12.862.500 (25.725 kg × 500) |
| Centro de fabricación [5] | 1.458.240 | 3.189.900 |
| Total coste | 12.042.240 | 16.052.400 |
| Producción prevista | 29.400 | 36.750 |
| Coste unitario | 409,6 | 436,8 |

$$Q_r(PS_1) = 28.125$$
$$Q_r(PS_2) = 38.340$$

$Q_r$ son las cantidades realmente consumidas, que en el caso de $PS_1$ coinciden con la cantidad producida de ese producto al no haber existencias iniciales ni finales, y en el caso de $PS_2$ al no haber existencias finales representan la suma de lo producido (36.000 kg) más las existencias iniciales (2.340 kg).

$$P_r(PS_1) = 377{,}7$$
$$P_r(PS_2) = 427{,}28$$

$P_r$ son los precios o costes reales de consumo de $PS_1$ y $PS_2$ y cuyo cálculo sería el siguiente:

$P_r(PS_1)$: tiene un coste de consumo igual a su coste de producción calculado mediante el cociente entre su coste total de producción y el número de unidades fabricadas:

Consumo de materias primas $[Q_rP_r(\text{M. P.})$ + Costes indirectos $[U_rC_r]$ /núm. de ud. fabricadas = 9.040.000 + 1.583.521,8/28.125 = = 377,7 pta./kg

$P_r(PS_2)$: tiene un coste de consumo igual a su coste de producción más el valor de las existencias iniciales, dividido por el número total de unidades consumidas:

Consumo de m. primas + Costes indirectos + $E_i$/n.º de ud. consumidas = 12.288.000 + 3.040.470 + 1.053.634/38.340 = = 427,28 pta./kg

La presentación extracontable de estas desviaciones, cuyo razonamiento y análisis sería similar al ya visto para las materias primas, es:

**Desviación en $PS_1$ y $PS_2$**

| | $Q_{s1}P_{s1}$ (1) | $Q_{r1}P_{s1}$ (2) | $Q_{r1}P_{r1}$ (3) | Técnica (1) – (2) | Económica (2) – (3) | Global (1) – (3) |
|---|---|---|---|---|---|---|
| $PS_1$ | 28.350 × 409,6 = = 11.612.160 | 28.125 × 409,6 = = 11.520.000 | 28.125 × 377,7 = = 10.623.521 | 92.160 | 896.479 | 988.639 |
| $PS_2$ | 37.800 × 436,8 = = 16.511.040 | 38.340 × 436,8 = = 16.746.912 | 38.340 × 427,28 = = 16.381,915 | –235.872 | 364.997 | 129.125 |

[4] También se podía hablar de calcular las desviaciones de envases, pero, en este elemento, no se dan desviaciones, ya que como puede comprobarse, los precios real y presupuestado son iguales y el rendimiento es idéntico, igual a la unidad, en ambas situaciones.

[5] $C_{TPr}$ = 4.648.140
u.o.: 37.485

$$C_{u/o} = \frac{4.648.140}{37.485} = 124$$

PS1 = 124 × 11.760 = 1.458.240
PS2 = 124 × 25.725 = 3.189.900

### B.2) Desviaciones en costes indivisibles (método anglosajón)

Determinación de las magnitudes que intervienen en el cálculo de las desviaciones:

Sabiendo ya su significado y atendiendo a los datos del enunciado del ejercicio tenemos que:

$$U_p = 1.995 \text{ h/m}$$

Dado que sería la suma de $U_p(P_1)$ y $U_p(P_2)$, siendo:

$$U_p(P_1) = 0{,}2 \times 5.600 = 1.120 \text{ h/m}$$
$$U_p(P_2) = 0{,}25 \times 3.500 = 875 \text{ h/m}$$

$$U_s(P_1) = 0{,}2 \times 5.400 = 1.080 \text{ h/m}$$
$$U_s(P_2) = 0{,}25 \times 3.600 = 900 \text{ h/m}$$

$$C_s = 2.678.000/1.995 = 1.342{,}35 \text{ pta./h.m}$$

$$U_r(P_1) = 845 \text{ h/m}$$
$$U_r(P_2) = 720 \text{ h/m}$$

$$C_r = 2.708.000/1.565 = 1.730 \text{ pta./h.m}$$

y la representación extracontable de las desviaciones según este método:

| | $U_s C_s$ (1) | $U_r C_s$ (2) | $U_p C_s$ (3) | $U_r C_r$ (4) | Rendimiento (1) – (2) | Capacidad (2) – (3) | Presupuesto (3) – (4) | Desviación global (1) – (4) |
|---|---|---|---|---|---|---|---|---|
| $P_1$ | 1.080 × 1.342,35 = = 1.449.738 | 845 × 1.342,35 = = 1.134.286 | 1.120 × 1.342,35 = = 1.503.432 | 845 × 1.730,35 = = 1.462.146 | 315.452 | –369.146 | 41.286 | –12.408 |
| $P_2$ | 900 × 1.342,35 = = 1.208,115 | 720 × 1.342,35 = = 966.492 | 875 × 1.342,35 = = 1.174.556 | 720 × 1.730,35 = = 1.245.852 | 241.623 | –208.064 | –71.296 | –37.737 |

Observemos la diferencia de este método con el anteriormente utilizado en el centro de fabricación y que, como puede verse en el cuadro, en la columna 3, se centra en que ahora, en lugar de hacer uso del presupuesto flexible, utilizamos como base de referencia para la comparación el presupuesto inicial dado por $U_pC_s$. Siendo la desviación en rendimiento idéntica por un método y otro, así como, necesariamente, la desviación global; variando la desviación en capacidad y la desviación en presupuesto. Pero, analicemos brevemente estas desviaciones.

- *Desviación en rendimiento*: como hemos indicado, su significado es idéntico en ambos métodos, por lo que no es necesario que volvamos sobre ello.

- *Desviación en capacidad*: viene dada por la diferencia entre:

$$U_rC_s - U_pC_s = (U_r - U_p)\, C_s$$

En el método anterior, al utilizar el presupuesto flexible, esta desviación venía expresada por:

$$(U_r - U_p)\, C_{fs}$$

observemos que la diferencia entre una y otra viene dada, tomando como referencia el método anglosajón, por:

$$(U_r - U_p)\,(a_s + C_{fs}) = \boxed{(U_r - U_p)a_s} + (U_r - U_p)C_{fs}$$

porción de desviación que se eliminaba en el método anterior al flexibilizar el presupuesto.

- *Desviación en presupuesto*: ahora esta desviación vendrá dada por la diferencia:

$$U_pC_s - U_rC_r$$

Es decir, entre el presupuesto inicial y el coste real del centro, lo que significa que aquí vuelve a incluirse la diferencia observada anteriormente, pero con signo contrario, lo que no podía ser de otra forma para que la desviación global fuese igual por ambos métodos, comprobémoslo:

$$U_pC_s - U_rC_s = (U_pa_s + F_s) - (U_ra_r + F_r)$$

Si sustituimos $U_p$ por $U_p + U_r - U_r$:

$$[(U_p + U_r - U_r)a_s + F_s)] - (U_ra_r + F_r) =$$
$$= U_pa_s + U_ra_s - U_ra_s + F_s - U_ra_r + F_r =$$
$$= \underbrace{(U_p - U_r)a_s}_{\text{Igual diferencia anterior, pero con signo contrario}} + \underbrace{(a_s - a_r)U_r + (F_s - F_r)}_{\text{Desviación en presupuesto por el método eurocontinental por error de estimación de } a_s \text{ y } F_s}$$

Y es que, con la aplicación de este método, se busca reconocer la diferencia entre los costes presupuestados para la producción presupuestada y los costes reales.

## CASO 41

Presenta un análisis detallado del cálculo de las desviaciones tanto en costes directos como indirectos por los dos métodos, con especial referencia a las **desviaciones en el centro de distribución**.

Una empresa industrial elabora, a partir de una sola materia prima, dos tipos de productos que llamaremos A y B. Dicha materia prima es sometida a transformación en un único centro de fabricación donde se obtienen dos productos acabados.

Además del centro anterior, la empresa posee un centro de compras y otro de distribución. En este último ejercicio, su Contabilidad de Costes aporta la siguiente información, tanto presupuestada como real.

### INFORMACION PRESUPUESTADA

Por datos técnicos se prevé obtener 1 producto de A por cada kg de materia prima, y 1,1 producto de B por la misma cantidad consumida de materia prima para el producto anterior. Siendo el precio unitario estimado de consumo de 1.550 pta./kg.

Para una producción presupuestada de 600 unidades de productos (400 de A y 200 de B) y unas ventas previstas de 350 productos A y 180 productos B, el centro de fabricación tiene un presupuesto de costes fijos que asciende a 935.000 pesetas. Debiéndose emplear 600 h/m para la producción prevista de A y 250 h/m para la de B.

Por su parte, el centro de distribución prevé unos costes totales de 800.300 pesetas, utilizándose como unidad de medida de su actividad, el número de unidades vendidas (previsto o real, según el caso).

### INFORMACION REAL

En el período de referencia la empresa obtuvo una producción real de 400 productos A y 150 productos B, y se sabe que, al principio del ejercicio, había en almacén 10 kg de materia prima, valorados a 1.575 pta./kg, y que se habían comprado 550 kg por un total de 250.250 pesetas, siendo el coste del centro de compras de 625.625 pesetas.

Para obtener esa producción se consumieron 350 kg de materia prima para el producto A y 205 kg para el producto B, aplicándose el criterio de valoración LIFO.

El centro de fabricación tuvo un total de costes indirectos de 1.117.950 pesetas, y el rendimiento real en este centro fue de 1,5 h/m para fabricar un producto A y 1,2 h/m para fabricar un producto B. Se sabe, además, que el coste indirecto fijo unitario del centro fue de 1.200 pesetas la h/m y que el coste indirecto variable unitario real coincidió con el previsto.

El centro de distribución tuvo un coste indirecto total de 849.590 pesetas, y las ventas reales del ejercicio, sabiendo que no existía stock de productos terminados al principio del mismo, fueron de 380 unidades de A, a un precio de 5.000 pta./ud., y 150 unidades de B, a 6.000 pta./ud.

SE PIDE:

1. Las desviaciones en materia prima.
2. Las desviaciones en cargas indirectas, empleando el método eurocontinental para el centro de fabricación y el método anglosajón para el centro de distribución.
3. Elaborar un cuadro donde se resuma el coste de producción real, total y unitario, así como los resultados analíticos por producto.

## SOLUCION CASO 41

### 1. DESVIACIONES EN MATERIA PRIMA

Determinación de las magnitudes que intervienen en el cálculo de las desviaciones:

$Q_s$: Cantidad estándar de materia prima ajustada a la producción real; es decir, rendimiento previsto multiplicado por la producción real obtenida de producto. En este caso, al fabricarse dos productos terminados con la misma materia prima, diferenciaremos el consumo previsto para cada uno de esos productos, a saber:

$$Q_s\ (A) = 1 \times 400 = 400\ \text{kg}$$
$$Q_s\ (B) = 1/1{,}1 \times 150 = 136{,}36\ \text{kg}$$

Al haberse previsto consumir 1 kg de materia prima por unidad de A y obtener 1,1 producto B por kg de materia prima, y ser la producción real de 400 (A) y 150 (B).

$P_s$: Precio previsto de consumo de la materia prima, tanto para A como para B. Es decir:

$$P_s\ (A)\ (B) = 1.550\ \text{pta./kg}$$

$Q_r$: Cantidad realmente consumida de materia prima que, atendiendo al enunciado es:

$$Q_r\ (A) = 350\ \text{kg}$$
$$Q_r\ (B) = 205\ \text{kg}$$

lo que significa que el rendimiento real ha sido de 0,875 kg por producto A y de 1,36 por producto B.

$P_r$: Precio real de consumo de la materia prima que hemos de calcular acudiendo a la reconstrucción de su inventario permanente:

$$P_r\ (A)\ (B) = 1.592{,}34$$

**Inventario permanente M. P (LIFO)**

| Existencias iniciales | Entradas[1] | Salidas[2] | Existencias finales |
|---|---|---|---|
| 10 kg a 1.575 pta. = 15.750 | 550 × 1.592,5 = = 875.875 | 550 × 1.592,5 + 5 × 1.575 = = 883.750 | 5 × 1.575 = = 7.875 |

La representación extracontable de las desviaciones en materia prima nos quedarían:

| | $Q_sP_s$ (1) | $Q_rP_s$ (2) | $Q_rP_r$ (3) | Técnica (1) – (2) | Económica (2) – (3) | Global (1) – (3) |
|---|---|---|---|---|---|---|
| A | 400 × 1.550 = = 620.000 | 350 × 1.550 = = 542.500 | 350 × 1.592,34 = = 557.319 | 77.500 | –14.819 | 62.681 |
| B | 136,36 × 1.550 = = 211.358 | 250 × 1.550 = = 317.750 | 205 × 1.592,34 = = 326.429,7 | –106.392 | –8.679,7 | –115.071,7 |

*Breve explicación de estas desviaciones*: tomando como referencia el producto A:

- *Desviación técnica*: en rendimiento o consumo de materias primas. Nos indica la diferencia entre el rendimiento previsto y el real:

$$Q_sP_s - Q_rP_s = (Q_s - Q_r)P_s = (400 - 350) \times 1.550 = = 77.500 \text{ pta.}$$

La empresa había previsto utilizar 1 kg por unidad de producto, pero, para obtener la producción real sólo ha necesitado 0,875 kg por unidad. La consecuencia ha sido una desviación favorable de 0,125 kg por unidad o (0,125 × × 400) = 50 kg para el total de la producción.

- *Desviación económica o en precio*: nos da la parte de desviación global que ha sido debida a una diferencia en el coste de utilización de este factor:

$$Q_rP_s - Q_rP_r = (P_s - P_r)Q_r = (1.550 - 1.592,34) \times 350 = = -14.819 \text{ pta.}$$

Desviación desfavorable debido al mayor precio de consumo real sobre el previsto.

- *Desviación global*: es la suma de la desviación técnica y económica, o la diferencia entre el coste estándar y el real del consumo de materia prima:

$$Q_sP_s - Q_rP_r = 400 \times 1.550 - 350 \times 1.592,34 = 62.681$$

Favorable debido a la acción positiva del rendimiento obtenido frente a la acción negativa del mayor precio de coste de la materia prima.

## 2. DESVIACIONES EN CARGAS INDIRECTAS, EMPLEANDO EL METODO EUROCONTINENTAL PARA EL CENTRO DE FABRICACION Y EL METODO ANGLOSAJON PARA EL CENTRO DE DISTRIBUCION

### A) Centro de fabricación (método eurocontinental)

Determinación de las magnitudes que intervienen en el cálculo de las desviaciones en costes indirectos:

$U_p$: Actividad productiva del centro, presupuestada y expresada en unidades de obra. Producto del ren-

[1] Las entradas valoradas a su coste de compra serían:

| | |
|---|---|
| Coste factura (550 × 455) | 250.250 |
| Coste centro compras | 625.625 |
| Total coste | 875.875 |

[2] Al aplicar el criterio de valoración LIFO, las salidas quedan representadas por dos precios diferentes, pero, al no contar con información para la identificación específica de estas salidas, calculamos un precio medio ponderado que utilizamos como $P_r(A)(B)$ = 883.750/555 = 1.592,34.

dimiento presupuestado por la producción presupuestada. En nuestro caso:

$$U_p = U_p(A) + U_p(B) = 600 + 250 = 850 \text{ h/m}$$

o lo que es lo mismo:

$$U_p(A) = 600 \text{ h/m} / 400 \text{ uds.} \times 400 \text{ uds.} = = 1{,}5 \text{ h/m/ud.} \times 400 \text{ uds.} = 600 \text{ h/m}$$

$$U_p(B) = 250 \text{ h/m} / 200 \text{ uds.} \times 200 \text{ ud.} = = 1{,}24 \text{ h/m/ud.} \times 200 \text{ uds.} = 250 \text{ h/m}$$

$U_s$: Actividad productiva presupuestada ajustada a la producción real; es decir, rendimiento previsto por producción real:

$$U_s(A) = 1{,}5 \times 400 = 600 \text{ h/m}$$
$$U_s(B) = 1{,}25 \times 150 = 187{,}5 \text{ h/m}$$

$C_s$: Coste estándar obtenido por el cociente entre el coste total indirecto del centro y su actividad productiva presupuestada. Expresado igualmente por:

$$C_s = C_{sf} + a_s$$

$C_{sf}$ es el coste estándar fijo unitario, en nuestro caso igual a 935.000/850 = 1.100 pesetas.

$a_s$ es el coste estándar variable unitario, desconocido de entrada, pero que podemos calcular teniendo en cuenta que $a_s = a_r$, siendo $a_r$ el coste variable real unitario; y, como veremos a continuación $a_r$ es igual a 233,2 pesetas. Luego:

$$C_s = 1.333{,}2 \text{ pta.}$$

$U_r$: Actividad productiva real del centro, medida en unidades de obra y producto del rendimiento real por la producción real:

$$U_r = U_r(A) + U_r(B) = 600 + 180 = 780 \text{ h/m}$$

$$U_r(A) = 1{,}5 \times 400 = 600 \text{ h/m}$$
$$U_r(B) = 1{,}2 \times 150 = 180 \text{ h/m}$$

$C_r$: Coste real de la hora máquina que calculamos por el cociente entre el coste real del centro y su actividad productiva real:

$$C_r = 1.117.950/780 = 1.433{,}2 \text{ pta.}$$

y como $C_r = a_r + C_{rf}$, siendo $C_{rf}$ el coste fijo real unitario, dado en el enunciado, e igual a 1.200 pta. Así:

$$a_r = 1.433{,}2 - 1.200 = 233{,}2$$

Calculadas las magnitudes anteriores, las desviaciones en costes indirectos las expresamos y representamos extracontablemente de la siguiente forma:

| | $U_sC_s$ (1) | $U_rC_s$ (2) | $U_ra_s + F_s$[3] (3) | $U_rC_r$ (4) | Rendimiento (1) – (2) | Capacidad (2) – (3) | Presupuesto (3) – (4) | Desviación global (1) – (4) |
|---|---|---|---|---|---|---|---|---|
| A | 600 × 1.333,2 = = 799.920 | 600 × 1.333,2 = = 799.920 | 600 × 233,2 + + 660.000 = = 139.920 + 660.000 = = 799.920 | 600 × 1.433,2 = = 859.920 | — | — | –60.000 | –60.000 |
| B | 187,5 × 1.333,2 = = 249.975 | 180 × 1.333,2 = = 239.976 | 180 × 233,2 + + 275.000 = 316.976 | 180 × 1.433,2 = = 257.976 | 9.999 | –77.000 | 59.000 | –8.001 |

*Breve explicación de estas desviaciones*: tomando como referencia el producto B:

- *Desviación en rendimiento*: viene dada por la diferencia entre:

$$U_sC_s - U_rC_s = (U_s - U_r)C_s = (187{,}5 - 180) \times 1.333{,}2 = = 9.999 \text{ pta.}$$

Desviación favorable, dado que el rendimiento real ha sido superior al previsto en el centro de fabricación. Se había previsto utilizar 1,25 h/m por unidad de producto y se utilizaron realmente 1,2 h/m por unidad; es decir, 0,05 h/m menos que, multiplicadas por 150 ud. y por su coste estándar (1.333,2), son las 9.999 pesetas calculadas.

- *Desviación en capacidad*: consecuencia de la mayor o menor utilización de la actividad del centro, medida

[3] Ecuación que refleja el coste indirecto del centro para el nivel de actividad productiva real, obtenida mediante la utilización de un presupuesto flexible.

en unidades de obra, y la influencia en ello de los costes fijos dado su comportamiento. Como sabemos, este método utiliza el presupuesto flexible para su determinación. En nuestro caso:

$$U_rC_s - U_ra_r + F_s = (U_r - U_p)C_{sf} = (180 - 250) \times 1.100 =$$
$$= -77.000 \text{ pta.}$$

Desviación desfavorable, y consecuencia de la subactividad habida en el centro, dado que se había presupuestado una actividad de 250 h/m y se trabajaron realmente 180 h/m, luego se han trabajado menos horas de las presupuestadas para recuperar todos los costes fijos presupuestados.

- *Desviación en presupuesto*: consecuencia de los errores cometidos al estimar los costes fijos y variables. Viene dada por:

$$U_ra_s + F_s - U_rC_r = (a_s - a_r)U_r + (F_s - F_r) =$$
$$= (233,2 - 233,2) \times 180 + (275.000 - 216.000) =$$
$$= 0 + 59.000 \text{ pta.}$$

Desviación favorable debida, únicamente, a que los costes fijos reales fueron inferiores a los costes fijos presupuestados, dado que en los costes variables no hubo error de estimación.

- *Desviación global*: suma de las desviaciones anteriores o diferencia entre el coste indirecto estándar y real del centro:

$$U_sC_s - U_rC_r = 187,5 \times 1.333,2 - 180 \times 1.433,2 =$$
$$= -8.001 \text{ pta.}$$

y cuyas causas se encuentran contenidas en el análisis precedente.

**B) Centro de distribución (método anglosajón)**

Determinación de las magnitudes para el cálculo de las desviaciones, cuyo significado es el mismo visto para el método eurocontinental.

$$U_p = U_p(A) + U_p(B) = 350 + 180 = 530 \text{ uds./vendidas}$$

$$C_s\text{: Coste indirecto presupuestado}/U_p = 800.300/530 =$$
$$= 1.510 \text{ pta./ud.}$$

$$U_s = U_s(A) + U_s(B) = 350 + 135 = 485 \text{ ud.}$$

$$U_s(A) = 350/400 \times 400 = 350 \text{ ud.}$$
$$U_s(B) = 180/200 \times 150 = 135 \text{ ud.}$$
$$U_r = U_r(A) + U_r(B) = 380 + 150 = 530 \text{ uds.}$$

$$C_r\text{: Coste indirecto real}/U_r = 849.590/530 =$$
$$= 1.603 \text{ pta./ud.}$$

Hemos de advertir, antes de presentar el cálculo de las desviaciones que, normalmente, en el centro de distribución se suele calcular únicamente la desviación en el coste presupuestado, por diferencia entre dicho coste presupuestado del centro y su coste real, en nuestro caso sería:

$$U_pC_s - U_rC_r = 800.300 - 849.590 = 49.290 \text{ pta.}$$

Sin embargo, en nuestro caso, y dado que contamos con la información correspondiente a la medida de su actividad productiva, expresada en unidades de venta, podemos además calcular $U_s$ tomando como referencia la cantidad de producto fabricado; es decir, calcular su rendimiento previsto y aplicárselo a la producción real. Así, el cuadro de cálculo y presentación extracontable de las desviaciones sería:

| | $U_sC_s$ (1) | $U_rC_s$ (2) | $U_p + C_s$ (3) | $U_rC_r$ (4) | **Rendimiento (1) – (2)** | **Capacidad (2) – (3)** | **Presupuesto (3) – (4)** | **Desviación global (1) – (4)** |
|---|---|---|---|---|---|---|---|---|
| A | 350 × 1.510 = = 528.500 | 380 × 1.510 = = 573.800 | 350 × 1.510 = = 528.140 | 380 × 1.603 = 609.140 | –45.300 | 45.300 | –80.640 | –80.640 |
| B | 135 × 1.510 = = 203.850 | 150 × 1.510 = = 226.500 | 180 × 1.510 = = 271.800 | 150 × 1.603 = = 240.450 | –22.650 | –45.300 | 31.350 | –36.600 |
| Desviación TOTAL en presupuesto | | | 800.300 | 849.590 | | | 49.290 | |

*Breve explicación de estas desviaciones*: tomando como referencia el producto A:

- *Desviación en rendimiento*: con el mismo cálculo que en el método anterior, pero cuyo significado aquí debe ser matizado:

$$U_sC_s - U_rC_s = (U_s - U_r)C_s = (350 - 380) \times 1.510 = = -45.300$$

lo que indica que se ha superado el objetivo previsto expresado en términos de rendimiento. Ya que se había previsto vender 0,875 por unidad producida, o el 87,5 de la producción, y realmente se han vendido 0,95 por unidad producida o el 95 por 100 de la producción, y esta mayor actividad de venta ha provocado un mayor coste de distribución en 45.300 pesetas; sin embargo, no podemos decir que sea una situación desfavorable.

- *Desviación en capacidad*: viene dada por la diferencia, en este método, entre:

$$(U_r - U_p)C_s = (380 - 350) \times 1.510 = 45.300 \text{ pta.}$$

que en este caso concreto, al ser $U_p = U_s$, nos da la misma cantidad que en la desviación anterior, pero con signo contrario.

$U_p$ es la actividad productiva presupuestada del centro, para la producción presupuestada; en nuestro caso 350 unidades, actividad para la que calculamos su coste unitario estándar, por tanto, representa la incidencia en el coste unitario al variar el nivel de actividad productiva del centro.

- *Desviación en presupuesto*: representa, como hemos puesto de manifiesto, el error al estimar el coste presupuestado del centro frente a su coste real, es decir:

$$U_pC_s - U_rC_r = 350 \times 1.510 - 380 \times 1.603 = -80.640 \text{ pta.}$$

Unica desviación que, por regla general, se suele calcular en el centro de distribución y cuya determinación difiere de la utilizada en el método eurocontinental en que, en éste, no se hace uso del presupuesto flexible sino del presupuesto inicial.

- *Desviación global*: como sabemos, sería la suma de las desviaciones anteriores o la diferencia entre:

$$U_sC_s - U_rC_r = 350 \times 1.510 - 380 \times 1.603 = -80.640 \text{ pta.}$$

En nuestro caso, por lo ya dicho, igual a la desviación en presupuesto, y que nos indica la diferencia entre el coste estándar y real del centro.

## 3. COSTE REAL DE PRODUCCION Y RESULTADOS POR PRODUCTO

Utilizando los datos reales anteriores y aplicando el modelo de coste completo podemos sintetizar los costes y resultados de los productos en el siguiente cuadro:

| COSTES/RESULTADOS | PRODUCTOS | |
|---|---|---|
| | Producto A | Producto B |
| Consumo de materia prima ($Q_rP_r$)<br>CT. Ind. Fabricar. ($U_rC_r$) | 557.319<br>859.920 | 326.429,7<br>257.976 |
| Coste de fabricación | 1.417.295 | 584.405,7 |
| Unidades fabricadas<br>Coste unitario de fabricación | 400<br>3.543,2375 | 150<br>3.896,038 |
| Ventas | 380 × 5.000 = 1.900.000 | 150 × 6.000 = 900.000 |
| Coste producción vendida | 1.346.430,2 | 584.405,7 |
| Coste de distribución ($U_rC_r$) | 609.140 | 240.450 |
| COSTE FINAL | 1.955.570,2 | 824.855,7 |
| Resultado analítico | –55.570,2 | 75.144,3 |

**CASO 42**

Se hace especial referencia a la **reconstrucción del coste real** para, una vez obtenido, compararlo con el estándar, y calcular, analizar y presentar extracontablemente las desviaciones.

Una empresa industrial elabora dos tipos distintos de productos ($P_A$ y $P_B$) a partir de dos materias primas diferentes ($MP_1$ y $MP_2$). Su proceso técnico es el siguiente: la materia prima ($MP_1$) es consumida en el centro de fabricación ($F_1$), donde se obtiene un producto semiterminado ($P_s$), este producto junto con la materia prima ($MP_2$) son consumidos en el centro de fabricación ($F_2$), donde se obtienen los productos terminados mencionados ($P_A$ y $P_B$).

Algunos datos reales que constituyeron la situación de partida de la Contabilidad de Costes fueron los siguientes:

### EXISTENCIAS INICIALES

| | |
|---|---|
| $MP_1$ | 25 kg a 300 pta./kg |
| $P_s$ | 80 kg a 850 pta./kg |
| $P_A$ | 100 uds. a 710 pta./ud. |
| $P_B$ | 150 uds. a 750 pta./ud. |

### COMPRAS DE MATERIAS PRIMAS

| | |
|---|---|
| $MP_1$ | 50 kg a 310 pta./kg |
| $MP_2$ | 95 kg a 250 pta./kg |

Las existencias finales, calculadas por la propia Contabilidad de Costes y de acuerdo con un inventario físico practicado al efecto, al final del ejercicio eran:

$$MP_1 = 15 \text{ kg}; \quad MP_2 = 5 \text{ kg}; \quad P_s = 8 \text{ kg}$$

### DATOS DE FABRICACION REALES

Con el consumo real de materia prima $MP_1$ en el centro de fabricación $F_1$, se obtuvo una producción de producto semiterminado ($P_s$) que supuso el 80 por 100 de dicho consumo.

En el centro de fabricación $F_2$ el consumo total en kg, tanto de $MP_2$ como de $P_s$, provocó una producción de producto terminado que representó un 60 por 100 de unidades físicas de $P_A$ y un 40 por 100 de unidades físicas de $P_B$.

El rendimiento en unidades de obra (h/m) del centro de fabricación $F_2$, para ambos productos, fue igualmente del 60 por 100 para $P_A$ y del 40 por 100 para $P_B$.

Los costes reales indirectos de los centros involucrados en el proceso productivo con sus unidades de obra respectivas fueron:

| | COMPRAS | CENTRO $F_1$ | CENTRO $F_2$ |
|---|---|---|---|
| Total costes indirectos | 19.625 | 17.400 | 24.825 |
| Unidades de obra | Pesetas compradas | Kg consumidos de $MP_1$ | h/m |
| Número de unidades de obra | ? | ? | 285 |

Para la valoración de las salidas y existencias en almacén se aplicó el criterio del precio medio ponderado.

Los datos presupuestados para el período de referencia, a los que pertenecen los datos reales anteriores, habían sido los siguientes:

- Se estimó obtener una producción semiterminada con un rendimiento sobre la materia prima consumida del 90 por 100 y un precio de consumo previsto de dicha materia prima de 412 pta./kg.
- Según datos técnicos el consumo de $MP_2$ y de $P_s$ por unidad de producto $P_A$ y de producto $P_B$ debía ser de 0,4 kg de $MP_2$ y 0,6 kg de $P_s$. Siendo el precio previsto de ambos consumos de 870 pta./kg para el producto $P_s$ y 370 pta./kg para la materia prima $MP_2$.

Al centro de fabricación ($F_1$) se le habían presupuestado unos costes indirectos de 17.640 pesetas y un total de unidades de obra, expresado en kg, de materia prima consumida de 63 kg.

Los costes previstos del centro de fabricación ($F_2$)

fueron de 24.000 pesetas para una producción de 130 unidades de $P_A$ empleando 156 h/m, y de 90 unidades de $P_B$ empleando 126 h/m.

SE PIDE:

Calcular, teniendo en cuenta que la empresa aplica un modelo de Costes Completos, lo siguiente:

1. Costes reales unitarios y totales del producto semiterminado y de los productos terminados.
2. Cálculo de las desviaciones en costes divisibles.
3. Utilizando el método anglosajón, calcular las desviaciones en costes indirectos.

## SOLUCION CASO 42

Se trata de una empresa que obtiene, en su proceso productivo, dos productos finales ($P_A$ y $P_B$). Pero, en un proceso intermedio obtiene un producto semiterminado, cuyo consumo representa un coste directo para la fabricación de ambos productos finales.

Para obtener los estándar y poder compararlos con los costes reales hemos de conocer la cantidad producida real, tanto del producto semiterminado, como de los productos $P_A$ y $P_B$; por consiguiente, el orden que llevaremos en la solución será el siguiente:

A) Cálculo de los costes reales, tanto del producto semiterminado como de los productos terminados.
B) Desviaciones en costes directos.
C) Desviaciones en costes indirectos.

### A) CALCULO DE LOS COSTES REALES TANTO DEL PRODUCTO SEMITERMINADO COMO DE LOS PRODUCTOS TERMINADOS

En el cálculo de los costes reales de producción intervienen elementos directos (materiales) y elementos indirectos de costes (costes de los centros de fabricación $F_1$ y $F_2$, y costes indirectos de compras). Identificando estos elementos calcularemos dichos costes:

#### A.1) Coste de producción del producto semiterminado ($P_s$)

Para la fabricación de este producto intervienen los siguientes elementos de coste:

— Materia prima $MP_1$ (consumo)
— Coste indirecto del centro de fabricación $F_1$ (17.400 pesetas).

Materia prima $M_1$:

Para calcular su consumo elaboramos su correspondiente inventario permanente:

| Criterio de valoración: PMP = = (25 × 300 + 50 × 465)/75 = 410 | |
|---|---|
| $E_i$ (25 kg × 300) | 7.500 |
| Compras (50 kg × 310)<br>Coste indirecto C.[1] compras | 15.500<br>7.750 |
| Coste compras (50 kg × 465) | 23.250 |
| Consumo (60 kg × 410) | 24.600 |
| $E_f$ (15 kg × 410) | 6.150 |

| Coste del producto semiterminado | |
|---|---|
| Consumo $MP_1$ | 24.600 |
| Coste indirecto centro fabricación $F_1$ | 17.400 |
| Coste producción | 42.000 |
| Número de unidades (80% s/60 kg)<br>Coste unitario | 48<br>875 |

| Inventario permanente $P_s$<br>Criterio de valoración: PMP | |
|---|---|
| $E_i$ (80 kg × 850) | 68.000 |
| Producción (48 kg × 875) | 42.000 |
| Consumo [2] (120 kg × 859,375) | 103.125 |
| $E_f$ (8 kg × 859,375) | 6.875 |

[1] Los costes indirectos del centro de compras deben ser asignados a las compras de materias primas, siendo el criterio de asignación las pesetas compradas.
$C_{u/o}$ S. compras = 19.625/(15.500 + 23.750) = 0,5
Las compras de $MP_2$ son 23.750 pesetas. Así asignaremos:
$MP_1$ = 0,5 × 15.500 = 7.750
$MP_2$ = 0,5 × 23.750 = 11.875

[2] Sabemos por el enunciado que el consumo total de $P_s$ (en kg) provoca un 60 por 100 de unidades físicas de $P_A$ y un 40 por 100 de $P_B$. Esto significa que tales productos absorben esos porcentajes en kg de $P_s$.
120 kg 60%: 72 × 859,375 = 61.875 ($P_A$)
40%: 48 × 859,375 = 41.250 ($P_B$)

### A.2) Coste de producción de $P_A$ y $P_B$

$C_{u/o} F_2 = 24.825/285 = 87{,}105$

| CONCEPTO | $P_A$ | $P_B$ |
|---|---|---|
| Consumo de $P_s$ | 60%<br>72 × 859,375 = 61.875 | 40%<br>48 × 859,375 = 41.250 |
| Consumo de $MP^3_2$ | 60%<br>54 × 375 = 20.250 | 40%<br>36 × 375 = 13.500 |
| Centro de fabrica $F_2$ (285 h/m) (24.825) | 60% (171 h/m)<br>14.895 | 40% (114 h/m)<br>9.930 |
| Coste producción | 97.020 | 64.680 |
| Unidad producción | 72 + 54 = 126 | 48 + 36 = 84 |
| Coste unitario | 770 pta./ud. | 770 pta./ud. |

| Inventario permanente $MP_2$<br>Criterio de valoración: PMP | |
|---|---|
| $E_i$ | 0 |
| Compras (95 kg × 250) | 23.750 |
| Coste indirecto C. compras | 11.875 |
| Coste compras (95 × 375) | 35.625 |
| Consumo (90 × 375) | 33.750[4] |
| $E_f$ (5 × 375) | 1.875 |

### B) DESVIACIONES EN COSTES DIRECTOS

Podemos identificar los siguientes costes directos:

Consumo de $MP_1$
Consumo de producto semiterminado ($P_A$, $P_B$)
Consumo de $MP_2$ ($P_A$, $P_B$)

### B.1) Desviaciones en $MP_1$

Las magnitudes que intervienen en el cálculo y análisis de las desviaciones de $MP_1$ son los siguientes:

$Q_r$: Cantidad real de materia prima utilizada en la fabricación de $P_{ST}$ (60 kg). Lo que representa el producto del rendimiento real por la producción real ($q_rX_r = 60$; $q_r = 60/48 = 1{,}25$).

$P_r$: Precio real de la materia prima: 410 pta.

$Q_s$: De acuerdo con el enunciado se había previsto obtener una producción semiterminada con un rendimiento sobre la $MP_1$ consumida del 90 por 100, y $Q_s$ es el rendimiento estándar ajustado a la producción real; la producción real ($X_r$) es de 48 unidades; de acuerdo con lo anterior, para obtener esas 48 unidades serían precisos (48/0,9) 53 kg de materia prima, lo que da un rendimiento estándar de 1,11 kg de materia prima por unidad de producto semiterminado, aproximadamente.

$P_s$: Precio estándar de la materia prima: 412 pta.

| $Q_sP_s$ (1) | $Q_rP_s$ (2) | $Q_rP_r$ (3) | Técnica (1) – (2) | Económica (2) – (3) | Global (1) – (3) |
|---|---|---|---|---|---|
| 53 × 412 = 21.836 | 60 × 412 = 24.720 | 60 × 410 = 24.600 | –2.884 | 120 | –2.764 |

*CAUSAS*

— El rendimiento real ha sido inferior al estándar (1/1,25 = 0,8).
— El precio real ha sido inferior al estándar.

### B.2) Desviaciones en productos semiterminados

El producto semiterminado representa un coste directo para la obtención de los productos finales $P_A$ y $P_B$, luego las desviaciones hemos de calcularlas para ambos productos. En su cálculo intervendrán los siguientes conceptos:

$Q_r$: Cantidad real de producto semiterminado utilizado para la fabricación de los productos finales $P_A$ y $P_B$, luego hemos de distinguir ambos consumos:

$Q_r(t) = 120$ $\quad Q_r(A) = 72$
$Q_r(B) = 48$

$P_r$: Precio real tanto para $P_A$ como para $P_B$: 859,375 pta.

[3] El consumo de $MP_2$ se reparte en las mismas proporciones, entre los productos, que el producto $P_s$ (s/enunciado).
[4] 90 kg 54 × 375 = 20.250
36 × 375 = 13.500

$Q_s$: Cantidad estándar de producto semiterminado previsto, ajustado a la producción real obtenida de producto terminado. Se había previsto 0,6 kg de $P_s$ por unidad de producto terminado, luego tendremos:

$Q_s(t) = 0,6 \times 210 = 126$ $\quad Q_s(A) = 0,6 \times 126 = 75,6$

$Q_s(B) = 0,6 \times 84 = 50,4$

$P_s$: precio estándar tanto para $P_A$ como para $P_B$: 870 pta.

*CAUSAS*

— Rendimiento real superior al estándar para ambos productos.
— Precio real inferior al estándar.

| | $Q_sP_s$ (1) | $Q_rP_s$ (2) | $Q_rP_r$ (3) | Técnica (1) – (2) | Económica (2) – (3) | Global (1) – (3) |
|---|---|---|---|---|---|---|
| $P_A$ | 75,6 × 870 = = 65.772 | 72 × 870 = = 62.640 | 72 × 859,375 = = 61.875 | 3.132 | 765 | 3.897 |
| $P_B$ | 50,4 × 870 = = 43.848 | 48 × 870 = = 41.760 | 48 × 859,375 = = 41.250 | 2.088 | 510 | 2.598 |

**B.3) Desviaciones $MP_2$**

La materia prima $MP_2$ interviene en el centro de fabricación $F_2$ para la obtención de los productos $P_A$ y $P_B$; luego, como en el caso anterior, las desviaciones hemos de calcularlas para ambos productos.

Las magnitudes que intervienen son:

$Q_r$: Cantidad real de materia prima consumida, distinguiendo para ambos productos:

$Q_r(t) = 90$ $\quad Q_r(A) = 54$

$Q_r(B) = 36$

$P_r$: Precio real de la materia prima: 375 pta.

$Q_s$: Cantidad estándar prevista para la producción real:

$Q_s(t) = 0,4 \times 210 = 84$ $\quad Q_s(A) = 0,4 \times 126 = 50,4$

$Q_s(B) = 0,4 \times 84 = 33,6$

$P_s$: Precio estándar: 370 pta.

*CAUSAS*

— Rendimiento real inferior al previsto.
— Precio real superior al previsto.

**C) DESVIACIONES EN COSTES INDIRECTOS**

Los costes indirectos son los correspondientes a los centros de fabricación $F_1$ y $F_2$, siendo necesario para este último calcular las desviaciones para cada producto ($P_A$ y $P_B$). Las variables que intervienen son las siguientes:

*CENTRO DE FABRICACION $F_1$:*

$C_r$: Precio real de la unidad de obra:

$$C_r = 17.400/60 = 290 \text{ pta./kg}$$

| | $Q_sP_s$ (1) | $Q_rP_s$ (2) | $Q_rP_r$ (3) | Técnica (1) – (2) | Económica (2) – (3) | Global (1) – (3) |
|---|---|---|---|---|---|---|
| $P_A$ | 50,4 × 370 = = 18.648 | 54 × 370 = = 19.980 | 54 × 375 = = 20.250 | –1.332 | –270 | –1.602 |
| $P_B$ | 33,6 × 370 = = 12.432 | 36 × 370 = = 13.320 | 36 × 375 = = 13.500 | –888 | –180 | –1.086 |

$U_r$: Actividad productiva real, medida por el número de unidades de obra necesarias para la producción real. Lo que es igual al rendimiento real por la producción real: $1{,}25 \times 48 = 60$ kg.

$U_s$: Actividad productiva presupuestada correspondiente a la producción real (rendimiento previsto por la producción real: $1{,}11 \times 48 = 53$), que coincidirá con $Q_s$ para $MP_1$ por ser la unidad de obra los kilogramos consumidos de materia prima.

$C_s$: Precio preestablecido:

$$C_s = 17.640/53 = 332{,}8 \text{ pta./kg}$$

$U_p$: Actividad presupuestada como normal: 36 kg.

*CENTRO DE FABRICACION $F_2$:*

Producto A

$C_r$: $24.825/285 = 87{,}1$ pta.

$U_r$: $0{,}6 \times 285 = 171$ h/m.

$C_s$: $24.000/(156+126) = 24.000/282 = 85{,}1$ pta.

$U_s$: Rendimiento previsto por la producción real (rendimiento previsto $156/130 = 1{,}2$ y la producción real 126): $1{,}2 \times 126 = 151{,}2$ h/m.

$U_p$: Actividad presupuestada: 156 h/m.

Producto B

$C_r$: 87,1.

$C_s$: 85,1.

$U_r$: $285 \times 0{,}4 = 114$ h/m.

$U_s$: $(126/90) \times 84 = 117{,}6$ h/m.

$U_p$: 126 h/m.

| | **$U_sC_s$ (1)** | **$U_r \times C_s$ (2)** | **$U_pC_s$ (3)** | **$U_rC_r$ (4)** | **Rendimiento (1) – (2)** | **Capacidad (2) – (3)** | **Presupuesto (3) (4)** | **Desviación global (1) – (4)** |
|---|---|---|---|---|---|---|---|---|
| $F_1$ | $53 \times 332{,}8 =$ = 17.638,4 | $60 \times 332{,}8 =$ = 19.968 | $63 \times 332{,}8 =$ = 20.966,4 | $60 \times 290 =$ = 17.400 | –2.329,6 | –998,4 | 3.566,4 | 238,4 |
| $F_2$ $P_A$ | $151{,}2 \times 85{,}1 =$ = 12.867,12 | $171 \times 85{,}1 =$ = 14.552,1 | $156 \times 85{,}1 =$ = 13.275,6 | $171 \times 87{,}1 =$ = 14.894,1 | –1.685 | 1.276,5 | –1.618,5 | –2.027 |
| $F_2$ $P_B$ | $117{,}6 \times 85{,}1 =$ = 10.007,76 | $114 \times 85{,}1 =$ = 9.701,4 | $126 \times 85{,}1 =$ = 10.722,6 | $114 \times 87{,}1 =$ = 9.929,4 | 306,36 | –1.021,2 | 793,2 | 78,36 |

## CASO 43

Se centra en la **elaboración de cuadros sintéticos**, donde se presenta la información de costes tanto estándar como real, que ayudan a un análisis y cálculo de las desviaciones de forma directa y simple; así como en la incidencia de la **producción en curso**, pasando por su cálculo.

Una empresa industrial se dedica a la fabricación de dos tipos distintos de productos, a los que denominaremos X e Y. El proceso productivo tiene lugar en dos centros principales de fabricación ($C_A$ y $C_B$).

En el centro de fabricación $C_A$, a partir de la materia prima $S_1$, se obtiene el producto X; el 50 por 100 de la cantidad obtenida de este producto es comercializada, el otro 50 por 100 se utiliza en la fabricación del producto Y.

En el centro de fabricación $C_B$ se realiza el producto Y, añadiéndole al producto X la materia prima $S_2$.

La producción considerada como normal en la empresa es de 20.000 unidades de X y 10.000 unidades de Y, y para esa producción se estimaron las siguientes normas de consumo de factores por producto:

| | Producto X | Producto Y |
|---|---|---|
| Materia prima $S_1$ | 1,6 kg a 11,25 pta./kg | — |
| Materia prima $S_2$ | — | 2 kg a 10 pta./kg |
| Mano obra directa | 0,1 h a 40 pta.//h | 0,3 h a 45 pta./h |

Los costes indirectos presupuestados de ambos centros de fabricación, con especificación de sus cargas fijas y variables en función de su comportamiento en relación con su actividad productiva, medida por sus correspondientes unidades de obra, son:

| | $C_A$ | | $C_B$ | |
|---|---|---|---|---|
| Coste indirecto total | FIJO | VARIABLE | FIJO | VARIABLE |
| | 105.000 | 46.000 | 180.000 | 69.000 |
| Unidades de obra<br>N.° de unid. de obra | horas de MOD<br>2.000 | | Horas de MOD<br>3.000 | |

Una vez finalizado el ejercicio económico, contamos con los siguientes datos reales:

*Existencias iniciales:*

Materia prima $S_1$: 18.000 kg a 11,25 pta.
Materia prima $S_2$: 10.000 kg a 10 pta.

*Compras del período:*

Materia prima $S_1$: 20.000 kg a 12,5 pta.
Materia prima $S_2$: 25.000 kg a 8,5 pta.

En el centro de fabricación $C_A$ se llevaron a cabo las 20.000 unidades de producto X que se habían presupuestado, siendo necesarias 2.050 horas a un precio de coste de 42 pesetas la hora, empleándose 32.500 kg de materia prima $S_1$.

Al centro de fabricación $C_B$ pasó el 50 por 100 previsto del producto X y 22.000 kg de materia prima $S_2$, siendo necesaria la utilización de 2.880 horas a un coste de 45 pesetas la hora. En este centro se terminaron 9.500 productos Y, quedando 500 productos en curso de fabricación. La empresa tiene como normal valorar la producción en curso de acuerdo con las especificaciones estándar prefijadas. Dichos 500 productos se encontraban: terminados en un 100 por 100 en lo que se refiere a costes directos (materia prima $S_2$ y producto X), terminados en un 50 por 100 en lo que se refiere a la mano de obra directa y a cargas indirectas.

En relación a estas últimas se sabe que fueron las siguientes, con referencia, así mismo, a su naturaleza fija o variable y las unidades de obra de los centros donde se manifiestan:

| | $C_A$ | | $C_B$ | |
|---|---|---|---|---|
| Coste indirecto total | FIJO | VARIABLE | FIJO | VARIABLE |
| | 125.100 | 52.750 | 203.900 | 93.250 |
| Unidades de obra<br>N.° de unid. de obra | horas de MOD<br>2.050 | | Horas de MOD<br>2.880 | |

Los consumos de materias primas se valoran utilizando el criterio del precio medio ponderado.

SE PIDE:

1. Elaborar un cuadro donde se representen los costes estándar unitarios de los productos X e Y.
2. Elaborar un cuadro donde aparezcan, tanto los costes estándar como reales (en términos globales), para los 20.000 productos X y los 9.500 productos Y, dedicando un apartado para valorar la producción en curso.
3. Calcular y presentar extracontablemente las desviaciones en cada uno de los centros de fabricación, atendiendo al siguiente orden:

— Centro de fabricación A (20.000 productos X):

- Desviaciones en materia prima $S_1$.
- Desviaciones en MOD
- Desviaciones en costes indirectos (método eurocontinental).

— Centro de fabricación B (9.500 productos Y):

- Desviaciones en producto X.
- Desviaciones en materia prima $S_2$.
- Desviaciones en MOD
- Desviaciones en costes indirectos (método euro-continental).

## SOLUCION CASO 43

### 1. ELABORAR UN CUADRO DONDE SE REPRESENTEN LOS COSTES ESTANDAR UNITARIOS DE LOS PRODUCTOS X E Y

| Costes de los factores | Producto X | | Producto Y | |
|---|---|---|---|---|
| | $q_s P_s$ | $C_s(X)$ | $q_s P_s$ | $C_s(Y)$ |
| Producto X (1) | — | — | 1 × 29,55 | 29,55 |
| Materias primas (2) | 1,6 × 11,25 | 18 | 2 × 10 | 20 |
| Mano obra directa (3) | 0,1 × 40 | 4 | 0,3 × 45 | 13,5 |
| Costes indirectos (4) | 0,1 × 75,5 | 7,55 | 0,3 × 83 | 24,9 |
| Total unitario | | 29,55 | | 87,95 |

(1) El coste unitario del producto X vemos que sale 29,55 pesetas, cantidad que utilizamos como su coste de consumo para fabricar (Y), siendo su rendimiento igual a la unidad, de acuerdo con el enunciado.

(2) Según las especificaciones del ejercicio.

(3) Según las especificaciones del ejercicio.

(4) De acuerdo con el cuadro de costes indirectos presupuestados el total de costes indirectos en cada uno de los centros era: $C_A$ = 151.000 pesetas y $C_B$ = 249.000 pesetas y sus unidades de obra 2.000 h/MOD en $C_A$ y 3.000 h/MOD en $C_B$, luego el coste de la unidad de obra será:

$C_{u/o}$ (A) = 151.000/2.000 = 75,5 pta./h
$C_{u/o}$ (B) = 249.000/3.000 = 83 pta./h

siendo el rendimiento previsto:

$\gamma$(A) = 2.000/20.000 = 0,1 h. de MOD por unidad de producto
$\gamma$(B) = 3.000/10.000 = 0,3 h. de MOD por unidad de producto

### 2. ELABORAR UN CUADRO DONDE APAREZCAN, TANTO LOS COSTES ESTANDAR COMO REALES (EN TERMINOS GLOBALES), PARA LOS 20.000 PRODUCTOS X Y LOS 9.500 PRODUCTOS Y, DEDICANDO UN APARTADO PARA VALORAR LA PRODUCCION EN CURSO

#### 2.1. Costes de X

| Costes de los factores | Coste real | | | Coste preestablecido (1) | | |
|---|---|---|---|---|---|---|
| | Cantidad | Precio | Coste | Cantidad | Precio | Coste |
| Materia prima $S_1$ .................... | 32.500 | 11,9 | 386.750 (2) | 32.000 (20.000 × 1,6) | 11,25 | 360.000 |
| Mano obra directa ................ | 2.050 | 42 | 86.100 (3) | 2.000 (0,1 × 20.000) | 40 | 80.000 |
| Costes indirectos .................. ............................................. | 2.050 | 86,75 | 177.850 (4) | 2.000 (0,1 × 20.000) | 75,5 | 151.000 |
| Total (5) .................................. | | | 650.700 (6) | | | 591.000 |

(1) Los costes preestablecidos los obtenemos del cuadro de costes estándar unitarios, con sólo multiplicar los rendimientos por la producción real (20.000 productos X).

(2) El consumo real de materia prima $S_1$ lo obtenemos a través de su inventario permanente, utilizando el criterio del precio medio ponderado.

| | | | | | | | |
|---|---|---|---|---|---|---|---|
| Existencias iniciales: | 18.000 kg | × 11,25 pta./kg = | 202.500 | Salidas: | 32.500 kg | × 11,90 pta./kg = | 386.750 |
| Entradas: | 20.000 kg | × 12,50 pta./kg = | 250.000 | Existencias finales: | 5.500 kg | × 11,90 pta./kg = | 65.450 |

(3) Dato del enunciado.

(4) De acuerdo con los datos reales de cargas indirectas, sabemos que el total de ellas era de 177.850 pesetas y el número de unidades de obra de 2.050 horas de MOD, lo que nos da un coste de la hora de 86,75, aproximadamente.

(5) La desviación global en el centro $C_A$, donde se fabrica el producto X, o desviación en el coste de fabricación de este producto sería $D_{GX}$ = 591.000 – 650.700 = –59.700. Desviación global que, como comprobaremos, es la suma de las desviaciones globales correspondientes a cada uno de los costes de los factores que intervienen.

(6) El coste real unitario, sabiendo que han sido 20.000 productos X fabricados, sería:

$C_{ru}$ = 650.700/20.000 = 32,535

## 2.2. Coste Y

Para los 9.500 productos Y terminados:

| Costes de los factores | Coste real (1) | | | Coste preestablecido (2) | | |
|---|---|---|---|---|---|---|
| | Cantidad | Precio | Coste | Cantidad | Precio | Coste |
| Producto X | 9.500 | 32,69 | 310.555 | 9.500 (1 × 9.500) | 29,55 | 280.725 |
| Materia prima $S_2$ | 21.000 | 8,87 | 186.270 | 19.000 (2 × 9.500) | 10 | 190.000 |
| Mano obra directa | 2.805 | 45 | 126.225 | 2.850 (0,3 × 9.500) | 45 | 128.250 |
| Costes indirectos | 2.805 | 103,7 | 290.878,5 | 2.850 (0,3 × 9.500) | 83 | 236.550 |
| Total (3) | | | 913.928,5 | | | 835.525 |

(1) Para calcular el coste real hemos de tener en cuenta que habían quedado en curso de fabricación 500 productos y, cuyo coste, hemos de detraer del coste real correspondiente a los 10.000 productos, atendiendo para ello al enunciado en cuanto al grado de terminación de la producción en curso y su valoración. Dicha producción en curso, valorada elemento de coste por elemento de coste sería:

| 500 productos Y en curso de fabricación | | | |
|---|---|---|---|
| **Coste de los factores** | **Cantidad** | **Precio** | **Coste** |
| Producto X | 500 | 29,55 | 14.775 |
| Materia prima $S_2$ | 1.000 | 10 | 10.000 |
| Mano de obra directa | 75 | 45 | 3.375 |
| Costes indirectos | 75 | 83 | 6.225 |
| Total | | | 34.375 |

y cuya determinación del coste de la producción terminada.

| |
|---|
| Coste por factor del producto terminado = Coste de producción total – Coste de la producción en curso |

Veamos el cálculo del coste de la producción terminada.

Producto X: (10.000 × 32,535) – (500 × 29,55) = 9.500 × 32,69
Materia prima $S_2$: Para su cálculo debemos acudir a su inventario permanente (criterio de valoración PMP).

| | | | | | |
|---|---|---|---|---|---|
| Existencias iniciales: | 10.000 kg × 10 pta./kg = | 100.000 | Salidas: | 22.000 kg × 8,92 pta./kg = | 196.240 |
| Entradas: | 2.500 kg × 8,5 pta./kg = | 212.500 | Existencias finales: | 13.000 kg × 8,92 pta./kg = | 115.960 |

(22.000 × 8,92) – (1.000 × 10) = (21.000 × 8,87)
Mano de obra directa: (2.800 × 45) – (500 × 0,3 × 0,5 × 45) = (2.805 × 45)
Costes indirectos: (2.880 × 103,17) – (500 × 0,3 × 0,5 × 83) = (2.805 × 103,7)

(2) Los costes preestablecidos los obtenemos multiplicando el rendimiento estándar, ya calculado, por la producción real (9.500) y por su coste estándar, igualmente, ya calculado.

(3) La desviación global en el centro $C_B$, donde se fabrica el producto Y, sería:

$D_{GY}$ = 913.928,5 – 835.525 = 78.403,5

## 3. CALCULAR Y PRESENTAR EXTRACONTABLEMENTE LAS DESVIACIONES EN CADA UNO DE LOS CENTROS DE FABRICACION, UTILIZANDO EL METODO EUROCONTINENTAL PARA EL CALCULO DE LAS DESVIACIONES EN COSTES INDIRECTOS

### 3.1. Desviaciones en el centro $C_A$ (producto X)

#### 3.1.1. Desviaciones en costes elementales

| | $Q_sP_s$ (1) | $Q_rP_s$ (2) | $Q_rP_r$ (3) | Técnica (1) – (2) | Económica (2) – (3) | Global (1) – (3) |
|---|---|---|---|---|---|---|
| Materia prima $M_1$ | 1,6 × 20.000 × 11,25 = = 360.000 | 1,625 × 20.000 × 11,25 = = 365.625 | 1,625 × 20.000 × 11,9 = = 386.750 | –5.625 | –21.125 | –26.750 |
| MOD | 0,1 × 20.000 × 40 = = 80.000 | 0,1025 × 20.000 × 40 = = 82.000 | 0,1025 × 20.000 × 42 = = 86.100 | –2.000 | –4.100 | –6.100 |

#### 3.1.2. Desviaciones en cargas indirectas (método eurocontinental)

| | $U_sC_s$ (1) | $U_rC_s$ (2) | $a_sU_r + F_s$ (3) | $U_rC_r$ (4) | Rendimiento (1) – (2) | Capacidad (2) – (3) | Presupuesto (3) – (4) | Desviación global (1) – (4) |
|---|---|---|---|---|---|---|---|---|
| | 2.000 × 75,5 = = 151.000 | 2.050 × 75,5 = = 154.775 | 23 × 2.050 + 105.000 = = 152.150 | 2.050 × 86,75 = = 177.850 | –3.775 | 2.625 | –25.700 | –26.850 |

*Definición de conceptos:*

$U_s$ = 2.000 h (0,1 × 20.000) = $U_p$
$C_s$ = 75,5
$U_r$ = 2.050
$a_s$ = CV/$U_p$ = 46.000/2.000 = 23
$F_s$ = 105.000
$C_r$ = 86,75
Desviación total del centro A: –59.700

### 3.2. Desviaciones en el centro $C_B$ (producto Y)

3.2.1. Desviaciones en costes elementales

| | $Q_sP_s$ (1) | $Q_rP_s$ (2) | $Q_rP_r$ (3) | Técnica (1) - (2) | Económica (2) - (3) | Global (1) - (3) |
|---|---|---|---|---|---|---|
| Materia prima $M_2$ | 2 × 9.500 × 10 = = 190.000 | 21.000 × 10 = = 210.000 | 21.000 × 8,87 = = 186.270 | –20.000 | 23.730 | 3.730 |
| MOD | 0,3 × 9.500 × 45 = = 128.250 | 2.805 × 45 = = 126.225 | 2.805 × 45 = = 126.225 | 2.025 | — | 2.025 |
| Producto X | 1 × 9.500 × 29,55 = = 280.725 | 9.500 × 29,55 = = 280.725 | 1 × 9.500 × 32,69 = = 310.555 | — | –29.830 | –29.830 |

3.2.2. Desviaciones en cargas indirectas (método eurocontinental)

| | $U_sC_s$ (1) | $U_rC_s$ (2) | $a_sU_r + F_s$ (3) | $U_rC_r$ (4) | Rendimiento (1) - (2) | Capacidad (2) - (3) | Presupuesto (3) - (4) | Desviación global (1) - (4) |
|---|---|---|---|---|---|---|---|---|
| | 2.850 × 83 = = 236.550 | 2.805 × 83 = = 232.815 | 23 × 2.805 + 180.000 = = 244.515 | 2.850 × 103,7 = = 290.878,5 | 3.735 | –11.700 | –46.363,5 | –54.328,5 |

*Definición de conceptos:*

$U_s$ = 9.500 × 0,3 = 2.850
$U_p$ = 10.000 × 0,3 = 3.000
$C_s$ = 249.000/3.000 = 83
$a_s$ = 69.000/3.000 = 23
$F_s$ = 180.000
$U_r$ = 2.805
$C_r$ = 103,7
Desviación total del centro B: –78.403,5

**CASO 44**

Se plantea un centro de actividad con fabricación en curso. Partiendo del presupuesto unitario y trabajando las unidades terminadas equivalentes se calculan y analizan las distintas desviaciones del centro por los dos métodos convencionales, como **ejercicio de recapitulación del cálculo extracontable de las desviaciones**.

La sociedad COSCU, S. A., dedica su actividad a la fabricación de un artículo uniforme, siendo el centro de fabricación P uno de los centros principales, en el cual el control de los trabajos se realiza mediante un presupuesto estándar.

Para el mes de junio se ha establecido el siguiente presupuesto, para una producción prevista para la empresa en su conjunto de 10.000 unidades:

Elementos del coste previsto:

— Materia prima X: 50.000 kg a 1,50 pta.
Y: 30.000 kg a 8,50 pta.

— Mano de obra directa: 20.000 h/h a 16 pta.

— Producción prevista del centro: 20.000 h/m.

— Cargas fijas: 25.000 pta.

— Cargas variables: 20.000 h/m a 3,75 pta.

Asimismo, transcurrido el mes de junio, se ha elaborado la información sobre los hechos ocurridos en él, que han sido:

a) *Productos en curso de fabricación a primeros de mes:*

2.000 unidades elaboradas en un 40% = 60.000 pta.

b) *Costes aplicados durante el mes:*

— Materia prima X: 50.000 kg .......... 80.000 pta.
Y: 30.000 kg .......... 252.000 pta.

— Mano de obra directa: 20.000 h/h . 330.000 pta.

— Gastos generales de explotación:

Fijos .......... 25.000 pta.
Variables: 21.000 h/m .......... 99.750 pta.

c) *Productos en curso de fabricación a fin de mes:*

3.000 unidades elaboradas en un 50 por 100.

d) *Unidades puestas en proceso durante el mes:*

10.200 unidades.

SE PIDE:

1. Calcular las desviaciones en materia prima X e Y, mano de obra directa y gastos generales. En estos últimos, por los procedimientos que se conozcan.
2. Enjuiciar las desviaciones encontradas.

## SOLUCION CASO 44

Para resolver este ejercicio daremos los siguientes pasos:

1. Presentación del presupuesto unitario.
2. Cálculo de las unidades terminadas equivalentes.
3. Desviaciones en materias primas.
   3.1. Cálculo de las desviaciones.
      *a*) Materia prima X.
      *b*) Materia prima Y.
   3.2. Análisis de las desviaciones.
      *a*) Materia prima X.
      *b*) Materia prima Y.
4. Desviaciones en mano de obra directa.
   4.1. Cálculo de las desviaciones.
   4.2. Análisis de las desviaciones.
5. Desviaciones en gastos generales de explotación.
   5.1. Cálculo de las desviaciones (Método eurocontinental).
   5.2. Análisis de las desviaciones (Método eurocontinental):
   5.3. Cálculo de las desviaciones (Método anglosajón).
   5.4. Análisis de las desviaciones (Método anglosajón).

### 1. PRESENTACION DEL PRESUPUESTO UNITARIO

Este presupuesto unitario se hace sobre la base de una producción prevista de 10.000 unidades.

| Estándar / Elementos del coste | Cantidad | Precio o coste unitario | Coste |
|---|---|---|---|
| Materias primas X | 5 kg | 1,50 pta./kg | 7,50 pta. |
| Y | 3 kg | 8,50 pta./kg | 25,50 pta. |
| Mano de obra directa | 2 h/h | 16 pta./h.h. | 32,00 pta. |
| Cargas indirectas | | | |
| Fijas* | 2 | 1,25 | 2,50 |
| Variables | 2   2 h/m | 3,75   5 pta./h.m. | 7,50   10,00 pta. |
| **Coste por unidad de producto:** | | | **75,00 pta.** |

* Coste unitario medio por unidad de obra.

**Cálculos**

Materia prima X:

$$\text{Rendimiento estándar} = \frac{\text{Produc. centro estándar}}{\text{Produc. empresa estándar}} = \frac{50.000}{10.000} = 5 \text{ kg}$$

Precio unitario = 1,50 pta./kg.

Materia prima Y:

$$\text{Rendimiento estándar} = \frac{\text{Produc. centro estándar}}{\text{Produc. empresa estándar}} = \frac{30.000}{10.000} = 3 \text{ kg}$$

Precio unitario = 8,50 pta./kg.

Mano de obra directa:

$$\text{Rendimiento estándar} = \frac{\text{Produc. centro estándar}}{\text{Produc. empresa estándar}} = \frac{20.000}{10.000} = 2 \text{ h/h}$$

Precio unitario = 16 pta./h.h.

Gastos generales de explotación:

$$\text{Rendimiento estándar} = \frac{\text{Produc. centro estándar}}{\text{Produc. empresa estándar}} = \frac{20.000}{10.000} = 2 \text{ h/m}$$

Precio unitario:

$$C_{sf} = \frac{\text{Costes fijos}}{\text{Unidad. obra}} = \frac{25.000}{20.000} = 1{,}25 \text{ pts / h.m.}$$

$+ C_{sv}$ = .................................. 3,75 pta./h.m.

$C_s$ = .................................. **5,00 pta./h.m.**

## 2. CALCULO DE LAS UNIDADES TERMINADAS EQUIVALENTES

Según la información que nos facilita el enunciado, sabemos que:

- Unidades iniciales en curso de fabricación: 2.000 unidades al 40 por 100.
- Unidades finales en curso de fabricación: 3.000 unidades al 50 por 100.
- Unidades puestas en proceso en el mes: 10.200 unidades.

**Unidades reales terminadas**

| | | |
|---|---|---|
| Unidades iniciales: | | 2.000 |
| Puestas en proceso: | 10.200 | |
| Unidades finales: | – 3.000 | 7.200 |
| Unidades reales terminadas: | | **9.200** |

**Unidades terminadas equivalentes**

| | |
|---|---|
| Unidades iniciales: 60 por 100 s/2.000 | 1.200 |
| Unidades comenzadas y terminadas 100 por 100 s/(10.200 – 3.000) | 7.200 |
| Unidades finales: 50 por 100 s/3.000 | 1.500 |
| Unidades terminadas equivalentes: | **9.900** |

## 3. DESVIACIONES EN MATERIAS PRIMAS

### 3.1. Cálculo de las desviaciones

*a*) Materia prima X:

| $Q_s \times P_s$ (1) | $Q_r \times P_s$ (2) | $Q_r \times P_r$ (3) | Desviación técnica (1-2) | Desviación económica (2-3) | Desviación global (1-3) |
|---|---|---|---|---|---|
| (5 × 9.900) × 1,50 | 50.000 × 1,50 | 50.000 × 1,60 | | | |
| 74.250 | 75.000 | 80.000 | <750> | <5.000> | <5.750> |

*b*) Materia prima Y:

| $Q_s \times P_s$ (1) | $Q_r \times P_s$ (2) | $Q_r \times P_r$ (3) | Desviación técnica (1-2) | Desviación económica (2-3) | Desviación global (1-3) |
|---|---|---|---|---|---|
| (3 × 9.900) × 8,50 | 30.000 × 8,50 | 30.000 × 8,40 | | | |
| 252.450 | 255.000 | 252.000 | <2.550> | 3.000 | 450 |

### 3.2. Análisis de las desviaciones

*a*) Materia prima X:

- *Desviación técnica*: al ser negativa, nos indica que se ha consumido en el centro más cantidad de la prevista como normal; es decir, el rendimiento real ha sido inferior al rendimiento estándar. En concreto, se han consumido 50.000 kg de materia prima X para una producción de 9.900 unidades equivalentes, cuando para la misma producción se habían presupuestado 49.500 kg (5 × 9.900); es decir, se han consumido 500 kg más de los previstos, que ponderados al precio estándar, 1,50 pta./kg nos da precisamente la desviación de 750 pesetas.

- *Desviación económica*: al ser negativa, nos indica que la materia prima X consumida en el centro lo ha sido a un precio superior al previsto como normal. Concretamente se ha consumido a un precio de 1,60 pta./kg, cuando estaba previsto un precio normal de 1,50 pta./kg; es decir, se han consumido los 50.000 kg a 0,10 pta./kg más de lo previsto, lo que nos da la desviación de 5.000 pesetas.

- *Desviación global*: al ser negativa, nos indica que los costes históricos en materia prima X han sido superiores a los costes estándar.

*b*) Materia prima Y:

- *Desviación técnica*: nos indica, al ser negativa, que se ha empleado en el centro más materia prima Y de la prevista en un principio (el rendimiento real ha sido inferior al estándar). Es decir, para una producción de 9.900 unidades equivalentes, estaba previsto consumir 29.700 kg (3 × 9.900) de materia prima Y, y sin embargo se han consumido 30.000 kg; por tanto, se han consumido 300 kg más de los previstos, que ponderados al precio estándar, 8,50 pta./kg, nos da la desviación de 2.550 pesetas.

- *Desviación económica*: al ser positiva, nos indica que la materia prima Y consumida en el centro ha sido a un precio inferior al previsto como normal. Concretamente se ha consumido a un precio de 8,40 pta./kg, cuando estaba previsto un precio normal de 8,50 pta./kg; es decir, se han consumido los 30.000 kg de materia prima Y a 0,10 pta./kg menos de lo previsto, lo que nos da la desviación de 3.000 pesetas.

- *Desviación global*: al ser positiva, nos indica que los costes históricos en materia prima Y han sido inferiores a los costes estándar.

## 4. DESVIACIONES EN MANO DE OBRA DIRECTA

### 4.1. Cálculo de las desviaciones

| $H_s \times S_s$ (1) | $H_r \times S_s$ (2) | $H_r \times S_r$ (3) | Desviación técnica (1-2) | Desviación económica (2-3) | Desviación global (1-3) |
|---|---|---|---|---|---|
| (2 × 9.900) × 16 | 20.000 × 16 | 20.000 × 16,5 | | | |
| 316.800 | 320.000 | 330.000 | <3.200> | <10.000> | <13.200> |

### 4.2. Análisis de las desviaciones

• *Desviación técnica*: nos indica, al ser negativa, que se han empleado en el centro más horas/hombre de las previstas como normales, por consiguiente, el rendimiento real ha sido inferior al estándar. Si lo analizamos más a fondo nos encontramos que, para una producción de 9.900 unidades equivalentes, estaba previsto emplear 19.800 horas (2 × 9.900) y, sin embargo, se han empleado 20.000 horas, por tanto, se han empleado 200 horas más de las previstas, que ponderadas al precio estándar de mano de obra, 16 pta./h, nos da la desviación de 3.200 pesetas.

• *Desviación económica*: al ser negativa, nos indica que la mano de obra empleada en el centro ha sido más cara de lo previsto. Mientras que estaba previsto emplear mano de obra a un precio de 16 pta./hora, realmente se ha empleado a 16,5 pta./hora; es decir, a 0,50 pta./hora más de lo presupuestado, que multiplicado por el número real de horas trabajadas, 20.000 horas/hombre, nos da la desviación de 10.000 pesetas.

• *Desviación global*: al ser negativa, nos indica que los costes históricos por mano de obra han sido superiores a los costes estándar.

## 5. DESVIACIONES EN CARGAS INDIRECTAS

### 5.1. Cálculo de las desviaciones (método eurocontinental)

| $U_s \times C_s$ (1) | $U_r \times C_s$ (2) | $U_r \times C_{sv}$ + + $U_r \times C_{sf}$ (3) | $U_r \times C_r$ (4) | Desviación en rendimiento (1-2) | Desviación en capacidad (2-3) | Desviación en presupuesto (3-4) | Desviación global (1-4) |
|---|---|---|---|---|---|---|---|
| (2 × 9.900) × × 5 | 21.000 × 5 | 21.000 × 3,75 + + 20.000 × 1,25 | 21.000 × 4,75 + + 25.000 | | | | |
| = 99.000 | = 105.000 | = 103.750 | = 124.750 | <6.000> | 1.250 | <21.000> | <25.750> |

### 5.2. Análisis de las desviaciones (método eurocontinental)

• *Desviación en rendimiento*: nos indica, al ser negativa, que se han empleado en el centro más horas/máquina de las que estaban presupuestadas. En concreto, para una producción de 9.900 unidades equivalentes, se había previsto emplear 19.800 h/m (2 × 9.900) y, sin embargo, se han empleado 21.000 h/m; es decir, 1.200 h/m más de las previstas, que ponderadas al coste estándar unitario completo, 5 pta./hora, nos da la desviación de 6.000 pesetas.

• *Desviación en capacidad*: nos indica la cobertura de

las cargas fijas, para entenderlo mejor, debemos pensar que:

$$U_r \times C_s - (U_r \times C_{sv} + U_p \times C_{sf}) = (U_r - U_p)\, C_{sf}$$

y, por lo que, al ser $U_r = 21.000$ y $U_p = 20.000$, tendremos que $U_r - U_p = 1.000$ horas, que ponderadas al coste estándar unitario fijo, 1,25 pta./hora, nos da la desviación de 1.250 pesetas. Al ser positiva, $U_r > U_p$, quiere decir que se han trabajado en el centro más de las horas que eran necesarias para recuperar todos los costes fijos presupuestados.

• *Desviación en presupuesto*: compara los costes presupuestados para la actividad realmente obtenida con los costes históricos o reales en que se ha incurrido en el centro. En este caso tenemos:

$$U_r \times C_{sv} + U_p \times C_{sf} = 21.000 \times 3,75 + 20.000 \times 1,25 =$$
$$= 21.000 \times 3,75 + 25.000 = 103.750$$

$$U_r \times C_r = 21.000 \times 4,75 + 25.000 = 124.750$$

Luego podemos observar que la diferencia $C_{sv} - C_{rv} =$ $= 1$ peseta, multiplicada por las $U_r$, 21.000, nos da la desviación de 21.000 pesetas, ya que los costes fijos presupuestados coinciden con los costes reales.

• *Desviación global*: al ser negativa, nos indica que los costes históricos, incurridos en el centro, por cargas indirectas, han sido superiores a los costes estándar.

### 5.3. Cálculo de las desviaciones (método anglosajón)

| **Us × Cs (1)** | **Ur × Cs (2)** | **Up × Cs (3)** | **Ur × Cr (4)** | **Desviación en rendimiento (1-2)** | **Desviación en capacidad (2-3)** | **Desviación en presupuesto (3-4)** | **Desviación global (1-4)** |
|---|---|---|---|---|---|---|---|
| (2 × 9.900) × × 5 = 99.000 | 21.000 × 5 = 105.000 | 20.000 × 5 = 100.000 | 21.000 × 4,75 + + 25.000 = 124.750 | <6.000> | 5.000 | <24.750> | <25.750> |

### 5.4. Análisis de las desviaciones (método anglosajón)

• *Desviación en rendimiento*: nos indica, al ser negativa, que se han empleado en el centro más horas/máquina de las que estaban presupuestadas. En concreto, para una producción de 9.900 unidades equivalentes, se había previsto emplear 19.800 h/m (2 × 9.900) y, sin embargo, se han empleado 21.000 h/m; es decir, 1.200 h/m más de las previstas, que ponderadas al coste estándar unitario completo, 5 pta./hora, nos da la desviación de 6.000 pesetas.

• *Desviación en capacidad*: nos indica, al ser positiva, que el número de horas realmente trabajadas en el centro, 21.000 h/m, ha sido superior al número de horas que estaba previsto se iban a trabajar para la producción presupuestada, 20.000 h/m, y la diferencia entre ambas, 1.000 h/m, ponderadas al precio estándar unitario completo, 5 pta./h, nos da la desviación de 5.000 pesetas. Es decir:

$$U_rC_s - U_pC_s = (U_r - U_p)\, C_s = 1.000 \times 5 = 5.000$$

• *Desviación en presupuesto*: al ser negativa, nos indica que los costes indirectos presupuestados para la producción presupuestada, 100.000 pesetas, son inferiores a los costes indirectos históricos, 124.750 pesetas, en que se ha incurrido. La diferencia entre ambos, nos da la desviación de 24.750 pesetas.

• *Desviación global*: al ser negativa, nos indica que los costes históricos por cargas indirectas han sido superiores a los costes estándar.

**CASO 45**

Dedicado a los costes estándar y la **normalización contable**, donde mediante la aplicación de un **plan de cuentas que se facilita**, se realiza un **detallado y profundo análisis del proceso contable**, tanto de coste histórico como estándar pasando por el cálculo y presentación extracontable de las desviaciones.

Una sociedad se dedica a la fabricación de muebles y se tiene la siguiente información referida al primer semestre del año.

## 1. INFORMACION TECNICA

La sociedad obtiene solamente dos tipos de muebles, uno de madera normal y otro de madera especial, a los que denomina tipo A y tipo B, respectivamente.

## 2. INFORMACION ECONOMICA

### 2.1. Organización económico-contable

Para un mejor análisis y control de la gestión, la sociedad está dividida en los siguientes centros:

1. Entretenimiento general.
2. Administración.
3. Compras.
4. Fabricación tipo A.
5. Fabricación tipo B.
6. Distribución.

La actividad productiva de los centros se mide utilizando las siguientes unidades:

— Para el centro de compras: número de metros cúbicos de materia prima.
— Para el centro de ventas: número de unidades vendidas.
— Para los centros de fabricación: número de horas/máquina.

## 3. DURANTE EL PRIMER SEMESTRE

Los datos que han trascendido a la Contabilidad de Costes fueron los siguientes:

*Ventas*

— de muebles tipo A ............................... 14.000.000
— de muebles tipo B ............................... 10.000.000

*Unidades obtenidas*

— de muebles tipo A ............................... 1.100
— de muebles tipo B ............................... 600

*Existencias de productos terminados*

— No había existencias iniciales de productos terminados.
— Al final del semestre la empresa tenía en almacén 50 unidades de muebles tipo B.

## 4. PARA EL PRIMER SEMESTRE SE HA PREPARADO EL SIGUIENTE PRESUPUESTO UNITARIO

### 4.1. Presupuesto de fabricación

| Estándar por unidad | Tipo A | Tipo B |
|---|---|---|
| — Materias primas | 1 $m^3$ a 5.500 pta. = = 5.500 | 1 $m^3$ a 7.000 pta. = = 7.000 |
| — MOD centros | 30 h a 50 pta. = = 1.500 | 30 h a 55 pta. = = 1.650 |
| — Gastos generales de explotación | 8 h/máq. a 500 pta. = = 4.000 | 10 h/máq. a 600 pta. = = 6.000<br>— Variables 3.000 h/m.<br>— Fijos 3.000 h/m. |
| — Coste estándar por unidad | 11.000 | 14.650 |
| — Fabricación presupuestada | 1.000 unid | 500 unid |

### 4.2. Presupuestos de ventas

| | Tipo A | Tipo B |
|---|---|---|
| — Gastos de distribución | 7 pta. por cada 100 pta. vendidas | 10 pta. por cada 100 pta. vendidas |

## 5. TRANSCURRIDO EL PRIMER SEMESTRE

Se pasa a la Contabilidad de Costes una serie de datos que, conforme se producían eran reflejados.

### 5.1. En el curso del primer semestre del año, las correspondientes cuentas del grupo VI han registrado las siguientes cargas

Compras

— de madera normal
(1.600 $m^3$ a 5.000 pta.) ......................... 8.000.000
— de madera especial
(500 $m^3$ a 8.000 pta.) ........................... 4.000.000

| | |
|---|---|
| Gastos de personal | 3.900.000 |
| Tributos | 1.240.000 |
| Servicios exteriores | 2.075.000 |
| Otros gastos de gestión | 1.040.000 |
| Gastos financieros | 1.250.000 |
| Dotaciones a amortizaciones | 3.375.000 |

### 5.2. Existencias iniciales y finales

Respecto a las existencias iniciales se sabe que la sociedad comenzó sus actividades del semestre con 300 $m^3$ de madera normal, valoradas en 5.000 pesetas, por metro cúbico.

Las salidas de inventarios se efectúan por el método LIFO.

Respecto a las existencias finales se ha constatado que la sociedad terminó el semestre con 700 $m^3$ de madera normal.

### 5.3. Reparto primario y secundario

Para facilitar el trabajo ofrecemos en el cuadro que aparece al final del ejercicio, el reparto de las cargas por naturaleza en los diversos centros de actividad, así, como las cantidades a traspasar de los centros auxiliares (entretenimiento y Administración) a los centros principales.

### 5.4. Diferencias de incorporación

Es preciso tener en cuenta que, al calcular la anualidad de amortización con criterios de Contabilidad de Costes, se estima que 50.000 pesetas no deben ser consideradas como incorporables. Y, por otra parte, deben incorporarse a la Contabilidad de Costes 100.000 pesetas como cargas supletorias, correspondientes a la remuneración del capital propio.

### 5.5. Resultados ajenos a la explotación

Se ha registrado una partida de 100.000 pesetas, como beneficio perteneciente al semestre anterior.

### 5.6. Otras observaciones que facilitan la respectiva contabilización

*a*) Las cantidades traspasadas de los centros auxiliares a los centros de fabricación se reciben en las cuentas de Gastos de Explotación, es decir, en la 9231 y 9241, respectivamente.

*b*) Al determinar el coste de compra de las materias primas se deben incorporar los gastos de compras según los datos de las fichas de compras, que en nuestro caso han sido los siguientes: de 1.630.000 pesetas de los cuales 1.000.000 se ha debido a las compras de madera normal, y el resto , a las compras de madera especial.

c) Los elementos del coste de fabricación fueron:

| | Tipo A | Tipo B |
|---|---|---|
| — Materias primas | 1.200 $m^3$ | 500 $m^3$ |
| — Mano obra directa | 25.000 h/h | 16.000 h/h |
| — Gastos generales de explotación | 8.000 h/m | 6.000 h/m |

*d*) De los costes de distribución, 1.000.000 de pesetas correspondientes al coste final del modelo A y el resto al coste final del modelo B.

SE PIDE:

1. Desarrollar el proceso de Contabilidad de Costes mediante la utilización extracontable de los costes estándar. Para ello se considera que una vez conocida toda la información del enunciado se lleva a cabo:

   — Contabilización siguiendo el modelo cuyo cuadro de cuentas se inserta como Anexo II.
   — Cálculo de las desviaciones.

2. Desarrollo del proceso contable de la Contabilidad de Costes mediante la utilización de los costes estándar dentro del modelo analítico. A estos efectos se darán estos pasos:

   *a*) Acomodar el plan de cuentas al modelo de costes estándar.
   *b*) Contabilización siguiendo la adaptación lograda en A.

   Para la determinación del valor de las desviaciones en el centro de fabricación del tipo A se seguirá el método habitual seguido por la doctrina anglosajona y en el centro de fabricación del tipo B el método seguido por la doctrina eurocontinental.

## ANEXO I

**Cuadro 1. Cuadro de reparto primario y secundario de cargas indirectas**

| Cargas por naturaleza | Cargas según Contabilidad de Costes | Centro entretenimiento general | Centro administración | Centro compras | Centro Fabricación A | Centro Fabricación B | Centro distribución |
|---|---|---|---|---|---|---|---|
| Mano de obra directa | 3.900.000 | 600.000 | 500.000 | 200.000 | 1.600.000 | 900.000 | 100.000 |
| Gastos generales de explotación: | | | | | | | |
| Tributos | 1.240.000 | 50.000 | 150.000 | 30.000 | 600.000 | 400.000 | 310.000 |
| Servicios exteriores | 2.075.000 | 400.000 | 100.000 | 75.000 | 700.000 | 450.000 | 350.000 |
| Otros gastos de gestión | 1.040.000 | 100.000 | 125.000 | 45.000 | 400.000 | 350.000 | 20.000 |
| Gastos financieros | 1.250.000 | 125.000 | 200.000 | 100.000 | 450.000 | 250.000 | 125.000 |
| Dotación para amortización | 3.325.000 | 500.000 | 300.000 | 250.000 | 1.400.000 | 800.000 | 75.000 |
| Cargas supletorias | 100.000 | — | — | — | 50.000 | 50.000 | — |
| Costes primarios | 12.930.000 | 1.775.000 | 1.375.000 | 700.000 | 5.200.000 | 3.200.000 | 680.000 |
| Subreparto: | | | | | | | |
| Centro entretenimiento general | | −1.775.000 | 125.000 | 530.000 | 200.000 | 100.000 | 820.000 |
| Centro administración | | — | −1.500.000 | 400.000 | 400.000 | 300.000 | 400.000 |
| Costes indirectos totales | 12.930.000 | — | — | 1.630.000 | 5.800.000 | 3.600.000 | 1.900.000 |
| Gastos generales de explotación por centro | | — | — | 1.430.000 | 4.200.000 | 2.700.000 | 1.800.000 |

## ANEXO II. CUADRO CONTABLE PARA EL CASO EN QUE SE UTILICEN EXTRACONTABLEMENTE LOS COSTES ESTANDAR

90. CUENTAS REFLEJAS

- 903. Stock inicial reflejo.
- 905. Compras reflejas.
- 906. Gastos y dotaciones reflejos.
- 907. Productos de explotación reflejos.
  - 9070. Productos de explotación, tipo A.
  - 9071. Productos de explotación, tipo B.
- 908. Resultados reflejos ajenos a la explotación.

92. CUENTAS DE COSTES INDIRECTOS DE LOS CENTROS

- 920. Centro de entretenimiento general.
- 921. Centro de administración.
- 922. Centro de compras.
- 923. Centro de fabricación, tipo A.
  - 9230. Mano de obra directa.
  - 9231. Gastos de explotación.
- 924. Centro de fabricación, tipo B
  - 9240. Mano de obra directa.
  - 9241. Gastos de explotación.
- 925. Centro de distribución.

93. CUENTAS DE COSTES DE PRODUCCION Y COSTES FINALES

  - 9320 Coste de compra de madera normal.
  - 9321. Coste de compra de madera especial.
- 933. Coste del taller de fabricación, tipo A.
  - 9330. Costes directos, tipo A.

9331. Costes indirectos, tipo A.
934. Coste del taller de fabricación, tipo B.
9340. Costes directos, tipo B.
9341. Costes indirectos, tipo B.
935. Coste del centro de distribución.
937. Coste final.
9370. Coste final del tipo A.
9371. Coste final del tipo B.

94. CUENTAS DE INVENTARIO PERMANENTE

9410. Inventario permanente del tipo A.
9411. Inventario permanente del tipo B.
9450. Inventario permanente de manera normal.
9451. Inventario permanente de madera especial.

97. DIFERENCIAS DE INCORPORACION

971. Cargas no incorporables.
972. Elementos supletorios incorporados.

98. RESULTADOS DE LA CONTABILIDAD DE COSTES

980. Resultados de explotación con criterios de Contabilidad de Costes.
9800. Resultados de explotación de muebles de tipo A.
9801. Resultados de explotación de muebles de tipo B.
987. Saldo de las cuentas de diferencias de incorporación.
988. Saldo sobre pérdidas y ganancias.

## SOLUCION CASO 45

### 1. SOLUCION MEDIANTE LA UTILIZACION EXTRACONTABLE DEL METODO DE LOS COSTES ESTANDAR

#### 1.1. El proceso contable

| | | | | |
|---|---|---|---|---|
| | | **1. Recibo de los stocks existentes** | | |
| 9450 | | I. P. de madera normal | 1.500.000 | |
| | 903 | a Stock inicial reflejo | | 1.500.000 |
| | | ——— x ——— | | |
| | | **2. Recibo de las cargas con sus modalidades pasando por los centros** | | |
| | | a) *Respecto de las compras* | | |
| 9320 | | Coste de compra de madera normal | 8.000.000 | |
| 9321 | | Coste de compra de madera especial | 4.000.000 | |
| | 905 | a Compras reflejas | | 12.000.000 |
| | | ——— ——— | | |

| | | | | |
|---|---|---|---|---|
| | | b) *Respecto a las restantes cargas incorporables indirectas* | | |
| 920 | | Centro de entretenimiento general | 1.775.000 | |
| 921 | | Centro de administración | 1.375.000 | |
| 922 | | Centro de compras | 700.000 | |
| 9230 | | Centro de fabricación A. MOD | 1.600.000 | |
| 9231 | | Centro de fabricación A. Gastos de explotación | 3.600.000 | |
| 9240 | | Centro de fabricación B. MOD | 900.000 | |
| 9241 | | Centro de fabricación B. Gastos de explotación | 2.300.000 | |
| 925 | | Centro de distribución | 680.000 | |
| 971 | | Cargas no incorporables | 50.000 | |
| | 906 | a Gastos y dotaciones reflejos | | 12.880.000 |
| | 972 | a Elementos supletorios incorporados | | 100.000 |
| | | ———— ———— | | |
| 921 | | Centro de administración | 125.000 | |
| | 920 | a Centro de entretenimiento general | | 125.000 |
| | | ———— ———— | | |
| 922 | | Centro de compras | 930.000 | |
| 9231 | | Centro de fabricación A. Gastos de explotación | 600.000 | |
| 9241 | | Centro de fabricación B. Gastos de explotación | 400.000 | |
| 925 | | Centro de distribución | 1.220.000 | |
| | 920 | a Centro de entretenimiento general | | 1.650.000 |
| | 921 | a Centro de administración | | 1.500.000 |
| | | ———— x ———— | | |
| | | **3. Determinación del coste de compra** | | |
| 9320 | | Coste de compra de madera normal | 1.000.000 | |
| 9321 | | Coste de compra de madera especial | 630.000 | |
| | 922 | a Centro de compras | | 1.630.000 |
| | | ———— x ———— | | |
| | | **4. Entrada de las compras en almacén** | | |
| 9450 | | I. P. de madera normal | 9.000.000 | |
| 9451 | | I. P. de madera especial | 4.630.000 | |
| | 9320 | a Coste de compra madera normal | | 9.000.000 |
| | 9321 | a Coste de compra madera especial | | 4.630.000 |
| | | ———— x ———— | | |

| | | | | |
|---|---|---|---|---|
| | | **5. Determinación del coste de producción** | | |
| | | a) *Determinación de los elementos indirectos al producto* | | |
| 9331 | | Costes indirectos tipo A | 5.800.000 | |
| | 9230 | a Centro de fabricación A. MOD | | 1.600.000 |
| | 9231 | a Centro de fabricación A. Gastos de explotación | | 4.200.000 |
| 9341 | | Costes indirectos tipo B | 3.600.000 | |
| | 9240 | a Centro de fabricación B. MOD | | 900.000 |
| | 9241 | a Centro de fabricación B. Gastos de explotación | | 2.700.000 |
| | | b) *Determinación de los elementos directos al producto* | | |
| 9330 | | Costes directos tipo A | 6.750.000 | |
| 9340 | | Costes directos tipo B | 4.630.000 | |
| | 9450 | a I. P. madera normal | | 6.750.000 |
| | 9451 | a I. P. madera especial | | 4.630.000 |
| | | c) *Coste total de los talleres* | | |
| 933 | | Coste centro de fabricación tipo A | 12.550.000 | |
| | 9330 | a Costes directos tipo A | | 6.750.000 |
| | 9331 | a Costes indirectos tipo A | | 5.800.000 |

| **FICHA DE I. P. MADERA NORMAL** | | | **(LIFO)** | | |
|---|---|---|---|---|---|
| Exist. inic.: | 300 m³ × 5.000 pta./m³ = | 1.500.000 | Consumos: | 1.200 m³ × 5.625 pta./m³ = | 6.750.000 |
| Compras: | 1.600 m³ × 5.625 pta./m³ = | 9.000.000 | Exis. final.: | 400 m³ × 5.625 pta./m³ + | |
| | | | | + 300 m³ × 5.000 pta./m³ = | 3.750.000 |
| | 1.900 | 10.500.000 | | 1.900 | 10.500.000 |

| **FICHA DE I. P. MADERA ESPECIAL** | | | **(LIFO)** | | |
|---|---|---|---|---|---|
| Exist. inic.: | — | — | Consumos: | 500 m³ × 9.260 pta./m³ = | 4.630.000 |
| Compras: | 500 m³ × 9.260 pta./m³ = | 4.630.000 | Exis. final.: | — | — |
| | 500 | 4.630.000 | | 500 | 4.630.000 |

| | | | | |
|---|---|---|---|---|
| 934 | | Coste centro de fabricación tipo B | 8.230.000 | |
| | 9340 | a Costes directos tipo B | | 4.630.000 |
| | 9341 | a Costes indirectos tipo B | | 3.600.000 |
| | | ——— x ——— | | |
| | | **6. Entrada de almacén de productos terminados** | | |
| 9410 | | I. P. tipo A | 12.550.000 | |
| 9411 | | I. P. tipo B | 8.230.000 | |
| | 933 | a Coste centro de fabricación tipo A | | 12.550.000 |
| | 934 | a Coste centro de fabricación B | | 8.230.000 |
| | | *Coste unitario producción tipo A:* $\frac{12.550.000}{1.100} = 11.409{,}09$ pta./unid | | |
| | | *Coste unitario producción tipo B:* $\frac{8.230.000}{600} = 13.716{,}67$ pta./unid | | |
| | | ——— x ——— | | |
| | | **7. Determinación del coste de distribución** | | |
| 935 | | Coste centro de distribución | 1.900.000 | |
| | 925 | a Centro de distribución | | 1.900.000 |
| | | ——— x ——— | | |
| | | **8. Determinación del coste final** | | |
| 9370 | | Coste final muebles tipo A | 13.550.000 | |
| | 9410 | a I. P. tipo A | | 12.550.000 |
| | 935 | a Coste centro de distribución | | 1.000.000 |
| 9371 | | Coste final muebles tipo B | 8.444.167 | |
| | 9411 | a I. P. tipo B | | 7.544.167 |
| | 935 | a Coste centro de distribución | | 900.000 |
| | | ——— x ——— | | |

**FICHA DE I. P. MUEBLES TIPO A** **(LIFO)**

| | | | | | |
|---|---|---|---|---|---|
| Exist. inic.: | — | — | Vendido: | 1.100 un ×11.409,09 pta./un = | 12.550.000 |
| Fabricac.: | 1.100 un ×11.409,09 pta./un = | 12.550.000 | Exis. final.: | — | — |
| | 1.100 | 12.550.000 | | 1.100 | 12.550.000 |

| FICHA DE I. P. MUEBLES TIPO B | | | | (LIFO) | |
|---|---|---|---|---|---|
| Exist. inic.: | — | — | Vendido: | 550 un × 13.716,67 pta./un = | 7.544.167 |
| Fabricac.: | 600 un × 13.716,67 pta./un = | 8.230.000 | Exis. final.: | 50 un × 13.716,67 pta./un = | 685.833 |
| | 600 | 8.230.000 | | 600 | 8.230.000 |

| | | | | |
|---|---|---|---|---|
| | | **9. Determinación de los resultados analíticos** | | |
| | | **Primer conjunto** | | |
| | | a) *Registro de los costes* | | |
| 9800 | | Resultados explotación tipo A | 13.550.000 | |
| 9801 | | Resultados explotación tipo B | 8.444.167 | |
| | 9370 | a Coste final muebles tipo A | | 13.550.000 |
| | 9371 | a Coste final muebles tipo B | | 8.444.167 |
| | | b) *Registro de las ventas* | | |
| 9070 | | Productos explotación reflejos tipo A | 14.000.000 | |
| 9071 | | Productos explotación reflejos tipo B | 10.000.000 | |
| | 9800 | a Resultados explotación tipo A | | 14.000.000 |
| | 9801 | a Resultados explotación tipo B | | 10.000.000 |
| | | c) *Reagrupación de los resultados analíticos* | | |
| 9800 | | Resultados explotación tipo A | 450.000 | |
| 9801 | | Resultados explotación tipo B | 1.555.833 | |
| | 980 | a Resultados de explotación con criterios de Contabilidad de Costes | | 2.005.833 |
| | | ——— x ——— | | |
| | | **Segundo conjunto** | | |
| | | *Reagrupación de las diferencias de incorporación* | | |
| 972 | | Elementos supletorios incorporados | 100.000 | |
| | 971 | a Cargas no incorporadas | | 50.000 |
| | 987 | a Saldo de las cuentas de diferencias de incorporación | | 50.000 |
| | | ——— x ——— | | |
| | | **Tercer conjunto** | | |
| 908 | | Resultados reflejos ajenos a la explotación | 100.000 | |
| | 988 | a Saldo sobre pérdidas y ganancias | | 100.000 |
| | | ——— x ——— | | |

| | | | | |
|---|---|---|---|---|
| | | *Reagrupación de los tres conjuntos de resultados* | | |
| 980 | | Resultado explotación con criterios de Contabilidad de Costes | 2.005.833 | |
| 987 | | Saldo de las cuentas de diferencias de incorporación | 50.000 | |
| 988 | | Saldo sobre pérdidas y ganancias | 100.000 | |
| | 98 | a RESULTADOS DE LA CONTABILIDAD DE COSTES | | 2.155.833 |
| | | ——— x ——— | | |
| | | **10 y 11. Balance y cierre de los libros de la Contabilidad de Costes** | | |
| 903 | | Stock inicial reflejo | 1.500.000 | |
| 905 | | Compras reflejas | 12.000.000 | |
| 906 | | Gastos y dotaciones reflejos | 12.880.000 | |
| | 9070 | a Productos explotación reflejos tipo A | | 14.000.000 |
| | 9071 | a Productos explotación reflejos tipo B | | 10.000.000 |
| | 908 | a Resultados reflejos ajenos a la explotación | | 100.000 |
| | 9450 | a I. P. madera normal | | 3.750.000 |
| | 9411 | a I. P. tipo B | | 685.833 |
| 98 | | RESULTADOS DE LA CONTABILIDAD DE COSTES | 2.155.833 | |
| | | ——— x ——— | | |

## 1.2. Cálculo y análisis de las desviaciones

a) *Desviaciones en materia prima*

Muebles tipo A

$Q_sP_s - Q_rP_r = (1 \times 1.100) \times 5.500 - 1.200 \times 5.625 = -700.000$
$Q_sP_s - Q_rP_s = (1 \times 1.100) \times 5.500 - 1.200 \times 5.500 = -550.000$
$Q_rP_s - Q_rP_r = 1.200 \times 5.500 - 1.200 \times 5.625 = -150.000$

Muebles tipo B

$Q_sP_s - Q_rP_r = (1 \times 600) \times 7.000 - 500 \times 9.260 = -430.000$
$Q_sP_s - Q_rP_s = (1 \times 600) \times 7.000 - 500 \times 7.000 = +700.000$
$Q_rP_s - Q_rP_r = 500 \times 7.000 - 500 \times 9.260 = -1.130.000$

| MATERIA PRIMA | $Q_sP_s$ (1) | $Q_rP_s$ (2) | $Q_rP_r$ (3) | Desviación técnica (1-2) | Desviación económica (2-3) | Desviación global (1-3) |
|---|---|---|---|---|---|---|
| Tipo A | 1.100 × 5.500 = 6.050.000 | 1.200 × 5.500 = 6.600.000 | 1.200 × 5.625 6.750.000 | <550.000> | <150.000> | <700.000> |
| Tipo B | 600 × 7.000 = 4.200.000 | 500 × 7.000 = 3.500.000 | 500 × 9.260 = 4.630.000 | 700.000 | <1.130.000> | <430.000> |

b) *Desviaciones en mano de obra*

Muebles tipo A

$$H_sS_s - H_rS_r = (30 \times 1.100) \times 50 - 25.000 \times \frac{1.600.000}{25.000} = +50.000$$

$$H_sS_s - H_rS_s = (30 \times 1.100) \times 50 - 25.000 \times 50 = +400.000$$

$$H_rS_s - H_rS_r = 25.000 \times 50 - 25.000 \times \frac{1.600.000}{25.000} = -350.000$$

Muebles tipo B

$$H_sS_s - H_rS_r = (30 \times 600) \times 55 - 16.000 \times \frac{900.000}{16.000} = +90.000$$

$$H_sS_s - H_rS_s = (30 \times 600) \times 55 - 16.000 \times 55 = +110.000$$

$$H_rS_s - H_rS_r = 16.000 \times 55 - 16.000 \times \frac{900.000}{16.000} = -20.000$$

| **MANO DE OBRA** | **$H_sS_s$ (1)** | **$H_rS_s$ (2)** | **$H_rS_r$ (3)** | **Desviación técnica (1-2)** | **Desviación económica (2-3)** | **Desviación global (1-3)** |
|---|---|---|---|---|---|---|
| Tipo A | 33.000 × 50 = 1.650.000 | 25.000 × 50 = 1.250.000 | 25.000 × 64 1.600.000 | 400.000 | <350.000> | 50.000 |
| Tipo B | 18.000 × 55 = 990.000 | 16.000 × 55 = 880.000 | 16.000 × 56,25 = 900.000 | 110.000 | <20.000> | 90.000 |

c) *Desviaciones en cargas indirectas o gastos generales*

Muebles tipo A (método anglosajón)

$$U_sC_s - U_rC_r = (8 \times 1.100) \times 500 - 8.000 \times \frac{4.200.000}{8.000} = +200.000$$

$$U_sC_s - U_rC_s = (8 \times 1.000) \times 500 - 8.000 \times 500 = +400.000$$

$$U_rC_s - U_pC_s = 8.000 \times 500 \quad (8 \times 1.000) \times 500 - 0$$

$$U_pC_s - U_rC_r = (8 \times 1.000) \times 500 - 8.000 \times \frac{4.200.000}{8.000} = -200.000$$

Muebles tipo B (método eurocontinental)

$$U_\varepsilon C_\varepsilon - U_rC_r = (10 \times 600) \times 600 - 6.000 \times \frac{2.700.000}{6.000} = +900.000$$

$$U_sC_s - U_rC_s = (10 \times 600) \times 600 - 6.000 \times 600 = 0$$

$$U_rC_s - (U_rC_{sv} + U_pC_{sf}) = 6.000 \times 600 - (6.000 \times 300 + 10 \times 500 \times 300) = +300.000$$

$$(U_rC_{sv} + U_pC_{sf}) - U_rC_r = (6.000 \times 300 + 10 \times 500 \times 300) - 6.000) \times \frac{2.700.000}{6.000} = +600.000$$

| **Método** anglosajón | $U_sC_s$ (1) | $U_rC_s$ (2) | $U_pC_s$ (3) | $U_rC_r$ (4) | **Desviación rendimiento (1-2)** | **Desviación capacidad (2-3)** | **Desviación presupuesto (3-4)** | **Desviación global (1-4)** |
|---|---|---|---|---|---|---|---|---|
| Tipo A | 8.800 × 500 = 4.400.000 | 8.000 × 500 = 4.000.000 | 8.000 × 500 4.000.000 | 8.000 × 525 4.200.000 | 400.000 | 0 | <200.000> | 200.000 |

| **Método eurocontinental** | $U_sC_s$ (1) | $U_rC_s$ (2) | $U_rC_{sv}+U_pC_{sf}$ (3) | $U_rC_r$ (4) | **Desviación rendimiento (1-2)** | **Desviación capacidad (2-3)** | **Desviación presupuesto (3-4)** | **Desviación global (1-4)** |
|---|---|---|---|---|---|---|---|---|
| Tipo B | 6.000 × 600 = 3.600.000 | 6.000 × 600 = 3.600.000 | 6.000 × 300 + 5.000 × 300 = 3.300.000 | 6.000 × 450 = 2.700.000 | 0 | 300.000 | 600.000 | 900.000 |

d) *Desviaciones en coste de distribución*

| | **Coste estándar** | **Coste histórico** | **Desviación global** |
|---|---|---|---|
| Muebles tipo A | 14.000.000 × 0,07 = = 980.000 | 1.000.000 | <20.000> |
| Muebles tipo B | 10.000.000 × 0,10 = = 1.000.000 | 900.000 | 100.000 |

## 2. SOLUCION MEDIANTE EL EMPLEO DE LOS COSTES ESTANDAR DENTRO DEL MODELO BASE DE CONTABILIDAD DE COSTES

*A*) Lo primero que hemos de hacer es *acomodar el plan de cuentas al sistema de los costes estándar*. Esta labor exige, por una parte, la adecuación del cuadro de cuentas y, por otra, la reconsideración del funcionamiento del plan de cuentas. Veamos esto con cierto detenimiento.

A.1. *Adecuación del cuadro de cuentas*

El cuadro de cuentas propuesto en el enunciado ha de ampliarse y adaptarse. En particular es preciso añadir el subgrupo 96, y también es preciso cambiar el subgrupo 98.

Estos subgrupos quedarían así:

96. DESVIACIONES SOBRE COSTES ESTANDAR

- 9600. Desviación en materia prima de muebles tipo A.
  - 96000. Desviación técnica en materia prima de muebles tipo A.
  - 96001. Desviación económica en materia prima de muebles tipo A.
- 9601. Desviación en materia prima de muebles tipo B.
  - 96010. Desviación técnica en materia prima de muebles tipo B.
  - 96011. Desviación económica en materia prima de muebles tipo B.
- 9610. Desviación en mano de obra directa del taller de fabricación, tipo A.
  - 96100. Desviación técnica en mano de obra directa del taller de fabricación, tipo A.
  - 96101. Desviación económica en mano de obra directa del taller de fabricación, tipo A.
- 9611. Desviación en mano de obra directa del taller de fabricación, tipo B.
  - 96110. Desviación técnica en mano de obra directa del taller de fabricación, tipo B.
  - 96111. Desviación económica en mano de obra directa del taller de fabricación, tipo B.
- 9620. Desviación en gastos generales de explotación del taller de fabricación, tipo A.
  - 96200. Desviación en rendimiento en gastos generales de explotación del taller de fabricación, tipo A.
  - 96201. Desviación en capacidad en gastos generales de explotación del taller de fabricación, tipo A.
  - 96202. Desviación en presupuesto en gastos generales de explotación del taller de fabricación, tipo A.
- 9621. Desviación en gastos generales de explotación del taller de fabricación, tipo B.
  - 96210. Desviación en rendimiento en gastos generales de explotación del taller de fabricación, tipo B.

96211. Desviación en capacidad en gastos generales de explotación del taller de fabricación, tipo B.
96212. Desviación en presupuesto en gastos generales de explotación del taller de fabricación, tipo B.

963. Desviación en costes de distribución.

9630. Desviación en coste de distribución de muebles tipo A.
9631. Desviación en coste de distribución de muebles tipo B.

98. RESULTADOS DE CONTABILIDAD DE COSTES

981. Resultados de explotación sobre coste estándar.

9810. Resultados de explotación de muebles tipo A, sobre coste estándar.
9811. Resultados de explotación de muebles tipo B, sobre coste estándar.

986. Saldo de cuentas de desviaciones.
987. Saldo de las cuentas de diferencias de incorporación.
988. Saldo sobre pérdidas y ganancias.

### A.2. *Reconsideración del funcionamiento del plan de cuentas*

El nuevo modelo tiene muy diversas posibilidades en cuanto al proceso a seguir, que pueden surgir del momento en que se vayan desarrollando todas y cada una de sus partes.

Tomando precisamente esta referencia —el tiempo de desarrollo— podemos marcar las siguientes *tareas*:

1. Preparar el presupuesto que sirve de referencia al cálculo de los costes estándar. Esta tarea habrá de estar terminada *antes de que se inicie el período;* en nuestro caso antes del mes de enero.
2. *Durante el período* —en nuestro caso, el primer semestre— se reflejarán en la Contabilidad de Costes los diversos hechos que se vayan produciendo. Para ello se calcularán los costes en términos estándar; los ingresos pueden conocerse en valores históricos sin dificultad.
   Se sobreentiende que durante el período considerado, tanto la Contabilidad General como los libros de registros que se estime conveniente abrir, darán cauce a los datos históricos que se vayan obteniendo.
3. Podemos marcar una diferencia temporal clara, y admitir que *una vez transcurrido el período,* cuando se disponga prácticamente de todos los datos históricos, la Contabilidad de Costes les dará entrada y, al contrastarlos con los valores estándar, hará lucir las correspondientes desviaciones. A la luz del análisis de costes, se les dará, asimismo, un tratamiento contable u otro. Finalizada esta fase se puede cerrar la contabilidad del período.
   Para facilitar el trabajo de desarrollo del modelo de coste estándar en la práctica conviene abrir unos libros de Contabilidad de Costes en cada período.

Nos referiremos ahora brevemente a cada una de estas tareas.

1. La *primera* no ofrece otra particularidad que el presupuesto de costes de distribución, respecto del que no se calcula sino una desviación global.
2. La *segunda* tarea —a realizar durante el período— requiere que destaquemos el funcionamiento de algunas cuentas, así como el orden a seguir.

En cuanto a dicho funcionamiento hemos de indicar:

— Que, como se sabe, existen diferentes alternativas a la hora de establecer un modelo de coste estándar. De ellas hemos elegido la que determina en nuestro caso que las cuentas:

935. Coste de centro de distribución.
9330. Costes directos tipo A.
9331. Costes indirectos tipo A.
9340. Costes directos tipo B.
9341. Costes indirectos tipo B.

traspasen los correspondientes elementos del coste valorados a estándar; es decir, se abonan a costes estándar, sin que recojan a lo largo del período ningún cargo. El destino inmediato de estos elementos del coste son las cuentas:

933. Coste del centro de fabricación, tipo A.
934. Coste del centro de fabricación, tipo B.

en cuanto a las cuatro últimas cuentas, siendo el destino de la primera de las citadas —la cuenta 935. Costes del centro de distribución— las cuentas:

9370. Coste final muebles tipo A.
9371. Coste final muebles tipo B.

Así, estas cuentas destinatarias, junto con las cuentas de inventario permanente, recogen costes estándar.

El orden a seguir, para nuestro caso, en esta tarea puede venir marcado por las siguientes fases:

1. Asignación de los costes de Materias Primas estándar.
2. Asignación de los costes de Mano de Obra estándar.

3. Asignación de los Costes Generales de explotación estándar.
4. Traspaso al almacén de los productos terminados.
5. Determinación del coste final estándar.
6. Determinación de resultados de explotación sobre costes estándar, en dos momentos:

   6a. Cómputo de los costes finales estándar.
   6b. Registro de los ingresos.

3. La *tercera* tarea se efectúa transcurrido el período correspondiente —en nuestro caso, el semestre. El orden a seguir puede venir determinado por las siguientes fases:

1. Recibo de los stocks existentes.
2. Recibo de las cargas, según sus modalidades, pasando por los centros.
3. Determinación del coste de compra.
4. Entrada de las compras en almacén.
5. Determinación de los elementos del coste de producción, en dos momentos:

   5a. Determinación de los elementos indirectos al producto.
   5b. Determinación de los elementos directos al producto.

6. Determinación del coste de distribución.
7. Registro de las desviaciones. Su cálculo puede hacerse en un cuadro igual que el elaborado cuando se utiliza extracontablemente el método de los costes estándar.
8. Reagrupación de las cuentas de desviaciones.
9. Reagrupación de las cuentas de diferencias de incorporación.
10. Entrada de los resultados ajenos a la explotación y extraordinarios.
11. Determinación del resultado de Contabilidad de Costes.
12. Balance analítico.
13. Cierre.

Conviene hacer mención a las posibilidades que encierra la fase 11. Determinación de los distintos tipos de resultados. En nuestro caso vamos a operar de la forma más sencilla, saldando en un mismo asiento una serie de cuentas que afectan a los resultados.

Así, pues, pasaremos a realizar los asientos correspondientes. Distinguiendo, por todo lo que hemos dicho:

*a*) Proceso a realizar durante el período.
*b*) Proceso a realizar una vez transcurrido el período correspondiente.

## a) Proceso a realizar durante el período

| | | | | |
|---|---|---|---|---|
| | | **1. Asignación de los costes estándar de materias primas** | | |
| 933 | | Coste del centro de fabricación, tipo A | 6.050.000 | |
| 934 | | Coste del centro de fabricación, tipo B | 4.200.000 | |
| | 9330 | a Costes directos, tipo A (1.100 × 5.500) | | 6.050.000 |
| | 9340 | a Costes directos, tipo B (600 × 7.000) | | 4.200.000 |
| | | Esta asignación se hace a costes estándar. | | |
| | | ——— x ——— | | |
| | | **2. Asignación de los costes estándar de mano de obra directa** | | |
| 933 | | Costes del centro de fabricación, tipo A | 1.650.000 | |
| 934 | | Costes del centro de fabricación, tipo B | 990.000 | |
| | 9331 | a Costes indirectos, tipo A (33.000 × 50) | | 1.650.000 |
| | 9341 | a Costes indirectos, tipo B (18.000 × 55) | | 990.000 |
| | | ——— x ——— | | |

| | | | | |
|---|---|---|---|---|
| | | **3. Asignación de los costes generales de explotación estándar** | | |
| 933 | | Costes del centro de fabricación, tipo A | 4.400.000 | |
| 934 | | Costes del centro de fabricación, tipo B | 3.600.000 | |
| | 9331 | a Costes indirectos, tipo A (8.800 × 500) | | 4.400.000 |
| | 9341 | a Costes indirectos, tipo B (6.000 × 600) | | 3.600.000 |
| | | ——— x ——— | | |

| Costes estándar / Centro | Materia prima (1) | Mano de obra (2) | Gastos de explotación (3) | Total mano de obra más gastos de explotación (4) = (2) + (3) | TOTAL (1) + (4) |
|---|---|---|---|---|---|
| Taller de fabricación, tipo A | 1.100 × 5.500 = = 6.050.000 | 33.000 × 50 = = 1.650.000 | 8.800 × 500 = = 4.400.000 | 6.050.000 | 12.100.000 |
| Taller de fabricación, tipo B | 600 × 7.000 = = 4.200.000 | 18.000 × 55 = = 990.000 | 6.000 × 600 = = 3.600.000 | 4.590.000 | 8.790.000 |

| | | | | |
|---|---|---|---|---|
| | | **4. Traspaso al almacén de los productos terminados a costes estándar** | | |
| 9410 | | Inventario permanente, tipo A | 12.100.000 | |
| 9411 | | Inventario permanente, tipo B | 8.790.000 | |
| | 933 | a Coste del centro de fabricación, tipo A | | 12.100.000 |
| | 934 | a Coste del centro de fabricación, tipo B | | 8.790.000 |
| | | ——— x ——— | | |
| | | **5. Determinación del coste final estándar** | | |
| 9370 | | Coste final muebles tipo A | 13.080.000 | |
| 9371 | | Coste final muebles tipo B | 9.057.500 | |
| | 9410 | a I. P. del tipo A | | 12.100.000 |
| | 9411 | a I. P. del tipo B | | 8.057.500 |
| | 935 | a Coste del centro de distribución | | 1.980.000 |

* Del tipo B se han producido 600 unidades, de las que se vencen 550. Es decir:

— Valor de inventario de cada unidad, tipo B:

$$\frac{8.790.000}{600} = 14.650$$

— Valor de las unidades de tipo B vendidas:

550 × 14.650 = 8.057.500

— Valor de las unidades del tipo B en existencias finales:

50 × 14.650 = 732.500

| | | | | |
|---|---|---|---|---|
| | | * El coste del centro de distribución es: | | |
| | | — 7 por 100 s/ventas del tipo A: 7 por 100 s/14.000.000 ........ 980.000 | | |
| | | — 10 por 100 s/ventas del tipo B: 10 por 100 s/10.000.000 ........ 1.000.000 | | |
| | | Total coste estándar de centro distribución.. 1.980.000 | | |
| | | ——— x ——— | | |
| | | **6. Determinación de los resultados analíticos de explotación sobre costes estándar** | | |
| | | a) *Registro de los costes finales estándar* | | |
| 9810 | | Resultado de explotación de muebles tipo A sobre costes estándar | 13.080.000 | |
| 9811 | | Resultado de explotación de muebles tipo B sobre costes estándar | 9.057.500 | |
| | 9370 | a Coste final muebles tipo A | | 13.080.000 |
| | 9371 | a Coste final muebles tipo B | | 9.057.500 |
| | | b) *Registro de los ingresos* | | |
| 9070 | | Productos de explotación reflejos, tipo A | 14.000.000 | |
| 9071 | | Productos de explotación reflejos, tipo B | 10.000.000 | |
| | 9810 | a Resultados de explotación de muebles tipo A sobre costes estándar | | 14.000.000 |
| | 9811 | a Resultados de explotación de muebles tipo B sobre costes estándar | | 10.000.000 |
| | | c) *Agregación de los resultados sobre costes estándar* | | |
| 9810 | | Resultado de explotación de muebles tipo A sobre costes estándar | 920.000 | |
| 9811 | | Resultado de explotación de muebles tipo B sobre costes estándar | 942.500 | |
| | 981 | a Resultado de explotación con criterios de Contabilidad de Costes, sobre costes estándar | | 1.862.500 |
| | | ——— x ——— | | |

De esta manera hemos podido llegar a determinar una serie de magnitudes económico-contables, con cierta comodidad. Conviene, no obstante, hacer algunos comentarios en torno a algunas cuestiones relacionadas con el proceso expuesto.

1. A nuestro parecer se puede admitir que la empresa conoce fácilmente, día a día, una serie de datos históricos. Por ejemplo, tiene información permanente sobre:

— las unidades físicas de productos obtenidas,
— el importe de las ventas y las unidades vendidas.

2. La mano de obra se aparta del camino que siguen otros costes indirectos (respecto del producto) de los centros y se asignan de acuerdo con lo establecido en el

presupuesto. Realmente, se reconvierte en cierto modo la mano de obra indirecta a mano de obra directa, dentro del formalismo del cálculo de los elementos del coste estándar propuesto en el enunciado.

3. Para situar temporalmente el modelo con claridad, nos interesa plantear un proceso contable en el que:

*a*) Durante el período al que se refiere el presupuesto —pongamos el primer semestre— sólo se registran las operaciones del mismo en los términos en que lo hemos hecho.

*b*) En ese mismo período, toda la información restante de carácter histórico no se recogerá en la Contabilidad de Costes hasta que —transcurrido un cierto tiempo— se conozca prácticamente en su integridad.

*c*) Al reflejarse esta información histórica, surgirán las correspondientes desviaciones.

*d*) El orden a seguir será el acostumbrado, si bien llegaremos a ciertas fases que ya han sido cubiertas.

**b) Proceso a realizar una vez transcurrido el período correspondiente**

(Sigue el mismo diario anterior.)

| | | | | |
|---|---|---|---|---|
| | | **7. Recibo de los stocks existentes** | | |
| 9450 | | I. P. de madera normal | 1.500.000 | |
| | 903 | a Stock inicial reflejo | | 1.500.000 |
| | | ———— x ———— | | |
| | | **8. Recibo de las cargas con sus modalidades, pasando por los centros** | | |
| | | a) *Respecto a las compras* | | |
| 9320 | | Coste de compra de madera normal | 8.000.000 | |
| 9321 | | Coste de compra de madera especial | 4.000.000 | |
| | 905 | a Compras reflejas | | 12.000.000 |
| | | ———— ———— | | |
| | | b) *Respecto a las restantes cargas incorporables indirectas* | | |
| 920 | | Centro de entretenimiento general | 1.775.000 | |
| 921 | | Centro de administración | 1.375.000 | |
| 922 | | Centro de compras | 700.000 | |
| 9230 | | Centro de fabricación A, mano de obra directa | 1.600.000 | |
| 9231 | | Centro de fabricación A, gastos de explotación | 3.600.000 | |
| 9240 | | Centro de fabricación B, mano de obra directa | 900.000 | |
| 9241 | | Centro de fabricación B, gastos de explotación | 2.300.000 | |
| 925 | | Centro de distribución | 680.000 | |
| 971 | | Cargas no incorporables | 50.000 | |
| | 906 | a Gastos y dotaciones reflejos | | 12.880.000 |
| | 972 | a Elementos supletorios incorporados | | 100.000 |
| | | ———— ———— | | |
| 921 | | Centro de administración | 125.000 | |
| | 920 | a Centro de entretenimiento general | | 125.000 |
| | | ———— ———— | | |
| 922 | | Centro de compras | 930.000 | |
| 9231 | | Centro de fabricación A, gastos de explotación | 600.000 | |

| | | | | |
|---|---|---|---|---|
| 9241 | | Centro de fabricación B, gastos de explotación | 400.000 | |
| 925 | | Centro de distribución | 1.220.000 | |
| | 920 | a Centro de entretenimiento general | | 1.650.000 |
| | 921 | a Centro de administración | | 1.500.000 |
| | | ——— x ——— | | |
| | | **9. Determinación del coste de compra** | | |
| 9320 | | Coste de compra de madera normal | 1.000.000 | |
| 9321 | | Coste de compra de madera especial | 630.000 | |
| | 922 | a Centro de compras | | 1.630.000 |
| | | ——— x ——— | | |
| | | **10. Entrada de las compras en almacén** | | |
| 9450 | | I. P. de madera normal | 9.000.000 | |
| 9451 | | I. P. de madera especial | 4.630.000 | |
| | 9320 | a Coste compra madera normal | | 9.000.000 |
| | 9321 | a Coste compra madera especial | | 4.630.000 |
| | | ——— x ——— | | |
| | | **11. Determinación de los elementos del coste de producción** | | |
| | | a) *Determinación de los elementos indirectos al producto* | | |
| 9331 | | Costes indirectos, tipo A | 5.800.000 | |
| | 9230 | a Centro fabricación A, mano de obra directa | | 1.600.000 |
| | 9231 | a Centro de fabricación A, gastos generales | | 4.200.000 |
| | | ——— ——— | | |
| 9341 | | Costes indirectos, tipo B | 3.600.000 | |
| | 9240 | a Costes fabricación B, mano de obra directa | | 900.000 |
| | 9241 | a Centro fabricación B, gastos generales | | 2.700.000 |
| | | ——— ——— | | |
| | | b) *Determinación de los elementos directos al producto* | | |
| 9330 | | Costes directos, tipo A | 6.750.000 | |
| 9340 | | Costes directos, tipo B | 4.630.000 | |
| | 9450 | a I. P. madera normal | | 6.750.000 |
| | 9451 | a I. P. madera especial | | 4.630.000 |
| | | ——— x ——— | | |
| | | **12. Determinación del coste de distribución** | | |
| 935 | | Coste del centro de distribución | 1.900.000 | |
| | 925 | a Centro de distribución | | 1.900.000 |
| | | ——— x ——— | | |

| | | | | |
|---|---|---|---|---|
| | | **13. Registro de las desviaciones** | | |
| | | a) *En materias primas* | | |
| | | *Materia prima para el mueble tipo A* | | |
| 96000 | | Desviación técnica en materia prima, muebles tipo A ........ | 550.000 | |
| 96001 | | Desviación económica en materia prima, muebles tipo A.. | 150.000 | |
| | 9330 | a Costes directos, tipo A ........ | | 700.000 |
| | | *Materia prima para el mueble tipo B* | | |
| 96011 | | Desviación económica en materia prima, muebles tipo B .. | 1.130.000 | |
| | 96001 | a Desviación técnica en materia prima, muebles tipo B ........ | | 700.000 |
| | 9340 | a Costes directos, tipo B ........ | | 430.000 |
| | | b) *En mano de obra* | | |
| | | *Mano de obra directa del centro de fabricación del tipo A* | | |
| 96101 | | Desviación económica en MOD, del centro de fabricación tipo A ........ | 350.000 | |
| 9331 | | Costes indirectos, tipo A ........ | 50.000 | |
| | 96100 | a Desviación técnica en MOD, del centro de fabricación tipo A ........ | | 400.000 |
| | | *Mano de obra directa del centro de fabricación del tipo B* | | |
| 96111 | | Desviación económica en MOD, del centro de fabricación tipo B ........ | 20.000 | |
| 9341 | | Costes indirectos, tipo B ........ | 90.000 | |
| | 96110 | a Desviación técnica en MOD del centro de fabricación tipo B ........ | | 110.000 |
| | | c) *En gastos generales de explotación* | | |
| | | *Del centro de fabricación del tipo A* | | |
| 96202 | | Desviación en presupuesto en gastos generales de explotación del centro de fabricación tipo A ........ | 200.000 | |
| 9331 | | Costes indirectos, tipo A ........ | 200.000 | |
| | 96200 | a Desviación en rendimiento en gastos generales de explotación del centro de fabricación tipo A ........ | | 400.000 |
| | | *Del centro de fabricación del tipo B* | | |
| 9341 | | Costes indirectos, tipo B ........ | 900.000 | |
| | 96211 | a Desviación en capacidad en gastos generales de explotación del centro de fabricación tipo B ........ | | 300.000 |
| | 96212 | a Desviación en presupuesto en gastos generales de explotación del centro de fabricación tipo B ........ | | 600.000 |

| | | | | |
|---|---|---|---|---|
| | | d) *En costes de distribución* | | |
| 9630 | | Desviación en costes de distribución de muebles, tipo A .. | 20.000 | |
| 935 | | Coste del centro de distribución | 80.000 | |
| | 9631 | a Desviación en costes de distribución de muebles tipo B | | 100.000 |
| | | x | | |

Una vez conocidos los costes estándar y los resultados, sobre los costes estándar y una vez calculadas y contabilizadas las desviaciones, queda una fase interesante: la aplicación contable de estas desviaciones.

Dependiendo de las conclusiones a las que se llegase en el enjuiciamiento de las desviaciones, su destino sería diferente. Si permiten pensar que los costes estándar son los anteriores, entonces las desviaciones no han de incidir en el coste.

Su destino podría ser, en este caso, una cuenta de resultados analíticos que recogería los resultados sobre los costes estándar, a la vez que los saldos de las distintas cuentas de desviaciones, agrupadas o no en las desviaciones generales.

Este es el camino que vamos a seguir en nuestra solución, donde no agruparemos las distintas cuentas de desviaciones que hemos hecho aparecer.

| | | | | |
|---|---|---|---|---|
| | | **14. Reagrupación de las cuentas de desviaciones** | | |
| 96001 | | Desviación técnica en materia prima de muebles tipo B .... | 700.000 | |
| 96100 | | Desviación técnica en MOD, del centro fabricación A | 400.000 | |
| 96110 | | Desviación técnica en MOD, del centro fabricación B | 110.000 | |
| 96200 | | Desviación en rendimiento en gastos generales de explotación del centro de fabricación tipo A | 400.000 | |
| 96211 | | Desviación en capacidad en gastos generales de explotación del centro de fabricación tipo B | 300.000 | |
| 96212 | | Desviación en presupuesto en gastos generales de explotación del centro de fabricación tipo B | 600.000 | |
| 9631 | | Desviación en costes de distribución de muebles tipo B ... | 100.000 | |
| | 986 | a Saldo de las cuentas de desviaciones | | 2.610.000 |
| 986 | | Saldo de las cuentas de desviaciones | 2.420.000 | |
| | 96000 | a Desviación técnica en materia prima muebles tipo A | | 550.000 |
| | 96001 | a Desviación económica en materia prima muebles tipo A | | 150.000 |
| | 96011 | a Desviación económica en materia prima muebles tipo B | | 1.130.000 |
| | 96101 | a Desviación económica en mano de obra directa del centro de fabricación tipo A | | 350.000 |
| | 96111 | a Desviación económica en mano de obra directa del centro de fabricación tipo B | | 20.000 |
| | 96202 | a Desviación en presupuesto en gastos generales explotación del centro de fabricación tipo A | | 200.000 |
| | 9630 | a Desviación en costes de distribución de muebles tipo A | | 20.000 |
| | | x | | |

| | | | | |
|---|---|---|---|---|
| | | **15. Reagrupación de las cuentas de diferencias de incorporación** | | |
| 972 | | Elementos supletorios incorporados | 100.000 | |
| | 971 | a Cargas no incorporadas | | 50.000 |
| | 987 | a Saldo de las cuentas de diferencias de incorporación | | 50.000 |
| | | ——— x ——— | | |
| | | **16. Entrada de los resultados ajenos a la explotación y extraordinarios** | | |
| 908 | | Resultados reflejos ajenos a la explotación | 100.000 | |
| | 988 | a Saldo sobre pérdidas y ganancias | | 100.000 |
| | | ——— x ——— | | |
| | | **17. Determinación del resultado de Contabilidad de Costes** | | |
| 981 | | Resultado de explotación sobre costes estándar | 1.862.500 | |
| 986 | | Saldo de las cuentas de desviaciones | 190.000 | |
| 987 | | Saldo de las cuentas de diferencias de incorporación | 50.000 | |
| 988 | | Saldo sobre pérdidas y ganancias | 100.000 | |
| | 98 | a RESULTADOS DE LA CONTABILIDAD DE COSTES | | 2.202.500 |
| | | ——— x ——— | | |

**Elaboración del balance analítico**

| NUMERO DE CUENTA | | CUENTA | SALDOS | |
|---|---|---|---|---|
| | | | Deudor | Acreedor |
| | 903 | Stock inicial reflejo | | 1.500.000 |
| | 905 | Compras reflejas | | 12.000.000 |
| | 906 | Gastos y dotaciones reflejos | | 12.880.000 |
| 9070 | | Productos de explotación reflejos tipo A | 14.000.000 | |
| 9071 | | Productos de explotación reflejos tipo B | 10.000.000 | |
| 908 | | Resultados reflejos ajenos a la explotación | 100.000 | |
| 9450 | | Inventario permanente de madera normal | 3.750.000 | |
| 9411 | | Inventario permanente del tipo B | 732.500 | |
| | 98 | RESULTADOS DE LA CONTABILIDAD DE COSTES | | 2.202.500 |
| | | TOTALES | 28.582.500 | 28.582.500 |

| | | | | |
|---|---|---|---|---|
| | | **18. Asiento de cierre** | | |
| 903 | | Stock inicial reflejo | 1.500.000 | |
| 905 | | Compras reflejas | 12.000.000 | |
| 906 | | Gastos y dotaciones reflejos | 12.880.000 | |
| 98 | | RESULTADOS DE LA CONTABILIDAD DE COSTES | 2.202.500 | |
| | 9070 | a Productos de explotación reflejos tipo A | | 14.000.000 |
| | 9071 | a Productos de explotación reflejos tipo B | | 10.000.000 |
| | 908 | a Resultados reflejos ajenos a la explotación | | 100.000 |
| | 9450 | a Inventario permanente de madera normal | | 3.750.000 |
| | 9411 | a Inventario permanente del tipo B | | 732.500 |

# Costes estándar

## B) La aplicación de los modelos estadísticos al control de las desviaciones de los costes estándar

Por José Antonio Donoso Anes

CASO 46. **Tablas de control con líneas de aviso. Tabla de control simple, líneas de aviso y toma de observaciones para el control**

CASO 47. **Tablas de control con líneas subjetivas. Construcción de las líneas de control subjetivas**

## NOTA INTRODUCTORIA

Ejercitar el control a través de la utilización de modelos de control estadístico va a requerir como punto de partida el conocimiento de los costes estándar que van a ser el instrumento base.

Una desviación surge de la diferencia entre lo planeado y lo real, pero ¿cuándo podemos afirmar que esa desviación es realmente significativa y, por tanto, susceptible de que la empresa decida su investigación y, en su caso, proceda a su corrección? Con el presente apartado pretendemos dar respuesta a esta cuestión y para ello vamos a utilizar elementos estadísticos que nos ayudan a diferenciar cuándo la causa que ha provocado la desviación es aleatoria o no, en el sentido de que si es una causa que puede ser controlable por la empresa con su intervención o no va a permitir establecer lo que denominaremos áreas de aceptación y de no aceptación, que a la empresa le pueden ayudar a no incurrir en los denominados errores tipo I y tipo II (Figura 1).

— *Error tipo I:* es el que se comete cuando decide investigar una desviación, siendo ésta provocada por una causa aleatoria, por lo que el proceso está bajo control.
— *Error tipo II:* aparece cuando la decisión es la de no investigar la desviación cuando la causa[1] es no aleatoria, por lo que el proceso está fuera de control.

Para ilustrar lo que acabamos de señalar, pensemos que cualquier actividad que desarrollamos en nuestra vida cotidiana podríamos ponerla en relación con lo que hemos expuesto; supongamos una persona que entra a trabajar cada mañana a las 8,30, ha calculado que el tiempo medio (estándar) que tarda en llegar andando a su trabajo es de 25 minutos. Estamos convencidos de que esta persona todos los días no va a tardar 25 minutos exactos, sino que habrá días que tarde 30 minutos o más y días que tarde 20 minutos o menos. Si analizáramos las causas de su retraso o adelanto con respecto al estándar, observaríamos que éstas pueden ser debidas a causas que se pueden controlar (controlables): tipo de desayuno, tipo de calzado, peso de su cartera, etc., y causas que no son controlables, como la lluvia o el exceso de calor, semáforos cerrados o abiertos, etc. Si esta persona decidiera realizar un análisis de las desviaciones, lo correcto sería establecer un área alrededor del estándar (25 minutos), por ejemplo entre 20 y 30 minutos, por lo que esta persona siempre que el tiempo de llegar a su trabajo esté comprendido en este intervalo no necesitará cuestionarse la desviación, porque está dentro de las causas aleatorias (no controlables), pero siempre que se sobrepase el intervalo se entrará en un tipo que no es aceptable y deseará investigar por qué ha ocurrido esto y cuando obtenga las causas, corregir la desviación.

A esta persona lo que podríamos proponerle es la construcción de una tabla de control estadística, como la de la Figura 2, en ella quedan perfectamente delimitados los intervalos propuestos para la actuación.

Para pasar de la mera generalización al estudio con-

| TIPO DE DESVIACION | DECISION | ESTADO ESPERADO | RESULTADO DE LA DECISION | ERROR |
|---|---|---|---|---|
| Aleatoria | No investigar | Bajo control | Correcto | Ninguno |
| | Investigar | Bajo control | Incorrecto | Error tipo I |
| No aleatoria | No investigar | Fuera de control | Incorrecto | Error tipo II |
| | Investigar | Fuera de control | Correcto | Ninguno |

**Figura 1.** Errores de decisión tipo I y tipo II.

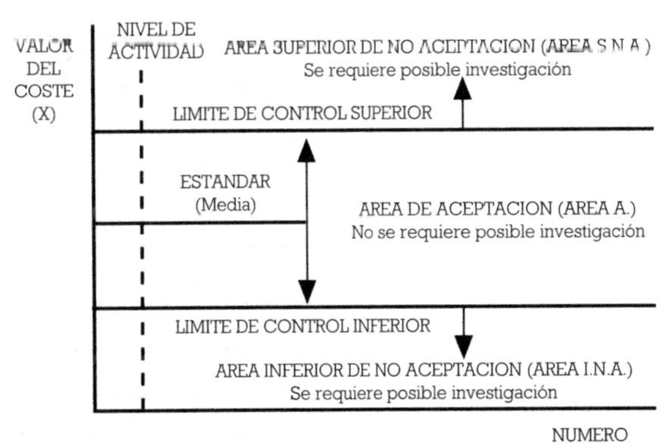


**Figura 2.** Tabla teórica de control-$\overline{x}$.

[1] Cuando hacemos mención a causa queremos decir también causas, ya que normalmente la desviación no se produce por una causa aislada sino por la interrelación con otras causas.

creto de utilización de elementos estadísticos en este tipo de tabla son necesarios cuatro requerimientos básicos:

- El conocimiento de los valores medios de las muestras tomadas en el tiempo ($\overline{X}$) así como las desviaciones estándar ($\sigma$).
- La habilidad para determinar el rango de las desviaciones ($\sigma$, $2\sigma$, $3\sigma$).
- Asumir que las condiciones pasadas permanecerán constantes en el futuro.
- La distribución del coste es una distribución de frecuencia normal.

Bajo estos requerimientos el esquema que vamos a seguir para la construcción de la tabla de control y posterior proceso de control, que implicará la toma de decisión, es el que se encuentra ilustrado en la Figura 3. Los pasos que se marcan en ella son los que desarrollaremos a continuación en los dos casos prácticos propuestos.

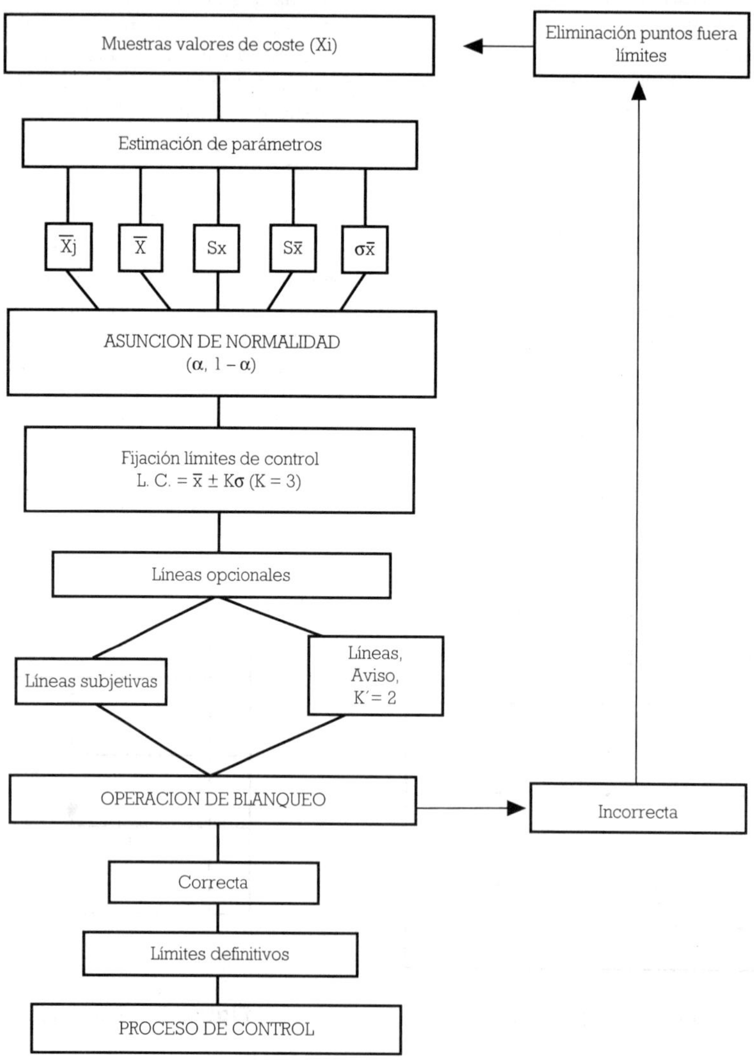


**Figura 3.** Construcción de la Tabla de control.

**CASO 46**

**Tablas de control con líneas de aviso**. Se estudia la utilización de un modelo de control con elementos estadísticos, partiendo de la construcción de la **tabla de control simple** hasta llegar a las **líneas de aviso** y la **toma de observaciones para el control**.

## TABLA DE CONTROL CON LINEAS DE AVISO

La empresa PLM, S. A., está dedicada a la producción de máquinas fotográficas y desea establecer un sistema de control de los tiempos de montaje[2]. El departamento de control de los costes ha decidido utilizar un modelo de control con elementos estadísticos (tabla de control simple), por lo que se impone.

*a*) Construir la tabla de control siguiendo los pasos de la Figura 3.
*b*) Toma de observaciones para el control.

## A) CONSTRUCCION DE LA TABLA DE CONTROL

### 1. Toma de las muestras

Se han tomado 40 muestras de una observación durante una semana, y los tiempos en minutos son:

| | | | |
|---|---|---|---|
| 71 | 70 | 73 | 83 |
| 70,5 | 72,3 | 71 | 69,5 |
| 72 | 72 | 73 | 72,5 |
| 73,5 | 75 | 73 | 72,5 |
| 73,5 | 75 | 74,5 | 71 |
| 65 | 68,5 | 69,8 | 70,5 |
| 72 | 73,5 | 73 | 74 |
| 74,8 | 73,2 | 71,5 | 69 |
| 68 | 70,3 | 71,2 | 73 |
| 74,2 | 73,8 | 75,2 | 74,8 |
| 73,1 | 72,7 | 72,3 | 71 |

El recorrido de los tiempos queda entre 65 y 83 minutos.

### 2. Estimación de los parámetros

Los parámetros que vamos a necesitar calcular son el tiempo medio y la desviación estándar.

— Media muestral (valor estándar):

$$\overline{X}: \Sigma_i X_i / N = 2.888,2/40 = 72,205$$

— Desviación:

$$\sigma: \sqrt{\Sigma_i (X_i - \overline{X})^2 / N - 1} = 2,765$$

### 3. Fijación de los límites de control

Determinar la distancia a la que debemos fijar las líneas de control respecto al valor estándar (media), va a requerir cierta habilidad. El controlador debe decidir si los límites los calcula a través de su propia experiencia o utilizando métodos probabilísticos; si opta por este último, que es el caso que estamos exponiendo, lo más cómodo es que lo realice bajo la asunción de normalidad $N(\overline{X}\ \sigma)$, en la que los límites se fijan de forma simétrica respecto de la media a lo largo de la distribución.

$$\text{Límite control (L. C.)}: \overline{X} \pm K\sigma$$

siendo K el número de desviaciones estándar aceptable respecto a la media.

Desglosando la formulación general, tendremos:

— Límite de control superior: L. C. S. $= \overline{X} + K\sigma$.
— Límite de control inferior: L. C. I. $- \overline{X} + K\sigma$.

Para el valor de K se suele optar por darle los valores de forma directa, siendo lo más común K = 1, 2 ó 3, representada en la distribución normal en la Figura 4 y en el modelo estadístico en la Figura 5.

De los tres valores asignados a K, el más común para trazar los límites probabilísticos es el K = 3, por ser el valor que más equilibrio da a la posibilidad de cometer errores y crea una zona de aceptación con un nivel de confianza muy deseable, ya que cualquier observación que se encuentre entre sus límites tendrá una probabili-

[2] El caso lo desarrollamos en términos de tiempo que es perfectamente transformable en costes.

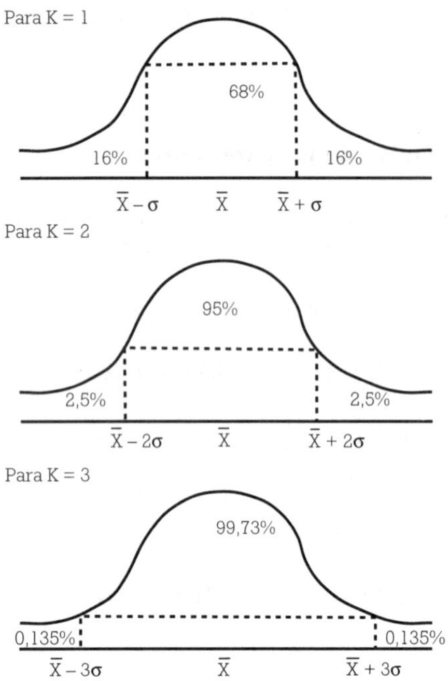


**Figura 4.** Ilustración de la distribución normal para valores de K = 1, 2 y 3.

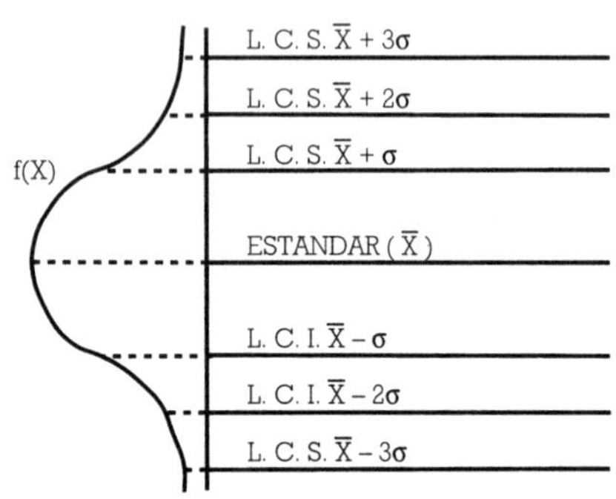


**Figura 5.** Tabla de control con niveles de K = 1, 2 y 3.

dad del 99,73 por 100 de que el proceso esté operando bajo control y la misma probabilidad de que el proceso esté fuera de control, si la observación se encuentra fuera de dichos límites.

— Límite control superior (K = 3):

L. C. S. = $\overline{X} + K\sigma = 72{,}205 + 3 \times 2{,}765 = 80.5$

— Límite control inferior (K – 3):

L. C. S. = $\overline{X} - K\sigma = 72{,}205 - 3 \times 2{,}765 = 63{,}91$

## 4. Operación de blanqueo

Fijados los límites de control no podemos afirmar que sean los definitivos, ya que nos queda realizar la **operación de blanqueo**, que consiste en comprobar que todas las observaciones de la muestra $X_i$, utilizadas para la formación de los límites, caen dentro de éstos:

— Si todas las observaciones se encuentran entre dichos límites, quiere decir que han sido tomadas con el proceso bajo control, y podemos utilizar sus límites para el control futuro.
— Si una o varias observaciones caen fuera de los límites de aceptación, el proceso estaba fuera de control; lo que significa que los límites no son buenos medidores del proceso.

En nuestro ejemplo, la observación con valor 83 se encuentra fuera del límite de control superior, lo que nos obliga a repetir las operaciones ya realizadas, pero con la exclusión de la muestra de valor 83. Con ello los nuevos valores estadísticos son:

$\overline{X}' = 71{,}928$ $\sigma' = 2.168$

Los nuevos límites de control:

L. C. = $71{,}928 \pm 2.168 \times K$

para K = 3

L. C. S. = 78,432
L. C. S. = 65,424

Con estos nuevos límites todos los valores de muestra se encuentran comprendidos dentro de los mismos, por lo que estamos en disposición de afirmar que serán los que vamos a utilizar para tomar decisiones en el control del proceso mientras que no cambien las situaciones actuales (véase Figura 6).

## 5. Líneas de aviso

Lo que se propone ahora es la creación de zonas de alerta desde los propios límites probabilísticos, utilizando los mismos valores estimados para la media y la desviación, pero variando el factor K (K' = 2) (véase Figura 7).

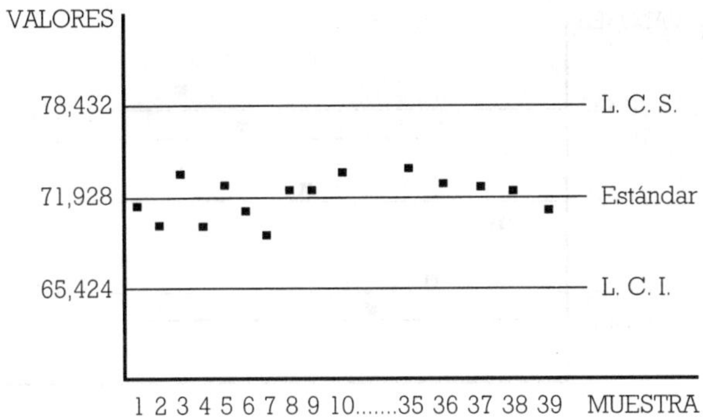


**Figura 6.** Tabla de control después de operación de blanqueo.

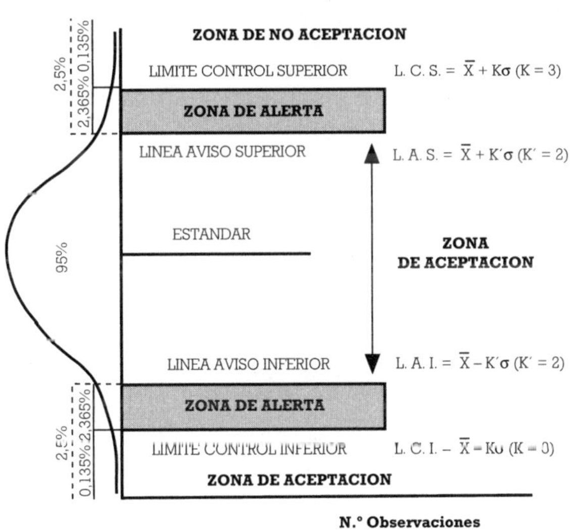


**Figura 7.** Tabla de control con línea de aviso.

Para K' = 2, el nivel de confianza efectivo tiene ahora una probabilidad de 95 por 100, el resto (5 por 100) se lo reparte la zona de alerta con un total de 4,73 por 100 y la zona de no aceptación con 0,27 por 100. Con esta nueva distribución conseguimos disminuir el riesgo de incurrir en un error tipo II (no investigar cuando el proceso está fuera de control).

Un valor de muestra que se sitúe en la zona de alerta lo consideraremos como moderadamente extremo y lo acompañaremos con reglas de decisión como:

— Intervenir si dos valores de una toma de muestra de $n$, caen entre las líneas de control y las de aviso.
— Intervenir si dos valores, de un escenario $n$ consecutivos, caen entre las líneas de control y las de aviso pero en sentido opuesto.

Para nuestro caso a estudio las líneas de aviso quedarían fijadas en los siguientes valores:

$$\text{L. A.} = X \pm K'\sigma \qquad (K' = 2)$$
$$\text{L. A. S.} = 71{,}928 + 2 \times 2{,}168 = 76{,}264$$
$$\text{L. A. I.} = 71{,}928 - 2 \times 2{,}168 = 67{,}592$$

La tabla quedaría configurada tal y como aparece en la Figura 8, estando preparada para la toma y representación de observaciones para el control.

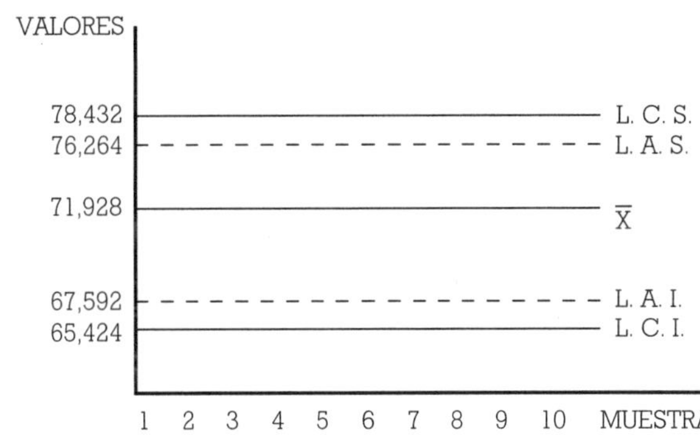


**Figura 8.** Tabla de control con líneas de aviso. Empresa PLM, S. A.

## B) TOMA DE OBSERVACIONES PARA EL CONTROL

En la continuidad del proceso la empresa PLM, S. A., toma el siguiente conjunto de muestras para comprobar si se está bajo control o fuera de control:

70,3 – 68,1 – 66,8 – 72,5 – 77,7 – 79,3

Punteadas en la tabla de control (Figura 9), sacamos las siguientes consecuencias:

— Las observaciones 70,3, 68,1 y 72,5 se encuentran entre las líneas de aviso, por lo que fueron tomadas en situación de bajo control.
— Las observaciones 66,8 y 77,7 se encuentran entre

las líneas de control y las de aviso, una superior y la otra inferior. El proceso ha estado en situación de pasar a fuera de control, si la regla de decisión fuera la de intervenir en el proceso cuando dos observaciones caen en zona de alerta, ésta se cumpliría en este caso y la empresa consideraría al proceso fuera de control; pero también lo podría considerar como un simple aviso de que el proceso se está dirigiendo hacia dicha situación y podría decidir esperar a que el proceso muestre claramente el fuera de control.

— Con la última observación, 79,3, el proceso ha entrado claramente en estado de fuera de control real, por lo que se impone investigar las causas que lo han generado y proceder a su inmediata corrección.

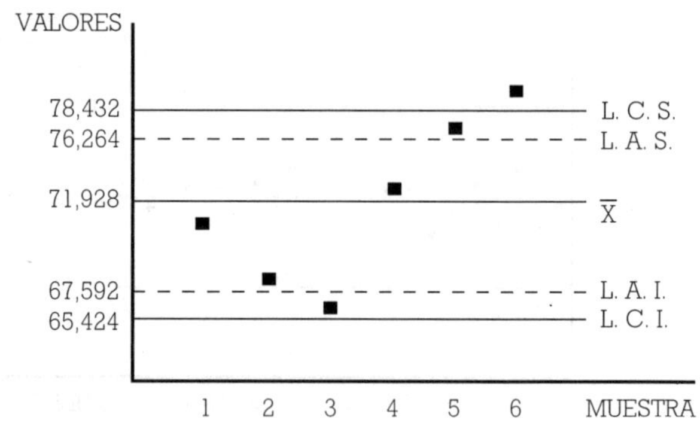


**Figura 9.** Tabla de control con líneas de aviso. Observaciones a controlar.

**CASO 47**

**Tablas de control con líneas subjetivas**. Para la **construcción de las líneas de control subjetivas**, se propone activar la participación de las personas a cuyo cargo está el proceso de control.

## TABLAS DE CONTROL CON LINEAS SUBJETIVAS

La utilización de líneas probabilísticas, como las expuestas en el caso anterior, no siempre lleva consigo el entendimiento y la aceptación de las personas a cuyo cargo está el control del proceso, por lo que proponemos activar la participación de estas personas de tal manera que, a través de su experiencia, den su opinión de cuáles son los valores que configuran la Tabla de control y que nos van a servir para la construcción de las **líneas** de **control subjetivas**:

$$L.\ C. = \overline{X}_s \pm K\sigma'$$

$\overline{X}_s$ = valor medio subjetivo aportado por el operador.
$\sigma'$ = desviación estándar subjetiva dada por el operador.

Los límites de control subjetivo no tienen por qué ilustrarse de forma independiente a los probabilísticos, sino todo lo contrario, su trazado en la tabla se va a hacer de forma conjunta, de esta forma se da mayor consistencia a la tabla ante la toma de decisión de intervención (Figura 10). Entre las líneas probabilísticas y las subjetivas se pueden formar zonas de alerta, con el mismo sentido que las presentadas en el caso precedente y a la que podríamos establecer las mismas reglas para la intervención.

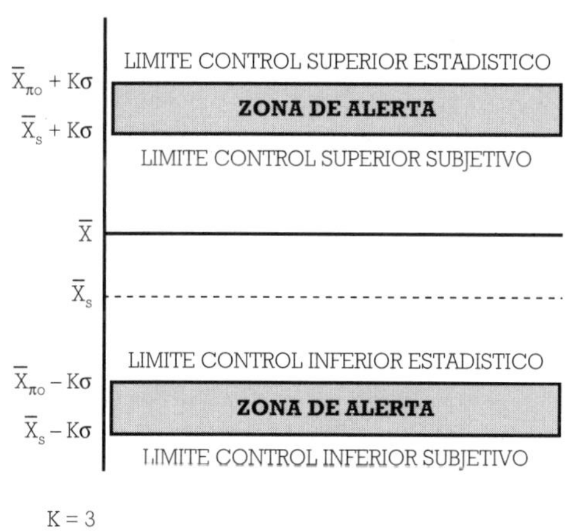


**Figura 10.** Tabla de control con estimación subjetiva.

Veamos a continuación cómo podríamos actuar con estas nuevas líneas en el siguiente caso.

La empresa PLM, S. A., siguiendo con su política de costes estándar, ha decidido implantar las tablas de control estadístico para el consumo eléctrico por unidad de cámara montada. El equipo de control recogió las siguientes muestras de consumo de Kw/h por unidad de cámara montada:

| | | | |
|---|---|---|---|
| 3,8 | 2,7 | 3,1 | 3,6 |
| 3,4 | 3 | 3,3 | 3,9 |
| 2,8 | 2,9 | 2,8 | 2,3 |
| 2,5 | 2,6 | 2,5 | 2,7 |
| 2,3 | 2,7 | 2 | 2,5 |

### A) CONSTRUCCION DE LA TABLA DE CONTROL

Parámetros:

— Recorrido: 2 – 3,9
— Media: $\overline{X}$ = 2,87
— Desviación: $\sigma$ = 0,512

Límites de control probabilístico:

— L. C. = $\overline{X} \pm K\sigma$ (K = 3)
— L. C. S. = 2,87 + 3 × 0,512 = 4,406
— L. C. I. = 2,87 – 3 × 0,512 = 1,334

Todas las observaciones de muestra caen entre los dos límites, por lo que podemos considerarlos positivos y definitivos para el control futuro, y no hace falta realizar operación de blanqueo.

### B) FIJACION DE LAS LINEAS SUBJETIVAS

Se les solicita a los operadores de control que por su experiencia den su opinión sobre cuál puede ser el valor estándar (medio) y la desviación alrededor del estándar. Realizada la consulta su opinión es:

— Media: $\overline{X}_s$ = 3
— Desviación: $\sigma$ = 0,6

El valor de las líneas subjetivas es:

— L. C. Subjetiva = $\overline{X}_s \pm K\sigma_s$ (K = 3)
— L. C. S. Subjetiva = 3 + 3 × 0,6 = 4,8
— L. C. I. Subjetiva = 3 – 3 × 0,6 = 1,2

Con estas líneas y las probabilísticas ya estamos en disposición de ejecutar el control

## C) OBSERVACIONES PARA EL CONTROL

Una vez construida la tabla de control, los controladores toman el siguiente conjunto de observaciones para saber si el proceso está operando bajo o fuera de control:

1,5 – 2,5 – 2,7 – 3 – 4 – 4,5 – 5,5 – 5,75

se representa en la Tabla de control (véase Figura 11).

Observamos que:

— El proceso va evolucionando claramente de una situación bajo control hacia una de fuera de control.
— Para la tabla puramente probabilística, la intervención se tiene que producir en la observación con valor 4,5, mientras para las líneas subjetivas la intervención se realiza con la observación de valor 5,5.

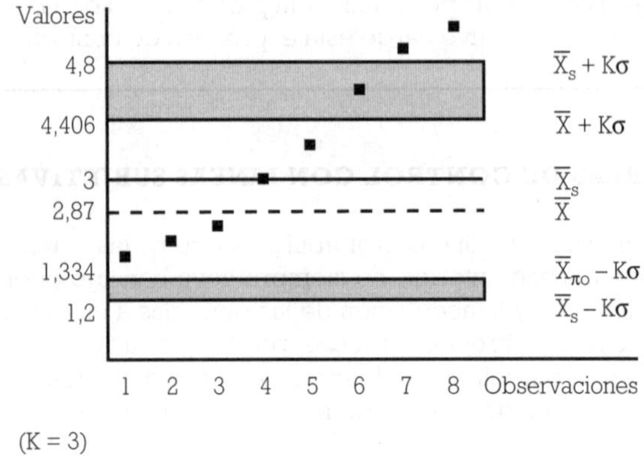


**Figura 11.** Tabla de control con estimación subjetiva. Empresa PLM, S. A.

PARTE NOVENA

# Apéndice: la Contabilidad de Gestión en los exámenes

Como Apéndice del desarrollo práctico del Volumen 2 del libro de texto *Contabilidad de Costes y Contabilidad de Gestión*, se recogen cinco casos (**números 48, 49, 50, 51 y 52**) que han sido objeto de examen en las pruebas presenciales de la Universidad Nacional de Educación a Distancia (UNED).

Se pretende, con esta pequeña muestra de casos escogidos al azar, orientar al alumno sobre el diverso contenido y planteamiento que pueden tener los exámenes, partiendo de una restricción fundamental, cual es el tiempo que se dispone para su realización, que es de hora y media.

## CASO 48

### EJERCICIO 1

Una empresa, que trabaja por encargo, produce, para un solo cliente, un producto que llamaremos A. Referidos al próximo período de cálculo, conocemos los datos siguientes:

— Volumen de ventas o cifra de negocios: 800.000 pta.
— Cargas variables: 539.200 pta.
— Cargas fijas: 168.000 pta.

*a)* Con los datos anteriores nos piden calcular, en pesetas, el punto muerto, el margen de seguridad y el ratio B/V, todo ello a partir del margen sobre el coste variable. (Sabemos que, por hipótesis del análisis coste —volumen de operaciones-beneficios— las cargas variables son proporcionales al volumen de ventas, por lo que el margen sobre el coste variable es igualmente proporcional al volumen de ventas.)

*b)* Por otra parte, nos informan que el dato de la producción física del período de cálculo es de 8.000 unidades de A, con lo que nos piden calcular, en unidades físicas de A, el punto muerto, el margen de seguridad y el ratio B/V, a partir de la contribución unitaria.

### EJERCICIO 2

#### I. ORGANIZACION TECNICO-ECONOMICA

La empresa ABESA se dedica a la producción y venta de dos productos: A y B, a partir de una misma materia prima, que pasa sucesivamente, primero por el taller de transformación y, seguidamente, por el taller de acabado, de donde salen los productos A y B directamente para la venta.

Respecto a su organización económica, la empresa aparece dividida en cuatro centros de actividad: Compras, Taller de transformación, Taller de acabado y Ventas.

#### II. DATOS COMUNES A LA CONTABILIDAD GENERAL Y A LA CONTABILIDAD DE COSTES

a) *Existencias iniciales.* 425 kg de materia prima, a 255 pta./kg.
b) *Compras del período.* 2.422.500 pesetas, por la adquisición de 9.500 kg de materia prima y 250.000 pesetas por la de «Otros aprovisionamientos».
c) *Gastos por naturaleza.* Para mayor simplificación se dan los gastos por naturaleza a través del cuadro de reparto de cargas indirectas de los productos, que aparece en el punto siguiente.
d) *Ventas del período.* 21.000.000 pesetas por la venta del producto A y 19.000.000 pesetas por la del producto B.

#### III. INFORMACION SOBRE LAS CARGAS INDIRECTAS QUE RECOGEN LOS CENTROS

El reparto y posterior clasificación de las cargas en variables y fijas se recoge en el cuadro siguiente:

| Reclasificación | Totales | Compras | Transformación | Acabado | Ventas |
|---|---|---|---|---|---|
| Cargas variables | 11.367.200 | 427.500 | 3.808.500 | 5.748.000 | 1.383.200 |
| Cargas fijas | 2.575.300 | 202.700 | 822.000 | 1.075.200 | 475.400 |
| Totales | 13.942.500 | 630.200 | 4.630.500 | 6.823.200 | 1.858.600 |
| Unidades de obra | | | h/m | h/h | 1.000 pesetas de venta |
| Producto A | | | 3.198 | 6.620 | |
| Producto B | | | 4.419 | 7.750 | |

En este cuadro se recogen 250.000 pesetas de «Otros aprovisionamientos», pero no se recogen 350.000 pesetas de una provisión para insolvencias.

## IV. INFORMACION SOBRE LA MANO DE OBRA DIRECTA

La mano de obra directa asciende a 15.097.500 pesetas, habiéndose realizado un total de 20.130 horas, que se reparten como sigue: 8.430 horas corresponden al Taller de transformación (3.280 para la transformación de A y 5.150 para la de B) y 11.700 horas al Taller acabado (5.200 para A y 6.500 para B).

## V. DATOS DE FABRICACION

a) *Consumos de materia prima*: 4.100 kg para el producto A y 5.060 kg para el producto B.
b) *Fabricación del período*: 3.573 kg del producto A y 4.969,8 kg de B.
c) *Rendimiento del proceso productivo*: en el Taller de transformación se produce un rendimiento del 120 por 100 y en el Taller de acabado del 90 por 100.
d) *Criterio de valoración*: método LIFO.
e) *Existencias finales*: De acuerdo con el inventario físico realizado, al final del período existen:

— 765 kg de materia prima.
— 1.500 kg de materia prima transformada en el Taller de transformación, de los que 950 kg corresponden al producto A y 500 kg al B.

SE PIDE:

Realizar las anotaciones contables que procedan en el Diario de Contabilidad de Costes, siguiendo el **Método del Direct Costing Simplificado**.

## SOLUCION CASO 48

### EJERCICIO 1

#### a) Punto muerto, margen de seguridad y ratio B/V, a partir del margen sobre el coste variable

— Punto muerto:

| | | |
|---|---|---|
| 1. Volumen de ventas ...... | 800.000 pta. | → 100% |
| 2. Cargas variables .......... | 539.200 pta. | → 67,4% |
| 3. Margen sobre coste variable .......................... | 260.800 pta. | → 32,6% |
| 4. Cargas fijas .................. | 168.000 pta. | → 21% |
| 5. Resultado ...................... | 92.800 pta. | → 11,6% |

Si en el punto muerto el resultado es igual a cero, en ese punto el margen sobre el coste variable debe ser igual a los costes fijos.

$$PM \times 0{,}326 = 168.000; \qquad \frac{168.000}{0{,}326} = 515.337 \text{ pta.}$$

— Margen de seguridad:

$$800.000 - 515.337 = 284.663 \text{ pta.}$$

— Ratio B/V:

$$\frac{92.800}{284.663} \times 100 = 32{,}60\%$$

#### b) Punto muerto, margen de seguridad y ratio B/V, a partir de la contribución unitaria

*Contribución unitaria:*

$$\text{Precio de venta unitario} = \frac{800.000}{8.000} = 100 \text{ pta.}$$

Coste variable unitario .......................... = 67,4 pta.
Contribución unitaria = 100 – 67,4 ...... = 32,6 pta.

— Punto muerto:

$$\frac{C_f}{p-a} = \frac{168.000}{32{,}6} = 5.153 \text{ unidades}$$

— Margen de seguridad:

$$8.000 - 5.153 = 2.847 \text{ unidades}$$

— Ratio B/V:

$$\frac{p-a}{p} = \frac{32{,}6}{100} \times 100 = 32{,}60\%$$

## EJERCICIO 2

### I. PROCESO TECNICO

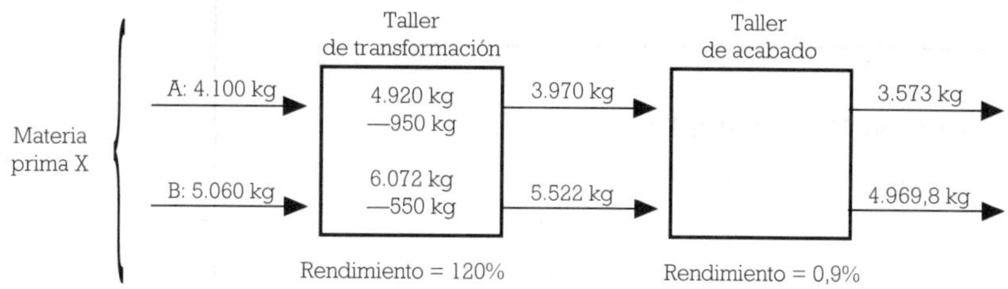


### II. PROCESO CONTABLE

| | | |
|---|---|---|
| **1. Recibo de los stocks existentes** | | |
| Inventario permanente de materia prima A | 108.375 | |
| a Stock inicial reflejo | | 108.375 |
| ——— x ——— | | |
| **2. Recibo de las cargas con sus modalidades, reclasificación de las mismas y paso por los centros** | | |
| a) *Respecto de las compras* | | |
| Coste de compras de materia prima A | 2.422.500 | |
| Inventario permanente Otros aprovisionamientos | 250.000 | |
| a Compras reflejas | | 2.672.500 |
| ——— ——— | | |
| b) *Respecto de las cargas incorporables indirectas* | | |
| b.1) *Reclasificación en fijas y variables* | | |
| Cargas indirectas fijas | 2.575.300 | |
| Cargas indirectas variables | 11.367.200 | |
| Cargas no incorporables | 350.000 | |
| a Inventario permanente Otros aprovisionamientos | | 250.000 |
| a Gastos y dotaciones reflejos | | 14.042.500 |
| ——— ——— | | |

b.2) *Paso por los centros de las cargas variables indirectas*

| | | |
|---|---|---|
| Centro de compras | 427.500 | |
| Centro de transformación | 3.808.500 | |
| Centro de acabado | 5.748.000 | |
| Centro de ventas | 1.383.200 | |
| a Cargas indirectas variables | | 11.367.200 |

——— x ———

### 3. Determinación del coste de compra

| | | |
|---|---|---|
| Coste de compras de materia prima A | 427.500 | |
| a Centro de compras | | 427.500 |

——— x ———

### 4. Entrada de las compras en almacén

| | | |
|---|---|---|
| Inventario permanente de materia prima A | 2.850.000 | |
| a Coste de compra materia prima A | | 2.850.000 |

* Coste unitario compras:

$$\frac{2.850.000}{9.500} = 300 \text{ pta./kg}$$

——— x ———

### 5. Determinación del coste de producción

5.1. *Determinación del coste de transformación*

| | | |
|---|---|---|
| Coste transformación de A (4.920 kg) | 5.289.000 | |
| a Inventario permanente materia prima A (4.100 kg × 300 pta.) | | 1.230.000 |
| a Centro de transformación (3.198 h/m × 500 pta.) | | 1.599.000 |
| a Gastos y dotaciones reflejos (MOD) (3.280 h × 750 pta.) | | 2.460.000 |

——— ———

| | | |
|---|---|---|
| Coste transformación de B (6.072 kg) | 7.590.000 | |
| a Inventario permanente materia prima A (5.060 kg × 300 pta.) | | 1.518.000 |
| a Centro de transformación (4.419 h/m × 500 pta.) | | 2.209.500 |
| a Gastos y dotaciones reflejos (MOD) (5.150 h × 750 pta.) | | 3.862.500 |

* Coste unitario transformación A:

$$\frac{5.289.000}{4.920} = 1.075 \text{ pta./kg}$$

* Coste unitario transformación B:

$$\frac{7.590.000}{6.072} = 1.250 \text{ pta./kg}$$

——— ———

5.2. *Determinación del coste acabado*

| | | |
|---|---|---|
| Coste acabado de A (3.573 kg) | 10.815.750 | |
| a Coste de transformación A (3.970 kg × 1.075 pta.) | | 4.267.750 |
| a Centro de acabado (6.620 h/h × 400 pta.) | | 2.648.000 |
| a Gastos y dotaciones reflejos (MOD) (5.200 h × 750 pta.) | | 3.900.000 |

——————— ———————

| | | |
|---|---|---|
| Coste acabado de B (4.969,8 kg) | 14.877.500 | |
| a Coste de transformación B (5.522 kg × 1.250 pta.) | | 6.902.500 |
| a Centro de acabado (7.750 h/h × 400 pta.) | | 3.100.000 |
| a Gastos y dotaciones reflejos (MOD) (6.500 h × 750 pta.) | | 4.875.000 |

* Coste unitario acabado A:

$$\frac{10.815.750}{3.573} = 3.022 \text{ pta./kg}$$

* Coste unitario acabado B:

$$\frac{14.877.500}{4.969,8} = 2.993,6 \text{ pta./kg}$$

——————— x ———————

## 6. Determinación del coste final

| | | |
|---|---|---|
| Coste final variable A | 11.541.930 | |
| Coste final variable B | 15.534.520 | |
| a Coste acabado A | | 10.815.750 |
| a Coste acabado B | | 14.877.500 |
| a Centro de ventas | | 1.383.200 |

(Reparto centro ventas = unidad de obra 1.000 pesetas de ventas. Coste unitario u.o. = 34,58 pta. (1.383.200 pta. : 40.000 u.o.)

$$A = 34,58 \times 21.000 = 726.180 \text{ pta.}$$
$$B = 34,58 \times 19.000 = 657.020 \text{ pta.}$$

——————— x ———————

## 7. Determinación de los resultados analíticos

**Primer conjunto**

a) *Registro de los costes*

| | | |
|---|---|---|
| Margen bruto A | 11.541.930 | |
| Margen bruto B | 15.534.520 | |
| a Coste final variable A | | 11.541.930 |
| a Coste final variable B | | 15.534.520 |

——————— ———————

b) *Registro de las ventas*

| | | |
|---|---|---|
| Productos explotación reflejos | 40.000.000 | |
| a Margen bruto A | | 21.000.000 |
| a Margen bruto B | | 19.000.000 |

c) *Reagrupación de los márgenes brutos*

| | | |
|---|---|---|
| Margen bruto A | 9.458.070 | |
| Margen bruto B | 3.465.480 | |
| a Margen bruto explotación | | 12.923.550 |

d) *Determinación del margen neto*

| | | |
|---|---|---|
| Margen bruto de explotación | 12.923.550 | |
| a Cargas indirectas fijas | | 2.575.300 |
| a Margen neto | | 10.348.250 |

**Segundo conjunto**

*Agregación, diferencias incorporación*

| | | |
|---|---|---|
| Saldo cuentas diferencias incorporación | 350.000 | |
| a Cargas no incorporables | | 350.000 |

x

**Presentación de la cuenta de resultados**

| | | |
|---|---|---|
| Margen neto | 10.348.250 | |
| a Saldo diferencias incorporación | | 350.000 |
| a RESULTADOS DE LA CONTABILIDAD DE COSTES | | 9.998.250 |

**CASO 49**

## I. ORGANIZACION TECNICA

Una empresa industrial se dedica a la transformación de las materias primas A y B para obtener, respectivamente, los productos P1 y P2.

La empresa tiene dos talleres de transformación (I y II) por los que pasan sucesivamente las dos materias primas.

## II. ORGANIZACION ECONOMICA

De acuerdo con este proceso técnico de fabricación, la empresa, para un mejor análisis y control de sus costes variables indirectos, aparece dividida en los 4 siguientes centros principales: Compras, Taller I, Taller II, y Ventas.

## III. INFORMACION SOBRE LAS CARGAS INDIRECTAS AL PRODUCTO

*a*) El reparto de las cargas por naturaleza en cargas por centros se recoge en el siguiente cuadro.

| Cargas por naturaleza | Totales | Compras | Taller I | Taller II | Ventas |
|---|---|---|---|---|---|
| Total subreparto | 820.000 | 150.000 | 240.000 | 262.000 | 168.000 |
| Unidad de obra | | Kg materia prima comprada | Kg. materia prima trabajada | | Kg productos vendidos |
| N.° unidades de obra | | 30.000 kg | 30.000 kg | 27.000 kg | 28.000 kg |

*b*) La reclasificación de las cargas indirectas en cargas indirectas fijas y en cargas indirectas variables *se hace a nivel de centros,* según el siguiente cuadro:

| Cargas de las centros | Totales | Cargas fijas | Cargas variables |
|---|---|---|---|
| Compras | 150.000 | 30.000 | 120.000 |
| Taller I | 240.000 | 42.000 | 198.000 |
| Taller II | 262.000 | 100.000 | 162.000 |
| Ventas | 168.000 | 28.000 | 140.000 |
| | 820.000 | 200.000 | 620.000 |

(Las cargas fijas se reparten por igual entre ambos productos.)

(Las cargas indirectas del cuadro de reparto se imputan a P1 y P2 en función de las unidades de obra que aparecen en el mismo.)

## IV. OTROS DATOS COMUNES A LA CONTABILIDAD GENERAL Y A LA CONTABILIDAD DE COSTES REFERENTES A P1

— Existencias iniciales: Productos terminados P1, 3.200 kg valorados en 80.000 pta. y Materia prima A, 6.000 kg valorados en 84.000 pta.
— Compras de Materia prima A: 22.000 kg a 11 pta. = = 242.000 pta.
— Ventas de P1, 18.000 kg a 50 pta./kg.

## V. DATOS DE FABRICACION DE P1

— Fabricación del período: el Taller I ha trabajado 20.000 kg de materia prima A y han salido del Taller II 18.000 kg de P1.
— Existencias finales: 6.000 kg de materia prima A.
— Valoración de consumos: LIFO.
— Al finalizar la transformación en el Taller I, ambas materias han perdido el 10 por 100 de su peso.

## VI. DATOS REFERENTES A LOS COSTES DE FABRICACION ESTANDAR DE P1

Producción prevista de P1: 24.000 kg.

| Elementos de coste: | Pesetas |
|---|---|
| — Mat. prima A: 24.000 kg a 13 pta./kg | 312.000 |
| — Cargas indirectas Taller I | 216.000 |
| Cargas fijas: 30.000 pta. | |
| Cargas variables: 24.000 kg a 7,75 pta. | |

— Cargas indirectas taller II ........................ 240.000
Cargas fijas: 55.200 pta.
Cargas variables: 24.000 kg a 7,7 pta.

**TRABAJO A REALIZAR**

Con la información anterior se pide *calcular extracontablemente*:

1. El coste variable de producción, el Margen bruto y el Margen neto de P1.
2. El punto muerto, el Margen de seguridad y el Ratio B/V, a partir de la contribución total, de P1.
3. Las desviaciones entre el coste de producción histórico completo de P1 y su coste estándar, siguiendo el método eurocontinental para las desviaciones en cargas indirectas. (Se calcularán, en primer lugar, las desviaciones en cargas indirectas y, después, las desviaciones en materia prima.)

## SOLUCION CASO 49

### 1. COSTE VARIABLE DE PRODUCCION, MARGEN BRUTO Y MARGEN NETO DE P1

**Coste compra materia prima**

Por compras: 22.000 kg a 11 pta. = 242.000
Por costes indirectos variables de compras

$$\frac{120.000}{30.000} \times 22.000 \text{ kg} = 88.000$$

= 330.000

$$\text{Coste unitario: } \frac{330.000}{22.000} = 15 \text{ pta./kg}$$

**I. P. materia prima A (LIFO)**

| | | | |
|---|---|---|---|
| Ex. inic.: | 6.000 kg × 14 pta./kg | = | 84.000 |
| Compras: | 22.000 kg × 15 pta./kg | = | 330.000 |
| | 28.000 | | 414.000 |
| Consumos: | 20.000 kg × 15 pta./kg | = | 300.000 |
| | 8.000 | | 114.000 |
| Dif. invent.: | 2.000 kg × 15 pta./kg | = | 30.000 |
| Ex. final: | 6.000 kg × 14 pta./kg | = | 84.000 |

**Coste variable de producción P1**

Elementos directos variables (materia prima):

20.000 kg × 15 pta./kg ..................... 300.000 pta.

Elementos indirectos variables taller I:

$$\frac{198.000 \text{ pta.}}{30.000 \text{ kg}} \times 20.000 \text{ kg} \text{ ................ } 132.000 \text{ pta.}$$

Elementos indirectos variables taller II:

Mermas taller I (20.000 – 10% s/20.000) = 18.000 kg

$$\frac{162.000 \text{ pta.}}{27.000 \text{ kg}} \times 18.000 \text{ kg} \text{ ................ } 108.000 \text{ pta.}$$

Total coste variable .................................... 540.000 pta.

$$\text{Coste unitario variable P1: } \frac{540.000}{18.000} = 30 \text{ pta./kg}$$

**I. P. producto P1**

| | | | |
|---|---|---|---|
| Ex. inic.: | 3.200 kg × 25 pta./kg | = | 80.000 |
| Fabric.: | 18.000 kg × 30 pta./kg | = | 540.000 |
| | 21.200 | | 620.000 |
| Ventas: | 18.000 kg × 30 pta./kg | = | 540.000 |
| Ex. final: | 3.200 kg × 25 pta./kg | = | 80.000 |

**Coste final variable P1**

Coste producción vendida ................................ 540.000
Coste indirecto variable centro distribución:

$$\frac{140.000}{28.000} \times 18.000 \text{ kg} \text{ ............................... } 90.000$$

630.000

$$\text{Coste final unitario P1: } \frac{630.000}{18.000} = 35 \text{ pta./kg}$$

**Margen bruto P1**

Ventas P1 = 18.000 kg × 50 pta./kg .................. 900.000
Coste final producción vendida ........................ –630.000
270.000

$$\text{Margen bruto unitario P1: } \frac{270.000}{18.000} = 15 \text{ pta./kg}$$

**Margen neto P1**

Margen bruto ...................................................... 270.000
— Cargas indirectas fijas: 50% s/200.000 ........ 100.000
–170.000
— Diferencias inventario .................................. 30.000
140.000

Margen neto unitario P1: $\frac{140.000}{18.000} = 7,78$ pta./kg

## 2. PUNTO MUERTO, MARGEN DE SEGURIDAD Y RATIO B/V, A PARTIR DE LA CONTIBUCION TOTAL DE P1

### Contribución total de P1

$$M = x(p - a) = 18.000(50 - 35) = 270.000$$

Punto muerto ⇒ $M = Cf$

$$x(p - a) = Cf$$

$$x = \frac{Cf}{p - a} = \frac{100.000}{50 - 35} = 6.667 \text{ kg}$$

Margen de seguridad:

— en unidades: 18.000 kg – 6.667 kg = 11.333 kg

— en pta.: 18.000 kg × 50 pta./kg – 6.667 kg × × 50 pta./kg = 566.650 pta.

*Ratio B/V, a partir de la contribución total*

$$\frac{\text{Contribución total en el punto muerto}}{\text{Ingresos en el punto muerto}} = \frac{6.667\ (50 - 35)}{6.667 \times 50} \times 100 = 30\%$$

## 3. DESVIACIONES

### Cargas indirectas Taller I (Método Eurocontinental)

| $U_s C_s$ | $U_r C_s$ | $U_r C_{sv} + U_p C_{sf}$ | $U_r C_r$ | D. Rendimiento | D. Capacidad | D. Presupuesto | D. Global |
|---|---|---|---|---|---|---|---|
| 18.000 × 9 = 162.000 | 20.000 × 9 = 180.000 | 20.000 × 7,75 + + 24.000 × 1,25 = 185.000 | 132.000 + + 21.000 = 153.000 | –18.000 | 5.000 | +32.000 | 9.000 |

$$U_s = \text{Rendimiento estándar} \times \text{Producción real} = \frac{\text{Actividad estándar}}{\text{Producción estándar}} \times \text{Producción real} = \frac{24.000 \text{ kg}}{24.000 \text{ kg}} \times 18.000 \text{ kg}$$

$$C_s = \frac{\text{Cargas indirectas estándar centro}}{\text{Número unidades de obra}} = \frac{216.000}{24.000} = 9 \text{ pta./kg}$$

$$\begin{cases} C_{sv} = 7,75 \text{ pta.} \\ C_{sf} = 1,25 \text{ pta.} \end{cases}$$

$$U_r C_r = \text{cargas variables} + \text{cargas fijas} = 132.000 + \frac{42.000}{2} = 153.000$$

$$U_r = 20.000 \text{ kg}$$

### Cargas indirectas Taller II (Método Eurocontinental)

| $U_s C_s$ | $U_r C_s$ | $U_r C_{sv} + U_p C_{sf}$ | $U_r C_r$ | D. Rendimiento | D. Capacidad | D. Presupuesto | D. Global |
|---|---|---|---|---|---|---|---|
| 18.000 × 10 = 180.000 | 18.000 × 10 = 180.000 | 18.000 × 7,7 + + 24.000 × 2,3 = 193.800 | 158.000 | — | <13.800> | 35.800 | 22.000 |

$$U_s = \frac{\text{Actividad estándar}}{\text{Producción estándar}} \times \text{Producción real} = \frac{24.000 \text{ kg}}{24.000 \text{ kg}} \times 18.000 \text{ kg}$$

$$C_s = \frac{\text{Cargas indirectas centro}}{\text{Número unidades de obra}} = \frac{240.000}{24.000} = 10 \text{ pta./kg} = 18.000 \text{ kg} \qquad \begin{cases} C_{sv} = 7{,}70 \text{ pta.} \\ C_{sf} = 2{,}30 \text{ pta.} \end{cases}$$

$$U_rC_r = \text{cargas variables} + \text{cargas fijas} = 108.000 + \frac{100.000}{2} = 158.000$$

$$U_r = 18.000 \text{ kg}$$

**Materia prima A**

| $Q_sP_s$ | $Q_rP_s$ | $Q_rP_r$ | D. Técnica | D. Económica | D. Global |
|---|---|---|---|---|---|
| 18.000 × 13 = 234.000 | 20.000 × 13 = 260.000 | 20.000 × 15 = 300.000 | <26.000> | <40.000> | <66.000> |

$$Q_s = \underbrace{\frac{\text{Actividad estándar}}{\text{Producción estándar}}}_{\text{Rendimiento estándar}} = \frac{24.000}{24.000} \times 18.000 = 18.000 \text{ pta./kg}$$

## CASO 50

### EJERCICIO NUM. 1

Sea un centro de actividad cuyo presupuesto condensado aparece representado de la siguiente forma:

| Unidad obra: hora de MO .... | 3.200 | 3.400 | 4.000 | 4.800 |
|---|---|---|---|---|
| Porcentaje de actividad normal | 80 | 85 | 100 | 120 |
| Cargas variables | 19.840 | 21.080 | 24.800 | 29.760 |
| Cargas fijas | 33.000 | 33.000 | 33.000 | 33.000 |
| | 52.840 | 54.080 | 57.800 | 62.760 |

Coste estándar de actividad normal: ............... 57.800 : 4.000 = 14,45 que se descompone: 6,20 pta. coste variable y 8,25 pta. coste fijo.

Los gastos se imputan a una sola producción a razón de 4 horas de taller por una unidad de producto. Durante el mes de agosto la producción real ha sido de 900 unidades, habiéndose necesitado 3.400 horas de trabajo y habiendo ascendido los gastos del centro a 51.970 pesetas.

SE PIDE:

Calcular las desviaciones por el método eurocontinental y el método anglosajón comparando, eventualmente, los distintos resultados que pudieran aparecer por los distintos cálculos seguidos en ambos métodos.

### EJERCICIO NUM. 2

#### I. ORGANIZACION TECNICO-ECONOMICA

Una empresa industrial se dedica a la transformación de las materias primas A y B que adquiere del exterior. En una primera fase dichas materias primas son preparadas, respectivamente, en el Taller 1 y en el Taller 2, pasando al correspondiente inventario. En una segunda fase, las materias primas preparadas se envasan para elaborar el producto terminado que es el único que se ofrece al mercado. El producto terminado se compone de 1 kg de materia prima A preparada y de 2 kg de materia prima B preparada.

De acuerdo con este proceso de fabricación, la empresa para un mejor análisis y control de sus costes variables indirectos, aparece dividida en los siguientes centros de actividad (se indica la unidad de obra de cada uno de ellos): Taller 1 (kg materia prima A preparada), Taller 2 (kg materia prima B preparada), Envasado (número de unidades terminadas) y Distribución.

#### II. DATOS COMUNES DE LA CONTABILIDAD GENERAL Y DE COSTES

a) *Existencias iniciales:* Materia prima B (50.000 kg): 500.000 pesetas; Materia prima preparándose en el Taller 1: 205.800 pesetas; Materia prima B preparada (20.000 kg): 373.500 pesetas; Envases (41.000 unidades): 615.000 pesetas; Materias auxiliares: 10.000 pesetas.

b) *Compras:* Materia prima A (40.000 kg): 1.000.000 de pesetas; Materia prima B (60.000 kg): 780.000 pesetas; Materias auxiliares: 90.000 pesetas.

c) *Gastos por naturaleza:*

| | Pesetas |
|---|---|
| Gastos de personal | 1.500.000 |
| Tributos | 100.000 |
| Otros gastos de gestión | 340.000 |
| Dotación provisiones | 50.000 |
| Gastos financieros | 155.000 |
| Servicios exteriores | 400.000 |
| Dotación amortizaciones | 200.000 |

(El interés del capital propio asciende a 10.000 pta.).

d) *Ventas del ejercicio:* 25.000 unidades de productos: 4.375.000 pesetas.

#### III. INFORMACION SOBRE LAS CARGAS INDIRECTAS A LOS PRODUCTOS

a) El *reparto primario* de las cargas por naturaleza en cargas por centros se recoge en el siguiente cuadro:

| Cargas por naturaleza | Totales | Taller I | Taller II | Envasado | Distribución |
|---|---|---|---|---|---|
| Gastos de personal | 1.000.000 | 325.000 | 275.000 | 250.000 | 150.000 |
| Gastos financieros | 155.000 | — | — | — | 155.000 |
| Tributos | 100.000 | 15.000 | 10.000 | 5.000 | 70.000 |
| Servicios exteriores | 400.000 | 200.000 | 180.000 | — | 20.000 |
| Otros gastos de gestión | 340.000 | 50.000 | 100.000 | 40.000 | 150.000 |
| Dotación amortizaciones | 190.000 | 70.000 | 80.000 | 35.000 | 5.000 |
| Cargas supletorias | 10.000 | 4.000 | 5.000 | 1.000 | — |
| Materias auxiliares | 105.000 | 50.000 | 55.000 | — | — |
| | 2.300.000 | 714.000 | 705.000 | 331.000 | 550.000 |

Los gastos de personal se descomponen como sigue: MOI: 1.000.000 de pesetas y MOD: 500.000 pesetas. La dotación para amortizaciones tiene el siguiente desglose: amortización edificios: 100.000 pesetas; amortización maquinaria: 90.000 pesetas y amortización gastos constitución: 10.000 pesetas.

b) La *reclasificación de las cargas indirectas* en fijas y variables se hace a nivel de los centros, según el siguiente cuadro:

| Cargas de los centros | Total | Cargas fijas | Cargas variables |
|---|---|---|---|
| Taller 1 | 714.000 | 248.400 | 465.600 |
| Taller 2 | 705.000 | 205.500 | 499.500 |
| Envasado | 331.000 | 56.000 | 275.000 |
| Distribución | 550.000 | — | 550.000 |
| | 2.300.000 | 509.900 | 1.790.100 |

## IV. DATOS DE FABRICACION

a) *Taller 1:* se han consumido 35.000 kg de materia prima A, y 100 h/h de MOD y 300 h/m de gastos generales de explotación. En el proceso de fabricación se ha podido constatar una pérdida del 2 por 100 de peso.

b) *Taller 2:* se han consumido 70.000 kg de materia prima B, y 150 h/h de MOD y 500 h/m de gastos generales de explotación. En el proceso de fabricación se ha podido constatar una pérdida de peso del 5 por 100.

c) *Envasado:* se han consumido 250 h/h de MOD, habiéndose terminado 30.000 unidades de producto. Se sabe, además, que se han estropeado 1.000 envases, cuya pérdida es soportada por el producto.

d) *Existencias finales:* al final del período no quedaban productos en curso, ni existencias en materias auxiliares, observándose que las existencias finales de envases ascendían a 11.000 unidades. El criterio de valoración seguido en los almacenes de materias primas A y B es el método LIFO y en el resto de los almacenes el método del coste medio ponderado.

SE PIDE:

Registrar el *proceso contable* seguido por el movimiento interno de valores según el *Direct Costing Simplificado.*

## SOLUCION CASO 50

### EJERCICIO NUM. 1

### DESVIACIONES EN COSTES INDIVISIBLES

$$\text{Producción presupuestada} = \frac{4.000 \text{ h/h}}{4 \text{ h.h/unid.}} = 1.000 \text{ unidades}$$

Presupuesto unitario

| | Cantidad | Coste | Total |
|---|---|---|---|
| Gastos generales: | | | |
| Fijos: | 4 | 8,25 | 33,00 |
| Variables: | 4 | 6,20 | 24,80 |
| | | 14,45 | 57,80 |

## DESVIACIONES POR EL METODO EUROCONTINENTAL

| $U_s \times C_s$ | $U_r \times C_s$ | $U_r \times C_{sv} + U_p \times C_{sf}$ | $U_r \times C_r$ | D. Rendimiento | D. Capacidad | D. Presupuesto | D. Global |
|---|---|---|---|---|---|---|---|
| (900 × 4) × 14,45 = = 3.600 × 14,45 = = 52.020 | 3.400 × 14,45 = = 49.130 | 3.400 × 6,20 + + 4.000 × 8,25 = = 54.080 | 51.970 | 2.890 | (4.950) | 2.110 | 50 |

## DESVIACIONES POR EL METODO ANGLOSAJON

| $U_s \times C_s$ | $U_r \times C_s$ | $U_p \times C_s$ | $U_r \times C_r$ | D. Rendimiento | D. Capacidad | D. Presupuesto | D. Global |
|---|---|---|---|---|---|---|---|
| (900 × 4) × 14,45 = = 3.600 × 14,45 = = 52.020 | 3.400 × 14,45 = = 49.130 | 4.000 × 14,45 = = 57.800 | 51.970 | 2.890 | (8.670) | 5.830 | 50 |

## EJERCICIO NUM. 2

## PROCESO CONTABLE

| | | |
|---|---|---|
| **1. Recibo de los stocks existentes** | | |
| I. P. materia prima B | 500.000 | |
| I. P. productos en curso taller 1 | 205.800 | |
| I. P. materia prima B preparada | 373.500 | |
| I. P. envases | 615.00 | |
| I. P. materias auxiliares | 10.000 | |
| a Stock inicial reflejo | | 1.704.300 |
| ———— x ———— | | |
| **2. Recibo de las cargas con sus modalidades, reclasificación de las mismas y paso por los centros de actividad** | | |
| a) *Respecto a las compras* | | |
| I. P. materia prima A | 1.000.000 | |
| I. P. materia prima B | 780.000 | |
| I. P. materias auxiliares | 90.000 | |
| a Compras reflejas | | 1.870.000 |
| ———— ———— | | |

b) *Respecto de las cargas incorporables indirectas*

b1. *Reclasificación de las cargas indirectas en fijas y variables*

| | | |
|---|---|---|
| Cargas indirectas fijas | 509.900 | |
| Cargas indirectas variables | 1.790.100 | |
| Cargas no incorporables | 60.000 | |
| a Gastos y dotaciones reflejos | | 2.245.000 |
| a Elementos supletorios incorporados | | 10.000 |
| a I. P. materias auxiliares | | 100.000 |
| a Diferencias de inventario | | 5.000 |

———————— ————————

b2. *Paso por los centros de las cargas indirectas variables*

| | | |
|---|---|---|
| Taller 1 | 465.600 | |
| Taller 2 | 499.500 | |
| Centro de envasado | 275.000 | |
| Centro de distribución | 550.000 | |
| a Cargas indirectas variables | | 1.790.100 |

———————— x ————————

**3. Determinación del coste de compra**

No procede realizar asiento, ya que no hay elementos indirectos de compras, que estarían recogidos en el correspondiente centro de compras.

———————— x ————————

**4. Entrada de las compras en almacén**

No procede realizar asiento, ya que fueron dadas de entrada en el momento 2.a.

———————— x ————————

**5. Determinación del coste variable producción**

5.1. *Coste variable de producción de las materias primas A y B preparadas*

| | | |
|---|---|---|
| Coste variable producción materia prima A preparada | 1.646.400 | |
| Coste variable producción materia prima B preparada | 1.529.500 | |
| a Gastos y dotaciones reflejos (MOD) | | 250.000 |
| a I. P. materia prima A | | 875.000 |
| a I. P. materia prima B | | 880.000 |
| a Taller 1 | | 465.600 |
| a Taller 2 | | 499.500 |
| a I. P. Productos en curso taller 1 | | 205.800 |

* Unidades fabricadas de materia prima A preparada = 35.000 kg consumidos de materia prima A – 2 por 100 de merma = 34.300 kg fabricados.
* Unidades fabricadas de materia prima B preparada = 70.000 kg consumidos de materia prima B – 5 por 100 de merma = 66.500 kg fabricados.

——————— ———————

5.2. *Entrada en almacén de materia prima preparada*

| | | |
|---|---|---|
| I. P. materia prima A preparada | 1.646.400 | |
| I. P. materia prima B preparada | 1.529.500 | |
| a Coste variable producto materia prima A preparada | | 1.646.400 |
| a Coste variable producto materia prima B preparada | | 1.529.500 |

——————— ———————

5.3. *Determinación coste variable producción del producto terminado*

| | | |
|---|---|---|
| Coste variable producto terminado | 3.750.000 | |
| a I. P. materia prima A preparada | | 1.440.000 |
| a I. P. materia prima B preparada | | 1.320.000 |
| a I. P. envases | | 465.000 |
| a Centro de envasado | | 275.000 |
| a Gastos y dotaciones reflejos (MOD) | | 250.000 |

——————— ———————

| | | |
|---|---|---|
| I. P. envases | 15.000 | |
| a Diferencia de inventario | | 15.000 |

——————— x ———————

## 6. Entrada en almacén de productos

| | | |
|---|---|---|
| I. P. producto terminado | 3.750.000 | |
| a Coste variable producto terminado | | 3.750.000 |

——————— x ———————

## 7. Determinación del coste final variable

| | | |
|---|---|---|
| Coste final variable producto terminado | 3.675.000 | |
| a I. P. producto terminado | | 3.125.000 |
| a Centro de distribución | | 550.000 |

——————— x ———————

**8. Determinación de los resultados analíticos**

**Primer conjunto**

a) *Registro del coste final*

| | | |
|---|---|---|
| Margen bruto producto terminado | 3.675.000 | |
| a Coste final variable producto terminado | | 3.675.000 |

b) *Registro de los ingresos*

| | | |
|---|---|---|
| Productos de explotación reflejos | 4.375.000 | |
| a Margen bruto producto terminado | | 4.375.000 |

c) *Reagrupación de márgenes brutos*

| | | |
|---|---|---|
| Margen bruto producto terminado | 700.000 | |
| a Margen bruto de explotación | | 700.000 |

d) *Determinación del margen neto*

| | | |
|---|---|---|
| Margen bruto de explotación | 700.000 | |
| a Cargas indirectas fijas | | 509.900 |
| a Margen neto | | 190.100 |

x

**Segundo conjunto**

*Reagrupación de las cuentas de diferencias de incorporación*

| | | |
|---|---|---|
| Elementos supletorios incorporados | 10.000 | |
| Diferencias de inventario | 20.000 | |
| Saldo cuentas diferencias de incorporación | 30.000 | |
| a Cargas no incorporables | | 60.000 |

x

**Tercer conjunto**

*Reagrupación de las cuentas de resultados*

| | | |
|---|---|---|
| Margen neto | 190.100 | |
| a Saldo cuentas diferencias de incorporación | | 30.000 |
| a RESULTADOS DE LA CONTABILIDAD DE COSTES | | 160.100 |

x

**Balance de comprobación**

| CUENTAS | SALDOS Deudor | SALDOS Acreedor |
|---|---|---|
| Stock inicial reflejo | | 1.704.300 |
| Compras reflejas | | 1.870.000 |
| Gastos y dotaciones reflejos | | 2.745.000 |
| Productos de explotación reflejos | 4.375.000 | |
| I. P. materia prima A | 125.000 | |
| I. P. materia prima B | 400.000 | |
| I. P. materia prima A preparada | 206.400 | |
| I. P. materia prima B preparada | 583.000 | |
| I. P. producto terminado | 625.000 | |
| I. P. envases | 165.000 | |
| RESULTADOS DE LA CONTABILIDAD DE COSTES | | 160.100 |
| TOTALES | 6.479.400 | 6.479.400 |

| | | |
|---|---|---|
| **9. Cierre de la Contabilidad de Costes** | | |
| Stock inicial reflejo | 1.704.300 | |
| Compras reflejas | 1.870.000 | |
| Gastos y dotaciones reflejos | 2.745.000 | |
| RESULTADOS DE LA CONTABILIDAD DE COSTES | 160.100 | |
| a Productos de explotación reflejos | | 4.375.000 |
| a I. P. materia prima A | | 125.000 |
| a I. P. materia prima B | | 400.000 |
| a I. P. materia prima A preparada | | 206.400 |
| a I. P. materia prima B preparada | | 583.000 |
| a I. P. producto terminado | | 625.000 |
| a I. P. envases | | 165.000 |
| ——— x ——— | | |

**CUENTAS DE INVENTARIO PERMANENTE**

| I. P. MATERIA PRIMA A | | | | | | (LIFO) | | | | | | |
|---|---|---|---|---|---|---|---|---|---|---|---|---|
| Exist. inicial: | 0 | kg | × 0,00 pta./kg = | 0 | | Consumos: | 35.000 | kg | × 25,00 pta./kg = | 875.000 | | |
| Compras: | 40.000 | kg | × 25,00 pta./kg = | 1.000.000 | | Exist. final: | 5.000 | kg | × 25,00 pta./kg = | 125.000 | | |
| | 40.000 | | | 1.000.000 | | | 40.000 | | | 1.000.000 | | |

**I. P. MATERIA PRIMA B** **(LIFO)**

| | | | | | | |
|---|---|---|---|---|---|---|
| Exist. inicial: | 50.000 kg × 10,00 pta./kg = | 500.000 | Consumos: | 60.000 kg × 13,00 pta./kg + | | |
| Compras: | 60.000 kg × 13,00 pta./kg = | 780.000 | | + 10.000 kg × 10,00 pta./kg = | | 880.000 |
| | | | Exist. final: | 40.000 kg × 10,00 pta./kg = | | 400.000 |
| | 110.000 | 1.280.000 | | 110.000 | | 1.280.000 |

**I. P. MATERIAS AUXILIARES** **(LIFO)**

| | | | |
|---|---|---|---|
| Exist. inicial: | 10.000 | Consumos: | 105.000 |
| Compras: | 90.000 | Exist. final: | 0 |
| Dif. invent.: | 5.000 | | |
| | 105.000 | | 105.000 |

**I. P. MATERIA PRIMA A PREPARADA** **C.M.P.**

| | | | | | |
|---|---|---|---|---|---|
| Exist. inicial: | 0 kg × 0,00 pta./kg = | 0 | Consumos: | 30.000 kg × 48,00 pta./kg = | 1.440.000 |
| Fabricación: | 34.300 kg × 48,00 pta./kg = | 1.646.400 | Exist. final: | 4.300 kg × 48,00 pta./kg = | 206.400 |
| | 34.300 | 1.646.400 | | 34.300 | 1.646.400 |

Coste medio ponderado = 1.646.400 pta. : 34.300 kg = 48 pta./kg

**I. P. MATERIA PRIMA B PREPARADA** **C.M.P.**

| | | | | | |
|---|---|---|---|---|---|
| Exist. inicial: | 20.000 kg × 18,68 pta./kg = | 373.500 | Consumos: | 60.000 kg × 22,00 pta./kg = | 1.320.000 |
| Fabricación: | 66.500 kg × 23,00 pta./kg = | 1.529.500 | Exist. final: | 26.500 kg × 22,00 pta./kg = | 583.000 |
| | 86.500 | 1.903.000 | | 86.500 | 1.903.000 |

Coste medio ponderado = 1.903.000 pta. : 86.500 kg = 22 pta./kg

**I. P. PRODUCTO TERMINADO** **C.M.P.**

| | | | | | |
|---|---|---|---|---|---|
| Exist. inicial: | 0 unid × 0,00 pta./unid = | 0 | Ventas: | 25.000 unid × 125,00 pta./unid = | 3.125.000 |
| Fabricación: | 30.000 unid × 125,00 pta./unid = | 3.750.000 | Exist. final: | 5.000 unid × 125,00 pta./unid = | 625.000 |
| | 30.000 | 3.750.000 | | 30.000 | 3.750.000 |

Coste medio ponderado = 3.750.000 pta. : 30.000 unid = 125 pta./unidad

| I. P. ENVASES | | | | | C.M.P. | | | |
|---|---|---|---|---|---|---|---|---|
| Exist. inicial: | 41.000 | unid × 15,00 pta./unid = | 615.000 | Consumos: | 31.000 | unid × 15,00 pta./unid = | 465.000 |
| Compras: | 0 | unid × 0,00 pta./unid = | 0 | Exist. final: | 11.000 | unid × 15,00 pta./unid = | 165.000 |
| Dif. invent.: | 1.000 | unid × 15,00 pta./unid = | 15.000 | | | | |
| | 42.000 | | 630.000 | | 42.000 | | 630.000 |

Coste medio ponderado = 615.000 pta. : 41.000 unid = 15 pta./unidad

**CASO 51**

## EJERCICIO NUM. 1

El taller de reparaciones de una empresa tiene como tipo de estándar el coste sacado del presupuesto que se ha calculado para un programa de producción de la empresa. Este taller tiene definido como unidad de medida de su producción las horas/hombre de reparaciones.

El *presupuesto*, a nivel de taller es el siguiente: producción normal del taller: 8.000 h/h que conllevan 56.000 pesetas de cargas variables y 132.000 pesetas de cargas fijas. Las cargas indirectas del taller se imputan al producto de la empresa a razón de 2 h/h por unidad de producto.

La *producción real* de la empresa, durante el período de análisis considerado, ha sido de 3.280 productos, que han exigido del taller 6.400 h/h, lo que ha supuesto unas cargas indirectas en este taller de 159.400 pesetas.

SE PIDE:

Calcular las posibles desviaciones por el llamado *método eurocontinental.*

## EJERCICIO NUM. 2

### I. ORGANIZACION TECNICO-ECONOMICA

Una empresa industrial se dedica a la producción y venta de los productos A y B, a partir de las materias primas X e Y, respectivamente. Las materias primas X e Y son transformadas en el taller de transformación, siendo su rendimiento del 120 y del 90 por 100, respectivamente. Del taller de transformación, las materias primas pasan directamente al taller de envasado, donde, mediante el envasado de la materia prima transformada, se obtienen los productos A y B, en envases de 2 y 3 kg, respectivamente, listos para su venta.

La empresa tiene un centro de actividad auxiliar (Administración), y cuatro centros principales (Compras, Transformación, Envasado y Ventas).

### II. DATOS COMUNES A LA CONTABILIDAD GENERAL Y LA DE COSTES

a) *Existencias iniciales:* Envases A: 4.000 unidades a 10 pesetas/unid.; Envases B: 2.000 unidades a 15 pta./unid.; Producción en curso del producto A: 800.000 pesetas. Esta producción en curso, que está totalmente transformada, corresponde a 1.000 kg, en espera de pasar al Taller de envasado.

b) *Compras:* Materia prima X: 6.000 kg a 150 pesetas/kg; Materia prima Y: 9.000 kg a 240 pta./kg; Materiales diversos: 150.000 pesetas.

c) *Gastos por naturaleza:* para mayor simplificación, se dan los gastos por naturaleza a través del cuadro de reparto de cargas indirectas de los productos, que aparece en el punto siguiente.

d) *Ventas:* 3.500 unidades de A a 5.000 pta./unid y 1.200 unidades de B a 6.000 pta./unid.

### III. INFORMACION SOBRE LAS CARGAS INDIRECTAS A LOS PRODUCTOS

a) El *reparto primario* de los gastos por naturaleza en cargas por centros de actividad se recoge, resumido, en el siguiente cuadro:

| Gastos por naturaleza | Totales | Administración | Compras | Transformación | Envasado | Ventas |
|---|---|---|---|---|---|---|
| Total cargas indirectas | 6.700.000 | 176.000 | 252.000 | 3.000.000 | 1.572.000 | 1.700.000 |
| Unidad de obra | | — | kg comprados materia prima | h/m | unidades envasadas | pesetas vendidas de productos |

Este total de cargas indirectas comprende, entre los elementos del coste, 150.000 pesetas de materiales diversos y 200.000 pesetas de intereses del capital propio.

b) La *reclasificación de las cargas indirectas* en fijas y variables se hace a nivel de los centros, según el cuadro siguiente:

| Cargas por centros | Totales | Cargas fijas | Cargas variables |
|---|---|---|---|
| Administración | 176.000 | 176.000 | — |
| Compras | 252.000 | — | 252.000 |
| Transformación | 3.000.000 | 300.000 | 2.700.000 |
| Envasado | 1.572.000 | 200.000 | 1.372.000 |
| Ventas | 1.700.000 | 185.000 | 1.515.000 |
| Totales | 6.700.000 | 861.000 | 5.839.000 |

## IV. DATOS DE FABRICACION

a) *Consumos de materia prima:* se han consumido 5.000 kilogramos de materia prima X y 4.000 kg de materia prima Y.

b) Respecto a la *MOD*: el trabajo directo aplicado a la producción tuvo un coste unitario de 1.200 pesetas. El tiempo trabajado en la producción de cada producto ha sido: en el taller de transformación 1.500 h/h para la materia prima X y 500 h/h para la materia prima Y; en el taller de envasado 500 h/h para cada uno de los productos A y B.

c) El *taller de transformación* ha trabajado 3.000 h/m para el producto A y 1.000 h/m para el producto B.

d) En el *taller de envasado* se ha envasado toda la materia prima transformada en el taller de transformación. Se han estropeado 450 envases del producto A, inventariándose como chatarra a un precio de 5 pesetas el envase estropeado y siendo su quebranto soportado por el producto.

e) *Existencias finales:* 950 kg de materia prima X y 4.850 kg de materia prima Y; 800 unidades de envases del producto B. No hay producción en curso al final del período.

SE PIDE:

Realizar las anotaciones contables que procedan para captar el movimiento interno de valores por el *método del Direct Costing Simplificado* hasta la etapa de «entrada de las compras en almacén». A partir de esta etapa, calcular y contabilizar sólo lo referente al producto A: coste de transformación, coste de envasado y resultados.

## SOLUCION CASO 51

### EJERCICIO NUM. 1

VARIABLES

*Situación estándar*

— Producción empresa: 4.000 P.
— Producción taller: 8.000 h/h.
— Rendimiento: 2 h/p

Cargas variables: 56.000 pta.

$$\text{Precio estándar variable } \frac{56.000}{8.000} = 7 \text{ pta.}$$

Cargas fijas: 132.000 pta.

$$\text{Precio estándar fijo: } \frac{132.000}{8.000} = 16{,}5 \text{ pta.}$$

Precio estándar = 23,5 pta.

*Situación real*

— Producción empresa: 3.280 P.
— Producción taller: 6.400 h/h.
— Rendimiento: 1,95 h/p

$$\text{Precio real: } \frac{159.400}{6.400} = 24{,}9 \text{ pta.}$$

**Desviaciones**

| $U_s\ C_s$ | $U_r\ C_s$ | $U_r\ C_{sv} + U_p\ C_{sf}$ | $U_R\ C_r$ | Rendimiento | Capacidad | Presupuesto | Global |
|---|---|---|---|---|---|---|---|
| 3.280 × 2 × 23,5 = 154.160 | 6.400 × 23,5 = 150.400 | 6.400 × 7 + 8.000 × 16,5 = 44.800 + 132.000 = 176.800 | 159.400 | 3.760 | –26.400 | 17.400 | –5.240 |

**EJERCICIO NUM. 2**

*Proceso técnico de la empresa*

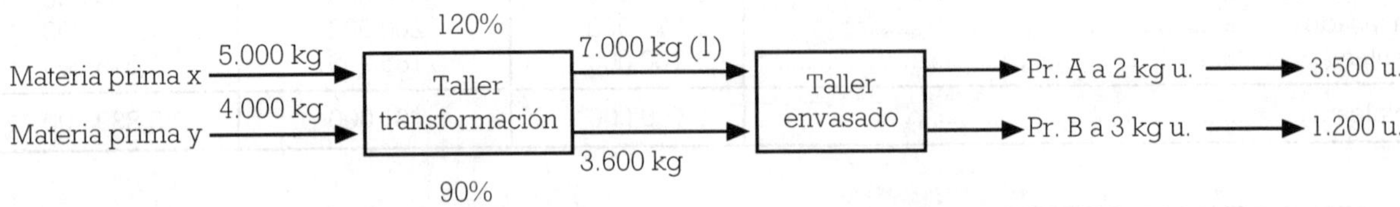


(1) 5.000 kg × 120% + 1.000 kg de producción en curso.

**Proceso contable según el método del coste variable simplificado**

| | | |
|---|---|---|
| **1. Recibo de los stocks existentes** | | |
| Inventario permanente envases A | 40.000 | |
| Inventario permanente envases B | 30.000 | |
| Producción en curso de A | 800.000 | |
| a Stock inicial reflejo | | 870.000 |
| ——— x ——— | | |
| **2. Recibo de las cargas con sus modalidades. Reclasificación de las mismas y paso por los centros** | | |
| a) *Recibo de las compras* | | |
| Coste de compras de materia prima X | 900.000 | |
| Coste de compras de materia prima Y | 2.160.000 | |
| Inventario permanente materiales diversos | 150.000 | |
| a Compras reflejas | | 3.210.000 |
| ——— ——— | | |
| b) *Recibo de las cargas incorporables indirectas* | | |
| Cargas indirectas variables | 5.839.000 | |
| Cargas indirectas fijas | 861.000 | |
| a Inventario permanente de materiales diversos | | 150.000 |
| a Elementos supletorios | | 200.000 |
| a Gastos y dotaciones reflejos | | 6.350.000 |
| ——— ——— | | |

c) *Paso por los centros*

| | | |
|---|---|---|
| Centro de compras | 252.000 | |
| Centro de transformación | 2.700.000 | |
| Centro de envasado | 1.372.000 | |
| Centro de ventas | 1.515.000 | |
| a Cargas indirectas variables | | 5.839.000 |

——— x ———

**3. Determinación del coste de compras**

| | | |
|---|---|---|
| Coste de compra materia prima X | 100.800 | |
| Coste de compra materia prima Y | 151.200 | |
| a Centro compras | | 252.000 |

(Coste u. o → 252.000 : 15.000 kg = 16,8 pta./kg)

——— x ———

**4. Entrada de las compras en almacén**

| | | |
|---|---|---|
| Inventario permanente materia prima X (6.000 kg) | 1.000.800 | |
| Inventario permanente materia prima Y (9.000 kg) | 2.311.200 | |
| a Coste de compra materia prima X | | 1.000.800 |
| a Coste de compra materia prima Y | | 2.311.200 |

$$\text{Coste unitario M. P. X comprada} = \frac{1.000.800}{6.000 \text{ kg}} = 166,80 \text{ pta./kg}$$

$$\text{Coste unitario de compra de M.P. Y} = \frac{2.311.200}{9.000 \text{ kg}} = 256,8 \text{ pta.}$$

——— x ———

**5. Determinación del coste de producción**

a) *Coste de transformación*

| | | |
|---|---|---|
| Coste transformación de A (7.000 kg) | 5.459.000 | |
| a Producción en curso de A (1.000 kg) | | 800.000 |
| a Inventario permanente materia prima X (5.000 kg × 166,8 pta.) | | 834.000 |
| a Gastos y dotaciones reflejos (MOD) (1.500 h × 1.200 pta.) | | 1.800.000 |
| a Centro transformación (2.700.000 : 4.000 × 3.000) | | 2.025.000 |

——— ———

b) *Por las diferencias de inventario de materia prima X*

| | | |
|---|---|---|
| Diferencias de inventario de materia prima X (50 kg × 166,8 pta.) | 8.340 | |
| a Inventario permanente materia prima X | | 8.340 |

——— ———

c) *Coste de envasado*

| | | |
|---|---|---|
| Coste de envasado de A (3.500 unidades) | 7.117.952 | |
| a Coste de transformación de A | | 5.459.000 |
| a Gastos y dotaciones reflejos (MOD) (500 h × 1.200 pta.) | | 600.000 |
| a Inventario permanente envases A (3.500 u × 10 pta. + 450 u × (10 – 5 pta.) | | 37.250 |
| a Centro de envasado (1.372.000 pta. : 4.700 u × 3.500 u. de A) | | 1.021.702 |

d) *Por los envases estropeados*

| | | |
|---|---|---|
| Coste envases estropeados A | 2.250 | |
| a Inventario permanente envases A (450 u × 5 pta.) | | 2.250 |
| I. P. chatarra | 2.250 | |
| a Coste envases estropeados | | 2.250 |

e) *Por las diferencias de inventario de envases A*

| | | |
|---|---|---|
| Diferencias de inventario envases A | 500 | |
| a Inventario permanente envases A (50 u × 10 pta.) | | 500 |

x

**6. Entrada en almacén de productos envasados**

| | | |
|---|---|---|
| Inventario permanente de A envasado (3.500 u) | 7.117.952 | |
| a Coste de envasado de A | | 7.117.952 |

x

**7. Determinación del coste final variable**

| | | |
|---|---|---|
| Coste final producto A | 8.191.332 | |
| a Inventario permanente de A envasado | | 7.117.952 |
| a Centro de ventas (1.515.000 : 24.700.000 pta. ventas × 17.500.000 pesetas de ventas $A_r \simeq$ 1.073.380) | | 1.073.380 |

x

**8. Determinación de los resultados analíticos**

**Primer conjunto**

a) *Registro de los costes*

| | | |
|---|---|---|
| Margen bruto producto A | 8.191.332 | |
| a Coste final producto A | | 8.191.332 |

| | | |
|---|---|---|
| b) *Registro de las ventas* | | |
| Productos explotación reflejos de A | 17.500.000 | |
| a Margen bruto de A | | 17.500.000 |
| (Margen bruto de A = 17.500.000 – 8.191.332 = 9.308.668) | | |
| c) *Determinación del margen neto* | | |
| No procede, ya que previamente habrá que calcular el coste final y Margen bruto de B. Y en cualquier caso, este margen neto sería a nivel de empresa, al no existir costes fijos propios y estar en el método del Direct Costing Simplificado. | | |
| **Segundo y tercer conjunto** | | |
| Sólo procede el segundo conjunto de resultados, debido a las diferencias de incorporación. | | |
| Podríamos saldar, tanto las generales como las específicas del producto A, aunque este asiento carece de sentido, si no se refiere al proceso global. | | |
| Elementos supletorios | 0000 | |
| a Diferencias inventario materia prima X | | 00000 |
| a Diferencias inventario envases A | | 0000 |
| a Saldo diferencias de inventario | | 000 |
| x | | |

**CASO 52**

## I. ORGANIZACION TECNICO-ECONOMICA

Una empresa se dedica a la producción y venta de los productos P1 y P2, a partir de las materias primas A1 y A2.

En el taller 1 son preparadas las materias primas A1 y A2, perdiendo en este tratamiento el 2 y el 5 por 100 de su peso, respectivamente.

En el taller 2, las materias primas preparadas se envasan en 1 y 2 kg, respectivamente, dando lugar a los productos P1 y P2, listos para la venta.

Y para el análisis y control de sus *costes variables indirectos*, la empresa aparece dividida en cuatro centros: uno auxiliar (Administración) y tres principales (Preparado, Envasado y Ventas).

## II. DATOS COMUNES A LA CONTABILIDAD DE GENERAL Y A LA DE COSTES

a) *Existencias iniciales*

| | Pesetas |
|---|---|
| Materia prima A2 (50.000 kg) | 500.000 |
| Materia prima A2 preparada (20.000 kg) | 373.500 |
| Envases A1 (41.000 envases) | 205.000 |
| Envases A2 (41.000 envases) | 410.000 |
| Materias auxiliares | 10.000 |

b) *Compras*

| | |
|---|---|
| Materia prima A1 (40.000 kg) | 1.000.000 |
| Materia prima A2 (60.000 kg) | 780.000 |
| Materias auxiliares | 90.000 |
| Elementos y conjuntos incorporables | 205.800 |

c) *Gastos por naturaleza*

Para mayor simplificación se dan los gastos por naturaleza a través del cuadro de reparto de cargas indirectas a los productos, que aparecen en el punto siguiente.

d) *Ventas*

| | |
|---|---|
| 25.000 unidades de P1 a 80 pesetas | 2.000.000 |
| 30.000 unidades de P2 a 100 pesetas | 3.000.000 |

## III. INFORMACION SOBRE LAS CARGAS INDIRECTAS A LOS PRODUCTOS

*a*) El *reparto primario* de las cargas por naturaleza en cargas por centros se recoge resumido en el siguiente cuadro.

| Cargas por naturaleza | Totales | Administración | Preparado | Envasado | Ventas |
|---|---|---|---|---|---|
| Total cargas indirectas | 2.229.000 | — | 1.419.000 | 330.000 | 550.000 |
| Unidades de obra | | | h/m | Unidades envasadas | Pesetas vendidas |

El total de cargas indirectas del cuadro anterior recoge, entre otros elementos del coste, 1.000.000 de pesetas de gastos de personal y 105.000 pesetas de materias auxiliares. Pero no recoge 500.000 pesetas de gastos de personal por ser mano de obra directa, ni 10.000 pesetas de amortización de gastos de constitución ni 50.000 pesetas de dotación a provisión para insolvencias.

*b*) La reclasificación de las cargas indirectas en fijas y variables se hace a nivel de los centros según el siguiente cuadro:

| Cargas por centros | Total | Fijas | Variables |
|---|---|---|---|
| Centro preparado (Tall. 1) | 1.419.000 | 453.900 | 965.100 |
| Centro envasado (Tall. 2) | 330.000 | 55.000 | 275.000 |
| Centro ventas | 550.000 | — | 550.000 |

## IV. DATOS DE FABRICACION

*a*) El taller 1 ha consumido 35.000 kg de materia prima A1 y 70.000 kg de materia prima A2 y ha trabajado 800 h/m de las que 500 h/m son para la materia prima A1 y el resto para la A2.

*b*) El taller 2 ha consumido 30.000 kg de materia prima preparada A1 y 60.000 kg de materia preparada A2. Se sabe que se han estropeado 300 envases de A1 y 600 de A2, cuya pérdida es soportada por los productos.

*c*) (No hay existencias finales de materias auxiliares ni de elementos incorporables). Se han trabajado 500 horas/h de MOD de las que 100 y 150 han sido para preparar las materias primas A1 y A2 respectivamente y 100 y 150 para envasar los productos P1 y P2, respectivamente.

*d*) Se han consumido todos los elementos y conjuntos incorporables (68.212,5 pesetas para preparar la materia prima A1 y el resto para la A2).

e) Valoración de inventarios. Los almacenes de materia prima A1 y A2 siguen el método LIFO y el resto el del coste medio ponderado.

SE PIDE:

Realizar las anotaciones contables que procedan en la Contabilidad de Costes para captar el movimiento interno de valores explicitando: el coste de preparación de materias primas A1 y A2; y a partir de esta etapa, *contabilizar sólo el coste de envasado, el coste final y resultados analíticos del producto P2* (no se pide el coste de envasado ni el coste final del producto P1). Se supone que los costes fijos son proporcionales a la materia prima utilizada.

## SOLUCION CASO 52

### PROCESO CONTABLE

| | | |
|---|---|---|
| **1. Recibo de los stocks existentes** | | |
| I. P. materia prima A2 | 500.000 | |
| I. P. materia prima preparada A2 | 373.500 | |
| I. P. envases A1 | 205.000 | |
| I. P. envases A2 | 410.000 | |
| I. P. materias auxiliares | 10.000 | |
| a Stock inicial reflejo | | 1.498.500 |
| ——— x ——— | | |
| **2. Recibo de las cargas con sus modalidades, reclasificación de las mismas y paso por los centros** | | |
| a) *Respecto a las compras* | | |
| I. P. materia prima A1 | 1.000.000 | |
| I. P. materia prima A2 | 780.000 | |
| I. P. materias auxiliares | 90.000 | |
| I. P. elementos y conjuntos incorporables | 205.800 | |
| a Compras reflejas | | 2.075.800 |
| ——— ——— | | |
| b) *Respecto de las cargas incorporables indirectas:* | | |
| b1. *Reclasificación de las cargas indirectas en fijas y variables:* | | |
| Cargas indirectas fijas | 508.900 | |
| Cargas indirectas variables | 1.790.100 | |
| Cargas no incorporables | 60.000 | |
| a Gastos y dotaciones reflejos | | 2.254.000 |
| a I. P. materias auxiliares | | 100.000 |
| a Diferencias de inventario | | 5.000 |
| ——— ——— | | |

| I. P. MATERIAS AUXILIARES | | | |
|---|---|---|---|
| Exist. inicial.: | 10.000 | Consumo: | 105.000 |
| Compras: | 90.000 | Exist. final.: | — |
| Dif. invent.: | 5.000 | | |
| | 105.000 | | 105.000 |

b2. *Paso por los centros de las cargas indirectas variables*

| | | |
|---|---|---|
| Centro de preparado | 965.100 | |
| Centro de envasado | 275.000 | |
| Centro de ventas | 550.000 | |
| a Cargas indirectas variables | | 1.790.100 |

x

**3. Determinación del coste de compras**

No procede.

x

**4. Entrada de las compras en almacén**

No procede.

x

**5. Determinación del coste de producción variable**

a) *Coste producción de productos semiterminados*

| | | |
|---|---|---|
| Coste materia prima A1 preparada | 1.646.400 | |
| Coste materia prima A2 preparada | 1.529.500 | |
| a I. P. materia prima A1 | | 875.000 |
| a I. P. materia prima A2 | | 880.000 |
| a I. P. Elementos y conjuntos incorporables | | 205.800 |
| a Gastos y dotaciones reflejos (MOD) | | 250.000 |
| a Centro preparado | | 965.100 |

b) *Entrada en almacén de productos semiterminados*

| | | |
|---|---|---|
| I. P. materia prima A1 preparada | 1.646.400 | |
| I. P. materia prima A2 preparada | 1.529.500 | |
| a Coste materia prima A1 preparada | | 1.646.000 |
| a Coste materia prima A2 preparada | | 1.529.500 |

**Cuadro de imputación**

| Elementos del coste \ Coste de producción | Totales | Materia prima A1 preparada | Materia prima A2 preparada |
|---|---|---|---|
| I. P. materia prima A1 | 875.000 | 875.000 | — |
| I. P. materia prima A2 | 880.000 | — | 880.000 |
| I. P. elementos y conjuntos incorporados | 205.800 | 68.212,50 | 137.587,50 |
| Gastos y dotaciones reflejos (MOD) | 250.000 | (100 h/h × 1.000 pta./h) 100.000 | (150 h/h × 1.000 pta./h) 150.000 |
| Centro preparado | (800 h/m × 1.206,375 pta./h) 965.100 | (500 h/m × 1.206,375 pta./h) 603.187,50 | (300 h/m × 1.206,375 pta./h) 361.912,50 |
| Totales | 3.175.900 | 1.646.400 | 1.529.500 |

**I. P. MATERIA PRIMA A1 (LIFO)**

| | | | | | |
|---|---|---|---|---|---|
| Exist. inicial: | — | — | Consumos: | 35.000 kg × 25 pta./kg = | 875.000 |
| Compras: | 40.000 kg × 25 pta./kg = | 1.000.000 | Exist. final: | 5.000 kg × 25 pta./kg = | 125.000 |
| | 40.000 | 1.000.000 | | 40.000 | 1.000.000 |

**I. P. MATERIA PRIMA A2 (LIFO)**

| | | | | | |
|---|---|---|---|---|---|
| Exist. inicial: | 50.000 kg × 10 pta./kg = | 500.000 | Consumos: | 60.000 kg × 13 pta./kg + + 10.000 kg × 10 pta./kg = | 880.000 |
| Compras: | 60.000 kg × 13 pta./kg = | 780.000 | Exist. final: | 40.000 kg × 10 pta./kg = | 400.000 |
| | 110.000 | 1.280.000 | | 110.000 | 1.280.000 |

**I. P. ELEMENTOS Y CONJUNTOS INCORPORABLES**

| | | | |
|---|---|---|---|
| Exist. inicial: | — | Consumos: | 205.800 |
| Compras: | 205.800 | Exist. final: | — |
| | 205.800 | | 205.800 |

c) *Determinación coste envasado producto P2*

| | | |
|---|---|---|
| Coste envasado P2 | 1.913.500 | |
| a I. P. materia prima A2 preparada | | 1.320.000 |
| a I. P. envases | | 306.000 |
| a Gastos y dotaciones reflejos (MOD) | | 150.000 |
| a Centro envasado | | 137.500 |

* Imputación costes centro envasado

Costes centro: 275.000
Unidad de obra: unidad envasada
Número unidades obra: 60.000

$$\text{Coste unitario unidad obra} = \frac{275.000}{60.000} = 4{,}583$$

Imputación

— P1: 30.000 unid × 4,583 pta./unid = 137.500
— P2: 30.000 unid × 4,583 pta./unid = 137.500

Total .................. 275.000

——— x ———

**I. P. MATERIA PRIMA A2 PREPARADA** — **C.M.P.**

| | | | | | | | |
|---|---|---|---|---|---|---|---|
| Exist. inicial: | 20.000 kg | × 18,675 pta./kg = | 373.500 | Consumos: | 60.000 kg × | 22 pta./kg = | 1.320.000 |
| Fabricación: | 66.500 kg (1) | × 23 pta./kg = | 1.529.500 | Exist. final: | 26.500 kg × | 22 pta./kg = | 583.000 |
| | 86.500 | | 1.903.000 | | 86.500 | | 1.903.000 |

Coste medio ponderado = 1.903.000 pta. : 86.500 kg = 22 pta./kg

**I. P. ENVASES A2** — **C.M.P.**

| | | | | | | | |
|---|---|---|---|---|---|---|---|
| Exist. inicial: | 41.000 | unid × 10 pta./unid = | 410.000 | Consumos: | (2) 30.600 | unid × 10 pta./unid = | 306.000 |
| Compras: | — | × | — | Exist. final: | 10.400 | unid × 10 pta./unid = | 104.000 |
| | 41.000 | | 410.000 | | 41.000 | | 410.000 |

(1) Kilogramos fabricados materia prima A2 preparada:
70.000 kg, materia prima A2 consumidos – 5% merma = 66.500 kg

(2) Unidades consumidas de envases A2:

— Unidades fabricadas P2: $\frac{60.000 \text{ kg}}{2 \text{ kg/unid}}$ = 30.000 unidades

— Envases estropeados ................. 600 unidades

Total .................................. 30.600 unidades

**6. Entrada en almacén de productos terminados**

| | | |
|---|---|---|
| I. P. producto terminado P2 | 1.913.500 | |
| a Coste envasado P2 | | 1.913.500 |

———— x ————

**8. Determinación del coste final**

| | | |
|---|---|---|
| Coste final P2 | 2.243.500 | |
| a I. P. producto terminado P2 (30.000 unid × 63,783 pta./unid) | | 1.913.500 |
| a Centro de ventas | | 330.000 |

* Imputación costes centro ventas

Coste centro: 550.000
Unidad obra: pesetas vendidas
Número unidades obra: 5.000.000

$$\text{Coste unitario unidad obra} = \frac{550.000}{5.000.000} = 0,11$$

Imputación

— P1: 2.000.000 × 0,11 = 220.000
— P2: 3.000.000 × 0,11 = 330.000

Total ............. 550.000

———— x ————

**9. Determinación de los resultados analíticos**

a) *Registro de los costes*

| | | |
|---|---|---|
| Margen bruto P2 | 2.243.500 | |
| a Coste final P2 | | 2.243.500 |

b) *Registro de los ingresos*

| | | |
|---|---|---|
| Productos explotación reflejos | 3.000.000 | |
| a Margen bruto P2 | | 3.000.000 |

c) *Cálculo Margen neto*

| | | |
|---|---|---|
| Margen bruto P2 | 756.500 | |
| a Cargas indirectas fijas* | | 339.267 |
| a Margen neto P2 | | 417.233 |

$$\left(\frac{508.900}{35.000 + 70.000} \times 70.000\right)$$

* También en función de importes de materia prima consumida:

$$\frac{508.900}{875.000 + 880.000} \times 880.000 = 255.175$$

entonces el abono sería:
a Cargas indirectas fijas: 255.175
a Margen neto P2: 501.325

# CONTABILIDAD DE COSTES
# Y CONTABILIDAD DE GESTION

VOLUMEN 1

Se pretende que, mediante su estudio, se consiga el aprendizaje de los aspectos que constituyen el contenido actual de la Contabilidad de Costes y de la Contabilidad de Gestión.

Se ha utilizado un método de exposición gradual, que avanza poco a poco a través de las diferentes materias que constituyen el contenido. Las explicaciones se acompañan de ejemplos y desarrollos ilustrativos de casos prácticos, todo ello con un enfoque muy operativo.

Los modelos convencionales de Contabilidad de Costes se han desarrollado en dos versiones bien diferentes: la continental europea y la anglosajona.

También se han incluido nuevos planteamientos utilizados tanto en el ámbito académico como en el profesional, modelo ABC (Activity-Based-Costing).

Por último, como señala el profesor M. Bromwich en el Prólogo, se explican con rigor las modernas teorías que sirven de marco a todas las operaciones de asignación de costes, parte muy importante en la Contabilidad de Costes moderna.

ISBN: 84-481-0165-0

# CONTABILIDAD DE COSTES
# Y CONTABILIDAD DE GESTION

VOLUMEN 2

En este volumen se abordan directamente los aspectos más destacados de la Contabilidad de Gestión y, de un modo muy especial, la proyección de la información generada por la Contabilidad de Costes para la adopción de decisiones.

Dentro de este marco, se comienza con la presentación de las características de la Contabilidad de Gestión moderna y con alguna de las muestras más representativas (Análisis coste-volumen-beneficios).

Se analiza, después, el modelo de «direct costing» resaltando, de un modo particular, las posibilidades para la gestión empresarial del «direct costing» perfeccionado.

Seguidamente se dedica un lugar y extensión preferentes al control presupuestario y al modelo de costes estándar, ya que constituyen un instrumento insustituible para la planificación y control empresarial.

Y para terminar, se estudian las peculiaridades de la información para la gestión en las empresas «world-class» y las necesidades de información ligadas al Control de Calidad Total (TQM), al J-I-T, al ABM y a otras técnicas de vanguardia.

En definitiva, como subraya el profesor M. Bromwich en el Prólogo, la obra constituye un equilibrio entre los planteamientos ya generalizados de la Contabilidad de Gestión y los nuevos enfoques exigidos por un entorno altamente tecnificado.

ISBN: 84-481-1994-0